新型胶黏剂
生产技术及工艺配方

Production Technology
and Formula
of New Adhesive

童忠良　王书乐　张淑谦　编

化学工业出版社

·北京·

内 容 简 介

21世纪以来，胶黏剂已广泛地应用于各行业，本书是胶黏剂领域中的一本较为全面、实用的工具书。本书的特点是突出实用性、先进性和可操作性。本书包含了详细、宽广的基础知识，为胶黏剂工作者提供了设计、选择和应用的可靠数据。适用于胶黏剂及密封胶用户及其生产、科研与购销人员参考阅读。读者可参考和借鉴这些实例，并结合市场和原料供应情况，灵活调整配方和生产工艺，及时满足客户需要，从而大大缩短胶黏剂的开发、研制时间，实现对市场化的快速反应。

图书在版编目（CIP）数据

新型胶黏剂生产技术及工艺配方/童忠良，王书乐，张淑谦编. —北京：化学工业出版社，2021.10（2023.6重印）

ISBN 978-7-122-39538-2

Ⅰ. ①新…　Ⅱ. ①童…　②王…　③张…　Ⅲ. ①胶粘剂-生产工艺　②胶粘剂-配方　Ⅳ. ①TQ430.6

中国版本图书馆 CIP 数据核字（2021）第 138502 号

责任编辑：夏叶清　　文字编辑：林　丹　骆倩文
责任校对：宋　玮　　装帧设计：张　辉

出版发行：化学工业出版社（北京市东城区青年湖南街13号　邮政编码100011）
印　　装：天津盛通数码科技有限公司
710mm×1000mm　1/16　印张24½　字数490千字　2023年6月北京第1版第3次印刷

购书咨询：010-64518888　　售后服务：010-64518899
网　　址：http：//www.cip.com.cn
凡购买本书，如有缺损质量问题，本社销售中心负责调换。

定　　价：118.00元

前言

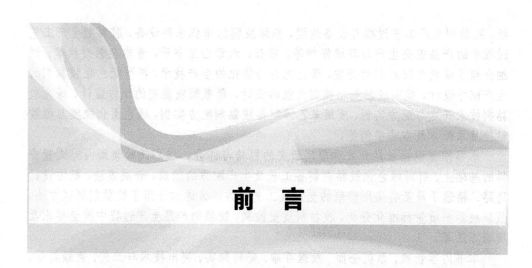

胶黏剂这个词相信所有人都不会陌生，在生活中胶黏剂可以说是随处可见。通常来说，胶黏剂是一类通过黏附作用使被粘接的物体结合在一起的物质。

胶黏剂，又称黏合剂、粘接剂等，简称胶，是指通过黏附作用将同种或两种或两种以上物质连接在一起，固化后具有足够强度的有机或无机的、天然或合成的一类物质。胶黏剂具有方便、快速、经济、节能、密封、防腐、绝缘的特点，且粘接接头光滑，应力分布均匀，质量轻。

胶黏剂按照不同的分类方法有多种不同的分类，不同种类的胶黏剂有不同的用途。

胶黏剂的发展非常迅速，但是胶黏剂很多都带有一定的毒性，有的生产时能耗很高，有的不易降解，而环保问题一直备受大家的关注。所以，环保胶黏剂的发展前景非常广阔。

本书分别介绍了反应型、热熔型、水基型、功能型和其他胶黏剂，对其定义、制备方法、性能特点及应用领域进行了详细的描述，对环氧树脂、聚氨酯、厌氧胶、压敏胶、热熔胶等主要品种作了重点介绍，并结合实际进行了生产工艺、技术经济的分析。同时描述了粘接机理、粘接技术和胶黏剂配方设计，介绍了新技术及新材料在胶黏剂研究和生产中的应用。

本书共分六章，第一、二章由童忠良教授执笔，系统归纳了胶黏剂的分类、胶黏剂的功能、胶黏剂的组成、胶黏剂的黏附机理，胶黏剂的固化、粘接强度及其影响因素、粘接修复技术等。又详细介绍了选择胶黏剂是粘接成功的关键、塑料的粘接新技术、橡胶的粘接技术、金属的粘接技术、木材的粘接技术、其他非金属材料的粘接技术等。

第三、四章由张淑谦副教授执笔，详细介绍了厌氧型胶黏剂、热熔胶黏剂、杂环高分子胶黏剂、压敏胶黏剂、光学透明胶、无机胶黏剂、阻燃胶黏剂等；以及每种产品组成、制法（胶黏剂工艺流程图）、质量标准、特点及用途、施工工艺、毒性和防护、包装及贮运、生产单位等。又详细介绍了胶黏剂生产工艺过程中仪器分析、胶黏剂生产工艺过程与设备选型、热熔胶膜涂布机系列设备、胶黏剂生产工艺过程中的产品安全生产与环境保护等。第五、六章由王书乐、童忠良教授执笔，详细介绍了绿色化胶黏剂的开发、绿色化与功能化的生产技术、新型绿色化胶黏剂的生产配方设计、提高胶黏剂粘接耐久性的设计、聚氨酯胶黏剂的配方设计、绿色胶黏剂技术开发与配方实例、废聚苯乙烯制备胶黏剂配方实例、绿色固化橡胶与橡胶粘接技术配方及方法举例等。

本书作者根据长期开发和应用研究的经验与体会，在广泛收集国内外大量资料的基础上，针对绿色化胶黏剂制备工艺及生产配方的组成、合成方法、配方设计思路，精选了最新有实用价值的生产及工艺配方。又详细介绍了胶黏剂测试方法、最新胶黏剂质量标准化分析、胶黏剂质量控制、胶黏剂产品生产过程中质量要求及质检方法等。

本书内容新颖，系统全面，数据可靠，资料翔实，突出技术与工艺，兼顾其他，可操作性强，适于中等专业水平的读者使用，对于从事胶黏剂制备的专业技术人员及流通领域相关人员适用性更强。

在本书编写过程中，许多胶黏剂生产厂、科研单位以及许多胶黏剂前辈和同仁给予了热情支持和帮助，并提供了相关资料，对本书的内容提出了宝贵意见。

夏宇正、王大全、欧玉春等参加了本书的审核，李爽、高洋、陈羽、张建玲、崔春芳、王月春、高新、杨经伟、童晓霞、陈海涛等同志为本书的资料收集、插图及计算机输入和编写付出了大量精力，在此一并致谢！由于时间仓促，书中不妥之处在所难免，敬请各位读者批评指正。

编　者
2021年8月

目录

第一章　胶黏剂粘接基础

第一节　胶黏剂的组成及分类

一、胶黏剂的定义

胶黏剂是用来黏合或粘接各种物件或材料的一类物质，可用于黏合木材、纸张、玻璃、陶瓷、金属、塑料、橡胶等，在包装、印刷、制鞋、服装、电器、建筑、装饰、汽车、航空、家具、医疗等方面都有广泛的应用。

胶黏剂的成分主要是黏料（合成树脂和橡胶等），此外还含有溶剂、固化剂、增塑剂、填料、增黏剂、防腐剂等。

常见的胶黏剂如用于粘纸张的香糊、胶水；用于粘接木版、塑料的万能胶、环氧树脂胶、酚醛树脂胶等。将废旧的乒乓球剪碎后放入丙酮和乙酸乙酯的混合溶剂中，经搅拌溶解后，可得到一种乳白色的胶状溶液，俗名叫"乒乓球胶"，用于粘补破裂的乒乓球和制作航空模型。市面上出售的"聚氯乙烯胶黏剂"是聚氯乙烯树脂溶解于氯仿和环已酮等的混合溶剂中形成的，主要用于硬质或软质聚氯乙烯塑料制品的黏合，如聚氯乙烯地板胶与装饰板的黏合、聚氯乙烯水管的粘接等，也可用于修补雨衣和塑料凉鞋。将尼龙6的碎丝溶解于氯仿和苯酚的混合溶剂中，可制成尼龙制品胶黏剂，用于粘补尼龙制品衣物。日常用于修补自行车内胎或其他橡胶制品的"橡胶水"，是天然橡胶溶解于苯中而形成的约5%的橡胶溶液。使用时，将穿孔的内胎周围和补胎用的胶片用砂纸擦净，并使它们表面粗糙，然后分别涂上一薄层这种胶水，等稍干后把它们粘贴在一起。将有机玻璃碎屑溶解于氯仿中，可得有机玻璃胶黏剂，用于粘连有机玻璃制品。

许多胶黏剂都极易着火燃烧，且有毒，使用时必须注意防火及卫生安全。

当今，胶黏剂的应用已渗透到国民经济的各个领域中，尤其在包装领域，胶黏剂的身影更是随处可见，无所不及。可以说，胶黏剂与包装是两个既独立又互为依存的亲密无间的产业，双方互为动力，互相促进。

二、胶黏剂的分类

由于胶黏剂品种繁多，用途不同，组成各异，为便于掌握应予以分类，国内分类方法（图1-1）也很多，大致有如下几种：

- 胶黏剂
  - 无机
    - 硅酸盐:硅酸钠（水玻璃）、硅酸盐水泥
    - 磷酸盐：磷酸-氧化铜
    - 硫酸盐：石膏
    - 硼酸盐：熔接玻璃
    - 陶瓷：氧化锆、氧化铝
    - 低熔点金属：锡、铋、铅
  - 有机
    - 天然系
      - 淀粉系：淀粉、糊精
      - 蛋白系：大豆蛋白、酪素、骨胶、鱼胶、虫胶
      - 天然树脂系：松香、木质素、树胶、单宁
      - 天然橡胶系：胶乳、橡胶溶液
      - 沥青系
    - 合成系
      - 树脂型
        - 热塑性：聚乙酸乙烯、聚乙烯醇、聚乙烯醇缩醛类、聚丙烯酸类、聚酰胺、聚乙烯类、纤维素类、饱和聚酯聚氨酯、聚氯乙烯类
        - 热固性：脲醛树脂、酚醛树脂、环氧树脂、不饱和聚酯、聚异氰酸酯、聚酰亚胺、聚苯并咪唑
      - 橡胶型：氯丁橡胶、丁腈橡胶、丁苯橡胶、丁基橡胶、聚硫橡胶、有机硅橡胶、热塑性橡胶
      - 复合型：酚醛-氯丁橡胶、酚醛-丁腈橡胶、环氧-丁腈橡胶、环氧-酚醛等

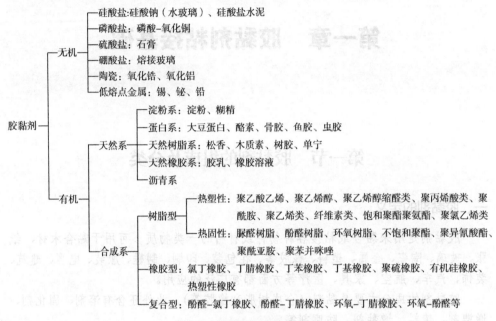

图1-1　胶黏剂国内分类方法

1. 按主要组成成分分类

组成成分分类法是目前国外最常用的胶黏剂分类方法，按此方法胶黏剂可分为树脂型胶黏剂、橡胶型胶黏剂、聚合物合金型胶黏剂、无机物型胶黏剂和天然物型胶黏剂等。

(1) 树脂型胶黏剂

① 热固性树脂胶黏剂。脲醛、三聚氰胺、酚醛、环氧、不饱和聚酯、有机硅、聚酰亚胺等树脂型胶黏剂。

② 热塑性树脂胶黏剂。聚乙烯醇、聚乙烯醇缩甲醛、聚乙酸乙烯、丙烯酸类、聚酰胺、饱和聚酯、聚乙烯、聚丙烯和聚氯乙烯等树脂型胶黏剂。

(2) 橡胶型胶黏剂　氯丁橡胶、丁腈橡胶、丁苯橡胶、丁基橡胶、聚硫橡胶、有机硅橡胶和弹性体等橡胶型胶黏剂。

(3) 聚合物合金型胶黏剂　热固性树脂/橡胶、热塑性树脂/橡胶、热固性树脂/热塑性树脂、橡胶/橡胶等复合的胶黏剂。

(4) 无机物型胶黏剂　硅酸盐（硅酸钠/水玻璃等）、磷酸盐（磷酸/氧化铜）、硫酸盐（石膏）、硼酸盐（熔接玻璃）、陶瓷（氧化锆和氧化铝）、低熔点金属（锡、铅）类胶黏剂等。

(5) 天然物型胶黏剂　淀粉、蛋白质、天然树脂和天然橡胶胶黏剂等。

2. 按粘接强度特性分类

(1) 结构型胶黏剂　这种胶黏剂必须具有足够的粘接强度，不仅要求它有足够的剪切强度，而且要求它有较高的不均匀扯离强度，能使粘接接头在长时间内承受振动、疲劳和冲击等各项载荷，同时要求这种胶黏剂必须具有一定的耐热性和耐候性，使粘接接头在较为苛刻的条件下进行工作。

(2) 非结构型胶黏剂　这种胶黏剂的特点是在较低的温度下剪切强度、拉伸强度和刚性都比较高，但在一般情况下，随温度的升高，胶层容易发生蠕变现象，从而使粘接强度急剧下降。这种类型的胶黏剂主要应用于粘接强度不太高的非结构部件。

(3) 次结构型胶黏剂　这种胶黏剂具有结构型胶黏剂与非结构型胶黏剂之间的特性，它能承受中等程度的载荷。

3. 按固化形式分类

(1) 溶剂型　溶剂型胶黏剂的固化特点是：溶剂从粘接端表面挥发，或者因被粘物自身吸收而消失，形成粘接膜而发挥粘接力。固化速度随环境的温度、湿度、被粘物的疏松程度、胶黏剂含量、粘接面的大小及加压方法等变化。

(2) 反应型　反应型胶黏剂的固化特点是：由不可逆的化学变化引起固化，这种化学变化是在基体化合物中加入固化剂而引起的。按照配制方法及固化条件，可分为单组分、双组分及多组分的室温固化型、加热固化型等多种形式。

(3) 热熔型　以热塑性的高聚物为主要成分，由不含水或溶剂的粒状、圆柱状、块状、棒状、带状或线状的固体聚合物通过加热熔融粘接，随后冷却固化，粘接强度增加。

4. 按外观形态分类

(1) 溶液型　主要成分是树脂或橡胶，在适当的有机溶剂中溶解成为黏稠的溶液。

(2) 乳液型　属于分散型，树脂在水中分散的体系称为乳液；橡胶的分散体系称为乳胶。

(3) 膏糊型　膏糊型胶黏剂是一种充填性优良的高黏稠的胶黏剂。

(4) 粉末型　属水溶型胶黏剂，使用前先加溶剂（主要是水）调成糊状或液状。

(5) 薄膜型　以纸、布、玻璃纤维织物等为基材，涂覆或吸附胶黏剂后，干燥成薄膜状，通常与底胶配合使用。

(6) 固体型　热熔型胶黏剂等属于此类。

5. 按用途分类

(1) 通用胶　通用胶有一定的粘接强度，对一般材料都可进行粘接，如环氧树脂胶黏剂等。

(2) 特种胶　特种胶是指为满足某种特殊性能和要求而研制出的一种胶黏剂。这类胶黏剂品种很多，有高温胶、超低温胶、热熔胶、厌氧胶、光敏胶、应变胶、透明胶、快干胶、导电胶、导磁胶、导热胶、止血胶、织物胶、水下胶、防腐胶、密封胶及点焊胶等。

表1-1为胶黏剂的分类及其主要用途。

表1-1　胶黏剂的分类及其主要用途

<table>
<tr><td rowspan="4"></td><td colspan="7">有机胶黏剂</td><td rowspan="4">无机胶黏剂</td></tr>
<tr><td rowspan="3">天然胶黏剂</td><td colspan="6">合成高分子胶黏剂</td></tr>
<tr><td colspan="2">热固型高分子胶黏剂</td><td colspan="2">热塑型高分子胶黏剂</td><td colspan="2">混合型高分子胶黏剂</td></tr>
<tr><td>种类</td><td>用途</td><td>种类</td><td>用途</td><td>种类</td><td>用途</td></tr>
<tr><td rowspan="3">结构胶</td><td rowspan="3"></td><td>环氧树脂
聚氨酯</td><td>金属、塑料、玻璃、木材等</td><td rowspan="3">聚丙烯酸酯、聚甲基丙烯酸酯</td><td rowspan="3">金属、塑料（次受力结构）</td><td>酚醛-缩醛型</td><td>铝、镁、不锈钢、非金属</td><td rowspan="3">为多组分磷酸盐、硅酸盐、硼酸盐在高温下烧结而成主要用于耐高温金属、陶瓷的胶接</td></tr>
<tr><td>有机硅
聚酰亚胺（PI）</td><td>金属、塑料、皮革、橡胶等</td><td>酚醛-环氧型
酚醛-丁腈橡胶</td><td rowspan="2">金属、非金属</td></tr>
<tr><td>聚苯并咪唑（PBI）</td><td>金属耐高温用、塑料、木材</td><td>酚醛-缩醛-有机硅环氧-酚醛尼龙-环氧尼龙-酚醛环氧-缩醛</td></tr>
<tr><td rowspan="5">非结构胶</td><td rowspan="5">动物胶植物胶用途：用于木材、皮革、纸张、纤维的胶接</td><td>酚醛树脂</td><td>木材、纸张、金属、塑料</td><td>聚酰胺（尼龙）</td><td rowspan="5">金属、皮革、纸张金属与橡胶、橡胶塑料、织物、纸张</td><td rowspan="5">酚醛-氯丁橡胶</td><td rowspan="5">橡胶、金属与橡胶</td><td rowspan="5"></td></tr>
<tr><td>脲醛树脂</td><td>木材、纸张</td><td>合成橡胶</td></tr>
<tr><td>间苯二酚甲醛树脂</td><td>金属、木材、石棉、水泥</td><td>聚乙酸乙烯酯</td></tr>
<tr><td>聚酯树脂</td><td>聚酯薄膜、光学设备</td><td>聚乙烯醇缩醛</td></tr>
<tr><td>呋喃树脂</td><td>热塑性树脂、石墨</td><td>过氯乙烯树脂</td></tr>
</table>

6. 部分黏合剂的分类及特性

黏合剂是最重要的辅助材料之一，在包装作业中应用极为广泛。黏合剂是具有黏性的物质，借助其黏性能将两种分离的材料连接在一起。黏合剂的种类很多，通常可做如下分类：

(1) 按材料来源分

① 天然黏合剂。它是取自于自然界中的物质，包括淀粉、蛋白质、糊精、动

物胶、虫胶、皮胶、松香等生物黏合剂；也包括沥青等矿物黏合剂。

② 人工黏合剂。这是用人工制造的物质，包括水玻璃等无机黏合剂，以及合成树脂、合成橡胶等有机黏合剂。

(2) 按使用特性分

① 水溶型黏合剂。用水作溶剂的黏合剂，主要有淀粉、糊精、聚乙烯醇、羧甲基纤维素等。

② 热熔型黏合剂。通过加热使黏合剂熔化后使用，是一种固体黏合剂。一般热塑性树脂均可使用，如聚氨酯、聚苯乙烯、聚丙烯酸酯、乙烯-乙酸乙烯共聚物等。

③ 溶剂型黏合剂。不溶于水而溶于某种溶剂的黏合剂，如虫胶、丁基橡胶等。

④ 乳液型黏合剂。多在水中呈悬浮状，如乙酸乙烯树脂、丙烯酸树脂、氯化橡胶等。

⑤ 无溶剂液体黏合剂。在常温下呈黏稠液体状，如环氧树脂等。

(3) 按包装材料分

① 纸基材料黏合剂。主要包括淀粉糨糊、糊精、水玻璃、化学糨糊、酪蛋白等。

② 塑料黏合剂。主要包括丁苯胶、硝酸纤维素、聚乙酸乙烯等溶剂型黏合剂；乙烯-丙烯酸共聚物等水溶型黏合剂；乙酸乙烯树脂、丙烯酸树脂等乳液型黏合剂；聚苯乙烯、聚氨酯、聚丙烯酸酯等热塑性树脂组成的热熔型黏合剂等。

③ 木材黏合剂。主要包括骨胶、皮胶、鳔胶、干酪素、血胶等动物胶；也包括酚醛树脂胶、聚乙酸乙烯树脂胶、脲醛树脂胶等合成树脂胶；还包括豆胶等植物胶等。

三、胶黏剂的功能

1. 粘接功能

胶黏剂的主要功能是将被粘接材料连接在一起。粘接组件内的应力传递与传统的机械紧固方式相比，应力分布更均匀，粘接的组件结构也比机械紧固且强度高、成本低、质量轻。

胶黏剂可用于金属、塑料、橡胶、玻璃、木材、纸张、纤维等各种材料之间的粘接。

2. 外观平滑功能

用胶黏剂粘接的组件外观平整光滑，功能特性不下降。这一点对结构型粘接尤为重要。如宇航工业中的结构件要求外观平整、光滑度高，这样有利于减小阻力与摩擦，将摩擦升温控制在最低限度。

3. 表面防腐功能

对被粘接材料的表面进行处理，易受腐蚀的金属，可先用一层底胶，通过黏合层隔离，以防金属受到腐蚀破坏，且可达到粘接其他材料的目的。

四、胶黏剂的组成

胶黏剂一般由多种材料组成，主要组分有基料、黏料、固化剂、稀释剂、增塑剂、填充剂、防老剂等。这些组分主要包括以下几种：天然的高分子化合物和合成高分子化合物（作为黏料），加入的固化剂、增塑剂或增韧剂、稀释剂、填料等。

胶黏剂的组成根据具体要求与用途还可包括增黏剂、阻燃剂、促进剂、发泡剂、消泡剂、着色剂、防霉剂等。

① 固化剂

a. 固化：液体的胶黏剂通过物理、化学方法变成固体的过程。物理方法有溶剂挥发、乳液凝聚、熔融体冷却；化学方法使胶黏剂聚合成高分子物质。

b. 固化剂：固化过程所使用的化学物质。

② 固化促进剂。能促进固化反应速率，缩短反应时间的化学物质，又称催化剂。

③ 增韧剂。能提高胶黏剂固化物的韧性，主要是酯类和弹性化合物。

④ 填料。能提高接头的力学强度。

⑤ 其他辅助材料。着色剂、溶剂（稀释剂）、防老剂和偶联剂等。

应当明确，胶黏剂的组成中除了基料和黏料不可缺少之外，其他成分则视需要决定取舍。基料是胶黏剂的主要成膜物质，是胶层的骨架，为最基本、不可缺少的材料。

1. 胶黏剂的基料

(1) 基料　通常是以具有黏性或弹性的两个或两个以上胶黏材料牢固地连接在一起，并且具有一定力学强度的化学性质。例如，环氧树脂、磷酸-氧化铜、白乳胶等。

基料是胶黏剂中的基本组分，在被粘物结合中起主要作用。胶黏剂的胶接性能主要由黏料决定，通常以下各种物质可以作为胶黏剂的黏料。

① 天然高分子化合物。如蛋白质、皮胶、鱼胶、松香、桃胶、骨胶等。

② 合成高分子化合物

a. 热固性树脂：如环氧树脂、酚醛树脂、聚氨酯树脂、脲醛树脂、有机硅树脂等。

b. 热塑性树脂：如聚乙酸乙烯酯、聚乙烯醇及缩醛类树脂、聚苯乙烯等。

c. 弹性材料：如丁腈橡胶、氯丁橡胶、聚硫橡胶等。

d. 各种合成树脂、合成橡胶的混合体或接枝、镶嵌和共聚体等。

(2) 基料的结构与物理力学性能　对于热塑性树脂胶黏剂，基料分子量的大小及分布对粘接强度有一定的影响。基料的分子量大，胶层的内聚力大，粘接强度高，韧性也好些。但是分子量太大时黏度过大，链段运动变难对被粘物的润湿性变差，粘接强度反而下降。分子量分布宽些，能使粘接范围变广，粘接强度尤其是初粘强度有所提高，但对胶层的耐热性不利。因此宜选用分子量适中、分子量较为均匀的树脂作胶黏剂的基料。热固性树脂胶黏剂，分子量小，活动能力强，润湿性好，固化后粘接强度高，耐热性、耐油性均好。过度交联（分子量大）时胶层的韧性不好，因此，基料的分子量也应适当。分子量分布宽些对粘接强度与固化速度均有利。

基料分子的极性对粘接强度的影响也很大。极性增大，胶层的力学性能、耐热性、耐油性均提高，但极性基团过多易造成互相约束，使链段运动受阻而降低粘接能力。应注意的是，基料的极性应与被粘材料的极性相对应，否则，难以产生渗透、扩散及吸附作用，从而不利于提高粘接强度。适当的结晶性可以提高胶黏剂的内聚强度和初粘力，结晶度过高时则不易扩散，影响粘接强度，不宜用作基料。

(3) 基料的选择原则　作为胶黏剂的基料首先要对被粘物有良好的润湿性，以便能均匀涂胶，从而获得良好的粘接强度。其次应具有优良的综合力学性能，以满足各种性能上的要求，因此在配胶时可用几种材料进行复配，取长补短以获得理想的综合力学性能。基料还应具有良好的耐环境性能，以使胶层在各种外界条件下能保持良好的粘接强度。由于基料一般为固体或稠厚液体，做成的胶黏剂需加入一定量的稀释剂（溶剂）来改善操作工艺，有利于胶黏剂均匀分布，获得更好的粘接强度，因此基料应能溶于某些溶剂。进行粘接时，胶黏剂对被粘物适当浸润有利于提高粘接强度。

但在有些场合（如光学、电子元件）过度的浸润是有害的，因此胶黏剂的基料在保持必要的粘接强度的基础上应尽量不破坏被粘物表面。

(4) 常用的基料及其性能　胶黏剂的基料按其结构与性质可分为树脂型聚合物、弹性体、活性单体、低聚体和无机物等类型。

树脂型聚合物主要有聚乙烯（PE）、聚丙烯（PP）、聚苯乙烯（PS）、聚氯乙烯（PVC）、氯乙烯-偏氯乙烯共聚物、聚丙烯酸酯、聚乙酸乙烯酯、ABS树脂等。聚乙烯由乙烯催化聚合而成，主要有高压和低压聚乙烯两种类型。高压聚乙烯大部分用于农业及包装薄膜、电线电缆的包覆等。低压聚乙烯具有优良的综合性能，高抗冲、低吸湿、耐疲劳、耐环境，广泛用于高频水底电缆包覆、化工设备制造等。胶黏剂工业中常用的是分子量较低（1000～10000）的品种。聚丙烯的合成方法与聚乙烯相近，外观也相近，只是透明度高些，密度低些，物理力学性能也好些，主要有等规、无规和间规聚丙烯三种类型，用途也与聚乙烯相同。胶黏剂工艺中常用的是无规聚丙烯。聚苯乙烯为玻璃状材料，无色透明，无延展性，具有良好的光学、电学性能，工业上常用作容器、包装材料、保温材料等，用适当溶剂溶解后即具有粘接作用。聚氯乙烯能耐许多化学药品，对碱、大多数无机酸、多种有机与无机物溶液及过氧化氢等具有良好的稳定性；能溶于多种有机溶剂、聚合物单体，制成相应的胶黏剂；也常用于热固性树脂的改性。由于其电绝缘性能良好，所以广泛用于电线包覆。其不足之处是热性能不好，加热至80℃就开始软化，120℃就开始分解，低温下会变硬变脆。将氯乙烯与偏氯乙烯、乙酸乙烯酯、丙烯酸、丙烯酸酯等单体进行共聚制得的共聚物以及将聚氯乙烯进行氯化制得的氯化聚氯乙烯等改性聚氯乙烯产品的综合性能受共聚单体的影响，均比聚氯乙烯好。例如，氯醋共聚物除保持了聚氯乙烯的基本性能外，其柔韧性、溶解性与其他树脂的相容性等均有明显的提高，广泛用于溶剂型胶黏剂或作其他基料的改性材料。聚丙烯酸酯中最典型的是聚甲基丙烯酸甲酯，通常称为有机玻璃，为透明性最好的一种塑料，具有良好的物理力学性能与耐环境性能，在户外使用10年后其性能变化不大，能溶于低级酮、酯及卤代烃等溶剂。其他的丙烯酸酯聚合物有些性能比有机玻璃差，但其柔韧性高，玻璃化转变温度低，特别适用于作胶黏剂，作安全玻璃的中间黏合层。50%聚乙酸乙烯酯的乳液就是所谓的白乳胶，广泛用于木制品的加工与制造。在聚合过程中加入丙烯酸丁酯等憎水性单体制成的胶液广泛用于纺织品印染行业中。聚乙酸乙烯酯除直接用作胶黏剂外，其部分水解的产物聚乙烯醇及进一步与甲醛、丁醛等反应生成的聚乙烯醇缩醛等物具有良好的粘接性能，广泛用于纺织、建筑、造纸等行业及日常生活用品的粘接。ABS树脂是丙烯腈、丁二烯和苯乙烯的共聚物，按聚合方法、聚合条件、原料配比的不同有许多品种，用途广泛，性能各异。ABS树脂具有较高的抗冲击性能、良好的机械强度及化学稳定性，可制成溶剂型胶黏剂，用于塑料的粘接或作其他胶黏剂的改性材料。另外聚酯、聚酰胺等也常作为基料用于各种胶黏剂中。总之，可作胶黏剂基料的树脂型聚合物非常多，无法一一列出。

作为胶黏剂基料的弹性体为橡胶类物质，常用的有氯丁橡胶、丁腈橡胶、乙丙橡胶、丁基橡胶等合成橡胶与天然橡胶。氯丁橡胶化学稳定性好，具有良好的黏附性能，直接溶于一定的溶剂中或与酚醛树脂等配制成胶液，广泛用于鞋类、织物的粘接。由于其粘接范围极其广泛，所以俗称“万能胶”。丁腈橡胶最大的特点是耐油性好，对金属具有良好的黏附力。乙丙橡胶具有优异的耐老化性能，但由于黏附性能不好，常用于其他橡胶的改性。丁基橡胶溶解性、机械强度及使用温度均高，常用于制清漆、薄膜等。天然橡胶的特点是弹性好、伸长率高、易溶于有机溶剂、与其他橡胶及塑料能良好相容，广泛用于制鞋、纺织、汽车、医疗等行业中。这些弹性体除本身可用作胶黏剂外，还可用于其他胶黏剂（尤其是热固性胶黏剂）的改性。

用作胶黏剂基料的活性单体主要指那些直接作为胶液的主要成分，在粘接过程中聚合固化，并且固化物主要决定着胶层性能的物质，主要有乙烯基化合物、多异氰酸酯等带有活性官能团的化合物。丙烯酸酯结构胶、厌氧密封胶、氰基丙烯酸酯瞬干胶等都是以不同类型的丙烯酸酯单体作主要组成部分；邻苯二甲酸二烯丙酯常用作层压板胶黏剂；苯乙烯在不饱和聚酯中作交联剂，就其用量、固化情况及对胶层性能影响的情况也可以归为此类；甲苯二异氰酸酯等单独或与其他材料配合均可发挥粘接作用。

合成某些胶黏剂时有时将其制成分子量较大的半成品，使用时在催化剂、固化剂或其他条件下转化成高聚物，从而获得理想的粘接强度。这类分子量较大的半成品可归结为低聚物型基料，甲阶酚醛树脂、初期脲醛树脂、未交联的不饱和聚酯、未固化的环氧树脂、遥爪形丙烯酸酯预聚体以及各种类型的聚氨酯预聚体等均属此类。

2. 固化剂

固化剂是直接参与化学反应，使胶黏剂发生固化的成分。

固化剂是一种可使胶黏剂中单体或低聚物转化成具有特定物理力学性能的高聚物的物质。不同的胶黏剂或同种胶黏剂使用目的不同，所用的固化剂种类及用量不尽相同，因此要根据固化反应的特点、需要形成胶膜的要求（如硬度、韧性等）以及使用时的条件，来选定固化剂。

选用固化剂品种及确定其用量是制备胶黏剂过程中极为重要的一环。对于某些类型的胶黏剂，固化剂是必不可少的组分。固化剂的性能和用量，直接影响胶黏剂的使用性能（如硬度、耐热性等）和工艺性能（如施工方式和固化条件等）。因此，选用固化剂，除了要确定黏料的类型以外，还应考虑规定的工艺条件等。有时为了加快固化速度，加入第二固化剂或其他物质，这些物质称为固化促进剂。由环氧树脂、氨基树脂等组成的胶黏剂一般需加入固化剂固化；而不饱和聚酯、反应型丙烯酸酯胶黏剂固化时也需加入固化剂，这类固化剂称为引发剂。选用固化剂时应尽量选用低毒、无色、无味、反应平稳的品种；为提高胶层的耐热性，宜选用多功能团的品种；分子链较长的固化剂可赋予胶层良好的韧性与耐低温性能。

固化剂的种类很多。不同的树脂要用不同的固化剂。例如环氧树脂，它的固化剂就在百种以上。

一般来讲，在树脂加入固化剂前，其分子结构是由许多结构相同的重复单元，一个一个以化学键连接起来而组成的线型结构，每根长分子链之间没有联系，如图1-2所示。

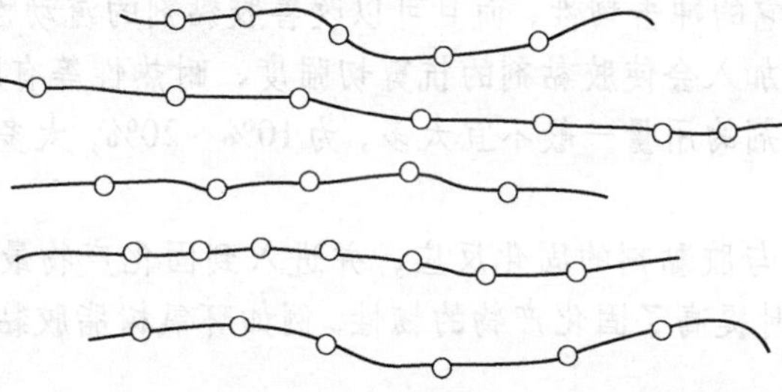

图1-2 线型结构

线型高分子可以熔融，在适当的溶剂中也能溶解。加入固化剂后，由于固化剂的作用，这些分子链和分子链之间架起了“桥”，使其互相交联在一起，形成了体型结构。这时它就变成了既不能熔融，也不能溶解的脆性固体了，这个过程就是固化。但有的树脂不需要固化剂，而是借助其他条件进行固化。固化后的体型结构，如图1-3所示。

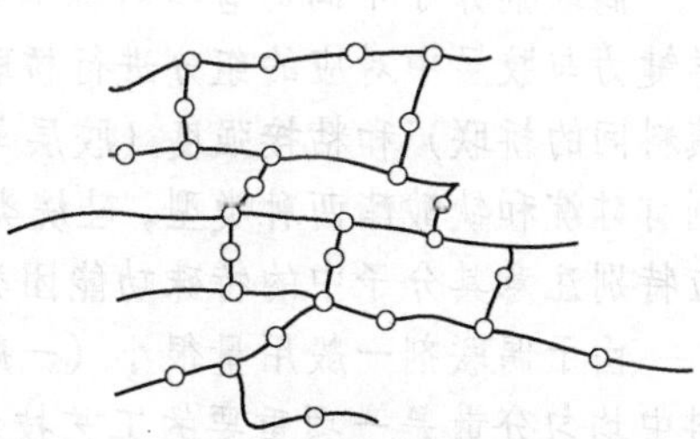

图1-3 体型结构

3. 增塑剂

增塑剂是一种高沸点液体，具有良好的混溶性。它不参与胶黏剂的固化反应。

增塑剂在胶层中对基料具有分子链间隔离作用，能屏蔽其活性基团，减弱分子间的相互作用力，从而降低其玻璃化温度与熔融温度，改善胶层脆性。按作用方式增塑剂可分为内增塑剂与外增塑剂。内增塑剂（有时也称为增韧剂）能与基料发生化学反应连成一体，具有较高的增塑效能，常用的有液体丁腈橡胶、多缩二元醇等。外增塑剂只能以分离的分子形态分散于胶层中，效果差些，常用的有邻苯二甲酸酯、磷酸酯等。增塑剂分子中含有极性部分与非极性部分，发挥增塑作用时利用其极性部分与被增塑材料互相作用形成一种均一稳定体系，利用其非极性部分起链间隔离作用。

一般来说非极性部分与极性部分的比例由低到高，其相容性、塑化效率、挥发性与耐油性则由高到低；而其热稳定性、增塑糊黏度稳定性、低温柔软性与耐肥皂水性由低到高。另外增塑剂的分子量、酯基结构对其增塑性能都有一定的影响，因此在选用增塑剂时应严格注意以上各方面。

增塑剂必须具备以下特点：

① 有优良的溶剂化作用；

② 热稳定性能好、挥发性小、耐介质性好；

③ 迁移性低；

④ 低毒或无毒。

4. 增韧剂

一般的树脂固化后，其性较脆，实用性差。当胶黏剂中加入增韧剂和增塑剂之后，不但可以提高它的冲击韧性，而且可以改善胶黏剂的流动性、耐寒性、耐振动性等。但是它们的加入会使胶黏剂的抗剪切强度、耐热性等有所降低。

增韧剂和增塑剂的用量一般不宜太多，为10%～20%，太多时会使胶黏剂的性能下降。

活性增韧剂参与胶黏剂的固化反应，并进入到固化产物最终形成的一个大分子的链结构中，同时提高了固化产物的韧性。例如环氧树脂胶黏剂中的低分子聚酰胺等。

5. 偶联剂

偶联剂分子中同时含有特殊的极性基团和非极性基团，能通过分子间力或化学键力与胶层中对应的组分进行桥联作用，从而大大增大胶层的内聚强度（基料与填料间的桥联）和粘接强度（胶层与被粘物间的桥联）。胶黏剂工业中常用的偶联剂有硅烷和钛酸酯两种类型，硅烷类偶联剂品种很多，用得更为广泛。选用偶联剂应特别注意其分子中的特殊功能团类型，不同的材料应选用不同的偶联剂。

由于偶联剂一般用量很小（一般为1%～3%），因此使用偶联剂时使之能在胶料中均匀分散是一项重要的工艺技术。将偶联剂用溶剂稀释后再浸泡填料或用偶联剂与少许填料制成母料再用大量填料稀释等方法均可应用。

6. 溶剂

胶黏剂的基料一般为固态物质或黏稠液体，不易施工，加入溶剂（也称稀释剂）可以提高胶黏剂的润湿能力，提高胶液的流平性，从而方便施工，提高粘接强度。常用的溶剂有烃类、酮类、酯类、卤烃类、醇醚类及强极性的砜类和酰胺类等。选用溶剂应注意其极性、挥发性、可燃性与毒性。溶剂的极性决定其适用对象与溶解能力，溶剂的极性应与基料的极性相适应。选用溶剂时一般可遵照溶解度参数相近原则，溶剂与基料溶解度参数的差值大于1.5则一般难以溶解。将几种溶解度参数相差较大的溶剂按一定比例混合组成混合溶剂可能获得良好的溶解能力，具体操作时，可按下式进行计算：

$$\delta_{\mathrm{mix}} = \sum \Phi_i \delta_i$$

式中，δ_{mix}为混合溶剂的溶解度参数；Φ_i与δ_i分别为第i种溶剂的体积分数和溶解度参数。

溶剂的挥发性应适当，挥发太慢，效率低；挥发太快，不利于操作甚至影响胶层的微观结构，不利于粘接强度的提高。

稀释剂（一般称为溶剂）的主要作用是降低胶黏剂的黏度，以便涂布、施工，同时也起延长胶黏剂使用寿命的作用。稀释剂分非活性稀释剂和活性稀释剂两类。

(1) 非活性稀释剂　不参与胶黏剂的固化反应。表1-2列出了常用溶剂的名称、性质和用途。

表1-2　常用溶剂的名称、性质和用途

名称	结构简式	沸点/℃	在水中的溶解性	溶解的物质
乙醇	C_2H_5OH	78.5	∞	许多有机物和无机物
乙醚	$C_2H_5—O—C_2H_5$	34.57	微溶	脂肪、树脂、苯酚、甲酸、乙苯
丙酮	$CH_3—C(=O)—CH_3$	56.1	∞	乙炔、纤维素、树脂、橡胶
溶剂汽油	C_9～C_{11}	150～200	不溶	橡胶、树脂、脂肪
三氯甲烷	$CHCl_3$	61.7	微溶	脂肪、树脂
四氯化碳	CCl_4	76.5	不溶	乙苯、碘
乙酸乙酯	$CH_3—C(=O)—OC_2H_5$	77.1	溶	喷漆、硝化纤维
二氯乙烷	$CH_2—Cl$ / $CH_2—Cl$	83.47	微溶	油、脂肪、橡胶

续表

名称	结构简式	沸点/℃	在水中的溶解性	溶解的物质
环己醇	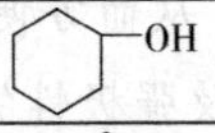	161.1	溶	聚氯乙烯、二硫化碳、松节油
苯		80.1	微溶	聚苯乙烯、邻苯二甲酸、涂料、橡胶
甲苯	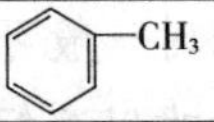	110.6	不溶	涂料、橡胶
氯苯	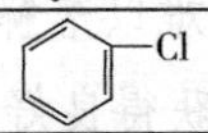	132	不溶	乙基乙炔、清漆、树脂
硝基苯	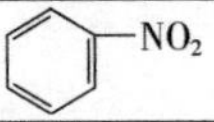	210.8	微溶	乙醇、乙醚等
二甲基亚砜	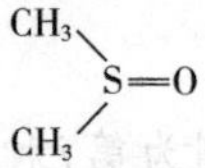	189	∞	脂肪酸、乙醇
乙腈	CH_3CN	82	∞	聚丙烯腈、溴乙烷、清漆
二甲基甲酰胺	$(CH_3)_2NOCH$	152.8	∞	树脂、丁二烯、聚丙烯腈、乙基乙炔

(2) 活性稀释剂（reactive diluent） 又称反应性溶剂，是指既能溶解或分散成膜物质，又能在涂料成膜过程中参与成膜反应，形成不挥发组分而留在涂膜中的一类化合物。主要用于高固体分和无溶剂涂料体系中。可分为：缩水甘油类，用于无溶剂环氧漆；端二（或三、四）丙烯酸酯类，用于光固化涂料；高羟值聚酯、聚醚类，用于高固体分涂料。

在稀释胶黏剂的过程中同时参加反应的稀释剂：这类稀释剂分子中含有活性基团，能与胶黏剂的固化剂发生反应而且无气体逸出，对固化后胶层的性能一般并无影响，同时还能起增韧作用。使用时，应将固化剂用量增加，其增加量按稀释剂的活性基团加以计算。这类稀释剂多用于环氧树脂胶黏剂，主要品种有单环氧基的丙烯基缩水甘油醚、苯基缩水甘油醚，双环氧基的乙二醇双缩水甘油醚、间苯二酚双缩水甘油醚等。

活性稀释剂既可降低胶黏剂的黏度，又可参与胶黏剂的固化反应，进入树脂中的网型或体型结构中，因此克服了因溶剂挥发不彻底而使胶黏剂的粘接强度下降的缺点。

当胶黏剂的组分中使用溶剂时，应考虑它的挥发速度，其挥发速度不能太快，也不能太慢。若挥发太慢，则固化后在胶缝中会残存溶剂，从而影响胶黏剂的粘接强度，如果要使它挥发完全，则晾干的时间又太长，且工艺复杂，生产效率低；若挥发太快，则胶黏剂难以涂布，而且当空气中湿度太大时，由于溶剂的挥发带走了涂胶件上胶黏剂表面大量热量，致使涂胶件胶黏剂表面的温度比周围环境的温度低，这样，空气中的水蒸气就会凝聚在胶黏剂的表面上，使胶层发白，导致粘接后的强度降低。因此，空气中相对湿度大于85%时，则不应施工。

稀释剂的用量对胶黏剂的性能有影响。用量过多，由于胶黏剂系统中低分子组分多，阻碍胶黏剂固化时的交联反应，影响胶黏剂的性能。尤其是采用溶剂时，由于树脂在固化，溶剂要从胶黏剂的系统中挥发出来，故增加了胶黏剂的收缩率，降低了胶黏剂的粘接强度、耐热性、耐介质性能。

(3) 溶剂的一般性能　一个对溶解现象有影响的因素是关于极性理论的。无论溶质或溶剂都可按它的分子结构区分为非极性、弱极性和极性。这一性质受到诸如分子结构的对称性、极性基团的种类和数量、分子链的长短等的影响。

分子结构对称又不含极性基团的多种烃类溶质和溶剂是非极性的。分子结构不对称又含有各种极性基团（如羟基、羧基、羰基、硝基等）的溶质或溶剂常有不同的极性。极性分子由于极性基团的存在和结构的不对称，分子一端对另一端来说形成了电荷分布量不同的差距，称为偶极矩。

溶剂的一些不同性质，可由溶解度参数来解释。

把两种液体A和B放在一起时，A分子能自由地在B分子间游动，两种液体才能互溶。如果A与A、B与B之间的吸引力大于A与B之间的吸引力，A与B就会分层，这两种液体就不能互溶。液体分子间吸引力和液体内聚强度有关，其强度叫内聚能密度。内聚能密度的平方根即是溶解度参数。

(4) 溶剂的选择原则　经常会遇到这样的问题，对于不同的高聚物，如何选用合适的溶剂呢？鉴于高聚物溶解比较复杂，影响因素很多，尚无比较成熟的理论指导，溶剂的选择，大致可遵循以下几条原则。

① 经验原则。依照经验，高聚物与溶剂的化学结构和极性相似时，二者便溶解，即相似则相溶。例如聚苯乙烯溶于苯或甲苯；聚乙烯醇溶于水或乙醇。

② 溶解度参数原则。溶解度参数可作为选择溶剂的参考指标，对于非极性高分子材料或极性不很强的高分子材料，它的溶解度参数与某一溶剂的溶解度参数相等或相差不超过±1.5时，该高聚物便可溶于此溶剂中，否则不溶。高聚物和溶剂的溶解度参数可以测定或计算出来。常见聚合物和常用溶剂的溶解度参数见表1-3和表1-4。

表 1-3　常见聚合物的溶解度参数

聚合物	δ/（J/cm^3）$^{0.5}$	聚合物	δ/（J/cm^3）$^{0.5}$
聚四氟乙烯	12.68	丁腈橡胶-26	19.03
古马隆树脂	14.12	丁腈橡胶-40	20.26
聚二甲基硅氧烷	14.94～15.55	聚碳酸酯	19.44
低密度聚乙烯	16.37	聚氯乙烯	19.44～19.85
中密度聚乙烯	16.57	2402（101）树脂	19.44
高密度聚乙烯	16.78	聚苯醚	19.85
聚丙烯	16.16～16.57	聚氨酯	19.44～21.48

续表

聚合物	δ/ (J/cm³) $^{0.5}$	聚合物	δ/ (J/cm³) $^{0.5}$
乙丙橡胶	16.16～16.37	环氧树脂	19.85～22.30
聚异丁烯	16.47	三聚氰胺甲醛树脂	19.64～20.66
天然橡胶	16.16～17.08	乙基纤维素	21.07
异戊橡胶	16.88	氯醋树脂	21.28
顺丁橡胶	17.04～17.59	聚对苯二甲酸乙二醇酯	21.89
丁苯橡胶（PS28.5%）	17.35	脲醛树脂	19.44～25.98
聚甲基丙烯酸正丁酯	17.80	硝酸纤维素	21.69～23.53
氯磺化聚乙烯	18.21	乙酸纤维素	21.89～23.32
聚苯乙烯	17.39～18.62	酚醛树脂	23.53
聚苯基甲基硅氧烷	18.41	聚甲醛	22.71
聚硫橡胶	18.41～19.23	尼龙66	27.83
氯丁橡胶	18.82～19.23	尼龙6	28.03
聚甲基丙烯酸甲酯	19.03	聚α-氰基丙烯酸甲酯	28.64
聚乙酸乙烯酯	19.23	聚丙烯腈	31.51
氯化橡胶	19.23	纤维素	32.12
丁腈橡胶-18	18.27	聚乙烯醇	47.88

表 1-4 常见溶剂的溶解度参数

溶剂	沸点/℃	δ/ (J/cm³) $^{0.5}$	溶剂	沸点/℃	δ/ (J/cm³) $^{0.5}$
正戊烷	36.1	14.42	三氯甲烷	61.7	19.03
正己烷	69.0	15.82	邻苯二甲酸二丁酯	325	19.23
三乙胺	89.7	15.82	甲基异丁酮	115.8	19.44
正庚烷	98.4	15.16	氯苯	125.9	19.44
乙醚	34.57	15.24	二氯乙烯	60.25	19.85
正辛烷	125.8	15.96	二氯甲烷	39.7	20.01
二异丁酮	168.1	15.96	1,2-二氯乙烷	83.5	19.85
松节油		16.57	环己酮	155.8	20.26
环己烷	80.7	16.78	溶纤剂	85.2	20.26
甲基丙烯酸丁酯	160	16.78	四氢呋喃	64	20.26
乙酸异丁酯	112	16.98	二氧六环	101.3	20.46
乙酸异戊酯	142	16.98	二硫化碳	46.3	20.46
乙酸戊酯	149.3	17.39	丙酮	56.1	20.46

续表

溶剂	沸点/℃	δ/ $(J/cm^3)^{0.5}$	溶剂	沸点/℃	δ/ $(J/cm^3)^{0.5}$
乙酸丁酯	126.5	17.49	正辛醇	194	21.07
四氯化碳	76.5	17.60	丙烯腈	77.4	21.38
苯乙烯	143.8	17.72	吡啶	115.3	21.89
甲基丙烯酸甲酯	102	17.80	苯胺	184.1	22.10
乙酸乙烯酯	72.9	17.80	二甲基乙酰胺	165	22.71
对二甲苯	138.4	17.90	硝基乙烷	114	22.71
间二甲苯	139.1	18.00	正丁醇	117.3	23.32
甲苯	110.6	18.21	间甲酚	202.8	23.32
癸二酸二丁酯	314	18.21	异丙醇	82.3	23.53
正丁醛	75.7	18.41	正丙醇	97.4	24.35
乙酸乙酯	77.1	18.62	二甲基甲酰胺	152.8	24.76
苯	80.1	18.82	乙酸	117.9	25.78
丁酮	79.6	19.03	硝基甲烷	12	25.78
三氯乙烯	87.2	19.03	乙醇	78.5	25.98
二甲基亚砜	189	26.39	乙二醇	198	32.12
甲酚	220.8	27.21	间苯二酚	280	32.53
甲酸	100.7	27.62	丙三醇	290.1	33.76
苯酚	181.8	29.67	水	100	47.88
甲醇	65	29.67			

③ 混合溶剂原则。选择溶剂，除了使用单一溶剂外，还可使用混合溶剂。有时两种溶剂单独都不能溶解的聚合物，将两种溶剂按一定比例混合起来，却能使同一聚合物溶解。混合溶剂具有协同效应和综合效果，有时比单一溶剂还好，可作为选择溶剂的一种方法。

确定混合溶剂的比例，可按下式进行计算，使混合溶剂的溶解度参数接近聚合物的溶解度参数，再由实验验证最后确定。

$$\delta_M = \phi_1\delta_1 + \phi_2\delta_2 + \cdots + \phi_n\delta_n$$

式中 ϕ_1，ϕ_2，…，ϕ_n——每种纯溶剂的体积分数；

δ_1，δ_2，…，δ_n——每种纯溶剂的溶解度参数；

δ_M——混合溶剂的溶解度参数。

聚合物的溶解性见表1-5。

表 1-5 聚合物的溶解性

聚合物	可溶	不溶
聚乙烯	四氢萘、十氢萘、甲苯(80℃)、对二甲苯(105℃)	醇类、酯类、醚类
聚丙烯	四氢萘 (135℃)、十氢萘 (120℃)、甲苯 (90℃)	醇类、酯类、环己酮
聚苯乙烯	苯、甲苯、氯仿、环己酮、吡啶、甲乙酮、乙酸乙酯、二氧六环、四氢呋喃、二硫化碳	低级醇、乙醚、脂肪烃
聚氯乙烯	四氢呋喃、环己酮、丁酮、二甲基甲酰胺	醇类、烃类、二氧六环、丙酮
聚甲基丙烯酸甲酯	氯仿、丙酮、冰醋酸、二氯乙烷、四氢呋喃、二氧六环、乙酸乙酯、甲苯	甲醇、乙醇、石油醚、乙醚
聚酰胺	甲酸、苯酚、间甲酚、浓硫酸、二甲基甲酰胺	乙醇、乙醚、酯类、烃类
聚乙酸乙烯酯	苯、氯仿、甲醇、丙酮、丁酮、乙酸丁酯	乙醚、丁醇、石油醚、脂肪烃类
聚甲醛	二甲基甲酰胺 (150℃)、二甲基亚砜	烃类、醇类
聚碳酸酯	二氯乙烷、二氯甲烷、三氯甲烷、二氧六环、三氯乙烯、环己酮	乙醇、脂肪烃类
ABS	丙酮、苯、甲苯、二甲苯、丁酮、乙酸乙酯、二氯乙烷、四氢呋喃、甲异丁酮、三氯乙烯、乙酸戊酯、氯仿	乙醇、乙醚
聚丙烯腈	二甲基甲酰胺、二甲基亚砜、浓硝酸、硝基苯酚	甲酸、醇类、酮类、酯类、烃类
氯化聚氯乙烯	二氯甲烷、环己烷、苯、二氯乙烷、丁酮、甲苯、乙酸乙酯	丙酮、乙醇
聚乙烯醇	水、乙醇、甲酰胺	甲醇、乙醚、丙酮、烃类、酯类
聚对苯二甲酸、乙二醇酯	甲酚、浓硫酸、硝基苯、三氯代乙酸、氯苯酚	甲醇、乙醇、丙酮、烷烃
聚氨酯	甲酸、二甲基甲酰胺、甲酚、四氢呋喃、吡啶、二甲基亚砜	乙醚、苯、6mol/L盐酸、甲醇
聚砜	二甲基甲酰胺、二氯甲烷、二氯乙烷、三氯甲烷	丙酮、乙醇
氯化聚醚	环己酮、三氯乙烯、三氯甲烷	乙酸乙酯、二甲基甲酰胺、甲苯

7. 填料

(1) 填料的性能与种类　填料是可以改变胶层性能、降低胶黏剂成本、基本上与基料不起反应的一类物质。在胶黏剂中加入一定量的填料一般能增加其粘接强度、硬度、耐热性、尺寸稳定性，降低固化收缩率和线膨胀系数，有些特定填料还能赋予胶层导电性、导热性等特定性能。常用的填料有金属粉、金属或非金属氧化物粉、陶土等天然矿粉以及玻璃纤维、植物纤维等物质。在不影响胶层性能与实用操作性能的前提下，可以尽可能多加填料以降低胶黏剂成本。

加入填料可以提高粘接接头的强度，提高表面硬度，降低线膨胀系数，减小固化收缩率，提高黏度和热导率，提高抗冲击韧性，提高介电性能（主要是电击穿强度)，提高耐磨性能，提高最高使用温度，改善胶黏剂的耐介质性能、耐水性能与耐老化性能。填料的加入，也相应地降低了胶黏剂的成本。

填料的种类、颗粒度、形状及添加量等，对胶黏剂都有不同程度的影响，应根据不同的使用要求进行选择。

(2) 填料的选择　在一般情况下，人们选用的填料通常来源广泛、成本低廉、加工方便。选择填料有如下几点要求：①应符合胶黏剂的特殊要求，如导电性、耐热性等；②与胶黏剂中的其他组分不起化学反应；③易于分散，且与胶黏剂有良好的润湿性；④不含水分、油脂和有害气体，不易吸湿变化；⑤无毒；⑥具有一定的物理状态，如粉状填料的粒度大小、均匀性等。

胶黏剂中一些常用的填料列于表1-6，供选用时参考。

表1-6　胶黏剂中常用的填料

名称	相对密度	细度/目	用量[①]/%	备注
氧化铜	3.7～3.9	100～300	25～75	环氧胶用
氧化镁	3.40	200～325	30～100	环氧胶、橡胶用
氢氧化镁	2.38	200～325	750	
三氧化二铁	—	200～325	75～100	环氧橡胶、聚酯胶用
氧化铁	5.45～5.9	325	50～100	聚酯胶用
二氧化钛	—	200～300	—	聚氨酯、橡胶、环氧胶用，可提高粘接力
氧化铬	—	200～300	—	环氧胶、聚酯胶、橡胶用
氧化锌	—	200～300	100	聚酯胶、橡胶用
铜粉	8.92	200～300	250	环氧胶用，提高导电性
银粉	—	300	200～300	环氧胶用，改善导电性
碳酸镁	3.8	100～325	>50	环氧胶用
碳酸钙	2.70	200～300	<100	聚酯胶、环氧胶用
金刚砂	—	50～300	—	环氧胶、酚醛胶用
瓷粉	—	200～300	—	聚酯胶、环氧胶用，提高粘接力
硅粉	2.32	325	—	环氧胶用，提高抗压性能
白粉	—	200～300	—	环氧胶、聚酯胶用
白炭黑	—	—	20～100	橡胶、环氧胶用
云母粉	2.8～3.1	200～325	<100	环氧胶、树脂、酚醛胶用，提高耐热性能
石膏粉	—	200～300	10～100	环氧胶用

续表

名称	相对密度	细度/目	用量[①]/%	备注
高岭土	2.58	325	<50	环氧胶用
石墨	2.25	325	<50	
石棉粉	2.4～2.59	1/8～1/2in[②]	7250	橡胶、环氧胶用，提高抗冲击性、耐热性
滑石粉	—	200	10～100	环氧胶、橡胶用
水泥	—	200	—	环氧胶用
铁粉	7.86	—	<250	环氧胶用

① 用量是对填料而言（即100份黏料中加填料份数）。

② 1in=2.54cm。

8. 其他辅助材料

胶黏剂中需加入的辅助性材料很多，原则上是与一般聚合物材料中所用的类型相同。不同的是由于胶层暴露部分较少，因此有些助剂可少加或不加。例如，防老剂和热稳定剂可适当加入，光稳定剂、抗氧剂可以不加。需要适当加入的其他辅助材料主要有稳定剂、分散剂、络合剂等。

第二节　胶黏剂的黏附机理与影响粘接强度的因素

一、胶黏剂的黏附机理

1. 粘接原理

胶黏剂与被粘物之间可以通过共价键互相结合，这种结合形式能显著地提高粘接强度，是最理想的一种作用方式，含有异氰酸酯基的胶料与带有活性氢的被粘物之间常采用这种方式结合：

$$R—H+OCN—R' \longrightarrow R—CONH—R'$$

分子间力属于次价力，包括取向力、诱导力、色散力和氢键，前三者就是通常说的范德华力。取向力与分子的极性有关，色散力与分子的变形性有关。胶黏剂基料分子中存在极性基团、电负性大的原子，又多是高分子化合物，因此组成的胶黏剂固化后这种次价力的作用是很大的，为粘接力的重要组成部分。

了解粘接原理，对于选用合适的胶黏剂，采用合理的粘接工艺，获得牢固的粘接很有指导意义。

固体表面特征：粘接的对象都是固体，而且粘接作用仅发生在表面及其界面层，所以粘接实际上也是一种界面现象，因此，了解固体的表面特征很有必要。

① 固体表面的复杂性。任何固体表面层的性质与它的内部（基体）完全不同，

经过长时间暴露后，其差别更为显著。固体的表面由吸附气体、吸附水膜、氧化物、油脂、尘埃等组成，因而是不清洁的。

② 固体表面的粗糙性。宏观上光滑的表面，在微观上都是非常粗糙的，凹凸不平，像是峰谷交错。两固体表面的接触，只能是最高峰的点接触，其接触面积仅为几何面积的1%。

③ 固体表面的高能性。固体的表面能量高于内部的能量。

④ 固体表面的吸附性。由于固体表面的能量高，为使其稳定，必须吸附一些物质，这就表现出吸附性，因此即使是新制备的表面，也很难保持绝对的清洁。

⑤ 固体表面的多孔性。固体表面布满了孔隙，有些材料的基体就是多孔的，表面当然也不例外。即使基体本身密实的材料，表面因粗糙、氧化、腐蚀等也会形成多孔表面。

⑥ 固体表面的缺陷性。由于材料形成条件的影响与变化，表面不可避免地存在着大量的微观裂纹等缺陷。

一般在含有金属和非金属的粘接体系中，金属的电子可以转移到非金属之中，使界面间产生接触电势并形成双电层从而产生静电引力。进一步研究表明，一切具有供电子体与受电子体性质的两种物质相互接触时都可能产生界面静电引力。

在被粘材料具有毛糙、多孔等特征时，胶液固化后形成的机械作用力也是不可忽视的。机械作用力的本质是摩擦力，对于非极性多孔材料的粘接，这种作用力常起决定性的作用。

在各种产生粘接力的因素中，只有分子间力普遍存在于所有粘接体系中，其他作用仅在特殊情况下成为粘接力的来源。

2. 胶黏剂的粘接过程

能将两种或两种以上的同质或异质的制件（或材料）连接在一起，固化后具有足够强度的有机或无机的、天然或合成的一类物质，统称为胶黏剂或粘接剂、黏合剂，习惯上简称为胶。一般来说，胶黏剂的粘接过程包括表面处理、涂胶、叠合、固化、后处理等工序。而理论上胶黏剂的粘接过程又是怎样的呢？通过以下这样的一个过程，从而把被粘接材质牢固地粘接在一起，达到良好的粘接效果。

① 被粘物表面的润湿。为使被粘物表面易被润湿，需清洗处理，除去油污等，以确保被粘物表面的光洁。

② 胶黏剂分子的移动和扩散。胶黏剂分子按布朗运动的规律向被粘物表面移动。

③ 胶黏剂的渗透。粘接时胶黏剂向被粘物的缝隙渗透，从而增大了接触面积。

④ 物理化学的结合。化学键结合、范德华力结合等。

粘接过程大致如下：表面处理→涂胶→合拢→固化→牢固的粘接。

粘接时，先将胶黏剂涂覆在被粘物表面，并浸润表面，而后便是胶黏剂的链段、大分子漫流、流变、扩散，使之紧密接触，若与被粘物表面的距离小于5×10^{-8}cm，则会相互吸引形成氢键、范德华力、共价键、配位键、离子键等，加上渗入孔隙中的胶黏剂，固化后产生机械嵌合，于是便获得了牢固的粘接。

3. 粘接过程的界面化学

为了便于讨论，可将胶黏剂当成一种液体，被粘物当成固体，形成良好粘接的先决条件是胶液与被粘材料表面能形成良好的润湿。

任何物质中的每个分子都受到相邻分子的吸引，吸引不平衡时就倾向于向吸引力大的方向运动，从而产生张力。处于液体表面的分子由于受内部分子的吸引力比空气的吸引力大得多，因此倾向于向液体内部运动，使之倾向于体积最小的状态，这就是液体的表面张力γ_L。固体是有表面张力的，但是由于粘接现象等缺陷原因，在讨论时有时称表面自由能γ_S为固体的表面张力。进行粘接时胶液与被粘物界面区的两种分子各自受到内部引力与相互之间的引力，此二力的合力称为界面张力γ_{SL}。如果固体的表面能高则界面处液体分子有一种被吸附于固体的压力，这就是润湿状态。润湿程度可用液体与固体接触面的接触角θ表示。θ值越小，说明润湿状态越好，θ值在0°～90°之间时表面呈润湿状态，大于90°为不润湿状态。当一个液体在固体表面润湿达到热力学平衡时存在如下关系：

$$\gamma_S = \gamma_{SL} + \gamma_L \cos\theta \text{ 或 } \cos\theta = \frac{\gamma_S - \gamma_{SL}}{\gamma_L}$$

从中可以看出，表面张力小的物质能很好地润湿表面张力大的物质，反之则不行。例如，由于水的表面张力比油的大得多，所以油能很好地铺在冰或水的表面上，反过来却不行。值得注意的是，像金属等无机物的表面张力很大，很容易被胶黏剂润湿，但在粘接之前很可能被油类污染，被污染了的表面的表面张力变小常引起粘接失败，这是这类材料在涂胶之前应施行脱脂处理的原因。显然在胶液中适当加入一些表面活性剂来降低其表面张力也可以提高粘接强度。

4. 粘接作用的形成与粘接力的产生

实现粘接的必要条件是胶黏剂应该与被粘物紧密接触，也就是说具有良好的浸润。粘接必定浸润，但浸润不一定就能粘接，还必须满足充分条件，即胶黏剂与被粘物发生某种相互作用，形成足够的粘接力。概括起来，粘接作用的形成，一是浸润，二是粘接力，两者缺一不可。

① 浸润。当一滴液体与固体表面接触后，接触面自动增大的过程，即浸润，是液体与固体表面接触时发生的分子间相互作用的现象。

液体的浸润主要是由表面张力所引起的，液体和固体皆有表面张力，对液体称为表面张力，而固体则称为表面能，常以符号γ表示，如图1-4所示，图中γ_L为液体的表面张力；γ_S为固体的表面能；θ为接触角。接触角θ是通过固-液-气三相点所作液滴曲面切线与液滴接触一侧固体平面的夹角。

由图1-4可见，固体的表面能力图使液滴铺展，而液体的表面张力则使液滴收缩，θ值越小，浸润越好，因此，接触角θ的大小可作为浸润性的量度，当θ=0°时，完全浸润；θ<90°时，浸润；θ>90°时，不浸润。

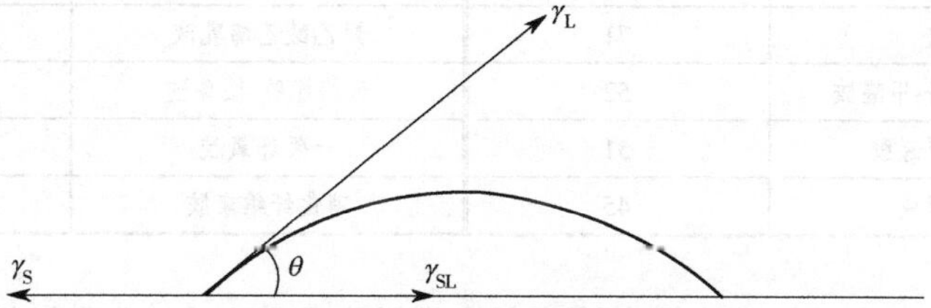

图 1-4　胶液对固体表面的浸润

衡量浸润与否的另一方法是临界表面张力（γ_C），当液体的表面张力小于固体的临界表面张力时，便会浸润。所谓临界表面张力即液体能够浸润固体表面的最小表面张力。

金属及其氧化物、无机物的表面能都比较高（2×10^{-3}～5×10^{-2}N/cm），而固体聚合物、胶黏剂、水等的表面张力比较低（$<10^{-3}$N/cm），见表 1-7 和表 1-8。

浸润性主要取决于胶黏剂和被粘物的表面张力，还与工艺条件、环境因素等有关。

② 粘接力。胶黏剂对被粘物的浸润只是粘接的前提，必须能够形成粘接力，才能达到粘接的目的。

表 1-7　一些聚合物的临界表面张力 γ_C（20℃）

聚合物	γ_C/（10^{-5}N/cm）	聚合物	γ_C/（10^{-5}N/cm）
脲醛树脂	61	聚乙酸乙烯酯	37
聚丙烯腈	44	聚乙烯醇	37
聚氧化乙烯	43	聚苯乙烯	32.8
聚对苯二甲酸乙二醇酯	43	尼龙 1010	32
尼龙 66	42.5	聚丁二烯（顺式）	32
尼龙 6	42	聚乙烯	31
聚砜	41	聚氨酯	29
聚甲基丙烯酸甲酯	40	聚乙烯醇缩丁醛	28
聚偏二氯乙烯	39	丁基橡胶	27
聚氯乙烯	39	聚二甲基硅氧烷	24
聚乙烯醇缩甲醛	38	硅橡胶	22
氯磺化聚乙烯	37	聚四氟乙烯	18.5

表 1-8　某些胶黏剂的表面张力 γ_C（20℃）

胶黏剂	γ_L/（10^{-5}N/cm）	胶黏剂	γ_L/（10^{-5}N/cm）
酚醛胶（酸固化）	78	动物胶	43
脲醛胶	71	聚乙酸乙烯乳液	38
苯酚-间苯二酚-甲醛胶	52	天然橡胶-松香胶	36
间苯二酚甲醛胶	51	一般环氧胶	30
特殊环氧胶	45	硝化纤维素胶	26

粘接力是胶黏剂与被粘物在界面上的作用力或结合力。它包括机械嵌合力、分子间力和化学键力。

机械嵌合力是胶黏剂分子经扩散渗透进入被粘物表面孔隙中固化后镶嵌而成的结合力，这种力虽然很小，却是不可忽视的。

分子间力是胶黏剂与被粘物之间分子相互吸引的力，包括范德华力和氢键，其作用距离为 3×10^{-8}～5×10^{-8}cm。范德华力是色散力、取向力、诱导力的总称。氢键比范德华力大得多，接近于弱的化学键。

化学键力是胶黏剂与被粘物表面能够形成的化学键。它有共价键、配位键、金属键、离子键等，比分子间力高得多，化学键的结合是很牢固的。

三种力对粘接力各自贡献的大小尚不清楚，看来，粘接力是机械嵌合力、分子间力和化学键力综合作用的结果，机械嵌合力和分子间力是普遍存在的。若能形成化学键，即使数目很少，也会使粘接力大增。

总之，粘接作用的形成，浸润是先决条件，流变是第一阶段，扩散是重要过程，渗透是有益作用，成键是关键因素。

5. 粘接现象的理论解释

20世纪40年代以来，国外学者在研究粘接机理时曾提出过多种理论。由于难以完全说明粘接现象，因此有些理论仍存在争议，比较经典的主要有静电理论、吸附理论和扩散理论。

(1) 静电理论　当胶黏剂与被粘物表面能形成授受电子体系时，所形成的双电层间的静电引力的作用能使二者结合在一起。由于双电层中的电荷密度不可能或难以达到使静电引力对粘接强度产生明显影响的程度，因此可以认为在粘接过程中，这种静电作用力虽然确实存在，但绝不是起主导作用的因素。

有的学者认为，由于在胶黏剂与被粘物界面上形成双电层而产生了静电引力，即相互分离的阻力。当胶黏剂从被粘物上剥离时有明显的电荷存在，则是对该理论有力的证实。

(2) 吸附理论　吸附理论是当前较普遍的说法，很多学者认为，粘接作用是胶黏剂与被粘物在界面上互相吸附所产生的，这种吸附力主要是分子间力。施行粘接时，胶液首先向被粘物扩散，使二者的极性基团或链节互相靠近（升温与加压有利于这种作用），当靠到一定距离（0.5～1nm）时就产生吸附作用，并使分子间的距离进一步缩短到能处于最大稳定状态的距离。由于将粘接现象与分子间力的作用联系起来了，因此极性胶黏剂与极性被粘材料、非极性胶与非极性材料之间在充分润湿的情况下均能获得足够的粘接强度。

吸附理论也认为，粘接是由两材料间分子接触和界面力所引起的。粘接力的主要来源是分子间作用力，包括氢键和范德华力。胶黏剂与被粘物连续接触的过程叫润湿，要使胶黏剂润湿固体表面，胶黏剂的表面张力应小于固体的临界表面张力，胶黏剂浸入固体表面的凹陷与空隙就形成良好润湿。如果胶黏剂在表面的凹处被架空，便减少了胶黏剂与被粘物的实际接触面积，从而降低了接头的粘接强度。

许多合成胶黏剂都容易润湿金属被粘物，而多数固体被粘物的表面张力都小于胶黏剂的表面张力。实际上获得良好润湿的条件是胶黏剂比被粘物的表面张力低，这就是环氧树脂胶黏剂对金属粘接极好的原因，而对于未经处理的聚合物，如聚乙烯、聚丙烯和氟塑料很难粘接。

通过润湿使胶黏剂与被粘物紧密接触，主要是分子间作用力产生永久的粘接。在黏附力和内聚力中所包含的化学键及作用力有四种类型：①离子键；②共价键；③金属键；④范德华力。

(3) 扩散理论　当胶黏剂与被粘物具有相容性时，在良好润湿、紧密接触的同时由于分子或链段的相对运动而产生互相穿越（扩散）现象。这种扩散的结果使界面消失并产生过渡区，从而形成牢固的接头。理论与实践表明胶黏剂与被粘物的溶解度参数越接近则扩散作用越强，粘接强度越高。适当降低基料的分子量，升高粘接温度，增长接触时间或制作粗糙表面等均有利于扩散从而提高粘接强度。

扩散理论认为，粘接是通过胶黏剂与被粘物界面上的分子扩散产生的。当胶黏剂和被粘物都是能够运动的长链大分子聚合物时，扩散理论基本是适用的。热塑性塑料的溶剂粘接和热焊接可以认为是分子扩散的结果。

扩散理论在解释聚合物的自粘作用方面已得到公认，但在互粘作用方面能否产生有效的扩散目前尚在争议阶段，有待进一步完善。

(4) 机械理论　机械理论认为，胶黏剂必须渗入被粘物表面的空隙内，并排除其界面上吸附的空气，才能产生粘接作用。在粘接如泡沫塑料的多孔被粘物时，机械嵌定是重要因素。胶黏剂粘接经表面打磨的致密材料效果要比表面光滑的致密材料好，这是因为：①机械镶嵌；②形成清洁表面；③生成反应性表面；④表面积增加。由于打磨使表面变得比较粗糙，可以认为表面层物理和化学性质发生了改变，从而提高了粘接强度。

(5) 弱边界层理论　弱边界层理论认为，当粘接破坏被认为是界面破坏时，实际上往往是内聚破坏或弱边界层破坏。弱边界层来自胶黏剂、被粘物、环境，或三者之间任意组合。如果杂质集中在粘接界面附近，并与被粘物结合不牢，在胶黏剂和被粘物内部都可出现弱边界层。当发生破坏时，尽管多数发生在胶黏剂和被粘物界面，但实际上是弱边界层的破坏。

聚乙烯与金属氧化物的粘接便是弱边界层效应的实例，聚乙烯含有强度低的含氧杂质或低分子物，使其界面存在弱边界层，所能承受的破坏应力很小。如果采用表面处理方法除去低分子物或含氧杂质，则粘接强度获得很大的提高，事实也已证明，界面上确实存在弱边界层，致使粘接强度降低。

(6) 化学键理论　化学键理论认为，胶黏剂分子与被粘物表面通过化学反应在界面上形成化学键结合，因为化学键能比分子间力要大1～2个数量级，所以能获得高强度的牢固粘接。

(7) 粘接的一般过程　在进行粘接之前，首先要对被粘表面进行适当的处理，然后将准备好的胶黏剂均匀地涂覆在被粘物表面上，接着便是胶黏剂润湿、流变、扩散、渗透、叠合，使之紧密接触。当胶黏剂的大分子与被粘物表面的距离小于0.5nm时，则会互相吸引，产生范德华力或形成氢键、配位键、共价键、离子键、金属键等，加上渗入孔隙中的胶黏剂，固化后生成无数的小"胶钩子"，从而完成粘接过程，获得牢固的粘接。

一般来说，粘接过程就是表面处理、涂胶、叠合、固化、后处理等，是一复杂的物理和化学过程。

二、胶黏剂的固化

为了便于胶黏剂对被粘物表面的润湿，胶黏剂在粘接前要制成液态或使之变成液态，粘接后，只有变成固态才具有强度。通过适当方法使胶层由液态变成固态的过程称为胶黏剂的固化。不同的胶黏剂往往采用不同的固化方式。按固化方式可将胶黏剂划分成热熔胶黏剂、溶液胶黏剂、乳液胶黏剂和反应型胶黏剂四种类型。

1. 热熔胶黏剂的固化

热熔胶黏剂的固化是一种简单的热传递过程，即加热熔化涂胶黏合，冷却即可固化。固化过程受环境温度影响很大，环境温度低，固化快。为了使热熔胶液能充分润湿被粘物，使用时必须严格控制熔融温度和晾置时间，基料具有结晶性的热熔胶尤应重视，否则将因冷却过快使基料重结晶不完全而降低粘接强度。

2. 溶液胶黏剂的固化

溶液胶黏剂有水溶型与有机溶液型的，是将热塑性聚合物溶解于一定的溶剂中制成的一定浓度的高分子溶液。溶液胶黏剂的固化主要是由溶剂的挥发完成的，其固化速度主要取决于溶剂的挥发速度，还受环境温度、湿度、被粘物的致密程度与含水量、接触面大小等因素的影响。配制溶液胶黏剂时应选择特定溶剂或组成混合溶剂以调节固化速度。选用易挥发的溶剂，易影响结晶基料的结晶速度与程度，甚至造成胶层结皮而降低粘接强度。另外，快速挥发造成的粘接处降温凝水对粘接强度也是不利的。选用的溶剂挥发太慢，固化时间长，效率低，还可能造成胶层中溶剂滞留，对粘接不利。在使用溶液胶黏剂时还应严格注意火灾与中毒现象。

3. 乳液胶黏剂的固化

乳液胶黏剂是聚合物胶体在水中的分散体，为一种相对稳定体系。当乳液中的水分逐渐渗透到被粘物中去并挥发掉时，其浓度就会逐渐增大，从而因表面张力的作用使胶粒凝聚而固化。环境温度对乳液的凝聚影响很大，温度足够高时乳液能凝聚成连续的膜；温度太低（低于最低成膜温度，该温度通常比玻璃化温度略低一点）时不能形成连续的膜，此时胶膜呈白色，粘接强度极差。不同聚合物乳液的最低成膜温度是不同的，因此在使用该类胶黏剂时一定要使环境温度高于其最低成膜温度，否则粘接效果不好。

4. 反应型胶黏剂的固化

反应型胶黏剂的基料中都存在活性基团，在固化剂、引发剂及其他物理条件的作用下，因基料发生聚合、交联等化学反应而固化。按固化方式反应型胶黏剂可分为固化剂固化型、催化剂固化型与引发剂引发固化型等几种类型。光敏固化、辐射固化等胶的固化机制一般属于以上类型，所以不做专门讨论。环氧树脂、聚氨酯类胶黏剂多是用化学计量的固化剂固化的；第二代丙烯酸酯结构胶、不饱和聚酯胶等常用引发剂引发固化，一些酚醛、脲醛树脂胶可用酸性催化剂催化固化。某些反应型胶黏剂固化时会出现凝胶化现象，设计配方或使用胶黏剂尤应注意，因为凝胶化时的急骤放热会使胶层产生缺陷，破坏被粘材料而使粘接失败。

胶液凝胶化后，胶层一般可获得一定的粘接强度，但在凝胶化以后的较长时间内粘接强度还会不断提高。由于凝胶化后分子运动变慢，因此这类胶黏剂在初步固化后适当延长固化时间或适当提高固化温度以促进后固化的顺利进行对粘接强度是极其有利的。对于某一特定的胶种来说，设定的固化温度是不能降低的。温度降低的结果是固化不能完全致使粘接强度下降，这种劣变是难以用延长固化时间来补偿的。对于设定在较高温度固化的胶种，最好采用程序升温固化，这样可以避免胶液溢流、不溶组分分离，并能减小胶层的内应力。对于固化过程中有挥发性低分子量物质生成的胶种，固化时常需施加一定的压力，如果固化过程中不产生小分子物质则仅施以接触压力来防止粘接面错位就行了。

用固化剂固化的胶黏剂，固化剂用量一般是化学计量的，加入量不足时难以固化完全，过量加入则胶层发脆，均不利于粘接。为了保证固化完全，固化剂一般略过量一些。应用分子量较大的固化剂时，其用量范围可以稍大一些。例如，用650聚酰胺固化环氧树脂时用量可为30%～100%。用引发剂固化的胶黏剂，在一定范围内增大引发剂用量可以增大固化速度而胶层性能受影响不大。用量不足易使反应过早终止，不能固化完全；用量过大，聚合度降低，均使粘接强度降低。为了避免凝胶化现象对胶层的不利影响，可以使用复合引发剂，即将活性低的引发剂与活性高的引发剂配合使用。加入引发剂后，再适当加入一些特殊的还原性物质（称为促进剂）可以大大降低反应的活化能，加大反应速率，甚至可以制成室温快固胶种，这就是氧化还原引发体系。由于还原剂在促进引发剂分解的同时降低了引发效率，因此在氧化还原引发体系中引发剂量应该加大。催化剂只改变反应速率，催化剂固化型胶黏剂在不加催化剂时反应极慢（指常温下），可以长期存放，加入催化剂后由于降低了固化反应的活化能而使固化反应变易，胶层可以固化。催化剂用量增大，固化速度变快，过量使用催化剂会使胶层性能劣化。在催化剂用量较少时适当提高固化温度也是可行的。

以上只是简单讨论了胶黏剂的固化情况,对于某一特定的胶黏剂,有时可以应用几种固化方式,这样可以获得更好的综合性能。例如,反应型热熔胶、反应型压敏胶等均有比其普通品种更好的粘接性能。

三、粘接强度及其影响因素

上面已经介绍了粘接接头粘接力是怎样形成的,但在实际应用中要获得最佳粘接强度,还必须使胶黏剂与被粘物中所具有的物理作用力和化学作用力均能发挥到较为理想的程度。有许多因素影响粘接强度,下面分别加以讨论。

一般来说,单位粘接面上承受的粘接力称为粘接强度。粘接强度的概念主要包括胶层的内聚强度和胶层与被粘面间的黏附强度,其大小与胶黏剂的组成、基料的结构与性质、被粘物的性能与表面状况及使用时的操作方式等因素有关。

1. 胶黏剂基料的物理力学性能

合成胶黏剂的基料多为合成高分子化合物,从结构上看,合成高分子化合物可分为热塑性与热固性的,热塑性的又可分为晶态和非晶态的,不同的组成与结构对其物理力学性能影响很大,此处仅以线型非晶态高聚物为例加以讨论。

(1) 线型非晶态高聚物的物理状态　图1-5是典型的线型非晶态高聚物在一定负荷下的形变-温度曲线,它直观地反映出这类聚合物在一定温度下所处的物理状态与一些力学性能。

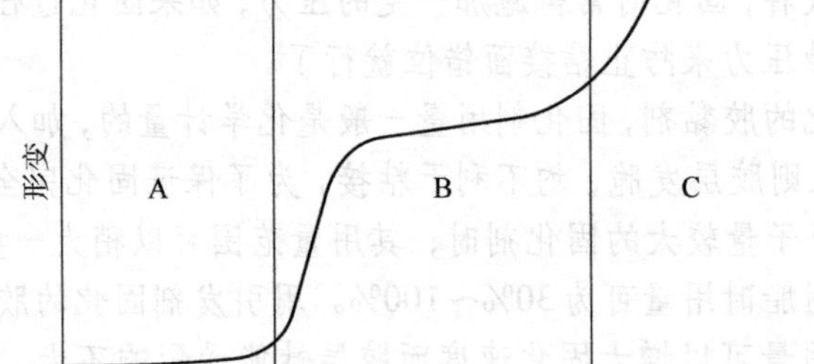

图1-5　线型非晶态高聚物的形变-温度曲线

曲线大致可分为A、B、C三个区域,A为玻璃态,B为高弹态,C为黏流态,相应的转变点为玻璃化温度t_g与黏流化温度t_f。各种状态下高分子的运动状况及物理力学性能是不同的,如表1-9所示。在玻璃化温度附近的一个很窄的范围内各种材料的物理力学性能都与模量一样发生急剧的变化。在设计胶黏剂配方、选用胶黏剂基料时应注意胶黏剂的使用条件与其基料的物理状态的一致性。黏流化温度是固液转变点,其大小与基料的分子量大小、胶黏剂中加入的增塑剂等助剂有关,在配胶尤其是配制热熔胶时应严格注意。

表 1-9　线型非晶态高聚物的物理状态与物理力学性能

运动状态	运动类型	形变类型	形变能力
玻璃态	键参数运动	可逆普弹	大
高弹态	键参数、链段运动	可逆高弹	大
黏流态	键参数、链、链段运动	不可逆塑性	很大

(2) 高分子材料的蠕变与应力松弛　与低分子化合物不一样的是高分子化合物运动都需要一定的时间，因此在外力作用下产生形变时，形变的建立需要一定的时间。在应力保持恒定时形变随着时间的延长而增大，这种现象称为蠕变。同样，在外应力消除后，回到无应力状态也需要一定的时间。高分子材料的蠕变与它所处的温度有关。当温度比玻璃化温度低得多时，由于链段运动难以进行，因此即使外力作用时间很长，蠕变也是很小的。当温度接近玻璃化温度时，由于链段运动以缓慢的速度进行，所以能明显地观察到蠕变现象。在玻璃化转变区中蠕变对温度非常敏感，进入高弹区以后，在外力作用下能发生很大的形变，这时蠕变又减小了。

如果将高分子材料的形变固定起来，就可以看到随作用时间延长应力下降，这种现象称为应力松弛。应力松弛也与所处的温度有关，而且也在玻璃化转变区最为明显。

蠕变和应力松弛对粘接强度影响较大，对于黏弹性高聚物，在温度升高时分子链段运动加快，应力松弛也就加快，以致在受载时显出较大的形变和较低的强度。同样，当加载速度降低时外力作用时间增加，应力松弛就进行得更充分，从而使在受载时也显示出较大的形变和较低的强度。以上讨论结果表明提高测试温度和降低加载速度有着同等的效果。

蠕变与应力松弛一般不利于胶黏剂的刚性强度。用于粘接精密机械零件或用作结构粘接的胶黏剂就不能采用易蠕变的材料。实际上，为了防止蠕变和应力松弛，常使胶黏剂在固化过程中形成一定的交联点。但是由于很难发生蠕变的情况下胶层容易产生应力开裂，这也是不利于粘接强度的。因此，在实际应用时对蠕变与应力松弛应综合考虑。

2. 影响粘接强度的物理因素

(1) 弱界面层　当胶黏剂与被粘物之间的粘接力主要来源于分子间力的作用时，如果胶黏剂和被粘物中存在相容性差及易迁移（向界面）的低分子量杂质，并且这种低分子量杂质对被粘接物表面的吸附力比对胶黏剂强时，界面间的作用力就会削弱，在部分或全部界面内产生低分子物的富集区，从而减弱或破坏分子的接触，即产生了弱界面层。弱界面层的出现是粘接力下降的主要原因之一。弱界面层的形成源于下面三个条件（同时存在，同时产生）。

① 胶黏剂与被粘物之间的粘接力，主要来源于分子间的相互作用力。

② 低分子物在胶黏剂或被粘物中有渗析行为，通过渗析作用，低分子物迁移到界面形成富集区。

③ 低分子物分子对被粘物表面具有比胶黏剂分子更强的吸附力，使被粘物表面产生新的吸附平衡，低分子物分子被吸附，胶黏剂分子被解吸。

前已述及，这种弱界面层的存在常使接头在此时脱开而使粘接失败。加强静电引力、去掉有害的低分子杂质、增大交联程度、引入化学键合或使用偶联剂等方法可以减小或去掉弱界面层，加强粘接作用。

(2) 胶黏剂的黏度　胶黏剂对被粘物表面的浸润和黏附，实质上是两者相互作用，达到能量最低的结合，如表1-10所示。

表1-10　结合力的种类和键能

结合力的种类	键距/10^{-8}cm	键能/（kJ/mol）
范德华力（色散力、诱导力、取向力）	3～5	4.2～8.4
氢键	2～3	12.6～42
化学键	1～2	210～840

从表1-10可见，要使这些力发生作用，必须使两种物质的分子充分接近到间距小于5×10^{-8}cm。在实际胶接时，由于固体表面都不是绝对平滑的，因此，胶黏剂因流动或变形而渗入被粘物表面的空隙内或细缝内，此时必须赶出缝隙内的空气，才能达到浸润目的。由此可见，胶黏剂的实际浸润与其黏度有密切关系，黏度小流动性好，有利于实际浸润。对于黏度较大的胶黏剂，就有必要进行加热、加压，以改善其浸润性。

(3) 被粘物的表面处理　任何物质的表面都具有吸附性。为了得到最佳粘接效果，任何物质的表面都必须进行表面处理。

被粘接材料表面的性质，对于粘接强度的影响极大。表面状态不佳，往往是造成粘接接头破坏的主要原因。凡是表面经过适当处理的金属，其粘接强度都有不同程度的提高，其中，尤以铝合金最为显著，其抗剪切强度可提高25%～70%。因此，如何处理好被粘物的表面是一个极其重要的问题。

3. 表面的处理作用的问题

一般来说，表面的处理作用主要包括下述三个方面。

① 表面清洁度。为了使胶黏剂与被粘物表面紧密接触，不允许被粘物表面有油垢或污染物存在。只有被粘物表面清洁才具有相当高的表面能；胶黏剂与被粘物表面有良好的亲和力，即胶黏剂的表面能低，才能使胶黏剂充分浸润被粘物表面。

金属或非金属材料表面常常吸附有水分、尘埃，还常常有一层油污和氧化物等。如果在表面层附有内聚强度很低的物质，就使胶黏剂不能很好地浸润表面，致使粘接接头变得脆弱。为此，在粘接之前要用物理或化学方法处理，以使表面清洁。

检查表面清洁程度的简便方法是观察水滴在表面上的浸润和扩展情况。洁净的表面，水滴应迅速且完全展开，并在表面形成一连续不破裂的水膜。这种方法通常被称为水膜法。

② 粗糙度和表面形态。在胶黏剂和被粘物表面很好的润湿前提下，对被粘物表面进行适当粗糙化处理，可增加胶黏剂与被粘物表面的实际接触面积，加大被粘物比表面积，并可形成机械黏合效果。

一般认为，被粘物表面的粗糙程度是产生机械粘接力的源泉，在润湿性好（$\theta<90°$）的情况下胶黏剂在粗糙表面的润湿性比在光滑表面上好。在润湿性不好（$\theta>90°$）时胶黏剂在粗糙表面上的润湿性能低于在光滑表面上的润湿性能。在$\theta=90°$时则胶黏剂对两种表面的润湿性相等。因此，在对被粘物表面进行粗糙化处理时，须注意所用胶液对该表面的润湿情况，润湿性不好就不适合进行粗糙化处理。另外粗糙化能增大粘接强度的原因是增大了接触面积，但粗糙化过度易滞留空气，有损润湿作用而不利于粘接强度。除了粗糙度以外，被粘表面的污染情况对粘接强度的影响也很大，被粘表面被污染不利于胶液的润湿作用，常使粘接失败。

有专家认为，被粘物（如金属）表面通过机械处理的方法增加粘接强度，也就是适当地将被粘物表面粗糙化后，使其表面得到了净化，形成了新的表面层，同时也增加了粘接面积。例如，表面通过喷砂处理后粘接强度明显提高了。但是，如果表面过于粗糙，还会导致粘接强度下降。这是因为粘接面处有胶层断裂或有气泡，如图1-6所示。

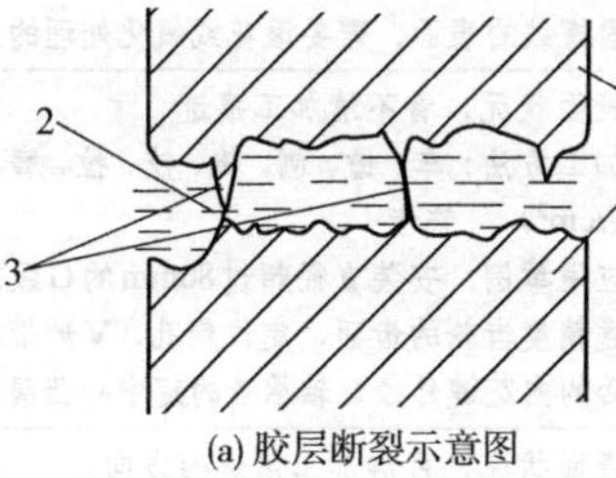

(a) 胶层断裂示意图

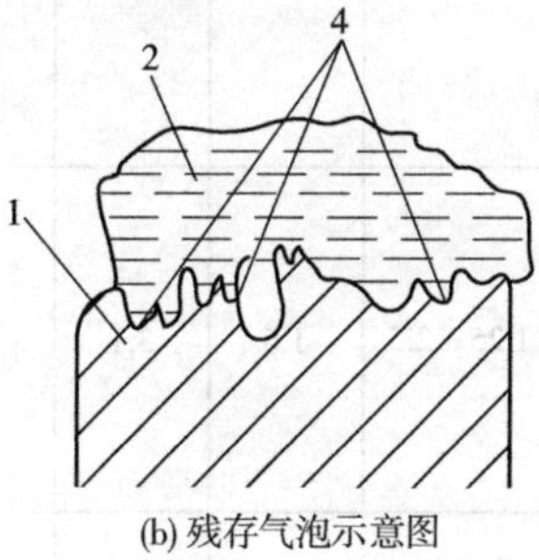

(b) 残存气泡示意图

图1-6　表面粗糙度对粘接强度的影响

（胶黏剂为酚醛-缩醛胶；被粘物为硬铝）

1—被连接材料；2—胶黏剂；3—胶层断裂处；4—残存气泡胶黏剂

表面粗糙度：加工表面上具有的较小间距和峰谷所组成的微观几何形状特性。它是互换性研究的问题之一。表面粗糙度一般是由所采用的加工方法和其他因素所形成的，例如加工过程中刀具与零件表面间的摩擦、切屑分离时表面层金属的塑性变形以及工艺系统中的高频振动等。

由于加工方法和工件材料的不同，被加工表面留下痕迹的深浅、疏密、形状和纹理都有差别。表面粗糙度与机械零件的配合性质、耐磨性、疲劳强度、接触刚度、振动和噪声等有密切关系，对机械产品的使用寿命和可靠性有重要影响。一般标注采用*Ra*。

Ra（轮廓算术平均偏差）：在取样长度*L*内轮廓偏距绝对值的算术平均值。

表面粗糙度分类及应用举例见表1-11。

表 1-11　表面粗糙度分类及应用举例

光洁度（旧国标）级别	Ra/μm	粗糙度（Ra）/μm			备注
		方案1	方案2	方案3	
▽1	40～80	50	100	80	
▽2	20～40	25	50	40	表面状况：明显可见的刀痕 加工方法：粗车、镗、刨、钻 应用举例：粗加工后的表面、焊接前的焊缝、粗钻孔壁等
▽3	10～20	12.5	25	20	表面状况：可见刀痕 加工方法：粗车、刨、铣、钻 应用举例：一般非结合表面,如轴的端面、倒角齿轮及皮带轮的侧面、键槽的非工作表面、减重孔眼表面
▽4	5～10	6.3	12.5	10	表面状况：可见加工痕迹 加工方法：车、镗、刨、钻、铣、锉、磨、粗铰、铣齿 应用举例：不重要零件的配合表面,如支柱、支架、外壳、衬套、轴、盖等的端面,紧固件的自由表面，紧固件通孔的表面，内、外花键的非定心表面，不作为计量基准的齿轮顶圈圆表面等
▽5	2.5～5	3.2	6.3	5	表面状况：微见加工痕迹 加工方法：车、镗、刨、铣、刮（1～2点/cm²）、拉、磨、锉、滚压、铣齿 应用举例：和其他零件连接不形成配合的表面，如箱体、外壳、端盖等零件的端面；要求有定心及配合特性的固定支承面，如定心的轴肩、键和键槽的工作表面；不重要的紧固螺纹的表面；需要滚花或氧化处理的表面
▽6	1.25～2.5	1.6	3.1	2.5	表面状况：看不清加工痕迹 加工方法：车、镗、刨、铣、铰、拉、磨、滚压、刮（1～2点/cm²）、铣齿 应用举例：安装直径超过80mm的G级轴承的外壳孔、普通精度齿轮的齿面、定位销孔、V形带轮的表面、外径定心的内花键外径、轴承盖的定中心凸肩表面
▽7	0.63～1.25	0.8	1.6	1.25	表面状况：可辨加工痕迹的方向 加工方法：车、镗、拉、磨、立铣、刮（3～10点/cm²）、滚压 应用举例：要求保证定心及配合特性的表面，如锥销与圆柱销的表面，与G级精度滚动轴承相配合的轴颈和外壳孔，中速转动的轴径，直径超过80mm的E、D级滚动轴承配合的轴颈及外壳孔，内、外花键的定心内径，外花键键侧及定心外径,过盈配合IT7级的孔（H7），间隙配合IT8～IT9级的孔（H8、H9），磨削的齿轮表面等
▽8	0.32～0.63	0.4	0.8	0.63	表面状况：微辨加工痕迹的方向 加工方法：铰、磨、镗、拉、刮（3～10点/cm²）、滚压 应用举例：要求长期保持配合性质稳定的配合表面，IT7级的轴、孔配合表面，精度较高的齿轮表面,受变应力作用的重要零件，与直径小于80mm的E、D级轴承配合的轴颈表面，与橡胶密封件接触的轴的表面，尺寸大于120mm的IT13～IT16级孔和轴用量规的测量表面

续表

光洁度（旧国标）级别	Ra/μm	粗糙度（Ra）/μm			备注
		方案1	方案2	方案3	
▽9	0.16～0.32	0.2	0.4	0.32	表面状况：不可辨加工痕迹的方向 加工方法：布轮磨、磨、研磨、超级加工 应用举例：工作时受变应力作用的重要零件的表面；保证零件的疲劳强度、防腐性和耐久性,并在工作时不破坏配合性质的表面，如轴径表面、要求气密的表面和支承表面，圆锥定心表面等；IT5、IT6级配合表面；高精度齿轮的表面，与G级滚动轴承配合的轴颈表面；尺寸大于315mm的IT7～IT9级孔和轴用量规的测量表面及尺寸大于120～315mm的IT10～IT12级孔和轴用量规的测量表面等
▽10	0.08～0.16	0.1	0.2	0.16	表面状况：暗光泽面 加工方法：超级加工 应用举例：工作时承受较大变应力作用的重要零件的表面，保证精确定心的锥体表面,液压传动用的孔表面，汽缸套的内表面，活塞销的外表面，仪器导轨面，阀的工作面，尺寸小于120mm的IT10～IT12级孔和轴用量规测量面等
▽11	0.04～0.08	0.05	0.1	0.08	
▽12	0.02～0.04	0.025	0.05	0.04	
▽13	0.01～0.02	0.012	0.025	0.02	
▽14	<0.01	0.006	0.012	0.01	

注：1.方案1的Ra与旧国标各等级的平均值相近，能保证产品质量，建议用于重要表面。

2. 方案2的Ra比旧国标的各等级上限大25%，其经济性较好，建议用于不太重要的表面。

3. 方案3的Ra与旧国标各等级上限一致，当提高产品的制造精度有困难，而降低又不能保证功能时采用。

在采用胶黏剂恢复磨损工件的尺寸时，要求工件表面粗糙度更大些，甚至有意将工件表面加工成一定尺寸的沟槽或螺纹。加工精度对粘接强度的影响如图1-7所示。

③ 被粘物表面的化学处理。被粘接材料脱脂去污、机械处理后再经化学处理，能不同程度地提高粘接强度。

一般常用的方法是电晕处理，高压下的带电粒子对被粘物表面的冲击产生极细小的微孔，从而提高被粘物的表面积。需要注意的是：

a. 若胶黏剂分子不能很好地在被粘物表面润湿，粗糙化反而会使实际接触面积减少；

b. 电晕处理后的表面能会衰减，为减慢衰减，应把处理后的材料在温度较低且干燥清洁的条件下存放。

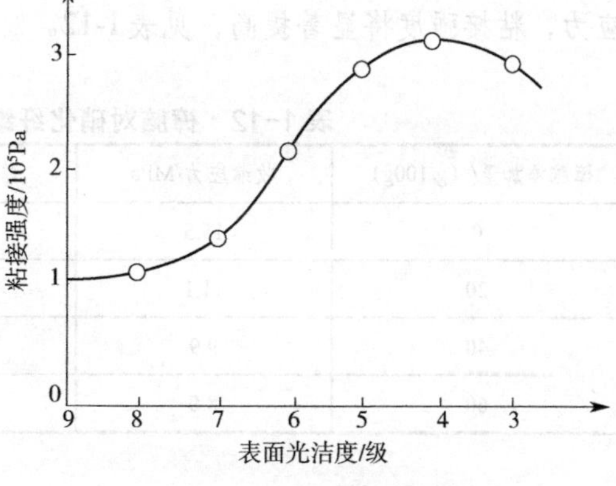

图1-7 表面光洁度对粘接强度的影响

（胶黏剂为酚醛-缩醛胶；被粘物为硬铝）

被粘物表面经化学处理后，改变了表面的化学结构，从而引起表面物理化学性质的改变和表面层内内聚强度的变化，并能形成和胶黏剂分子增加作用的活性表面。例如，铝合金经硫酸-铬酸-重铬酸钠化学处理后，其表面层的自然氧化膜溶解了，化学反应如下：

$$2Al(OH)_3+3H_2SO_4 \longrightarrow Al_2(SO_4)_3+6H_2O$$

而在铝合金表面重新生成一层质地致密而又坚硬的氧化膜，这种膜较厚、吸附力强、内聚强度高，同时具有强极性，能与极性胶黏剂形成很强的次价键，从而提高了黏附力，化学反应如下：

$$Na_2Cr_2O_7+H_2SO_4 \longrightarrow Na_2SO_4+2CrO_3+H_2O$$
$$2Al+2CrO_3 \longrightarrow Al_2O_3+Cr_2O_3\ \text{（绿色）}$$

对于一些非极性的难粘高聚物，如乙丙橡胶、氟橡胶以及聚乙烯、氟塑料等，在粘接之前须对其表面进行化学处理，其主要目的是增加其表面层的极性基团，这不但有利于浸润和黏附，而且也能提高表面层强度。

化学处理有时还有利于在粘接界面形成化学键。用有机硅烷偶联剂处理被粘表面，能够借助偶联剂的作用，在粘接界面形成较多的化学键，特别是对于亲水性的、无机的被粘物表面（包括金属和非金属氧化物表面），效果尤其明显。

其他如火焰处理、真空离子轰击及辉光放电等方法，对于活化被粘物表面均有一定效果。

4. 内应力的问题

粘接件中的内应力是影响粘接强度和耐久性的重要因素之一。

粘接件中存在内应力将导致粘接强度大大下降，甚至会造成粘接自动破裂。例如硝化纤维素，从它的化学结构来看，分子中有极性很强的硝基，应该对金属有比较好的黏附力，但是未加改性的硝化纤维素作胶黏剂时几乎没有强度，这是由于固化时产生的收缩应力很大。如果在硝化纤维素中加入樟脑作增塑剂，由于降低了内应力，粘接强度将显著提高，见表1-12。

表1-12　樟脑对硝化纤维素粘接强度的影响

樟脑添加量/（g/100g）	收缩应力/MPa	弹性模量/MPa	粘接硬铝剪切强度/MPa
0	15.5	5140	0
20	11.1	5000	6.1
40	9.9	4110	10.9
60	8.0	3260	10.4

单位截面上附加的力为应力，接头在未受到外力作用时内部所具有的应力为内应力。在胶层固化时因体积收缩而产生的内应力为收缩应力；胶层与被粘物之间

由于热膨胀系数不同，在温度变化时产生的应力为热应力。这是胶层内应力的两个主要来源，前者具有永久性；后者为暂时性的，即在温度回原后热应力也随之消失。

粘接件的内应力与老化过程有着十分密切的关系。在热老化过程中，由于热氧的作用和挥发性物质的逸出，胶黏剂层会进一步收缩。相反，在潮湿环境中胶黏剂的吸湿也会造成胶层发生膨胀。因此在老化过程中粘接件的内应力也在不断地变化着。

粘接件的内应力还可能加速老化的进程。已经证明，对于某些环氧胶黏剂和聚氨酯胶黏剂，相当于强度的3%的外加负荷能使粘接件的湿热老化大大加剧。内应力对湿热老化的影响也就可想而知了。

因此，在制备粘接件时必须采取各种措施来降低内应力。

胶黏剂不管用什么方法固化，都难免发生一定的体积收缩。如果在失去流动性之后体积还没有达到平衡的数值，进一步固化就会产生内应力。

溶液胶黏剂固体含量一般只有20%～60%，因此在固化过程中体积收缩最严重。

热熔胶的固化也伴随着严重的体积收缩。熔融聚苯乙烯冷却至室温体积收缩率为5%。而具有结晶性的聚乙烯从熔融状态冷却至室温体积收缩率高达14%。通过化学反应来固化的胶黏剂，体积收缩率分布在一个较宽的范围内。缩聚反应体积收缩很严重，因为缩聚时反应物分子中有一部分变成小分子副产物逸出。例如酚醛树脂固化时释放出水分子，因此酚醛树脂固化过程中收缩率可能比环氧树脂高6～10倍。

烯类单体或预聚体的双键发生加聚反应时，两个双键由范德华力结合变成共价键结合，原子间距离大大缩短，所以体积收缩率也比较大。例如不饱和聚酯固化过程中体积收缩率高达10%，比环氧树脂高1～4倍。

开环聚合时有一对原子由范德华力作用变成化学键结合，而另一对原子却由原来的化学键结合变成接近于范德华力作用。因此开环聚合时体积收缩比较小。环氧树脂固化过程中体积收缩率比较低，这是环氧胶黏剂能有很高的粘接强度的重要原因。

必须注意，收缩应力的大小不是正比于整个固化过程的体积收缩率，而是正比于失去流动性之后进一步固化所发生的那部分体积收缩，因为处于自由流动的状态下内应力可以释放出来。

对于热固性胶黏剂来说，凝胶化之后分子运动受到了阻碍，特别是在玻璃化之后分子运动就更困难了。所以凝胶化之后进一步的固化反应是造成收缩应力的主要原因。凝胶化理论告诉我们，反应物的官能度愈高，发生凝胶化时官能团的反应程度就愈低。因此可以预计，官能度很高的胶黏剂体系在固化之后将会产生较高的内应力，这可能是高官能度的环氧化酚醛树脂胶黏剂的粘接强度要比双酚A型环氧树脂胶黏剂低的主要原因之一。

降低固化过程中的体积收缩率对于热固性树脂的许多应用部门都有十分重要的意义。降低收缩率通常采取下列各种办法：

(1) 降低反应体系中官能团的浓度　因为总的体积收缩率正比于体系中参加反应的官能团的浓度，通过共聚或者提高预聚体的分子量等方法来降低反应体系中官能团的浓度，是降低收缩应力的有效措施。已经证明双酚A型环氧树脂胶黏剂的粘接强度与树脂的分子量有关，抗剪强度随着分子量的增大而提高。

(2) 加入高分子聚合物来增韧　要求高分子聚合物能溶于树脂的预聚体中，在固化过程中由于树脂分子量的增大能使高分子聚合物析出。相分离时所发生的体积膨胀可以抵消掉一部分体积收缩。例如在不饱和聚酯中加入聚乙酸乙烯酯、聚乙烯醇缩醛、聚酯等热塑性高分子能使固化收缩显著降低。

(3) 加入无机填料　由于填料不参与化学反应，加入填料能使固化收缩按比例降低。加入无机填料还能降低热膨胀系数，提高弹性模量。因此加入适量填料能使某些胶黏剂的强度显著提高，但是填料用量太多反而有害。

① 收缩应力。胶黏剂无论用什么方法固化，都会发生一定的体积收缩。而在胶黏剂失去流动性之后，体积还没有达到平衡数值时，进一步固化引起体积收缩就会产生内应力。

溶剂型胶黏剂在溶剂挥发使胶层失去变形能力时就会产生内应力。热熔胶黏剂的固化也伴随着严重的体积收缩。熔融聚苯乙烯冷却至室温时的体积收缩率为5%。通过化学反应固化的胶黏剂，体积收缩率分布在一个较宽的范围内。环氧树脂固化过程中，因开环聚合时原子间距离变化小而有较低的体积收缩率。不饱和聚酯树脂固化过程中因两个双键由范德华力结合转变为共价键结合，原子间距离缩短，产生较大的体积收缩，其体积收缩率达10%。按缩聚反应历程进行固化的一类高分子材料，如酚醛树脂，因固化时有低分子反应物逸出，而有较大的体积收缩。

② 热应力。高分子材料与金属、无机材料的热膨胀系数相差很大，见表1-13。

表1-13　材料的热膨胀系数

材料种类	热膨胀系数/ (10^{-6}℃$^{-1}$)	材料种类	热膨胀系数/ (10^{-6}℃$^{-1}$)
石英	0.5	酚醛树脂（未加填料）	约45
陶瓷	2.5～4.5	铸型尼龙	40～70
钢	约11	环氧树脂（未加填料）	约110
不锈钢	约20	高密度聚乙烯	约120
铝	约24	天然橡胶	约220

热膨胀系数不同的材料粘接在一起，温度变化会在界面中造成热应力。热应力的大小正比于温度的变化、胶黏剂与被粘物热膨胀系数的差别以及材料的弹性模量。

在粘接两种热膨胀系数相差很大的材料时，热应力的影响尤其明显。例如用环氧树脂把1cm×3cm×20cm的硬铝和一种同样大小的陶瓷块粘接在一起，固化温度是120℃，在冷却至室温后，粘接件都在陶瓷部分自动开裂。当温度变化时就会在粘接界面产生热应力。热应力的大小与温度的变化、胶黏剂与被粘物热膨胀系数的差别以及材料的物理状态和弹性模量有关。

为了避免热应力，粘接热膨胀系数相差甚大的材料一般宁可选择比较低的固化温度，最好采用室温固化的胶黏剂。例如不锈钢与尼龙之间的粘接，如果采用高温固化的环氧胶黏剂只能得到很低的粘接强度，而采用室温固化的环氧-聚酰胺胶黏剂就能得到满意的粘接强度。

为了粘接热膨胀系数不能匹配的材料，使之在温度交变时不发生破裂，一般应采用弹性模量低、延伸率高的胶黏剂，使热应力能通过胶黏剂的变形释放出来。在这种情况下提高胶层厚度有利于应力释放。现在已经有许多应力释放材料可供选择，例如室温熟化硅橡胶、聚硫橡胶、软聚氨酯等。前面谈到硬铝与陶瓷之间粘接的例子，如果改用室温熟化硅橡胶就可以解决在温度交变时发生破裂的问题。

收缩应力和热应力一旦形成，即使还没能引起粘接接头本身的破坏，也必然要降低粘接强度。

在胶黏剂中加入增韧剂，借助其柔性链节的移动，可以降低胶黏剂的内应力；加入无机填料，可使固化收缩率和热膨胀系数下降。这些措施对降低这两种应力都是比较有效的。

胶黏剂固化时的相态变化、胶液组成、固化温度及粘接工件的使用时间等都会对接头中的内应力产生影响。为了获得良好的粘接，应该设法消除或减少内应力，因为内应力可以抵消粘接力，降低粘接强度。在胶黏剂中适当加入易于产生蠕动或有助于基料分子产生蠕动的物料，采用程序升温方法固化胶层，设法使胶液在流动状态下完成大部分体积收缩，加入适当的填充料，选用与被粘物热膨胀性能相近的胶种等操作均有利于减少或消除内应力。

5. 胶层厚度的问题

较厚的胶层易产生气泡、缺陷和早期断裂，因此应使胶层尽可能薄一些，以获得较高的粘接强度。另外，厚胶层在受热后的热膨胀在界面区所造成的热应力也较大，更容易引起接头破坏。因此，厚的胶层往往存在较多的缺陷，一般来说胶层厚度减少，粘接强度升高。当然，胶层过薄也会引起缺陷而降低粘接强度。不同的胶黏剂或同种胶黏剂使用目的不同，要求胶层厚度也不同，大多数合成胶黏剂以0.05～0.1mm厚为宜，无机胶黏剂以0.1～0.2mm厚为宜。

胶层厚度也与接头所承受的应力类型有关。对于单纯的拉伸、压缩或剪切，胶层越薄，强度越大。胶层厚时剥离强度会适当提高。对于冲击负荷，弹性模量小的胶黏剂，胶层厚则抗冲击强度高；而对弹性模量大的胶黏剂，冲击强度与胶层厚度无关。

一般认为，胶层的厚度与粘接强度有密切关系。一般规律是，在保证不缺胶黏剂的情况下，粘接强度随胶层厚度的减少而增加。表1-14列出了用双氰胺固化的环氧树脂胶黏剂粘接硬铝时，胶层厚度对粘接强度的影响。

表 1-14　胶层厚度对粘接强度的影响

胶层厚度/mm	粘接强度/MPa
0.06	35.99
0.20	33.73
0.40	25.69

胶层过厚，粘接强度显著下降，其主要原因有以下两点：

① 胶层厚，层内形成气泡及其他缺陷的概率增大。早期破坏的概率增加。

② 胶层厚，由于胶黏剂与被粘物热膨胀系数不同，所引起的热应力大，导致粘接强度下降。

总之，为了保证粘接接头具有最大的粘接强度，胶层的厚度应加以控制。

在实际工作中，用涂胶量以及固化时加压来保证一定的胶层厚度。

随着使用时间增长，常因基料的老化而使粘接强度降低。胶层的老化与胶黏剂的物理化学变化、使用时的受力情况及使用环境有关。冬夏交替或频繁的热冷变更将引起接头中内应力不断地循环交变，使粘接强度迅速下降。环境温度对粘接强度的影响也很大，有可水解性基团的基料组成的胶黏剂可因基料的水解而破坏胶层；多极性基团基料组成的胶黏剂在使用过程中会产生干湿交替而脱胶。另外，光、热、氧等也能造成胶层老化。因此，在制备胶黏剂时应选用耐老化的基料或加入抑制老化的助剂。

6. 影响粘接强度的化学因素

合理的粘接体系在受力破坏时大多数呈现内聚破坏和混合破坏，胶黏剂的粘接强度在很大程度上取决于胶层的内聚力，而其内聚力是与基料的化学结构密切相关的。

(1) 极性与内聚能密度　分子的极性大小可用内聚能密度（CED）反映出来。内聚能密度大的分子其极性也大。低分子物的CED可通过测定其蒸发热或蒸发能来求得；高分子物的CED为分子中各基团的CED之和。

$$(\text{CED})^{\frac{1}{2}}-\delta=\frac{\rho}{M}\sum G$$

式中，ρ为密度；M为分子量；G为基团内聚能的平方根值；δ为内聚能密度的平方根值，也称溶解度参数。

对于高表面能的被粘物来说，胶黏剂的极性越强，其粘接强度越大。对于低表面能的被粘物来说，胶黏剂极性增大往往导致粘接体系的润湿性变差而使粘接强度降低。另外，胶黏剂极性增大还会使胶层的耐热性提高、耐水性下降，胶液的黏度增大。

对于聚合物的极性，一般认为，物质中每个原子由带正电的原子核和带负电的电子组成，原子在构成分子时，若正负电荷中心相互重合，分子的电性为中性，即为非极性结构；如果正负电荷中心不重合（电子云偏转），则分子存在两电极（偶极），即为极性结构，分子偶极中的电荷e和两极之间的距离l的乘积称为偶极矩

(μ)，$\mu=el$［图1-8（a）］。

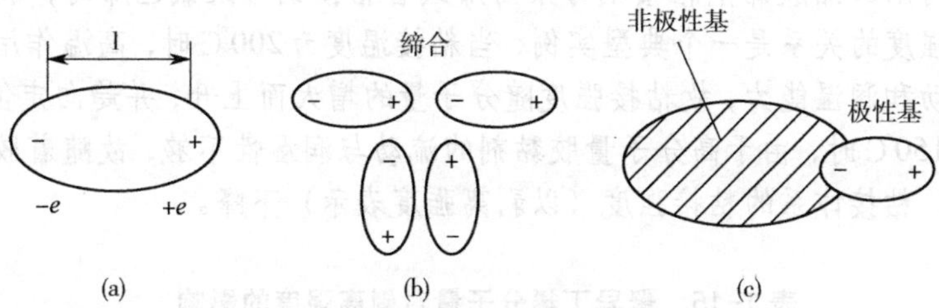

图1-8　聚合物极性

当极性分子相互靠近时，同性电荷互相排斥，异性电荷互相吸引。故极性分子之间的作用力是带方向性的次价键结合力［图1-8（b）］。对非极性分子来说，其次价键力没有方向性［图1-8（c）］。

聚合物极性基团对粘接力影响的例子很多。吸附理论的倡导者们认为胶黏剂的极性越强，其粘接强度越大，这种观点仅适合于高表面能被粘物的粘接。对于低表面能被粘物来说，胶黏剂极性的增大往往导致粘接体系的润湿性变差而使粘接力下降。这是因为低表面能的材料多为非极性材料，它不易再与极性胶黏剂形成低能结合，所以浸润不好（如同水不能在油面上铺展一样），不能很好粘接。

但如果采用化学表面处理，使非极性材料表面产生极性（如采用萘钠处理聚四氟乙烯），就可以采用极性胶黏剂进行胶接，同样可获得较好的粘接强度。

在聚合物的结构中，极性基团的强弱和多少，对胶黏剂的内聚强度和黏附强度均有较大的影响。例如，环氧树脂分子中的环氧基（$\underset{\diagdown O \diagup}{—CH—CH_2}$）、羟基（—OH）、醚键（—O—），丁腈橡胶中的氰基（—CN）等，都是极性较强的基团，根据吸附作用原理，极性基团的相互作用，能够大大提高粘接强度。因此，含有较多极性基团的聚合物，如环氧树脂、酚醛树脂、丁腈橡胶、氯丁橡胶等，都常被作为胶黏剂的主体材料应用。

（2）分子量与分子量分布　聚合物的分子量对聚合物的一系列性能起着决定性的作用。对于用直链聚合物基料构成的胶黏剂，在发生内聚破坏的情况下，粘接强度随分子量升高而增大，升高到一定范围后逐渐趋向一个定值。在发生多种形式破坏时，分子量较低的一般发生内聚破坏，随分子量增加粘接强度增大，并趋向一个定值。当分子量增大到使胶层的内聚力与界面的粘接力相等时，开始发生混合破坏。分子量继续增大，由于胶液的润湿能力下降，粘接体系发生界面破坏而使粘接强度显著降低。也就是说基料聚合物的分子量与胶层的内聚强度及胶液对被粘物表面的润湿性能密切相关，从而严重影响粘接体系的粘接强度与接头破坏类型。另外，从力学性能来说，分子量提高对韧性有利。

平均分子量相同而分子量分布不同时，其粘接性能也有所不同。低聚物多，胶层倾向于内聚破坏。随高聚物比例增大，由于内聚强度增大，胶层逐渐转变为界面破坏，达到某一特定比例时可获得最大粘接强度。

用聚丙烯酸酯胶黏剂粘接钢与聚丙烯或者粘接钢与聚氯乙烯时，胶黏剂分子量与剥离强度的关系是一个典型实例：当粘接温度为200℃时，高温作用保证了胶黏剂的流动和润湿能力，故粘接强度随分子量的增大而上升，并趋向定值；当粘接温度低于150℃时，由于高分子量胶黏剂的流动与润湿性不够，故随着胶黏剂分子量的增大，粘接体系的粘接强度（以剥离强度表示）下降。

表 1-15　聚异丁烯分子量对剥离强度的影响

分子量	剥离强度/（N/cm）	破坏形式
7000	0	内聚
20000	3.62	混合
100000	0.66	界面
150000	0.66	界面
200000	0.67	界面

由表1-15可以看出：当聚异丁烯分子量较小（7000）时，发生内聚破坏而剥离强度近似为零，说明聚异丁烯的分子量为7000时，几乎没有内聚强度。当聚异丁烯分子量增加到20000时，剥离强度急剧增加，并且破坏特征为内聚破坏和黏附破坏的混合状态，说明此时聚异丁烯的内聚强度和黏附强度适当，都表现出了较高的数值。聚异丁烯分子量继续增加到100000时，剥离强度反而降低，并且表现出黏附破坏的特征，说明聚异丁烯的分子量过大时，黏附强度下降。由此看出：选择适当的分子量，对于提高粘接强度有很大影响。

胶黏剂聚合物平均分子量相同而分子量分布情况不同时，其粘接性能亦有所不同。例如，用聚合度为1535的聚乙烯醇缩丁醛（组分1）和聚合度为395的聚乙烯醇缩丁醛（组分2）混合制成的胶黏剂粘接硬铝时，两种组分的比例不同对剥离强度的影响见表1-16。

由上述试验还可观察到：低聚物与少量高聚物混合时，胶层往往呈内聚破坏。当高聚物含量增加时，由于胶层内聚力的增加，转而成界面破坏。当高聚物与低聚物两组分按10：90混合时得到最大的粘接强度。

表 1-16　聚合物分布对粘接强度的影响

组分1	组分2	平均聚合度	剥离强度/（N/cm）
100	0	1535	18.82
50	50	628	18.82
33	67	523	24.41
25	75	485	26.77
20	80	468	31.77

续表

组分1	组分2	平均聚合度	剥离强度/ (N/cm)
10	90		48.84
0	100	395	24.71

(3) 主链结构　胶黏剂基料分子的主链结构主要决定胶层的刚柔性。主链全由单键组成的聚合物，由于分子链或链段运动较容易，柔性大，抗冲击强度好。含有芳环、芳杂环等不易内旋转的结构时刚性大，粘接性能较差，但耐热性好。如果分子中既含有柔性结构，又含有刚性结构，又含有极性基团，则一定具有较好的综合物理力学性能。例如，环氧树脂的主链结构具备这些特点，因此用它作胶黏剂基料时所制得的胶种具有很好的综合性能。

聚合物分子主键若全部由单键组成，由于每个键都能发生内旋转，因此，聚合物的柔性大。此外，单键的键长和键角增大，分子链内旋转作用变强，聚硅氧烷有很大的柔性就是此原因造成的。

主链中如含有芳杂环结构，由于芳杂环不易内旋转，故此类聚合物如聚砜、聚苯醚、聚酰亚胺等的刚性都较大。

含有孤立双键的大分子，虽然双键本身不能内旋转，但它使邻近单键的内旋转易于产生，如聚丁二烯的柔性大于聚乙烯等。

含有共轭双键的聚合物，其分子没有内旋转作用，刚性大、耐热性好，但其粘接性能较差。聚苯、聚乙炔等属于此类聚合物。

某些主链结构的刚柔性见表1-17。

表1-17　线型聚合物主链的刚柔性

刚性	柔性	高柔性
—CF_2—CF_2—	—O—	—CH_2—S—
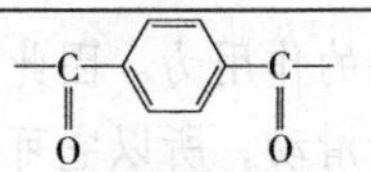	—CH_2—CH_2—	—CH_2—O—
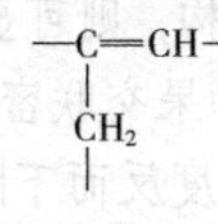	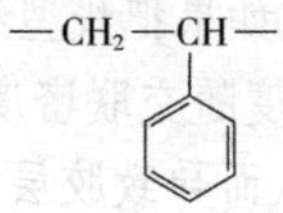	—CH_2—CH_2— (橡胶) —CO—CH_2—
—CONH—	—C(CH_3)(CH_3)—CH_2—	—NH—CH_2—

(4) 侧链结构　胶黏剂基料聚合物含有侧链的种类、体积、位置和数量等对胶层的性能有重大影响。基团的极性对分子间力影响极大，极性小，分子的柔性好；极性大，分子的刚性大。基团间距离越大，柔性越好。直链状的侧基在一定范围内

链增长，分子的柔性大，具有内增塑作用。如果链太长则产生互相缠绕，不利于内旋转而使柔性与粘接性能降低。

聚丙烯、聚氯乙烯及聚丙烯腈三种聚合物中，聚丙烯其侧基基团是甲基，属弱极性基团；聚氯乙烯的侧基基团是氯原子，属极性基团；聚丙烯腈的侧基（氰基）为强极性基团。三种聚合物柔性大小的顺序是：聚丙烯>聚氯乙烯>聚丙烯腈。

两个侧链基团在主链上的间隔距离越远，它们之间的作用力及空间位阻作用越小，分子内旋转作用的阻力也越小，聚氯丁二烯每四个碳原子有一个氯原子侧基，而聚氯乙烯每两个碳原子有一个氯原子侧基，故前者的柔性大于后者。

侧链基团的体积大小也决定其位阻作用的大小。聚苯乙烯分子中，苯基的极性较小，但因为它体积大、位阻大，使聚苯乙烯具有较大的刚性。

侧链长短对聚合物的性能也有明显的影响。直链状的侧链，在一定范围内随其链长增大，位阻作用下降，聚合物的柔性增大。但如果侧链太长，有时会导致分子间的纠缠，反而不利于内旋转作用，而使聚合物的柔性及粘接性能降低。聚乙烯醇缩醛类、聚丙烯酸及甲基丙烯酸酯类聚合物等其侧链若含有10个碳原子，则具有较好的柔性和粘接性能。

侧链基团的位置也影响聚合物粘接性能。聚合物分子中同一个碳原子连接两个不同的取代基团会降低其分子链的柔性。如聚甲基丙烯酸甲酯的柔性低于聚丙烯酸甲酯。

(5) 交联度　线型聚合物产生交联时原来链间的次价力（分子间力）变成了化学键力，此时聚合物的各种性能都发生重大变化。在交联度不高的情况下，链段运动仍可进行，材料仍具有较高的柔性和耐热性等性能。交联点增多，尤其是交联桥同时变短时，聚合物材料变硬发脆。也就是说，交联度增大，聚合物材料蠕变减少、模量提高、延伸率降低、润湿性变差等。由于粘接体系在胶液固化前就能完成扩散和润湿等过程，所以通过适当交联来提高胶层的内聚力可以大大提高粘接强度，这在以内聚破坏为主的粘接体系中更为重要。

专家一般认为，线型聚合物的内聚力，主要决定于分子间的作用力。因此，以线型聚合物为主要成分的胶黏剂，一般粘接强度不高，分子易于滑动，所以它可溶、可熔，表现出耐热、耐溶剂性能很差。如果把线型结构交联成体型结构，则可显著地提高其内聚强度。通常情况下，内聚强度随交联密度的增加而增大。如果交联密度过大，间距太短，则聚合物的刚性过大，从而导致胶层变硬、变脆，其强度反而下降。

胶黏剂聚合物的交联作用，一般包括以下几种不同的类型：

① 在聚合物分子链上任意链段位置交联。如二烯类橡胶、硅橡胶、氟橡胶等在硫化剂存在下，均可发生此种交联过程。这种交联作用形成的交联度取决于聚合物的主链结构、交联剂的种类及数量、交联工艺条件等。

② 通过聚合物末端的官能基团进行交联。

③ 通过侧链官能基团进行交联。

④ 某些嵌段共聚物，可通过加热呈塑性流动而后冷却，并通过次价键力形成

类似于交联点的聚集点，从而增加聚合物的内聚力，这种方法有人称为物理交联。

(6) 聚合物的聚集状态　有些线型聚合物可以处于部分结晶状态。这种结晶对粘接性能影响较大，尤其是在玻璃化温度到熔点之间的温度范围内的影响更大，而液态聚合物的结晶在其玻璃化之前完成时效果才好。

一般来说，聚合物结晶度增大，其屈服应力、强度和模量及耐热性均提高，而伸长率、抗冲击性能却降低。高结晶的聚合物往往较硬较脆，粘接性能不好。较大的球状结晶容易使胶层产生缺陷，常使力学性能降低；线型纤维状结晶却能使力学性能提高。线型聚合物在胶液中或在粘接前（如热熔胶）一般是非结晶状，在某些情况下设法使之在固化时产生一定量的结晶可以提高胶层的粘接强度及其他性能。例如，氯丁胶液固化时产生的结晶及热熔胶冷却时形成的微晶均能提高粘接强度。

7. 环境对粘接的影响

环境对粘接的影响是多方面的，如清洁度、温度、湿度，其中影响最大的是湿度，即空气中水分的影响。

空气中水分子在被粘物表面的吸附，不但形成弱界面层，还会影响胶黏剂的固化交联反应。易吸湿材料水分高时，高温熟化还有可能产生水泡，影响粘接强度和制品的外观质量。在高湿度条件下使用胶黏剂时，空气中的水分子还能进入胶黏剂中影响胶黏剂的使用性能（水性胶黏剂及单组分湿固化型胶黏剂除外）。

8. 粘接过程与粘接强度

粘接是一门工艺技术，操作技术水平对粘接强度有一定的影响。特定的被粘材料应做特定的预处理，以便胶液能均匀扩散和良好润湿被粘物表面。涂胶时应有规律以便调和均匀并减少气泡。胶层不能过厚，否则增大产生缺陷的可能性。溶液型胶需涂多遍，一遍涂胶待溶剂基本挥发完后再涂下遍，且第一遍应尽量薄些。热固化胶种采用程序升温固化可以减少应力。粘接合拢后一般不要再错动，但对于无溶剂热固型胶黏剂在合拢后适当来回错动几下有利于粘接。在固化过程中有气体或小分子产生的胶种，粘接后需施加一定的压力，一般胶黏剂黏合后施加接触压力有利于定位与控制胶层厚度。显然熟练的粘接技巧必能获得良好的粘接效果。

9. 影响粘接强度的工艺因素

在确定采用粘接的方案之后，选择了合适的胶黏剂，制备了合适的粘接接头，实现粘接还有一个合理的工艺问题。

粘接工艺虽然比较简单，却是相当重要的。有时，粘接工艺合理与否，往往是粘接成败的关键。

粘接工艺的内容和程序如图1-9所示。

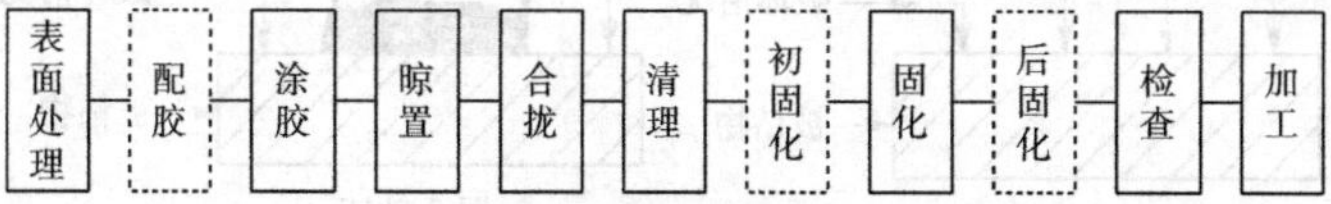

图1-9　粘接工艺
（虚线框表示可有可无）

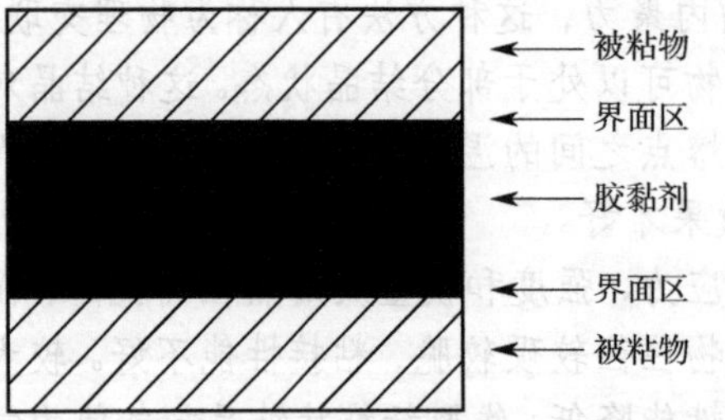

图 1-10　粘接接头

(1) 粘接接头设计的基本原则　实践证明，要获得优良的粘接接头，除了选择优良的胶黏剂和采用合适的粘接工艺外，接头设计也是关键的一环。同时，接头设计与胶黏剂选择和粘接工艺也是紧密关联的。

粘接接头就是通过胶黏剂将被粘物连接成为一个整体的过渡，如图1-10所示。

粘接接头在外力作用下主要受到四种力的作用：剪切、拉伸、剥离和不均匀扯离（见图1-11）。

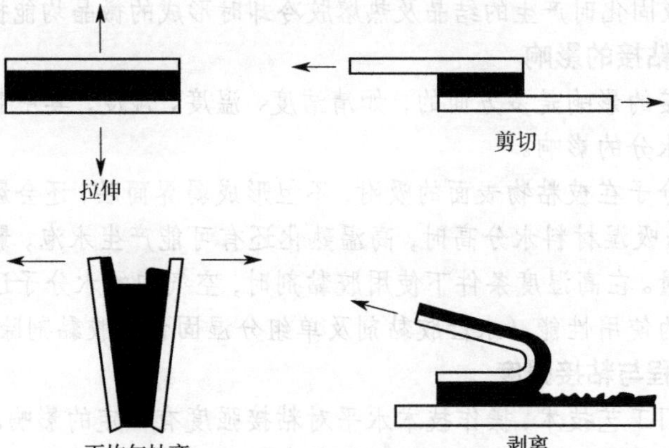

图 1-11　粘接接头受力的类型

① 粘接接头的破坏类型。粘接接头受到外力与内力的作用，当受力超过本身的强度时，便会发生破坏，按照破坏发生的部位，大致有四种类型，见图1-12。

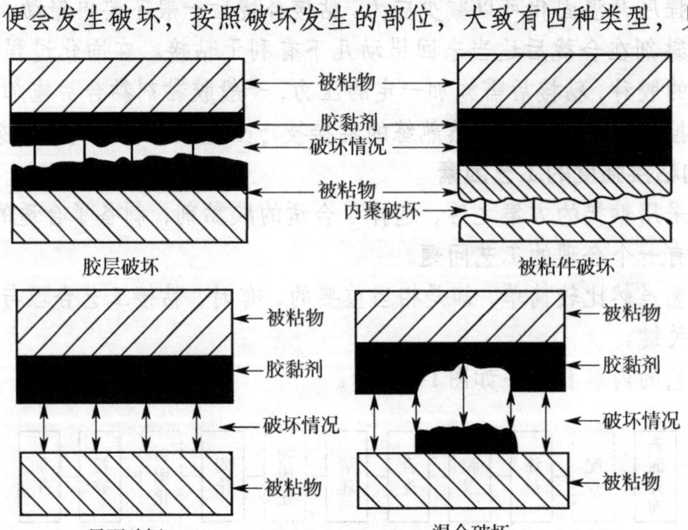

图 1-12　粘接接头的破坏形式

内聚破坏：胶黏剂（胶层）和被粘物本身发生破坏，这时粘接强度取决于胶黏剂和被粘物的力学性能。

界面破坏：也称黏附破坏或胶黏破坏，胶层与被粘物在界面处整个脱开。

混合破坏：内聚破坏和界面破坏兼而有之。

② 粘接接头设计的原则。由接头的力学特性可知，抗拉强度、剪切强度、抗压强度是比较高的，而抗剥、抗弯的能力就弱得多。

因此，从力学性能角度考虑，接头形式的设计与选择的基本原则是：

a. 受力方向在粘接强度最大的方向上。

b. 具有最大的粘接面积，提高接头的承载能力。

c. 尽可能避免或减少产生剥离、劈开和弯曲的可能性。

d. 胶层薄而连续、尽可能均匀，避免欠胶。

③ 粘接接头的形式。接头的基本形式可以归纳为四种类型，即对接、角接、T接、平接，如图1-13所示。实际上所用的接头不管多么复杂，都是这四种类型的任意组合。例如，对接（图1-14）、斜接（图1-15）、搭接（图1-16）、套接（图1-17）、平接（图1-18）、嵌接（图1-19）、角接（图1-20）、T接（图1-21）。

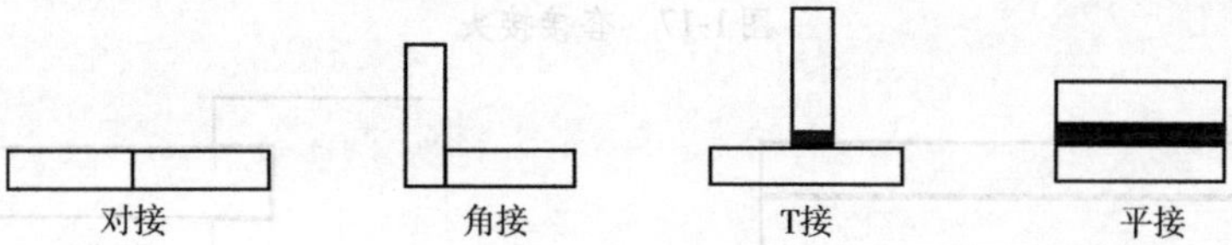

图1-13　接头的类型

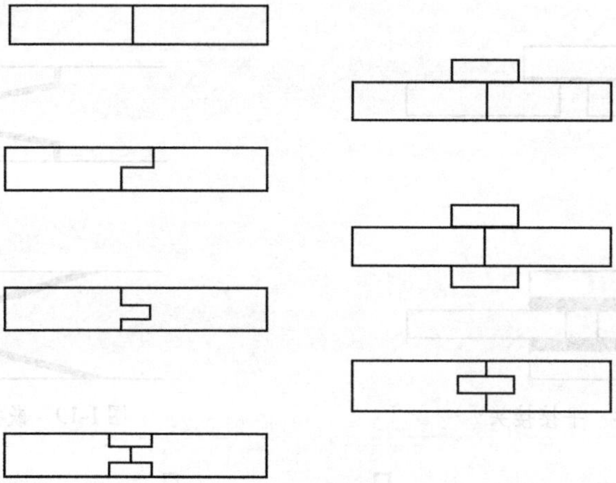

图1-14　对接接头

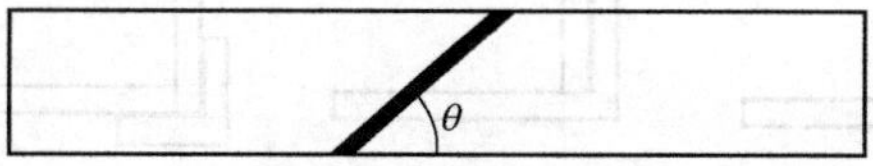

图1-15　斜接接头

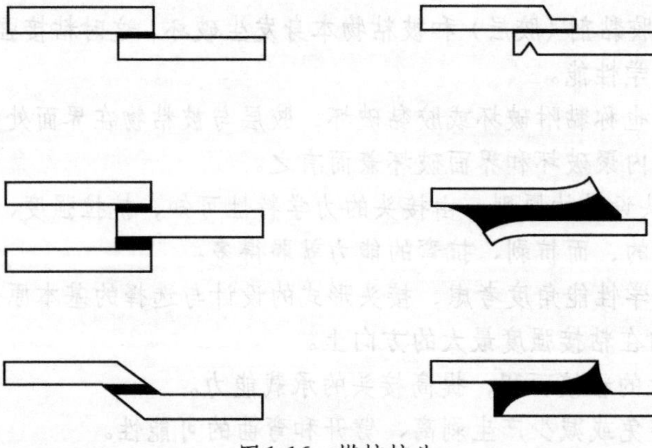

图 1-16　搭接接头

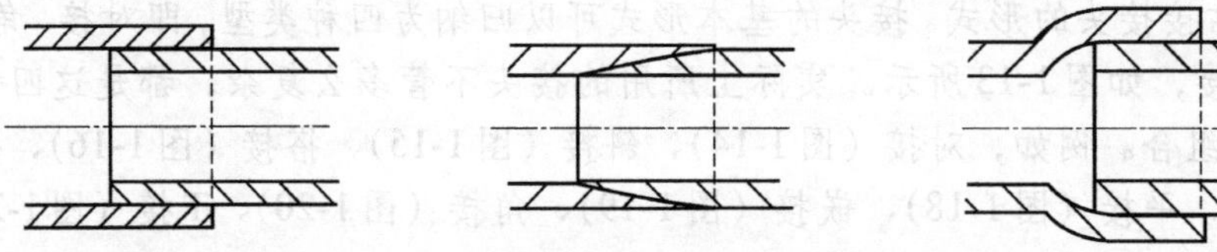

图 1-17　套接接头

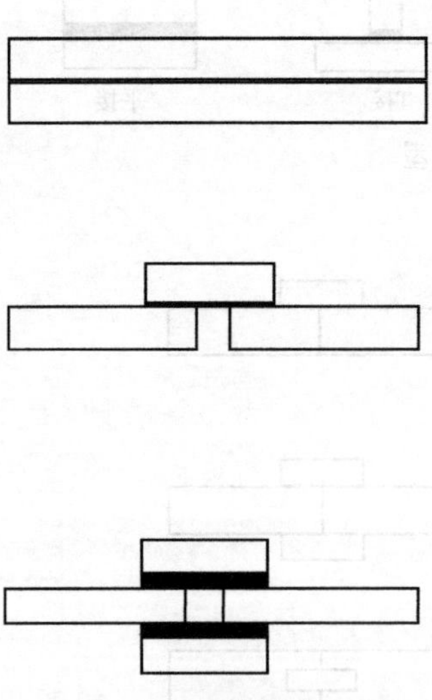

图 1-18　平接接头

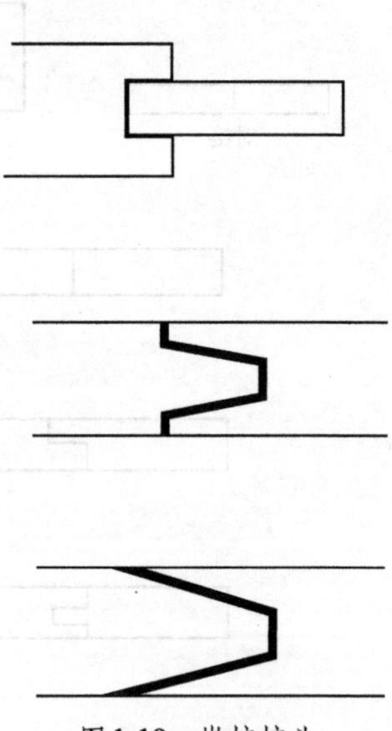

图 1-19　嵌接接头

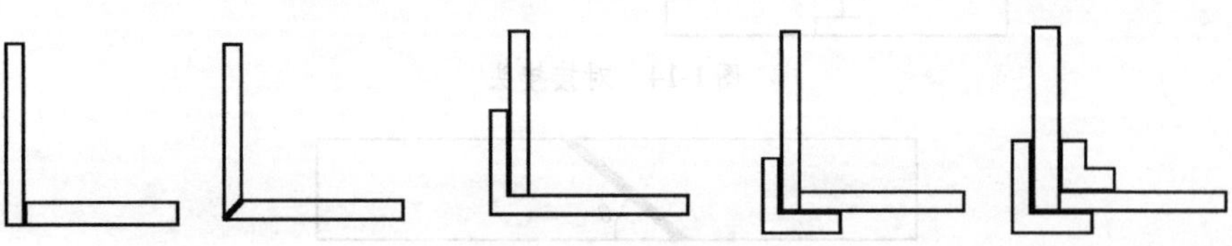

图 1-20　角接接头

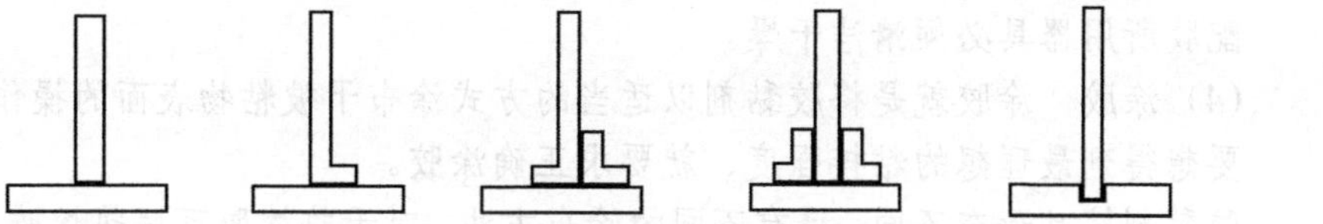

图1-21　T形接头

(2) 表面处理　被粘物的表面处理如何，直接关系到粘接强度的高低和耐久性，是粘接工艺中不可忽视的重要环节，不经表面处理，胶黏剂像涂在油层上，无法粘住。不言而喻，适当的表面处理，可有效地提高粘接强度和耐久性。

表面处理方法，通常可分为一般方法、化学方法和物理方法，分述如下。

① 一般方法

a. 表面清理。以水洗，或用棉纱、干布初步清除污物、灰尘和厚油等。

b. 除锈粗糙化。用锉削、打磨、粗车、喷砂等方法可除去锈蚀及金属氧化物并可粗糙化表面，但不要粗糙化过度。

c. 清洁干燥。除锈粗糙化后的机件，要用毛刷、干布或压缩空气清除表面的砂粒或残屑，并再次用溶剂擦拭，以继续除去油污，干燥待用。

② 化学方法

a. 酸蚀法。将被粘物放入一定浓度的酸溶液中，浸泡一定的时间，然后漂洗干燥。

b. 阳极化。磷酸阳极化、硫酸阳极化、铬酸阳极化。

c. 预涂偶联剂。可改变表面性质，提高粘接强度和耐久性。

d. 保护处理。将已处理好的被粘物表面涂上底胶（或底漆）以起防水、避污、填孔、封闭的作用。

③ 物理方法。主要用于非极性的高分子材料等。

a. 放电处理。在真空或惰性气体环境中，进行高压气体放电，使表面氧化或交联，产生极性表面。根据使用的装置和放电条件，放电处理有电晕、接触、电弧、辉光、等离子体等方法，特别适用于聚烯烃材料。

b. 火焰处理。就是以可燃气体燃烧的火焰在被粘物表面上进行瞬时高温燃烧，表面发生氧化反应。

c. 辐射处理。利用高能射线，如X射线、γ射线等促使聚合物表面氧化、接枝、交联等。

检验表面处理是否干净、浸润是否良好的最简便方法是水膜法，即在处理后的表面上洒上水，若是清洁的表面水则能漫延铺展成一连续的水膜；若出现水滴滚动或水膜破裂，则表明表面不洁。

(3) 配胶　胶黏剂可有多种不同的状态，其中胶棒、胶条、胶膜、胶带等热熔胶和压敏胶可直接拿来使用。而单液型液体胶内含有填料，用前应搅拌均匀，如氯丁-酚醛胶。对于双组分或多组分的液态胶，使用前应按比例配制。

按配方自制的胶黏剂要称量准确和搅拌均匀。

配胶所用器具必须清洁干燥。

(4) 涂胶　涂胶就是将胶黏剂以适当的方式涂布于被粘物表面的操作。

要想得到最理想的粘接强度，就要求正确涂胶。

胶黏剂按其形态不同，可有不同的涂布方法。对于热熔胶可用热熔胶枪；对于粉状胶可进行喷撒；对于胶膜应在溶剂未完全挥发之前贴上并滚压；对于液体或糊状、膏状胶黏剂，可刷胶、喷胶、注胶、浸胶、漏胶、刮胶、滚胶等，其中以刷胶用得最为普遍。

刷胶法就是用刷子或毛笔蘸取胶液涂布到被粘物表面上，最好顺着一个方向，不要往复，速度要慢，以防带进气泡，尽可能均匀一致，中间稍多点，边缘可少些，平均厚度要适宜（0.05～0.20mm）。一般来说，在保证不缺胶的情况下，胶层尽可能薄些为好。

涂胶量和涂胶遍数是影响粘接强度很重要的因素。一般剪切强度随胶层厚度减小而提高，而剥离强度则相反。涂胶遍数与胶黏剂的性质和胶层厚度有关，如无溶剂的环氧胶只涂一遍即可，而多数的溶液胶黏剂都要涂胶1～3遍。若被粘物是多孔材料，要适当地增加涂胶量和涂胶遍数。热涂胶效果好，因为黏度低，流动性好，有利于浸润，可提高粘接强度。对于大面积和强度要求不高的粘接，亦可采用点涂、线涂或两者并用的方法，既省胶又省工，如图1-22所示。

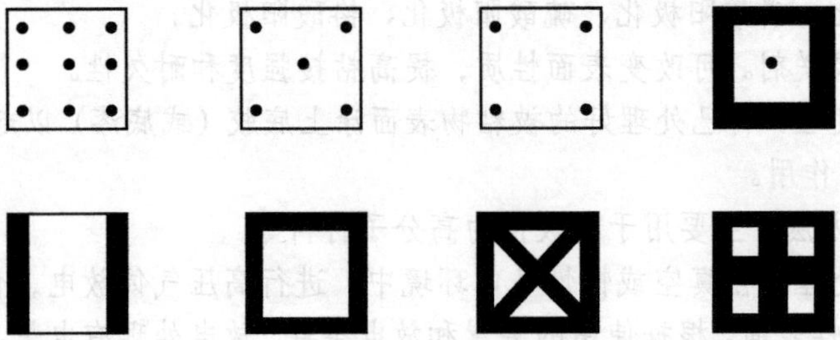

图1-22　点涂法与线涂法

(5) 晾置　无溶剂液体胶黏剂在涂胶后，虽说可立即进行胶合，但最好于室温下稍加晾置，有利于排除空气、流匀胶层、初步反应、增加黏性。

有的胶黏剂必须晾置，如502胶晾置片刻，以吸收空气中微量水分，引发聚合反应，实现固化。

含溶剂的胶黏剂必须晾置以挥发溶剂，否则固化后的胶层结构松散，会有气孔，使粘接强度下降。

不同类型的胶黏剂，不同种类的溶剂，不同的溶剂含量，其晾置的温度和时间也不同。晾置时间不宜过长也不宜过短，过长则表面结膜，失去黏性；过短则残留溶剂，降低强度。

晾置的环境应湿度低，无尘埃污染，空气流通。尤其湿度越低越好，不然溶剂挥发之后使表面温度降低，空气中水汽会聚于表面，对粘接强度会有严重影响。特别要注意，切忌晾置过度，尤其是最后一次晾置，否则黏性大失，无法粘接。

(6) 合拢　又称装配、粘接等，就是将涂胶后经过晾置的被粘物表面紧密贴合在一起，对正位置。对于液态无溶剂胶黏剂合拢后来回错动几次，以增加接触，排除空气，调匀胶层，如发现缺胶或有缝，应及时补胶，合拢之后压出微小胶圈为好。

第三节　粘接修复技术

一、粘接技术概述

用胶黏剂把相同或不同材料的零件连接成一体，或把磨损、损坏的零件修复的方法称为粘接与粘补。这种技术在设备维修中已广为应用，例如，用粘接法修复断裂的零件；以粘接代替螺钉连接镶装导轨板；用胶黏剂涂在零件的磨损部位（如轴或孔）表面，经机械加工修复其尺寸与形位精度；用胶黏剂密封箱体与箱盖的接合面、管路接头，密封和锁固螺纹连接；用胶黏剂填充铸件的砂眼、气孔、疏松等缺陷，防止渗漏等。

粘接的主要优点：①相同或不同材料均可粘接；②粘接工艺温度不高，被粘接的零件不会出现变形，不会降低原有强度；③胶缝有密封、耐腐蚀、耐磨、隔热、绝缘、防振和减振等性能；④工艺简便、成本低、工期短。

粘接的主要缺点：①不耐高温，一般合成胶黏剂只能在150℃以下连续工作；②粘接强度不高，耐冲击、抗老化性能差；③尚无可行的无损检验方法。

二、粘接修复技术

1. 定义

利用粘接剂对表面的物理吸附力和粘接剂固化后对表面的机械连接力等作用，将两个物体牢固地粘接在一起，使其恢复使用性能的方法，称为粘接修复技术。用胶黏剂修复损坏的船机零件成功地解决了某些用其他方法无法修复的零件的维修问题，使之恢复使用。另外，利用胶黏剂还可进行装配工作和使零件保持密封性要求，从而使修造船工作中的某些配装工艺大大简化，生产效率明显提高。

2. 特点

① 粘接强度高；

② 耐腐蚀，绝缘性和密封性好；

③ 粘接温度低，固化时收缩小；

④ 抗老化性能好；

⑤ 工艺简单、操作方便、成本低。

缺点：耐热性能差，一般在50℃以下使用，有的也可在150℃以下长期工作，耐高温粘接剂可达300℃左右。抗冲击性和抗老化性较差。

3. 胶黏剂的分类

① 按胶黏剂的物性属类分。分为有机胶黏剂、无机胶黏剂。

② 按原料来源分。分为天然胶黏剂、合成胶黏剂。

③ 按粘接接头强度特性分。分为结构胶黏剂、非结构胶黏剂。

④ 按胶黏剂状态分。分为液态胶黏剂、固体胶黏剂。

⑤ 按胶黏剂热性能分。分为热塑性胶黏剂、热固性胶黏剂。

三、粘接修复技术理论

1. 机械理论

机械理论是最早提出的粘接理论，这种理论认为胶黏剂渗入被粘物凹凸不平的多孔表面内，并排除其界面上吸附的空气，固化产生锚合、钩合、锲合等作用，使胶黏剂与被粘物结合在一起。胶黏剂粘接经机械粗糙化处理材料的效果比表面光滑的材料效果好，因此，它无法解释致密被粘物如玻璃、金属等粘接的缘由。

2. 吸附理论

吸附理论曾是较为流行的理论，它认为粘接是与吸附现象类似的表面过程。胶黏剂的大分子通过链段分子与分子链的运动，逐渐向被粘物表面迁移，极性基团靠近，当距离小于0.5nm时，原子、分子或原子团之间必然发生相互作用，产生分子间力，这种力称作范德华力。固体表面由于范德华力的作用能吸附液体和气体，这种作用称为物理吸附。范德华力包括取向力、诱导力和色散力，有时由于电负性的作用还会产生氢键，从而形成粘接。吸附理论将粘接看作是一种表面过程，是以分子间力为基础的。

3. 扩散理论

扩散理论又称为分子渗透理论，它认为聚合物的粘接是由扩散作用形成的。由于聚合物的链状结构和柔性，胶黏剂大分子的链段通过热运动相互扩散，大分子缠结交织，类似表层的相互溶解过程，固化后则粘接在一起。如果胶黏剂能以溶液形式涂于被粘物表面，而被粘物又能在此溶剂中溶胀或溶解，彼此间的扩散作用更易进行，粘接强度则会更高。因此，溶剂或热的作用能促进相溶聚合物之间的扩散作用，加速粘接的完成和强度的提高。扩散理论主要用来解释聚合物之间的粘接，无法解释聚合物与金属粘接的过程。

4. 静电理论

静电理论又叫双电层理论，它认为在胶黏剂与被粘物接触的界面上形成双电层，由于静电的相互吸引而产生粘接。但双电层的静电吸引力并不会产生足够的粘接力，甚至对粘接力的贡献是微不足道的。静电理论无法解释性能相同或相近的聚合物之间的粘接。

5. 弱边界层理论

妨碍粘接作用形成并使粘接强度降低的表面层称为弱边界层，不仅聚合物表面存在，纤维、金属等表面也都存在着弱边界层。弱边界层来自胶黏剂、被粘物、环境或三者的任意组合。如果杂质集中在粘接界面附近，并与被粘物结合不牢，在胶黏剂和被粘物中都可能出现弱边界层。当发生破坏时，看起来是发生在胶黏剂和被粘物界面，但实际上是弱边界层的破坏。

6. 化学键理论

化学键理论认为粘接作用是由于胶黏剂分子与被粘物表面通过化学反应形成化学键而结合的。化学键能比分子间力要高1～2个数量级，因此使粘接层获得高强度的粘接。

7. 配位键理论

粘接界面的配位键是指胶黏剂与被粘物在粘接界面上由胶黏剂提供电子对，被粘物提供空轨道所形成的配位体系。有人认为配位键结合是大多数，是产生粘接力的主要贡献者；有的则认为粘接界面的配位键，是粘接力最普通、最重要的来源。XPS（X射线光电子能谱）已经证实环氧胶黏剂与金属粘接的界面等都有配位键生成，对提高粘接强度作用很大，但配位键是否是粘接力的普遍来源和主要贡献者，还需要进一步深入研究。

8. 酸碱理论

酸碱理论认为，胶黏剂和被粘物可按其接受质子能力分类，凡能接受质子的为碱性，反之为酸性。在粘接体系属于酸碱配对的情况下，酸碱作用能提高界面的粘接强度。从广义上讲，酸碱理论也属于配位键理论的范畴。

（1）有机胶黏剂　以有机化合物为基料制成的胶黏剂。以环氧树脂胶黏剂(epoxy resin adhesives）为例。

主要成分：

① 环氧树脂。黏稠状。

② 固化剂。环氧树脂固化剂，如t31固化剂或593固化剂等。

③ 增塑剂。一般是二甲酯或二乙酯等，提高韧性。

④ 稀释剂。常用的有甲苯、丙酮等。

⑤ 填料。硅微粉、石英粉、石英砂、碳酸钙等，改善胶黏剂的一些物理或机械性能，并减少胶黏剂的用量。

粘接工艺：

① 表面处理。机械加工、清洗等。

② 接头制备。接头方式对粘接强度影响大，叠接、槽接、套接等。

③ 调胶。

④ 涂胶。0.2～0.4mm，贴合加压，用夹具固定。

⑤ 固化。室温固化24h，加温固化可缩短固化时间。

（2）无机胶黏剂　以无机化合物（如硅酸盐、磷酸盐及氧化物等）为基料制成的胶黏剂，分为磷酸盐类和硅酸盐类胶黏剂。以磷酸-氧化铜无机胶黏剂为例。

主要成分：$H_3PO_4+CuO+Al(OH)_3$。

性能特点：

① 耐高温，可在500℃下长期工作，故称为“高温胶黏剂”。工作温度在−183～3000℃之间。

② 固化前流动性好。

③ 通常是水溶性的物质，毒性小、无公害、不燃烧。

缺点：粘接强度低，脆性大；不耐酸、碱，耐水性较差；套接和槽接的粘接强度高，不宜平接。

适用范围：氧化铜无机胶黏剂适用于受力不大、不需拆卸的紧固连接，用于修补高温下工作的零件，可代替焊接、铆接及过盈配合连接等方法。

① 金属构件；

② 高温条件；

③ 非冲击载荷。

(3) 设备维修常用胶黏剂　设备维修用胶黏剂主要有有机合成胶和无机胶两大类，前者如环氧树脂胶、酚醛树脂胶、聚氨酯胶、氯丁胶等，后者如氧化铜无机胶。采用粘接与粘补维修技术时，首先应根据需修复零件的使用条件和缺损状态选用胶黏剂。一般选用胶黏剂的原则如下。

根据需粘接、粘补零件的材料和接头形式，选择胶黏剂的类别。

根据粘接、粘补层需要的性能，如承受的载荷、密封、填充、耐磨、耐腐蚀、耐温、耐老化等，以满足主要性能为主并兼顾次要性能，选择胶的牌号。

考虑表面处理、烘胶、零件加热固化等工艺条件的可能性。

此外还应考虑胶黏剂的来源和经济性。

① 环氧胶黏剂。环氧胶黏剂由环氧树脂、固化剂、增韧剂、填料、稀释剂、促进剂、偶联剂等组成，具有强度高，收缩率小，密封性、绝缘性好，耐油、水、一般化学药品等性能。适当改变成分，也可以获得耐温、耐磨、导电性能。可粘接各种金属及大部分非金属材料，因此应用广泛。

② 酚醛-丁腈胶黏剂。酚醛-丁腈胶黏剂由酚醛树脂、丁腈橡胶、添加剂、溶剂、偶联剂组成。它具有高强度，尤其是剥离强度较高，使用温度范围广，耐油、抗振、耐久性好。可粘接金属、玻璃、皮革、纸、木材、聚氯乙烯、尼龙等材料。

③ 厌氧胶黏剂。厌氧胶黏剂与氧气或空气接触时不固化，由此而得名。它的主要特点是：单液型、黏度低、易浸润渗透、室温固化速度快、强度高、密封性好、耐高压 (30MPa)、使用期长等。主要用于结合面密封、螺纹锁紧和堵塞铸件的气孔、砂眼等。

④ 氯丁胶黏剂。氯丁胶黏剂由氯丁橡胶、金属氧化物、树脂、填充剂、防老剂、促进剂等组成。它具有良好的弹性，耐冲击与振动。主要用于橡胶、皮革、木材自身粘接及其与金属粘接。

⑤ 氧化铜无机胶黏剂。氧化铜无机胶黏剂由特制的氧化铜粉和特殊处理的磷酸铝溶液配比而成。商店出售时，对两种成分分别包装，使用前现配现用。

成分与配比：

甲组分：氧化铜粉（g）。

乙组分：磷酸铝溶液（在H_3PO_4中加5%的氢氧化铝）（mL）。

配比R=氧化铜粉/磷酸铝溶液=4。

配比R越大，粘接强度越高，凝固速度也越快。因此，应取配比$R<5$。

配比方法：先把按配比量准备的氧化铜粉堆放在铜板上，中部呈凹坑状。然后把量好的磷酸铝溶液倒入铜粉中，用竹片由内向外缓慢调和均匀，约2～3min后，呈浓胶状并能拉出10mm以上的丝条，即可使用。

使用注意事项如下：

a. 粘接件的接头结构以套孔形、燕尾形或U形槽为好，粘接间隙取0.1～0.15mm，表面粗糙度取Ra=12.5～50μm。

b. 胶黏剂每次调配量不宜过多，一般以20～40g为宜，否则可能在使用过程中因胶已凝固而不能使用，造成浪费。

c. 用丙酮清洗工件表面，干燥后方可涂胶。

d. 涂胶后先在20～30℃下自然干燥2～3h，然后在60～80℃下烘干。在胶黏剂凝固和干燥过程中，不得碰撞粘接件。

粘接后拆卸困难，如必须拆卸，可浸泡在氨水中，使胶黏剂逐渐溶解。

⑥ 工业修补剂。工业修补剂是近年来开发的设备维修新材料。它除具有胶黏剂的特点外，在一定条件下可以代替焊修、电镀和金属喷焊，且无须专用设备，操作简便高效，因而受到设备工程界的广泛重视。国内外已有一些公司生产经营工业修补剂系列产品，从若干种常用品种看，各公司的产品技术性能接近，有些指标各有所长。如北京天工表面材料技术有限公司、北京天山新材料技术公司、上海天山新材料技术研究所、北京犟力高分子研究所、北京祝邦新技术研究所、美国贝尔佐纳公司、德国Multi·metall公司、美国Decon公司等生产的修补剂系列产品，包括铁质、钢质、铝质、铜质修补剂，弹性修补剂，耐磨、减摩修补剂，耐腐蚀修补剂，高温修补剂，快速修补剂，湿面修补剂，导电修补剂，高强度结构胶等。除了可粘接零件的断裂外，主要适用于粘补零件的磨损和拉伤部位，铸件气孔、砂眼的填补等。固化后可机械加工达到要求的尺寸和形位精度。

粘接工艺要点，粘接的一般工艺过程是：施工前的准备→基材表面处理→配胶→涂胶与晾置→对合→加压→静置固化（或加热固化）→清理检查。

施工前的准备：

a. 选择胶黏剂。

b. 分析零件断裂部位粘接后是否具有足够的强度，必要时采取加强措施，如采用粘接加强件，采取粘接与金属扣合法并用等。

c. 对基材表面粗糙化处理。可以用机械加工、手工加工或喷砂达到表面粗糙化。期望达到的表面粗糙度视基体材料及选用的胶种而定。

基材表面处理：

a. 表面净化处理。目的是除去表面污物及油脂。常用丙酮、汽油、四氯化碳作净化剂。

b. 表面活化处理。目的是获得新鲜的活性表面，以提高粘接强度，对塑料、橡胶类材料进行表面活化处理尤其必要。

配胶：胶黏剂有双组分、多组分成品胶，加填料或稀释剂的胶，均需按规定的配方、比例、环境条件（如温度），在清洁的器皿中调配均匀。

常用填料多为粉状，应筛选和干燥。对双组分胶，应先把填料填入黏料（甲组分）中拌匀，再与固化剂调配均匀。对单组分胶，加入填料后也应搅拌均匀。

涂胶与晾置：基材表面处理完毕后，一般即开始涂胶，涂胶时基材温度应不低于室温，对液态胶用刷胶法最为普遍。刷胶时要顺着一个方向，不要往返刷胶，速度要缓慢，以免起气泡。涂层要均匀，中间可略厚些，平均厚度约0.2mm，不得有缺胶处。

按胶黏剂说明书规定，涂胶完毕后应晾置一定时间再对合。

粘接不能直接看见的表面（如内部间隙充填）时，要采用注胶法。根据实际情况，开注胶孔和出气孔。用一般润滑脂枪装胶压注。

对合与加压：涂胶晾置后，将两基体面对合并基本找正位置。适当施压使两接合面来回错动几次，以排除空气并使胶层均匀，同时测量胶层的厚度，使多余的胶从边缘挤出，最后精确找正定位。

对合定位后，视零件形状施加适当且均匀的正压力，以加速表面浸润，促进胶对基材表面的填充、渗透和扩散，从而提高粘接质量。

固化：是胶黏剂由液体转变为固体并达到与基材形成具有一定结合强度的全过程。固化的条件主要是温度、压力和时间。在一定压力下，温度高则固化快，但固化速度过快，会使胶层硬脆。一般有机胶常温固化24h以上可达到预定强度，加热至50～60℃保温，固化效果比常温好，保温时间见用胶说明书的规定。

检查：对外露的粘补胶层表面，观察有无裂纹、气孔、缺胶和错位的情况。对有密封要求的零件应进行密封试验，对有尺寸要求的零件应进行尺寸检验，对重要的粘接件可进行超声探伤。

第二章　胶黏剂粘接技术

第一节　概论

粘接技术虽然历史久远，但其现状已很难适应新世纪产业革命的需要。日本的胶黏剂著名专家岩手大学教授森邦夫对当今粘接技术的发展提出了设想。他认为当前粘接技术存在的主要问题有两个：一是粘接理论不统一；二是粘接工艺太复杂且不具普适性。为此，他将粘接理论统一化和粘接技术单纯化作为研究目标。

目前国内的现状是，胶黏剂、被粘物以及粘接工艺不同，粘接理论也不同，而且对于粘接的基点在何处也不清楚。理论是为了应用而不是为了议论，为了运用理论指导制品、部件的设计，有必要对粘接技术进行整理并使之单纯化。粘接技术是将物体与物体连接在一起的技术。被粘物不同，用的胶黏剂不同，粘接工艺也不同。因此，要求粘接技术的理论工作者与工作实际粘接工艺师密切合作，利用新世纪产业革命的分子胶黏剂技术研究树脂-橡胶、金属-橡胶、金属-树脂、陶瓷-橡胶之间的粘接效果，提出了新课题和新任务。

总而言之，胶黏剂粘接的新工艺与新技术应用范围是很广的，如何利用分子胶黏剂技术研究，对不同粘接工艺，设计好较完整的分子胶黏剂，在全部的粘接过程中，除了需清楚了解胶黏剂的各种特性及正确地选择胶黏剂外，必须再正确地使用胶黏剂才能得到完美的粘接效果。

一、各种固体材料的粘接技术

以下利用分子胶黏剂技术研究对树脂-橡胶、金属-橡胶、金属-树脂、陶瓷-橡胶之间的粘接效果进行分析。

国内被粘材料大致可分为3类：金属、陶瓷和高分子材料。这3类材料自身若不能形成化学键，将它们结合于一定距离之内则是可能的。例如图2-1中的例子，在材料A、B之间通过三嗪二硫醇分子形成化学键连接，就能将它们保持在一定距离之内，使$\Delta G<0$，从而使粘接成功。因此，在2种材料之间通过化学反应形成化学键连接，将两者保持在一定距离之内，就使粘接的前提条件统一化、简单化了，将制造、加工、组装业合而为一的设想也就可能实现了。

如果将“在被粘材料之间形成化学键”作为粘接的理论基础，那么如何实现这一点呢?图2-2给出了一种方案。该方案是在固体材料表面上形成三嗪二硫醇层。材料表面上的这种化合物能够使金属、陶瓷、高分子材料等多种材料均能按照同样的方式进行化学反应，这需要在被粘表面上形成高浓度的试剂层。这种能在固体材料间形成化学键的化合物就叫做“分子胶黏剂”。使用了分子胶黏剂的被粘表面B上由于覆盖了一层三嗪二硫醇，就使得与另一被粘材料A的粘接简单化了。也就是说，在粘接过程中如果材料A能够与三嗪二硫醇进行反应，那么粘接过程也就简单化了。

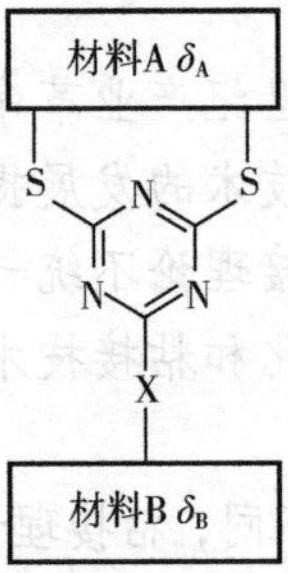

图2-1　被粘材料结合模型

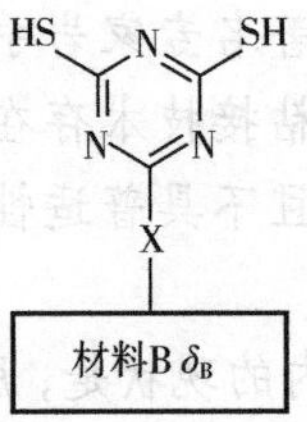

图2-2　表面上有三嗪二硫醇的固体材料

将粘接理论统一化和粘接技术单纯化的方法结合在一起，是把在金属、陶瓷、高分子材料表面上都引入相同的反应性基团，这些反应性基团和分子胶黏剂构成了粘接的必要条件。例如，将材料表面进行电晕处理、常压等离子处理或紫外线辐射处理等，其表面上就会生成—OH，再在分子胶黏剂中引入可以与—OH反应的活性基团（例如活性端基烷基硅氧烷），就可达到上述目的。

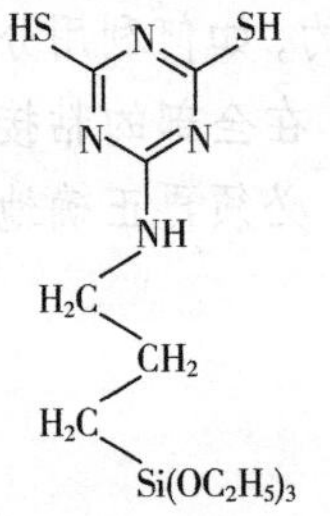

图2-3　分子胶黏剂TES的化学结构

图2-3就是根据上述理念而设计的分子胶黏剂，这就是烷氧基甲硅烷基三嗪二硫醇（TES）。TES具有能与—OH反应的烷氧基甲硅烷和与多种材料可能起反应的硫醇基。将带有—OH的金属、陶瓷或高分子材料用TES加以处理，这些材料表面就带上了如图2-2所示的三嗪二硫醇的分子层，将这种带有分子层的材料

与其他金属、陶瓷或高分子材料接触并使之反应就形成了图2-1所示的粘接界面了。

根据上述理念而设计的分子胶黏剂结果表明，利用上述粘接技术粘接的试件，粘接强度均大幅提高，而且破坏形式都是被粘的橡胶、塑料材料内聚破坏，没有界面黏附破坏。

二、在固体材料表面引入—OH和三嗪二硫醇基的方法

金属和陶瓷表面上都会形成金属氧化物，所以处理之前已存在—OH。而高分子材料，有的表面已有—OH，有的则是通过电晕处理、常压等离子处理和UV辐射处理等方法引入—OH。电晕处理虽不能在金属或陶瓷表面形成—OH，但进行表面处理除去表面污物后，却能让反应性—OH显露出来。在此，仅研究一下森邦夫教授电晕处理的方法，而重点介绍高分子材料的—OH化。高分子材料中，有像环氧树脂这样的含—OH的树脂，也有PET、PE这样不含—OH的树脂。表2-1列出了对ABS、PET、环氧树脂和PE进行电晕处理以后，对表面进行XPS分析的结果。表面处理后在上述各材料表面形成了—OH、—C=O和—COOH。表2-1中括号中的数字代表质量分数，环氧树脂中本来就有—OH，电晕处理后—OH数量增多，生成—COOH可能是高分子材料表面分子链分解所致。今后研究不会产生—COOH的处理条件是很重要的。

表2-1 电晕处理后树脂表面上的官能团

官能团	C_{1s}键能/eV（官能团质量分数/%）				
	dABS	wABS	dPET	dEpoxy	dPE
CH，C—C	284.6（68.5）	284.8（68.0）	284.2（60.7）	284.4（42.7）	284.4（75.3）
＞COH	286.4（21.9）	286.4（20.9）	286.7（28.1）	286.0（37.6）	286.5（10.4）
＞C=O	288.0（2.1）	288.4（6.5）	288.0（0.1）	288.4（22.9）	288.0（9.1）
O=COH	289.6（4.1）	289.6（4.6）	289.0（11.2）	289.7（6.7）	289.5（5.2）

注：d表示在干燥气氛中电晕处理；w表示在湿气氛中电晕处理。

树脂表面的—OH与TES树脂的反应如图2-4所示，TES的烷氧基水解后，再与树脂表面的—OH脱水缩合，并进一步与相邻的羟基甲硅烷基交联形成三元网络。

表2-2是用TES处理环氧树脂、聚酰亚胺（PI）膜、聚对苯二甲酸乙二酯（PET）膜前后XPS分析结果。从表2-2数据可知，处理前后各元素的质量均有变化，说明TES已与树脂或膜发生反应。

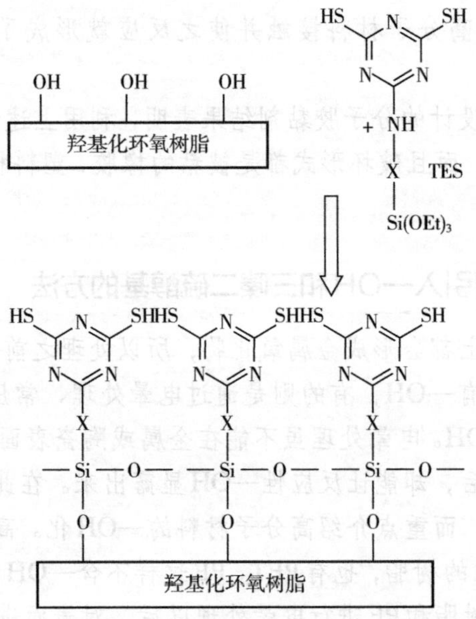

图2-4　羟基化环氧树脂表面和TES的反应

表2-2　用TES处理高分子材料表面的XPS分析结果

材料	环氧树脂		PI膜		PET膜	
	处理前	处理后	处理前	处理后	处理前	处理后
S_{2P}含量/%	0	3.1	0	3.6	0	3.0
N_{1S}含量/%	3.1	9.0	9.3	16.5	0	6.6
C_{1S}含量/%	80.8	72.1	69.8	60.8	71.4	63.4
O_{1S}含量/%	16.1	14.3	20.9	17.4	28.6	25.4
Si_{2P}含量/%	0	1.5	0	1.7	0	1.6

TES中nS：nN：nSi=2：4：1，此比例与表中数据大致相符。处理之前就含有N元素时，将其扣除后再计算比率。表2-3列出了—OH发生反应的比例，在150℃处理10min之后，估计有55%的—OH发生了反应。表2-4是铝板经TES处理后的情况。已知若Al板经仔细清洗后，其表面上的—OH是能够与活性端基烷基硅氧烷反应的，但过去是采用室温长时间处理的方法，以后在生产中可考虑用高温短时间处理的方法。不管用什么方法处理，只要表面与TES反应的程度相同，则其粘接效果也应该相同。

表2-3　环氧树脂表面经TES处理后的XPS分析

官能团	O_{1S}键能/eV	官能团组成/%	
		处理前	处理后
>COH	530.1	5.5	2.2

续表

官能团	O_{1S}键能/eV	官能团组成/%	
		处理前	处理后
═COC═	531.1	10.6	9.4
—OSi═	532.3	0	2.7

表 2-4 用TES处理前后Al板的XPS分析

元素	C_{1S}	O_{1S}	Al_{2P}	N_{1S}	S_{2P}	Na_{1S}	Si_{2P}
处理前组成/%	1.7	65.8	32.5	0	0	0	0
处理后组成/%	13.0	45.7	26.1	7.8	3.7	1.8	1.9

三、选择胶黏剂是粘接成功的关键

总的说来，选择胶黏剂时应特别注意胶黏剂与被粘材料的性质、工艺与使用过程的各种要求。综合考虑各种因素，正确选择胶种，以获得良好的粘接效果。

1. 根据被粘材料的形状等物理性质和粘接工艺选择胶黏剂

接头设计必须与选用胶种结合考虑。例如，对于应用平面搭接或对接的小型粘接件，可以采用高温高压固化的胶黏剂，这样可以拓宽被粘材料的使用温度范围，增大粘接强度和对外界环境的耐受能力。在满足被粘物件使用要求的前提下，可选择容易固化、粘接的胶种，以简化粘接工艺，降低粘接费用。对于套接、嵌接的场合，不宜采用含有溶剂或需加压固化的胶种。对于有复杂外形的粘接物件，选用的胶黏剂还要求易湿润、不易流淌。对于塑料的粘接，要求胶黏剂或胶黏剂中的溶剂对其有一定的溶解性，但对于聚苯乙烯泡沫这类易溶性的多孔材料，含有溶剂的某些胶黏剂无法对其进行粘接。

2. 根据被粘材料的化学性质选择胶黏剂

被粘材料与粘接过程有关的化学性质主要有化学反应性与分子极性等。环氧树脂、酚醛塑料、橡胶制品及木材、纸张等有机物，金属、陶瓷、玻璃、石料等无机物等都是极性材料，这些材料应使用环氧树脂、聚醋酸乙烯酯、酚醛氯丁胶等由极性基料组成的胶黏剂粘接。对于聚碳酸酯、ABS塑料、天然橡胶等弱极性的材料也可以用含有极性基料的胶黏剂进行粘接。非极性材料聚乙烯、聚苯乙烯、氟树脂、聚苯醚等宜用黏附力比较强的橡胶或改性橡胶类胶黏剂，为了获得良好的粘接强度，这些材料常需进行必要的化学处理。对于铬、不锈钢等表面容易钝化的材料，粘接前一定要去掉钝化层，然后用极性胶黏剂粘接。含异氰酸酯基的聚氨酯胶黏剂粘接织物、皮革及一些橡胶，因可以形成一定的化学键结合，因此粘接效果比较好。另外，高分子材料的结晶度高一般不利于粘接，大多数胶黏剂对高度结晶的聚合物无黏性，粘接这些材料之前需对其进行特殊的表面处理。

3. 根据被粘材料所承受的负荷形式选择胶黏剂

使用过程中要承受较高的剪切力与拉力时应选择环氧树脂、第二代丙烯酸酯等结构胶黏剂。承受剥离力或扯离力时宜选用橡胶型胶黏剂。同时，还应考虑胶层在使用过程中所受到的各种环境因素对胶层的破坏作用，因为这些破坏作用会使以上负荷及强度改变，使粘接失败。

4. 根据一些特殊要求选择胶黏剂

有些特殊要求对胶黏剂的应用限制性是比较大的，例如，绝缘、导电、磁、热及超高温与超低温等。一定要选择可以满足所规定的特殊要求的胶种。如果没有现成的特殊胶种，可以加入有关的助剂加以改进，例如，要求胶层的导电性好，可将银粉、铜粉等加到胶液中去。

5. 选择胶黏剂时应注意粘接成本

在满足基本性能要求的情况下，应尽可能选用廉价的胶黏剂，这样可以降低粘接成本，减少投资。

四、粘接接头设计

1. 粘接接头的受力情况

粘接接头在实际工作状态下的受力情况是很复杂的，各种胶黏剂对于不同的作用力的承受能力是不同的，在一般情况下承受剪切和均匀扯离作用的能力比承受不均匀扯离和剥离作用的能力大得多。外力平行于粘接面时胶层所受到的力为剪切应力。这种受力形式不但粘接效果良好而且简单易行，因此这种形式的接头最常用。应力分布不均匀的一种扯离力为不均匀扯离。由于应力主要集中在边缘的一个小区域内，所以这种类型的接头承载能力很低，一般只有理想的均匀扯离的1/10左右。均匀扯离，也称为抗拉，即外力垂直于粘接面时胶层所受到的力。由于应力分配非常均匀，这种类型接头的承载能力很高。例如，高强度结构胶黏剂其抗拉强度可达58.84MPa。实际使用过程中很难出现绝对的均匀扯离作用。在粘接试件受到扯离作用时，应力集中在胶缝的边缘附近，这种情况称为剥离或撕离。剥离是指两种薄的软质材料受扯离作用时的情形，撕离是两种刚性不同的材料受扯离作用时的情形，粘接接头的这几种受力情况简示如图2-5。

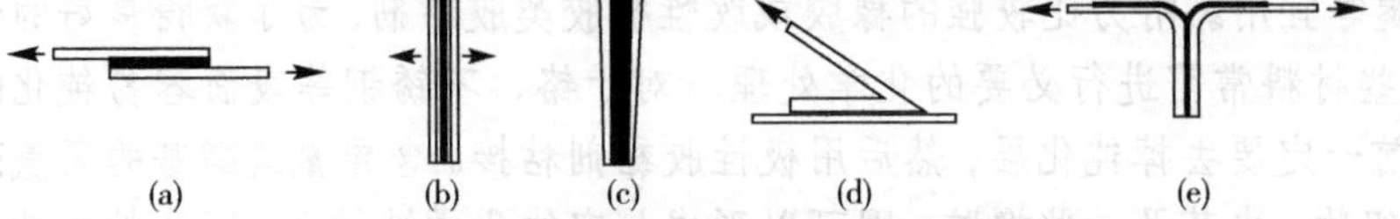

图2-5 粘接接头的典型受力形式

(a) 剪切力；(b) 拉力或均匀扯离力；(c) 不均匀扯离力；(d) 撕离力；(e) 剥离力

2. 粘接接头设计的基本原则

首先，设计粘接接头时要考虑的是强度，如果胶黏剂的拉伸与剪切强度较高，则设计接头应尽量承受拉伸与剪切负载。其次，应保证粘接面上受力均匀，尽可能避免由剥离与劈裂负载造成应力集中。由于剥离与劈裂破坏通常从边缘开始，因而在边缘处采取局部加强或改变胶缝位置等方法是可行的。再次，在允许的范围内，应尽量增加粘接面的宽度，增加宽度能在不增大应力集中系数的情况下，因增加了粘接面积而提高了接头的承受能力。最后，在承受较大作用力的情况下，可采用复式连接的形式以增大粘接强度。

3. 常用的几种接头形式

常用的接头形式主要有搭接、对接、角接、T型接、套接与嵌接几种，被粘材料的连接情况如图2-6所示。

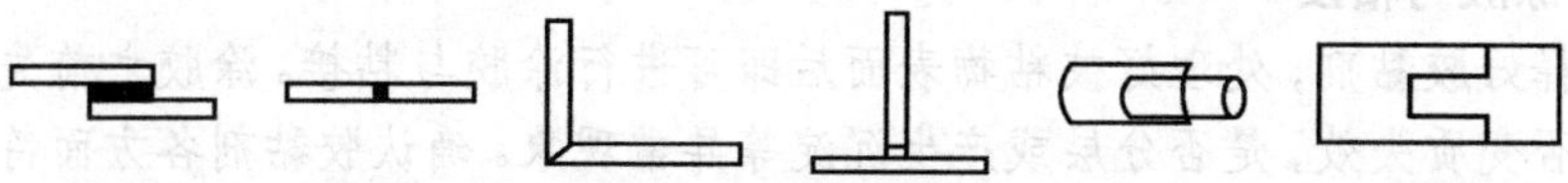

图2-6 常用的几种接头形式

在承受较大的作用力时，可以采用复式连接的方式或其他特定的形式进行加固。例如搭接接头可以采用双搭接，对接接头的两面上可再搭接薄片，双管对接可配用套接等。对于角接与T型接这种难以均匀受力的接头，尤应加固。另外，工业上为了更进一步增大接头强度，常采用复合连接，就是将粘接技术与铆接、螺接及焊接互相结合。

五、粘接工艺

粘接工艺与粘接质量关系极大，是粘接效果好坏及成败的关键，可从以下几方面加以讨论。

1. 被粘材料的表面处理

被粘材料在涂胶之前应该用各种方法进行表面处理以去除污物，增大表面积，提高表面能。常用的处理方法有表面清洗、机械处理、化学处理及偶联剂处理等，根据胶黏剂种类和被粘物情况可采用一种或数种处理方法。

(1) 表面清洗 未经清洗的被粘材料常黏附有油污和灰尘，严重影响胶液在被粘物表面的浸润，是造成粘接失败的主要原因之一。常用汽油、丙酮等有机溶剂或碱液等进行清洗。用溶剂清洗时应从一边向另一边，或从中心逐渐向边缘清洗，以免造成污物遗留；用碱液浸泡后，应用清水将碱液冲洗干净。

(2) 机械处理 机械处理有利于表面洁净，并能形成一定的粗糙度。常用的处理方法有钳工刮刨，砂布、砂轮打磨及喷砂处理等。机械处理增大了表面积，提高了被粘物的表面活性，有利于胶液湿润被粘物表面，从而增强粘接效果。

(3) 化学处理　当要求较高的粘接强度或粘接难粘材料时，用简单的表面清洗或机械处理是不够的，需进行特殊的化学处理才行。最简单的化学处理是用酸液来除锈，这对于金属铁这类易被空气氧化并能形成很厚的疏松氧化层的材料来说是非常必要的。常用的酸液有20%的硫酸、15%的盐酸等，有时还使用混合酸液以取长补短，增强总的效果。对于聚乙烯、聚丙烯、聚四氟乙烯等难粘材料可用辐射接枝或钠-萘-四氢呋喃浸蚀等方法以改变原有表面，以利正常粘接。另外在用以有机高分子材料为基料的胶黏剂粘接无机玻璃、陶瓷等材料时，被粘物表面用偶联剂处理能提高粘接强度，改善胶层的耐热、耐水等性能。

最后应提出的是，经化学处理过的被粘材料或待粘表面必须用热、冷水反复冲洗，清除残液，再进行干燥。处理好了的被粘材料不宜久放，最好马上进行粘接。

2. 涂胶与粘接

选择好胶黏剂，处理好被粘物表面后即可进行涂胶与粘接。涂胶之前先检查胶黏剂是否变质失效，是否分层或产生沉淀等异常现象。确认胶黏剂各方面符合使用要求后就可以涂胶了。对于液状或糊状胶黏剂，可采用的涂胶方式有刷、刮、喷、浸、注、漏和滚等类型。根据被粘物表面大小与几何形状、胶液固化速度、胶液的流平性等使用性能及施工环境情况要选用一种或数种方法。无论用什么方法涂胶，最后都要求涂布均匀，不留死角，厚度适宜。为了达到涂布要求，有些胶黏剂需涂胶多次。多次涂胶时第一层胶液应尽可能涂薄，待溶剂基本挥发后再涂下次。有些胶液涂布后还需晾置一段时间。胶液涂布完成以后就可进行粘接。对于液态无溶剂胶黏剂涂胶后可立即黏合，反应型胶如果胶液太稀，可稍等片刻再黏合，对这类胶黏剂进行黏合后最好来回错动几下以利充分接触及排除空气。对于溶剂型胶黏剂，涂胶后需晾置一段时间，以便溶剂充分挥发。但是晾置不能过度，否则黏度变得太大，无法黏合。

3. 固化工艺

胶黏剂的固化工艺对粘接质量影响很大，固化工艺主要包括固化压力、固化温度和固化时间三个方面。胶黏剂固化时施加一定的压力有利于胶黏剂对被粘材料充分湿润和排除胶黏剂固化反应产生的低分子量挥发物的不利影响。施加一定的压力还可以控制胶层厚度以及防止粘接件相对滑动。施加压力时应注意所施压力的大小和施加时间。压力太小，达不到效果，压力太大会将胶液挤出，造成缺胶，降低粘接强度。在加压的同时难以保证胶层厚度时，最好在涂胶后放置适当时间，使黏度变大后再施加压力。一般来说，升高固化温度或增长固化时间都能够提高粘接强度。在一定范围内，升高固化温度可以缩短固化时间。对于某设定的胶黏剂体系来说，都有一个特定的固化温度范围，低于规定温度的下限时无论如何延长固化时间也难以固化完全；温度过高，虽然固化速度变快，但有时却会改变固化胶层的结构与性质，会使粘接强度降低。另外，过高的固化温度和太长的固化时间会使胶层老化，也不利于粘接。

第二节 塑料的粘接技术

一、粘接前塑料表面处理方法

塑料可分为热塑性塑料和热固性塑料两大类。在通常情况下，热固性塑料要比热塑性塑料容易胶接。但它们的表面能量均低于玻璃、陶瓷、金属等亲水性材料，而且它们表面常会黏附脱模剂或逸出增塑剂，因此不易为胶黏剂所浸润，从而影响胶接强度。因此，一般均需对塑料进行表面处理。由于塑料的品种众多，各种性能差别很大，因此表面处理的方法也就很不相同。以下介绍几种常见的塑料表面处理方法。

[方法1]　本方法主要适用于聚乙烯、聚丙烯、聚异丁烯、聚氯乙烯、过氯乙烯。

上述塑料的脱脂溶剂为丙酮和丁酮。

脱脂后，进行氧化焰处理：先用砂布使其粗化，将其置于氧化焰上烧3～5s，连续三次。再用30%的氢氧化钠溶液，65～70℃浸渍3～5min，用冷水冲洗，然后用下述溶液活化，65～70℃浸渍5～10min：

铬酸　10mL　浓硫酸　20mL　水　40mL

经水洗，再在下述溶液中70～75℃氧化5～7min：

重铬酸钾　10g　浓硫酸　50mL　水　340mL

然后在70～75℃的热水中洗涤5～7min，用蒸馏水洗净后在65～70℃下干燥。

[方法2]　本方法适用对象同上。

在下述溶液中于20℃下处理90min：

重铬酸钠　5g　硫酸（d=1.84）100mL　水　8mL

用冷水洗净后，在室温下干燥。

[方法3]　本方法适用对象同上。

在电晕放电活化的下述任一气体中进行暴露处理：

① 干空气，15min；

② 一氧化氮，10min；

③ 湿空气，5min；

④ 氮气，5min。

处理后应在15min内进行胶接。

[方法4]　本方法适用于聚苯乙烯及其改性品种，如ABS和AS等。

喷砂或砂布打磨后脱脂。

脱脂溶剂：丙酮、无水乙醇。

脱脂后在铬酸溶液中60℃下浸渍20min。

[方法5]　本方法适用于尼龙。

脱脂溶剂：丙酮、无水乙醇、醋酸乙酯、丁酮，在表面涂一层10%的尼龙-苯酚溶液，在60～70℃保持10～15min，然后用溶剂擦净（或者再在表面涂一层间苯二酚-甲醛底胶)，立即胶接。

[方法6]　本方法适用于涤纶薄膜。

脱脂溶剂：丙酮、无水乙醇。

脱脂后，在80℃的氢氧化钠溶液中浸渍5min，然后在氯化亚锡溶液中浸渍5s。

[方法7]　本方法适用于聚甲醛和其他缩醛类聚合物。

脱脂溶剂：丙酮、丁酮。

在120℃下干燥处理1h，再在下述溶液中120℃下浸渍5min：

对甲苯磺酸　1g　二氧六环　10mL　全氯乙烯　200mL

注：全氯乙烯一般指四氯乙烯。

经冷水和热水洗涤后，用热空气干燥。

[方法8]　本方法适用于聚四氟乙烯及其他碳氟聚合物。

脱脂溶剂：三氯乙烯、苯、甲苯、丙酮、丁酮、环己酮。

脱脂后在下述溶液中室温下浸渍30min：

氢氧化钠　10g　己二烯蜜胺　8mL

注：己二烯蜜胺一般指三聚氰胺。

然后室温下晾干。

[方法9]　本方法为辐射诱导接枝法。适用于聚四氟乙烯及其他碳氟聚合物。

采用高能射线如钴-60射线或200nm以下的紫外光，在苯乙烯单体存在下，使氟塑料表面产生轻微降解，在链端产生活性中心，形成一层透明的接枝共聚物。

用此法处理后颜色不变，电性能不下降。

[方法10]　本方法为氟化烃-钛聚合物法。适用于聚四氟乙烯及其他碳氟聚合物。

在含有四丁基钛酸酯、全氟辛酯和水的溶液中浸渍，使表面形成烷基-钛-氧和全氟支链聚合物的薄膜层。

[方法11]　本方法适用于聚四氟乙烯及其他碳氟聚合物。

将精萘128g溶解于1000mL四氢呋喃（或乙二醇甲醚、乙二醇二甲醚、二氧六环）中，在搅拌下于2h内缓缓加入金属钠23g，温度严格控制在3～5℃。加完后继续搅拌使溶液呈蓝黑色为止。在氮气保护下，将聚四氟乙烯放入处理5min，然后取出，用冷水冲洗，再用蒸馏水洗净，暖空气烘干。

本方法稳妥可靠，胶接强度高，是目前氟塑料表面处理中用得最多的方法。

[方法12]　本方法适用于聚四氟乙烯及其他碳氟聚合物。

将氟塑料脱脂后，表面涂上一层环氧树脂胶，在370℃加热10min，再在400℃加热5min，使胶层熔入氟塑料表面，然后进行胶接。

二、塑料粘接应用技术

1. 塑料管材、管件的粘接技术

① 管材、管件粘接前，应用干布将承口侧和插口外侧擦拭处理，当表面粘有油污时须用丙酮擦拭干净。

② 管材断面应平整、垂直管轴线并进行倒角处理；粘接前应画好插入标线并进行试插，试插深度只能插到原定深度的1/3～1/2，间隙过大于时严禁使用粘接方法。

③ 涂抹粘接剂时，应先涂抹承口内侧，后涂抹插口外侧，涂抹承口时应顺轴向由里向外均匀涂抹适量，不得漏涂或涂抹过量（$200g/m^2$）。

④ 粘接剂涂抹后，宜在1min内保持施加的外力不变，保持接口的直度和位置正确。

⑤ 粘接完毕后及时将挤出的多余粘接剂擦净，在固化时间内不得受力或强行加载。

⑥ 粘接接头不得在雨中或水中施工，不得在5℃以下操作。

⑦ 连接程序：准备→清理工作面→试插→刷粘接剂→粘接→养护。

2. 泡沫塑料的粘接技术

(1) 泡沫塑料的性能　泡沫塑料是内部具有无数微小气孔的塑料。泡沫塑料可用各种树脂制得。尽管泡沫塑料随品种不同，性能也不一样，但泡沫塑料都有泡孔，泡孔中又充满着空气，因此泡沫塑料具有以下共同性能：

① 泡沫塑料是一种泡沫体，它的质量轻，比同品种的塑料要轻几倍，甚至几十倍。

② 泡沫塑料的泡孔具有防止空气对流的作用，因此泡沫塑料不易传热。

③ 泡沫塑料有无数微小的气孔，因此能吸音。

泡沫塑料内的泡孔互相连通、互相通气的称为开孔泡沫塑料，这种泡沫塑料具有良好的吸音性能和缓冲性能。泡沫塑料内的泡孔互不贯通、互不相干的则称为闭孔泡沫塑料，闭孔泡沫塑料具有较低的导热性能和较小的吸水性。

泡沫塑料根据软硬程度不同，分为软质泡沫塑料和硬质泡沫塑料。

(2) 泡沫塑料的粘接方法　泡沫塑料，因本身的力学强度低，为了粘接，一般不需要用高强度的胶黏剂。同种软质泡沫塑料或者软质泡沫塑料与其他柔软材料的粘接，使用合成橡胶胶黏剂或者树脂系和橡胶系的混合胶黏剂。同时硬质泡沫塑料或硬质泡沫塑料与其他材料的粘接，要求粘接强度不高时，可使用前面所述的胶黏剂；若要求高强度时，可使用室温固化性的热固性胶黏剂。具有表面皮膜的硬质泡沫塑料在粘接前必须进行喷砂处理，将脱膜剂除去。

(3) 聚氨酯泡沫塑料的粘接　聚氨酯泡沫塑料的粘接，一般分为熔融粘接和合成胶黏剂粘接两种。

① 熔融粘接。熔融粘接是用火焰烘熔粘接或者用加热辊筒粘接等方法。上述方法是指将聚氨酯泡沫塑料表面加热，熔融粘接。聚氨酯泡沫塑料有聚醚型和聚酯型之分，一般对聚醚型聚氨酯泡沫塑料，因为从软化点到熔点的范围狭窄，所以熔融作业困难，不能使用熔融粘接，而一般对聚酯型聚氨酯泡沫塑料可使用熔融粘接。

② 合成胶黏剂粘接。多数胶黏剂均能粘接聚氨酯泡沫塑料。由于溶剂型胶和

含溶剂的压敏胶会使某些泡沫塑料崩溃，因此常采用以丁苯橡胶或聚醋酸乙烯为基料的水乳胶和固体含量为100%的胶黏剂。聚氨酯胶黏剂和丁酯橡胶胶黏剂常用于柔软聚氨酯泡沫塑料的粘接。环氧树脂胶黏剂可用于硬聚氨酯泡沫塑料的粘接。

③ 聚氨酯泡沫塑料和其他材料的粘接。

a. 聚氨酯泡沫塑料与天然橡胶的粘接。常用氯丁橡胶胶黏剂。

b. 聚氨酯泡沫塑料与木材的粘接。聚氨酯泡沫塑料与木材的粘接一般在建筑上应用较多，可采用氯丁橡胶系胶黏剂。氯丁橡胶系胶黏剂具有优良的耐潮湿性，可在潮湿环境中使用，同时还符合装修材料中有害物质限量标准（GB 18583—2008），具有施工简单、粘接强度高、耐久性好的特点，特别是在下雨天或潮湿天气仍能保持良好的粘接强度。

3. 聚酰亚胺的粘接技术

(1) 聚酰亚胺的性能及用途　含有酰亚胺基团的聚合物通称聚酰亚胺，由二元酸酐和二元胺缩聚而得。按单体的不同基本上可分为三大类：不溶性、可溶性及改性聚酰亚胺。

聚酰亚胺的耐热性极为突出，耐寒性也很优良。例如不溶性聚酰亚胺短期使用温度可达480℃，能耐−260℃的低温，是目前工程塑料中最耐热又耐寒的品种之一。

聚酰亚胺的抗高能辐射性、电绝缘性、耐水性等都很优良，并具有突出的力学强度，耐磨性优良，对蠕变也很稳定。缺点是性脆，并对缺口敏感。可溶性聚酰亚胺的韧性比不溶性的好些。

聚酰亚胺的加工性能较差，不溶性的尤为突出，可溶性的聚酰亚胺则可采用热塑性塑料的成型加工方法，压制或注射成各种精密零件。

聚酰亚胺具有一定的化学稳定性，不溶于一般有机溶剂，不受酸的作用，但在强碱、沸水、水蒸气持续作用下会被破坏。

聚酰亚胺可制成薄膜、漆包线漆及其他涂料、纤维、胶黏剂、增强塑料和泡沫塑料等。用于高温、高真空、强辐照、超低温等特殊环境下，增强的聚酰亚胺复合材料作结构材料，在航空及宇宙航行中受到极大的重视，并已有所应用。

(2) 聚酰亚胺的粘接方法　聚酰亚胺常用的溶剂有：甲乙酮、甲苯、吡啶。常用溶剂胶黏剂的配方如下（质量份）。

实例一：

甲乙酮70

二甲基甲酰胺30

聚酰亚胺10～20

实例二：

二甲基甲酰胺70

甲苯30

聚酰亚胺5～10

聚酰亚胺薄膜的粘接可选用聚苯并咪唑胶GW-1，该胶黏剂系15%聚苯并咪唑的二甲基乙酰胺溶液。

4. 玻璃钢的粘接技术

(1) 玻璃钢的组分及用途　玻璃钢增强塑料（GRP）是为了改善合成树脂的力学性能，在树脂中加入增强材料，即玻璃纤维层压塑料。如酚醛玻璃纤维层压塑料是将多层浸有或涂有树脂胶液的基材叠合在一起经热压结合而成的整体塑料，属增强塑料的一种。玻璃纤维的拉伸强度达20.0MPa，比同样粗细的钢丝还强，由于与压缩强度大而拉伸强度弱的塑料的结合而制成比铁和铝还强的材料。

玻璃钢所用的合成树脂主要有：不饱和聚酯树脂、环氧树脂、酚醛树脂等热固性树脂，其中采用最多的是不饱和聚酯树脂。

玻璃钢所用的增强材料，除多被采用的玻璃纤维外，还使用棉线、尼龙纤维、石棉纤维、碳素纤维相与金属单质近似的纤维状金属晶须等。将研究利用石墨、石英和碳化钨等。

增强塑料因为比金属的力学强度还要高，而且有质轻、耐腐蚀性的优点，因而有“玻璃钢”之称，作为各种工业制品或者工业材料需要量很大。在汽车、船舶、建筑及宇宙开发等方面有广泛的用途。

(2) 玻璃钢的粘接方法　玻璃钢及其与金属之间的粘接一般是要求具有结构强度的胶黏剂，即它的弹性模量、粘接强度及热膨胀系数应在塑料与金属之间，在很多情况下，这些胶黏剂比材料本身的强度要大得多。

大多数玻璃钢增强塑料具有较好的耐化学溶剂和耐热性能，所以可采用溶剂分散的热固性胶黏剂，如酚醛、环氧、脲醛、缩醛、不饱和聚酯、醇酸及其组成物。常加入异氰酸酯类为改性剂，以改进其对较难粘接表面的粘接性能。

此外为了调节热固性胶黏剂的剪切模量，采用热塑性树脂的添加剂是有效的。目前用于结构胶黏剂中的热塑性树脂系合成橡胶、聚酰胺和各种乙烯类树脂。

5. 切割玻璃钢砂轮

(1) 粘接部位　某电机厂切割玻璃钢的砂轮是一种特殊砂轮，可用粘接技术自制。

(2) 胶黏剂选择及其他原材料

胶黏剂配方（单位：g）：

E-44环氧树脂　20；金刚砂（TL-36）　100；

苯酐　8；玻璃丝（脱脂）　0.5。

(3) 粘接工艺

① 将金刚砂在80℃加热除水，将环氧、苯酐、顺酐在60℃混合搅拌熔化，加入金刚砂、玻璃丝，搅匀。

② 将上述物料倒入已涂硅油的旋压模内在50℃旋压成型。

③ 固化。将成型的砂轮坯料置烘箱中上压10kg重物，在200℃固化4h，自然降温，即可上机使用。

(4) 效果　此种砂轮性能好，寿命长。

6. 钙塑材料的粘接技术

(1) 钙塑材料的性能及用途　钙塑材料是在树脂中用填料填充改性而发展的一种新材料。它所用的树脂主要是高密度聚乙烯、低密度聚乙烯和聚丙烯等热塑性聚烯烃树脂。它所用的填料主要是碳酸钙、硫酸钙和亚硫酸钙等无机钙盐。因此，称之为“钙塑材料”。

钙塑材料的物理化学性能与填料的种类、数量有很大的关系。一般来说，填料的密度比树脂大，因此钙塑材料的密度随着填料用量的增加而增大。填料的硬度较一般树脂高，随着填料用量增加，钙塑材料的硬度逐步提高。而且，随着填料用量的增加，钙塑材料的断裂伸长率逐渐缩小，同时，塑性减弱，变为脆性材料。

钙塑材料常被用于制造钙塑纸、钙塑瓦楞、包装箱和桶、钙塑鞋楦、钙塑低发泡板等，也用于制造钙塑天花板和门窗等建筑材料。

(2) 钙塑材料的粘接方法　钙塑高发泡板材、制品等，表面存在许多微孔，可以不经表面处理，使用一般胶黏剂即可，甚至用热沥青就可以彼此粘接或与其他材料粘接。钙塑低发泡或不发泡硬板、薄片、制品等，除需要进行表面处理外，要选用粘接强度较高的胶黏剂粘接。

三、塑料所用胶黏剂举例

1. PVC材料所用胶黏剂技术

聚氯乙烯（PVC）是最早工业化的塑料品种之一。它是氯乙烯单体在引发剂作用下，通过自由基聚合反应而得到的线型聚合物。与其他塑料品种相比，PVC具有难燃、抗化学药品性、优良的电绝缘性和较高的强度等特点。而且采用增塑和共聚的办法，能使PVC性质发生很大的变化。添加30%左右增塑剂可制成具有柔性弹性的软质PVC；不加或少加增塑剂或以PVC的共聚物为主体可制成硬质PVC。它与其他塑料不同，从软质到硬质，可制成各种管材、板材、异型材、薄膜、纤维、涂料、人造革、电线电缆等制品，在工农业和日常生活中获得非常广泛的应用。

(1) 丙烯酸酯类胶黏剂　在合成胶黏剂中，丙烯酸酯类胶黏剂是比较引人注目的新秀，其性能独特，品种繁多，专利报告不胜枚举。当用于PVC材料间的粘接时，丙烯酸酯类胶黏剂的有机挥发物含量低，并且粘接牢固，但当用于PVC薄膜粘接时，由于PVC薄膜表面光滑，因而初粘力较低，粘接强度较差。马立群等采用自制的S-01型乳化剂，合成了共聚型丙烯酸酯胶黏剂，用于PVC膜对木材、皮革等多孔性材料的粘接，效果较为显著。S-01型乳化剂与十二烷基硫酸钠配合使用，效果更好。丙烯酸丁酯与醋酸乙烯酯的配比为33：4时，胶黏剂的剥离强度可达到43N/25cm，而乳化剂的用量为单体量的4%时，效果较好。

张永金等研制的聚丙烯酸酯系列胶黏剂，当用于人造革表面植绒时，克服了由于油性胶黏剂在生产中出现的环境污染和能耗大、防火要求高以及对工人身心健康危害大等缺点，其质量均达到或超过了油性胶黏剂所得产品。此胶黏剂是以丙烯酸酯为主要原料，选用性能优良的乳化体系通过乳液聚合而成的。杨冰等以特制的含羟基聚丙烯酸酯自交联乳液为主体，掺入一定量的多异氰酸酯溶液，经有效的分散、均质处理，制成一种适合于PVC-U管材的水基型黏合体系。在其胶膜固化过程中，异氰酸酯基团与体系中聚乙烯醇羟基反应生成氨基甲酸酯，形成第二交联，这样得到的聚丙烯酸酯-聚氨酯互穿网络结构，可以加强粘接层的内聚力和耐水性能，完成对PVC材料的牢固粘接。粘接强度可达3.5MPa，黏度达到0.85～10Pa·s，储存期为0.5年。其中，多异氰酸酯的添加量对粘接的强度、耐水性能以及胶液储存期有着重要的影响。随着配方中多异氰酸酯的增多，粘接强度也逐渐提高。实际上，加入量在4%～5%已经有满意的强度效果。另外，多异氰酸酯含量低的胶黏剂配方，抗水能力差。且粘接板浸水时间越长，强度下降越严重，随着配方中多异氰酸酯含量增多，黏结强度受水的影响逐渐减弱。郭振良等以丙烯酸酯、丙烯酸、醋酸乙烯为原料制得共聚乳液，并加入改性增黏树脂增塑剂提高乳液对PVC薄膜的初始粘接强度。通过实验可看出，当每100份乳液中加入15～20份改性增黏树脂时，胶的剥离强度可达到48.3～48.5N/25cm，且胶黏剂具有湿润性好、初始粘接强度高、易固化、黏度高、无毒、无污染等特点，在木材、家具等领域，具有较高的推广价值。

(2)聚氨酯类胶黏剂　聚氨酯(PU)胶黏剂是分子链中含有氨酯基(—NHCOO)和/或异氰酸酯基（—NCO）的胶黏剂。聚氨酯胶黏剂由于性能优越，在国民经济中得到广泛应用，是合成胶黏剂中的重要品种之一。黄伙兴等研究改性过氯乙烯类树脂和聚氨酯两种胶黏剂品种，使之用于PVC人造革制造过程中的粘接。此两种胶黏剂选用邻苯二甲酸二苯酯作增塑剂，加入一定量的增黏树脂，用适量的有机溶剂，并加入适量的交联剂。当邻苯二甲酸二苯酯的用量增加到375g时，胶黏剂的剥离强度最高，此时的剥离强度为250N/25cm。如果继续提高增塑剂的用量，胶层出现不干性，剥离强度反而降低。而在过氯乙烯溶液中加入增黏树脂后，会使试样的压合工艺有较大的改善。如果将氯化松香与422#改性松香树脂并用，可同时获得较好的工艺性能和剥离强度。但聚氨酯树脂溶液中却不适合加入各种改性松香树脂。而各种异氰酸酯类交联剂，对提高过氯乙烯胶层的剥离强度均有一定的作用，尤以具有三个官能团的列克纳的效果最好。过氯乙烯类胶黏剂和聚氨酯类胶黏剂均可用于PVC人造革的粘接，但前者胶层较坚硬，后者胶层较柔软，选何种胶种视具体情况确定。彭华君等对PVC密封条静电植绒胶黏剂的合成工艺及应用效果进行了论述。此胶黏剂采用了双组分聚氨酯胶黏剂，A组分是端羟基聚酯型聚氨酯，B组分是端异氰酸基聚醚型聚氨酯。

PVC植绒胶分子中含有为其特征的氨基甲酸酯极性键（—NHCOO—），还含有不少的酯键、醚键、脲键等。它对多种材料有着较好的粘接性能。何义才叙述了一种用于PVC装饰膜-金属板用单组分溶剂型聚氨酯胶黏剂的合成。其选用高结晶度的聚酯、异氰酸酯、扩链剂等为原料，采用氯醋树脂增黏，所得产品的剥离强度为30～60N/2cm，黏度为120～140s（涂-4杯在20℃条件下测定），刺激性较小。该胶各项力学性能指标均达到了进口同类胶黏剂水平，且烘烤活化条件有较大程度的降低，成本亦大大降低。应用于国内多家PVC彩板生产厂家均获好评，完全可以替代进口同类胶黏剂。杜官本介绍了一种以水性高分子乳液和异氰酸酯为主要成分的胶黏剂，特别适用于PVC膜与木质基材的复合。当乳液与固化剂比例为100∶7（质量比）、施胶量约为100g/m^2、热压温度85～90℃、热压周期3min、压力0.35MPa时，PVC膜72h后常态剥离强度为29N/mm。此胶黏剂还具有较高的初始强度，且能满足木材镂、铣雕花-PVC覆膜加工工艺要求。此外，该胶黏剂为水性高分子乳液，无有机溶剂污染，使用安全，适用面广。许大生等以自制的特殊聚酯二醇、4, 4′-二苯基甲烷二异氰酸酯及扩链剂1, 4-丁二醇为主要原料，合成了一种用于PU-PVC复合革生产的单组分胶黏剂。与常用的复合革双组分聚氨酯胶黏剂相比，该胶黏剂具有较高的粘接强度。这两种胶黏剂的应用性能对比见表2-5。

表2-5　两种胶黏剂应用性能对比

胶黏剂类别	PU面层拉伸强度/MPa	剥离强度/（N/cm）	PVC基材剥离面
双组分胶	9.0	5.24	局部损坏
单组分胶	9.0	7.35	全部损坏

危民喜选用MPU-20聚氨酯胶黏剂用于PVC/钢板与胶木板的复合。MPU-20胶的180°剥离强度≥1.96kN/m，pH值在6～8之间，而使用温度在0～40℃。此胶具有施工快、工艺简单、节省工时、成本低、粘接力强、常温固化以及胶层固化后不溶不熔、无毒、阻燃的特点。以其复合后的材料用于船舱室壁的装饰装修，效果较好。

(3) 改性过氯乙烯（CPVC）胶黏剂　过氯乙烯树脂是聚氯乙烯经过氯化反应后的产物，其结构式与聚氯乙烯非常相似，而且溶解性好，能溶于丙酮等多种有机溶剂中，具有良好的粘接性。并且根据高分子物质结构“相似相溶”的原理，在选择PVC材料胶黏剂时，要考虑到其结构应与聚氯乙烯的结构相似。因而CPVC是一种很好的PVC粘接材料。但此胶黏剂中的溶剂，如环己酮、苯、甲苯、氯代烃是有毒的挥发性物质，会给工作人员及周围环境造成危害，为此，研究工作者们使用添加改性剂的方法，调节胶黏剂的黏度使之便于施工，并降低胶黏剂的成本，还可以改善胶黏剂的物理机械性能。任彩元等为了研制改性PVC装饰板与木材的胶黏剂，选择了PVCW胶。PVCW胶的主要组分为过氯乙烯树脂，以酚醛树脂作为增黏剂，聚氨酯作为增韧交联剂等。此胶在25℃时的剪切强度为2.46MPa，不均匀扯离强度为60.8N/cm^2。在相对湿度95%～100%时的剪切强度为2.90MPa，不均匀扯离强度为60.78N/cm^2。因而PVCW胶对PVC板与木材的粘接性能好，剪切强度超过木材本身强度，能满足家具生产的使用要求。徐国平研制出一种溶液型胶黏剂，用于粘接硬PVC管，得到比较好的效果。将过氯乙烯树脂溶于有机溶剂中，加入助剂，形成一定浓度的胶液，该胶液使PVC表面适当软化，稍加压立即达到黏合。配方中如使用挥发快的溶剂固化速度会更快。采用适量的偶联剂、触变剂和填料提高胶的粘接强度，增强其防渗能力。采用柔韧性聚合物，在不降低胶的强度的条件下，可增加胶黏剂的柔韧性，避免管子移动或安装中接头处胶开裂而造成粘接失败的可能性。褚衡等用氯化EPDM（CEPDM）与CPE、EVA共同改性CPVC研制出的胶黏剂，能使硬质PVC板材粘接剪切强度有较大的提高。用如下配方：CPVC，100份；EVA，5份；CEPDM，15份；CPE，6份，其剪切强度可达到6.3MPa。因而，用EVA、CPE及所合成的CEPDM改性CPVC制成的硬质PVC板用溶剂型胶黏剂的性能，超过了国内同类产品，拓宽了新型聚合物氯化乙丙橡胶的应用。马剑华采用氯化聚氯乙烯树脂和聚氯乙烯树脂为黏料，以邻苯二甲酸二丁酯增塑剂和醇酸树脂对胶黏剂进行改性。用不同沸点的溶剂及填料满足施工的工艺要求，研制出一种专用于PVC管道防渗漏的密封胶黏剂。此胶的固体含量≥65%，密封性耐压试验≥0.1MPa，拉伸粘接强度≥2MPa，外观无机械杂质和搅不开的硬块。该密封胶有着与进口塑钢土相似的性能，但其成本却只有后者的1/25。经过实际应用表明，该密封胶黏剂具有优良的耐酸、耐碱、耐水性能。

(4) 乙烯-醋酸乙烯（EVA）类胶黏剂　聚醋酸乙烯类胶黏剂价格低廉、生产容易、使用方便、性能优异，尤其是以水为分散介质，安全无毒，对环境无污染，为胶黏剂工业中的一个大宗产品，随着国民经济的发展，其用量还将大幅度地增加。这种胶黏剂用于PVC间的粘接时，易于实现连续化生产，没有溶剂污染，成本低，且所用的原料均为固体，便于包装与贮存，强度也能满足要求。但当用于PVC薄膜的粘接时，由于PVC薄膜为表面无孔光滑材料，因而粘接强度较差。代模栏等用少量的丙烯酸丁酯与醋酸乙烯共聚，制得的聚合物中添加适当的增黏树脂及填料便可得到有较好粘接性能的PVC地板胶。这种改性聚醋酸乙烯（简称BMA）胶黏剂是以工业酒精为主体溶剂，醋酸乙烯与少量丙烯酸丁酯共聚物为基料，并添加适当的增黏树脂及填料，在不用氮气保护的反应装置中制得的。其成本低、毒气低、单组分、性能好，是一种对PVC地板建材有较好粘接性能的胶黏剂。此胶在BA∶VAc为15时，180°剥离强度可达30N/2cm，引发剂用量为0.5%～0.7%，具有较高的单体转化率和剪切强度；聚合反应时间在4～5h，即达到较高的单体转化率和剪切强度。当BMA胶用于PVC/木板黏合时，剪切强度达1.53MPa；用于钢板/PVC，剪切强度达1.31MPa；用于PVC/PVC，剪切强度可达到1.46MPa。因而此胶对PVC地板等建材有较好的粘接作用。付荣兴等使用江西维尼纶厂生产的EVA，与松香甲苯溶液增黏剂和萜烯甲苯溶液增黏剂配合，制得可以用于PVC薄膜的复合胶黏剂。这两种增黏剂配合使用可以获得叠加效果，显著提高PVC复合膜的粘接强度。他们还使用乙醇、丙酮、甲苯等溶剂对PVC标样的表面进行了清洗试验，发现表面进行溶剂处理过的PVC复合膜，其剥离强度比没有处理要高得多。李明介绍了一种PVC塑钢皮与胶合板黏合的专用胶黏剂。此胶黏剂以EVA树脂作主体树脂，以萜烯树脂和松香衍生物作增黏剂，选用甲苯、环己酮、甲醇的混合物为溶剂，并加入适合的引发剂、乳化剂、增塑剂等配制而成。此胶的黏度为3.2Pa·s，剪切强度为6.4MPa，剥离强度也相当高。作为PVC塑钢皮专用胶黏剂完全可以替代进口产品，此胶还具有产品性能优良、粘接强度高、使用方便、能满足机械化生产等优点，因而受到专家和用户的一致好评。

张广艳等介绍了J-148PVC膜-木复合用胶黏剂的基本性能。它是以乙烯-醋酸乙烯乳液为主体树脂，加入增黏剂、增塑剂和增稠剂等助剂研制而成的。常用增黏剂有松香树脂、萜烯树脂等，它们可以改善EVA乳液对PVC表面的亲和力，增加初始强度，还可改善胶黏剂的湿强度，所得胶黏剂的剥离强度可达55N/25cm，黏度为6.5～12Pa·s。这种胶黏剂的综合性能已达到或超过进口产品BA820的水平。陈绪煌等发现PVC发泡片材与PP人造纸黏合所用热熔胶可以用30%松香与70%EVA及其他助剂制成。EVA的VAc含量为30、MI值为300左右较为合适。此时的剥离强度为105N/25mm，经纸塑复合设备复合，复合效果良好。另外，此胶易于实现连续化生产，没有溶剂污染，成本低，且所用原料均为固体，便于包装与存储，强度也能满足要求。还给出了PVC发泡片材与PP人造纸的黏合工艺流程：松香粉碎→原料混合→捏合→造粒→挤出复合→卷取。先把EVA颗粒和粉碎后的松香在捏合机上捏合，然后在造粒机组上挤出造粒。由于松香粉碎后颗粒大小不均，助剂均为粉末，直接在挤出机上挤出复合，容易造成原料混合不均、产品质量不稳定。因而设造粒这一工序，造粒后就可以直接在复合设备上进行复合等后处理工序。苏蒙通过加入改性松香树脂来提高EVA乳液对PVC薄膜的黏结强度，该乳液能显著提高PVC薄膜与木材等纤维状物质的粘接性能。此胶黏剂的剥离强度达39.2N/25mm，室温200h老化后剥离强度达47.0N/25mm，5次冷热循环后剥离强度为44.1N/25mm。同时，该胶黏剂的湿润性较好，手工刷胶、机械辊涂均可，在音箱、家具行业中有很好的应用前景。

(5) 环氧树脂胶黏剂　环氧树脂胶黏剂（或改性环氧树脂胶黏剂）主要由环氧、固化剂或催化剂、填料等组成。环氧树脂大分子末端有环氧基，链中间有羟基和醚键，在固化过程中还会继续产生羟基和醚键。因为环氧树脂这一结构，所以用环氧树脂配制的胶黏剂性能特别好。吴少鹏等选用环氧类胶黏剂粘接PVC和聚酯玻璃钢（FRP），经过实验得知，含环氧树脂的胶黏剂剪切强度比含聚酯的胶黏剂高，最高可达7.84MPa以上。而用于PVC/FRP复合时的剥离强度高达1.60kN/m，并且采用表面处理可以明显地提高剪切强度和剥离强度。徐国平选用过氯乙烯粉、1，2-二氯乙烷、溶剂、环氧树脂、固化剂等混合体系作为硬PVC/FRP的界面胶黏剂。将此胶用于PVC/FRP复合管生产中，其最大使用温差达90℃以上，最高使用压力达3MPa以上，未出现界面分层现象或管子爆裂问题，表明该界面胶黏剂的性能完全能够满足PVC/FRP复合制品的使用要求。该项目研制的界面胶黏剂可常温固化，黏度较低，配制方便，不需要专门配制设备，有利于企业工业生产或野外管道安装施工使用。在使用中要注意：一是胶黏剂固化剂成分要现配现加，配制好后要及时使用；二是PVC表面一定要打毛并用丙酮擦净，否则难以达到理想的胶黏效果。该界面胶黏剂投入生产后，不仅应用于管材，而且在复合储罐、槽车等容器中也开始使用，都取得了预期效果。

(6) 其他胶黏剂　除以上的用于PVC材料的胶黏剂外，下面的几种胶黏剂也越来越多地为人们所重视。吴自强等使用改性的脲醛树脂用于PVC塑料沥青油毡和水泥板的粘接。其剥离强度为0.8N/cm，若使用改性脲醛树脂与325号普通硅酸盐水泥按200：77共混，其抗剥离强度为1.03N/cm，符合油毡与水泥板的粘接要求，浸水试验24h，强度无改变。显然，在强度要求不很高的情况下，使用这种胶黏剂粘接PVC塑料沥青油毡是可取的。黄耿介绍了一种用于PVC溶胶的直接粘接剂——Vulcabond，其可以改进PVC塑料溶胶与聚酯、尼龙和其他合成纤维产品的粘接性。Vulcabond为含有25%异氰尿酸三聚物的苯二甲酸二丁酯溶液，其中异氰酸酯含量为3.65%。它是一种分散在增塑剂中的聚异氰尿酸酯，可双倍提高PVC溶胶和合成纤维的粘接强度。高反应性的异氰尿酸酯基团与相邻聚合物上的极性基团发生反应，形成交联键。这种高反应性使Vulcabond对极性反应非常敏感，如果与含有—OH、—NH、—SH或H^+等这些极性基团的物质在一起，会影响其粘接性。

总之，PVC材料所用胶黏剂的种类随PVC材料用途的不同而不同，随PVC材料对应粘接材料的不同而不同。因而在PVC材料的粘接中，应该根据材料、环境、适用条件等各项因素来选择合适的胶黏剂，以期达到最好的粘接效果。

2. PE/UPR玻璃钢界面粘接技术

随着水处理行业急剧发展，环保型玻璃钢/聚乙烯复合结构水处理容器用途日益广泛，水处理容器采用聚乙烯（PE）作为内胆，壳体采用玻璃纤维/不饱和聚酯树脂（UPR）湿法经纵、环向缠绕壳体厚度为1～3mm。

聚乙烯塑料具有卓越的耐化学腐蚀性、良好的耐冲击性能，成本低廉，成型加工简便，是作为水处理容器内胆的首选材料。不饱和聚酯树脂具有较优良的力学性能、耐化学腐蚀性能，且价格低，加工工艺简单，常温常压下固化成型无副产物，黏度较低，适合水容器纤维缠绕成型，它能充分发挥树脂基体中连续纤维的高强特性。纤维缠绕结构的方向强度比可根据结构要求进行设计。通过严格控制线型纤维方向，使得全部主应力均由受拉纤维承担，在结构的任何方向上，载荷要求的强度都能与材料提供的实际强度相适应，从而获得复合结构型高强度内压力容器，满足设计要求。

聚乙烯作为水容器内胆使用时，不可避免地会涉及PE塑料同缠绕层之间的粘接问题，PE属于难粘材料，表面呈惰性，目前极少有特效胶黏剂能够粘牢聚乙烯。UPR因固化后收缩率很大，粘接性差，无法作为PE胶黏剂使用，因此缠绕复合材料壳体很快与PE内胆脱黏、分离，导致复合结构水容器受力时内胆和壳体无法协同受力。相互间界面分离对其使用性能影响很大。

国外水处理容器内胆常采用ABS、PE材料，壳体采用环氧树脂玻璃纤维缠绕而成，由于其内胆上涂有一种专用胶黏剂，又因ABS和环氧树脂粘接性能很好，所以国外水处理容器对此脱黏问题解决得很好。

内胆与缠绕层之间良好粘接既能提高复合结构的韧性和耐冲击性能，又能保证刚性和强度，还有利于提高水容器外观质量、使用寿命，对缠绕层力学性能发挥有很重要意义。据了解，目前国内水处理容器厂家均没有解决此脱黏难题。

3. 脱黏原因分析

经分析将水处理容器内胆/缠绕层脱黏主要原因归纳为以下三点。

(1) 聚乙烯塑料自身的难粘性　聚乙烯塑料属于难粘材料，主要是由以下原因造成的：①表面能低，临界表面张力只有 (31～34) $\times10^{-5}$N/cm，因而其水接触角大，印墨、胶黏剂不能充分润湿PE基材。②聚乙烯是非极性高分子材料，分子上没有任何极性基因，结构对称性好，胶黏剂吸附在其表面，只能形成较弱的色散力。③聚乙烯结晶度高，化学稳定性好，溶胀和溶解比非结晶高分子困难，当溶剂型胶黏剂涂在其表面，很难发生高聚物分子链成链或相互扩散、缠结。④聚乙烯表面存在弱边界层，弱边界层的存在造成材料表面粘接性差。综上所述，聚乙烯粘接性能极差，且目前市面很少发现有特效胶黏剂能够粘牢聚乙烯。

(2) 不饱和聚酯树脂粘接性差　UPR因固化后收缩率很大，故粘接性很差，通常很少作为胶黏剂使用，所以根本无法粘接PE材料。

(3) 二者性能差别及外界影响　PE内胆是热塑性材料，韧性好，易变形，但刚性低。UPR玻璃钢是热固性材料，韧性差，变形量小，刚性大。二者热膨胀系数相差很大，所以适合粘接二者的胶黏剂必须要能够经受住由于较大范围温度变化引起的热膨胀不均一而造成的粘接界面脱离。此外水处理容器常年受到变化的内压作用，内压变化很快，迫使内胆和缠绕层时刻受到变化的内压作用而发生相应形变，因二者变形能力相差很大，所以易造成粘接界面脱黏。

以上分析也就是目前国内水容器厂家没有解决内胆/缠绕层脱黏难题的原因。

4. 解决方案

针对聚乙烯表面分子极性低和粘接特点，进行粘接时，人们经常对聚乙烯采取多种表面改性方法：通过化学、气体热氧化、火焰处理、电晕、低温等离子技术、表面改性等方法进行表面处理以在其表面分子链中引入极性基团从而提高粘接性能。常规的处理方法虽然很多，但几乎没有一项适用于水容器内胆处理。要么设备成本太高，要么周期过长根本不适合水容器生产需求。鉴于实际生产和成本情况，拟选用一种化学表面处理液，首先能够破坏PE，然后使UPR粘接此胶黏剂。

(1) 胶黏剂选择　由于聚乙烯是非极性材料，韧性好，刚性差，所以应选择像丙烯酸酯胶、改性橡胶、塑料胶等弱极性胶黏剂，或用能溶解被粘物的溶剂，如三氯甲烷、二氯乙烷等。由于内胆与缠绕层经常受到剥离力、不均匀扯离力、剪切力作用，故要求胶黏剂必须具有一定韧性才能缓冲两种被粘物由于可弯曲性和热膨胀性差异在胶层界面产生的内应力。此外，粘接时应遵循应力最小原则。由于PE和UPR玻璃钢弹性模量不同，受力时应变也不同，要满足应力最小原则，必须使胶黏剂的弹性模量和应变分别为PE和UPR玻璃钢各自弹性模量和应变之和的平均值。为此，前后选择了大约6种适合聚乙烯粘接的胶黏剂。考虑到价格、粘接强度及长期抗疲劳破坏能力、黏度、是否影响UPR固化、固化快慢、毒性大小等影响因素，优先选择了浙江金鹏化工公司的SG-P-10底涂处理剂和改性 *α*-氰基丙烯酸酯类快平型胶黏剂。

(2) PE与UPR玻璃钢粘接机理　聚乙烯塑料属于难粘材料，聚乙烯含有低强度的含氧杂质或低分子物质，在其粘接界面存在着使粘接强度降低的弱边界层。此外，绝大多数胶黏剂的表面张力大于聚乙烯，使得胶黏剂无法润湿聚乙烯表面，不能使两材料界面形成分子接触，产生界面分子间作用力，所以粘接界面承受的破坏应力很小。SG-P-10底涂处理剂处理聚乙烯表面后，破坏了致密的惰性表面，在其表面形成很多活性点，消除了弱边界层。使得改性 *α*-氰基丙烯酸酯易于润湿聚乙烯表面，两者形成面接触，产生分子间作用力。所以SG-P-10底涂处理剂配用改性 *α*-氰基丙烯酸酯类胶黏剂，使胶黏剂单体促进剂与聚合物产生渗透、互穿、交联作用，形成与被粘物分子链的缠结，获得高粘接力。粘接拉伸剪切强度达8.0MPa以上，几乎达到PE材料的破坏强度。待 *α*-氰基丙烯酸酯固化后，在PE内胆上湿法缠绕浸透UPR胶的玻璃纤维。UPR胶含量约25%，UPR在 *α*-氰基丙烯酸酯表面固化、粘接，固化压力由缠绕张力（约10kgf）施加。因玻璃纤维含量高，所以UPR收缩率很低，UPR极容易粘牢 *α*-氰基丙烯酸酯。此外 *α*-氰基丙烯酸酯对UPR固化无任何影响，因此二者界面粘接强度很高，结果在低模量的聚乙烯与高模量的玻璃钢之间，胶黏剂过渡层形成了模量梯度，减少了复合结构受力时的应力集中，使得PE/UPR玻璃钢复合结构型水处理容器获得良好的力学性能。

5. 粘接工艺试验与结果

(1) 粘接工艺过程　聚乙烯具有致密的非极性惰性表面，如未对其表面进行处理，胶黏剂对之不产生机械或化学粘接力，所以必须进行表面处理。先用自来水清洗内胆，再用清洁棉纱擦干净聚乙烯内胆外表面所附着的灰尘、油污、脱模剂及其他吸附化学污染物，最后用丙酮进一步清洁表面，丙酮挥发完后待用。将SG-P-10底涂处理剂均匀涂于清洁过的内胆上，10～15min后，均匀涂敷改性 *α*-氰基丙烯酸酯，晾置25分钟，待溶剂挥发、胶黏剂固化后，将内胆置于缠绕机上，进行UPR/玻璃纤维湿法缠绕，完毕，静置6～10h，凝胶、固化后，转入固化炉进一步固化。

(2) 粘接结果　参照水处理容器实际使用情况进行模拟试验，以此来评价粘接效果。

①热应力试验。聚乙烯塑料与UPR玻璃钢热膨胀系数相差很大，受热膨胀或收缩时，因膨胀系数差异大很容易发生粘接界面脱离。将固化好的水处理容器连续10天反复在室温至60℃温度范围进行试验，结果没发现脱黏。随后放置在80℃烘房中烘烤10h，然后骤冷，第二天发现少许脱黏现象，但脱黏部分不连续，证明此胶黏剂能够牢固粘住PE和UPR玻璃钢，并且能够经受住热应力作用。

②内压疲劳试验。将固化好的水处理容器在0～0.6MPa循环压力下做疲劳

受力试验，考验内胆与缠绕层受力时因变形能力不同而抗界面脱层分离能力。试验表明经历3万多次未发现界面层脱黏现象。表明该胶黏剂能够充分缓冲两个不同材料界面差异而造成的内应力，适合水处理容器内胆与缠绕层之间粘接使用。

总之，将选用的SG-P-10底涂处理剂及改性α-氰基丙烯酸酯胶黏剂成功地用于水处理容器PE内胆和UPR玻璃钢缠绕层之间的粘接，试验证明二者之间粘接牢固，能够经受住热应力和内压力疲劳而不脱黏。该胶黏度低，施工工艺简单。此外，内胆与缠绕层之间的良好粘接既提高了复合结构水处理容器的韧性和耐冲击性能，又保证了刚性和强度，成功地解决了复合结构水处理容器内胆和壳体协同受力问题。对于提高水容器外观、质量、使用寿命及缠绕层力学性能发挥有很重要意义。

第三节　橡胶的粘接技术

一、粘接前橡胶的表面处理方法

一般的橡胶材料表面都比较光滑，需要经机械处理或化学处理增加其粗糙度，才能达到较高的机械强度。

橡胶可分为天然橡胶和合成橡胶两大类。合成橡胶又可分为氯丁橡胶、氯磺化聚乙烯橡胶、丁苯橡胶、丁基橡胶、乙丙橡胶、丁腈橡胶、聚硫橡胶、聚氨酯橡胶、硅橡胶和氟橡胶等品种。其中，硅橡胶和氟橡胶分子结构饱和，化学惰性大，表面能低，较难胶接。目前，通常采用涂一层硅烷类处理剂的方法。

[方法1]　本方法为研磨法。

对天然橡胶，用刷子轻轻研磨，吹去细粒，再用甲苯或丙酮擦拭。

对合成橡胶，先用甲醇洗净表面，随后用细砂皮研磨，再以甲醇洗净，干燥。

[方法2]　本方法为硫酸法。

对天然橡胶，在浓硫酸中浸渍10～15min，待硬的表面生成后，用蒸馏水洗净（或先以5%～10%的氨水浸渍5min后再洗净），在室温下干燥。再把橡胶弯折，使表面产生细裂缝，经增加表面积，提高胶接强度。

对合成橡胶，先用甲醇擦拭，再在浓硫酸中浸渍10～15min，然后用蒸馏水洗净。再用28%的氨溶液，于室温下浸渍5～10min，再用蒸馏水洗净。并且反复弯折，使表面产生细裂缝。

[方法3]　本方法适用于硅橡胶。

经木锉适当粗化表面后脱脂。再于1%的四氯化硅烷的甲苯溶液中处理10min后晾干。

或者，经粗化、脱脂后，用5%～10%的钛酸叔丁酯的二氯乙烷溶液涂刷，在空气中晾干。

或者，经粗化、脱脂后，涂一层下述溶液：

乙烯基三乙氧基硅烷　100g；过氧化二苯甲酰　5g；

硼酸　0.5mL

［方法4］　本方法适用于氟橡胶。

经木锉适当粗化表面后，在下述溶液中于室温下浸渍数分钟：

乙炔钠（或乙炔锂）　6g；氢氧化铵　1000g

取出水洗、晾干。或者，涂一层丙烯基三乙氧基硅烷后干燥30min。

二、橡胶胶黏剂举例

1. 氯丁橡胶（CR）胶黏剂

氯丁橡胶胶黏剂的主要组分是氯丁橡胶，是由氯丁二烯经乳液聚合而成的聚合物。由于氯丁橡胶的结构比较规整，又有极性较大的氯原子，故结晶性高，在室温下就有较好的粘接性能和内聚力，非常适合作胶黏剂，可用于塑料等不同材料的粘接。何道纲研制的以CR为基体的二元和三元接枝胶黏剂，能够解决PVC人造革的黏合问题。CR/MMA二元接枝胶在用于PVC人造革粘接时的剥离强度>30N/2.5cm，CR/MMA/SBS三元接枝胶的黏度为0.7～0.9Pa·s，固含量为27%～30%，CR/MMA/NR三元接枝胶可大大提高PVC人造革与硫化天然橡胶底的黏附强度，其强度可达到6.9kN/m以上。它们是新的制鞋材料如PVC人造革、PU合成革、SBS底、BR透明底之间粘接的理想的冷黏鞋用胶。赵金春等针对胶鞋生产过程中橡胶部件和PVC革黏合难的问题，采用处理剂SP-8对PVC革进行表面处理，以NR胶浆和接枝CR胶浆共用作胶黏剂，以多异氰酸酯为活性剂，较好地解决了PVC革与橡胶部件热硫化件黏合的难题。处理剂SP-8的加入使PVC革-橡胶的黏合强度达到3.2kN/m。多异氰酸酯的加入则使PVC革-橡胶的黏合强度达到3.0kN/m，且异氰酸酯的最佳用量为5～6份。

(1) 氯丁胶配方　氯丁胶一般适用于对性能要求不太高而用量又比较大的胶接场合。如木材、织物、PVC、地板革等的粘接。如下述配方：

氯丁橡胶（通用型）	100g	氧化锌	10g
氧化镁	8g	汽油	136mL
碳酸钙	100g	乙酸乙酯	272g
防老剂	2g		

该胶主要用于聚氯乙烯地板的铺设胶接以及橡胶与金属的胶接等。硫化条件为室温下1～7d。水泥与硬质聚氯乙烯的抗剪强度为430kPa，剥离强度为1.5kN/m。

(2) 密封弹性体中的应用　氯丁橡胶胶黏剂柔韧性好，具有优良的耐蠕变、耐挠曲和耐震性。烟机FY112/113中有一个振动框，在工作时易与上面进料框发生碰撞，磨损大、噪声大，易出故障。经设计更改，在接触面采用铁锚801强力胶粘接厚5mm软木，很好地解决了磨损与噪声问题。烟草机械设备中有很多不锈钢与软木、羊毛毡、橡胶的粘接，这类零件的粘接通常采用铁锚801强力胶或立时得万能胶。

2. 氯丁橡胶改性胶黏剂

加入改性树脂的目的是改善纯氯丁胶或填料型氯丁胶耐热性不好、粘接力低等缺陷。古马隆树脂、松香、烷基酚醛树脂等很多树脂可对氯丁胶进行改性，其中应用最广的是热固性烷基酚醛树脂（如对叔丁基酚醛树脂）。这种树脂能与氧化镁生成高熔点化合物，从而提高了耐热性，同时由于其分子的极性较大，增加了粘接能力。

用于配制氯丁-酚醛胶的对叔丁基酚醛树脂，分子量一般控制在700～1000，熔点控制在80～90℃，用量一般在45～100份之间，用于橡胶与金属胶接时宜多用些树脂，用于橡胶与橡胶胶接时宜少用些树脂。

3. 丁苯橡胶胶黏剂

丁苯橡胶是由丁二烯和苯乙烯在25～50℃以上（高温丁苯橡胶）或在10℃以下（低温丁苯橡胶）乳液聚合制得的无规共聚物。由于它的极性小、黏性差，很少单独作胶黏剂用，大多采用加入松香、古马隆树脂和多异氰酸酯等树脂改性，增加黏附性能。改性后的丁苯橡胶可用于橡胶、金属、织物、木材、纸张、玻璃等材料的黏合。

4. 硅橡胶胶黏剂

硅橡胶胶黏剂以线型聚硅氧烷为基体，具有很高的耐热性和耐寒性，能在−65～250℃温度范围内保持优良的柔韧性和弹性，而且有优良的防老性、优异的防潮性和电气性能。缺点是胶接强度不高及在高温下的耐化学介质性较差。线型聚硅氧烷的分子主链由硅、氧原子交替组成，其分子结构为如下：

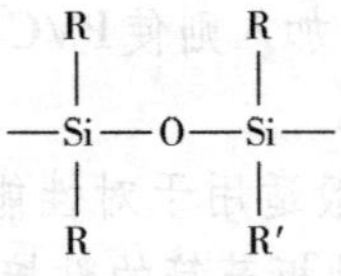

式中，R、R′为有机基团，它们可以是相同的或不同的，可以是烷基、烯烃基、芳基或其他元素（氧、氯、氮、氟等）。硅橡胶具有良好的热稳定性（300℃时仍有较高的强度）、良好的耐寒性，耐气候（臭氧、紫外线）性优异。

5. 聚硫橡胶胶黏剂

聚硫橡胶是一种类似橡胶的多硫乙烯树脂，由二氯乙烷与硫化钠或二氯化物与多硫化钠缩聚制得，它实际是处于合成橡胶与热塑性塑料之间的物质。聚硫橡胶具有良好的耐油、耐溶剂、耐水、耐氧、耐臭氧、耐光和耐候性，以及较好的气密性能和黏附性能。聚硫橡胶配制的胶黏剂主要用作织物与金属、橡胶、皮革等材料间的粘接，也常用来制造胶黏带。

为了提高聚硫橡胶胶黏剂的黏附力，可在组分中加入二异氰酸酯、其他橡胶以及合成树脂等。聚硫橡胶本身硫化后，具有很高的弹性和黏附性，是一种通用的密封材料。它能与环氧树脂一起制备改性环氧结构胶黏剂，当聚硫橡胶和环氧树脂混合后，末端的硫醇基可以和环氧基发生化学作用，从而键合到固化后的环氧树脂结构之中，赋予交联后的环氧树脂较好的柔韧性。

三、树脂与橡胶粘接工艺举例

树脂与橡胶粘接工艺见图2-7。

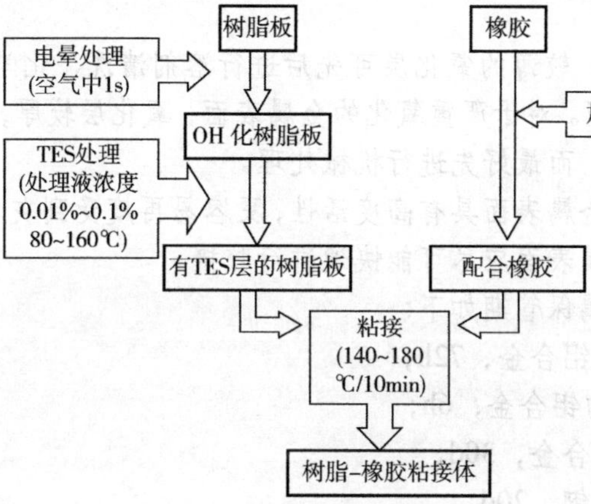

图2-7　树脂与橡胶粘接工艺示意图

图2-8则是PET、PI和环氧树脂经TES处理之后再与硅橡胶进行硫化粘接的效果。3种树脂未经TES处理时，与硅橡胶粘接强度极低，而随着处理剂TES的浓度不断提高，粘接强度也随之增大，甚至粘接强度超过了硅橡胶的自身强度(1.7kN/m)。这是因为，HS基与经过氧化物硫化生成的硅橡胶链上的过氧化物自由基反应，与二甲基硅氧烷连接起来，从而使树脂与硫化硅橡胶之间通过分子胶黏剂TES形成了化学键，并达到很高的粘接强度。

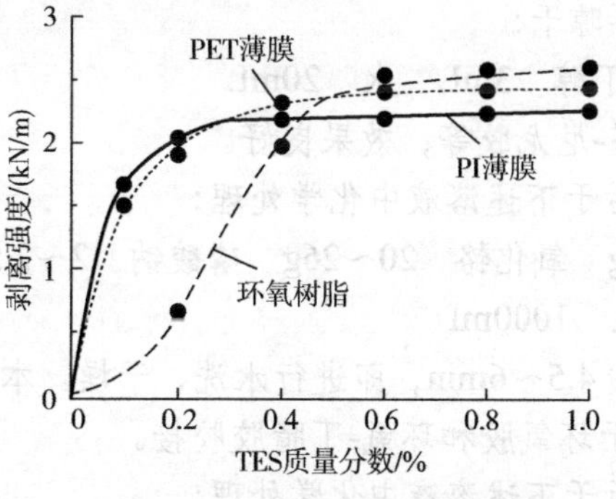

图2-8　PET、PI和环氧树脂与硅橡胶的粘接

第四节 金属的粘接技术

一、粘接前金属的表面处理方法

金属表面在各种热处理、机械加工、运输及保管过程中，不可避免地会被氧化，产生一层厚薄不均的氧化层。同时，也容易受到各种油类污染和吸附一些其他的杂质。

油污及某些吸附物、较薄的氧化层可先后进行溶剂清洗、化学处理和机械处理，或直接进行化学处理。对于严重氧化的金属表面，氧化层较厚，就不能直接进行溶剂清洗和化学处理，而最好先进行机械处理。

通常经过处理后的金属表面具有高度活性，更容易再度受到灰尘、湿气等的污染。为此，处理后的金属表面应尽可能快地进行胶接。

经不同处理后的金属保管期如下：

① 湿法喷砂处理的铝合金，72h;

② 铬酸-硫酸处理的铝合金，6h;

③ 阳极化处理的铝合金，30d;

④ 硫酸处理的不锈钢，20d;

⑤ 喷砂处理的钢，4h;

⑥ 湿法喷砂处理的黄铜，8h。

1. 铝及铝合金表面处理方法

[方法1] 脱脂处理。用脱脂棉蘸湿溶剂进行擦拭，除去油污后，再以清洁的棉布擦拭几次即可。常用溶剂为：三氯乙烯、醋酸乙酯、丙酮、丁酮和汽油等。

[方法2] 脱脂后于下述溶液中化学处理：

浓硫酸 27.3mL 重铬酸钾 7.5g 水 65.2mL

在60～65℃下浸渍10～30min后取出用水冲洗，晾干或在80℃以下烘干；或者在下述溶液中洗后再晾干：

磷酸 10mL 正丁醇 3mL 水 20mL

此方法适用于酚醛-尼龙胶等，效果良好。

[方法3] 脱脂后于下述溶液中化学处理：

氟化氢铵 3～3.5g 氧化铬 20～26g 磷酸钠 2～2.5g 浓硫酸 50～60mL 硼酸 0.4～0.6mL 水 1000mL

在25～40℃下浸渍4.5～6min，即进行水洗、干燥。本方法胶接强度较高，处理后4h内胶接，适用于环氧胶和环氧-丁腈胶胶接。

[方法4] 脱脂后于下述溶液中化学处理：

磷酸 7.5mL 氧化铬 7.5g 酒精 5.0mL 甲醛（36%～38%）80mL

在15～30℃下浸渍10～15min，然后在60～80℃下水洗、干燥。

［方法5］　脱脂后于下述溶液中进行阳极化处理：

浓硫酸　22g/L

在1～1.5A/m^{2}的电流强度下浸渍10～15min，再在饱和重铬酸钾溶液中，于95～100℃下浸渍5～20min，然后水洗，干燥。

［方法6］　脱脂后于下述溶液中化学处理：

重铬酸钾　66g　硫酸（96%）666mL　水　1000mL

在70℃下浸渍10min，然后水洗，干燥。

［方法7］　脱脂后于下述溶液中化学处理：

硝酸（d=1.41）　3mL　氢氟酸（42%）　1mL

在20℃下浸渍3s，即用冷水冲洗，再在65℃下用热水洗涤，蒸馏水冲洗，干燥。此法适宜于含铜较高的铸造铝合金。

［方法8］　喷砂或打磨后，在下述溶液中阳极化处理：

氧化铬　100g　硫酸　0.2mL　氯化钠　0.2g

在40℃下于10min内将电压从0V升至10V，保持20min，再在5min内从10V升至50V，保持5min，然后水洗，700℃下干燥。注意，游离氧化铬浓度不得超过30～35g/L。

［方法9］　脱脂后于下述溶液中化学处理：

硅酸钠　10g　非离子去垢剂　0.1g

在65℃下浸渍5min，然后在65℃以下水洗，再用蒸馏水洗涤和干燥。适用于铝箔的胶接。

［方法10］　脱脂后在下述溶液中化学处理：

氟化钠　1g　浓硝酸　15mL　水　84mL

在室温下浸渍1min，水洗后再在下述溶液中处理：

浓硫酸　30mL　重铬酸钠　7.5g　水　62.5mL

在室温下浸渍1min，水洗，干燥。

2. 镁及镁合金表面处理方法

［方法1］　脱脂处理。常用溶剂为：三氯乙烯、丙酮、醋酸乙酯和丁酮等。

［方法2］　脱脂后在下述溶液中于70～75℃下浸渍5min：

氢氧化钠　12g　水　100mL

用冷水冲洗，再于下述溶液中在20℃下浸渍5min：

氧化铬　10g　水　100mL　无水硫酸钠　2.8g

用冷水冲洗，再用蒸馏水洗涤，在40℃下干燥。

［方法3］　脱脂后在6.3%的氢氧化钠溶液中于70℃下浸渍10min，水洗后，再在下述溶液中于55℃下浸渍5min：

氧化铬13.8g　硫酸钙1.2g　水85mL

用蒸馏水洗涤，再在下述溶液中于55℃下浸渍3min：

氧化铬10g 硫酸钠0.5g 水89.5mL

经水洗后在60℃以下干燥。

[方法4] 在下述溶液中于20℃下浸渍3min:

氧化铬16.6g 硝酸钠20g 冰醋酸105mL 水100mL

用冷水冲洗，蒸馏水洗净，在40℃以下干燥。

[方法5] 在下述溶液中于60～70℃下浸渍3min:

重铬酸钠10g 硫酸镁5g 硫酸锰5g 水80mL

用冷水冲洗，蒸馏水洗净，在70℃以下干燥。

[方法6] 脱脂后在下述沸腾溶液中浸渍20min:

重铬酸钠 1.5g 硫酸铵3g 氨水（d=0.88）0.3mL 水93.7mL

用温水冲洗，蒸馏水洗净，干燥。

[方法7] 在30℃以下于10%的氟氢化铵溶液中阳极化至电流密度低于0.45A/m^2（一个电极面板），交流电压90～120V，然后水洗，干燥。

[方法8] 在20～30℃的下述溶液中阳极化处理:

氢氧化钾12g 铝0.75g 无水氟化钾3.4g 磷酸钠3.4g 高锰酸钾1.5g 水80mL

交流电压85V，电流密度1.1～1.4A/m^2，然后用冷蒸馏水洗净，干燥。

[方法9] 脱脂后在70℃的下述碱液中洗5～15min:

氢氧化钠23～34g 水400mL

用冷水洗5min，再于下述溶液中浸渍5～15min，温度55℃:

氧化铬57～68g 硝酸钙5g 水450mL

用冷水洗2min，再于下述溶液中浸渍3～12min，温度55℃:

氧化铬45g 磷酸钠8g 水450mL

在冷水中洗2min，再在40℃下干燥30min。

3. 铜及铜合金表面处理方法

[方法1] 脱脂常用溶剂：三氯乙烯、丙酮、丁酮、醋酸乙酯。

[方法2] 喷砂或砂布打磨粗化后脱脂。

[方法3] 在下述溶液中于25～30℃下浸渍1min:

浓硫酸 8mL 浓硝酸 25mL 水 17mL

然后水洗，在50～60℃下干燥。

[方法4] 在下述溶液中于60～70℃下浸渍10min:

浓硫酸 40mL 硫酸铁 4.5g 水 38mL

然后水洗，在60～70℃下干燥。

[方法5] 在下述溶液中于25～30℃下浸渍10～15min:

浓硫酸 10mL 重铬酸钠 5g 水 85mL

然后水洗，在室温下干燥。

[方法6] 在下述溶液中25～30℃下浸渍1～2min:

三氯化铁 15g 浓硝酸 30mL 水 200mL

然后水洗，在室温下干燥。

［方法7］　脱脂后在下述溶液中浸渍10min，温度66～71℃：

硫酸铁　4.5g　浓硫酸　3.4mL　水　450mL

然后在20℃的冷水中洗5min，再在下述溶液中浸渍：

重铬酸钠　5g　浓硫酸　10mL　水　85mL

然后在冷水中洗净，浸入氢氧化铵（d=0.85）10min，再用冷水洗5min，蒸馏水洗净，在40℃下干燥。此法用于黄铜和青铜处理。

［方法8］　在下述溶液中氧化：

过硫酸钾1.5g　氢氧化钠　5g　水　100mL

在60～70℃下浸渍15～20min，表面即呈黑色，胶接前用四氯化碳擦拭一次。此法用于铜箔处理。

4. 不锈钢表面处理方法

［方法1］　脱脂常用溶剂：三氯乙烯、丙酮、丁酮、苯、醋酸乙酯。

［方法2］　喷砂或砂布打磨粗化后脱脂。

［方法3］　在70～85℃下于下述溶液中浸渍10min：

硅酸钠　6.4g　焦磷酸钠　3.2g　氢氧化钠3.2g　去垢粉1g　水32mL

用冷水洗后，在93℃下干燥。

［方法4］　脱脂后在下述溶液中浸渍10min，温度80℃，pH=12.65：

磷酸钠　8.5g　焦磷酸钠　4.2g　氢氧化钠　4.2g　表面活性剂　1.4g　水　380mL

取出水洗，再在下述溶液中于65℃下浸渍3min：

氧化铬　20g　水　380mL

经水洗后干燥。

［方法5］　在下述溶液中于65～70℃下浸渍5～10min：

盐酸（37%）2mL　六次甲基四胺　5mL　水　20mL

然后加入30%的双氧水，取出水洗，再在93℃下干燥。

［方法6］　在下述溶液中于50℃下浸渍10min：

重铬酸钾饱和液　0.35mL　硫酸（d=1.84）　10mL

然后刷去炭渣，用蒸馏水洗净，70℃下干燥。此法适宜于要求达到最大剥离强度的场合。

［方法7］　在铅衬槽中，硫酸浓度为500g/L，阳极化90s，电压6V，用水冲洗，蒸馏水洗净，70℃干燥，胶接件为阳极，处理后在5%～10%的氧化铬溶液中钝化20min。

［方法8］　在下述溶液中于85～90℃下浸渍10min：

草酸　37mL　硫酸（d=1.84）　36mL　水　300mL

经蒸馏水洗净后，用暖空气干燥。

［方法9］　脱脂后在65℃下于下述溶液中浸渍10min：

盐酸（d=1.19）　52mL　双氧水（30%）　2mL　甲醛（38%）　10mL　水　45mL

经水洗后，再在下述溶液中浸渍10min，温度65℃：

硫酸（*d*=1.84）100mL　重铬酸钠　10g　水　30mL

用蒸馏水洗净后，在70℃下干燥。

［方法10］　经水溶性工业皂碱洗，40℃热水洗涤5min，120℃烘干后，再在下述溶液中于100℃下浸渍2min：

盐酸200mL　磷酸　30mL　氢氟酸　10mL

再用40℃热水洗涤5min，在40℃下干燥30min。

5. 碳钢及铁合金表面处理方法

［方法1］　脱脂常用溶剂：三氯乙烯、丙酮、醋酸乙酯、汽油、苯、无水乙醇。

［方法2］　喷砂或砂布打磨粗化后脱脂。

［方法3］　在10%水玻璃水溶液中于60℃下浸渍10～15min，然后水洗，干燥。

［方法4］　在18%盐酸水溶液中于室温下浸渍5～10min，用冷水冲洗，蒸馏水洗净，并在93℃下干燥10min。

［方法5］　在等量的浓磷酸和甲醛的混合液中于60℃下处理10min，然后水洗，干燥。

［方法6］　去油污后，在3.5%的氢氧化钠溶液中于60℃下浸渍20min，用冷水冲洗，再在5%的硝酸溶液中光化10min，用冷水冲洗，然后浸渍于下述溶液中：

重铬酸钠　7.5g　硫酸　24mL　水　77mL

在65℃下浸渍20min后，用60℃热水洗涤，再用冷水洗净，在70℃下干燥。

［方法7］　在下述溶液中于71～77℃下浸渍10min：

重铬酸钠　4g　硫酸（*d*=1.84）10mL　水　30mL

经水洗，蒸馏水洗净，在93℃下烘干。

［方法8］　在下述溶液中于60～65℃下浸渍5min：

硅酸钠　30g　烷基芳基磺酸钠　3g　水　967mL

经水洗，热蒸馏水洗净，在100～105℃下干燥。

［方法9］　在下述溶液中于60℃下浸渍10min：

磷酸（88%）10mL　乙醇20mL

经流水冲去炭渣，蒸馏水洗净，在120℃下干燥30min。

6. 钛及钛合金表面处理方法

［方法1］　脱脂常用溶剂：三氯乙烯、丙酮、丁酮、苯、醋酸乙酯、汽油、无水乙醇。

［方法2］　脱脂后在下述溶液中于20℃下浸渍5～10min：

氟化钠　2g　氧化铬　1g　硫酸（*d*=1.84）10mL　水　50mL

经水冲洗，蒸馏水洗净，在93℃下干燥。

[方法3] 在下述溶液中于20℃下处理2min：

氢氟酸（浓）84mL 盐酸（37%） 8.9mL 磷酸（85%） 4.3mL

经水冲洗，蒸馏水洗净，在93℃下干燥。

[方法4] 脱脂后，用碱性水溶液洗涤，然后在下述溶液中于室温下处理4～6min：

硝酸（70%）5mL 氟化铵 3g 水 92mL

经水洗，在下述溶液中于室温下处理2min：

磷酸三钠 5g 氟化钠 1g 氢氟酸 1.5mL 水 92.5mL

经水洗后干燥。

[方法5] 脱脂后用下述溶液擦洗2～3min：

磷酸三钠 5g 氟化钠 1.3g 氢氟酸 2.9mL 水 90.8mL

经水洗，在60℃下干燥。

7. 锌及锌合金表面处理方法

[方法1] 脱脂常用溶剂：三氯乙烯、丙酮、丁酮、醋酸乙酯、汽油。

[方法2] 脱脂后在下述溶液中于室温浸渍2～4min：

盐酸（37%）10～20mL 水 80～90mL

用温水洗涤，蒸馏水洗净，在66～71℃下干燥30min。

[方法3] 在下述溶液中于38℃下浸渍3～6min：

硫酸（d=1.84）2mL 重铬酸钠 1g 水 8mL

经冷水冲洗，蒸馏水洗净，在40℃下干燥。

二、金属粘接应用技术

1. 金属粘接

金属粘接是一门多学科相结合的边缘科学，是最近新兴的金属与金属和金属与非金属的固体界面相连接的技术。在连接形式和理论方面有别于传统的物理连接方式和化学连接方式。金属粘接是在常温或中温下经液态胶黏剂对两个固体界面的浸润与结合而形成一个牢固整体的过程。粘接力是物理连接力与化学键连接力的总和。粘接界面不仅能传递应力而且能密封、防腐，表面和整体可以进行车、钻、铣等机械加工。

金属粘接可在常温下制作成型，经中温固化后能适应在高温（200～700℃）和低温（−196℃）条件下工作；粘接界面应力分布均匀，抗疲劳强度比铆、焊高出1～2个数量级；粘接具有密封、防腐、绝缘、隔热、导磁、导电、传热等性能。金属粘接能简化结构设计，减小体积尺寸，节省能源和材料，提高功效，缩短工期，改善性能和提高质量水平。

金属粘接应用领域非常宽广，实用开发潜力很大，在国民经济发展中，确实属前沿高新科技范畴。

2. 应用技术

抗磨防腐：水泵、风机的动轮和机壳表面气蚀和磨损的修复；管道、容器内衬、外表的黏涂防腐；风嘴、管道的高温防腐。

尺寸恢复：风机、水泵、旋流器、给料机等设备的壳体尺寸修复；轴承外径、缸套内壁、动轮、衬里集合尺寸损失后的恢复。

断裂粘接：齿轮断齿或齿条断裂的粘接修复；混凝土梁与混凝土柱断裂后的粘接补强；减速箱、机壳的破裂粘接；机轴、轧辊的断裂粘接。

带压堵漏：在400℃高温、60MPa高压以下不停产、不停气带压堵漏；在300000kV · A/220kV特大型电力变压器上的不停电带油堵漏。

设备安装：地脚螺栓快速定位、中心高度快速精调。

胶黏组合：取代热套、冷装工艺，特别适用于机器轴与套以及组合轧辊常温下粘接组合。

特种粘接：钢与铁的粘接，铜与铝的粘接，有色金属与黑色金属的粘接，金属与非金属（木材、橡胶和水泥等）的粘接，特厚与特薄材料的粘接，碳素钢与不锈钢的粘接。金属铸件断裂、砂眼、气孔等大小缺陷的粘接修复。

三、金属与橡胶粘接

将金属与橡胶很好地粘接可以制得具有不同构型和特性的复合件，这种复合体系在工业中有着广泛的用途，如汽车工业、机械制造工业、固体火箭发动机的柔性接头、桥梁的支撑缓冲垫等。金属与橡胶之间化学结构和力学性能的巨大差异，使获得具有高强度的粘接有着很大的困难。研制出高性能粘接和适用范围更广的新型胶黏剂始终是研究的热点。借助于胶黏剂在硫化过程中将金属与橡胶粘接起来是目前采用的基本方法之一。

金属与橡胶的粘接已有很久的历史，可以追溯到1850年，目前采用的粘接方法可分为直接粘接法、硬质橡胶法、镀黄铜法和胶黏剂粘接法。直接粘接法工艺简单，操作方便，将粘接材料表面进行适当处理后直接在加热加压过程中实现粘接。可通过在橡胶中加入一些组分、在胶料表面涂偶联剂或对橡胶进行环化处理等来提高金属与橡胶的粘接性能。尹寿琳、陈日生等在天然橡胶中加入多硫化合物黏合剂B和酸性化合物助剂C，用此黏合A3钢板作挖泥泵耐磨衬里，挖泥1000h以上未发现金属与橡胶脱开。此法不足的是，处理的金属件要尽快与胶料粘接，以免金属表面深层氧化；在胶料中添加一些多价金属的有机盐和无机盐，虽可提高粘接效果，但会改变橡胶材料原来的物理机械性能，且造成出模困难。

硬质橡胶法是最古老的粘接体系，在金属表面贴一层硫黄含量较高的硬质胶料或一层硬质胶浆，通过硫化使金属与橡胶粘接起来，硬质橡胶法粘接力较强，工艺简单，适于粘接大型制件，但是不耐冲击和震动，60℃以上粘接强度发生显著下降。

硬质橡胶法、镀黄铜法是目前橡胶与金属之间的粘接应用最广和最有效的方法之一。

一般使用硫化并黏合橡胶组合物至由黄铜制成或用黄铜镀覆黏合制品的方法，其中通过硅烷偶联剂将对硫化黏合反应表现催化作用的金属稳定地附着在黄铜的表面；借助于被粘橡胶中的硫黄扩散到金属表面与CuO、ZnO结合形成界面粘接层与橡胶产生牢固黏合，至今在轮胎工业中钢丝圈的粘接、钢丝帘线与帘布层胶的粘接、内胎气门嘴的制造中仍采用此法。

胶黏剂法是目前应用最广和最有效的方法，已经历了酚醛树脂、多异氰酸酯、卤化橡胶、特种硫化剂的卤化橡胶、硅橡胶和水基胶黏剂等不同的发展阶段。至今国外已开发出了多种性能优异的胶黏剂，如Chemlok、Tylok、Metalok、Thixon等，特别是Chemlok系列品种繁多，并不断有新型产品出现，在国内有较广泛的使用。

酚醛树脂、多异氰酸酯和卤化聚合物是胶黏剂常用的三大类基体材料。酚醛树脂主要用于极性橡胶，也可用作粘接非极性橡胶的底涂层材料（如Chemlok205）。异氰酸酯常指三苯基甲烷三异氰酸酯，该胶黏剂既适用于极性橡胶（NBR、CR）的粘接，也适用于NR、EPDM等非极性橡胶的粘接，异氰酸酯还与其他材料配合使用。胶黏剂的低黏度和—NCO对湿气的敏感严重影响着制品性能的稳定性，马兴法等人对—NCO基团加以保护，发现保护后的—NCO基团的反应活性显著降低，高温环境下—NCO基团保护自动解除，—NCO发生聚合，用于一些难粘橡胶与金属的粘接取得了很好的粘接效果。卤化聚合物用于粘接最早公布于1932年的莱蒙德·瓦特的美国专利，可用于天然或合成橡胶的粘接。1959年的美国专利中报道了胶黏剂中加入少量溴化-2，3-二氯丁二烯可提高粘接性能，现广泛使用的Chemlok220的XPS分析中即可观测到较高含量的氯元素和微量的溴元素存在。用于粘接的卤化聚合物种类较多，如2，3-二氯-1，3-丁二烯、氯化乙丙橡胶、氯乙烯等。张建伟、蔡明采用自制的2，3-二氯丁二烯-甲基丙烯酸甲酯共聚物作为金属-橡胶胶黏剂的主体材料，制得具有较高粘接强度和优良储存稳定性的胶黏剂。

除上述的三类主体材料外，吕海金等采用丁腈-41开发了RM-1橡胶金属硫化黏合剂；张建伟采用丁腈-40作为主体材料，配合酚醛树脂和环氧树脂研制出一种常温常压下固化的黏合剂，用于金属与橡胶的粘接，有较好的粘接强度及良好的耐油、耐水性能；硅橡胶（如Chemlok607）等亦可用作胶黏剂主体材料。橡胶-金属硫化粘接用胶黏剂中溶剂型研究得较透彻、应用得也广泛，然而所选的溶剂要求有很好的挥发性能，有机溶剂毒性和易燃易爆，对环境造成了危害，环境法因此对溶剂的排放进行了限制。国外已推出了水基型胶黏剂，组分主要为聚合物乳液、表面活性剂和特种硫化剂，用羟胺和烯丙基缩水甘油醚等改进聚丙烯酸水溶液，可明显改善EPDM与不锈钢的粘接强度。水基型胶黏剂符合环境要求，成本较低，使用安全，固含量较高，是胶黏剂发展趋势之一。

四、金属与木材粘接

金属与木材粘接是两种不同性质材料的粘接。因此，在许多情况下不能直接将单独适合于金属或木材粘接的胶黏剂用于它们的相互粘接。如粘接金属的高温固化胶（200℃以下）用来粘接木材将会发生木材干馏现象，粘接强度不高；粘接木材性能还可以的骨胶，用于粘接金属时粘接强度不高。

金属与木材粘接时，在实际使用过程中经常会遇到这样的情况，即被粘件粘接结构的破坏要比其预定的使用期限早得多，这说明胶黏剂与木材之间的黏附力下降，导致粘接接头耐久性变差。所以，金属与木材粘接应选择对两者都有较好胶黏能力的胶黏剂。在满足粘接性能的条件下，胶黏剂的固化温度低一些为好，这样界面的热应力较小，固化温度通常不要超过120℃。

适合于金属与木材粘接的胶黏剂有中温或室温固化环氧胶、酚醛胶、酚醛改性胶（如酚醛丁酯胶、酚醛氯丁胶）、聚氨酯胶、聚酯胶和一些热熔胶等。

金属与木材粘接的表面处理分别与木材和金属相同。

五、耐高温电机磁钢叠片胶黏剂举例

1. 概述

现代科学技术的飞速发展，对各种电子电器设备的工作稳定性和安全性提出了较高的要求，对电机性能的要求也越来越高。许多电机需要在高温下运行，对电机用胶黏剂耐热性能的优劣也越来越重视。电机磁钢叠片胶黏剂的热稳定性对电机在高温、高速运转下的安全性和稳定性有着直接的影响，必须在较高温度下保持胶体的完整性和粘接性，保持较高的剪切强度，高速旋转时不能脱胶，才能保证电机整体的安全运行。通过大量的试验，哈尔滨化工研究所成功研制出耐高温、高强度的电机磁钢叠片胶黏剂，其优异的性能为高温工作的电机安全提供保障。

2. 电机磁钢叠片胶黏剂工艺

电机磁钢叠片胶黏剂主要原料及产地见表2-6。

表2-6 主要原料及产地

原料名称	规格	产地
双马来酰亚胺BMI	试剂	洪湖市洪林精细化工厂
环氧树脂E-44	工业品	岳阳石化
4,4-二氨基二苯甲烷DDM	化学纯	北京化工厂
液体端羧基丁腈橡胶CTBN	工业品	兰化公司实验厂
丙酮	分析纯	北京富大中诚化工有限公司

续表

原料名称	规格	产地
乙酸乙酯	分析纯	北京富大中诚化工有限公司
KH-550	分析纯	哈尔滨化工研究所
叔胺催化剂	试剂	天津殷龙化工贸易有限公司
填料：石棉粉、玻璃纤维粉	工业品	深圳赛龙玻璃纤维有限公司

试验内容：以双马来酰亚胺改性环氧树脂和胺类固化剂组成本胶黏剂。环氧树脂粘接强度高，是一种综合性能优良的热固性树脂，但其固化物脆性较大。双马来酰亚胺（BMI）耐热性良好，但熔点较高，应用工艺性差。BMI分子中含有不饱和双键，可与多种试剂发生化学反应，与亲核试剂（伯胺、仲胺等）可发生迈克尔加成反应。马丽、苏桂明等人将双马来酰亚胺与二氨基二苯甲烷（DDM）在一定温度下部分聚合生成预聚体，然后作为固化剂和环氧树脂进行交联固化，成功地在环氧固化体系中引入了双马来酰亚胺组分，因为BMI分子与DDM分子是以化学键结合的，所以在固化过程中不会产生相分离。由以上预聚体与环氧树脂组成的固化体系，配以增韧剂和其他助剂，在20℃下对磁钢叠片的剪切强度为26MPa，250℃下剪切强度可达7MPa，可以保证电机在250℃下运转的安全性。

工艺流程如图2-9所示。

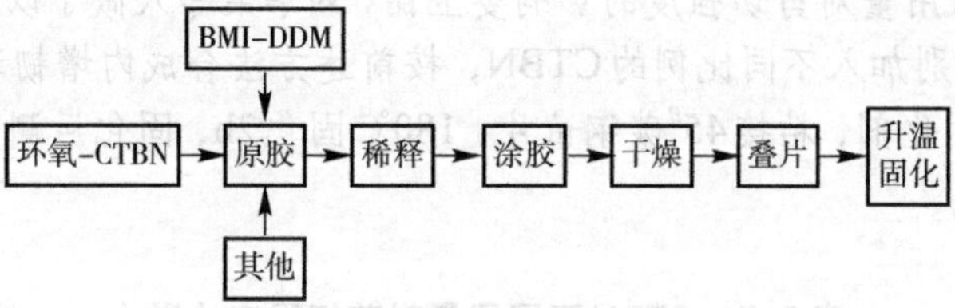

图2-9　工艺流程

3. 耐高温电机磁钢叠片胶黏剂研制

(1) 环氧树脂用量的选择　随共聚树脂中环氧树脂比例增加，粘接剪切强度变化如图2-10所示。

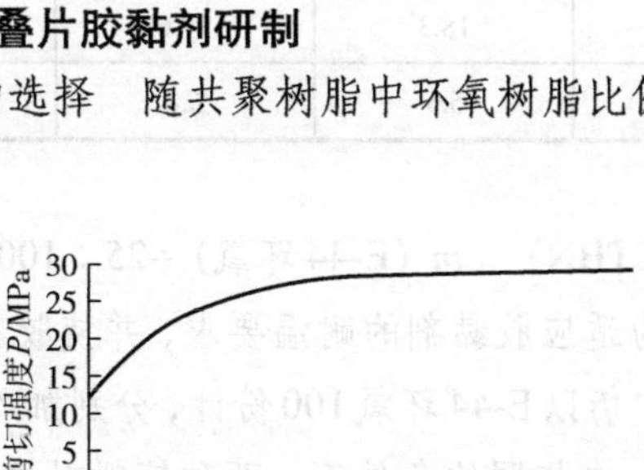

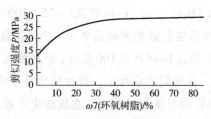

图2-10　剪切强度随环氧树脂质量分数的变化（20℃）

结果表明，随环氧树脂比例的增加，粘接剪切强度显著提高。当环氧树脂加入量在0～50%之间时，把BMI因胺扩链已被改善的剪切强度从14MPa提高至27MPa，说明环氧树脂固有的高粘接性在与BMI共聚的树脂中得到充分体现或更高。在共聚固化胶层结构上除引进了耐热的亚氨基外，仍有大量有利于粘接的羟基、羧基和部分氨基、环氧基等极性基团，加上亚胺结构，大大强化了固化环氧树脂原有的很高的内聚力。高的黏附力与内聚力平衡，使高的剪切强度被凸现出来。

随着环氧树脂比例的增加，耐热性与剪切强度的提高变得不明显。从上述结果看出，环氧树脂质量分数为50%比较合适，即质量比*m*（BMI）：*m*（环氧树脂）=1：1。

(2) 增韧剂的用量　单纯环氧胶黏剂最大的缺点就是较脆。为了提高环氧树脂胶黏剂的抗弯和抗冲击性能，往往在胶中加入一些增塑剂和增韧剂，并加入少量三级胺作促进剂。可作为环氧胶的增塑剂和增韧剂很多，一般耐高温胶黏剂多采用羧基丁腈橡胶（CTBN）增韧，这类液体橡胶又称为遥爪聚合物，橡胶分子的羧基在催化剂存在下，能与环氧树脂中的环氧基反应，使橡胶嵌段在环氧树脂的交联结构中，可获得良好的力学性能和耐热性能，满足耐高温、高韧性要求。CTBN的用量一般为环氧树脂质量的15%～40%。随橡胶含量的增加，胶黏剂的韧性显著增加，而韧性提高使剩余应力降低，同时加快了体系的松弛过程，根本性地提高了粘接强度。所以一定量的羧基丁腈改性的环氧胶黏剂高温时的剪切强度没有显著下降。

关于CTBN用量对剪切强度的影响姜卫丽、刘华荣等人做了以下试验：以E-44环氧100份，分别加入不同比例的CTBN，按前述方法合成内增韧环氧树脂，加入理论量的芳胺固化剂，粘接45#碳钢试片，180℃固化2h，固化后测剪切强度，结果见表2-7。

表2-7　CTBN不同用量对剪切强度的影响

m（CTBN）：*m*（E-44环氧）		20：100	25：100	30：100	35：100
剪切强度 *P*/MPa	20℃	18.3	27.6	24.2	23.6
	250℃	5.5	6.8	4.8	4.1

由表2-7可见，*m*（CTBN）：*m*（E-44环氧）=25：100时具有较高的剪切强度。

(3) 填料的选择　为适应胶黏剂的耐温要求，并使胶黏剂具有价格低廉、性能优越等特点，在胶黏剂中仍以E-44环氧100份计，分别加入不同比例的石棉粉和玻璃纤维粉进行对比试验，在相同的条件下，两种填料对拉伸剪切强度几乎无影响，见表2-8。但考虑到石棉粉的密度相对较小，在胶液中不容易沉降和堆积，能均匀地分散在胶液中，因此马丽团队采用石棉粉作为叠片胶的填料，用量选定为质量比*m*（石棉粉）：*m*（E-44环氧）=20：100。

表 2-8 两种填料质量比对剪切强度的影响（20℃）

m（填料）：m（E-44环氧）	室温剪切强度 P/MPa	
	石棉粉	玻璃纤维粉
15	22.6	21.8
20	27.2	27.7
25	22.0	21.9
30	20.8	20.5

(4) 稀释剂的选择　稀释剂在环氧树脂胶黏剂中使用，能使胶黏剂的黏度降低，提高浸润性，便于混合均匀，增大填料用量，利于涂敷操作，并可延长使用期。但因稀释剂本身的碳链比环氧树脂的碳链短，阻碍了环氧树脂固化时链的形成，会降低内聚强度和耐热性，使粘接强度下降，所以用量不能过多。

胶黏剂常用的溶剂有丙酮、乙醇、甲苯、乙酸乙酯、二甲基甲酰胺等，马丽团队选用的是低毒性的乙酸乙酯和丙酮的混合稀释剂，质量比为乙酸乙酯：丙酮=2：1。

(5) 固化条件的确定　胶黏剂的固化过程，是中分子在加温状态下生成高分子聚合物和脱水的过程，固化条件对胶的性能影响极大。在胶黏剂的固化过程中，易采用阶梯式升温，首先去除溶剂，然后固化脱水。胶黏剂在固化时，由于金属片起密闭作用，使环化过程中产生的水汽不能及时排除，而高温下这些水能引起聚合物水解及断裂。因此，固化温度和时间对聚合物性能影响很大，分别采取不同的温度和时间进行试片固化，并测其20℃、250℃下的剪切强度，结果见表2-9。

表 2-9 固化时间和固化温度对剪切强度的影响

固化温度 T/℃		160	180		200	
固化时间 t/h		2	1	2	1	2
剪切强度 P/MPa	20℃	20.6	21.5	25.8	21.8	22.6
	250℃	4.5	5.3	6.8	5.5	5.8

由表2-9可见，180℃、2h固化后胶黏剂具有较高的剪切强度，因此，确定180℃、2h为本叠片胶固化条件。

产品主要技术指标见表2-10。

总之，通过双马来酰亚胺与二氨基二苯甲烷反应得到的预聚体与环氧树脂配合，成功将双马来酰亚胺引入到环氧固化体系中，加入端羧基液态丁腈橡胶作为增韧剂，辅以其他助剂组成的电机磁钢叠片胶黏剂粘接性好，在250℃的高温下仍能保持7MPa左右的剪切强度，可保障电机在250℃的高温下运行的稳定性和安全性。

表 2-10　产品主要技术指标

序号	指标名称		测试结果
1	外观		均质浅棕色透明液
2	不挥发物质量分数/%		≥35
3	黏度η/（Pa·s）(23±2) ℃，涂-4		≥60
4	有效储存期（20℃）		一年以上
5	对45钢的剪切强度 P/MPa	20℃	≥25
		250℃	≥7

六、金属-树脂的粘接工艺

金属与树脂粘接流程见图2-11。

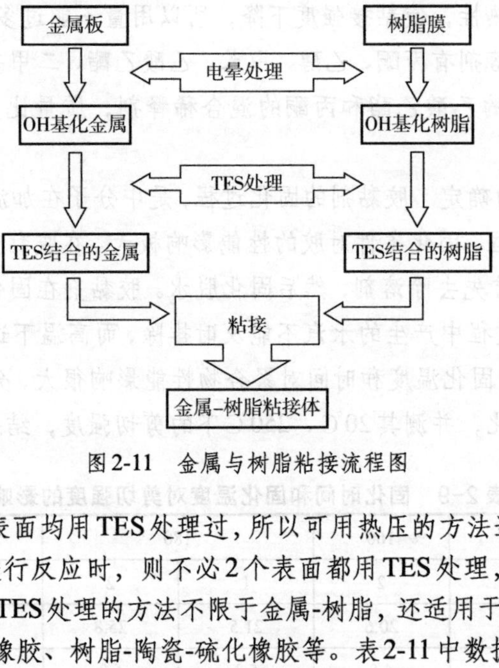

图2-11　金属与树脂粘接流程图

因金属和树脂表面均用TES处理过，所以可用热压的方法进行粘接。当TES与2个被粘表面均能进行反应时，则不必2个表面都用TES处理，只处理1个表面就行了。2个表面都用TES处理的方法不限于金属-树脂，还适用于树脂-树脂、树脂-硫化橡胶、金属-硫化橡胶、树脂-陶瓷-硫化橡胶等。表2-11中数据表明，经TES处理的金属材料和树脂热压粘接后，所有的接头破坏形式均为树脂自身破坏。

表 2-11　金属与树脂的粘接

金属	树脂	剥离强度/（kN/m）	破坏状态
Al	L-PE	4.2	树脂破坏
Al	H-PE	5.3	树脂破坏
Al	PP	3.6	树脂破坏
SUS（不锈钢）	尼龙	6.8	树脂破坏
SUS（不锈钢）	H-PE	5.1	树脂破坏

第五节 木材的粘接技术

一、概述

1. 工艺特点

木材工业用胶黏剂按工业特点可分为冷固胶（室温固化胶黏剂，固化温度20～30℃）、热固胶（高温固化胶黏剂，固化温度90～180℃）和热熔胶。脲醛树脂、酚醛树脂均有冷固胶和热固胶之分；异氰酸酯可冷固也可热固；三聚氰胺-甲醛树脂为热固胶；此外如间苯二酚-苯酚-甲醛树脂、醋酸乙烯酯乳液、氯丁橡胶等为冷固胶。常用热熔胶有聚酰胺、EVA、聚酯。

2. 分类

胶黏剂的种类很多，比较普遍的有：脲醛树脂胶黏剂、聚醋酸乙烯胶黏剂、聚丙烯酸树脂胶黏剂、聚丙烯酸树脂胶黏剂、聚氨酯胶黏剂、热熔胶黏剂、环氧树脂胶黏剂、合成胶黏剂等。

脲醛树脂、酚醛树脂、三聚氰胺-甲醛胶黏剂：主要用于木材加工行业，使用后的甲醛释放量高于国际标准。木材加工用胶黏剂：用于中密度纤维板、石膏板、胶合板和刨花板等。

随着木材加工行业的发展，因此，通过对醋酸乙烯进行改性提高其耐水性、耐寒性和粘接强度等性能，从而取代“三醛”胶，解决游离醛释放带来的环境问题，是当前一个值得研究的方向。

3. 原料特点

木材工业用胶黏剂按原料特点可分为合成树脂胶、天然树脂胶和无机胶黏剂。

(1) 合成树脂胶

① 甲醛系合成树脂。包括脲醛树脂、酚醛树脂、三聚氰胺-甲醛树脂、间苯二酚-苯酚-甲醛树脂、木素磺酸盐-苯酚-甲醛树脂、单宁-苯酚-甲醛树脂等。

② 非甲醛系合成树脂。包括聚醋酸乙烯酯乳液、乙烯-醋酸乙烯酯乳液、丙烯酸酯乳液、异氰酸酯、天然橡胶胶乳、氯丁橡胶、聚酰胺热熔胶等。

(2) 天然树脂剂

① 动物蛋白胶。包括皮胶、骨胶、血胶、硌素胶等。

② 植物蛋白胶。包括豆蛋白胶、豆粉胶。

③ 淀粉胶。

④ 其他。单宁、木素、松香、果胶类。

(3) 无机胶黏剂　主要有水泥、石膏等。

4. 粘接标准

(1) 机械粘接强度　我们已经知道测量机械强度的几个标准。根据使用的几个标准，对于乙烯基黏合剂来说，如果在木材或木材基木板中使用，机械强度将是有变化的，将会达到纤维破坏。

(2) 抗疲劳强度　对于乙烯基黏合剂来说，由于这些黏合剂的可塑性，疲劳时间是很长的；它们可用于粘接应力变化的地方如椅子、抽屉或窗等。

(3) 耐水性　乙烯基黏合剂通常是D1或D2，但一些特殊的配方可以达到D3，对于双组分配方可以达到D4。

D4配方要求一种交联剂加入到基础配方（A组分）：它可以是MF树脂，或金属盐或溶解在适当溶剂中的聚异氰酸酯（3%到7%，胶水重量）。

(4) 耐热性　乙烯基黏合剂通常为热塑性，加热软化；在50～60℃之间开始蠕变，根据配方设计不同，有的在70℃下有负荷时，粘接将发生破坏。双组分（D4）胶水在有负荷存在下可以抵抗80～90℃的高温。对于很多配方，乙烯基黏合剂更适用于内部干燥条件。

(5) 柔韧性　由于乙烯基黏合剂都是柔韧且对热和蠕变敏感的，所以乙烯基黏合剂不适用于结构板材、外墙板和门等。

二、粘接前木材的表面处理方法

木材制品表面处理的方式是涂层被覆。由于木材中含有树脂、单宁、色素和水分等，它们对涂层被覆的附着力、干燥性和装饰性均有影响。为了得到平滑光洁、花纹颜色一致和性能优良的被覆涂层，在进行涂层被覆处理前，也要对木材制品表面进行前处理。

前处理的主要过程有除去表面油污、去毛刺等项。并干燥到适当程度（含10%水分最佳），在可能的条件下制成斜面，以增加粘接面积。

三、木材胶黏剂耐水等级和木材防腐方法

1. 耐水等级

木材的主要化学成分是纤维素和木质素，因此木材基本上是亲水性的。木制品的黏结主要受到胶黏剂自身的强度、木材分子与胶黏剂分子之间的相互作用以及木材极性的影响。通常要求胶黏剂本身的强度高于或至少等于木材自身的强度。

一般乳液型胶黏剂与溶剂型胶黏剂相比，其最大的弱点是耐水性稍差。按照耐水性的强弱，可以把木材胶黏剂划分为四类：

① 高耐水性胶黏剂。要求胶黏剂在沸水中煮4h仍然具有一定的黏结强度。

② 中等耐水性胶黏剂。胶黏剂在63℃左右的热水中浸泡3h，仍能保持一定的黏结强度。

③ 低耐水性胶黏剂。在室温下浸泡24h后仍然具有一定的黏结强度。

④ 非耐水性胶黏剂。具有一定的黏结强度，但是在室温下浸泡24h后不具有黏结强度。如果胶黏剂不耐水，只能在室内使用。

2. 防腐方法

主要成分：甲基硅酸钾。

适用范围：石材、砖瓦、陶瓷、混凝土、水泥砂浆、石膏及石膏板、木材等表面处理。

产品概述：可与空气中的CO_2或其他酸性化合物反应，在基材表层形成一层不能溶解的网状防水透气膜，具有优良的防水效果和防渗、防潮、阻锈、抗老化、抗污染等优点，避免水分吸入基底，从而减少冻融和风化引起的剥落，增加基底寿命。

使用方法：

① 本品使用前，应对要处理的每个表面进行应用测试。

② 清洁、干燥表面，可采用浸泡、喷涂或涂刷等方法用抹布、海绵、毛刷、滚筒和密封喷枪进行施工。涂刷后5～10min用抹布抹去多余残液，不沾水自然风干24～72h。

参考用量：清水面$5m^2/L$，墙、地砖面$10m^2/L$，石材5～$30m^2/L$，砖瓦5～$8m^2/L$。

注意事项：本品具有强碱性，应妥善运输、密封贮存，避免儿童接触。

有效期：12个月。

四、木材与木制品粘接技术

随着人们环境保护意识的不断增强，开发绿色环保型产品已成为木材与木制品加工发展的主流方向。一般在木材加工厂使用不同类型的胶黏剂、胶水和胶接剂。我们将在第三、第五章讨论，本节主要讨论用于木材加工和家具中的不同化学类型的胶黏剂（聚醋酸乙烯酯胶黏剂、改性聚醋酸乙烯酯胶黏剂）内容等。如下先开始讨论聚醋酸乙烯（PVAc）胶黏剂的性能及技术特点和组成，讲解典型的聚醋酸乙烯酯乳液胶黏剂生产工艺流程；然后解释聚醋酸乙烯酯胶黏剂及其工业化制法和配方、改性聚醋酸乙烯酯胶黏剂粘接技术。

1. 聚醋酸乙烯（PVAc）胶黏剂的性能及技术特点

一般以聚醋酸乙烯酯均聚物为基料的胶黏剂称为聚醋酸乙烯酯胶黏剂。

中文别名：聚醋酸乙烯乳液胶黏剂，白乳胶，乳白胶。

英文名称：polyvinylacetate（PVAc）emulsionadhensive。

分子式：$(C_4H_6O_2)_n$。

（1）聚醋酸乙烯酯（PVAc）性能　聚醋酸乙烯酯系一热塑性树脂，随其分子量增加，树脂由黏稠液体和低熔点固体到坚韧物质变化。它们均为中性、无色透明到草黄色、无味、无臭、无毒物质，用于食品包装已数十年，得到了美国FDA批准。树脂无明显熔点，随温度升高逐渐软化。它们可溶于酯、酮、卤代烃等有机溶剂中，不溶于低级醇（甲醇除外）、水和非极性液体，但含有5%～10%（质量分数）水的醇如乙醇、丙醇和丁醇能将其溶解。

聚醋酸乙烯酯的密度（20℃）为$1.19g/cm^3$，于150℃分解，折射率（20.7℃）为1.4669，玻璃化转变温度为28～31℃，软化点为35～50℃，邵氏硬度为80～

85HA，抗张强度为29.4～49.0MPa。

将聚醋酸乙烯酯在125℃加热数小时，无变化；但当加热到150℃，则逐渐变黑；超过225℃，释放出醋酸，且生成棕色不溶物；再继续加热升温，树脂炭化。

当将聚醋酸乙烯酯冷却到室温以下（10～15℃），则发脆。其脆点可随增塑剂的加入或共聚而降低。

聚醋酸乙烯酯抗氧化、耐紫外线等射线照射，故其老化性能卓越。聚醋酸乙烯酯胶黏剂主要以乳液形态商品化，下面介绍该产品的性能。

① 聚醋酸乙烯酯乳液的相对密度约1.19（20℃）。若有迹量单体残留，乳液稍有臭味，一般均能借汽提除去，呈无臭乳液。经中和后，乳液pH值接近7。

② 无着火之虞。生物和化学耗氧量低，环境污染达极低限度。

③ 分子量高。聚醋酸乙烯酯乳液具有高分子量、低黏度的特点，因此，其机械强度较好，使用方便，能适用于滚涂、喷涂或挤涂等施胶工艺。

④ 固含量高。聚醋酸乙烯酯乳液的固含量一般在55%以上，黏度较低，能快速固化，收缩率低。现又开发出固含量为65%～66%，甚至70%的乳液，其黏度仍较低，使用更方便，性能更佳。

⑤ 无缺胶现象。由于乳液胶黏剂中的聚合物微粒具有一定的直径，不容易因渗析而造成缺胶现象。

⑥ 能胶接多种表面，特别适宜于胶接多孔性材料如木材和纸张等。

⑦ 耐候性优良。因聚醋酸乙烯酯系一种饱和分子聚合物，不会被光、氧、臭氧、中等浓度氯或紫光线等射线降解，不受酸、碱或盐的稀溶液侵蚀。胶层同样对油、油脂、蜡、润滑脂等呈惰性。

⑧ 能和填料、颜料、增塑剂等良好配伍，黏度可自由调节，初粘性佳。

⑨ 采用不同保护胶体系可使胶黏剂胶层具有不同的耐水性，从具有再湿性到耐水性，甚至耐沸水性。选用某些保护胶体系，也可改善胶层耐溶剂程度。因其显示中等水敏感性，较易从设备上清洗除净。胶膜的水蒸气透渗率高，40℃下，0.025mm厚胶膜、饱和水蒸气渗透率为2.1g/（h·m^2）。

⑩ 某些产品耐水性、耐药品性不够好，耐热性低，软化点不高，在长期负荷下蠕变现象突出，通过提高聚合物分子量或用交联剂将聚合物交联，可得到大幅度改善。

国内的聚醋酸乙烯酯乳液的固含量大多为55%～56%（质量分数），某些为46%～47%，黏度为10～15mPa·s。更有固含量为59%，黏度为200～4500mPa·s。

因聚醋酸乙烯酯乳液以水为介质，低温（−5℃以下）下易冻结，使乳液受到破坏，贮存时必须注意。若加入6%～9%的乙二醇防冻剂，可大幅度提高其抗冻稳定性。

聚醋酸乙烯-乙烯乳液胶黏剂，是以乳液聚合工艺制得的醋酸乙烯酯-乙烯共聚物乳液为主要成分的胶黏剂。乳液聚合过程中通常采用部分水解的聚乙烯醇作为稳定剂，产品与小分子乳化剂稳定的体系相比，具有施工性能好、湿黏性高、干燥速度快、耐热性好的优点；较高的聚合温度和引发剂用量有利于支化结构的形成，可提高产品的抗拉强度、韧性、抗蠕变性；引入带有羟基或羧基官能团的单体参与共聚可提高对某些基材的附着力。

(2) 聚醋酸乙烯胶黏剂技术与结构特点

① 乙烯基乳液或分散液。乙烯基乳液或分散液总是被称作白胶或聚醋酸乙烯(PVAc)。它们由醋酸乙烯单体聚合制得，使用或不使用共聚物，作为水分散液或水乳液，通常固物含量为56%。

图2-12给出了聚醋酸乙烯分子结构。PVAc相当硬且具有很高的内聚强度，这是因为交替改变醋酸基分子运动区域产生了位阻。

也可以理解为下垂的醋酸基团盐基化，这个过程沿着分子链快速进行。

一般地说，PVAc是热塑性聚合物，为了提高耐水性可以适度交联。

由于成本较低、粘接性能良好，PVAc可广泛用于木材、PVC等塑料贴面、多功能木材建筑、室内装修、拼板、地板、壁纸、无纺布、织物、皮革等材料的黏合。

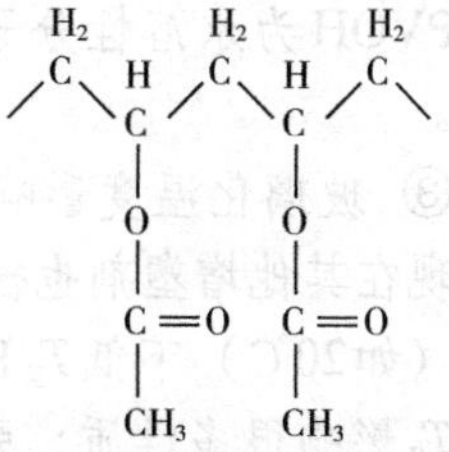

图2-12　聚醋酸乙烯分子结构

从聚乙烯水乳液胶黏剂及其改性乳液出发可以制得多种不同功能和用途的胶黏剂，如PVC膜胶黏剂，在聚合期间可以采用很多方法改良：改变保护胶，改变玻璃化温度T_g，改变接枝程度或添加不同功能组分。

② 聚合物设计保护。乳液稳定性既可以通过保护胶也可以通过添加表面活性剂获得，表2-12列举了这两种保护作用特性。

表2-12　胶体保护作用和表面活性剂保护作用特性

乳液性质：胶体保护（聚乙烯醇）	乳液性质：表面活性剂保护
大粒子	细粒子
粒径分布宽	粒径分布窄
初粘性好	初粘性差
流动性好	流动性差
机械稳定性好	机械稳定性相对差
干燥速度快	干燥速度相对慢
接近牛顿型流体	触变性流体（剪切变稀）
膜性质：胶体保护	膜性质：表面活性剂保护
膜雾朦胧，不透明	膜透明
膜平整	膜光泽性好
遇水敏感	耐水

通常保护胶采用聚乙烯醇（PVOH），PVOH为水溶性分子，因此相对于表面活性剂，它能对乳液提供很高的稳定性，即便在高湿度的情况下也可以达到很高的力学稳定性，同时也没有影响乳液的其他性能，也将对水敏感。相对于表面活性剂，PVOH是很差的乳液分散剂，由PVOH保护胶制得的PVAc乳液将表现大颗粒、小颗粒组成性质，粒径分布很宽。所以这些颗粒包裹很紧，水将更快地从薄膜中排除。

用PVOH包裹的PVAc颗粒与胶膜粘连得很紧，非常结实。因为PVOH比PVAc有更高的T_g，并不能很好地匹配，所以干膜表现出朦胧的不透明性。表面活性剂保护的PVAc可以形成很紧密的膜，透明、有光泽。

PVOH为水溶性分子，用PVOH保护的PVAc比表面活性剂保护的PVAc亲水性强。

③ 玻璃化温度影响。PVAc的T_g可以通过添加增塑剂如邻苯二甲酸二丁酯降低，现在其他增塑剂也被使用，因为一些邻苯二甲酸盐被认为对健康有害。在环境温度（如20℃）下低T_g PVAc具有柔软和黏弹性而高T_g将提高更多的内聚强度。

T_g影响很多性质：弹性，耐水性，胶膜的内聚强度，对PVC和其他基材的黏结和固定速度。

④ 接枝与官能团

a. 接枝。在聚合时PVAc的线性结构可能被控制，高温和高催化剂浓度有利于形成下垂物和长链上的分支结构。接枝提高了抗张强度和韧性，提高了耐热性和蠕变性。

b. 官能团。PVAc乳液通过在分子链上引入官能团而被改良，*N*–羟甲基丙烯酰胺被用于PVAc交联，提高了耐水性和胶膜的内聚强度。

羧基官能团可以提高对塑料和金属的黏结性，提供交联点，通过改变pH来调整黏度。

共聚物VAc可以和其他乙烯类或丙烯酸类单体共聚，如马来酸酯、丙烯酸酯，可以获得很大范围内的改性，从软的、不带黏性到硬的、黏着性的。

2. 聚醋酸乙烯（PVAc）胶黏剂组成

PVAc乳液可直接用作黏合剂，不作任何复配。但是为了提高一些技术特性，通常引入几种添加物。因此，除了成膜物质PVAc外，还包括下列组分：填料、增塑剂、增稠剂、增黏剂、少量的表面活性剂、溶剂、水。根据要求与用途还可以包括阻燃剂、发泡剂、消泡剂、着色剂和防霉剂等成分。最终固物含量在45%～65%之间，剩余部分是水。水含量越低，固定和干燥速度越快（较少的水需要蒸发）。

(1) 填料　胶黏剂填料是一种在胶黏剂组分中不和主体材料起化学反应，但可以改变其性能，降低成本的一种固体材料。使用填料是为了降低固化过程的收缩率，或是赋予胶黏剂某些特殊性能以适应使用要求。此外，有些填料还会提高胶层的耐冲击韧性及其他机械强度等。根据胶黏剂的物理性能可加入适量的填料以改善胶黏剂的力学性能和降低产品的成本。

不同的填料作用效果也不相同，因此，我们可以根据所要达到的效果来选择合适的填料：应符合胶黏剂的特殊要求，导电性的填料如银粉，增加耐热性的填料如石棉粉、硅胶粉、酚醛树脂、瓷粉、二氧化钛粉，增加润滑性的填料如石墨粉、高岭土粉、二硫化铝粉等。

(2) 增塑剂　增塑剂是一种能降低高分子化合物玻璃化温度和熔融温度、改善胶层脆性、增进熔融流动性的物质。增塑剂加入胶黏剂中能“屏蔽”高分子化合物的活性基团，减弱分子间力，从而降低了分子间的相互作用。增塑剂可以增加高分子化合物的韧性、延伸率和耐寒性，降低其内聚强度、弹性模量及耐热性(主要指外增塑剂)。

一般增塑剂可分为两种类型：

① 可以与高分子化合物反应并引入到高分子链上的增塑剂称为内增塑剂；

② 不与高分子化合物发生任何化学反应的增塑剂称为外增塑剂，如邻苯二甲酸二丁酯、磷酸三苯酯等。

实际应用增塑剂的胶黏剂很多，不过目前因为欧盟的限制，部分不环保增塑剂被换为环保型的，部分弃用了，但邻苯类的比较常用。理想的增塑剂应该是对黏合剂具有良好的互溶性。

在胶黏剂组分中加入适量增塑剂，可以提高剪切强度和不均匀扯离强度，但如果加入量过多，有时反而有害，会使胶层的机械强度和耐热性能降低，通常的用量为黏料的20%以内。

增塑剂的加入降低了PVAc分子间内部相互作用：它们在PVAc分子间渗透，膨胀和软化聚合物，增加了PVAc对一些光滑和非多孔性材质如PVC和其他薄膜的润湿性，增加了对这些材料的黏结力。增塑剂也降低了玻璃化温度T_g（见图2-13），使聚合物薄膜具有黏性，降低其热熔温度，提高耐水性（见图2-14）。

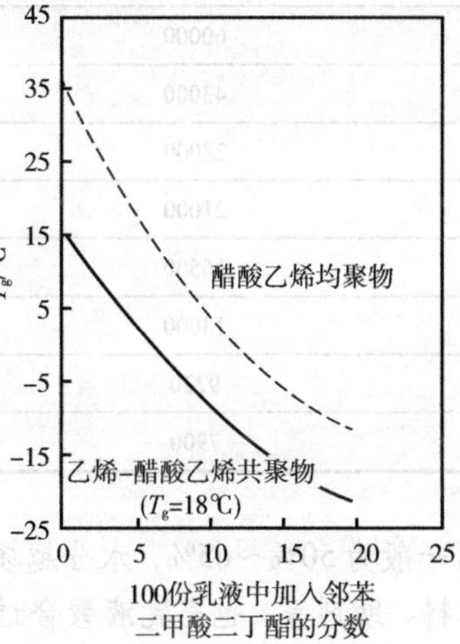

图2-13　玻璃化温度影响图

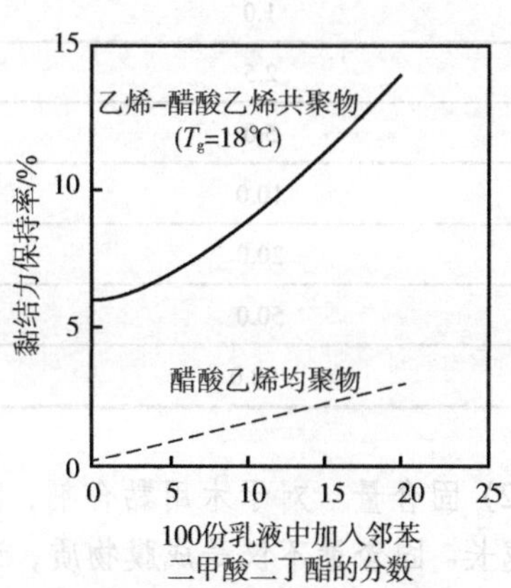

图2-14　增塑剂提高耐水性图

主要的增塑剂是邻苯二甲酸酯类，但是也有使用其他增塑剂如安息香酸盐等。

(3) 增稠剂　黏合剂的黏度必须适用于不同类型的机器，很多不同类型增稠剂可用于PVAc：淀粉、干酪素、纤维素如甲基纤维素、PVAOH、聚丙烯酸盐等。

增塑剂也可以提高黏度，一般随着黏度上升，黏合剂允许加水稀释，以便降低成本，当然，增塑剂不应降低黏合剂的性质和表现。

增稠剂如淀粉、PVAOH、甲基纤维素将减少渗透进多孔性基材中的黏合剂，可以很好地不依赖于材料多孔性和黏合剂数量而扩展到基材中。

增稠剂也可以控制流变性，如PVAOH可阻止黏合剂在滚涂机上高速应用时的分散。通过添加增稠剂如聚丙烯酸盐、淀粉或纤维素可以得到假塑性。

3. 粘接过程的变化和粘接技术

(1) 黏度和流变性　在一般范围内，用黏稠度来形容液体黏稠的程度。具体来说，主要用黏度来表征。通俗地讲，黏度是通过将液体流过同一个下部有孔的杯子（涂-2杯或涂-4杯）的时间来判断的，时间越长，说明黏度越大，反之也亦然。

流变性是指物质在外力作用下的变形和流动性质，主要指加工过程中应力、形变、形变速率和黏度之间的联系。流体的黏性不同，施加于流体上的剪切应力与剪切变形率（剪切速率）之间的定量关系也不同。

流变学就是研究流体流动过程中剪切应力与剪切速率变化关系的科学。流体的这种剪切应力与剪切速率的变化关系称为流体的流变学特性。

基于乙烯基黏合剂是假塑性和增稠型，比如，搅动后它们更像液体。黏度变化范围：用于喷涂要300～1000mPa · s，用于滚涂要2000～15000mPa · s，对于刮涂要20000mPa · s。剪切速率提高后黏度的变化见表2-13（1cP=10^{-3}Pa · s）。

表2-13　剪切速率提高后黏度的变化

转速/（r/min）	20℃黏度/cP
0.5	60000
1.0	43000
2.5	28000
5.0	21000
10.0	16500
20.0	13000
50.0	9220
100.0	7900

(2) 固含量　对于木用黏合剂，固物范围一般为50%～65%，水分越多，干燥时间越长。固含量不仅是成膜物质，还包括填料、助剂等，也是乳液聚合过程中常用的一个名词，比如理论固含量，在体系中加30g单体、70g水，那么理论固含量为30%，如果单体转化率不是很高，那么理论与实际的固含量会有区别。

(3) 涂布量和膜厚度　对于木材与木材匹配，表面必须是平整的。对于好的接触，黏合剂稠度变化范围为120～180g/m²。一般情况下，涂胶的状况、涂布量和膜厚度对覆膜质量的影响很大。涂胶是通过覆膜机械涂胶机构施压辊的压力，迫使薄膜硬性地将涂胶辊表面附着的胶黏剂“蹭走”，使胶液向薄膜进行转移涂布，其转移效果，即涂胶均匀状况和涂胶量的大小，会直接影响复合质量。因此，控制涂胶均匀状况、涂布量和膜厚度，即涂胶湿式复合工艺和热熔胶预涂膜生产的技术核心。

(4) 操作时间　对于HPL（高压板）与木材或木板黏结，如果涂布量是150g/m^2(20℃)，PVAc操作时间应是3～15min。添加增塑剂、溶剂、增黏剂等，我们称之为改性。改性后操作时间也会发生变化。

(5) 定位方式　将胶水或乙烯基黏合剂涂到基材后，在等待时间内有三种情况发生：

① 一些水被吸收进木纤维，将携带一些聚合物分子进入表面组织。

② 少量的水在潮湿空气中挥发。

③ 在室温下几分钟后黏合剂变稠。

在黏合剂有能力润湿其他基材时，合拢两个配件是个时间问题。操作时间是指在合拢前操作者所用最大时间。一般来说，对于大多数乙烯基黏合剂在20℃要3～10min。那时黏合剂还保持20%～30%水分，热压或冷压的目的是将两个部件紧密连接在一起。驱除保留的水分是为了黏合剂保持干燥而得到连续的膜。对于两个系统，热压或冷压都是可能的，唯一不同的是热压将提高干燥速度。如对于同样的乙烯基黏合剂，木材堆木材加压时间在20℃为10～20min，而在50℃时要3～6min。所有这些时间（等待时间、操作时间和压力时间）取决于黏合剂配方、涂敷量（g/m^2）和温度。

(6) 最低成膜温度　这是胶水在冬天不加热使用的一个重要特征。

为了得到连续的黏合剂薄膜，聚合物微粒必须融合到一起（合并）。在一定温度下，这些微粒不能融合到一起而将发生分离，表现为粉化，黏合剂薄膜将不再有内聚力，没有黏结性，这个温度被称作“最低成膜温度”或粉化点。

在冬天寒冷的国家使用乙烯基黏合剂变化温度在−2～10℃，这取决于配方，在配方中添加增塑剂和溶剂将变得更低。

最低成膜温度可以根据标准ASTMD2354和ISO2115，通过使用特殊的仪器如Sheen Instruments MFFT棒测定。

(7) 压力条件和固定时间　对于PVAc黏合剂来说，干燥和固定（或硬化）取决于：涂敷量，高涂敷量需要更多干燥时间；固含量，低固含量胶水需要更多时间蒸发水分。

4. 典型的聚醋酸乙烯酯乳液胶黏剂生产工艺流程

(1) 性能指标（HG/T 2727—2010）

外观	乳白色，无可视粗颗粒或异物
pH	3～7
黏度/Pa·s	≥0.5
不挥发物/%	≥35
最低成膜温度/℃	常年用型　2　夏用型　15　冬用型　2
木材污染物	较涂敷硫酸亚铁的显色浅

有害物质含量	游离甲醛/（g/kg）	1.0					
	总挥发性有机物/（g/L）	110					
压缩剪切强度/MPa	干强度	常年用型	10	夏用型	10	冬用型	7
	湿强度	常年用型	3	夏用型	4	冬用型	2

(2) 生产原料与用量

聚乙烯醇	工业级	17.0	邻苯二甲酸二丁酯	工业级	12.0
醋酸乙烯	工业级	108.0	碳酸氢钠	工业级	0.3
乳化剂（OP-10）	工业级	0.4	蒸馏水或去离子水		250.0
引发剂（过硫酸铵）	化学纯试剂	0.28			

(3) 合成原理　聚醋酸乙烯酯可采用游离基聚合、负离子聚合及辐照聚合等方法获得，但较通用的方法是游离基聚合。在游离基聚合中，采用本体聚合、溶液聚合及乳液聚合方法均可，但乳液聚合方法最为常用。聚醋酸乙烯乳液通过游离基引发的加聚反应而形成，遵循游离基加聚反应的一般规律，反应过程包括链引发、链增长、链终止三个阶段。可用作醋酸乙烯酯乳液聚合反应的游离基引发剂很多，常用的引发剂为过硫酸铵。总括反应式及结构示意如下：

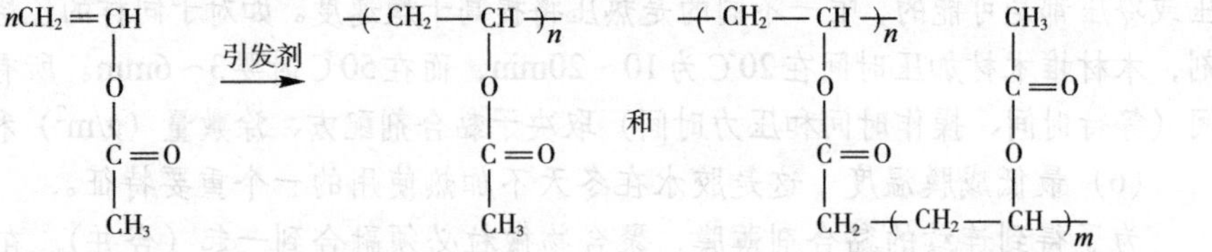

(4) 生产工艺流程（参见图2-15）

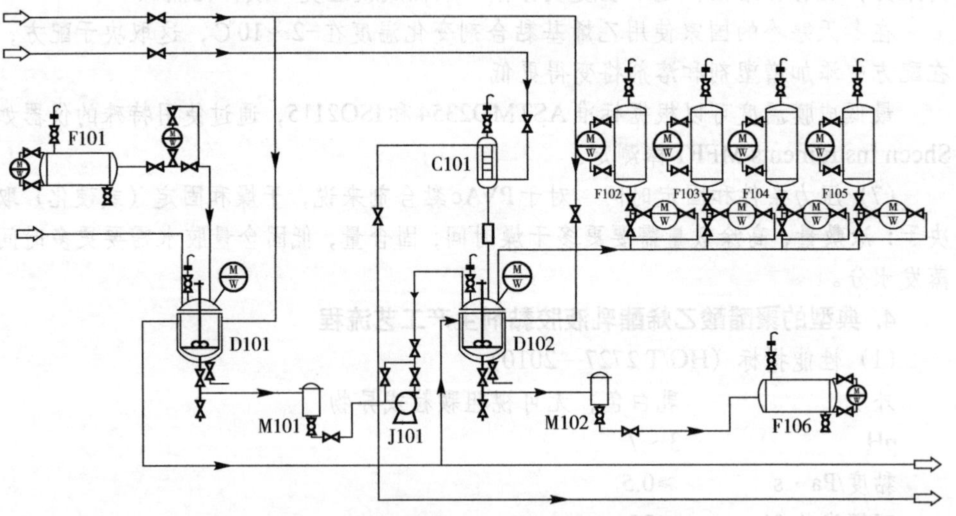

图2-15　聚醋酸乙烯酯乳液生产工艺流程

① 将蒸馏水放入水计量槽F101计量后放入聚乙烯醇溶解釜D101中。

② 将5.4份聚乙烯醇由入孔投入聚乙烯醇溶解釜D101内。

③ 向聚乙烯醇溶解釜D101的夹套中通入水蒸气，使釜内升温至80～95℃，搅拌1～4h，配制成聚乙烯醇溶液。

④ 把100份醋酸乙烯酯投入单体计量槽F103内；把邻苯二甲酸二丁酯投入增塑剂计量槽F102内；把预先配制好的2份10%过硫酸钾溶液和10%碳酸氢钠溶液分别投入引发剂计量槽F105和pH缓冲剂计量槽F104内。

⑤ 把聚乙烯醇溶液由聚乙烯醇溶解釜D101通过过滤器M101用隔膜泵J101输送到聚合釜D102中，并由入孔加入1.1份OP-10，开动搅拌使其溶解。

⑥ 向聚合釜D102中由单体计量槽F103加入15份单体醋酸乙烯酯，并通过引发剂计量槽F105向其中加入占总量40%的引发剂溶液，在搅拌下乳化30min。

⑦ 向聚合釜D102的夹套中通入水蒸气，将釜内物料升温至60～65℃，此时聚合反应开始，釜内温度因聚合反应的放热而自行升高，可达80～83℃，釜顶回流冷凝器C101中将有回流出现。

⑧ 待回流减少时，开始向聚合釜D102内通过单体计量槽F103滴加85份醋酸乙烯酯单体，并通过引发剂计量槽滴加过硫酸钾溶液。通过控制加料速度来控制聚合反应温度在78～80℃之间，所有单体约在8h内滴加完毕；单体滴加完毕后，加入全部剩余的过硫酸钾溶液。

⑨ 加完全部物料后，通过蒸汽将体系温度升至90～95℃，并在该温度下保温30min。

⑩ 向聚合釜D102夹套中通入冷水使物料冷却至50℃，通过pH缓冲剂计量槽F104加入0.3份碳酸氢钠(配成10%溶液)；通过增塑剂计量槽F102向釜内加入10.9份邻苯二甲酸二丁酯，然后充分搅拌使物料混合均匀。

⑪ 最后出料，通过过滤器M102过滤后，进入乳液储槽F106。

5. 聚醋酸乙烯酯的工业化制法及配方

聚醋酸乙烯酯由醋酸乙烯酯经自由基加成聚合而成。

(1) 醋酸乙烯酯的制法　醋酸乙烯酯的工业化制法有以下几种。

① 乙炔法。20世纪40年代至50年代世界各国基本均采用乙炔法合成醋酸乙烯酯，80年代较少采用此法。其液相工艺最早是在德国和加拿大工业化的。乙炔法是在30～75℃的温度并有汞盐存在的条件下，乙炔和醋酸液相发生连续或间歇反应。产物醋酸乙烯酯不宜在反应区久留，以免副产物亚乙基二醋酸酯生成过多。该液相工艺已被气相工艺取代。催化气相工艺是在180～210℃下进行的，乙炔和醋酸的投料摩尔比是(4～5)：1，催化剂是载于活性炭上的醋酸锌。乙炔法制醋酸乙烯酯的反应式如下：

$$CH_3\overset{\overset{O}{\|}}{C}OH + HC\equiv CH \longrightarrow CH_3\overset{\overset{O}{\|}}{C}OCH=CH_2$$

② 乙烯法。20世纪60年代后期，德国BayerAG和美国U. S. LchemicalsCo. 相继研究成功气相法乙烯合成醋酸乙烯酯，70年代广为采用。因用乙烯代替乙炔制造醋酸乙烯酯，在原料成本方面可降低20%，故80年代后期投建的生产装置几乎全用新法。如乙炔法一样，也可采用气相和液相两种工艺。液相法生产规模较大的公司有Hoechst、ICI和日本Gosei等。

液相工艺是将乙烯和氧气在3MPa压力下输入含有醋酸、水和催化剂的反应器中，反应温度为100～130℃，催化剂为钯系。其主要反应如下所示：

$$CH_2{=}CH_2 + CH_3\overset{O}{\overset{\|}{C}}OH + PdCl_2 \longrightarrow CH_2{=}CHO\overset{O}{\overset{\|}{C}}CH_3 + Pd + 2HCl$$

$$CH_2{=}CH_2 + H_2O + PdCl_2 \longrightarrow CH_3CHO + Pd + 2HCl$$

$$Pd + 2CuCl_3 \longrightarrow PdCl_2 + 2CuCl$$

$$2CuCl + 2HCl + 1/2O_2 \longrightarrow 2CuCl_2 + H_2O$$

气相工艺是将醋酸、乙烯和氧气混合物（先将醋酸预热到120℃）吹入含有载于惰性载体的钯金属催化剂的反应器中，于175～200℃反应，制得醋酸乙烯酯。与液相工艺相比，此法的腐蚀性小得多。

③ 乙醛—醋酐法。乙醛和醋酐在加温和催化剂存在下反应，生成亚乙基二醋酸酯。继而，将生成物裂解，制得醋酸乙烯酯。反应式如下所示：

$$CH_3CHO + (CH_3\overset{O}{\overset{\|}{C}})_2O \longrightarrow CH_3CH(O\overset{O}{\overset{\|}{C}}CH_3)_2$$

$$CH_3CH(O\overset{O}{\overset{\|}{C}}CH_2)_3 \longrightarrow CH_2{=}CHO\overset{O}{\overset{\|}{C}}CH_3 + CH_3\overset{O}{\overset{\|}{C}}OH$$

④氯乙烯法。氯乙烯与醋酸钠在50～75℃、催化剂存在下的溶液中反应，可制得高收率的醋酸乙烯酯。反应式如下所示：

$$CH_2{=}CHCl + CH_3\overset{O}{\overset{\|}{C}}O^- \xrightarrow{PdCl_2} CH_2{=}CHO\overset{O}{\overset{\|}{C}}CH_3 + Cl^-$$

醋酸乙烯酯的唯一用途是聚合。55%～62%单体用于聚醋酸乙烯酯的制造，尤其是乳液聚合制聚醋酸乙烯酯乳液；18%～20%用于制聚乙烯醇；约8%单体用于制聚乙烯醇缩醛；约8%用于制氯乙烯共聚物；乙烯-醋酸乙烯共聚物的需用量虽较少，但增长速度较快，每年递增，约占5%。其他少量用作聚合润滑油的添加剂和丙烯腈纤维共聚单体。

(2) 聚醋酸乙烯酯的制法　醋酸乙烯酯的聚合是由Herrmann和Haehnel首先研究的。工业生产方法有本体聚合、溶液聚合、悬浮聚合和乳液聚合等。其中约90%的聚醋酸乙烯酯或其共聚物是由乳液聚合法制得的。

醋酸乙烯酯聚合是在过氧化物或偶氮二异丁腈引发剂存在下，由醋酸乙烯酯通过自由基反应而实施的。聚合反应时放热，其聚合热为89kJ/mol。

$$CH_3COOCH{=}CH_2 \xrightarrow[\text{加热}]{\text{引发剂}} \left[CH_2 - \underset{\underset{COCH_3}{|}}{\underset{O}{|}}{CH} \right]_n$$

① 本体聚合法。因本体聚合体系黏度太高，很难得到高聚合度的产品，故仅作醋酸乙烯酯单体聚合基础研究用，或制造低聚合度聚醋酸乙烯酯。

② 溶液聚合法。在溶剂中以过氧化苯甲酰或偶氮二异丁腈作引发剂，由醋酸乙烯酯均聚制得分子量较低的聚醋酸乙烯酯。它可直接用作胶黏剂，也可将聚合物词体分离出，用于配制热熔胶黏剂。

可用的溶剂有丙酮、甲醇、醋酸乙酯、乙醇和甲苯等。所得聚合物的聚合度为500～1500。溶剂的种类、引发剂的品种和用量以及体系中的杂质均可影响醋酸乙烯酯的聚合反应和产品质量。

可配制成树脂含量为50%～70%的胶液浓度，一般配成含量为30%～35%的丙酮溶液，系呈淡黄色的透明黏稠液。

③ 悬浮聚合法。此法对软化点低的聚醋酸乙烯酯树脂的制造不适宜，工业生产上很少采用。若醋酸乙烯酯与其他单体如氯乙烯等共聚时，可采用悬浮聚合法。

④ 乳液聚合法。1937年前后开始工业生产醋酸乙烯酯均聚乳液。I. G. Farben IndustriesAG的Starek、Frendenberger发现用聚乙烯醇作保护胶体进行醋酸乙烯酯的乳液聚合方法后，使聚醋酸乙烯酯的用量显著增长。

将醋酸乙烯酯单体借助乳化剂的作用分散于水介质中，以聚乙烯醇为保护胶体，在一定pH下，采用水溶性自由基引发体系，引发聚合制得聚醋酸乙烯酯乳液。可用连续、间歇或定时自动进料法。所得乳液不经改性可直接用作胶黏剂，人们称之为白乳胶。

乳液聚合法可制得高固含量（质量分数约为55%的聚醋酸乙烯酯）的产品。因以水为介质，可大幅度减少昂贵、易燃、有臭味和毒性的溶剂使用量，且无需溶剂回收装置，减少了投资。乳液聚合工艺操作容易，设备易于用水清洗。因乳液的黏度与树脂分子量无关，其流动性良好，树脂的分子量可较高，使胶黏剂的内聚强度增高。

聚合过程中一般采用阴离子型表面活性剂如高级醇的硅酸酯、烷基磺酸盐等作乳化剂。用量为单体的0.5%～2%。若某些胶黏剂胶层需对水灵敏或具备湿粘性时，其用量可稍增。所得乳液黏度低，遇到盐类物质，乳液的稳定性变差。

也可用非离子型表面活性剂如聚氧化乙烯类烷基醚、烷基酯或缩醛等，用量为单体的1%～5%。得到的乳液黏度高，与盐类的配伍稳定性良好，乳液粒径较小，且分布较窄。

通常，乳化剂的用量越大，所得乳液的粒度越小。聚合过程中常用部分水解的聚乙烯醇作保护胶体，它可使聚醋酸乙烯酯乳液具有稳定而均一的性能。基此，兼用乳化剂和聚乙烯醇保护胶体可大幅度提高聚醋酸乙烯酯的性能。聚乙烯醇用量为单体的4%～5%（质量分数）。聚乙烯醇分子中的醋酸基团含量和分布状况对生成乳液的黏度、稳定性等影响很大，部分水解的聚乙烯醇的水解度为87%～89%，完全水解物为98%～99%。当要求乳液黏度高时，选用高黏度部分水解物。根据乳液性能要求不同，也有选用低黏度或中黏度完全水解聚乙烯醇；或者选用低黏度或中黏度部分水解物。必要时，可用几种不同规格的聚乙烯醇，以制备所需性能的聚醋酸乙烯酯乳液。

聚乙烯醇也是一种弱乳化剂。在它存在下所得乳液的粒径较大，分布也较宽。在高剪切力作用下，乳液的黏度变化不大，触变性小；具有良好的机械加工性，即有良好的流动性、清洁作业性、易清洗性和非溅射性。

聚乙烯醇系水溶性物质，赋予胶黏剂很高的湿胶接性，但对水敏感。聚醋酸乙烯酯乳液的干燥固化是通过将水蒸发或被多孔被粘体吸收而进行的。以聚乙烯醇保护的聚醋酸乙烯酯的各种粒径的颗粒碰撞在一起形成很细的毛细管，使水分沿着毛细管迅速排出。这就使有保护胶的乳液比纯乳液的成膜和固化速度快得多。

聚乙烯醇的分子量和水解度对乳液胶膜的耐水性影响很大。采用完全水解的聚乙烯醇作保护剂，所得胶膜的耐水性相当好，若用部分水解物作保护剂，所得胶膜可再用水分散。

因聚乙烯醇的玻璃化转变温度较高，且与聚醋酸乙烯酯的配伍性不甚佳，乳液胶层不紧密、不透明、无光泽。

综上所述，以聚乙烯醇保护的聚醋酸乙烯酯乳化体系具有很多优点，归纳起来，有以下几点：良好的可机械加工性，增稠敏感性强，容易清洗，耐热性良好，良好的湿黏性，低度粘连，变定速度快，可交联。

因醋酸乙烯酯的自由基反应活性很高，容易和聚合物或其他烯烃类发生链转移反应，所得聚合物含有很多支链，也易制造共聚合物。为提高聚合反应的转化率和线性聚合物的分子量，单体必须经精制。反应式如下：

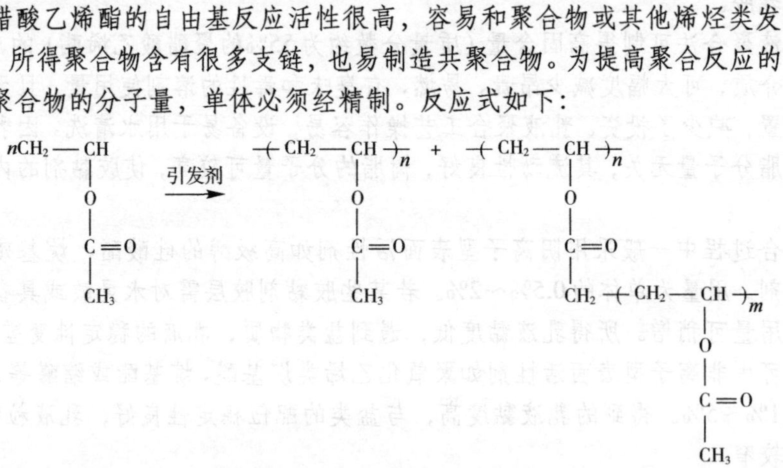

因有聚乙烯醇存在，尚产生下列反应：

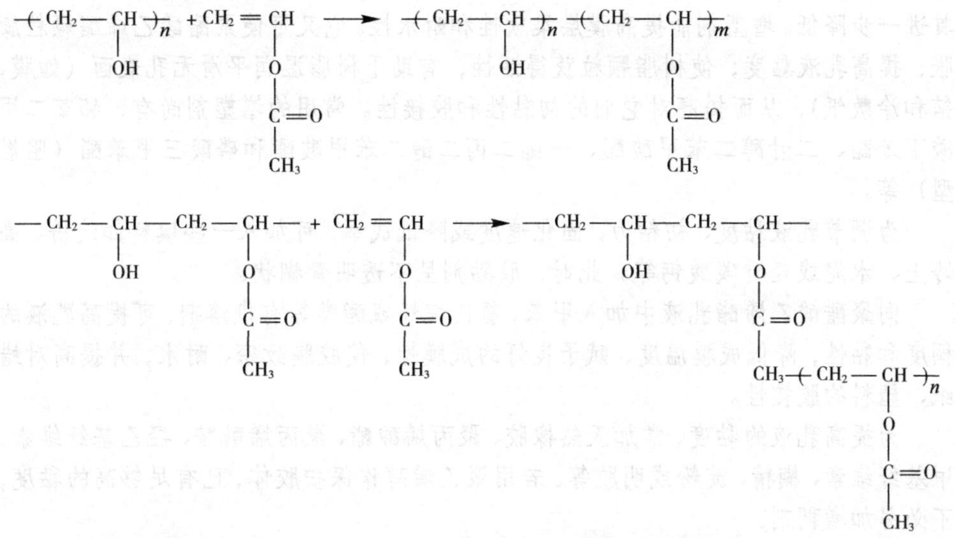

醋酸乙烯酯乳液聚合时常用的引发剂有：过氧化氢、过硫酸盐、过氧化苯甲酰和氧化-还原混合物如过氧化氢-酒石酸或过氧化氢—柠檬酸等水溶性自由基引发体系。

为了促进和稳定引发剂的分解速度，常向乳化聚合体系中加入缓冲剂，以调节pH值。醋酸乙烯酯的水解速率也与体系的pH值有关，为使其降低到最低限度，以免水解生成醋酸，降低所需聚合物的分子量，也要求控制体系的pH值，为此，加入醋酸盐或磷酸盐，将体系pH值调节到4～5，加入碳酸氢盐将体系调节到中性，也赋予乳化聚合以良好效果。在工业上，大部分乳液的pH值为4～6。

为控制聚合物分子量，在醋酸乙烯酯乳液聚合过程中常加链转移剂如醛、硫醇或四氯化碳等。有的乳液聚合常需加入一定量的预制品聚醋酸乙烯酯乳液，有时还加消泡剂。

乳液聚合反应一般是在高效且较快搅拌速度［＞100rpm（1rpm=1r/min）］、65～75℃下，采用分批加入单体法进行的。这样，可获得较细且颗粒度均匀的聚醋酸乙烯酯乳液。聚合转化率在99%以上，无需抽除未反应的单体，可使聚醋酸乙烯酯乳液产物中的未反应醋酸乙烯酯含量最高达0.5%（质量分数）。

20世纪80年代聚醋酸乙烯酯的制造工艺取得了突破性进展，环式反应器工艺问世，使乳液实现连续化生产，操作控制容易，产品收率高、质量稳定，环境污染小，投资少。90年代初，中国引进了该生产设备。

其他聚合工艺尚有低温氧化-还原聚合、核壳聚合、种子聚合、辐射或离子催化聚合等，它们被用于特种产品的制造。可向聚合物乳液中加入增塑剂、填料、溶剂或增稠剂等添加剂，以调配成各种需求的胶黏剂。

为改善聚醋酸乙烯酯乳液胶层的脆性，可配入适量的苯二甲酸二丁酯等增塑剂，用量为8%～12%。聚醋酸乙烯酯乳液的最低成膜温度为20℃，加增塑剂可使其进一步降低。增塑剂能提高膜层柔软性和耐水性。它又可使聚醋酸乙烯酯颗粒膨胀，提高乳液黏度；使树脂颗粒获得活性，有助于树脂湿润平滑无孔表面（如膜、箔和涂敷纸），从而提高对它们的初黏性和胶接性。常用的增塑剂尚有：邻苯二甲酸丁苯酯、二甘醇二苯甲酸酯、一缩二丙二醇二苯甲酸酯和磷酸三甲苯酯（阻燃型）等。

为调节乳液黏度、初粘力、固化速度或降低成本，可加入一些填料如淀粉、高岭土、水泥或轻质碳酸钙等。此时，胶黏剂呈不透明膏糊状。

向聚醋酸乙烯酯乳液中加入甲苯、氯代烷烃或酯类等有机溶剂，可提高乳液的稠度和黏性，降低成膜温度，赋予良好的成膜性，使胶膜致密、耐水，并提高对蜡纸、塑料的胶接性。

为提高乳液的黏度，常加天然橡胶、聚丙烯酸酯、聚丙烯酰胺、羟乙基纤维素、甲基纤维素、糊精、淀粉或明胶等。若用聚乙烯醇作保护胶体，已有足够高的黏度，不必另加增稠剂。

有时乳液聚合过程中需加消泡剂如醇类化合物，其中硅油是最有效的。

因体系中加了动物性或植物性物质如淀粉等，为防止发霉，必须加防腐、防霉剂如有机溴、甲醛、苯酚和季胺盐等，用量为0.1%～0.2%。防腐、防霉剂需不断更新，以免微生物慢慢适应而不起作用。

为防止聚合物乳液混合物表面结皮，常配入甘油、尿素、丙二醇或蔗糖等易吸湿物质，使乳液表面保持潮湿。

总之，聚醋酸乙烯酯乳液商品系一复杂的混合、复合体系。

大部分聚醋酸乙烯胶都是乳液型，而聚醋酸乙烯共聚物乳液胶是最重要的品种。

乳液胶用聚乙烯酯作保护胶体和增稠剂，提高乳液的湿态黏性和表面的黏附能力。聚乙烯酯用量为4%～5%。用聚乙烯酯增稠的乳液具有很好的触变性。聚乙烯酯的分子量和水解程度对胶膜的耐水性有很大影响，水解度87%～88%的聚乙烯酯作保护胶体时，所得胶膜可再用水来分散。

增稠剂还可用甲基纤维素、淀粉、聚丙烯酸盐等。

溶剂如氯代烷烃。加入芳烃后能提高酯类稠度和黏性，降低成膜温度。

增塑剂如邻苯上甲酸二丁酯能提高胶膜的柔性和耐水性。

消泡剂用酯类化合物如硅油，防腐剂有甲醛、苯酚等。

(1) 聚醋酸乙烯乳液

配方：D-500乳白胶

聚乙烯酯（完全水解）5g　水　50mL

黏土　10g　防腐剂　0.3mL

聚醋酸乙烯乳液　31g　消泡剂　0.2mL

DAP　3.5g

配方：D-503乳白胶

醋酸乙烯100g　水　90mL

聚乙烯醇9g　　　　　　　　过硫酸铵0.2g

辛基苯酚聚氯乙烯醚1.2g　碳酸氢钠0.3g

DAP　11.3g

(2) 聚醋酸乙烯溶液胶

配方：室温快速固化溶液胶

甲组：

乙酰化聚乙烯醇（15%水溶液）100g　碳酸钠（4%）2g

聚醋酸乙烯乳液20g

乙组：

乙醛（20%）100g　碳酸氢铵（20%）2g

溶液胶对非极性表面有极好的胶接强度，胶层透明度高但强度较低，耐热性差。

聚醋酸乙烯乳液胶适用于多孔性材料，如木材、纸制品等纤维素质材料，在建筑、木工、包装和装订行业较为广泛使用。

乳液胶固化机理：乳液中的水渗透到空孔性材料中去并逐渐挥发使乳液浓度不断增大，表面张力使聚合物析出。如环境温度很低，聚合物成为不连续的颗粒，这样得不到胶接强度；不含增塑剂的聚醋酸乙烯乳液的最低成膜温度为20℃。增塑剂能降低最低成膜温度。

(3) 聚醋酸乙烯共聚物胶

配方：GBM-300顺醋共聚乳液（另外GBM-40#，DBM-30#）由顺丁烯二酸二丁酯和醋酸乙烯等组分共聚而成，固化条件：20℃，24h；主要用于木材、纸张等粘接和无线书籍装订。

(4) 聚醋酸乙烯-乙烯共聚物热熔胶

配方：EVA胶

聚醋酸乙烯乳液　100g　DBP　　　3～20mL

淀粉　10～60g　　　　　三聚磷酸钠　0.1～2g

甲醛（37%）0.2～0.5mL

6. 改性聚醋酸乙烯酯胶黏剂粘接技术

聚醋酸乙烯酯分子结构中的醋酸根的立体构形和高的分子间吸引力，使均聚物胶层硬而刚。除添加增塑剂进行外增塑外，尚可通过共聚途径进行内增塑。庞大的侧基和柔韧的骨架的引入，使共聚物胶层变得韧而软。

共聚物中醋酸乙烯酯单体保存在50%以上的，仍称之为聚醋酸乙烯酯胶黏剂。

以不同共聚单体、不同组成比以及不同共聚条件，可制造出不同类型的共聚物——无规共聚物、嵌段共聚物和接枝共聚物等。在醋酸乙烯酯共聚物中，乙烯-醋酸乙烯酯共聚物应用最广。

(1) 聚醋酸乙烯酯乳胶　聚醋酸乙烯酯及其共聚物在热塑性高分子胶黏剂中

占有很重要的位置。由于这种胶的性能优于动物胶，因此在家具行业中逐渐代替了动物胶。又由于它具有安全无毒、固化速度快、初黏强度高、价格便宜等特点，其应用范围日益扩大，可用于胶合板、中密度纤维板、刨花板、细木工板胶拼，单板的修补，人造板的二次加工以及纸张、纤维织品、布、皮革、陶瓷、混凝土等多孔材料的粘接。

① 聚醋酸乙烯酯乳胶配方的组成

a. 聚醋酸乙烯乳液。包括水（分散剂）、醋酸乙烯酯（黏料）、增塑剂（如邻苯二甲酸二丁酯）、消泡剂（如辛醇）、引发剂（如过硫酸铵）等。

聚醋酸乙烯乳液可以不加任何助剂直接使用，一般室温放置6～24h即可。

b. 改性剂。为改善聚醋酸乙烯酯胶黏剂的性能，可以将醋酸乙烯单体与其他烯类进行共聚改性，如乙烯、氯乙烯、丙烯酸等。

c. 交联剂。改性主要通过内加交联剂或外加交联剂两种途径进行。内加交联剂如丙烯酸甲酯、二丁基马来酸酯等。外加交联剂如酚醛树脂、脲醛树脂等。加入交联剂可使胶层进一步交联，提高胶层耐热、耐水、耐蠕变性能，使聚醋酸乙烯酯的性能向热固性转变。

典型配方剖析见表2-14。

表2-14　典型配方

组分	用量	作用
聚乙烯醇	4g	交联剂
水	55mL	分散剂，形成水基乳胶
醋酸乙烯酯	44g	主剂，起黏料作用
邻苯二甲酸二丁酯	6mL	增塑剂，改善胶的脆性
辛醇	0.2mL	消泡剂
过硫酸铵	0.2mL	引发剂
固化条件		室温24h

② 聚醋酸乙烯-2胶

醋酸乙烯（初装料）150g　甲醇1.04mL

醋酸乙烯（总量）1000g　过氧化氢（40%）3.3g

5%的聚乙烯醇溶液1000mL

制备及固化：聚合开始温度为70℃，达72℃后逐渐加入其余的醋酸乙烯。2h后温度升至92℃，聚合终止。乳液中残存1%～1.5%的单体，在真空下脱除。

用途：本胶用于木材、纸张、包装材料等的粘接。

③ 聚醋酸乙烯-3胶

聚乙烯醇（水解度88%）4g　邻苯二甲酸二丁酯6mL

水55mL　辛醇0.2mL

醋酸乙烯酯44g　过硫酸铵适量

制备及固化：按上述配方在66～69℃下进行乳液聚合，即可得到一般用途的乳液黏合剂。

用途：本胶用于木材、纸张、包装材料、建筑材料等的粘接。

④ 聚醋酸乙烯-4胶

聚乙烯醇（高分子量，水解度为99%～100%）3g　三氯乙烯9.3g

聚醋酸乙烯乳液（固含量55%）55mL　防腐剂0.3mL

邻苯二甲酸二丁酯5.5mL　消泡剂0.2mL

用途：本胶用于木材、纸张、包装材料等的粘接。

⑤ 聚醋酸乙烯-5胶

水50mL　邻苯二甲酸二丁酯3.5mL

聚乙烯醇（完全水解）5g　防腐剂0.3mL

黏土10g　消泡剂0.2mL

聚醋酸乙烯31g

用途：本胶用于木材、纸张、包装材料等的粘接。

(2) 改性醋酸乙烯树脂乳液　PVAc乳液具有粘接性能优良、生产方法简单、原料价廉及无污染等特性，在木制品加工、纸加工等方面应用广泛。在众多场合下，PVA被用作醋酸乙烯（VAc）乳液聚合的保护胶体。由于PVA的水溶性，其应用时存在耐水性问题。许多人在提高PVA耐水性方面做了不少工作。如由碳原子数为8～12的脂肪酸与VAc进行反应，制得含少量高级羧酸乙烯酯的共聚物，经皂化得含高级羧酸乙烯酯的PVA。或者使VAc与少量高级烷基乙烯醚进行共聚，之后将共聚物皂化，得含高级烷基乙烯醚为1mol左右的皂化度为79%～95%（mol）的PVA，将其用于乙烯系单体乳液或悬乳聚合时的保护胶体。用双烯酮与PVA反应，使PVA乙酰乙酰化，制得乙酰乙酰化度为1%～10%（mol）的PVA，将其用作VAc乳液聚合的保护胶体，得到皮膜耐水性很强的乳液。近年来通过提高乳液的耐水性，降低或调整乳液的最低成膜温度（MFT），开发出许多性能优异的改性PVAc乳液。

① 塑料膜黏合用PVAc乳液。为降低PVAc乳液的MFT，一般使用邻苯二甲酸酯类增塑剂或丁基溶纤剂、丁基卡必醇等高沸点溶剂，尤其在温度较低的情况下，前者用量很高，结果使胶的内聚力下降，耐热性、耐蠕变性变差，后者虽然成膜性优于前者，但价格高，还有特殊的臭味。把异丙基苯甲醇或其衍生物添加到PVAc乳液中，可获得非常好的成膜性能。如对100质量份（以下凡没有特别注明者均为质量百分数）PVAc乳液，添加2.5份异丙基苯甲醇，MFT为1℃，常态粘接强度为16.7MPa。而添加4.5%DBP时，MFT才达到1℃，常态粘接强度为14.5MPa。异丙基苯甲醇没有臭味，也不会引起凝聚物生成。把亚烷基乙二醇单烷基醚羧酸酯作为以VAc为主成分的均聚物或与乙烯系、丙烯酸系、叔碳酸乙烯酯中只含一种单体的

共聚物乳液中，可制得塑料膜及涂饰塑料纸用PVAc乳液胶黏剂。VAc为主成分的共聚物乳液中，VAc占单体总量的60%～100%，VAc占有量少于50%时，共聚性变差，残存单体量增加，稳定性也低，共聚物的固含量为30%～60%。此种羧酸酯对聚氯乙烯、聚烯烃、聚酯等有很好的溶解性，当粘接涂有这些树脂的纸张及它们的薄膜时，胶黏剂与被粘物间的相溶性提高，可获得较高的粘接强度。其加入量为每百份PVAc乳液（按固含量计）10～30份，少于1份看不到效果，大于40份乳液稳定性变差。添加方法不限，但考虑到不影响聚合反应，还是希望聚合完成后添加。对易溶解或易分散的体系可原样直接加入，相反，则建议用水稀释成25%～50%的水溶液后再加。实用的乳液有VAc：2-EHA=400：100的醋丙共聚物乳液，固含量为54%；住友化学工业（株）制スシカフレックス400，固含量为55%的VAE乳液；中央理化工业（株）制リカボンド WH-909，固含量为55%。所用羧酸酯有亚乙基乙二醇单甲醚醋酸酯和亚丙基乙二醇单甲基醚丙酸酯，添加量为5%～20%。

② 高黏度、高耐水性乳液。将水溶性PVA缩乙二醛用作乙烯类乳液聚合的保护胶体，制得的乳液皮膜耐水性明显变好，乳液黏度高，放置稳定性、与颜料和脲醛树脂混合性、冻融稳定性均优。甲醛或乙醛代替乙二醛缩醛时，乳液皮膜的耐水性均变差。制PVA缩乙二醛胶体：PVA和乙二醛在水或有机溶剂中，经酸催化加热缩醛化，随着反应的进行反应液黏度上升，通过黏度的测定，判定反应进行的程度。缩醛度达到0.3%时，可看到乳液皮膜的耐水性改善，达到20%时乳液黏度大增，皮膜耐水性进一步上升，但乳液易凝胶化，皮膜易剥离，粘接性下降。为满足以上要求，缩醛度宜在1%～15%之间，实用有2%、5%及7.5%的制品，大约相应于乙二醛与PVA的摩尔比为0.42%、1.07%及1.66%。而对所用PVA没有特定限制。部分皂化PVA缩乙二醛后，其耐水性比部分皂化PVA更好。PVA缩乙二醛的使用量因PVA品种、乙二醛缩合度及要求的乳液树脂组分等而异，一般为乳液聚合系统总量的1%～10%（mol），例实用量为2.7%、4.0%及5.0%。

③ 高黏度、高流动性、高耐水性木工用乳液。把乙烯改性PVA与纤维素用作保护胶体制备高黏度、流动性好、耐水、对木材有优良粘接性能的PVAc乳液。用于此处的乙烯含量为0.5%～10%（mol），皂化度在80%以上的乙烯醇共聚物可用一般方法制备，即先使VAc与乙烯共聚合再皂化的方法。与乙烯改性PVA并用的纤维素有2%水溶液，黏度为1000～8000mPa·s的HEC、MC及CMCNa等。乙烯含量为0.5%～10%（mol）、皂化度大于80%的乙烯改性PVA，80%（mol）的皂化度是必需的，更希望大于95%（mol）。皂化度不足80%（mol），恐怕乳液的耐水性不充分。对其聚合度虽无一定的要求，但最好在300～3000之间。不足300不具有保护胶体功能，超过3000则难以生产。乙烯改性PVA（A）与水溶性高分子纤维素（B）的最佳配比为（9.8：0.2）～（7：3）。比例大于9.9：0.1时，制得的乳液黏度低，小于5：5时乳液流动性变差。两者合计用量为乳液聚合物中树脂的5%～15%，即单体总量的5%～15%。用这种乙烯改性PVA作为VAc为主成分的乳液聚合的保

护胶体，制得的PVAc乳液黏度高、流动性好，耐水性、低温稳定性也好。以上保护胶体一般适合组装板、集成材、刨切单层板、胶合板加工、胶合板二次加工。另外在一般的木工等用胶黏剂，浸渍纸用、无纺布制品用黏合剂，修补材料、涂料、纸加工及纤维加工等领域中均可使用。

④ 耐水煮沸粘接力优的醋丙乳液。在VAc与含羧基乙烯类单体乳液共聚合时，使用前面提到的乙烯改性PVA作保护胶体，制得乳液（A），再添加铝化物（B）制得耐水煮沸粘接力优的共聚乳液。含羧基乙烯类单体对VAc单体的合适质量比为（0.03～2）：100。不足0.01时耐水性、耐水煮沸粘接力不足，超过3时聚合稳定性变差，甚至无法进行聚合反应。作为铝化物有氯化铝、硝酸铝、硫酸铝等，其中以$AlCl_3$最好，$Al(NO_3)_3$次之。如对组成为去离子水300g、PVA［DP1000，OH99.3%(mol)，乙烯含量7.0%（mol)］26g、VAc：AA=99.5：0.5（单体总量为360g）混合均匀后连续滴加3～3.5h，在氧化还原引发体系下制得的乳液，每100份加DBP5份成为乳液（A）。对每100份（A）（固体分）加0.5份$AlCl_3$，乳液皮膜的吸水率为20.1%，溶出率为0.5%，耐沸水粘接力为2.1MPa，5～40℃放置黏度无变化。若将0.5份$AlCl_3$改为1份$Al(NO_3)_3$，其吸水率为19.8%，溶出率为0.4%，耐沸水粘接力为2MPa，5～40℃放置黏度无变化。对同一乳液（A），不加铝化物时吸水率为38.7%，溶出率为3.5%，耐沸水粘接力0.2MPa，5～40℃放置黏度无变化。

⑤ 针叶木材胶合板。过去用耐水组成物生产胶合板主要以蜜胺甲醛和脲醛等氨基树脂胶黏剂为主。近年来为降低甲醛危害，使用VAc或其改性树脂胶黏剂逐渐增多。另外，由于以针叶树木材生产的胶合板量逐渐增多，而针叶木材含树脂量高，以往用于阔叶材单层板的胶黏剂难以适应。由20%～95%的醋酸乙烯丙烯酸共聚的乳液和5%～80%的水溶性酚醛树脂［最佳组成比为（30%～90%）：（10%～70%）］组成的改性醋酸乙烯乳液胶黏剂可达到要求，且甲醛含量低于ASF-1标准。这种醋丙共聚乳液的单体组成中除醋酸乙烯与（甲基）丙烯酸酯外，还含有0.1%～20%的丙烯酸。少量AA能提高胶膜的耐水性及耐沸水粘接力，促进氨基树脂固化，中和某种碱性物质，与某种金属离子螯合交联。AA含量不足（$<0.1\%$）作用不大，超过20%聚合速度明显降低，黏度异常增大，且使用困难。生产水溶性氨基树脂时按苯酚：甲醛：催化剂（碱）为1：（1～3）：（0.5～0.5）(mol/mol)，控制树脂的水溶性为250%。氨基树脂量大于80%时，胶黏剂的黏度过低，在单层板上涂胶不充分，甲醛释放量大，少于5%固化不完全，耐水性达不到要求。

(3) 乙烯-醋酸乙烯共聚物胶黏剂　由乙烯-醋酸乙烯共聚物为基料的胶黏剂被称为乙烯-醋酸乙烯共聚物胶黏剂，简称乙烯-醋酸乙烯胶黏剂（EVA或VAE）。

乙烯-醋酸乙烯共聚物的研制始于20世纪30年代。1938年ICI公司发表了乙烯-醋酸乙烯共聚物的高压自由基聚合制备方法的专利。1960年DuPont公司首先用高压本体法实现了商品名为Elvax的工业化生产。1965年空气产品公司开发了乙烯-醋酸乙烯共聚物乳液。1967年Bayer公司发表了在溶液中制备乙烯-醋酸乙烯共聚物的自由基聚合法。由于乙烯-醋酸乙烯共聚物的性能优良、用途广泛，加上自由基连续聚合制造技术的采用，使之发展迅速。尤其在20世纪60年代至70年代，其发展速度更快。

聚醋酸乙烯酯-乙烯乳液胶膜具有手感柔软、弹性、耐光、耐热、耐洗、耐溶剂等特性；胶层无色、无味，对多种纤维具有较好的胶接性，适用于无纺布的制作。例如美国Celanese公司采用下述聚醋酸乙烯酯-乙烯乳液配方（质量份）制得的疏松无纺布，耐三氯乙烯等干洗，且耐污。

聚醋酸乙烯酯-乙烯乳液	46～88
聚醋酸乙烯乳液	10～46
N-羟甲基丙烯酰胺	2～6
催化剂	适量

虽然无纺布制造中主要用聚丙烯酸酯胶黏剂，但从性价比权衡，采用聚醋酸乙烯酯-乙烯乳液有其有利点。

利用聚醋酸乙烯酯-乙烯乳液胶黏剂的自身交联能力，可用于静电植绒织物加工，也可用于织物硬挺整理。

一般，该共聚物按其醋酸乙烯含量不同可分为三类：

第一类，低醋酸乙烯含量（5%～40%，质量分数）。这类产品使用本体连续聚合法，在9.8～29.4MPa、180～280℃下聚合，制得分子量为20000～50000的共聚物。主要作为热熔胶和塑料制品使用。

第二类，中醋酸乙烯含量（45%～55%，质量分数）。这类产品使用溶液或乳液聚合法，在4.9～39.2MPa、30～120℃下共聚，制得分子量为100000～200000的共聚物。主要用作聚氯乙烯改性剂或制作特种橡胶制品。

第三类，高醋酸乙烯含量（60%～95%，质量分数）。这类产品大多是采用乳液聚合法制备。在1.5～4.9MPa、0～100℃下聚合，制得分子量很高的共聚物。主要用作胶黏剂、涂料以及用于纸和织物等加工中。

根据醋酸乙烯酯含量和制造工艺的不同，用作胶黏剂的醋酸乙烯酯-乙烯共聚物有乳液胶黏剂和热熔胶黏剂之分。

① 聚醋酸乙烯酯-乙烯乳液胶黏剂。该共聚物的乳液聚合经历了三个历史发展阶段。第一阶段是1945～1955年的创始阶段。聚合在4.9～14.7MPa（最好在9.8～29.4MPa）下进行，显然是较困难的。第二阶段是1956～1965年的实始阶段。采用醋酸乙烯酯逐步加料法以及特种聚合引发剂和特种添加剂的加入，使聚合压力降低到0.98～9.8MPa。克服了高压法设备投资高、操作繁杂、安全性差等缺点。第三阶段是1965年以后的改良阶段。在间歇釜内进行乳液聚合，得到高乙烯基含量的共聚乳液。聚合压力在3.5MPa下，2烯在加压下添加入醋酸乙烯酯。得乙烯基含量为21%～28%（质量分数）、玻璃化转变温度为−11～−5℃的聚醋酸乙烯酯-乙烯乳液。许多学者对聚合温度、压力等因素对共聚物中乙烯基含量的影响进行了大量研究，认为当乙烯在醋酸乙烯酯中呈饱和态时，可聚合得高乙烯基含量的共聚物。Rhône-Poulenc的试验数据表明，在65℃、1.18MPa下共聚，可得到含有10%（质量

分数）乙烯基的共聚物，而在4.71MPa下，可得41%乙烯基含量的共聚物。

Wacker专利报道，在Ⅷ族贵金属如钯存在下，采用氧化-还原引发体系，在0℃的低温下，用液化乙烯进行共聚，可制得歧化度低、分子量分布窄的聚醋酸乙烯酯-乙烯。

共聚物中乙烯基的引入使聚醋酸乙烯酯的醋酸根破坏，导致聚合物骨架柔软化，树脂的玻璃化转变温度下降，硬度也随之下降，伸长率提高。由此，聚醋酸乙烯酯-乙烯的应用面扩大，可用于塑料和金属的胶接。

聚醋酸乙烯酯-乙烯乳液胶黏剂的主要性能：该胶黏剂的上述特殊分子结构赋予其下列性能。

a. 众所周知，聚醋酸乙烯酯-乙烯中的醋酸乙烯基含量决定着共聚物的物性。其主要原因是随着醋酸乙烯基含量的增加，其结晶度直线降低。

含量在30%（质量分数）以下时，认为存在明显的结晶性，直至45%～50%时，共聚物呈完全无定形状态。乳液共聚物商品的醋酸乙烯基含量在70%～90%，故其为无定形聚合物。

纯聚乙烯的玻璃化转变温度为−78℃，纯聚醋酸乙烯酯的玻璃化转变温度为28℃，故引入聚乙烯必然会使共聚物的玻璃化转变温度降低。含有10%乙烯的共聚物的玻璃化转变温度约为10℃，25%的为−10℃。随着玻璃化转变温度的降低，胶膜的柔软性增加。

b. 耐碱性优于聚醋酸乙烯酯和聚丙烯酸酯乳液。这是因为聚醋酸乙烯酯分子中的醋酸基团交替与碳原子相连，一个醋酸基团被水解、皂解后，会加速另一个醋酸基团的水解，而醋酸乙烯酯-乙烯共聚物中的乙烯将醋酸基团隔离远了，降低了这一影响。将共聚物胶膜暴露于弱碱性或酸性中1年，未见明显变化。基此，该共聚乳液胶黏剂可用于混凝土的胶接，可与灰浆混用。

c. 由于共聚乳液胶黏剂的玻璃化转变温度降低，其对PVC、涂层纸的胶黏性以及其他塑料的粘接性均有大幅度提高，变定速度也加快。

d. 改善了均聚乳液的胶黏强度、力学性能和耐热性。

e. 可采用与均聚乳液同样的方法，配伍成胶黏剂，并保持其耐蠕变性。

如添加聚乙烯醇保护胶体、增塑剂、增稠剂、润湿剂、填料、溶剂、增黏树脂和消泡剂等，以达到相应的效果。必要时可与交联剂如脲醛树脂、乙二醛等并用，以进一步提高其耐水、耐热性能。

一致认为，乙烯基共聚物无论在价廉方面，还是在内增塑效能方面，均比其他共聚物好。

聚醋酸乙烯酯-乙烯乳液的用途：乙烯基的引入使该类胶黏剂的可胶接对象范围扩大，从而开拓了应用领域。这是因为聚醋酸乙烯酯乳液的表面张力为50×10^{-5}N/cm，而聚醋酸乙烯酯-乙烯乳液的表面张力约为30×10^{-5}N/cm。如后者能较好地胶接聚氯乙烯、尼龙、聚酯等薄膜，聚二氯乙烯、软铝箔、玻璃纸和聚氨酯泡沫等，而前者不能。后者对木材、纸张、织物、皮革、水泥、混凝土、镀锌钢板等的胶接性更好。

a. 纸盒和包装材用胶黏剂。这是聚醋酸乙烯酯-乙烯乳液胶黏剂最大的应用领域。因其变定速度快，可将其用于高速制箱、制盒、制袋和复合纸等加工流水线上。除可胶接牛皮纸-牛皮纸、皱纹纸-纸板等外，尚能用于牛皮纸-金属、皱纹纸-金屑、牛皮纸-聚酯、涂层纸-纸等胶接以及铝箔复合薄膜湿复合等。

与聚醋酸乙烯酯乳液相比，聚醋酸乙烯酯-乙烯乳液除耐水、耐热等性能优异外，胶接强度也有所提高。如胶接聚乙烯合成纸-牛皮纸，聚醋酸乙烯酯-乙烯乳液的胶接强度几乎是聚醋酸乙烯酯的十倍。

此外，聚醋酸乙烯酯-乙烯乳液对涂层纸中的颜料的黏结力也比聚醋酸乙烯酯乳液强，其耐光性优秀，系涂层纸、涂层纸板颜料的优良黏合剂。

b. 聚氯乙烯装饰板用胶黏剂。聚氯乙烯薄膜经印刷木纹后颇有木纹真实感，色泽鲜艳，价廉易得，强度较高，又有阻燃功能，复贴在木质基材上是一较好的人造板贴面。20世纪90年代以来，国外在木工装饰复面产品包括聚氯乙烯薄膜饰面材料方面发展很快。聚氯乙烯饰面材料主要用于电视机、收录机等外壳制作，无需油漆，可达到美观、经济的目的。也可用作新型建材。

聚氯乙烯饰面材料有背面印刷、顶面印刷和双层板三种结构。需根据结构需要，选择胶黏剂。其胶接方法有平面胶接和曲面胶接两种。前者采用湿式或半干式复合法，后者采用四面复合、曲面复合或真空压制法。

作为聚氯乙烯饰面板用胶黏剂必须在较低温度（5℃）下能操作，且具有较高的耐热性（高软化点、低热收缩性）。为此，聚醋酸乙烯酯-乙烯乳液中除加有聚乙烯醇保护胶体外，尚加有适量的溶剂、增塑剂和湿润剂。这样配伍的胶黏剂初黏性良好。

c. 聚氯乙烯皮革用胶黏剂。聚醋酸乙烯酯-乙烯乳液胶黏剂可胶接软质聚氯乙烯薄膜与棉布、人造丝、尼龙布或聚酯布等，进而制作服装、家具、鞋靴、手提包和手套等制造用的聚氯乙烯皮革。

d. 配制水泥、砂浆聚合物。聚醋酸乙烯酯-乙烯的耐碱性使其可用于配制水泥、砂浆聚合物；胶接水泥面和聚氯乙烯地板砖；胶接石膏板、木材和金属材料等。

e.用作木材胶黏剂。聚醋酸乙烯酯-乙烯乳液与脲醛树脂的混合性相当好，两者并用，可用于木材的胶接。该混合胶黏剂在70℃下暴露24h以上，仍然稳定。

f. 配制压敏胶黏剂。聚醋酸乙烯酯-乙烯乳液与丙烯酸酯乳液的混溶性极好，两者混合制造的压敏胶黏剂，对聚烯烃基材的胶接性良好。胶带可用于胶接不锈钢、铝箔、牛皮纸和聚乙烯纸等。聚醋酸乙烯酯-乙烯乳液本身与增黏剂、增塑剂等配伍后也能用作压敏胶黏剂。

g. 作织物加工用胶黏剂。无纺布可用于桌布、餐巾、床上用品、医学和卫生用品、土建织物、尿布、服装衬里及底布、抹布、过滤用品和装饰用品等。所用纤维以黏胶纤维为主，其次是涤纶、丙纶及尼龙等，也有用棉、麻、羊毛及其下脚料。

h. 其他。聚醋酸乙烯酯-乙烯乳液尚能浸渍纸张或作内添加物，改善纸张物理性能。作纸张涂层，能增加纸张耐磨、耐曲挠、吸附油墨以及防潮、防水等能力，且能增添光泽、美观。它尚能用作防湿、热密封涂层，如涂于导电金属表面制电缆等。喷洒于干燥泥土或干燥粉末上可以起到防尘作用，尚可用于防止水土流失，帮助农作物增长等。

② 聚乙烯-醋酸乙烯酯热熔胶黏剂。含有5%～40%醋酸乙烯酯的聚乙烯-醋酸乙烯酯胶黏剂具有结晶性，系一类热熔胶黏剂。因其乙烯基含量多于醋酸乙烯基，人们习惯于将其归类于乙烯共聚物，并命名为聚乙烯-醋酸乙烯酯。

③ 聚乙烯酯胶和聚乙烯酯缩醛胶

a. 聚乙烯酯胶。聚乙烯酯单体不太稳定，由醋酸乙烯水解制备。聚乙烯酯胶膜强度高，耐热性和耐溶剂性优良。

b. 聚乙烯酯缩醛胶。由聚乙烯酯与醛类进行缩醛化反应制得。

最重要的缩醛有聚乙烯酯缩丁醛、聚乙烯酯缩甲醛和聚乙烯醇缩甲乙醛。缩醛度为50%时可溶于水；缩醛度很高时不溶于水而溶于有机溶剂。聚乙烯酯缩丁醛能溶于乙醚，其韧性很好，可作为胶黏剂如改性酚醛树脂-缩醛胶的增韧剂。

配方：合成胶水（聚乙烯酯水溶液）

固化条件为20℃/12h，粘接纸张和织物等。

配方：107#聚乙烯酯缩钉醛胶

20℃/24h，粘接纸张。

配方：熊猫牌751#胶

甲：聚乙烯酯100g乙：聚乙烯酯75g 氯化氨10g

酚醛树脂（碱触媒）150g 水 适量

甲：乙=1：1，20℃/24h，用于PS、PVC、纸制品和木材的粘接。

(4) 聚醋酸乙烯酯-丙烯酸酯胶黏剂 这类胶黏剂也很重要。常用的丙烯酸酯单体有丙烯酸乙酯、丙烯酸丁酯和丙烯酸-2-乙基已酯等。它们对聚醋酸乙烯酯的内增塑效应可以玻璃化转变温度的降低状况来表示。随着丙烯酸酯中的酯基碳原子数的增加，对聚醋酸乙烯酯的内增塑效应也显著增强。该共聚物的耐水性比聚醋酸乙烯酯优良，对热和光的稳定性也得到进一步改良。通过内增塑化提高了黏性，但凝聚力下降，胶接力也随之下降。

聚醋酸乙烯酯-丙烯酸酯胶黏剂可胶接多孔性材料，也可胶接塑料薄膜多孔性材料，其配方例（质量份）：

醋酸乙烯酯-丙烯酸酯共聚物	85
增塑剂	10
甲基异丁基酮	5

含有55%～95%（质量分数）醋酸乙烯酯和5%～45%丙烯酸酯的共聚物溶液胶黏剂具有高的初黏性和胶接性能。

人造花对美化室内环境起到一定作用。其涂层胶浆需手感柔软，成膜后透明、有光泽。涂敷于印花涤纶布上，经高温重压定型后不黏手，是近来所需开发的新胶浆。福建化纤化工厂开发用醋酸乙烯酯-丙烯酸丁酯-甲基丙烯酸甲酯乳液作人造花胶浆底胶，收到初步成效。

(5) 聚醋酸乙烯酯-不饱和酸酯共聚物　该共聚物常用的不饱和酸酯单体有马来酸酯、富马酸酯，也有用丁烯酸酯的。

不饱和酸酯中酯基碳原子多，增塑效应高。一般来说，马来酸酯比富马酸酯抑制效果更好，活化温度取决于与其结合的酯烷基类型，可以通过调节酯烷基改变催化剂的活化温度。因此，富马酸酯比马来酸酯强。

用马来酸酯共聚物制成的胶黏剂乳液，对金属的胶接性提高，成膜温度降低，胶层的耐寒性也有所改善。此外，因乳液黏度低、低温流动性好，操作工艺性显著改良。使用该共聚物可无需外加增塑剂。该共聚物主要用于木制品和纸管等制作。

醋酸乙烯酯-丁烯酸酯共聚物可配伍成热熔胶黏剂，用于装订书籍。因其为碱溶性物质，便于纸张回收，下为一配方例（质量份）。

醋酸乙烯酯-丁烯酸酯共聚物	49.9
氯化联苯	50.0
抗氧剂	0.1

它们也可以乳液态商品化。该共聚物除用作胶黏剂外，尚可用作上浆剂等。

(6) 聚醋酸乙烯酯-乙烯基吡咯烷酮共聚物　该共聚物胶黏剂可用于胶接金属与聚氯乙烯板或聚氯乙烯板、玻璃、铝箔、聚氨酯泡沫自粘或互粘。也可用作喷发剂、压敏胶黏剂和再湿性胶黏剂。

① 醋酸乙烯酯-氯乙烯共聚物。该共聚物比聚醋酸乙烯酯耐热、耐水和耐候。用于聚氯乙烯、聚丙烯酸酯和钢板的胶接。若共聚时加有少量马来酸酐，则共聚物较易制取。

② 醋酸乙烯酯多元共聚物。为获得性能更优异的胶黏剂，将醋酸乙烯酯与两种或两种以上单体进行多元共聚。举例如下：

a. 醋酸乙烯酯-乙烯-丙烯酸酯共聚物。该共聚物乳液中若含有马来酸酯共聚物，则可将玻璃化转变温度降低到−15℃以下。可作压敏胶黏剂，涂敷于聚烯烃、聚酯和聚氯乙烯薄膜基材上，也可作纸标贴。

b. 醋酸乙烯酯-乙烯-丙烯酸酯-丙烯腈共聚物乳液胶黏剂与聚氨酯乳液相混，组成一单包装胶黏剂。其具有良好的机械稳定性，低温下也呈现出良好的胶接性。胶层在高温下具有良好的抗蠕变性能，耐水、耐热。适用于硬聚氯乙烯板的层压复合。

c. 醋酸乙烯酯-乙烯-新戊酸乙烯酯共聚物。该共聚物乳液的固含量为53%，玻璃化转变温度为−4℃。用于木制品的胶接，持有高度耐水性。

(7) 聚醋酸乙烯酯胶黏剂的改性　为提高该胶黏剂的耐水、耐溶剂、耐热等性能，往往将其与交联剂合用，增加其网状结构。*N*-羟甲基丙烯酰胺常用于形成自交联型聚醋酸乙烯酯。另有脲醛树脂、三聚氰胺树脂、酚醛树脂和金属盐如硝酸铬等交联剂。

向用聚乙烯醇作保护胶体的聚醋酸乙烯酯乳液中，加入多异氰酸酯，可使聚合物交联，得到耐水性极佳的木材胶黏剂。经100℃沸水处理，木材的剪切胶接强度仍维持在$1N/mm^2$，经150℃处理，仍无明显变化；而未加多异氰酸酯的胶黏剂，加热到40℃以上，其胶接强度已急剧下降。该类交联胶黏剂已广泛用于集成材和胶合板的制作。

速固化胶黏剂是近年来的研究热点。中井善积研究采用乙酰乙酰基化聚乙烯醇作保护胶体或乙酰乙酰基化醋酸乙烯酯单体乳化聚合制备高性能、速固化胶黏剂。将醋酸乙烯酯与其他单体共聚是改性聚醋酸乙烯酯胶黏剂的最有效措施。

五、工业用木材胶黏剂的应用技术举例

1. 环境友好型木材胶黏剂的应用技术举例

随着木材加工行业的迅速发展，人们对木材工业用胶黏剂的需求量也大大增加。脲醛（UF）树脂胶黏剂、酚醛（PF）树脂胶黏剂、密胺（MF）树脂胶黏剂以原料充足、价格低廉而被广泛运用于木材加工行业中，其中脲醛树脂胶黏剂应用最多，占70%以上。但是，除耐水性差、储存期短外，UF、PF、MF持续地释放的甲醛，长期地污染了室内环境。例如，刨花板贴面书柜，三年后家具内和家具外的甲醛浓度为$0.455mg/m^3$和$0.098mg/m^3$。这严重地影响了UF、PF、MF的扩大和再生产。

针对UF、PF、MF的不足，科技人员从树脂的合成原理出发，对UF、PF、MF进行低毒改性处理。与此同时，扩大了胶黏剂的原料的来源，使胶黏剂工业向环境友好型发展。

(1) 脲醛树脂低毒改性技术　尿素与甲醛的反应机理非常复杂。传统上脲醛树脂胶黏剂采用弱碱-弱酸-弱碱工艺，通过加成-缩合反应制得。反应机理为：在反应初期，甲醛和尿素在弱碱性条件下，发生加成反应生成一羟甲基脲。然后，一羟甲基脲在弱碱性条件下，缩聚脱水，形成线型或支链型的脲醛树脂，最后在弱碱性条件下储存备用。反应为：

$$CH_2O+H_2NCONH_2 \longrightarrow H_2NCONHCH_2OH \text{（加成反应）}$$

$$H_2NCONHCH_2OH+CH_2O \longrightarrow HOCH_2NHCONHCH_2OH \text{（加成反应）}$$

$$H_2NCONHCH_2OH+H_2NCONH_2 \longrightarrow H_2NCONHCH_2NHCONH_2+H_2O \text{（缩合反应）}$$

$$nH_2NCONHCH_2OH \longrightarrow H_2NCONHCH_2\text{（}NHCONHCH_2\text{）}_{(n-2)}NHCONHCH_2OH+(n-1)H_2O \text{（缩合反应）}$$

在合成反应过程中，分子链中的某些增长链段是通过形成甲醚键这类副反应来完成的：

$$—NHCONHCH_2OH+—NHCONHCH_2OH \longrightarrow —NHCONHCH_2OCH_2NHCONH—$$

在脲醛树脂热固化过程中，将发生热分解而释放甲醛：

$$—NHCONHCH_2OCH_2NHCONH— \longrightarrow —NHCONHCH_2NHCONH— + HCHO\uparrow$$

因此，释放甲醛的原因为：①树脂合成时，余留未反应的游离甲醛。②树脂合成时，已参与反应生成不稳定基团的甲醛，在热压过程中又释放出来。另外，在树脂合成时，吸附在胶体粒子周围已质子化的甲醛分子，在电解质作用下，也会释放出来。针对以上几个方面的原因，国内外科技人员紧紧围绕脲醛树脂的合成工艺，积极寻求和研究降低甲醛含量和释放量的方法，大致分类如下。

① 降低F/U比。降低F/U比的本质是运用化学平衡原理，依靠增大反应物尿素的量，从而提高甲醛的转化率，达到减少胶液中游离醛的含量。但是F/U摩尔比对胶黏剂的质量影响极大，研究证明，摩尔比降低则胶黏剂羟甲基及游离醛含量降低，导致产品粘接力下降，储存稳定性变差，摩尔比在（1∶1.3）～（1∶1.5）时既有利于低醛化，又不会影响产品质量。

② 分批加尿素。尿素分多次加入是希望一开始尿素与甲醛的摩尔比较高，有利于二羟甲基脲生成，有利于增加其胶合强度。另外，多次加入尿素，使后来加入的尿素有效地与前面没有反应的甲醛发生反应，使树脂中游离甲醛含量降低。但多次加入尿素，使制胶反应时间延长，在生产中是不可取的。为此，一般采用尿素分两次或三次加入。

③ 降低脲醛缩聚的pH。降低脲醛缩聚的pH对降低树脂游离醛含量有利。这是由于pH低，其进行反应的活化能低，有利于缩聚反应的进行，有利于甲醛参与反应，从而使游离甲醛含量降低。当然，对于缩聚反应并非pH值越低越好。若pH太低，反应进行过于激烈，难于控制，反应程度太高，将使树脂的水溶性下降。

在强酸的介质中，尿素与甲醛反应生成乌龙（Uron）环，国外研究资料表明，乌龙环的耐水能力比亚甲基二脲高200倍。由此可见，树脂中引入乌龙环，能够提高脲醛树脂的耐水性、耐老化性、稳定性，减少因水解而释放的甲醛量。赵瑛等选用适当催化剂，抑制缩合反应速度，将尿素与甲醛配比控制在1∶2.0，尿素分三次加入，反应温度和时间分别控制在92～94℃和2～2.5h，制得的产品游离甲醛含量低（低于0.4%），储存期长（12个月以上）。

④ 向脲醛树脂中加入甲醛捕捉剂。甲醛捕捉剂与甲醛有较高的反应活性。甲醛捕捉剂尿素、硫脲、淀粉、三聚氰胺、聚乙烯醇、低级醇（含碳3～5）等。向脲醛树脂中添加甲醛捕捉剂，不仅能够达到进一步降低甲醛含量和释放量的目的，而且，它们对脲醛树脂还有改性作用。

曹秀格采用F/U=1.6，将尿素分三次加入（80%，15%，5%），以聚乙烯醇（加入量为尿素总量的0.5%～1.0%）为改性剂，生产出游离态甲醛含量低（<0.4%）、耐水性和耐老化程度高的脲醛树脂胶。目前，三聚氰胺改性脲醛树脂已被世界发达国家广泛用于各类人造板生产，并且根据生产板的性能要求（主要是防水性）灵活地调整密胺用量，使产品形成系列。日本的各类胶合板、中密度纤维板（MDF）生

产用的都是三聚氰胺改性脲醛树脂胶，既实现了降低游离态甲醛释放量的目的，又解决了防水防潮的要求。

国内对采用三聚氰胺（和其他改性剂）改性脲醛树脂在中密度纤维板上的应用效果做了初步研究，结果游离甲醛释放量降低了，而且中密度纤维板产品的耐水性和静曲强度都得到了改善。

⑤ 对脲醛树脂进行浓缩处理。在脲醛树脂合成尾期，可适当采取浓缩脱水的方法抽取胶液中的部分水，从而达到去除部分游离醛的目的。王喜明在确定F/U=1.28、三次投加尿素的基础上，对胶液进行适当浓缩，当固含量由47.13%提高到62.09%时，游离醛含量由0.76%降低到0.29%。可见此法作用较显著，但其需要增加浓缩脱水设备，能耗和时耗相对较大，而且存在含醛废水处理和排放等问题。

⑥ 对脲醛树脂木制品进行后处理。对甲醛系树脂胶制得的木制品，可利用以下几种后处理工艺，以达到其在加工或使用的过程中，减少甲醛释放量的目的。①使用固态或水溶液型的捕捉剂。固体粉末可用撒布，溶液可用喷、浸、涂、刷等法处理，然后将板作堆积。此类捕醛剂包括：由铵盐产生的氨作捕醛剂，由硫的含氧化合物作捕醛剂，由有机—NH基团作捕醛剂等。②对板用气态捕醛剂。用SO_2气体处理板材，经过80h的处理后，甲醛释放量降低到原来的1/2。③涂饰法。在板上涂上某些涂料，例如聚氨基甲酸乙酯、环氧树脂、醇酸酯等，能有效降低甲醛释放量。例如，板用铵盐处理后再涂上聚氨基甲酸乙酯，游离态甲醛含量由1.32%降低到0.5%。④贴面和封边。用阻挡层材料可供选用并能达到满意效果。例如，10%亚硝酸氢钾的水溶液50份和10%SBR（苯乙烯和丁二烯的共聚物）乳液50份混合，用气动刮涂机涂刷在称量为60g/m^{2}的上等纸上，涂层干重11g/m^2，即得到具有甲醛捕捉性能的纸。将该纸贴于家具内侧，可吸收家具释放的甲醛。

除了对脲醛树脂进行低毒改性外，也有不少文献报道对酚醛树脂和密胺树脂进行低毒改性。尽管如此，都不能从根本上解决甲醛的释放问题。与此同时，有人在充分利用森林资源，节省煤炭、化工原料方面取得重大进展。

(2) 充分利用森林资源制造的胶黏剂　森林资源中剩余物丰富，其中树木中的木素、单宁、树叶都可以制造胶黏剂。这不仅解决了木材胶黏剂的原料资源问题，而且缓解了石油化工和煤炭市场的紧张状况，符合“绿色环保”生产工艺的重要发展方向。

① 木素胶黏剂。木素为木材组织结构中自有的。阔叶林中含量可达19%～23%。针叶林含量低些，在农作物剩余物中可得到木素，如麦秸中含量为22%～34%，棉秆中含量为22%，玉米秆中含量为18.38%，甘蔗渣中含量为19.81%，高粱秆中含量为22.52%。这类剩余物大都是作燃料消耗，若能利用，对环境极有利。近半个世纪以来，国内外学者广泛对木素进行探索，了解到木素属芳香族化合物，合成时可取代苯酚制木材胶黏剂。若能与苯酚相互并用，效果更佳。20世纪70年代已将所制的胶用于刨花板中，效果斐然。木素可由废纸浆中提炼而得，这是其另一个重要来源。李建章等由造纸废液中提取的硫酸盐木素和磺酸盐木素（含量

10%~30%)、尿素（分三次加入)、甲醛及添加剂，制备的木素-UF胶黏剂，甲醛含量<1.5%，并且耐水性和胶合强度都很高。

② 单宁胶黏剂。单宁存在于落叶松、马尾松、桦木、杨木、椴木等树木中，且其含量丰富。其中粉状落叶松单宁胶黏剂近几年在内蒙古牙克石市投入大批量生产。落叶松栲胶的主要成分是缩合类单宁（多聚原花色素），其单体黄烷醇单元A环具有很强的亲核性，在碱催化剂的作用下，能与甲醛反应，最终形成不溶、不熔的体型高聚物。

根据目前生产检验，单宁胶黏剂游离苯酚技术指标从未超过0.3%，游离甲醛未超过0.2%，且胶合性能和耐老化性能好，是一种低毒环保型木材胶黏剂。近年来，在单宁中加入其他组分，制成了可降解胶黏剂或塑料。蛋白胶与单宁复合可提高蛋白胶的胶合强度和耐水性，这是完全可降解的胶黏剂；将单宁与异氰酸酯反应，可制得可降解的发泡聚氨酯，其中单宁含量为25%。

③ 以树叶为原料的木材胶黏剂。树叶为森林中的废物，冬季阔叶树基本落叶，其量极大，占树木总量的10%。若用树叶作为木材胶黏剂的原料，就开辟了木材胶黏剂的资源，并且节约了大量化工原料，同时又减少了环境污染。树叶为什么能制胶？这是因为树叶中含有的原生蛋白质、多元酚及木素均是很好的制胶原料。若将树叶提纯后，加入其他单体，即可制得很好的木材胶黏剂。这类利用森林剩余物减少环境污染、节约化工产品的木材胶黏剂，预计在21世纪将会得到广泛应用。

(3) 新型木材胶黏剂新品不断涌现 随着人类环保意识的不断增强和新材料、新工艺的需求，新型胶黏剂不断涌现。目前，聚合MDI（简称PMDI）胶黏剂在人造板工业中的应用得到了深入的研究。聚合MDI本身具有较多的不饱和基团—N═C═O，而决定其具有极高的反应活性，它能和许多含活泼氢的化合物进行加成反应。PMDI可以作为人造板加工业的胶黏剂是基于PMDI中活性基团异氰酸酯基与以纤维素为主要成分的木质原料如木材，人造板加工业的副产物如木片、木屑及人造板刨花，农业废料如稻秸、麦秸、甘蔗渣等中的活泼氢反应及基质中的水分反应，形成化学键而黏合。而对黏合过程而言，最为重要的反应就是PMDI与水的反应。反应产物是聚脲和二氧化碳，其中聚脲是胶黏剂的主要成分。PMDI因化学键黏合，胶合强度高；因形成聚脲，耐水性强。

PMDI胶黏剂对原料适应面广，储存期长，更重要的是不散发甲醛等有毒气体而受到国内外瞩目。但是，由于PMDI成本高及脱模问题，其广泛推广及应用受到了制约。

(4) 环境友好型木材胶黏剂展望 21世纪，胶合理论将会不断创新，胶合工艺也会不断更新，胶合品种也会随着生产需求而出现飞跃。聚醋酸乙烯酯木材胶黏剂、聚乙烯醇木材胶黏剂也会随着科技进步、生产发展而取得突破。价格便宜、性能优良、低毒甚至无毒的环境友好型木材胶黏剂也将会有新的突破。

① 大豆基木材胶黏剂新突破。近十几年以来，人们对以再生资源为原料制造胶黏剂日益重视，一些国家掀起了对大豆蛋白胶的研究高潮，传统的大豆蛋白胶粘

接性、耐水性差，成本也较高。

国内专利“木材胶黏剂及其制备方法”荣获“第十七届全国发明展览会金奖”。这种被称为“泓涵无醛胶”的胶黏剂以大豆豆粕为原料，经过提取蛋白质并使其改性，再添加一定的辅料后，经过特殊生物工程技术处理可达到预期的胶合强度，而且使用时不需要添加固化剂。和目前市场上使用的脲醛胶相比，这种木材胶黏剂最重要的特点是不散发游离甲醛，并且由于使用了大豆豆粕作为原材料，解决了原材料的可再生问题。

关于“泓涵无醛胶”在木材加工领域的应用，已由生产性试验证明是成功的。南京林业大学木材工业学院张洋教授在“第三届国际胶合板制造技术学术研讨会”上发表了无醛胶合板研究报告，论述了他们采用“泓涵无醛胶”制造和生产胶合板的工艺技术，最后的研究结果表明：胶合板的质量达到国家标准GB/T 9846—2004规定的“Ⅱ类胶合板”质量指标。因而这项技术一经问世，便因产品以大豆为原料和生产过程无“三废”排放，被列入“清洁生产技术”。这种胶黏剂又由于具有预压强度好、不受冬季低温的影响、使用前不需要调胶等特点，受到众多厂家的青睐。经有关方面鉴定，此项技术属于国际领先水平。

② 大豆基胶黏剂在中密度纤维板中的应用。甲醛一直是家装中的头疼问题，它一直危害着人们的身体。

传统木材胶黏剂中，甲醛、尿素、苯酚等是必要成分。上海理工大学医疗机械与食品学院副研究员杨光介绍说，甲醛过量吸入，可引起人体肺水肿及肝肾损伤，对皮肤有致敏作用，短期内接触高浓度甲醛蒸气可引起全身性疾病。甲醛、尿素等都来自于石油，可再生资源取代不可再生资源已成全球共识。所以，生物胶黏剂制造技术成为国内外研究界争相攻关的热点。

选择豆粕作为原料制备胶黏剂，是看中它43%～46%的蛋白质含量，这是提高黏性强度的关键要素之一。然而，“蛋白质类胶耐水性差”也是国际上几十年都未攻克的技术难题。经过几年努力，研发小组创出全新工艺路线，通过蛋白质改性等一系列工序，终于攻克了这道难关。对比试验中，用以甲醛、尿素为原料的胶黏剂的人造板，经沸水煮1h即开裂；用大豆基胶黏剂的，煮了10h依然完好。

据了解，使用新技术1t豆粕可以产出6t胶黏剂，生产成本和传统胶黏剂差不多。初始生产过程中排出的废水废渣还能回收参与反应，做到“零排废”。目前，上海理工大学的研究和开发团队已与华谊集团和其他企业联手，在胶黏剂行业进行推广。

2. 聚醋酸乙烯酯木材胶黏剂的应用技术举例

(1) 用作木材胶黏剂　聚醋酸乙烯酯乳液对纤维素表面良好的胶接性使之广泛用作木材胶黏剂，主要用于木材-木材或木材-塑料的胶接，替代传统的木材胶，被称为白乳胶或白胶。与天然或合成聚合物水溶液相比，聚醋酸乙烯酯乳液脱水快、变定时间短，故适用于高速胶合设备。在现代化集成材制造工艺中已被广泛采用。

变定时间是胶黏剂将两被粘体黏合在一起直到实现永久性胶接的时间。在被粘体未固定之前，乳液胶黏剂的不连续相聚合物微粒起初分散于水相中，然后向连续相转变，即连续相聚合物膜中含有不连续相水粒。此时，只有破坏被粘体的一方或全部才能拆开组装件。

可采取以下几种措施加快变定速度。①为加快聚醋酸乙烯酯的变定速度，可提高其固含量，即增加乳液中水不溶物含量。这可以促使乳液液相加速转变并能起到固定作用。②添加增黏剂。增黏剂如松香及其衍生物或酚醛树脂可使聚醋酸乙烯酯胶黏剂湿膜或干膜软化而增加黏性，从而加快变定速度。③添加增塑剂和溶剂，以软化聚合物微粒，促进它们的聚结。表面活性剂的加入有助于胶黏剂中的水分快速渗入多孔性材料，从而加快变定速度。通常，向乳液基料中加入溶剂和增塑剂，以制备快干胶黏剂。

如前已述，溶剂的加入可以提高乳液的黏度，强化湿胶黏剂的黏性，改善聚合物膜的聚结性能。低沸点溶剂赋予胶黏剂湿膜黏性；而高沸点溶剂既赋予胶黏剂湿膜黏性也赋予干膜黏性，同时尚能降低胶黏剂的热封温度。溶剂的加入还有利于对溶剂敏感的被粘体如塑料的快速胶接。

为克服聚醋酸乙烯酯的冷流现象，提高木材用胶黏剂的耐热、耐候性能，聚醋酸乙烯酯常与交联剂配伍。常用的交联剂有三羟甲基苯酚、*N*-羟甲基丙烯酰胺、甲基乙烯基醚-马来酸酐共聚物、乙二醛、二羟甲基脲、脲醛树脂、三聚氰胺树脂、酚醛树脂和丙酮-甲醛缩合物、金属盐等。

例如将145.5份（质量份）配伍有部分水解的聚乙烯醇的聚醋酸乙烯酯均聚乳液、4.5份苯二甲酸二丁酯、12.5份甲基乙烯基醚-马来酸酐共聚物和112.0份水配制成胶黏剂，用于木材胶接，具有高剪切强度和良好的耐冷流性能。

又如将以乙酰乙酰基化的聚乙烯醇作保护胶体的聚醋酸乙烯酯乳液与磷酸碱土金属盐等掺和制成的木材胶黏剂，具有高度耐水、耐热水、耐沸水和耐热性能，且有良好的耐久性，可在长时间内保持稳定。

又如由100份（质量份）聚醋酸乙烯酯乳液（固含量为45%）、5份20%亚硫酸氢钠水溶液和2份三乙醇胺制得的胶黏剂，可用于层压胶合板与装饰薄木板的胶接，且能保持装饰面的良好外观。三乙醇胺的加入可防止酸、碱污垢的腐蚀。

使用乳液进行胶接的方法有湿黏接和干黏接。湿黏接是将乳液涂在被粘体上后，在湿润状态下贴合，然后再干燥。这种方法常用于木材和纸张等的胶接。干黏接是将乳液涂在被粘体上后，加热将水蒸发，在树脂热软化时贴合，冷却凝固固定。此法主要用于塑料薄膜等的胶接。另外，使用乳液进行胶接的方法还有加热到半干状态贴合的半干胶接。在胶合板表面贴装饰纸时，为使装饰纸不发生褶皱，多用此法。

聚醋酸乙烯酯的成膜温度为20℃左右，加入增塑剂能降低其成膜温度，但仍满足不了冬季施工要求。日本冲津俊值等研究了降低成膜温度的方法，即添加成膜助剂，其效果表明，加入各种酚类可将聚醋酸乙烯酯乳液（40%固含量）的成膜温度降低到1～2℃而不损害其基本性能。但因酚类有毒性，此研究成果未获得工业化。

冲津俊值等又研究添加一元酚醚、酚醇等无臭味酚的衍生物，以降低成膜温度。数据表明，其效果良好，可将成膜温度降低到1～2℃，且无臭味。这样就解决了长时间存在的冬、夏两季商品不能一体化的难题。日本ユニシ株式会社已将该技术工业化生产。

近来，开发有低温胶合用聚醋酸乙烯酯乳液，如挪威一跨国公司生产的含有乙醇（15%）的聚醋酸乙烯酯乳液（固含量29%），可在−12℃下成膜，20℃下露置20min，加压5～8min即可固化。

现在市售的聚醋酸乙烯酯乳液仍分夏季用（成膜温度12℃）和冬季用（成膜温度2℃）。

聚醋酸乙烯酯的耐冲击性优于其他木材用胶黏剂，其比较数据列于表2-15中。

表2-15 耐冲击性能

胶黏剂	冲击胶接力	
	剪切强度/（J/cm²）	木材破坏率/%
尿素树脂	1.2	92
酚醛树脂	1.0	68
聚醋酸乙烯酯乳液	1.5	87
木材	1.1	

木材用胶黏剂主要用于拱门、桌椅家具、厨房和浴室用柜橱等的暗销，家具、屠板等装饰板条贴边，门窗框、家具框等饰条、饰钉指接，船舱、蒸汽浴室门、柜台、桌或门的板面的高压复合，家具、屠板、运动器械等用材的复合，车库和外门、家具、墙板的框与板的胶接，层压木板制作，镶饰面的胶接等。尚能用于镶木地板和阻燃地板的铺设、平接地板和企口板的快速制作。

(2) 住宅建设和家具工业用胶黏剂　在住宅建设和家具工业中，传统的木制品日益被价廉的木质胶合板或诸如胶木的塑料多层板用胶黏剂胶贴于板面所替代。中井善积介绍了用于制造家具饰面和夹芯门板的聚醋酸乙烯酯乳液，其固含量一般为35%～55%，黏度为20000～100000mPa·s，ユニシ（株）浦和研究所的4个牌号的规格列于表2-16。一般多采用固含量为40%～45%的聚醋酸乙烯酯乳液。

表2-16 装饰板用聚醋酸乙烯酯胶黏剂

项目＼品名	CX10	CX55	CX50	CX36
主成分	聚醋酸乙烯酯树脂			
黏度/MPa · s	20000～50000	15000～35000	30000～50000	30000～50000
蒸发残分/%	60～65	53～57	43.5～46.5	34～36
pH	3～5（pH计测）			
最低成膜温度/℃	2以上			

在无夹具操作方式下，其胶接工艺条件如下：

涂敷量　150～200g/m^2

堆积时间　20min内

压力　0.2～0.4MPa

加压时间　40～60min

聚醋酸乙烯酯乳液用于木制品贴边时，经常采用专用贴边机，其胶接时间为2～3min。

替代柜橱或椅子等组装用合型销的聚醋酸乙烯酯乳液胶黏剂应为具有流动性的低黏度乳液。若要求特种强度、耐热蠕变，可与脲醛树脂等混用。

制造家具和建材的天然木饰面胶合板可用聚醋酸乙烯酯乳液或将其与脲醛树脂混合后胶贴制作，饰面纸胶合板可用聚醋酸乙烯酯乳液以连续复合法胶贴制作。

以聚醋酸乙烯酯乳液制作天然木饰面胶合板时通常采用干式或半干式法，若用湿式胶接法，则使用聚醋酸乙烯酯与脲醛树脂的混合物。廉价的饰面纸胶合板建材用固含量为35%～40%的聚醋酸乙烯酯乳液热压胶黏，其配方例（质量份）：

聚醋酸乙烯酯乳液　100

脲醛树脂　30～50

小麦粉　0～30

固化剂　3～5

其胶接工艺条件：

涂敷量　80～100g/m^2

热压温度　100～110℃

热压压力　0.49～0.69MPa

热压时间　30～60s

上面多次提到脲醛树脂与聚醋酸乙烯酯乳液的混合物，其与纯聚醋酸乙烯酯乳液相比，耐水性能优越。两者的性能比较见表2-17。

混合物配方：93.0份（质量份）聚醋酸乙烯酯乳液（含有7%的浓度为50%的聚乙烯醇），3.0份脲醛树脂（50%低缩合度的水溶液）、2.5份硝酸铬和1.5份乙二醇丁酸酯。

表2-17　混合物与纯乳液性能比较

放置条件	混合物	纯乳液
常态（20℃、65%RH，7d）	11.8MPa	11.8MPa
耐水（20℃、65%RH，7d；冷水浸24h）	18	0
再干燥（20℃、65%RH，7d；冷水浸24h；20℃、65%RH，7d）	11.3	0

各种木材用胶黏剂20年内室内耐久性试验结果示于表2-18。

表2-18 各种木材用胶黏剂20年内室内耐久性试验结果 单位：N/cm^2

经过年数	聚醋酸乙烯酯乳液	脲醛树脂	酚醛树脂	间苯二酚甲醛树脂
初年	1.41×10^3（0）	1.17×10^3（0）	1.34×10^3（10%）	1.24×10^3（0）
1年	1.42×10^3（0）	1.83×10^3（94%）	1.84×10^3（80%）	1.84×10^3（90%）
3年	1.63×10^3（0）	1.68×10^3（66%）		1.98×10^3（85%）
5年	1.44×10^3（0）	1.57×10^3（60%）	1.57×10^3（80%）	1.54×10^3（80%）
10年	2.03×10^3（0）	1.58×10^5（0）	1.37×10^3（100%）	2.21×10^3（100%）
20年	1.60×10^3（0）	0.57×10^3（0）	1.54×10^3（70%）	1.72×10^3（60%）

注：试验方法选用JIS K 6852压缩剪切试验法。() 内表示木材破坏率。

表2-18中数据表明，采用聚醋酸乙烯酯乳液胶接的木材，在室内的耐久性优秀。

聚醋酸乙烯酯乳液尚应用于不宜采用其他方法连接的木制品制作，如乐器、铅笔、钟壳、体育用品和纺织机械的木配件等。值得一提的是中国铅笔的产量占全世界产量的80%以上，现基本上用聚醋酸乙烯酯乳液取代骨胶来胶接铅笔的两片木材。为提高生产能力，要求乳液胶的固化速度快。

3. 聚乙烯醇木材胶黏剂的制备及应用技术举例

(1) 抗冻木材用胶黏剂

① 原料及其规格：

醋酸乙烯（≥99.5%）	工业级	OP-10	工业级
聚乙烯醇缩甲醛（10%水溶液）	工业级	过硫酸钾	化学品
邻苯二甲酸二丁酯	工业级	碳酸氢钠	工业品
水	经软化后自来水		

② 生产定额（投料比）：

组分	质量份	组分	质量份
醋酸乙烯	150	聚乙烯醇缩甲醛	150
邻苯二甲酸二丁酯	15	OP-10	2
过硫酸钾	0.2	碳酸氢钠	0.6
水	180		

③ 流程说明（参见图2-16）：

a. 将缩醛液、乳化剂、水加入反应釜中，搅拌均匀。

b. 将总量15%的醋酸乙烯与40%引发剂加入釜中，升温到65～68℃时，使之回流，然后升到80℃，以每小时加入占醋酸乙烯总重的10%的速度滴入釜中，同时加入引发剂50%（每小时），控制在8h内加完。

c. 然后加入余下部分的单体及引发剂，升温到90～95℃，保持30～45min。

d. 降温加入10%的碳酸氢钠溶液和增塑剂并搅拌均匀。

e. 降温到40℃以下，出料。

④ 主要技术指标：

外观	乳白色黏稠胶液	固含量	≥50%
黏度	8000～10000mPa·s	粘接强度（木材-木材剪切）	≥8.5MPa

⑤ 用途：主要用于木材、家具制造中的粘接。

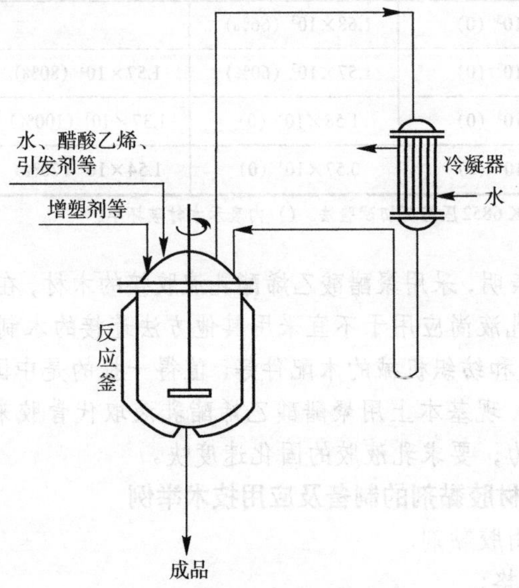

图2-16　抗冻木材用胶黏剂制备简图

(2) 聚乙烯醇胶黏剂

① 原料及其规格：

聚乙烯醇（1799型）	工业品	甲醛（37%）	工业品
硬脂酸	工业品	玉米淀粉	工业品
盐酸（37%）	工业品	氢氧化钠	工业品
氢氧化钾	工业品	过氧化氢（30%）	工业品
轻质碳酸钙	工业品	硼砂	工业品
尿素	工业品	水	经软化后自来水

② 生产定额（投料比）：

组分	质量份	组分	质量份
聚乙烯醇	100	甲醛	42
硬脂酸	0.4	玉米淀粉	100
盐酸	6	氢氧化钠	4
氢氧化钾	0.15	过氧化氢	适量
轻质碳酸钙	65	硼砂	适量
尿素	适量	水	1100

③ 流程说明（参见图2-17）：

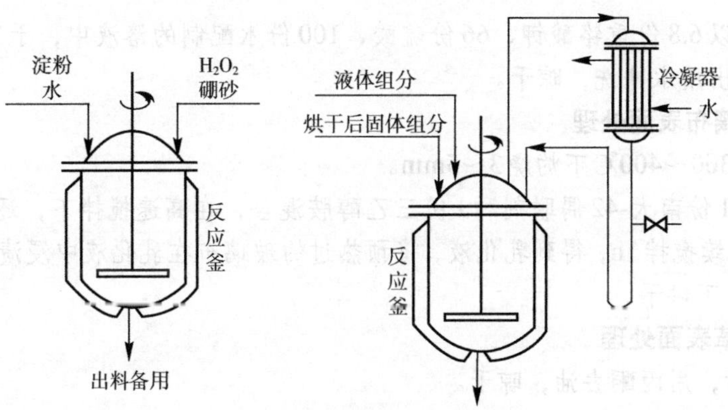

图2-17　聚乙烯醇胶黏剂制备简图

a. 在反应釜内按淀粉：水=1：9配成淀粉液，边搅拌升温边滴加H_2O_2和适量碱液，待升到指定温度后，将H_2O_2加完。

b. 调节pH=10，保温45～60min，使其充分氧化，并用10%硼砂调整黏度，出料备用。

c. 将剩余的水加入到另一反应釜中，升温到70℃，搅拌加入聚乙烯醇，再升温到90～92℃，使之全部溶解。

d. 待温度为80℃时加入盐酸，搅拌10min，加入甲醛，保持78～80℃约60min，再加入氢氧化钠10%溶液调pH至中性。

e. 加入硬脂酸，搅拌使之全部溶解，快速搅拌滴加KOH（10%溶液）得乳白色黏稠胶液。

f. 降温后加入淀粉基料、填料、尿素等，即得低成本的复合型乳白胶。

④产品性能：

外观	乳白色，无肉眼见异物及颗粒
固含量	30%～35%
黏度（30℃）	5000～7000mPa·s
粘接强度	≥10MPa
pH	5～6

⑤ 用途：可用于木材及木制品的粘接，可替代要求稍低的聚醋酸乙烯酯乳白胶。

第六节　其他非金属材料的粘接技术

一、粘接前其他非金属材料表面处理方法

1. 玻璃和陶瓷表面处理

① 用丙酮或热洗涤剂去油，水洗，烘干。

② 在以6.8份重铬酸钾、66份硫酸、100份水配制的溶液中，于70℃下处理10min，取出用水冲洗，晾干。

2. 玻璃布表面处理

① 在300～400℃下灼烧3～5min。

② 用1份南大-42偶联剂和1份三乙醇胺混合，在高速搅拌下，逐渐倒入100份水中。连续搅拌1h，得到乳化液，将预热过的玻璃布在乳化液中浸渍，取出后在120～130℃下烘干。

3. 皮革表面处理

打毛后，用丙酮去油，晾干。

4. 合成纤维织物表面处理

涂以适当的表面涂层。

二、非金属材料的粘接应用技术

1. 光学玻璃的粘接

(1) 粘接部位　某厂使用直径100mm的偏振滤光镜，为了保护偏振光膜片必须在其两个表面上各黏一层光学玻璃加以保护。

(2) 胶黏剂选择　要求胶黏剂透光率高，不腐蚀偏振膜，无气泡，胶的配方如下：

复合环氧树脂　　5mL 邻苯二甲酸二丁酯　0.2mL

二乙氨基代丙胺　0.5mL

将上述各组分顺次加入洁净的玻璃杯中，充分搅拌均匀，静置30min，备用。

(3) 粘接工艺

① 表面处理。用乙醚、乙醇混合液擦净两被粘面。

② 在一块*d*=95mm的圆玻璃片的表面涂上润滑脂，上面放上光学玻璃片。

③ 把胶倒在光学玻璃片中心令其向四周自动流布。

④ 把偏振片的一个边与光学玻璃一边接触，然后渐渐将二者迭合粘接，注意赶出所有气泡。

⑤ 将一些胶液倒在偏振片中央令其自然流平，然后以同样方式将另一片光学玻璃黏于其上。

⑥ 固化。使用硬橡胶塞轻轻按压粘接件，使各层黏贴更紧密，用夹具固定粘接件防止其滑动，上面再放一层涂有润滑脂的纸片，纸片上压一块*d*=95mm的圆玻璃片，玻璃片上再压3～4kg重物，常温固化48h。

⑦ 取下重物清除已固化的残胶。

(4) 效果　采用此办法可大大提高偏振光膜片使用寿命并能防止其变形。

2. 多角反光镜的粘接

(1) 粘接部位　某厂要加工一块高精度斜孔多角透镜。为了磨削这块透镜必须在其周边黏上几块保护玻璃使轮廓近似于圆形，以保证各处均匀磨削；斜孔中要黏一个塞镜，另外还要把整个透镜坯料黏到铝模盘上。

(2) 胶黏剂选择

① 沥青胶。用于周边保护玻璃的粘接，配方为：柏油50mL；机油2mL；松香45g；白蜡3g。

熔化次序为：松香→柏油→白蜡→机油。

② 白蜡胶。用于粘接斜孔塞镜，组成为：白蜡60g；柏油35mL；机油1mL；松香4g。

熔化次序为：柏油→松香→白蜡→机油。

③ 火漆胶。用于粘接镜坯与铝模盘，组成为：柏油50mL；石膏48g；白蜡1g；机油1mL。

溶化次序为：柏油→白蜡→石膏→机油。

(3) 粘接工艺

① 表面处理。将镜坯、保护玻璃、塞镜（均为同质玻璃）先用汽油，再用乙醇逐件擦洗干净。

② 研磨。用302号金刚砂把保护玻璃、塞镜研磨至和镜坯玻璃等厚（允许误差±0.15mm）。

③ 准备 φ420钢质工作平台1个，喷灯、钢精锅各1个，牙签4根，凡士林若干备用。

④ 保护玻璃粘接。用喷灯将镜坯均匀烤热（约65℃），把直径约20mm的球形沥青趁热黏在镜面玻璃外缘；镜坯冷却后将其正面朝下平放在涂有一薄层凡士林的钢质工作平台上；用喷灯烘烤保护玻璃至80℃左右，趁热将其按压在球形沥青胶上使之与镜坯黏合为一体。

⑤ 斜孔塞镜粘接。将塞镜置于斜孔中，用4根牙签对称楔入4个方位以保证塞镜四周间隙均一，把熔化的白蜡胶注入缝隙中，冷却即黏牢。

⑥ 镜坯与铝模盘粘接。将镜坯背面用喷灯烤热（约55℃），将球状火漆胶依次黏到镜坯背面，在镜坯的4个方位各置一块厚10mm的玻璃块以保证胶层各处一致。将 φ350mm的铝模盘烤热，温度以火漆胶能熔化为度，迅速将其置于球状火漆胶上，靠其自重下沉至定位玻璃块的厚度，自然冷却。

将上述粘接组件置于磨镜机上研磨加工。

(4) 效果　由于粘接工艺合理，所以透镜磨制顺利，精度达到了设计要求。

3. 玻璃与橡胶粘接

(1) 粘接部位　某设备中需将玻璃与橡胶板黏牢而且要在水下长期工作。

(2) 粘接方法及胶黏剂选择　对玻璃和橡胶这两种性质差异很大的材料均能黏牢的胶黏剂不易选择。采用在两被粘表面分别涂上2种不同的胶黏剂然后合拢压紧的方法。

玻璃上涂的是环氧胶：

E-44环氧树脂	100mL	三乙烯四胺	适量
邻苯二甲酸二丁酯	15mL	石英粉	10g
低分子聚酰胺	40g	硅酸铝	10g

橡胶板上涂的是502瞬干胶。

(3) 粘接工艺

① 表面处理。用砂纸将玻璃打毛，并用2%KH-550的无水乙醇溶液作为底胶涂在玻璃板上，晾干。

② 将橡胶板打毛，用酒精擦拭干净。

③ 在玻璃板和橡胶板上分别涂上环氧胶和502胶，合拢压紧。

④ 固化。常温固化24h。

(4) 效果　粘接件在水中浸泡60d，胶层无明显变化。

4. 陶瓷与金属粘接

金属陶瓷(cermet)是由一种或几种陶瓷相与金属相或合金所组成的复合材料。广义的金属陶瓷还包括难熔化合物合金、硬质合金、金属黏结的金刚石工具材料。金属陶瓷中的陶瓷相是具有高熔点、高硬度的氧化物或难熔化合物，金属相主要是过渡元素（铁、钴、镍、铬、钨、钼等）及其合金。金属陶瓷既具有金属的韧性、高导热性和良好的热稳定性，又具有陶瓷的耐高温、耐腐蚀和耐磨损等特性。根据各组成相所占百分比不同，金属陶瓷分为以陶瓷为基质和以金属为基质两类。

陶瓷基金属陶瓷主要有：

① 氧化物基金属陶瓷。以氧化铝、氧化锆、氧化镁、氧化铍等为基体，与金属钨、铬或钴复合而成，具有耐高温、抗化学腐蚀、导热性好、机械强度高等特点，可用作导弹喷管衬套、熔炼金属的坩埚和金属切削刀具。

② 碳化物基金属陶瓷。以碳化钛、碳化硅、碳化钨等为基体，与金属钴、镍、铬、钨、钼等金属复合而成，具有高硬度、高耐磨性、耐高温等特点，用于制造切削刀具、高温轴承、密封环、拉丝模套及透平叶片。

③ 氮化物基金属陶瓷。以氮化钛、氮化硼、氮化硅和氮化钽为基体，具有超硬性、抗热振性和良好的高温蠕变性，应用较少。

金属基金属陶瓷是在金属基体中加入氧化物细粉制得的，又称弥散增强材料。主要有烧结铝（铝-氧化铝）、烧结铍（铍-氧化铍）、TD镍（镍-氧化钍）等。烧结铝中的氧化铝含量为5%～15%，与合金铝比，其高温强度高、密度小、易加工、耐腐蚀、导热性好。常用于制造飞机和导弹的结构件、发动机活塞、化工机械零件等。

随着火箭、人造卫星及原子能等高技术的发展，对耐高温材料提出了新的要求，人们希望材料既能在高温时保持很高的强度和硬度，能经得起激烈的机械震动和温度变化，又有耐氧气腐蚀和高绝缘性等性能。但无论是高熔点金属还是陶瓷都无法同时满足这些要求。

金属陶瓷是由陶瓷和粘接金属组成的非均质的复合材料。陶瓷主要是氧化铝、氧化锆等耐高温氧化物或它们的固溶体，粘接金属主要是铬、钼、钨、钛等高熔点金属。将陶瓷和粘接金属研磨混合均匀，成型后在不活泼气氛中烧结，就可制得金属陶瓷。

金属陶瓷兼有金属和陶瓷的优点，它密度小、硬度高、耐磨、导热性好，不会因为骤冷或骤热而脆裂。另外，在金属表面涂一层气密性好、熔点高、传热性能很差的陶瓷涂层，也能防止金属或合金在高温下氧化或腐蚀。

金属陶瓷广泛地应用于火箭、导弹、超音速飞机的外壳，燃烧室的火焰喷口等。

5. 陶瓷车刀的粘接

(1) 粘接部位　陶瓷车刀与刀体之间最合理的连接方法是粘接。

(2) 胶黏剂选择　由于是槽接，磷酸-氧化铜无机胶具有很高的强度，而且耐热性优良。

(3) 粘接工艺

① 表面处理。将被粘表面用丙酮擦拭干净，晾干。

② 调胶。按规定比例量取无机胶甲、乙组分，调和均匀，待有拉丝现象时迅速在两被粘表面分别涂一薄层胶，并将陶瓷刀头嵌入刀体槽中，定位。

③ 固化。40℃×1h→100℃×2h。

(4) 效果　用粘接的陶瓷车刀加工零件效率高，光洁度大为改进。

6. 玻璃与金属粘接专用UV胶

(1) 产品特点　本产品是单组分UV/可见光固化改性丙烯酸酯结构胶，具有固化快、粘接强度高、高韧性、高冲击力、胶液无毒无味、固化后胶层无色透明等特点。

(2) 适用范围　用于玻璃与金属的粘接，适用于玻璃家具、工艺品等产品的粘接和组装。SC-UV3020：低黏度(650mPa·s)，适用于φ3cm以上金属饼；SC-UV3021：高黏度（2500mPa·s），适用于φ3～12cm金属饼。

(3) 使用工艺　涂胶前，待粘接面须经干燥、除油工序；根据需要确定涂胶量，一般胶层厚度为0.01～0.05mm；涂胶后合拢粘接面，稍用力挤压以使胶层分布均匀并排出气泡。用0.02～0.12W以上中压汞灯（主要发射波长是365nm）照射数秒即可固化，继续照射40～60s即可达到最大强度。本品也可于可见光下固化，将透光的粘接件置于可见光下数秒即可定位，3～5min可达到最大强度。

(4) 主要性能　名称：SC-UV3020、SC-UV3021；外观：琥珀色透明液体、琥珀色透明液体；黏度：650mPa·s、2500mPa·s；剪切强度≥20MPa（250W全卤素高压汞灯照射1min）；适用温度范围：−30～+100℃。

(5) 注意事项

① 本品含有甲基丙烯酸及其酯类单体，对皮肤和眼睛有轻微刺激性，若不慎溅入眼睛，请立即用大量清水冲洗，如仍有不适须到医院检查；皮肤接触后请立即用肥皂和大量清水冲洗。

②剩胶不可倒回原包装，余液避光密封室温保存，勿使儿童接触。

7. 小砂轮的粘接修复

(1) 粘接部位　小型的柱状、碗状砂轮不易与砂轮轴固定，而碗状砂轮还容易断裂。

(2) 胶黏剂选择　选用磷酸-氧化铜无机胶，如回天CPS、YW-1等。

(3) 粘接工艺

① 表面处理。砂轮和砂轮轴表面需清洗干净，用丙酮擦洗脱脂。

② 调胶。按规定比例量取无机胶甲、乙组分，调和均匀，待胶出现拉丝现象，迅速在砂轮孔和砂轮轴表面都涂一层胶，将轴插入孔内，定位。

③ 固化。室温固化24～48h即可投入使用。

说明：砂轮破裂也可按此方法粘接修复。

(4) 效果　该胶可耐热（800℃），对于表面粗糙的砂轮粘接强度高，使用结果证明粘接效果良好。

三、其他非金属材料胶黏剂举例

1. 玻璃纤维粘接树脂

以玻璃纤维或其制品作增强材料的增强塑料，称为玻璃纤维增强塑料或玻璃钢。由于所使用的树脂品种不同，因此有聚酯玻璃钢、环氧玻璃钢、酚醛玻璃钢之称。上面的三种树脂分别是聚碳酸酯、环氧树脂和酚醛树脂。

手工糊制加工玻璃钢就是在模具里面浇注部分熔融状态的树脂，铺上一层玻璃纤维。然后再浇注树脂将玻璃纤维覆盖，如此反复几个循环，冷却固化后即得所需的产品。但具体的树脂和玻璃纤维的比例是根据产品性能的不同来配制的。

环氧树脂与玻璃纤维复合材料所用原料有环氧树脂、增强用玻璃纤维、固化剂、增韧剂、稀释剂及填料。

环氧树脂：主要起黏结、固化的作用，具有很高的黏结性能、低固化收缩性、优良的韧性（已固化环氧树脂的韧性比已固化酚醛树脂的韧性约大7倍）、良好的耐蚀性能（在已固化的环氧树脂结构中，含有稳定的苯环、醚键及脂肪羟基，因而具有良好的耐酸、碱侵蚀性能）、良好的工艺性能（环氧树脂可与多种树脂互溶，易溶于酒精、丙酮、甲苯等溶剂中，易在常温下固化成型）、优良的物理机械性能。由于环氧树脂是含环氧基团的许多种树脂的泛称，双酚A型环氧树脂E-44，软化点为12～20℃，环氧值为0.41～0.47（当量/100g），分子量为350～400。

玻璃纤维：在复合材料中起增加强度的作用，制备环氧玻璃钢采用0.2mm厚的无碱无捻方格玻璃布，无碱玻璃纤维的耐水性优于有碱玻璃纤维。所用玻璃布的纤维为中级纤维，纤维直径为10～20μm，拉伸强度为2500～8000kg/cm^2，弹性模量为（0.3～0.7）×10^{6}kg/cm^2。

固化剂：不同种类的环氧树脂固化剂，对环氧树脂与玻璃纤维复合材料的性能影响较大，选用的固化剂为芳香胺类低毒环保型环氧树脂固化剂JA-1型，该固化剂掺量低，在低温及潮湿环境下可以和环氧树脂发生反应，交联为网状结构使环氧树脂充分固化。

增韧剂：为使固化后的材料具有一定的韧性，采用邻苯二甲酸二丁酯作为环氧树脂玻璃钢的增韧剂。

稀释剂：为了减小树脂本身的黏度、改善树脂对玻璃布的浸润，采用非极性溶剂丙酮作为稀释剂。

填料：填料的加入可以降低树脂收缩性，降低固化时的放热效应和热膨胀系数，提高黏结性并改善力学性能。采用石英粉作为填料。

环氧树脂胶液的配合比：

材料名称	用量/g	材料名称	用量/g
环氧树脂	100	丙酮	25
邻苯二甲酸二丁酯	5	环氧树脂固化剂	18
石英粉	20		

2. 无纺织物加工的粘接技术

(1) 无纺织物制造概述　无纺织物或称无纺布和非织造织物，是由短纤维或长丝定向排列成网或毡片，然后用机械法、胶黏剂粘接及热熔等方法加固而成的产品。无纺织物加工是纺织工业的一门新工艺、新技术，我国古代的造纸和蚕丝直接成网就是现代无纺织物的雏形。1930年美国采用合成树脂胶黏剂生产出无纺布。20世纪60年代后，由原来的干法、湿法加工发展到纺黏法、熔喷法和射流喷网法等新工艺。目前纺织工业有普遍衰退的趋势，惟独无纺织物的生产呈现持续增长的势头。

无纺织物生产设备简单、投资少、工艺短，可以广泛应用天然纤维和化学纤维及其下脚料作为原料。

现在世界上用无纺织物制造的产品有数百种，按用途可分为5大类。

① 工业用织物。抛光布、过滤织物、绝缘材料、土建织物等。

② 家用装饰布。床单、窗帘、台布、沙发套、贴墙布、地毯等。

③ 衣着服装用。衬里布、服装布、领衬等。

④ 皮革工业用。鞋里和鞋面、人造革等。

⑤ 医疗卫生用。被单、手术衣、手术包布、绷布、医院服装等。

(2) 无纺织物的制造方法　主要有粘接法、针刺法和缝编法。在采用粘接法制造无纺织物时，除了用于制造纤维网所需的纤维外，胶黏剂是最主要的组分。粘接法制造无纺织物，实际上就是胶黏剂与纤维二者的结合过程。在某些采用针刺法制造无纺织物的过程中，如要达到增强作用，也需大量使用胶黏剂进行表面喷涂或浸渍。化学纤维的迅速发展，化纤编织产品也随着问世，为了提高产品质量，大量采用胶黏剂对该类产品进行后整理，赋予织物表面耐磨性及抗起毛性是一项重要的工艺。又如，各类织物基材与无纺织物进行叠层粘接时，同样需要使用胶黏剂。

(3) 胶黏剂的选用　无纺织物用胶黏剂应具有以下的特性。

① 对特定的一种或几种纤维具有良好的粘接性，具有一定的手感柔软性。

② 根据无纺织物品种的最终用途，满足一定的强度、弹性、白度、耐溶剂、耐热、耐洗、耐老化性等要求。

③ 良好的操作工艺性，即满足下述一种或两种施胶方法工艺性能。

a. 印涂法。即利用印刷辊筒将胶液涂于纤维网片上。

b. 喷涂法。以喷雾方式将胶液喷撒于网片表面上。

c. 浸渍法。网片直接浸于胶液中。

d. 发泡法。将胶液和发泡剂混合，使网片通过发泡液，浸渍后经加热胶液发泡粘接。

国内主要采用喷涂法及浸渍法。涂布粘接网片，一般在70～80℃或100～130℃干燥炉中烘干。然后根据胶黏剂及纤维种类的不同通过30～180℃加热炉，几分钟即可使胶黏剂充分交联固化，完成整个制造过程。

第三章　新型胶黏剂典型生产技术与配方

第一节　厌氧型胶黏剂

一、概述

厌氧胶黏剂是一种单组分低黏度液体胶黏剂，它能够在氧气存在时以液体状态长期贮存，隔绝空气后可在室温固化成为不熔不溶的固体。厌氧胶用于机械制造业的装配、维修，用途是相当广泛的。它可以简化装配工艺，加速装配速度，减轻机械重量，提高产品质量，提高机械的可靠性和密封性。主要用途有螺纹锁固、平面与管路密封、圆柱零件固持、结构粘接、浸渍铸件微孔等。

厌氧胶是一类为解决机械产品中液体与气体泄漏、各种螺纹件在振动下松动及机械装配工艺改革而发展的工业用胶黏剂。它与机械工业的生产效率、产品质量、节能及环境保护等密切相关。国外每年有数十亿个零件采用厌氧胶胶接工艺，厌氧胶成为先进机械工业必不可缺的一类新型材料。

厌氧胶是美国General Electric公司于1945年最先开发的，命名为“Permafil”。1954年Loctite Corp将现今尚在沿用的四乙二醇双丙烯酸酯系实用化。Krible是稳定性厌氧胶的发明者。

该胶黏剂与丙烯酸系单体聚合有关，故与第二代丙烯酸酯属同系产品，但比后者实用化早；又与瞬干胶同系，但它不是由结构相同的同系物构成，而是由带有类似结构（丙烯酸双酯或甲基丙烯酸双酯）的不同化合物所构成，因而具有多品种、多性能的特点。

二、厌氧型胶黏剂

1. 厌氧型胶黏剂的组成

厌氧胶黏剂是一种引发和阻聚共存的平衡体系。当涂于金属后，在隔绝空气的情况下就失去了氧的阻聚作用，金属则起促进聚合作用而使之粘接牢固。厌氧胶以甲基丙烯酸酯为主体配以改性树脂、引发剂、促进剂、阻聚剂、增稠剂、染料等组成。

① 单体。常用的单体有各种分子量的多缩乙二醇二甲基丙烯酸酯、甲基丙烯酸乙酯或羟丙酯、环氧树脂甲基丙烯酸酯、多元醇甲基丙烯酸酯及小分子量的聚氨酯丙烯酸酯。由于这些单体中含有两个以上的双键能参与聚合反应，因此，可作为厌氧胶主体成分。

为了改进厌氧胶的性能，还可加入一些增加粘接强度的预聚物和改变黏度的增稠剂。

② 引发剂与促进剂。胶黏剂固化反应是自由基聚合反应，大多数使用过氧化氢异丙苯作为引发剂，另外配以适量的糖精、叔胺等作为还原剂以促进过氧化物的分解。引发剂用量约5%，促进剂用量在0.5%～5%之间。

③ 阻聚剂。为了改善胶液的贮存稳定性，常加入少量的阻聚剂如醌、酚、草酸等，用量在0.01%左右。

为了易于区分不同型号的胶液，常加入染料配成各种色泽，以避免用错。

以上各组分按规定的比例配合成一个单组分胶液，它既能在室温下厌氧固化，又有一定贮存期。

厌氧胶典型配方剖析见表3-1。

表3-1 厌氧胶典型配方分析

配方组成/质量份		各组分作用分析	配方组成/质量份		各组分作用分析
环氧丙烯酸双酯	100	主剂，改性树脂	丙烯酸	2	配合剂
过氧化羟基二异丙苯	5	引发剂	糖精	0.3	促进剂，加速固化反应
三乙胺	2	促进剂，加速固化反应	气相白炭黑	0.5	触变剂，改善胶液流淌性

2. 厌氧型胶黏剂的制法

厌氧胶的主要成分是单体，一般占总量的70%～90%。从种类上看，几乎都是丙烯酸类，其中又以双酯类为主，也有少量的单酯或三酯。典型的丙烯酸双酯的结构为：

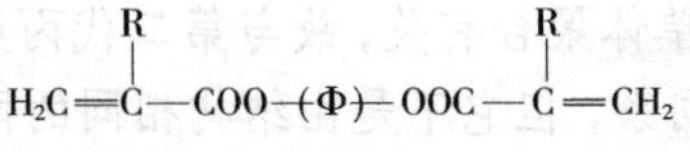

式中，R为H或CH_3；Φ大致有以下几类：

(1) 多元醇或缩水二元醇及其衍生物　这是初期的也是至今仍在应用的一类，人们称之为第一代厌氧胶黏剂。

(2) 不饱和环氧树脂　这是一类后来发展起来的品种，具有环氧树脂和不饱和聚酯的特点。

(3) 聚氨基甲酸酯及其衍生物　能在较宽空隙内填充、固化，同时也提高了胶层的冲击强度、剥离强度和耐低温性能。

人们称经过新的改性技术所加工的产品为第二代厌氧胶。

厌氧胶的配方中主要包括基料、引发剂、促进剂、稳定剂及其他助剂。

(1) 基料 主要由丙烯酸或甲基丙烯酸及其酯类与相应的双官能或多官能化合物加成或缩合反应制得的单体作基料。例如将端甲苯二异氰酸酯聚氨酯预聚体与丙烯酸或甲基丙烯酸羟丙酯加成反应，可制得聚氨酯丙烯酸或甲基丙烯酸双酯。单体的结构不同，反应所用原料、反应条件和所需催化剂也各不相同。

(2) 引发剂 通常使用活化能较高，即分解温度较高的过氧化物如异丙苯过氧化氢、叔丁基过氧化氢、过氧化甲乙酮、过氧化环已酮等。其中用得最广的是异丙苯过氧化氢。引发剂用量为1%～5%。

(3) 促进剂 为使引发剂过氧化氢分解速率加快，使厌氧胶很快达到一定强度，配方中含有促进剂，大多用叔胺类。如1,2,3,4-四氢化喹啉、吡咯烷、*N*,*N*-二甲基对甲苯胺或哌啶等均可使厌氧胶在10min内固化，也可用有机硫化物或有机金属化合物。

为使厌氧胶既有良好的贮存性，又有较好的固化性，常用助促进剂如邻苯甲酰磺酰亚胺（糖精）类等与胺类促进剂并用。糖精与叔胺先生成盐，在过氧化物存在下，有效地促进单体的聚合反应。促进剂用量为0.5%～5%。

(4) 稳定剂（阻聚剂） 稳定剂有酚类、多价酚类、醌类、胺类、肟类、铜盐类等。常用对苯二酚或对甲氧基苯酚。稳定剂用量为0.01%。

配方举例：

① 聚醚甲基丙烯酸酯型

四乙二醇二甲基丙烯酸酯	100份	1,4-对苯二醌	200×10^{-6}～400×10^{-6}
异丙苯过氧化氢	2～3份	糖精	0.5份
1,2,3,4-四氢化喹啉	0.5份	其他（增稠剂、染料等）	适量

（根据情况可用 *N*, *N*′-二甲基对甲苯胺）

② 聚酯甲基丙烯酸酯型

二乙二醇双甲基丙烯酸酯	100份	乙二胺	1～2份
异丙苯过氧化氢	2～4份	1,4-对苯二醌	50×10^{-6}～400×10^{-6}
（根据情况可用叔丁基过氧化氢）		乙二醇	0.3～3份

因厌氧胶隔绝空气会固化，必须贮放于透气的高压聚乙烯瓶中，且不能装满，应留有空间。

因厌氧胶的施胶量很小，所以常用小塑料瓶包装。

3. 厌氧型胶黏剂的通用制造方法

厌氧胶胶液本身的制造比较简单，一般情况下就是将各组分按比例和顺序混合后，搅拌均匀即可。如果有加速固化促进剂时，尽量将它最后添加，或者将加速固化促进剂分装，在使用前混入厌氧胶液中，也可把加速固化促进剂配制成表面处理剂使用。在厌氧胶的制造过程中，通用聚合性单体、有机过氧化物、有机胺类、稳定剂等大都有商品出售，所以关键问题是制造特殊类型的聚合性单体及各种类型促进剂。

厌氧胶使用场合不同，对黏度要求不一样，封固螺钉，堵塞细缝、砂眼，希望流动性好，用黏度低的厌氧胶；一般密封，用中黏度厌氧胶；法兰面箱体结合面密封用糊状高黏度厌氧胶，当黏度低时可以设法增稠。增稠的方法主要采用加入可溶于胶液的高聚物，如一定分子量的聚酯、聚氯乙烯、聚甲基丙烯酸酯、苯乙烯-丙烯酸酯共聚物、丁腈橡胶、丙烯腈橡胶等。加量视所用聚合物的分子量和所需胶液黏度而定，一般为1%～3%，加入聚合物除增稠外，还可调节强度。

另外，又有专利报道，为了使用方便,将厌氧胶"固态化"，如将胶液增稠到高黏度，涂到螺纹槽中，再喷涂一层氰基丙烯酸酯或放置在二氧化硫的气氛中使胶液表面自聚，形成一层膜将胶液包在螺纹槽中，空气能透过膜维持胶液稳定，使用时不必临时涂胶。

如果将具有一定熔点而不溶于胶液的有机物，如聚乙二醇、石蜡、硬脂酸等，机械分散到胶液中，可制成不同熔点的厌氧胶，利用它的低熔点性质，在高于熔点的温度下浸涂螺钉，室温下凝固在螺纹槽中，使用时也不必涂胶。

如果加入较多（胶量的30%～40%）的可熔聚合物，再用低沸点溶剂适当冲稀，制成均匀稠液，涂在上蜡的平板上，溶剂挥发，留下的薄膜或薄片具有厌氧性质，可作密封垫片或密封膜用。也可用在浸渍了过氧化物引发剂的多孔性基材上涂厌氧胶黏剂的方法制造厌氧粘接片。

厌氧胶固态化最成功的例子是微胶囊化。它是将厌氧胶包在由它自聚成膜的小胶囊中，胶囊直径0.2～0.8mm，胶含量占总质量的70%～80%。空气透过囊壁维持胶液稳定，使用时由于粘接面间挤压囊壁破裂，胶液流出，在不接触空气时很快聚合固化。微胶囊的制备主要采用机械搅拌将厌氧胶分散到含有分散剂（聚乙烯醇或聚甲基丙烯酸钠）的水中成小液滴，使液滴外层聚合成膜而又马上终止。目前常用两种方法：一种是分散到二氧化硫或亚硫酸氢钠的水溶液中，2min后倾出过滤、洗涤、晾干即可；另一种是分散到三价铁水溶液中，加入抗坏血酸，搅拌2.5min后，加入双氧水，倾出过滤、洗涤、晾干即成。此法中，当还原剂抗坏血酸加入时，Fe^{3+}马上被还原成Fe^{2+}，Fe^{2+}立即引发液滴外层聚合，2.5min成膜之后，加入双氧水，将Fe^{2+}氧化为Fe^{3+}，终止聚合。

将小胶囊封固在螺纹槽中可制成专用螺钉。其方法是将小胶囊加到6%聚乙烯醇水溶液中制成糊状物，涂到螺钉上，再浸以2%硼砂、5%水杨酰苯胺的水溶液，3～5s聚乙烯醇成膜，将小胶囊固结在螺纹槽中。这样就把液体厌氧胶变成固体状态，贮存、运输和使用都很方便。这种螺钉装配5min后，拆卸转矩即可达5N · m，3h可达20N · m。

4. 厌氧型胶黏剂的配方设计

从厌氧胶黏剂的组成可以看出，厌氧胶是由丙烯酸酯类单体、引发剂、促进剂、稳定剂、增塑剂和其他助剂制成的。厌氧胶性能的优劣，关键在于配方设计。

丙烯酸酯类单体是厌氧胶的主要成分，主要包括丙烯酸或甲基丙烯酸的双酯或一些特殊的丙烯酸酯如甲基丙烯酸羟丙酯。

经实验和经验认为，丙烯酸酯类单体应占配比的90%以上。

引发剂的用量为1%～5%，视性能要求而定，厌氧胶常用的引发剂见表3-1，其中最为常用的是异丙苯过氧化氢，加入量为5%左右。

三、厌氧型胶黏剂应用工艺

首先用汽油或丙酮等溶剂洗净螺纹或胶接面,必要时进行表面处理。表面处理剂是由胺、有机硫或有机金属等类化合物溶解于溶剂中组成的。表面涂敷表面处理剂后，必须晾置5min，以挥发除尽溶剂。使用表面处理剂可大幅度缩短固化时间，使被粘体在几分钟乃至几秒钟内定位，有利于自动流水装配线上使用。

然后，用胶液瓶将几滴胶液涂敷于螺纹或胶接面上，上紧螺钉或贴合胶接面，放置片刻，使之固定。

挤出于螺纹或胶接面外的胶黏剂，因暴露于空气中不会固化，很易拭除。

四、厌氧型胶黏剂基本特征及性能

1. 厌氧胶的基本特征

厌氧胶的基本特征是固化时体积收缩相对较小，一液型，常温固化，耐热、耐冲击性、耐药品性好。厌氧胶的基本组成如下。

① 单体。厌氧胶的单体是不同官能度和分子量的（甲基）丙烯酸衍生物，主要有聚醚、聚酯、聚氨酯等系列，研究得最多、至今还在广泛应用的仍然是四缩乙二醇甲基丙烯酸双酯。甲基丙烯酸酯类衍生物具有比较容易合成、性能好、固化快、对氧气的敏感性小等优点，因而被广泛采用。

② 引发剂和加速剂。最常用的厌氧胶引发剂是异丙苯过氧化氢和叔丁基过氧化氢，在组分中通氧气也能引入氢过氧化物。加速剂是指一类能和引发剂（多半为氢过氧化物）相作用以加速厌氧胶固化的化学添加剂，多半是含氮、硫化合物和有机金属化合物，如糖精、有机酰肼、氰基化合物等。

③ 稳定剂和阻聚剂。稳定剂是一种能和引发聚合反应的化学物质反应从而防止引发聚合的添加剂，例如某些螯合剂能和单体中的痕量过渡金属螯合。所谓阻聚剂是指那些能中止聚合的添加剂，氧起阻聚剂作用，最普通的阻聚剂是酚类和醌类。

④ 改性剂。加到厌氧胶中，不影响厌氧固化特征，且能改善其他各方面性能的物质叫作改性剂。

2. 厌氧胶的性能

厌氧胶的品种繁多，性能不一,因它是交联型的，能耐温、耐溶剂和耐化学药品。具体性能如下：

① 使用方便。厌氧胶系单组分、无溶剂、在无氧存在下由于胶接面的催化作

用，能室温固化的胶黏剂，使用安全、方便。胶缝外胶料易除去，胶接件美观。

丙烯酸双酯单体的聚合过程主要是在引发剂存在下发生的游离基聚合反应。氧以下式生成2价游离基，且以共振形态存在：O═O⇌·O—O·。当有引发剂存在，且无氧时，激发游离基聚合；但当氧存在下，无游离基产生，聚合就停止。

② 对被粘材料的润湿性良好，单位面积的施胶量少。可胶接各种金属如钢铁、铜、铝等以及各种非金属如玻璃、陶瓷、橡胶和热固性塑料等。其胶接强度不低于室温固化的环氧树脂胶黏剂。

厌氧胶的固化速度和胶接强度往往与被粘体的性质有关。对较活泼的金属如铜、铁、钢、锰、黄铜等能加速固化，因这些金属离子能促进过氧化物引发剂的分解。其胶接强度也高，对非活性表面如纯铝、不锈钢、锌、镉、钛、银等以及抑制性表面如经过阳极化、氧化或电镀处理的金属表面和非金属表面如玻璃、陶瓷、塑料等固化速度慢，胶接强度也低。采用表面处理剂如有机酸铜盐、2-巯基苯并噻唑或叔胺等可改善它。

③ 固化后的厌氧胶具有良好的耐热、耐寒，耐酸、碱、盐类、水、油、醇等有机物质和冷冻剂介质等性能。

④ 适应性强，性能范围可调。由于厌氧胶是由聚合物单体、有机过氧化物引发剂、还原剂和稳定剂组成的，其单体又可以是丙烯酸或甲基丙烯酸双酯，也可以是环氧-丙烯酸或聚氨酯-丙烯酸等。若单体与配方不同，厌氧胶的性能截然不同，可从高强度的结构胶到可再拆重装的低强度胶；可从常温使用的胶到200℃上使用的高温胶；可从几个毫帕斯卡·秒到高黏度的触变胶，甚至胶片；可从脆性胶层直至具有高延伸率的弹性胶层等。

由于改变了单体结构，固化后的厌氧胶性能范围更宽，剥离强度更好（因引入聚氨酯弹性体）。

⑤ 厌氧胶属无溶剂型，固化收缩性小，且对金属的胶接性高，故用于紧固螺栓，可靠性高。

⑥ 贮存期长。只要包装得当，保管合适，室温下至少可贮存一年，甚至更长一些。

厌氧胶也存在一些不足，具体如下：

① 间隙过大时不易固化。一般允许间隙为0.10～0.25mm。

② 不适用于疏松或多孔材料如泡沫塑料等的胶接，这不仅是因为厌氧胶黏度低，易被吸收或流失，更重要的是以上两种状态下包含的氧阻止其固化。胶接非金属和某些惰性金属如不锈钢、铬、锌、锡等表面时，需使用表面促进剂。

五、厌氧胶产品的开发及技术进展

1. 厌氧胶产品开发特点

厌氧胶是仅在无空气的条件下方可固化的单组分黏合剂/密封剂。厌氧胶是利用氧对自由基阻聚原理制成的单组分密封黏合剂，既可用于粘接又可用于密封。

当涂胶面与空气隔绝并在催化的情况下便能在室温快速聚合而固化。厌氧胶具有室温固化、速度快、强度高、节省能源、收缩率小、密封性好的特点，其耐热、耐压、耐低温、耐药品、耐冲击、减震、防腐、防雾等性能良好。

厌氧胶不需称量、混合、配胶，使用极其方便，容易实现自动化作业。其固化后可拆卸，用于螺纹锁固密封、圆柱固持、管路螺纹密封、平面密封、结构粘接和预涂螺纹锁固等。

厌氧胶起源于20世纪40年代末，由美国通用电气（GE）公司首先发现。1953年，美国乐泰公司最早制成有使用价值的厌氧胶。此后，厌氧胶以其独特的优点，获得了飞速的发展，已经由最初的慢固化、低强度发展到快固化、高强度，产品不断更新，质量不断提高，应用不断扩展。除了通用型厌氧胶，还发展了结构型厌氧胶、紫外光固化厌氧胶、耐高温厌氧胶和微胶囊厌氧胶等。1966年出现的聚氨酯改性的厌氧胶，被称为第一代结构型厌氧胶，1975年又开发了第二代结构型厌氧胶，紫外光固化厌氧胶被称为第三代结构型厌氧胶。20世纪80年代末又发展了第四代厌氧胶，实现了微胶囊化，既保留了厌氧固化的特性，又克服了厌氧胶的某些缺点，更适合实际生产的需要。厌氧胶的耐热性已经提高到了230℃，短时间内可达到260℃，已成功开发出热固化型真空浸渗剂。还出现了以硅氧烷甲基丙烯酸酯提高耐热性的有机硅厌氧胶和光固化的有机硅厌氧胶。

我国20世纪70年代初也已成功研制出厌氧胶，近年来，随着国民经济快速发展的需求，特种厌氧胶也不断出现，如快速固化厌氧胶，耐油、耐水、耐热、耐冲击等特殊要求的厌氧胶都有商品出售。

2. 第一代厌氧胶黏剂产品的开发

第一代厌氧胶黏剂产品繁多，如下举数例简要说明。

(1) 通用型　通用型厌氧胶分聚醚型和聚酯型两类。聚醚型的代表举例：

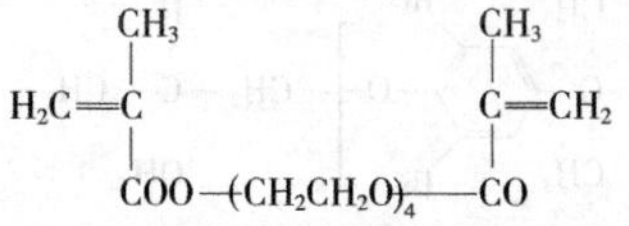

四乙二醇二甲基丙烯酸酯

聚酯型多官能度醇的甲基丙烯酸酯或丙烯酸酯。其例如下：

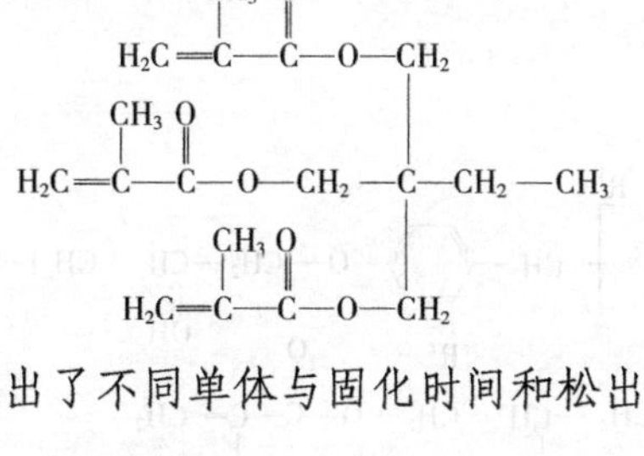

三羟甲基丙烷三甲基丙烯酸酯

表3-2列出了不同单体与固化时间和松出转矩的关系。

表3-2　不同单体与固化时间和松出转矩的关系

单体名称	胶用量/%	松出转矩/N·cm		
		10min	20min	30min
四乙烯二甲基丙烯酸酯	1.0	814	2040	2991
三乙二醇二甲基丙烯酸酯	1.0	412	1893	2844
三羟甲基丙烷三丙烯酸酯	0.5	1079	1765	3805
三乙二醇二丙烯酸酯	0.5	2040	2579	2716
1,4-丁二醇二丙烯酸酯	0.5	677	1491	1628
乙二醇二甲基丙烯酸酯	1.0	137	814	1491
β-羟乙基甲基丙烯酸酯	0.5	0	0	951
甲基丙烯酸酯	0.5	0	0	0
十八烷基甲基丙烯酸酯	0.5	0	0	0
乙基丙烯酸酯	1.0	0	0	0

表3-2中数据表明，双酯比单酯具有明显的优良力学性能。

(2) 环氧-丙烯酸酯胶黏剂　胶接强度要求高的结构型厌氧胶常采用含有强极性基的树脂，例如聚氨酯-甲基丙烯酸酯和环氧-甲基丙烯酸酯。

环氧-丙烯酸酯胶黏剂以环氧树脂和（甲基）丙烯酸等不饱和酸的加成反应物为基料，苯乙烯等可聚合性单体为稀释剂组成。选择不同的原料可得性状和性能各异的品种和牌号。代表性的环氧-丙烯酸酯结构式如下：

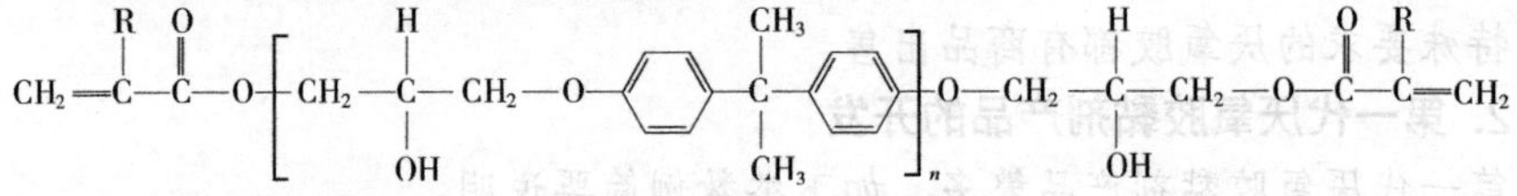

双酚A型环氧-丙烯酸酯　n=1~6

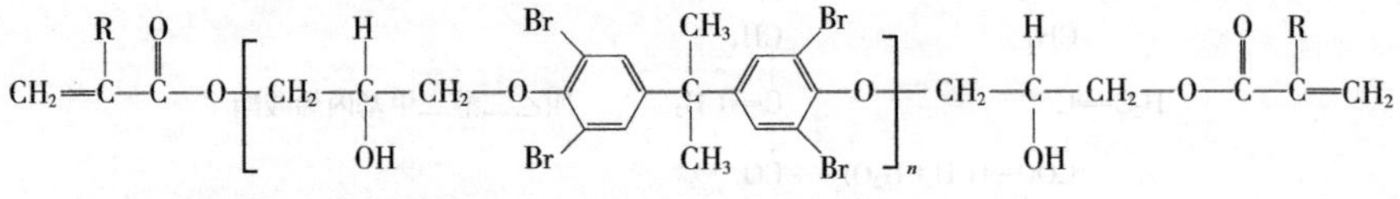

溴化双酚A型环氧-丙烯酸酯　n=1~6

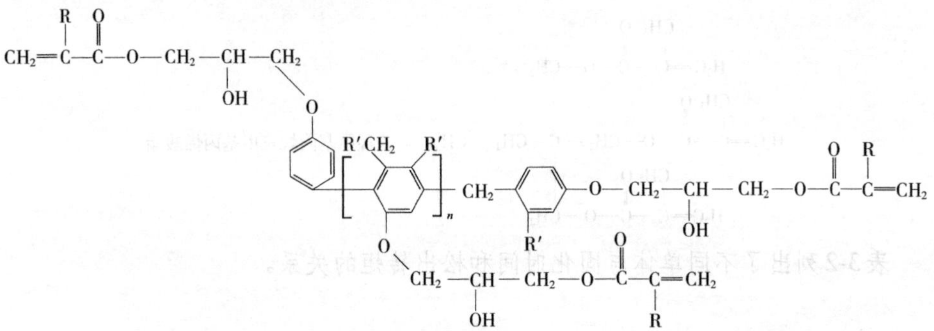

线型酚醛环氧-丙烯酸酯　R、R′ 为CH_3或H,n=1~5

上述产品的耐药品性优良，尤其是耐酸和溶剂，耐温可达200℃，加入双马来酰亚胺可达230℃，溴化型耐燃性优良。

作为厌氧胶，以亚烷基多元醇多（甲基）丙烯酸酯作稀释剂配制，用于汽车、电气、机械等工业中螺栓锁紧防松等。用于轴承轴嵌合的拉伸强度为9709～12945N，摩擦剪切强度为21.7～29.0MPa。

若用以胶接锚钉，尤其以混凝土为基础，壁、柱等场合埋入螺栓时作固定胶黏剂用，这类丙烯酸酯比常用的不饱和树脂胶黏剂更耐碱性，可以延长固定物的耐久性。

利用环氧-丙烯酸酯分子结构中的乙烯基可光固化的原理，可制作光固化胶黏剂。它兼有耐热、耐药品等特性，飞快地进入光固化胶黏剂领域，成为与聚丙烯酸酯、聚氨酯丙烯酸酯并列的主要光固化胶黏剂树脂之一，尤其更适用作近年开发的印刷线路板碱显像型抗蚀墨水基料，实际上已在大量应用。

此外，利用该类聚合物与玻璃纤维的强胶接性，常用其作为玻璃增强塑料的底涂剂或胶黏剂。

中国科学院广州化学研究所研制、生产的GY型厌氧胶中有以双甲基丙烯酸二缩三乙二醇酯和环氧树脂的双甲基丙烯酸酯等为主要单体制成的。引发体系采用氧化-还原体系。除用过氧化物为氧化剂，胺、肼类为还原剂外，尚用文献报道较少的互变异构化合物。胶黏剂具有较好的力学性能，适合机械产品锁固密封和固定用。

加入双马来酰亚胺后，可使胶黏剂的耐温性提高到230℃。胶中也加入螯合剂，以清除胶液中过量金属杂质。如GY-360的黏度为1500～3500mPa · s，静剪切强度≥15.0MPa，工作温度为－55～230℃。

以E-44环氧树脂甲基丙烯酸酯等组成的GY-340单组分快固化厌氧胶的黏度为150～300mPa · s（25℃），28℃时2～6h基本完成固化，最大松出转矩2942N · cm，可填充最大间隙为0.18mm，间隙小于0.06mm时的耐剪切强度为19.6MPa，使用温度为−55～150℃，贮存期为一年。

（3）聚氨酯丙烯酸酯胶黏剂　厌氧型聚氨酯胶黏剂是将氨基甲酸酯加成聚合化学和游离基引发的加成聚合化学融合在一体形成的一类胶黏剂。如将β-甲基丙烯酸羟乙酯与等物质的量的二异氰酸酯如甲苯二异氰酸酯或端异氰酸酯聚氨酯预聚体反应生成中间体，加入有机过氧化物，隔绝氧后，丙烯酸官能团就聚合，使胶液形成胶膜，产生胶接强度。

引入氨基甲酸酯聚合物可改进厌氧胶的脆性。

例如：向甲苯二异氰酸酯中加入N220聚醚，于80～85℃反应3h后，加入甲基丙烯酸羟丙酯、冰醋酸和对苯二酚，于（100±2）℃反应2h，直到游离异氰酸酯值小于0.5%，趁热倒出。冰醋酸作为酸性催化剂加入，使反应体系酸值达9～10mg/g，有利于副反应的减少和树脂黏度的降低。

又如：向甲基丙烯酸羟丙酯、对苯二酚和冰醋酸中加入甲苯二异氰酸酯，反应物温度上升到100℃，于95～100℃反应1.5h，直至游离异氰酸酯值小于0.5%，趁热倒出。

若向前一树脂50份和后一树脂20份中加入甲基丙烯酸羟丙酯30份、异丙苯过氧化氢3份、*N*, *N*-二甲基苯胺0.5份、邻苯甲酰磺酰亚胺1份、丙烯酸2份、对苯二醌0.02份制成厌氧胶与前一树脂25份和后一树脂45份，其他组分相同制成的厌氧胶相比，前者柔性链段多，常、低温抗剪强度高，50℃时低,呈现出聚醚聚氨酯弹性体的特有性质；后者低温抗剪强度低，常温和50℃时高。具体数据见表3-3。被粘体为45号钢，喷砂处理。胶黏剂于25～27℃固化18h。

表3-3 不同聚氨酯厌氧胶性能

厌氧胶序号	常温抗剪强度/MPa	50℃45min后抗剪强度/MPa	−40℃45min后抗剪强度/MPa
1#	16.6	11.7	22.9
2#	28.5	21.1	9.3

也可用聚酯多元醇作基本原料。

为提高氨基甲酸酯系厌氧胶的耐温性，常与其他类单体配合使用。其用于平面密封，取代垫片，很有应用价值。

(4) 含四氟乙烯填料的厌氧胶　向厌氧胶中加入聚四氟乙烯微粒，可用作管道密封剂，代替四氟乙烯带。国产产品有GY-190、铁锚310。

例如铁锚310是由丙烯酸双酯单体50～70份、树脂30～50份、促进剂0.5～1份、阻聚剂0.05份、增稠剂2～3份、引发剂3～5份、二氧化硅2～3份、聚四氟乙烯微粒和螯合剂适量组成的。其定位时间1.5h，24h内完全固化。胶层破坏转矩为16N · m、86N · m，松出转矩为2.94N · m。适用于各种螺纹管道和管塞的高压密封以及0.5mm以下大缝隙防漏。使用温度为−55～200℃。

上述举例的四类厌氧胶基本都属于第一代厌氧胶黏剂产品，国内这类产品目前占有率在45%以上。

3. 第二代厌氧胶黏剂产品的开发

(1) 单体与树脂　单体与树脂作为基本组分对厌氧胶的性能具有很大的影响。它们多为聚醚、聚酯、聚氨酯环氧等的末端含丙烯酸酯或甲基丙烯酸酯［以下简写为（甲基）丙烯酸酯］改性物。目前亦开始使用主链是烯烃的化合物或硅、氟化合物等。总之，各种形式的合成树脂使厌氧胶性能得到改善。如厌氧胶黏剂一般黏度低，不适于较大缝隙的粘接和密封，且使用时易滴淌而污染其他零件，对此，采用由六亚甲基二异氰酸酯与含丙烯酸基的多元醇反应生成的聚氨酯甲基丙烯酸酯作为聚合性单体的一种，即可制得不用添加触变剂、自身有触变性的厌氧胶，其触变指数达3.3～6.0。厌氧胶溢出部分不固化是其另一缺点，用常温是固态的丙烯酸酯低聚物代替过去常温为液态的丙烯酸酯低聚物作为厌氧单体可克服此缺点。为了改进厌氧胶物性较脆的缺点，采用特种聚氨酯甲基丙烯酸酯等即可制得高弹性厌氧胶。

此外，将含羟基的（甲基）丙烯酸酯与多元醇结构单元中无醚键的多元醇（甲基）丙烯酸酯并用可制得初粘性及耐水性皆优的化合物，将二甲基乙烯基硅烷基封端的硅氧烷化合物与乙炔炭黑和过氧化物引发剂复配可制得厌氧快固硅橡胶复配物，含三聚异氰酸环或三聚异氰酸环的聚（甲基）丙烯酸酯配成的厌氧胶耐热性优良，含环缩醛基的甲基丙烯酸酯配制的厌氧胶可解决快固性和油面粘接性问题。

(2) 固化体系　为改进厌氧胶的性能，国内外相继开发出各种固化体系，主要有以下几方面。

① 快固性固化体系。关于厌氧胶的研究课题很多，其首要问题就是快固性。国内 J-213 快速固化厌氧型丙烯酸酯胶黏剂选用乙氧化双酚 A 二甲基丙烯酸酯 (SR348)、二缩三乙二醇二甲基丙烯酸酯（SR205）等为聚合单体，乙酰苯肼为促进剂,乙二胺四乙酸二钠（EDTA·2Na）为稳定剂，对苯醌为阻聚剂，异丙苯过氧化氢为引发剂，有机铜为活化剂。该胶定位时间短，几秒至几分钟即可定位；固化速度快，15min 剪切强度即可达到最高值的 80%以上；耐介质浸泡性能和耐高低温交变性能优异；与镍粉混合稳定性好，适用期长；对被粘接件无腐蚀。

② 非（氢）过氧化物固化体系。采用过氧化物或氢过氧化物作引发剂，易引起皮肤过敏，且对普通钢表面有腐蚀作用，为此开发出非（氢）过氧化物固化体系。如用无机盐（如铵、碱金属或碱土金属的过硫酸盐等）、叔胺等作促进剂，与 *N*-亚硝基二苯胺并用，可制得高强度、不加速腐蚀、适于普通钢及不锈钢等惰性表面粘接的厌氧胶。采用含卤素化合物如含卤素芳香族化合物及含苯酰的卤化物等作第一引发剂，采用仲胺、叔胺、有机硫酰亚胺、过氟代烷基磺酰-*N*-苯胺或硫醇作第二引发剂，可制得贮存时引发剂不会分解、不会引起爆炸的厌氧胶，该胶适于活性及惰性金属面的粘接，若与底涂剂配合亦可粘接非金属材料。此外，有机羧酸与如硫酰胺等的混合物及 *S*-铵盐与偶氮系引发剂的混合物均可取代过氧化氢固化体系制备性能良好的厌氧胶。

③ 紫外线固化厌氧胶。这是一种允许快速组装又逐渐提高粘接强度的胶黏剂，它能使溢出的胶液固化，减少污染，同时能扩大厌氧胶的应用领域如平面粘接等。据日本文献报道，将自由基聚合单体、异丙苯过氧化氢、1,2,3,4-四氢喹啉、草酸、光敏剂（如苄基二甲缩酮）等配合可制得光固化时间为 15s、厌氧固化时间为 20min 的光固化厌氧胶。

④ 湿固化厌氧胶。有望用于大间隙及非金属的粘接，从技术上讲是可行的，但必须首先解决容器形状、贮存方法等问题。

(3) 稳定体系　为改进胶液的稳定性，需研制高效的稳定体系。厌氧胶常用氢醌、苯醌、草酸、金属螯合物等化合物稳定剂。有报道，使用亚硝基苯酚作稳定剂效果较好，可制备较大黏度的厌氧胶。选用苯基环氧乙烷、环氧化植物油等环氧化合物作为厌氧胶稳定剂，可以改进因 0.01mmol 强酸所引起的不稳定性。一般厌氧胶中添加填料后易产生凝胶，对此，采用特种偶氮化合物作稳定剂，可得到高填料含量的厌氧胶，当填料含量达到50%以上时仍有1年以上的贮存期。采用磷酸与乙二胺四（亚甲基膦酸）作稳定剂，亦可提高高填料含量厌氧胶的稳定性。对于含水固化体系，由于水的加入，厌氧胶在短时间内即产生凝胶，需添加特定的稳定剂如有机胺类或双氰胺等。

上述举例的改性厌氧胶，基本都属于第二代厌氧胶黏剂产品，国内这类产品目前占有率在15%以上。

4. 第三代厌氧胶黏剂产品的开发

(1) 厌氧型压敏胶　厌氧型压敏胶是指在使用前保持压敏性，于使用状态隔绝空气而固化，粘接强度快速提高的胶黏剂，它为室温固化型压敏胶。厌氧型压敏胶的一个配方例是由压敏性聚合物、溶剂、环氧丙烯酸酯、二羟甲基丙烷三丙烯酸酯、异丙苯过氧化氢、二甲基对甲苯胺、对苯醌等组成的。有报道，在胶中添加可溶于有机溶剂的钒化合物（如钒的乙酰丙酮盐等），可加快胶的固化速度，并能固化厚度为5μm的厚膜，其粘接强度高，适于金属与非金属材料的粘接。此外，加入钴、铁、锰、铜等的化合物亦能达到此效果。

厌氧型压敏胶带，其稳定方法非常重要。用连续泡沫体这样的透气性材料部分浸渍厌氧胶,然后用聚乙烯等透气性薄膜隔离，可制备厌氧型压敏胶带，但该胶带在无压力作用时不固化，限制了它的应用。也有的在压敏胶带上隔一层透气性膜，然后再隔一层泡沫，但因泡沫的空气含量有限，因而贮存稳定性并不太好，且胶黏剂有从基材向泡沫迁移的现象,因而不实用。有报道，采用多孔材料作胶带基材，在其上涂布胶黏剂，然后在胶带之间隔一层塑料网或再加一层透气性塑料膜，结构如图3-1所示，这样可得到稳定的压敏胶带。

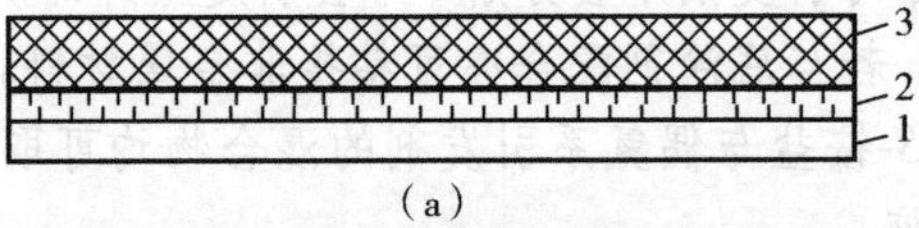

(a)

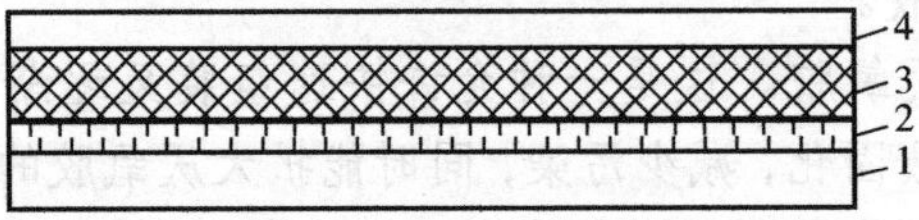

(b)

图3-1　厌氧型压敏胶带

1—基材；2—厌氧胶层；3—塑料网；4—透气性塑料膜

(2) 厌氧胶垫　厌氧胶垫的关键是改进贮存稳定性。过去，采用在胶垫之间隔一层凹凸不平的剥离纸的办法，但隔离纸的制造比较麻烦。据日本专利报道，在多孔基材中浸渍引发剂，然后在其一面或两面附设不含引发剂的胶黏剂层，在其间隔离一层不阻碍胶黏剂因受压而向基材渗透的透气性塑料膜，这样在贮存过程中，引发剂与其他成分隔离，使用时通过加压使胶层压入基材的孔隙内，与引发剂接触而厌氧固化。另外，将促进剂和叔胺等制成微胶囊，采用非（氢）过氧化物作引发剂，这样制得的厌氧胶垫不用隔离纸，长期堆积卷压贮存不发生固化，而一旦隔绝空气即快速固化。

5. 第四代厌氧胶黏剂产品的开发

(1)可预涂微胶囊型厌氧胶　可预涂厌氧胶系厌氧胶中的新族。先将厌氧胶液体包封制成微胶囊，再用黏附剂将其黏附于螺纹件等需锁紧密封的零件上。该零件可贮存，随时应用。当应用时，零件就位，将微胶囊挤破，即可反应固化达到锁紧密封等目的。Loctite公司是该胶最早生产者。

微胶囊型胶黏剂的特点是：

① 通过微胶囊化，可将两液反应型胶黏剂液化，避免混合和计量的失误。

② 可制得适用期长的胶黏剂，便于操作。

③ 两液快固化型胶黏剂常受适用期的制约。微胶囊化后，可选用速固化性固化剂不受制约。

④ 可预涂。省去各生产线上的涂胶设备和人工，提高生产效率。

厌氧胶是液态，存在涂布操作繁杂、涂布不匀、易引起皮炎、有臭味、胶液易滴淌等问题。将液体厌氧胶制成微胶囊，涂布于螺纹等部件上制成预涂“干”厌氧胶的零件，对操作者的毒性降低且可较长时间贮存，随时可用，从而使生产工艺大大简化。如将过氧化物微胶囊和由溶有二甲基苯胺的丙烯酸酯单体为芯物质制备的微胶囊溶于加有粘接剂、颜料等的溶剂中即可得到预涂厌氧胶原液。

预涂微胶囊厌氧胶的涂布方法有喷涂和浸涂等方式。

目前，预涂原液中所含溶剂皆为有机溶剂，涂布时溶剂散发到环境中造成污染。随着环境保护要求的提高，预涂微胶囊厌氧胶逐步趋于采用水系或其他非溶剂型代替有机溶剂型。但水对囊壁有渗透作用，导致囊芯物质固化，此外还存在涂布方法、干燥时间等问题。对于非溶剂型微胶囊，若使用丙烯酸系单体作基料，在其中加入固化剂和以厌氧胶为芯物质的微胶囊制成预涂布厌氧胶原液，预涂后采用UV固化则效果较好，它既具有极短的固化干燥时间，又克服了环境污染的缺点。

中国科学院广州化学研究所也在研究开发可预涂微胶囊型厌氧胶，且在汽车制造厂试用。例如GY-540中强度可预涂厌氧胶采用界面成壳技术，将厌氧胶胶液分散于水液中，用引发剂如亚硫酸钠等引发液滴表面聚合成壳，将胶液滴包裹于内，直至所需的壳厚，再用终止剂如甲醛终止其反应。

可用含促进剂的丙烯酸酯乳液黏附剂组成可预涂胶。

又如高强度可预涂微胶囊厌氧胶GY-560采用新制备技术，免去制造微胶囊时的分离工序，直接于水溶液中制成产品，工艺简便。其基本原理是将厌氧胶液和其他组分分散于黏附剂水溶液中，涂敷于螺纹件等零件上，烘干后，即成含有无数微小的包有厌氧胶滴的微胶囊预涂层。使用时，挤破微胶囊，流出胶液，自行反应固化，达到锁紧密封效果。

用此法将水剂双组分胶微胶囊化，形成一液型，既可用机器，又可手工涂布，使用方便。该胶性能与用途和美国Loctite的Dri-Loc204类似，适用于钢、镀锌和磷化螺纹件等金属零件，起锁紧密封作用。

GY-560厌氧胶原本分A、B两组分，A组分为厌氧胶的水剂液体，B组分为含有过氧化物的固化剂。两组分的质量比为100：（3.5～4.0）。预涂后的主要性能指标如下：

固化速度［(23±2) ℃初固］	≤2h
完成固化时间［(23±2) ℃］	48h
完成固化后室温破坏扭矩（M10钢螺纹件）	>18N · m
可工作温度	−55～+120℃
预涂后室温贮存期	>3个月

胶层耐介质（机油、柴油、润滑油和煤油等）性能良好，热老化和湿热老化性能优良。

(2) 耐高温厌氧胶　目前国内外正致力于性能更高的厌氧胶的研制。例如：

① 耐高温厌氧胶。使用主链为硅或氟的有机聚合物。

② 高温紫外线固化厌氧胶。这是一种可用于快速组装，逐渐提高胶接强度的胶黏剂。它能在无氧存在下固化，而溢出胶液在紫外线照射下固化，减少污染；同时扩大厌氧胶的应用领域如平面胶接等。将可游离基聚合的乙烯基单体(如丙烯酸双酯)、异丙苯过氧化氢、1,2,3,4-四氢喹啉、草酸、光敏剂（如苄基二甲缩酮）等配合，可制得15s内可光固化，20min内厌氧固化的光固化厌氧胶。

(3) 耐热老化高强度结构厌氧胶　为了提高厌氧胶的性能，还有许多其他改性方法。如对于常拆卸部件所用的厌氧胶，其破坏扭矩应大于松出扭矩，对此常采用聚酯类增塑剂进行改性，但效果不太理想。有报道，采用少量蓖麻油、聚己内酯等改性效果较好。在厌氧胶中加入含聚合双键的硼酸酯，硼酸酯与空气中的水反应形成薄膜，从而使内部丙烯酸系单体隔绝空气而固化，制得有空气固化性的厌氧胶。据研究表明，含*N*-取代马来酰亚胺化合物，尤其取代基为羧基、羟基等极性基的马来酰亚胺的厌氧胶，其耐热性和粘接性均得到提高，它在200℃热老化400h仍具有很高的强度。这可能是因为在常温主要是甲基丙烯双键发生聚合反应，加热至150℃以上时，马来酰亚胺与残余双键聚合而生成最终固化物。

厌氧胶在较广的范围内得到应用。为了提高生产率、降低成本和提高可靠性，已设计出自动化涂胶系统。在设计涂胶设备时，应根据厌氧胶的厌氧特性选择与厌氧胶相容的材料，各部件不得使用含有不稳定因素的材料（如金属、易发热材料等）。

人们称该类胶黏剂为第四代厌氧胶黏剂。

其他如大间隙平面密封、大直径管接头、快固化和高强度结构厌氧胶等也正在研究、开发。

六、厌氧型胶黏剂新用途

厌氧胶的主要用途有：

① 螺纹件锁紧，代替弹簧垫圈，用于高度振动的机械及仪表。锁紧的螺

纹件的破坏转矩至少可达24.52N·m，保证螺纹件不松动，且兼具密封性、防锈性。

② 管道的紧固连接和管接头的螺纹密封连接,代替聚四氟乙烯生料带,以杜绝管道中物料的泄漏。即使在高压（5.88MPa）下也能使用。

③ 作液体垫圈密封法兰面或机械箱体结合面。与固体垫圈比，可降低成本50%～70%。形状可以是任意复杂的。稍有裂伤的法兰也能使用。

④ 作为轴承、滑轮、套筒等零部件的紧配固定胶黏剂，用于机械组合。

⑤ 真空浸渍。用于设备或结构件上的裂缝以及铸件砂眼、针孔的修补，代替传统的熔接法。

总之,厌氧胶在国外的机械制造和设备安装等方面，已获得广泛应用。对控制跑、冒、滴、漏颇有效果；对节能、控制污染等具有重要意义。真空浸渍技术用于先进的粉末冶金业，更是意义深远。厌氧胶已于航空、导弹、炮弹等军用工业及汽车、工程机械、石油化工及各种轻、重工业的机械产品生产中成为一类重要的工业用胶黏剂。

厌氧胶的施工性能适用于自动化流水作业,据报道,法国有条自动生产流水线采用厌氧胶黏剂，每天可生产一万多个零件。该流水线包括待加工零件输入清洗、脱脂、施胶胶接、固化、后加工、无损检验以及已加工的合格零件输出。

上述用途中，以锁紧密封用厌氧胶的用量最多，仍沿用20世纪70年代的发明技术。装配固定用厌氧胶的应用也较广泛。密封专用胶在现阶段发展较快，除弹性柔韧厌氧密封胶外，尚有各种能在大间隙平面、大直径管接头、耐高温工作场合使用的厌氧密封胶。

工业消费领域应用厌氧胶以汽车业为主，每辆汽车用量为60～100g。汽车用厌氧胶占其总销售量的25%。航空工业应用的胶种很多，一架飞机将涉及15～20种厌氧胶。因飞机总产量不大，厌氧胶的总消费量小。

第二节　热熔胶黏剂

一、热熔胶黏剂的优点

热熔胶黏剂的优点主要表现在如下几个方面：

① 固化速度快，有较好的粘接强度与柔韧性。热熔胶能够在几十分之一秒至几秒钟内固化粘接，具有加热则熔、冷却则粘的特性。

② 热熔胶的能力很稳定，不受工作环境中从早到晚温度及湿度变化的影响，这就保证了粘接牢度，而且消除了包装机械固有的胶合能力。

③ 热熔胶不含水及其他任何溶剂。它的固体可制成块状、薄膜状、条状或粒状，易于运输、贮存。

④ 热熔胶不含溶剂也不会释放出有害有毒烟雾，不易燃烧、爆炸，具有安全

性，且不会对环境造成二次污染和危害人体健康。

⑤ 可粘接对象广泛，既粘接又密封，不需要干燥工艺，黏合工艺简单，经济效益好。

⑥ 光泽和光泽保持性良好，屏蔽性卓越。

二、聚酯胶黏剂

1. 聚酯胶黏剂组成

聚酯胶黏剂是一热熔型胶黏剂（简称热熔胶）。热熔型胶黏剂问世已有几个世纪，然而，以合成聚合物为基料的热熔型胶黏剂直到20世纪50年代才开始在市场上出现。热熔胶均以热塑性树脂或橡胶为主体材料，加热时熔融，可被涂布于被粘体上，冷却时固化，在被粘体上产生胶接力。在大多数情况下，它们几乎不含溶剂，乃是含有100%固体的胶黏剂。其优点是：

① 胶接力发挥迅速，仅在几秒钟内即可实现,被誉为“短时间胶黏剂”。

② 可胶接对象广泛，既胶接又密封。

③ 无溶剂公害，不需干燥工序，可再活化胶接。

④ 光泽和光泽保持性良好。

⑤ 屏蔽性卓越。

⑥ 使用经济,贮运方便，占地面积小。

其不足之处是：

① 耐热性不够，使用受到限制；长时间加热或反复熔融受到一定限度。

② 胶接强度不高，不能用作结构胶黏剂。

③ 受季节性影响。

④ 耐药品性差，几乎能溶解于所有有机溶剂中。

鉴于此，为从根本上改进热熔胶的性能，开发了反应型热熔胶黏剂。请阅读聚氨酯胶黏剂部分。

毕竟热熔胶具有其他胶种无法比拟的一些优点，其快速固化、无公害等吸引着包装、木工等行业的广泛应用。何况反应型热熔胶问世时间短，尚需克服一些工业化的难点。并非所有的热塑性树脂或橡胶均可用作热熔胶。它必须具备下列性能。

① 加热时熔融灵敏。

② 长时间加热或局部加热时，不发生氧化、分解、变质等现象。

③ 在使用温度下，黏度变化有规则。

④ 耐热、耐寒兼具，且具柔软性。

⑤ 对被粘体的适应范围广，胶接强度高。

⑥ 色泽尽可能浅，臭气很少，熔融胶黏剂无拉丝性。

常用的热熔胶基料有聚乙烯、聚丙烯、乙烯-乙酸乙烯、聚酰胺、聚酯等树脂和苯乙烯-丁二烯-苯乙烯、苯乙烯-异戊二烯-苯乙烯等弹性体,另有苯乙烯-乙烯-丁二烯-苯乙烯和苯乙烯-乙烯-丙烯-苯乙烯等嵌段共聚物。

一般热熔胶按用途的性能要求列于表3-4。

表3-4 按用途对热熔胶的性能要求

条件 项目	主要用途	软化点/℃	露置时间/s	耐寒、耐热性/℃	机械强度（剥离、剪切）/MPa
包装、制盒用	纸板盒密封	<85	2～5	−30～50	材质破坏
	箱盒密封	<85	2～5	−30～60	
	其他瓦楞纸	<110	3～7	−30～63	
装订书籍用	包背装订	<60	10～15	−20～45	材质破坏
	无线装订	<60		−20～45	
木工用	木材贴边	<100		−20～45	2.94～3.92
	夹芯板	<80	5～7	−5～45	1.47～1.96
	四棱木合型销	<80	3～10	−20～60	1.96～2.94
制袋用（重袋）	牛皮纸	<130	2～4	−30～60	材质破坏
	聚丙烯编织布	<110	2～5	−30～70	>0.69
制罐用	侧缝密封	<130	2～5	100	>2.45
	搭接密封（食品用）	<100	2～5	80	>0.98
其他	电气部件	<130			
	一般工业用			100	

软化点用环球法测定。

鉴于热熔胶上述特征，它已在包装（瓦楞纸板和厚纸箱）、书籍装订（无线装订）、胶合板（芯板胶接）和木工（贴边）等领域获得应用。近年，随着热熔胶性能的大幅度提高，又扩展到汽车、建材、家电和无纺布制品等产品组装领域。对热熔胶性能的要求变得更多样化，其非但对原来较易胶接的纸、木质纤维等有粘接性，且对难以胶接的被粘体如金属、塑料、陶瓷等也应有良好的粘接性。此外，在汽车、建材等领域中应用，尚需有耐热性和耐蚀性等的要求。

热熔胶中除含有聚合物基料外，尚配以多种辅料，以适应各用途的性能、价格要求。所用辅料随基料聚合物特性而异，以相容、相混为原则，故需选择溶解度参数与极性近似的材料互配。此外，用量也随聚合物要求不一，如聚乙烯-乙酸乙烯酯需辅料量比其他聚合物多。主要辅料有以下几类。

(1) 增黏剂　常用分子量几百至几千的预聚物。它能降低胶黏剂的黏度，改善其对被粘体的润湿性，从而赋予增加黏附性的作用。热熔胶开发初期采用松香及其衍生物和萜烯树脂、香豆酮-茚树脂。随着石油工业的发展，石油树脂应运而生，其中有些也可用作增黏剂。今将增黏剂种类分列于下。

- 天然树脂系
  - 松香系 — 松香、松香衍生物（氢化、歧化、聚合、酯化）
  - 萜烯系 — 萜烯树脂（α-萜烯、β-萜烯）、萜烯-酚醛树脂、芳香族改性萜烯树脂、氢化萜烯树脂
- 合成树脂系
  - 石油树脂系 — 脂肪族系、芳香族系、脂环族系、共聚物系
  - 其他 — 烷基酚醛树脂、二甲苯树脂、香豆酮-茚树脂

合成树脂来源稳定，其中饱和聚合物对改善热和对紫外线的稳定性将起很大作用。芳香族类有助于力学性能的提高。

松香型增黏剂由于能与热熔胶中的各种其他组分有独特的相容性而被大量采用。未经改性的松香含有很高的不饱和度，易受氧、热和紫外线作用而变质。改性松香即松香衍生物具有良好的黏附性、色度、热稳定性和耐老化性能。

总之，除与基料聚合物和其他组分相容外，色度，对热、氧和紫外线的稳定性以及成本等也是选择增黏剂时应考虑的重要因素。

(2) 蜡类　蜡在热熔胶中的作用是多方面的，主要是降低黏度、调节露置时间和变定时间，改善耐热蠕变性、可挠性以及熔融速度等。蜡的种类很多,分为动、植物系，矿物系和石油系等天然蜡；合成烃系、合成氧化蜡和无规聚丙烯-烯烃等合成蜡。其中常用的有石蜡、微晶蜡、Fischer-Tropsch合成蜡等。

石蜡是从原油中分离、精制而成的，是含碳原子20～40个、分子量为300～550的烃类。因为90%是正烷烃，结晶性大，在低温下容易熔融，其黏度极低,广泛用于热熔性涂层，使胶层具有屏蔽性、抗粘连性、热封性，且能降低成本。

微晶蜡也是从原油中分离出来的含碳原子30～60个、分子量为500～800的烃类化合物。其熔点比石蜡高，组成中含有大量结晶性低的异构烷烃或环烷烃，故呈微晶型,又因是从残渣油中分离出而有色。它赋予胶黏剂耐高温性和高内聚强度。

Fischer-Tropsch合成蜡是通过Fischer-Tropsch反应合成出的直链烃，平均分子量为650～700，熔点比微晶蜡高，可赋予胶黏剂耐高温性。

近来，聚乙烯生产厂生产聚乙烯合成蜡，将其配伍入热熔胶黏剂中，可起到与石蜡类同的效果。若厂家能生产出适应各种热熔胶所需性能的聚乙烯蜡，则其作用和效果将会更大。

(3) 增塑剂　用以提高韧性。常用邻苯二甲酸酯、磷酸三甲苯酯等。

(4) 填料　填料的作用是降低收缩率、降低成本和调节黏度等。常用碳酸钙、二氧化钛、氧化镁和氧化铝等。

(5) 抗氧剂　用以降低胶中各组分因加热引起的氧化分解。常用2，6-二叔丁基对甲酚等。

热熔胶在使用时分为两类。一类是将加工成膜状、卷材状或粉状的热熔胶预先熔融固定于被粘体上，使之处于两被粘体间，与被粘体一起整体加热活化胶接。该法已被用于制罐或纤维胶接领域。另一类是借助喷嘴或轮形热熔施胶器将熔融状态的胶黏剂涂敷于两被粘体上，同时加压胶接。狭义上称之为熔融胶接法。用途上有胶接、黏附、密封、灌封、涂层和成型等。

热熔施胶器一般由两部分组成：一为熔融槽，另一为输料机。熔融黏度低于3×10^4～5×10^4mPa · s的胶黏剂可用齿轮泵或空气压送泵给料，黏度大，则用螺旋挤出机（可高到30×10^4mPa · s)。棒状胶用的热熔枪是融两者为一体。

本节就聚酯热熔胶作一介绍。

聚酯树脂是DuPont的W. H. Carothers最先在20世纪30年代进行研究的，他首先研究脂肪族聚酯，但发现用其作纤维，熔点太低。之后，在40年代英国Calico印刷工作者协会的J. R. Whinfield和J. T. Dickson等用芳族二元酸研制成了聚酯，其中包括聚对苯二甲酸乙二醇酯，即现在主要的合成纤维用聚酯树脂。热熔胶用聚酯系介于上述两者之间。

热熔胶中约80%是聚乙烯-乙酸乙烯系列，在书籍装订、包装和木工等应用领域占有重要地位；但其胶接耐久性如耐热、耐药品性满足不了新型支柱工业如汽车、建筑、电气零件等组装要求。

2. 聚酯胶黏剂制法

聚酯是主链中含有酯基（—COO—）聚合物的总称,大致分为不饱和聚酯和热可塑性聚酯两类。作为热熔胶，需用热可塑性聚酯，即线型饱和聚酯作基料。

它由二元酸和二元醇或醇酸缩聚而成。常用的二元酸、二元酸甲酯和二元醇如表3-5所列。

表3-5 合成聚酯常用原料

名称	分子式	熔点/℃	分子量
二元酸			
对苯二甲酸		300℃升华	166
间苯二甲酸	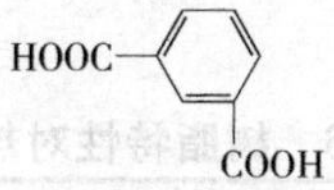	348	166
己二酸	$HOOC(CH_2)_4COOH$	149	146
壬二酸	$HOOC(CH_2)_7COOH$	106	188
癸二酸	$HOOC(CH_2)_8COOH$	133	202
二元酸甲酯			
对苯二甲酸二甲酯		140.9	194
己二酸二甲酯	$H_3COOC(CH_2)_4COOCH_3$	8.5	174
壬二酸二甲酯	$H_3COOC(CH_2)_7COOCH_3$		216
癸二酸二甲酯	$H_3COOC(CH_2)_8COOCH_3$	26.4	230
间苯二甲酸二甲酯	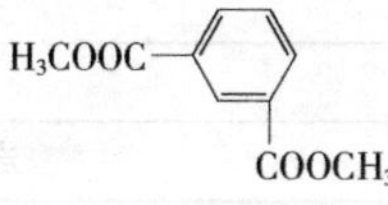	68.0	194
1,4-环己烷二甲酸二甲酯	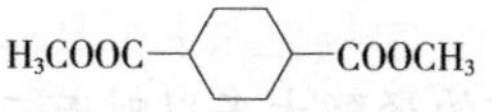	50	200
二元醇			
乙二醇	$HO—CH_2CH_2—OH$	12	62
1,4-丁二醇	$HO—CH_2—CH_2—CH_2—CH_2—OH$	20	90
1,6-己二醇	$HO—CH_2—CH_2—CH_2—CH_2—CH_2—CH_2—OH$	42	118
1,4-环己烷乙二醇	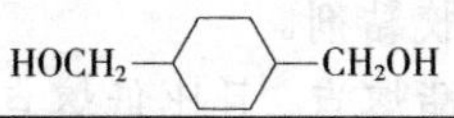		144

为谋求制取综合性能优良的聚酯胶黏剂，常用一种或几种酸和醇。可用酸和过量醇直接制取聚酯，此时其分子端基为羟基。反应分两个阶段：

$$n\text{HOOCR}'-\text{COOH}+(n+1)\text{HOR}''\ \text{OH} \xrightleftharpoons[\text{催化剂}]{200\sim240℃} \text{HO}\!\left[\text{R}''-\text{O}-\underset{\underset{\text{O}}{\|}}{\text{C}}-\text{R}'-\underset{\underset{\text{O}}{\|}}{\text{C}}-\text{O}\right]_n\!-\text{R}''\ \text{OH}+2n\text{H}_2\text{O}$$

聚酯预聚体

$$\text{HO}\!\left[\text{R}''-\text{O}-\underset{\underset{\text{O}}{\|}}{\text{C}}-\text{R}'-\underset{\underset{\text{O}}{\|}}{\text{C}}-\text{O}\right]_n\!-\text{R}''\ \text{OH} \xrightarrow[\text{真空、催化剂}]{240\sim270℃} \text{高分子量聚酯+多余二醇}$$

排除两阶段的副产物，可使缩聚反应顺利进行。催化剂的选择不仅取决于单体，也与胶黏剂的最终用途有关。若是用于食品包装，则需选择无毒催化剂。也可用酯交换法制取相应的聚酯。

若用过量酸进行缩聚，分子端基为羧基。

3. 聚酯胶黏剂性能

聚酯胶黏剂与聚乙烯-乙酸乙烯酯不同的是后者需配以增黏剂、蜡、增塑剂等，以调整其黏度和胶接性；而前者以共聚物单独使用为主，故原料单体的选择、生产工艺和聚合度等对胶黏剂的性能影响至关重要。例如树脂的熔点影响热熔胶的胶接温度和胶接耐热性；树脂的玻璃化转变温度对胶接强度、柔软性、耐湿性等有影响，见表3-6。

表3-6　树脂特性对热熔胶性能的影响

树脂特性	影响热熔胶的性能
熔点	胶接温度、耐热性
玻璃化转变温度	胶接力、柔软性、耐湿性、耐热振动、电气绝缘性
结晶度	胶接力、耐溶剂性、柔软性、耐湿性
分子量（熔融黏度）	胶接温度、胶接力、涂布工艺性、耐热振动
结晶速度	涂布工艺性
分子骨架	胶接力、耐溶剂性、耐湿性、耐水解性、耐热振动、高周波胶接性、柔软性
末端羧基	耐水解性
介电损耗	高周波胶接性
含水率	涂布工艺性、电气绝缘性

现市售的用作热熔胶的聚酯大多以对苯二甲酸与1,4-丁二醇为主要原料，加入第三、第四或更多一些成分进行共缩聚，制得的不少品种已满足多方面的要求。当然，完全满足各特性要求是不可能的，因其中存在着矛盾。

如低温胶接和耐热性，流动性和分子内聚力就是两对矛盾。因此，需按应用重点特性要求来选择相宜的胶黏剂。

采用共聚物可降低聚酯熔点，且比低熔点的均聚物还低；胶层比组分相近的低熔点物还柔软。将脂肪链引入聚酯分子可降低熔点、增加柔韧性、提高黏附性，若系结晶型聚酯，尚可加快结晶速度。

聚酯分子中二醇的碳链越长，熔点和玻璃化转变温度越高，结晶速度也越快。若碳原子为偶数，则生成的结晶型聚酯比相邻的奇数聚酯的熔点更高、结晶性更易、速度更快。

结晶性易受侧链单体的引入而破坏，因它降低了聚合物链的规整性。非结晶型聚酯耐溶剂性差。

聚酯在使用温度下遇水有水解趋向，故系统需干燥。该热熔胶在多数情况下是高熔融黏稠物，为缩短熔融时间、便于高黏度物料输送，一般采用螺杆挤出机和炉栅熔化器作施胶器具。

4. 聚酯胶黏剂新用途

聚酯热熔胶黏剂的上述特性，使之能于以下数领域中获得广泛应用。

(1) 纤维加工用　纤维用胶黏剂的特性要求是：对纤维具有良好的胶接性、耐干洗、耐洗涤、柔软、速固化、适应纤维加工特性等。

聚酯树脂可根据要求选择原料单体，自由地被合成出从高结晶性强韧树脂至非结晶性柔软树脂，甚至液态树脂，分子中柔软的C—O赋予它低熔点、低熔融热，因此，很适用于纤维加工业，尤其是涤纶纤维广为世人应用后，其消耗量明显递增。

所用树脂多为对苯二甲酸、间苯二甲酸、乙二醇和丁二醇为主体的无规共聚物。也有用以对苯二甲酸、间苯二甲酸与聚四亚甲基醚二醇（聚四氢呋喃二醇）共聚的聚酯。后者是由短碳链的结晶性聚酯部分形成的硬段和长碳链的非结晶性聚酯部分形成的软段交替排列所形成的嵌段共聚物，持有优良的柔韧性，甚至在0℃以下也保有此特性。

施工时可采用凹板涂辊器，即胶黏剂经挤出机或炉栅熔化器熔融，供给凹板涂辊器施胶。这时，将胶黏剂涂于一被粘体上，即刻与第二个被粘体层压贴合。

聚酯热熔胶中最大一部分是预制成薄膜、粉末、网状或棒状等。应用时，将其置于被粘体上，加热、加压，使两被粘体胶接。例如：男女服装用补强衬垫及其他织物、无纺布在生产时以及聚氨酯泡沫与室内装饰布复合时，均用胶粉撒在一被粘体上，贴合、加热活化，使之胶合、复合。也可用聚酯胶网制作服装各部件。

在服装工业中另一用法是将胶黏剂涂敷于一被粘体上备用。当用时通过加热活化使之与第二被粘体贴合。

热熔型聚酯尚可拉成细丝，与高熔点纤维混合，在特殊用途的无纺布制造中当作胶黏剂。

总之，由于聚酯热熔胶对羊毛、棉、木棉、麻等天然纤维和涤纶、尼龙等合成纤维均有良好的胶接性，已用于衣料服装、地毯、垫片、车辆内装饰等纤维制品层压以及薄膜、无纺布等制作。

含有乳酸的聚酯热熔胶具有生物可降解性，用于一次性制品的制作，有利于保护环境。

(2) 制罐等金属用　通常用热固性树脂胶黏剂制作罐等金属容器，但其固化时间长，不适应高速、自动化流水线。为实现通过侧缝胶接每分钟制罐筒体600～800个的高速化，开发了具有高结晶性的但玻璃化转变温度低的、耐寒、耐热、耐热振动的聚酯热熔胶。东洋纺开发的バイロン聚酯胶黏剂胶接1.6mm厚的铝板的剪切强度（胶层厚100μm）为1.96～3.92MPa（−40℃）、5.10MPa（15℃）、1.67～2.94MPa（80℃）。

(3) 汽车工业用　聚酯热熔胶不仅耐热、耐寒，且耐汽油等燃料，因而可用于汽车工业中的燃料过滤器、油过滤器和空气滤清器等滤纸胶接。将聚酯浸于60℃汽油中100h，其断裂抗张强度保持率为86%～100%，伸长率为83%～92%。

聚酯胶黏剂对金属和极性塑料具有优良的胶接性，且可高速胶接，故广泛用于制减振钢板、轻量钢板、不锈钢板等金属自身层压或聚酯/钢板、聚氯乙烯/钢板等金属/塑料层压等。应用时以胶膜层压，加热活化胶接。这为汽车的轻量化提供物质基础。

聚酯的耐热和耐水性使之用作汽车玻璃门窗的防水密封剂；其电绝缘性使之用于汽车电闸的防湿、电气绝缘用填充料。

(4) 电子工业用　聚酯热熔胶的优良耐热、耐湿和电气特性（体积固有电阻$10^{15}\Omega\cdot cm$）使其于电子工业中获得应用如变压器接头固定、偏光偏转线圈固定、聚氯乙烯电线捆束以及电气毛毯和软电枢的加热线圈绝缘或固定等，为电子工业的技术革新提供功能性材料。难燃聚酯的开发更可扩大其在该领域的应用。

芳族和脂环族二元酸与脂环族二元醇的共聚酯可用作LCD滤光器阵列元件的胶黏剂。Eastman Kodak公司开发的该类共聚酯，用以胶接支撑玻璃和聚碳酸酯染料接收层，作为有色液晶显示器的滤光器阵列元件。该胶黏剂具有良好的胶接性，胶层均一、平滑、透明，在下一加工工序处理温度下，不降解。

(5) 木工家具用　木工家具用的聚氯乙烯、三聚氰胺等装饰板贴面，过去均用聚乙烯-乙酸乙烯酯热熔胶。因其耐热、耐水和耐候性不够理想，故厨房、盥洗间附近使用的家具或户外用木工制品有改用性能更好的聚酯热熔胶的趋势。

(6) 涂层、复合用　利用聚酯的耐热性、耐候性、可挠性能以及适度的表面硬度，将其用于熔融涂层、流体浸渍，也可用于铅笔木杆的特殊要求涂层。聚酯的无毒性可使之用于食品包装袋的复合。利用其可挠性，可将其用于地毯等厚织物的复合。表3-7列出了聚氯乙烯-聚丙烯复合剥离强度及其耐老化性能。涂布温度为200℃，涂布量为6g/m²，露置时间为10～15s。

表3-7　聚氯乙烯-聚丙烯复合性能

熔融黏度/Pa·s	200℃	400	100	54
	220℃	250	60	35
剥离强度/(N/2.5cm)	20℃	83.4	91.2	91.2
	80℃	34.3	30.4	25.5

续表

剥离强度/（N/2.5cm）	80℃×168h后	95.1	89.2	83.4
	80℃×95%RH×240h	59.8	34.3	24.5
	热冲击后	125.5	118.7	117.7
	吸水1h后	70.6	80.4	78.5

表3-7结果表明，80℃老化试验后，强度几乎无变化；但在高湿度下处理后，强度有所下降。现已开发出新的耐高湿的品种。

聚酯热熔胶尚能用于鞋靴、建筑材料等行业。聚酯胶黏剂不仅以热熔形态使用，尚可以溶液型、水分散型使用。

如前所述，热熔胶有其固有缺点。若向聚酯分子末端引入反应性官能团，则可通过后者的反应交联，进一步提高聚酯胶黏剂的高温胶接性、耐湿、耐水、耐候等性能。其具体措施举例如下：

① 利用聚酯分子原有的端羟基或羧基与外加的多异氰酸酯、酸酐-环氧树脂、过氧化物或酚醛树脂等反应交联。例如加有多异氰酸酯的聚酯胶黏剂复合聚酯薄膜，其可挠性、高低温胶接性、耐水性、耐蒸煮性等均有大幅度改善。又如：用三种不同结晶度、不同玻璃化转变温度和软化点的聚酯与固体环氧树脂掺混，制成可交联的聚酯胶黏剂，以提高高温（80℃）胶接性。采用不同规格聚酯旨在调整胶黏剂的柔韧性、弹性，以提高其剥离强度。为避免贮存稳定性的劣化，环氧树脂的加入量是化学计量的，过量则用潜固化剂双氰胺作用掉。混合物的交联机理是聚酯分子中的羧基将环氧树脂分子中的环氧乙烷环打开，生成β-羟基酯基。

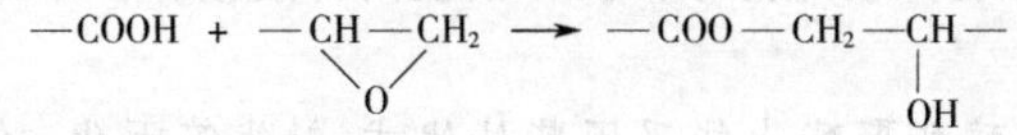

该胶黏剂经受了汽车制造业盐雾、湿热和湿度试验的考验,可作为结构胶黏剂用于聚氨酯、聚碳酸酯等工程塑料的胶接。

② 湿固化聚酯热熔胶。将聚酯的端羟基与多异氰酸酯或乙烯基三烷氧基硅烷反应，生成端异氰酸酯或端烷氧基硅烷预聚体。后者可借湿气固化。

③ 利用端丙烯酸酯或端甲基丙烯酸酯的厌氧性固化，例如：

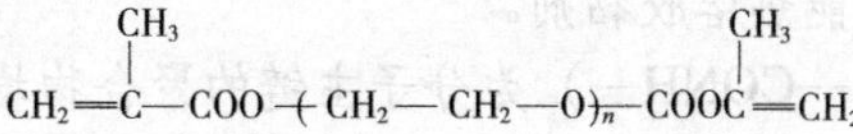

四甘醇二甲基丙烯酸酯（聚醚-酯型）n=2~10

三羟甲基丙烷三甲基丙烯酸酯（多价醇的甲基丙烯酸酯型）：

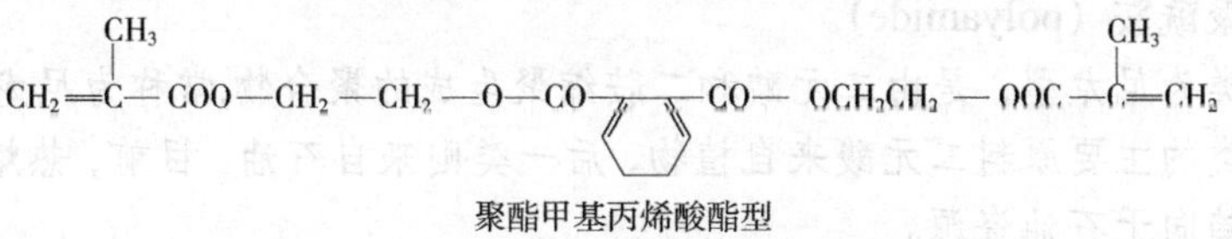

聚酯甲基丙烯酸酯型

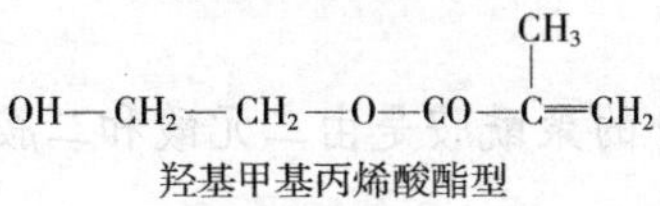

羟基甲基丙烯酸酯型

采用适当配方，制取实用的厌氧胶，使用很方便。例如由100份聚酯丙烯酸酯、2～5份氢过氧化枯烯、50×10^{-6}～500×10^{-6} 1，4-对苯醌、1～5份乙二醇和0.1～5份叔胺或由100份聚酯丙烯酸酯、2～5份氢过氧化枯烯、200×10^{-6} 1，4-对苯醌、0.1～0.5份苯磺酰亚胺和0.5～1份*N*，*N*-二甲基对甲苯胺组成的聚酯厌氧胶可用于螺栓防松、嵌合件固定和各种接合件的密封等。

作为胶黏剂其性能如表3-8所示。

表3-8　聚酯丙烯酸酯性能举例

被粘体	胶接强度/MPa	被粘体	胶接强度/MPa
钢	26.7	酚醛树脂	5.0
不锈钢	27.4	聚酯树脂	3.8
硬铝	21.8	聚氯乙烯树脂	2.1
黄铜	16.8	丙烯酸树脂	>3.1
三聚氰胺树脂	>4.5		

热塑性树脂的加入起到外增塑剂作用，当聚酯固化时，它可引起聚酯的相分离，从而减少体积收缩，缓和固化应力作用。

该类胶黏剂主要用于各类电机部件的组装,如扬声器、线圈和变压器等的制造,罩、盖、计算机板和机架的组装等。尚可用于其他日用品建材方面,如窗框、门、金属板幕墙的安装，装饰板、装饰石板和钢板间的胶接，各种纤维、增强塑料的制作等。

端（甲基）丙烯酸酯聚酯也能采用紫外线或γ射线等固化，使应用工艺效率高、无公害。

三、聚酰胺胶黏剂

聚酰胺胶黏剂是热熔胶黏剂中的一类，且与聚酯胶黏剂一样，具有较好的性能，故两者并称为高性能热熔胶黏剂。

以重复的酰氨基（—CONH—）为分子主链的聚合物均可称为聚酰胺,作为热熔胶黏剂，可分成两类。一类为二聚酸型，是由大豆油脂肪酸、妥儿油脂肪酸或棉籽油酸的二聚酸与二胺缩聚成的生成物,常称为脂肪酸聚酰胺（fatty acid polyamide）或简称为聚酰胺（polyamide）。

另一类为尼龙型，是由二元酸和二胺缩聚生成的聚合物,常称为尼龙（nylon）。

前一类的主要原料二元酸来自植物，后一类则来自石油。目前，热熔胶所用聚酰胺原料趋向于石油资源。

1. 聚酰胺胶黏剂制法

用作热熔胶黏剂主组分的聚酰胺是由二元酸和二胺缩聚、氨基酸缩聚、己内酰胺或其他内酰胺开环缩聚而成。其中二元酸有己二酸、壬二酸、癸二酸等以及二聚脂肪酸如大豆油脂肪酸、妥儿油脂肪酸、棉籽油酸的二聚酸、十二烷基二酸等。

二聚脂肪酸中常用精制妥儿油脂肪酸，其主组分是含有36个碳原子的二聚不饱和脂肪酸，尚有若干三聚和单体酸。日本生产的二聚酸含量约75%，精制到纯度为95%以上后使用,可用分子精馏法提纯。

内酰胺和氨基酸有ε-己内酰胺、11-氨基（正）十一烷酸、12-氨基十二烷酸和ω-十二烷基内酰胺等。二胺有乙二胺、己二胺、丙二胺、二缩三乙二胺、聚氧化丙烯二胺、苯二甲基二胺、二氨基二环己胺、烷醇胺和哌嗪等。

通过原料单体的选择，可自由合成出从高结晶性强韧树脂至非结晶性柔软树脂，甚至可得到液体树脂。

从二元酸和二元胺制得的聚酰胺的分子式为：

$$\text{-[NH—R—NH—CO—R'—CO]}_n\text{-}$$

从内酰胺制得的聚酰胺的分子式为：

$$\text{-[NH—R—CO]}_n\text{-}$$

命名：各国对聚酰胺（尤其是聚酰胺纤维）商品均有各自的命名，如美国为nylon，德国为perlon，俄罗斯为kanpou，中国为锦纶,而尼龙一词已为当前世界各国所通用。

从聚合物类型分有AB型、AABB型和含环单体型。

① AB型聚合物。单体是ω-氨基酸或内酰胺，所得的聚合物中A代表氨基，B代表羰基。常用简写式来表示脂肪族聚酰胺。在此AB型中，以一个数字表示被氮原子分开的碳原子数。如将 $\text{-[NH—(CH}_2)_5\text{—C(=O)]}_n\text{-}$ 命名为聚酰胺6或尼龙6。

② AABB型聚合物。是由二元胺和二元酸缩聚而成。用两个数字分别表示二胺和二酸中直链碳原子的个数。如将 $\text{-[NH—(CH}_2)_6\text{—NH—C(=O)—(CH}_2)_4\text{—C(=O)]}_n\text{-}$ 命名为聚酰胺66或尼龙66。

③ 含环单体型。由含环单体酸与二胺缩聚而成的含环聚酰胺。通常用简单的字母或结合字母表示环的结构，如间苯二甲酸和对苯二甲酸分别用I和T表示。这样，用己二胺和对苯二甲酸缩聚而成的聚酰胺被称为聚酰胺6T。

在共聚合物命名中，主要组成命名在前，按逐次减少程序排列其他组成，质量分数写在括号中。如将己二胺、己二酸和癸二酸共聚物（其中己二胺-己二酸为95%，己二胺癸二酸为5%）命名为聚酰胺（或尼龙）66/610（95∶5）。

2. 热熔胶黏剂用聚酰胺

二聚脂肪酸与乙二胺缩聚生成无规聚酰胺。它具有明显的熔点和快速的固化能力。GMI第一个商品化的名称为Versamid。初期产品的分子量为2000～15000。因当时市场要求需使用易溶于溶剂中且稳定的热熔胶，将聚酰胺的分子量控制在3000～9000，主要由熔融黏度所决定。后来，随着二聚脂肪酸新制造工艺的开发，且发现较高分子量的聚酰胺的性能高，实用性更强，故陆续开发了这类聚酰胺。其中最有代表性的是general mill lnc.（现为henkel）生产的商品名为Versalon的高性能二聚酸聚酰胺,其性能列于表3-9。

表3-9 Versalon树脂性能

牌号 性能	1112	1165	1175	1140
软化点/℃	112	165	172	140
相对密度	0.95	0.98	0.95	
黏度/mPa·s				
190℃	3900	4000	8000	
225℃	1600	1500	2200	8500
拉伸强度（23℃）/MPa	13.8	5.9	14.5	4.8
伸长率（23℃）/%	300	600	450	900

Versalon 1140是一类具有独特胶接性能的聚酰胺，它是早期具有较宽胶接范围的聚酰胺之一，对乙烯基塑料也能达到中等乃至良好的胶接性能。美国专利尚公布用二聚脂肪酸与仲杂环二胺为基料制得的聚酰胺。

一般，二聚脂肪酸与乙二胺的缩聚物的软化点为105～110℃；用碳链较短的己二酸、壬二酸或癸二酸部分代替二聚脂肪酸，可向上调节聚酰胺树脂的软化点。

可向二聚酸聚酰胺树脂中加入松香、二聚松香、松香酯或酮树脂等增黏树脂以及对甲苯磺酰胺、*N*-乙基对甲苯磺酰胺、磷酸三苯酯或磷酸三丁酯等增塑剂，以改进其性能。

二聚酸聚酰胺易氧化，需加抗氧剂稳定。若将二聚酸经氢化处理，所制聚酰胺抗氧化，但成本较高。常用的抗氧剂有受阻酚、亚磷酸盐或受阻芳族胺。采用复合抗氧剂更有效。

尼龙型聚酰胺热熔胶黏剂是由内酰胺或氨基酸衍生物均聚短碳链二元酸和二胺缩聚而成的。它们的熔点往往过高，熔融黏度也高，仅在极少数专门场合应用。以下列举数个尼龙的熔点。

尼龙	6	12	11	66	69	610	612
熔点/℃	225	180	185	264	210	222	212

鉴于此，常用共聚尼龙如尼龙6/12、6/66/10、6/66/12等或者尼龙11、尼龙12等,经共聚后，聚合物链的规整性受到破坏，结晶度下降；进而聚合物的熔点变低，且柔软。

加入仲二胺进行共缩聚也能达到类似效果。例如，尼龙66中50%的氨基被*N*-甲基化，所制尼龙的软化点可降低到120℃。根据三组分图可设计无数不同熔点的三聚物，如图3-2所示。

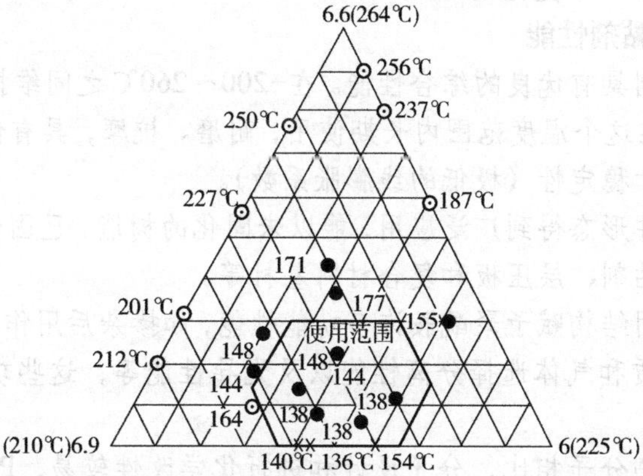

图3-2　三组分图

实际应用于热熔胶黏剂的三聚尼龙型聚酰胺举例：

三聚物	生产商
尼龙6、66、610	DuPont
尼龙6、66、12	EraserWerke、Hwels、Rilsan (div.ATOChemie)
尼龙6、66、612	Bostik

中国仅有少数几家厂生产尼龙610、612。天津中河化工厂的F115是混合酸与己内酰胺缩聚尼龙，用于服装黏合。苏州市化工研究所的701是尼龙6/66/其他共聚物，用于运动帽生产。

用于作热熔胶的尼龙主要有尼龙6、尼龙12、尼龙11、尼龙66、尼龙610、尼龙612等。

先要破坏尼龙的规整性，降低其结晶度、熔点，常用共聚的方法，例如：尼龙6、尼龙66与尼龙12、尼龙10共聚而成尼龙6/12、尼龙6/66/10、尼龙6/66/12等。这样也增加分子链的柔韧性。

实际应用于热熔胶的聚酰胺可以选用三聚尼龙型聚酰胺，可用的有尼龙6/66/610、尼龙6/66/12、尼龙6/66/612，主要注意它们的比例配合度、聚合比。

实际应用的聚酰胺热熔胶大多采用共聚聚酰胺树脂，以满足不同的使用要求。通过共聚，分子链规整性被打乱，氢键遭到破坏，使之结晶性下降，从而降低熔点，采用不同的摩尔配比，可制得高（180～190℃）、中（140～150℃）、低（105～110℃）环球软化点的PA热熔胶。

为满足不同的要求也可以添加增黏树脂（如松香及其衍生物、PE蜡等高熔点蜡类）和其他树脂（如APP、PF或EP等），有时为降低其熔化温度还会加增塑剂，以满足不同的需要。

有时为了调节热熔胶的软化点和施胶工艺将不同分子量或不同种类的PA混合使用。如将不同分子量的PA，按一定比例相互混合,可将热熔胶的软化温度调整到100～200℃这样一个宽范围。

3. 聚酰胺胶黏剂性能

聚酰胺胶黏剂具有优良的综合性能。在-200～260℃之间维持优良的力学性能和电绝缘性，可在这个温度范围内长期使用，耐磨、抗摩，具有优良的耐热性、耐辐射性、高的尺寸稳定性（极低的线膨胀系数）。

聚酰胺以各种形态得到广泛应用，能以未固化的树脂、已固化的膜、纤维等形式用作涂料、胶黏剂、层压板和复合材料基材等。

特有的官能团结构赋予聚酰胺许多功能性能，如掺杂后用作导电分子。它还有独特的电化学性质和气体选择分离性能以及光导性能等，这些功能特性有望将PI用作功能高分子。

与其他杂环高分子相比，分子设计和进行化学改性较易，PI所用单体比较简单、合成方便、成本低。

按照合成及加工成型方法，可将聚酰胺分成三类：

① 缩合型聚酰胺胶黏剂。是以聚酰胺酸形式加工成型，然后用化学方法或物理方法脱水环化形成聚酰胺即酰胺化。

② 热塑性聚酰胺胶黏剂。这类材料可溶，是以聚酰胺形式按热塑性塑料的加工方式成型的。

③ 加成型聚酰胺胶黏剂。这类材料通常以含有潜在活性基团的酰胺预聚体加工成型，然后在加热时，通过活性基团的化学反应使分子链增长，通常得到热固化聚酰胺（交联型聚酰胺）。

(1) 聚酰胺胶黏剂的特性　大多数聚酰胺胶黏剂的特性为：

① 有明显的熔点，软化温度范围窄。这保证了热熔胶黏剂在施工时稍冷却就可迅速固化，发挥其较高的胶接力；在接近软化点温度时，胶接强度受温度的影响不大。

② 聚酰胺的结晶性是相邻分子之间酰氨基氢键结合的缘故，舒展了的平面呈折叠的片状单晶，它们聚集起来就成球晶。球晶是在聚酰胺从熔融状态冷却固化时产生，即从透明态变为带乳白色的不透明态。

在相应的聚酰胺中，随着主链上碳原子的增加，其熔点降低，即结晶性下降。空间位置又决定了聚酰胺的结晶结构，偶数碳原子链由于相邻分子间酰氨基氢键结合力强，比相邻的奇数碳原子链的聚酰胺的结晶度高，相应的熔点也高。

③ 优异的色泽，被粘体不会受其沾污；低的气味，基本不污染环境；抗粘连性。

④ 叔氨基是一极性基团，与多种金属和非金属均有很好的亲和力，由于极性强，能与被粘体产生很大的分子间引力，黏附性优良。对经处理的聚乙烯和聚丙烯

材料也有胶接性。

⑤ 次甲基是非极性链段，赋予聚酰胺分子链节柔顺性。

⑥ 与其他树脂的相容性良好，可向热熔胶黏剂组分中引入天然或合成树脂，如松香及其衍生物、硝化纤维素、聚乙烯蜡、无规聚丙烯、酚醛树脂或环氧树脂等以及增塑剂等，以改善其性能。

不同分子量或不同类型的聚酰胺也能良好地相混，以调节热熔胶黏剂的施工工艺和物理机械性能。

⑦ 良好的耐油、耐化学和耐介质性能，使其能经受干洗处理。共聚物溶于强酸、强极性溶剂，共聚物的氢键结合力和结晶性下降，能溶于热甲醇。

⑧ 酰氨基的极性作用，使聚酰胺胶层具有吸水性；但经调配的聚酰胺，如降低酰氨基浓度，与现品种中吸水率最低的尼龙12（原料为ω-十二内酰胺或12-氨基十二酸）共聚等，其隔湿性良好。

⑨ 聚酰胺的电性能良好，今举数品种的电性能列于表3-10。

表3-10　聚酰胺的电性能

性能 \ 牌号		6	610	66
绝缘击穿强度/（kV/mm）		31.0	28.5	15.4
体积比电阻/Ω·cm		7×10^{14}	4×10^{14}	4.5×10^{28}
介电常数/（F/m）	60Hz	4.1	3.9	4.0
	10^2Hz		3.6	3.9
	10^6Hz	3.4	3.1	3.3
介电损耗角正切	60Hz		0.04	
	10^2Hz	0.06	0.04	0.02
	10^6Hz	0.02	0.02	0.02

⑩ 聚酰胺热熔胶黏剂是热熔胶黏剂中耐热性最好的品类之一，可耐温度为105℃，可连续使用温度为65℃以上。若向胶黏剂中加入1% 1-苯基-3-吡唑烷酮或1-（4-苯氧基苯）-3-吡唑烷酮等，可大幅度提高其耐热性，即使在260℃空气中保持6h也不变色。其耐寒性良好，温度低至−40℃仍保持抗冲击性。

(2) 聚酰胺树脂类固化剂　作为环氧树脂同化剂的聚酰胺是由二聚、三聚植物油酸或不饱和脂肪酸与多元酰胺反应制得的。由于结构中含有较长的脂肪酸碳链和氨基，可使固化产物具有高的弹性、粘接性及耐水性。缺点是耐热性较差，热变形温度仅50℃左右，耐汽油、烃类溶剂性差。陈声锐研究指出，通过胺值确定酰胺化程度，确定聚酰胺用量和环氧树脂配比，在提高固化产物韧性及耐冲击性同时，保持刚性、耐热性及耐化学品性能。C_{20}长链不饱和二元酸二甲酯和多种多元胺反应，可制备各种聚酰胺，随其分子量增加，拉伸、剪切强度和T形剥离强度也随之增加，可配制高剪切强度和T形剥离强度的胶黏剂。

(3) 室温固化高强度结构胶黏剂　黑龙江省石化院不久前研发一种室温固化

高强度结构胶黏剂。其主要特点是，韧性优于传统的环氧树脂-聚酰胺胶种,有优良的板-板和板-芯剥离强度和抗冲击性能,还有优良耐久性,对金属、非金属均有良好的粘接力，主要应用于建筑、车辆、风力发电叶片、电子等行业。

四、EVA型热熔胶的材料与性能

近年来,热熔胶发展迅速,用途广泛。特别是EVA型热熔胶,需求量大且应用面宽,占热熔胶消费总量的80%左右。热熔胶发展这样快，主要是由于热熔胶与热固型、溶剂型、水基型胶黏剂不同,它不含溶剂,无污染,不用加热固化,无烘干过程,耗能少,操作方便,可用于高速连续化生产线上,提高生产效率。又由于它在常温下是固态,可以根据用户的使用要求加工成膜状、棒状、条状、块状或粒状；还可用不同的材料调制不同的配方以满足软化点、黏度、脆化点和使用温度等性能要求。热熔胶的材料和配方决定了热熔胶的性能和使用。对于不同的使用性能要求,选择适当的材料并设计一个合理的热熔胶配方是至关重要的。

材料、配比与性能

(1) EVA树脂　EVA型热熔胶是由共聚物EVA树脂、增黏剂、蜡类和抗氧剂等组成。要想调配好一个所需要的热熔胶胶黏剂，首先应该选择好主体树脂,主体树脂是热熔胶的主要成分,对热熔胶性能影响很大,其微观结构决定了宏观的性能。EVA树脂结构式如下：

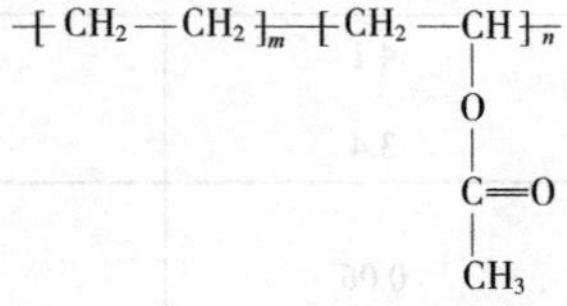

EVA树脂中乙酸乙烯的含量(VA含量)、共聚物的分子量及分子的支化度决定了树脂的性能。由于EVA树脂分子链上引入了乙酸乙烯单体，从而与聚乙烯树脂相比，结晶度降低，柔韧性和耐冲击性提高。制备热熔胶用的EVA树脂一般VA含量在18%～40%之间。树脂中VA含量增加，树脂在寒冷状态下的韧性、耐冲击性、柔软性、耐应力开裂性、黏性、热密封性和反复弯曲性增强，胶接的剥离强度提高,橡胶弹性增大，但强度、硬度、熔融点和热变形温随之下降。这样可以根据热熔胶的性能要求选择适当的VA含量的EVA树脂作主体材料。例如在引进地板块生产线上，用于地板块拼接的热熔胶配方如下：EVA（VA28%）100g；增黏树脂115g；蜡类35g；抗氧剂2g。

在该配方中选用了VA含量为28%的EVA树脂，配制的热熔胶综合性能比较好。如果在配方在选用VA的含量比较高的EVA树脂，那么配制出的热熔胶弹性大，硬度不够，拼接的地板块不挺直。如果选用VA含量比较低的EVA树脂，配制的热熔胶柔韧性差，低温性能不好，易脆裂，粘接强度低,不能满足工艺要求。因此选择适当的VA含量的EVA树脂是很重要的。除VA含量和分子结构对EVA

性能有影响外，共聚物分子量大小及分子量分布也有关系。世界各国生产EVA的厂家很多，生产厂家都会给出产品牌号、VA含量、密度、熔体流动速率、特点及用途。

在汽车制造中用于硬质泡沫粘接的热熔胶配方如下：EVA树脂(VA28%，MI=400)100g；增黏树脂200g；蜡类143g；抗氧剂3g。该配方选用的EVA树脂MI值大，配制的热熔胶熔融黏度低、流动性好，满足了生产工艺要求。MI数值小，分子量相对大些，树脂熔融黏度大些，材料本身内聚强度高，配制的热熔胶强度也高，提高了胶接强度；缺点是黏度大、流动性不好和工艺性能差。EVA树脂由于VA含量不同，MI数值不同，厂家生产的产品型号很多，设计热熔胶配方时可根据热熔胶性能要求，选择适当VA含量及MI数值的EVA树脂来调试配方，也可用两种或多种VA含量和MI值不同的EVA树脂调试配方。这样，可以综合各种性能，取长补短，调试出所需要的配方。

(2) 增黏剂　为了增加对被粘物体的表面黏附性、胶接强度及耐热性，多数的EVA型热熔胶配方中需加增黏剂。增黏剂加入量一般为20～200份。EVA和增黏剂配方中二者的比例范围很宽，主要取决于性能要求。一般随着EVA用量增加，柔软性、耐低温性、内聚强度及黏度增加。随着增黏剂用量增加，流动性、扩散性变好，能提高胶接面的润湿性和初粘性。但增黏剂用量过多，胶层变脆，内聚强度下降。设计热熔胶配方时，选择的增黏剂的软化点和EVA软化点最好同步，这样配制的热熔胶熔化点范围窄，性能好。要想提高热熔胶耐热性，就得选择高软化点的材料，热熔胶配方的软化点随着材料的软化点增高而增高。增黏剂的品种很多，常用的增黏剂有松香、聚合松香、氢化松香、C_5和C_9石油树脂、热塑性酚醛树脂、聚异丁烯等。要求选用的增黏剂与EVA树脂要有良好的相容性，在热熔胶熔融温度下有良好的热稳定性。同一个配方体系用不同的增黏剂增黏效果不一样，其软化点直接影响热熔胶的软化点，因此增黏剂在热熔胶中也起着很重要的作用。

(3) 蜡类　蜡类也是EVA型热熔胶配方中常用的材料。在配方中加入蜡类，可以降低熔融黏度，缩短固化时间，减少抽丝现象，可进一步改善热熔胶的流动性和润湿性，可防止热熔胶存放结块及表面发黏，但用量过多，会使胶接强度下降，一般加入量不超过30%。

(4) 其他助剂　为了防止热熔胶在高温下施工时氧化和热分解以及胶变质和胶接强度下降，为了延长胶的使用寿命，一般加入0.5%～2%抗氧剂。为了降低成本，改变胶的颜色，减少固化时的收缩率和过度的渗透性，有时加入不超过15%的填料。为了降低熔融黏度和加快熔化速度，提高柔韧性和耐寒性，有时加入不超过10%的增塑剂。还可以根据性能要求加入各种改进剂、助剂来完成配方性能要求。将邻硝基氯苯直接催化加氢还原为DHB的文献始见于美国专利，反应中加入2,3-二氯-1,4-蒽醌（DCNO）衍生物作还原促进剂，得DHB收率80%～90%。20世纪70年代末和80年代初，有关催化加氢的报道逐渐增多，但有些文献的结果不很理想。专利认为当采用β-羟基蒽醌或2,6-二羟基蒽醌作还原促进剂时，在苯、甲苯或二甲苯存在的碱介质中，将邻氯硝基苯一步还原为DHB时，质量较高，熔点在85～86℃，但收率却不超过84%。进入90年代日本东洋油墨制造公司申请的欧洲专利，DHB收率为91.5%，使用四氢化萘作溶剂；另外大连理工大学所做的研究，采用改进后的Pd/C为催化剂，甲苯为溶剂，DHB收率为93%。另外一篇日本专利的结果更好些，是以碱性水为还原介质，DCNO为还原促进剂，十二烷基苯磺酸钠为乳化剂。由邻氯硝基苯还原为DHB明显分两个阶段，即先还原至DOB，再由DOB至DHB，但这两个阶段可在一个釜内只通过改变碱浓度就可完成。一般催化加氢法日益受到人们的青睐，是基于其有许多优点：可不使用有机溶剂，免除了后处理及产品分离的麻烦；还原剂为氢气对环境没有污染；产品收率高；反应釜压力并不高，对设备要求不苛刻；反应周期短；产品分离容易。但其技术要求较高；文献中均没有公开催化剂的制备方法；因使用贵金属催化剂，必须要考虑其重复使用，以降低成本。上述因素又为催化加氢法的工业化增加了困难。

从以上的评述可以看出，DHB的制备方法较多，但其优缺点各异。水合肼法、铁粉法、硫氢化钠法只能从DOB还原为DHB，工艺不完整，“三废”较多；甲醛法、甲酸法、锌粉法可实现由邻氯硝基苯到DHB的还原，由于“三废”较多，限制了这些方法的推广应用；电解法和催化加氢法可明显降低“三废”，具有较大的推广价值。事实上国内已有用锌粉法、甲醛-水合肼联合法小批量生产DHB，由于“三废”严重、质量不稳定，大都是开开停停。据报道国外已有DHB的催化加氢法生产，国内想引进两套千吨级的催化加氢法生产技术。电解还原法未见工业化报道，可能是由于收率偏低，电费较贵，电化学工程问题难以解决，因此这需要进一步的研究开发工作。

第三节　杂环高分子胶黏剂

一、概述

杂环高分子是主链含有重复的杂环结构的一类聚合物。它们耐高温、耐辐照，其高温力学性能及耐磨性良好。20世纪60年代初，由于航空航天、火箭、无线电等工业的需要，这类聚合物得到迅速发展。目前其可加工成为薄膜、纤维、层压或模压制品、泡沫塑料，并可用于涂料或胶黏剂等。

杂环引进高分子主链中，对其性质产生三种影响：①环状结构增加了高分子链的刚性，使玻璃化温度、熔点或软化点比一般高分子高；②大多数杂环高分子含有两个或两个以上共轭芳杂并环，尤其是梯形结构，可以看作是带状的石墨结构的大共轭平面结构，环上的N—H或C—H比脂肪族的N—H或C—H难被氧化；③全芳族结构的杂环高分子结构紧凑，密度大，比强度（强度除以质量）相应地增高。聚合杂环高分子有两种聚合的途径：①将含有杂环的单体进行聚合，这和合成一般高分子的方法相同；②用不含杂环，但含有N、S或O等原子的单体，在环化缩聚过程中生成杂环。目前大多数的杂环高分子是通过环化缩聚制得的。最近也有采取先环化缩聚，再加成聚合的方法合成杂环高分子。此外，环化聚合也可形成杂环高分子。

杂环高分子的类型：

① 聚酰亚胺。在杂环高分子中，只有聚酰亚胺及其改性品种发展比较迅速，达到一定工业规模生产。其原因是原料来源较丰富，合成工艺简单，制品具有优良的综合性能。

② 聚苯并咪唑。虽有不少品种牌号，大都只限于小规模生产。

③ 聚苯基喹啉。不仅具有优良的耐热性，而且耐水解性能优异，溶解性好，有潜在的开发前景。

④ 吡咙。1965年由V. L. 贝尔和G. F. 佩兹德茨制成，但至今尚未工业生产。它们是由芳族四胺和芳族四酸二酐在极性溶剂（如二甲基乙酰胺）中于室温下缩聚，再经高温处理后得到的一种梯形或阶梯形杂环高分子：

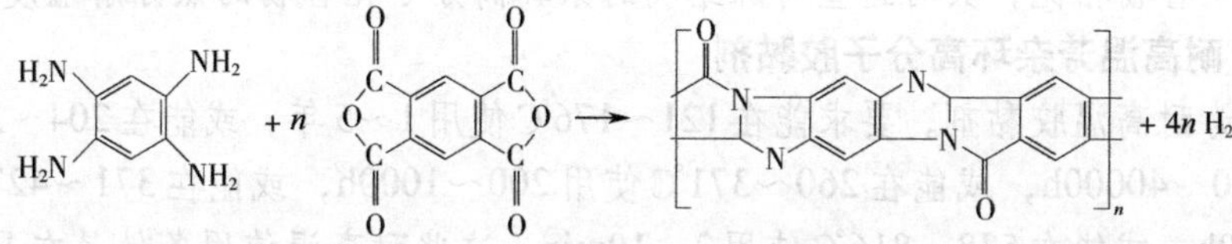

吡咙在分子链上至少同时有4～7个共轭芳杂并环，因此比聚酰亚胺、聚苯并咪唑对热稳定。吡咙薄膜至少在250℃能长期保持较好的性能，并能耐1010cd高能辐照，此外，还具有自熄性。

⑤ 聚苯并噻唑（PBT）。由双邻氨基硫酚与二羧酸或其衍生物缩合聚合制得：

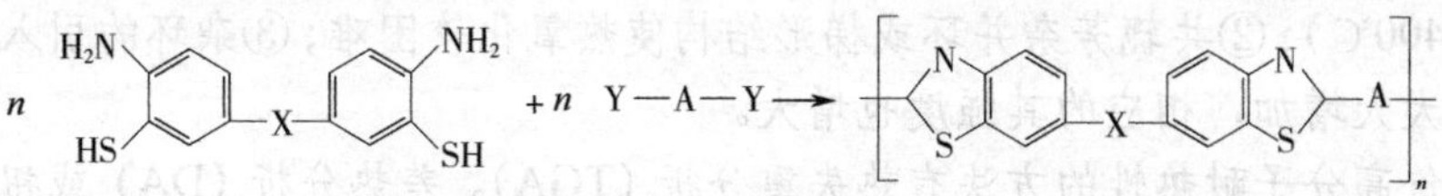

式中，X为—、S或O；A为芳族、脂环族或脂族；Y为—COOH、—CN或—COOR等。聚苯并噻唑还可由甲苯胺和硫反应制得。熔融缩聚一般在200～400℃的高温中进行，溶液聚合大多在多聚磷酸或*N,N*-二乙基苯胺溶液中进行。

聚苯并噻唑是黄色或棕色固体，有优异的耐热性，热氧化稳定性比聚苯并咪唑和聚苯并唑好，在500℃加热1h的等温热失重为20%，只溶于硫酸，在40%氢氧化钾溶液中沸腾36h后无变化。脂族聚合物可以纺丝或在甲酸中浇注成膜。纤维的结晶度取决于分子量的大小，伸长率在20%～60%之间，模量为18～25cN/tex。

⑥ 聚苯基-1,2,4-三嗪。由双酰胺腙与芳族四羰基化合物于室温下进行溶液聚合，再经高温热处理制得：

式中，X为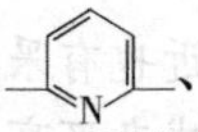、单键、$-(CF_2)_4-$或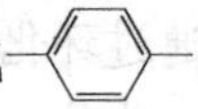；Y为—H或；Ar为、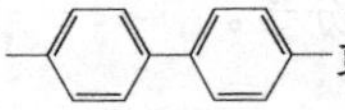或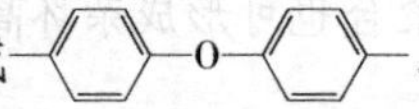。

聚苯基-1,2,4-三嗪具有热氧化稳定性和耐水解性。

此外，如聚苯并唑、聚-1,3,4-二唑、聚苯并嗪酮等都是耐高温杂环高分子。

一些杂环高分子化合物具有良好的耐热性，并且耐低温性能也很好，在胶黏剂领域里引起了广泛的重视，在航空、航天领域应用效果良好。

1. 杂环高分子结构与耐热性能间的关系

杂环高分子化合物链节中存在环状结构，使分子间或链段间的作用力增强，分子链的刚性增大，玻璃化温度升高。尤其是那些含有多稠环的共轭梯状、片状或棒状高分子化合物，分子链或链段的相对运动极为困难，因此其耐热性很好。这种极规整的排列使其比强度（强度与质量的比值）相应地提高，其强度也就增大。另外，与普通聚合物相比，具有这些特殊结构的杂环高分子化合物的热分解温度更高。

2. 耐高温芳杂环高分子胶黏剂

作为耐高温胶黏剂，要求能在121～176℃使用1～5年，或能在204～232℃使用10000～40000h，或能在260～371℃使用200～1000h，或能在371～427℃使用24～200h，或能在538～816℃使用2～10min。这些耐高温使用条件是在具体应用领域产生的，国内外已合成了能满足以上要求的胶黏剂。

耐高温杂环高分子能加工成薄膜、纤维或增强塑料等，此材料耐热性和耐核辐射性良好。

芳杂环高分子的热稳定性是因为①环状结构增加分子链的刚性使T_g较高(260～400℃)；②共轭芳杂并环或梯形结构使热氧化较困难；③杂环的引入使高分子密度大大增加，相应的其强度也增大。

评价高分子耐热性的方法有热失重分析（TGA）、差热分析（DA）或扭辫分析(TBA)、质谱热分析（MSTA）等。

3. 聚酰亚胺胶配方举例

(1) 配方一

组分	用量/g	组分	用量/g
间苯二胺	49	4,4-二氨基二苯甲烷	49
3,3,4,4-二苯甲酮四羟酸二酐	98	对氨基乙酰苯胺	2

制备及固化：把上述各组分制成树脂后，涂在玻璃布上，在100℃下加热1h，再夹在不锈钢板中间加压。在145℃、200℃、250℃和300℃下分别加热15min后，便能完全固化。

用途：本胶用于高温下使用的金属粘接。

(2) 配方二

组分	用量/g	组分	用量/g
间苯二胺	90	对氨基乙酰苯胺	4

3,3,4,4-二苯甲酮四羟酸二酐	100	2,4-二氨基乙酰苯胺	6

制备及固化：同配方一。

用途：本胶主要用于粘接不锈钢。

(3) 配方三

组分	用量/g	组分	用量/g
3,3,4,4-二苯醚二酐	1	4,4-二氨基二苯甲烷	1
3,3-二氨基二苯甲烷	1		

制备及固化：同配方一。

用途：本胶主要用于高温下使用的金属粘接。

4. 聚次苯硫醚（PPS）胶配方举例

聚次苯硫醚是对卤代苯硫酚盐在一定条件下自缩生成的一类线型高分子化合物。它具有优良的热稳定性，TGA结果表明在500℃下无明显失重，700℃则完全降解。它在惰性气体中1000℃时约保持40%重量。聚次苯硫醚胶黏剂具有优良的粘接能力，可作为结构胶黏剂使用，能粘接玻璃、陶瓷及各种金属材料。

在现有的耐热胶黏剂中，杂环高分子胶黏剂性能最优，尤其是同时具有耐高温与耐低温性能，其他如耐老化、耐化学介质、耐疲劳、耐高低温等性能均良好。它可在−273～260℃长期使用，短期使用温度可达539℃，瞬间使用可至800～1000℃，广泛用于航空、航天领域。其主要缺点是固化条件太苛刻，需要在高温（250～315℃）、高压（490.5～1373.4kPa）下长时间加热才能充分固化。另外，它价格昂贵，难以在一般工业中广泛应用。

聚次苯硫醚是白色粉末，在191℃内不溶于任何溶液中。其黏附力和化学稳定性极高，在400～500℃是稳定的。

配方（质量份）如下：

170＃聚二苯醚树脂	100	二氧甲苯二甲苯	0.5
钛酸丁酯	3	甲苯：丁酮（2：1）	200
苯酸铁	0.1		

粘接强度：24MPa（不锈钢）。

二、聚苯并咪唑胶黏剂

聚苯并咪唑是杂环高分子化合物中被首选作耐高温胶黏剂的一类聚合物，它是由芳香四胺与芳香二酸及其衍生物之间进行熔融缩聚反应制得的。其特点是瞬时耐高温性能优良，在538℃不分解。作胶黏剂使用时先制成预聚体（二或三聚体），预聚体流动性比较好，且性能稳定，在400℃下处理一段时间就可以固化完全。由于固化过程为缩聚反应，有水或苯酚等小分子生成，因此固化时需施加一定的压力以免胶层中出现针孔。聚苯并咪唑的耐低温性能也是很好的，在液氮环境或更低温度下其剪切强度可达29.43～39.24MPa（300～400kgf/cm^2）（1kgf=9.80665N）。

这类胶黏剂可以粘接铝合金、不锈钢、金属蜂窝结构材料、硅片及聚酰胺薄膜等材料。

三、聚酰亚胺类胶黏剂

聚酰亚胺的典型例子是4,4′-二氨基二苯醚和均苯二甲酸二酐的等摩尔反应物。反应分两步进行，第一步的产物聚酰胺酸是聚酰亚胺的预聚体，能溶于极性溶剂中，在高温下脱水环化。

固化好的聚酰亚胺胶黏剂都具有优良的力学性能，对电、热等都有极高的稳定性，耐化学腐蚀，耐辐射，能在370～390℃下长期使用，在500～550℃下可以短期使用，在−200℃下仍具有优良的物理力学性能与耐环境性能。根据有关性能要求及其他使用需要，现已制备出了许多改性品种，广泛用于铝合金、钛合金、不锈钢、陶瓷等材料的自粘与互粘。

四、聚噁喹啉胶黏剂

聚噁喹啉胶黏剂的基料聚噁喹啉树脂，可由芳香族四胺与芳香族四羰基化合物互相反应来制备。聚噁喹啉胶黏剂具有优异的热稳定性，耐热可达400℃，短期耐热可达700℃。其玻璃化温度一般高于250℃，也有高于400℃的品种，热分解温度一般都高于500℃，如果设法进行适当交联，还可以进一步提高耐热性，并可用于结构粘接，在飞机制造方面，可以粘接钛蒙皮与蜂窝结构材料。

五、聚芳砜胶黏剂

聚砜是一种力学性质优异的工程塑料，但其使用温度只能达到160℃，将分子链中的所有脂肪烃结构换成芳环则成了聚芳砜。聚芳砜可用二卤代芳砜与芳砜的二酚盐反应制得。聚芳砜的使用温度一般都高于250℃，低于−200℃也具有良好的物理力学性能及耐环境性能。

第四节　压敏胶黏剂

一、概述

热熔压敏胶（简称HMPSA），是溶液型和乳液型压敏胶之后的第三代压敏胶产品，其应用范围更为广泛。它投资成本低，加工速度快，生产中无溶剂，无毒害，无挥发，有利于环保及安全生产。热熔压敏胶是固含量100%的固体胶料，使用比较方便，特别是快速涂布，不需要干燥，固化快，无公害。缺点是高温粘接性差，蠕变大，需要特殊的涂胶工具，操作温度高。

华东师范大学与三信化学（上海）有限公司合作以丙烯酸丁酯及2-乙基己基膦酸单-2-乙基己酯、丙烯酸为主原料，选环烷酸钴、α-乙酰基、γ-丁内酯等新型低温活性引发剂，应用本体聚合法，研制出环境友好型丙烯酸压敏胶黏剂新产品。技术上在30%～60%范围内可控制聚合温度，所制产品在相同分子量条件下，粘接质量性能与溶剂型丙烯酸酯压敏胶黏剂相当，其抗撕裂强度达6.47～11.2N/25mm。

二、压敏胶黏剂性质

压敏胶黏剂以无溶剂状态存在时，是具有持久黏性的黏弹性材料。该材料经轻微压力，即可瞬间与大部分固体表面黏合，又能容易地剥离。材料的弹性模数必须小于1MPa。它具有施工时润湿被粘面的液体的性质和使用时抵抗剥离的固体的性质；压敏胶黏剂主要有两大类：一类是天然橡胶，另一类是丙烯酸类压敏胶。

三、树脂型压敏胶

树脂型压敏胶是压敏胶的一种，以聚合物为主要成分。最常用的树脂是聚乙烯基醚和聚丙烯酸酯两类。聚丙烯酸酯压敏胶的优点是具有很好的耐久性和外观，近年来发展最为迅速，通常由丙烯酸的长链脂族酯的聚合物和丙烯酸的短链脂族酯、甲基丙烯酸羟烷基酯或乙酸乙烯酯的聚合物或共聚物组成。

四、水乳液型橡胶压敏胶黏剂

水乳液型橡胶压敏胶黏剂是一类以水为分散介质，以各种橡胶胶乳为主体材料，与增黏树脂乳液、抗氧剂及其他添加剂共同配制而成的橡胶压敏胶黏剂。与同类的溶液型压敏胶相比，水乳液型橡胶压敏胶具有下述优点：

① 由于不必使用有机溶剂，因而涂布时无火灾危险，也不会污染环境。

② 乳液的黏度随固体含量的变化较小，因而可制得具有较高固体含量的胶黏剂。

③ 胶乳中橡胶聚合物的分子量较高，故干燥后胶膜的内聚力较大，耐候性也比较好。

因此，这类压敏胶很早受到人们的注意。然而，它们的初粘力和180℃剥离强度一般都不如相应的溶液型压敏胶。其原因除了橡胶胶乳（尤其是天然橡胶胶乳）的分子量太大外，主要还由于胶乳颗粒的表面存在着较多的表面活性剂，涂布后干燥成膜时这些表面活性物质会富集在压敏胶的表面以及胶层和基材的粘接界面上，导致压敏胶黏制品初粘力、粘接力和剥离力的下降。

因此，水乳液型橡胶压敏胶的开发几乎都是围绕如何提高胶黏剂的初粘力和剥离力的问题进行的。虽然已在专刊文献中提出过许多改善黏性的方法，但由于在全面性能上始终赶不上同类的溶液型产品，故长期以来此类胶黏剂一直没有得到很大的发展。只有在20世纪70年代中期石油危机的冲击下以及制定严格的环境污染法以后，人们才真正大力进行开发。目前，在美国（如3M公司）和日本已有不少实际应用的例子，尤其是制造牛皮纸胶黏带、压敏胶粘接标签和其他纸基压敏胶粘接制品方面。今后，它们的重要性还将不断增加。在我国，乳液型压敏胶的开发工作则刚刚开始。

贮存稳定的压敏胶配方。该胶黏剂适用期长，有良好的贮存稳定性，由氮丙啶化合物交联剂与（甲基）丙烯酸聚合物溶液混合而制得。

生产配方：

丙烯酸-2-乙基己酯，29g；

乙酸乙烯酯，18g；

丙烯酸丁酯，47g；

丙烯酸，5g；

N,N'-二甲基氨基乙基异丁烯酸酯，1g；

三羟甲基丙烷三［*β*-（2-甲基氮丙啶基）丙酸酯］，0.3g。

生产方法：将含丙烯酸-2-乙基己酯、丙烯酸丁酯、乙酸乙烯酯、*N,N'*-二甲基氨基乙基异丁烯酸酯及丙烯酸的混合物聚合，制得40%固含量的聚合物溶液，取该溶液100g与0.3g三羟甲基丙烷三［*β*-（2-甲基氮丙啶基）丙酸酯］混合，制得初始黏度为1.3Pa · s，40℃下8h后黏度为1.5Pa · s的胶黏剂。

产品用途：用于压敏性胶黏带的制作。

五、接触胶黏剂

接触胶黏剂是一种特殊的压敏胶，其最大特点是“接触”后产生黏结作用，即将同一种胶黏剂涂覆在两个被粘物的表面上，通过两个涂覆面的相互接触发生粘接。被粘面在涂覆接触胶黏剂后，首先需要干燥形成透明的、不粘连的聚合物膜，这也是接触胶黏剂与普通压敏胶的主要区别所在。

1. 水性聚氨酯转移型接触胶黏剂

水性聚氨酯主要用于转移型接触胶黏剂的制备。转移型胶黏剂与普通胶黏剂略有不同，两个被粘表面所涂覆的胶黏剂可以是同一种聚合物，也可以是同一类聚合物，但分别与基材的粘接强度不同。当两个被粘表面接触时，两种胶黏剂会黏合在一起；一旦两个粘接件被剥离开，通常会使一种胶黏剂涂膜与基材分离而转移到另一种胶黏剂涂层的表面，因此这类胶黏剂通常是一次性的。

Krampe等人首先将15%的水性聚酰胺分散液涂覆于纸质上并立即在120℃下干燥，使分散液在基材上形成隔离层，然后在隔离层表面涂覆35%的水性聚氨酯分散液，形成可转移的聚氨酯涂层；另外在电晕处理过的高密度聚乙烯膜上涂覆一层水性聚氨酯涂层（固含量为35%），80℃干燥5min。以上两种涂层材料的聚氨酯在室温下便可以进行黏结。

水性聚氨酯转移型接触胶黏剂可以用于多种封口带的制作，且封口为一次性。通过选择不同的隔离剂和涂覆工艺，还可以将转移涂层和结合层分别涂覆于其他多种聚合物膜基材上，形成转移型接触胶黏剂制品。

2. 天然胶乳型接触胶黏剂

天然胶乳本身即可作接触胶黏剂，如National Starch生产的KL系列“冷密封胶”实际就是接触胶黏剂。将此种胶黏剂涂覆在基材或基膜上，干燥后可以将其卷起堆放也不会发生粘连，但在一定的压力下，胶黏剂涂膜会发生牢固的粘接作用。

天然胶乳最大的特点是粘接快，适合作“快攻”型胶黏剂。这主要因为在压力与快速剪切作用下，乳胶粒表面的保护胶体容易被破坏，使天然胶乳的橡胶分子链暴露出来，形成致密良好的聚异戊二烯膜，因此表现出良好的粘接性能。

在将天然胶乳作为接触胶黏剂时，一般需要对其进行改性，主要分为化学改性与共混改性。泰国是最早对天然胶乳进行化学改性并工业化的国家，目前，其产品添加胶乳占化学改性产品的绝大部分市场份额。我国对天然胶乳用作接触胶黏剂的化学改性研究工作也有了很大进展，但截至目前还没有工业化产品面世。

与其他水性产品共混是天然胶乳作为接触胶黏剂最常用的方式，例如与丙烯酸系乳液聚合物共混。目前市场上有许多可用于天然胶乳共混改性的商用乳液产品，如B F Goodrich 的Hycar系列乳液，该乳液采用丙烯酸丁酯、苯乙烯、丙烯酰胺、丁二烯、衣康酸等共聚制得；还有用丁二烯与苯乙烯进行聚合，然后对天然胶乳进行改性所得的接触胶黏剂产品。

3. 氯丁胶乳与氯偏乳液接触胶黏剂

在胶黏剂领域，氯丁胶乳与天然胶乳的作用及性能相近，接触胶黏剂除了大量使用天然胶乳外，氯丁胶乳在该领域也得到广泛的应用。Brath于1975年就采用氯丁胶乳为基料，以碱催化剂制备的对叔丁基苯酚甲醛树脂作增黏树脂，再加入少量氧化锌，可制得高剥离强度的接触胶黏剂。另外，也可以采用天然增黏树脂对氯丁胶乳进行改性，并用金属氧化物进行交联。

日本专利将氯丁胶乳用羧基和赋予其乳化能力的一种树脂乳液进行改性，得到水分散型的接触胶黏剂，其接触黏性及在低压、低温、高湿以及干燥后的共聚力、耐热性均得到较好改善。

由偏二氯乙烯和丙烯酸酯进行共聚制备的不同玻璃化温度（T_g）的氯偏乳液共混，可以得到接触黏性好、粘接强度高、高温抗蠕变性能好的接触胶黏剂。Padget采用偏二氯乙烯与丙烯酸酯为单体，制备了低T_g为−50～0℃、高T_g为0～30℃的两种乳液，凭借低T_g聚合物的接触黏性与高T_g聚合物提供的抗蠕变性能（即持黏性），通过不同T_g聚合物的共混同时提高胶黏剂的接触黏性与持黏性。

4. 乙烯基酯聚合物接触胶黏剂

聚乙酸乙烯酯的T_g为27℃，对各种基材的粘接性能良好，一般可采用内增塑型单体（如乙烯）与其共聚，其粘接性能可得到很大提高。适当乙烯含量的乙烯-乙酸乙烯共聚乳液（EVA）也可以作为接触胶黏剂使用，与聚丙烯酸酯和橡胶类接触胶黏剂相比，EVA接触胶黏剂常常表现出接触黏性（初粘性）和粘接强度差的缺点，可以通过增加增塑剂用量进行改善。

Tam等人采用乙烯含量为23%～27%、固含量为40%～70%的EVA乳液，其中除乙烯与乙酸乙烯酯单体外，还加入3%其他共聚单体，最终制得接触黏性好、粘接强度高，尤其与非极性表面之间的粘接牢度高的接触胶黏剂。

采用*N*-羟甲基丙烯酰胺（NMA）参与共聚的EVA乳液是一种特殊的聚合物乳液（EVA/NMA乳液），该乳液的T_g可以控制在−30～30℃之间，通常作为接触胶黏剂的聚合物乳液的T_g为−16～5℃。加入NMA后，体系的粘接强度得到显著提高，同时还可以改善乳液对基材的润湿作用。采用乙烯基酯与丙烯酸酯共聚，通过选择其他适当的共聚单体以及调节单体的配比，所得到的水乳型胶黏剂不需要添加其他助剂，便可直接应用于地板、装饰性层压等材料的接触粘接。另外，还可以将乙酸乙烯酯与氯丁胶乳在增黏树脂中直接共混，可以得到初粘力好、耐热和耐水性优异的水分散型接触胶黏剂。

5. 丙烯酸酯聚合物接触胶黏剂

和普通的压敏胶一样，接触型胶黏剂也可以用丙烯酸酯聚合物来配制。丙烯酸系单体种类繁多，不同的丙烯酸系聚合物T_g差异较大，而且丙烯酸系单体与各种乙烯基不饱和单体的共聚特性也有所不同，使该系列产品的物理性质可设计性很强。普通压敏胶与接触型胶黏剂的差别主要表现在聚合物的T_g设计上，接触胶黏剂的T_g需更高一些，以满足其在常温下涂膜不发黏的要求。因此，通过选择软硬单体的最佳配比，控制聚合物的T_g，便可采用丙烯酸系单体制备出性能优异的水乳型接触胶黏剂。

信封封口胶、食品袋的密封胶等冷密封胶也是典型的接触胶黏剂，这类胶黏剂以前常采用天然胶乳作为主要黏料，而目前采用苯丙乳液制得的产品性能更佳。Duct通过对该类型的接触胶黏剂与天然胶乳类密封胶进行对比发现，所合成密封胶的密封强度、粘接力、机械强度、稳定性、氧化稳定性、适用时间等性能参数更优异。

Sanderson等人通过一定的聚合工艺制备出分子量分布较宽的丙烯酸酯聚合物乳液型接触胶黏剂。他们采用多种丙烯酸酯单体制备出高分子量（5×10^2～1×10^5）的乳液聚合物，然后在聚合反应后期加入链转移剂制备低分子量（1×10^5～2×10^6）的聚合物，使二者有机地混合在一起。接触胶黏剂由5%～70%的低分子量聚合物与30%～95%的高分子量聚合物组成，聚合单体主要包括丙烯酸丁酯、丙烯酸-2-乙基己酯等软单体，甲基丙烯酸甲酯、苯乙烯、甲基丙烯酸和衣康酸等不饱和单体以及丁二醇双丙烯酸酯、*N*-羟甲基丙烯酰胺等交联单体与功能单体。

第五节 光学透明胶黏剂

一、概述

1. 光学胶黏剂是用于粘接光学零件的高分子材料

光学胶黏剂既具有好的粘接强度，又具有被粘光学零件的光学性能。通常光学仪器的成像质量和使用性能与光学胶的质量有很大的关系。

据文献资料记载，早在1783年人们就开始用天然树脂作光学胶来粘接光学零件，而且目前仍在继续使用。由于现代光学仪器的发展，要求粘接的光学零件能在高温、低温、高湿、振动和辐射等苛刻条件下工作，而天然树脂光学胶在性能上已不能满足要求，因而使合成树脂光学胶在研究开发和应用方面不断得到发展。

光学胶黏剂胶接方法与机械连接方法相比具有下列特点：

① 能改善粘接件的应力分布状况；

② 可防止两个光学零件连接时产生空气间隙，减少表面光能损失；

③ 由于胶层的补偿作用，可适当降低粘接面的粗糙度，简化光学零件加工过程，节省费用；

④ 用粘接方法可用简单棱镜组装成复杂棱镜；

⑤ 胶接光学零件时，在装备与校正过程中易于对准中心，方便操作；

⑥ 能用于光学零件的表面保护。

2. 光学胶黏剂用于粘接光学塑料

Adel已开始销售一种主要用于聚甲基丙烯酸甲酯（PMMA）的改进型丙烯酸酯胶黏剂。这种胶黏剂可以用于其他的光学塑料，如聚碳酸酯（PC）。在用可见光硬化后，在1300～1500nm的波长范围内，这种新胶黏剂表现出近乎完美的92%的光透射率。当这种胶黏剂用于PMMA或PC时，初始的粘接强度为17MPa，将被粘接的塑料浸入60℃水中超过160h以后仍可保持不变。

一种用加强纯化的胶黏剂制造光学器件的方法。在聚合或交联前除去大于或等于0.1μm的杂质颗粒，通过施加高重力离心力，从前体中分离出杂质颗粒。用纯化的胶黏剂将置于器件光路内的光学组件黏合在一起。经纯化的黏合剂耐受高功率激光的损伤，因为胶黏剂中会吸收和散射激光的杂质颗粒已经被除去。一种制造用于传输光的光学器件的方法，所述光学器件包括多个光学组件，每个组件都有一个光路，所述制造光学器件的方法包括下列步骤：提供包括光散射性杂质颗粒的液体胶黏剂前体；向所述液体胶黏剂前体施加高重力离心力，以除去所述光散射杂质颗粒，制得纯化的胶黏剂；用所述纯化的胶黏剂将多个光学组件中的每一个与多个光学组件中的至少其他一个相黏合，形成该光学器件。

3. 快速固化、低收缩胶黏剂用于光学元件组装

DYMAX OP-67-LS光学机械胶黏剂（optical-mechanical adhesive）粘接光学元件（optical components）时数秒内即可固化。DYMAX OP-67-LS的低收缩（low-shrink）特性消除了固化和随之而来的热循环（thermal cycling）过程中元件可能的移动。DYMAX OP-67-LS 通过暴露在长波UV光和可见光（long wave UV and visible light）下给用户提供“定制固化（cure on demand)”可靠性，允许固化前元件定位灵活性最大化。

OP-67-LS具有极佳的防湿性能（moisture resistance)，非常低的透气性（low outgassing)，与多种基材包括金属、玻璃、陶瓷和聚碳酸酯等都具有良好的粘接性能，可以在许多要求严格的应用下操作使用。该材料还展示出了高深度固化（high depth of cure)。常见应用包括光纤“V”形槽粘接（fiber optic “V” groove bonding)、激光二极管定位（positioning laser diodes)、光纤引线（fiber pig tailing）和收发器灌封（transceiver potting)、VCSEL定位（VCSEL positioning)、放射性设备（active devices）或无源联结器（passive couplers）安装、棱镜（prisms）和其他光学设备装配（optical device assemblies)。

OP-67-LS精密粘接胶黏剂可以在室温下存放一年，在黑暗不见光情形下适用期（pot life）没有限制，和双组分材料（two-part materials）一样没有浪费或报废。

DYMAX还有生产制造完整的UV/可见光固化系统（UV/visible light-curing systems)，和OP-67-LS匹配使用，用于快速的、自动的制造环境，工艺成本低。高密度点光源（high-intensity spot lamps）提供微量胶点最快速的固化，而静止的泛光灯（stationary flood lamps）结合传送带体系提供大面积应用的固化。

安士澳黏合剂特种化工品公司是安士澳公司的子公司之一，也是全球最大的黏合剂产品（adhesive products）及其施胶设备（dispensing equipments）经销商。图3-3为快速固化、低收缩胶黏剂用于光学元件组装。

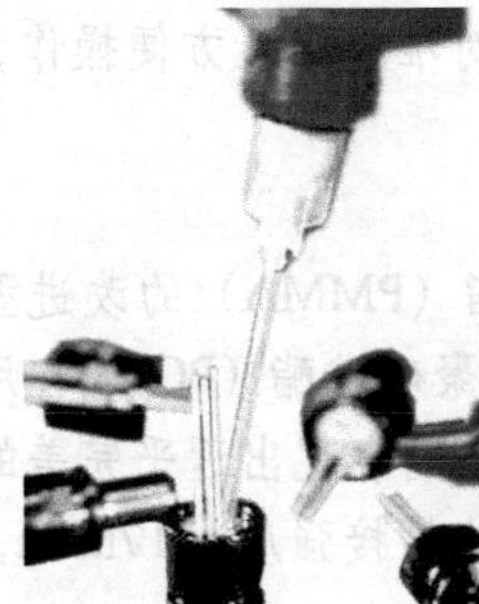

图 3-3 快速固化、低收缩胶黏剂用于光学元件组装

二、几种光学胶黏剂性能比较

毫无疑问，光学胶已广泛用于光学零件的粘接，但对各类胶黏剂进行系统的技术数据比较，却极少见到。S.Wasserman等在这方面进行了一些有益的研究工作。选择了有代表性的环氧胶、聚酯胶、UV-固化丙烯酸、氰基丙烯酸酯和有机硅等10种胶黏剂（如表3-11所示）进行了胶黏剂的光透射性、耐久性、高低温交变性能和

耐湿热性能的试验和比较，这些工作对光学胶黏剂的研究、生产和应用都有一定的参考价值。

表3-11 胶黏剂名称和牌号

编号	胶黏剂名称	固化条件	牌号	生产厂家
1	环氧胶黏剂（柔韧型）	24h/室温	Epotek 310	Epoxy Technology
2	环氧胶黏剂（低收缩型）	24h 室温	Sira optical Cement	Sira
3	环氧胶黏剂	3h/室温	Styeast 1266	Emerson & Cuming
4	环氧胶黏剂	1.5h/60℃	Epotek 353ND	Epoxy Technology
5	聚酯-苯乙烯	4d/室温或 1h/70℃	Lensbond M-62	Summers
6	聚酯-苯乙烯	24h/室温	Lensbond F-65	Summers
7	聚酯-丙烯酸酯	UV 固化/5min	Lensbond UV-71	Summers
8	氰基丙烯酸酯	30s/室温	Zipbond	Tescom Corporation
9	改性丙烯酸	UV固化/5min	Noa61	Narland
10	硅橡胶	24h/室温+4h/65℃	DC-93500（无偶联剂）	Dow Corning

1. 折射性能

几种光学胶黏剂在可见光（0.4～0.7μm）区、接近红外（0.9～1.2μm）区、3～5μm和8～12μm红外区的透射率列于表3-12中。透射率是以相当于NaCl (91.24%)透射率的百分数计算，在每个波长区指出了各种胶黏剂的最小、最大和平均透射率。从表中数值可以看出，没有一种胶黏剂在整个波长（0.4～12μm）范围内都表现出很高的透射率。

表3-12 胶黏剂试样的透射率

胶黏剂	透射率/%											
	波长0.4～0.7μm			波长0.9～1.2μm			波长3～5μm			波长8～12μm		
	最小	最大	平均	最小	最大	平均	最小	最大	平均	最小	最大	平均
环氧Epotek 310	88.6	97.8	93.6	94.2	94.7	94.6	23.0	91.0	78.5	12.0	73.0	44.0
环氧Sira	82.6	90.8	87.6	91.6	91.8	91.6	3.0	78.0	48.0	3.0	25.5	4.9
环氧Stycast 1266	91.8	97.3	95.0	98.9	99	98.9	3.0	82.5	58.2	3.0	54.0	19.6
环氧Epotek 353ND	68.0	96.7	88.7	95.8	95.8	95.8	30.0	81.0	76.3	3.0	66.0	30.9
聚酯-苯乙烯M-62	71.7	89.1	81.7	91.0	93.1	92.7	46.0	90.0	86.5	10.0	80.5	51.6
聚酯-苯乙烯F-65	90.7	97.3	94.4	92.6	93.7	93.1	10.0	85.0	76.2	3.0	59.5	22.2
聚酯-丙烯酸酯UV-71	65.2	81.5	74.2	82.6	87.4	85.1	6.6	80.0	65.2	3.0	33.0	19.4
氰基丙烯酸酯Zipbond	96.2	98.8	96.7	93.7	94.8	94.1	72.5	51.0	90.0	15.0	88.0	63.8
改性丙烯酸Noa 61	90.2	97.8	94.8	94.7	96.3	95.8	18.0	85.6	83.3	3.0	63.0	10.5
硅橡胶DC 93500	86.4	94.6	91.2	93.5	95.3	94.4	5.0	92.6	90.0	3.0	63.5	10.5

在可见光区，多数胶黏剂都有很好的透射性能。UV-固化丙烯酸、室温固化环氧、聚酯-苯乙烯、氰基丙烯酸酯和硅橡胶等胶黏剂的透射率大于90%，其他胶黏剂的透射率小于90%。

在接近红外区，大多数胶黏剂是透明的，透射率为90%，其中一些胶黏剂则大于95%。

在红外区（3～5μm），透射性能较好的胶黏剂是UV-固化丙烯酸、氰基丙烯酸酯、聚酯-苯乙烯和双组分有机硅。这些胶黏剂的透射率为80%左右。

红外区（8～12μm）是聚合物胶黏剂最低透明区，在这一光谱区有极宽的吸收谱带。虽然氰基丙烯酸酯有好的透射率，但是透射率也只有60%左右。其他胶黏剂在这一区域则不适宜用作光学胶黏剂。

2. 高低温交变性能

各种胶黏剂经−20～70℃交变试验后，用视力观察和干涉仪分析的结果列于表3-13中。其中UV-固化丙烯酸、高温固化环氧、双组分有机硅和聚酯-丙烯酸酯胶黏剂有较好的性能。室温固化环氧（柔韧型）、其他室温固化环氧和聚酯-苯乙烯胶黏剂产生轻微光学不平整性缺陷和脱粘现象。其他几种胶黏剂表现出较差的光学性能。

表3-13　胶黏剂耐高低温交变性能　（−20~70℃）

胶黏剂	耐高低温交变性能	
	视力观察	干涉仪分析
环氧Epotek 310	边缘轻微起皱	无变化
环氧Sira	中心有少量气泡	中心有轻微不平整性
环氧Stycast 1266	边缘有小气泡	中心有轻微不平整性
环氧Epotek 353ND	无变化	无变化（处理前出现不平整性）
聚酯-苯乙烯M-62	边缘有小气泡	无变化
聚酯-苯乙烯F-65	边缘有轻微分开	边缘不平整
聚酯-丙烯酸酯UV-71	无变化	无变化
氰基丙烯酸酯Zipbond	边缘有少量气泡	处理前出现不平整性
改性丙烯酸Noa 61	无变化	无变化
硅橡胶DC 93500	无变化	中心轻微出现不平整性

3. 耐湿热性能

各种胶黏剂在50℃和95%RH条件下耐湿热性能列于表3-14中。UV-固化丙烯酸、高温固化环氧、快速固化聚酯-苯乙烯胶黏剂有较好的耐湿热性能。室温固化环氧（柔韧型）、双组分有机硅（DC 93500）和通用型聚酯-苯乙烯胶黏剂产生皱纹和小气泡，有轻微的光学不平整性。低收缩型环氧和聚酯-丙烯酸酯胶黏剂可明显观察到脱粘现象。室温固化氰基丙烯酸酯胶黏剂出现完全模糊状态和大面积脱粘现象。

表 3-14 胶黏剂的耐湿热性能 (50℃，95%RH)

胶黏剂	耐湿热性能				
	处理7天①	处理14天①	处理21天①	处理28天①	处理28天②
环氧Epotek 310	轻微起皱	无进一步变化	无进一步变化	无进一步变化	无进一步变化
环氧Sira	边缘起皱和分开	边缘起皱和分开	大面积分开	无进一步变化	脱粘部分不平整
环氧Stycast 1266	无变化	无变化	无变化	无变化	无变化
环氧Epotek 353ND	无变化	无变化	无变化	无变化	边缘出现变形
聚酯-苯乙烯M-62	边缘轻微起皱	无进一步变化	无进一步变化	无进一步变化	无变化
聚酯-苯乙烯F-65	无变化	无变化	无变化	无变化	边缘轻微出现不平整性
聚酯-丙烯酸酯UV-71	边缘起皱和分开	1/3面积起皱	1/2面积起皱	无进一步变化	大的变化
氰基丙烯酸Zipbond	边缘分开	起泡和分开	起泡和分开	无进一步变化	大的变化
改性丙烯酸Noa 61	无变化	无变化	无变化	无变化	无变化
硅橡胶DC 93500	无变化	中心有气泡	无进一步变化	无进一步变化	无变化

① 视力观察。

② 干涉仪分析。

三、在光学系统中采用的粘接方法

在光学系统中已广泛采用粘接方法如透镜、棱镜和光湿热性试验。本节所讨论的内容将按这些方法进行。

1. 透射性试验方法

用氯化钠作为被粘物制成测定光透射性试验的试样，试样直径为25mm，厚为5mm。由于氯化钠的折射率为1.54，在很宽的光谱范围（0.2～15μm）内是透明的，因此适合用作测定胶黏剂透明性的试样。

把胶黏剂涂在两片NaCl晶体之间，然后使用一专用夹具或仪器确保胶接件在整个固化过程中不发生位移。粘接过程中小心操作，防止被粘物表面污染和粘接件的吸湿作用。粘接后的试样保存在含硅胶的干燥器中。

用Beckman Acta 1V分光光度计测定试样在可见光（0.4～0.7μm）和接近红外（0.9～1.2μm）区的透射性能。用Perkin Elmer283B分光光度计测定试样在3～12μm范围的透射性能。

2. 剪切强度和耐久性试验方法

剪切强度和耐久性试验用的粘接接头试样如图3-4所示。试样由一块25mm×25mm正方形、0.2mm厚的硼硅玻璃（BK-7）和两块25mm宽、100mm长、2mm厚的铝板胶接组成。硼硅玻璃表面用二氯甲烷和异丙醇清洁处理，铝板经铬酸阳极化表面处理。

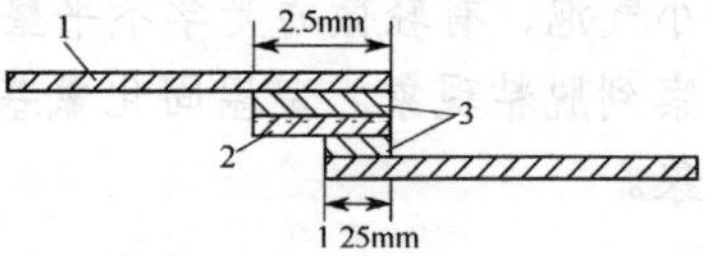

图3-4　粘接接头试样

1—铝板（2024-T351）；2—硼硅玻璃（BK-7）；3—胶黏剂

将试样放在50℃、95%RH环境中暴露28天后，测定试样暴露前后的拉伸剪切强度。

3. 高低温交变试验方法

高低温交变试验用的试样是由两块直径为40mm、厚为2mm的硼硅玻璃（BK-7）板粘接组成。粘接试样暴露在−20～70℃之间，受3次冷热交变循环试验，每一次达到最高温度时，试样保持24h。然后分别用视力观察和用ZYgot Mark I或Mark Ⅱ型干涉仪，分析试样粘接层的不平整性、脱胶和光学性能变化。

4. 耐湿热性能试验方法

用高低温交变试验所用的粘接试样。将试样放在50℃、95%RH的湿/热处理室中，暴露28天，每7天用视力观察试样耐湿热的情况，暴露28天后用干涉仪分析试样的变化。

四、光学胶黏剂的类型及性能

1. 天然树脂光学胶的组成及性能

天然树脂光学胶大部分是用松科的冷杉亚科属的树种所分泌的树脂，经加工制成的，因冷杉属的树脂无结晶性，透明性好，折射率接近光学玻璃，能迅速固化。但耐高低温性能不够理想，低温时胶易产生龟裂，高温易变软，受外力作用易开胶。但从综合性能来看，用于粘接室内用光学仪器仍然是一种较好的光学胶黏剂。

(1) 加拿大香胶　加拿大香胶（或称加拿大胶）是冷杉树脂胶中性能较好、使用历史较长的一种光学胶黏剂。它是由加拿大和美国部分地区的枞树所分泌出的有松叶气味的、黄色或黄绿色的液体树脂，通过蒸汽蒸馏，提取挥发性成分后所剩下的固体树脂。加拿大香胶主要由双萜酸（$C_{20}H_{30}O_2$）组成，其中包括枞酸、新枞酸和去氢枞酸。

加拿大香胶是非结晶性固体，有很好的粘接性和折射率（1.519～1.526），工艺性能也好，但脆性较大，为了提高耐寒性能，通常在制胶时加入4%～12%的增韧剂，如亚麻仁油、桐油、凡士林油和核桃仁油等，其中以亚麻仁油最好。加拿大胶产品有延展型、玻璃态型和液体型，通常用作各种光学零件的胶黏材料，制备方法如下。

① 国内传统制备方法。传统制备方法为二戊铵盐结晶法。

a. 进行松香树脂酸异构；

b. 由异构松香中所含的枞酸与二戊胺反应生成枞酸二戊铵盐，铵盐在醇类溶剂中经多次重结晶后使用冰醋酸酸化获得粗枞酸；

c. 粗枞酸再次重结晶后获得高纯度的枞酸。

② 新制备方法

a. 将10份松香加入5～100份含2～6个碳的有机酸溶剂中，搅拌混匀并加热，使松香全部溶解；

b. 把上步溶解好的松香溶液加入装有固体酸-阳离子交换树脂催化剂的固定床反应器中，固定床反应器保持30～90℃，松香溶液从上至下流过固定床反应器，得到枞酸异构液；

c. 将上步枞酸异构液在室温下静置、结晶、过滤、得到枞酸结晶粗品；

d. 把枞酸结晶粗品用有机溶剂溶解后重结晶，将重结晶后的枞酸晶体经真空干燥后得到纯枞酸。本方法使用固体酸-强酸性阳离子交换树脂做枞酸的异构重排反应催化剂，枞酸产率达到85%以上。

③ 异构化反应法

a. 松香中的枞酸型树脂酸在受热或酸的作用下，会发生异构化反应；海松酸型树脂酸比较稳定。

b. 松香中枞酸型树脂酸遇酸异构，最终的平衡产物是93%枞酸、4%长叶松酸和3%新枞酸。

c. 当温度为200℃时，4种枞酸型树脂酸进行热异构，最终得到的是含有81%枞酸、14%长叶松酸和5%新枞酸的平衡产物。

d. 4种枞酸型树脂酸的异构倾向性并不相同，左旋海松酸最易异构，长叶松酸次之，新枞酸居三，枞酸最稳定。

(2) 冷杉树脂胶　由冷杉树皮树脂囊分泌的树脂加工制成的浅黄色热熔性固态胶，最初由香脂冷杉（abies balsamea）树脂制得。冷杉树脂胶是我国1964年由南京林业科学研究所和四川林业科学研究所，分别用东北东陵和四川岷山冷杉树脂为原料制成的光学胶。制造过程是将冷杉树脂用乙醚稀释，进行水洗除去水溶性树脂酸和其他杂质，使其接近中性（pH=6～7），然后用无水硫酸钠脱水干燥，过滤除去机械杂质后，经减压（1.33×10^3Pa）蒸馏除去溶剂和冷杉油等低沸物，即得冷杉树脂胶成品。根据低沸物除去的程度不同，可制得具有不同硬度的各种牌号的冷杉树脂胶。各种牌号的冷杉胶及其使用性能列于表3-15中。

性能：新鲜冷杉树脂为浅黄色、透明黏稠液体或非结晶性固体，由萜类化合物组成，有好的粘接性能和光学性能，折射率为1.52～1.54，软化点63～72℃，产品有普通胶、增塑剂改性胶和液体胶（70%的二甲苯冷杉胶液，37℃时黏度为60～100Pa · s）。

表3-15 不同牌号的光学冷杉胶及其使用性能

冷杉胶牌号① 新	冷杉胶牌号① 旧	软硬程度	针入度 / (10^{-3}/mm)	胶黏零件直径/cm	耐低温性能 Zh不开胶/℃	胶层厚度 /mm	粘接温度 /℃	退火温度 /℃
JY_3 JY_8	03# 08#	极硬	1～5 6～10	20以下	−40	0.005～0.020	90～120	50
JY_{15} JY_{25}	35# 25#	硬	11～20 21～30	20～50	40	0.01～0.03	80～110	50～60
JY_{35} Zn_{45} Zn_{55}	35# 45# 55#	中硬	31～40 41～50 51～60	50～80	−50～−40	0.01～0.03	80～110	50～60
Zn_{70}	70#	软	61～80	适用于较低温度和直径较大的光学零件	−50	—	80～90	—

① 光学冷杉胶中，还有更软的牌号如R_{90}、R_{110}，因用得太少，故不予列出。

其中挥发部分为冷杉油，约占30%，其主体是单萜烯；不挥发部分为冷杉胶，由中性物和多种树脂酸构成。冷杉胶具有可贵的物理性质：良好的透明度、不结晶、无毒、线膨胀系数小、折射率1.520～1.549、能耐高低温、胶合强度好，并有便于拆胶的特性，是光学玻璃元件良好的胶黏剂，在地质、冶金、煤炭、医学等方面也有用途。按使用要求不同，有的添加增塑剂成为改性冷杉胶，可提高耐寒性和耐冲击性；有的为使用方便，将冷杉胶溶于有机溶剂中，成为液体冷杉胶，用途与冷杉胶相同。

国内已普遍使用冷杉胶代替加拿大胶，用于粘接透镜、棱镜、滤光镜、度盘、分划板、生物制片和医学显微制片等。冷杉树脂胶理化性能比较详见表3-16。

表3-16 冷杉树脂胶的性能比较

性能	胶名称 加拿大胶	胶名称 岷山光学树脂胶	胶名称 东陵光学树脂胶
外观	淡黄色透明固体	淡黄色透明固体	淡黄色透明固体
相对密度（d_{20}）	0.985～0.990	1.050～1.070	—
折射率（n_D^{20}）	1.52～1.54	1.52～1.54	1.51～1.54
软化点/℃	63～75	63～72	—
酸值/（mgKOH/g）	80～96	90	—
剪切强度/MPa	<3.9	<3.9	<3.9
线膨胀系数（0～25℃）/（10^{-4}℃$^{-1}$）	1.51	1.51	2.00
体积收缩率/%	5～6	5～6	5～6
工作温度/℃	−40～40	−40～40	−40～40
中部色散（n_F～n_c）	0.0126	0.0126	0.0126
酯值/（mgKOH/g）	5～10	—	—
皂化值/（mgKOH/g）	93～120	95～20	—
溶解性	不溶于水，溶于醇、醚、苯、氯仿、植物油、乙酸乙酯等		

采集和加工：冷杉属树木的树脂绝大部分贮存在树皮皮层的树脂囊中，其含量

随树种、立地条件和树脂囊大小及所在部位而异。树脂囊最大者长达2～3cm，宽1.5cm，以树干中部的含量较高。一般用尖头采脂工具刺破立木或伐倒木的树脂囊，再用手挤压取得树脂。采脂季节多在5～8月份，雨天不宜采集。林内单株立木采脂量为50～200g，孤立木有时可达500g。树脂不能与铁器接触，以免加深颜色，降低质量，在有色玻璃瓶或陶瓷罐中贮存，贮运中注意防潮、防晒、防火。

用乙酸乙酯或其他有机溶剂溶解冷杉树脂，经粗滤除去杂质，精滤除去细小尘埃，再经蒸馏除去溶剂和挥发部分即得冷杉胶。控制挥发部分的蒸出数量，可得不同硬度的冷杉胶。在精滤前加入不同添加量的增塑剂（如亚麻仁油、癸二酸二辛酯等），可得改性冷杉胶。在蒸馏刚结束呈熔融状态的冷杉胶中，加入过滤后的二甲苯，可得液体冷杉胶；也可将二甲苯直接加入固态冷杉胶中配制。

为适应不同需要，冷杉胶和改性冷杉胶按硬度不同，构成由软到极硬的系列产品。清洁度是评定产品质量的指标之一，以单位体积中含尘埃个数分级。固态胶外观透明，颜色不深于0.05%碘标准溶液。

(3) 中性树胶　中性树胶是用进口的达玛树脂和山达树脂加工制成的，主要成分为达玛烯酸和达玛醇酸（$C_{30}H_{48\sim52}O_2$）及山达海松酸（$C_{20}H_{30}O_2$）等，配成60%二甲苯溶液使用。折射率为1.578，胶层无色透明，无收缩及变黄，无裂纹等缺点，主要用于生物切片，粘接光学仪器上的偏振片、滤光片等，但该胶凝固时间长，粘接强度低，溶剂有毒性。

(4) 中国香胶　因冷杉树脂来源有限，因此世界各国都研究将针叶树分泌的树脂，改性加工成加拿大香胶代用品，以满足光学工业的需要。改性方法是将松脂溶解在非极性溶剂中，用浓硫酸作催化剂，聚合成二聚体。

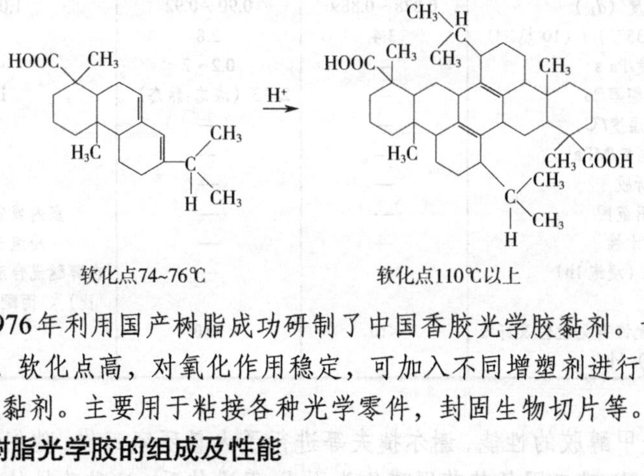

我国于1976年利用国产树脂成功研制了中国香胶光学胶黏剂。该树脂折射率为1.52～1.54，软化点高，对氧化作用稳定，可加入不同增塑剂进行改性，得到不同软化点的胶黏剂。主要用于粘接各种光学零件，封固生物切片等。

2. 合成树脂光学胶的组成及性能

(1) 甲醇胶　俗称冷胶，又称凤仙胶、卡丙诺胶。单体是丁烯炔基异丙醇，折射率1.475～1.477，保存于0℃左右冰箱中备用。在甲醇胶单体中加入1.0%的过氧化苯甲酰精制品经搅拌、加热溶解，根据使用要求，控制预聚合时间至适宜的黏度，胶在室温下能保存<3h。甲醇胶可用于金属、玻璃、云母、塑料、大理石、硬

橡胶、硬纸板和纤维等的粘接。因光学性好，主要用于胶接光学透镜及某些平面镜和棱镜。黏合力强，但脆性较大，固化收缩率大（12%～15%），不耐水蒸气浸蚀。甲醇胶对紫外线很敏感，不宜用甲醇胶胶合透紫外线的光学零件。

甲醇胶是由乙烯基乙炔与丙酮在KOH催化下，合成的二甲基乙烯基乙炔基甲醇。

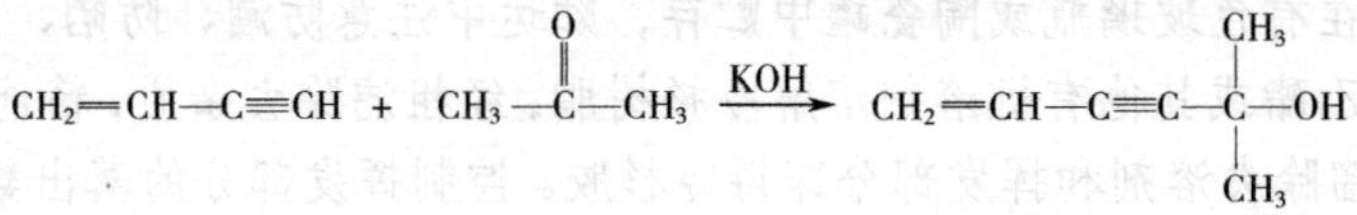

这种甲醇胶因结构式中含有不饱和键，在使用时加入适量的引发剂（如过氧化苯甲酰），使它逐渐发生聚合、交联固化反应，从而达到粘接的目的。

甲醇胶固化后，有很好的透明度和光学均匀性，折射率为1.519，与玻璃相近，胶接强度高，有较好的耐高低温性能。甲醇胶主要用于粘接光学透镜、平面镜和棱镜，是我国光学工业中应用较广泛的胶黏剂之一。但是甲醇胶固化收缩率大（12%～15%），致使粘接接头内应力大，有时会引起玻璃零件变形、像质变坏。另外甲醇胶耐水和耐醇等极性溶剂性能不好。甲醇胶的主要性能列于表3-17中。

表3-17　甲醇胶的物理化学性能

性能	胶状态		
	液态	黏液态	固态
外观颜色	无色	浅黄色	淡黄绿色
折射率（n_D^{20}）	1.475～1.477	1.483～1.490	1.519～1.542
中部色散（$n_F \sim n_C$）	0.0139	0.0134	0.0116
应力	—	—	Ⅲ类
相对密度（d_{20}）	0.878～0.889	0.90～0.92	1.02～1.03
线膨胀系数（0～35℃）/（10^{-4}℃$^{-1}$）	3.4	2.8	1.3
黏度/Pa·s	—	0.2～2	—
体收缩率/%	—	2～3（液态-黏态）	12～15
工作温度/℃	—	—	260
拉伸强度/MPa	—	—	5.24
折胶	—	—	较难
应用范围	—	—	室内或室外作业仪器
耐水性	—	—	浸泡三个月脱胶
耐溶剂性（浸泡1h）	—	—	在醇醚混合液（20：50，体积比）、丙酮、苯中边缘脱胶
清洁度（5cm³胶允许可见尘粒及纤维素）/个	<10	<10	<10

为了改进甲醇胶的性能，谢尔捷夫等进行了大量研究工作。他们采用二环已基过氧化二碳酸酯-对二甲氨基苯甲醛作为引发-促进体系。这种改性的甲醇胶称为凤仙胶-M，其使用工艺是把二环已基过氧化二碳酸酯引发剂溶在一半的甲醇胶中形成A组分，把对二甲氨基苯甲醛促进剂和季戊四醇溶在另一半甲醇胶中形成B组分，A、B两组分分别在2～4℃贮存，使用时现用现配。凤仙胶-M无色透明、无毒

性，用于粘接偏滤光器、棱镜和大透镜及复合透镜。凤仙胶-M和原甲醇胶（凤仙胶）的性能比较列于表3-18中。

表3-18 两种甲醇胶性能比较

性能	凤仙胶-M	凤仙胶
预湿温度/℃	18～26	60～70
预固化温度/℃	18～26	70～80
适用期/min	40～50	120～180
折射率（固态）	1.518	1.519
收缩率/%	10.5	14.0
拉伸强度（M层）	4～6	4～6
耐寒性/℃	-90	-60
耐热性/℃	120	80
热冲击（50～60℃时每度试验8h）	10次循环不开胶	5次循环不开胶
耐湿性（40℃下相对湿度100%）	6～8昼夜无开胶现象	8～10昼夜无开胶现象
胶层光学均匀性	均匀	较差
胶黏的玻璃内应力	无	严重

(2) 环氧树脂光学胶 环氧树脂光学胶由环氧树脂、固化剂和改性剂等组成。环氧树脂主要用黏度较小的液态透明树脂如双酚A环氧（E-51、E-52）树脂和六氢邻苯二甲酸双缩水甘油酯环氧树脂等。这些树脂因含活泼环氧基团，可在室温或加温下与固化剂进行反应。由于环氧树脂的固化是开环聚合，不产生小分子，所以固化后收缩率小、粘接接头内应力也较小。

常用的固化剂有脂肪族二胺和多胺类以及低分子聚酰胺，如己二胺、改性己二胺、二乙烯三胺、多乙烯多胺和650聚酰胺等。这些固化剂特点是与环氧树脂混溶后黏度小，能在室温固化，颜色浅，抗老化性好，近年来也使用螺环固化剂如3,9-双（γ-氨丙基）-2,4,8,10-四氧杂螺环十一烷，它不仅有好的耐光老化性能，而且可降低固化时产生的应力。

改性剂包括稀释剂、增韧剂和偶联剂。稀释剂能降低树脂体系黏度，使操作方便。通常应用的是反应型稀释剂如环氧丙烷丁基醚（501）、乙二醇环氧（512）、二缩水甘油醚（600）、丁二醇缩水甘油醚环氧等。反应型稀释剂除能降低体系黏度外，还因分子中带较长的脂肪族链能起增韧或增塑作用。但它也可能降低环氧胶的热变形温度、力学性能和抗老化性能。增韧剂主要降低环氧胶的模量，增加环氧树脂抗冲击性能和抗裂缝延伸的能力。常用的增韧剂或增塑剂有邻苯二甲酸二丁酯、邻苯二甲酸二辛酯等。为了改善粘接接头的强度和耐湿热性能，也可使用偶联剂如KH-550和KH-560等。

环氧树脂光学胶色泽浅、黏度小、透明度好、折射率与玻璃相近、粘接强度高、耐寒和耐热性能好，使用方便。它主要用于湿热条件下工作或与海雾接触的光学仪器的透镜和棱镜的黏合。

环氧树脂光学胶的品种和性能。在光学工业中，环氧树脂光学胶是应用较广泛的一种胶黏剂，因此国内外都非常重视环氧树脂光学胶的研究和应用。国内常用的环氧树脂光学胶按其环氧树脂结构分为两类：一类为双酚A型环氧树脂胶，如650环氧胶及其GHJ系列胶、GHJ-01环氧胶；另一类为六氢邻苯二甲酸双缩水甘油酯（简称DH环氧）环氧胶，如KH-780及其系列胶。

现将国内几种环氧树脂光学胶配方及性能介绍如下：

① 双组分、快速固化、光学环氧树脂胶302。EPO-TEK302是一种双组分、100%实体、环氧树脂胶，在室温下固化，表现出卓越的光学性能。

EPO-TEK302被推荐用于需要在室温下快速而便利地固化的通用胶，也可用于光纤连接器的装填（backfilling），透镜、滤光镜的固定，以及玻璃、陶瓷、木材、金属、多种塑料的表面涂覆（coating）或密封剂（sealant）。EPO-TEK302的其他应用包括：绑定多层印制板的承压区域、将聚碳酸酯透镜组装到熔凝纤维光学（fused fiber optic）光导的前端面（face plate）、用于水的脱盐作用中所需塑料隔膜的组装。该胶水对防潮及防水特别有效。

EPO-TEK302应全面充分混合后，施加于清洁表面，用于粘接、密封或涂覆。所有表面都应无灰尘、油脂或脱模剂。在多数情况下，简单地用带溶剂的抹布擦拭或脱脂操作已经足够。

② 650复合环氧光学胶

甲组分：	E-51（618）环氧树脂	65份
	690环氧丙烷苯基醚	18份
	邻苯二甲酸二丁酯	17份
乙组分：	651聚酰胺	25份
	二乙氨基丙胺	10～15份
	593固化剂	30～40份

650复合环氧光学胶由甲、乙组分配制而成，它和由它为主体形成的GHJ系列光学胶，具有胶接强度高、耐高低温性能好等特点，但也存在颜色较深、清洁度不高等问题，因此多用作光学装备胶。有关GHJ系列配方及性能可参阅有关书籍。

③ GHJ-01光学环氧胶。GHJ-01光学环氧胶为双组分、常温固化胶，一般用于玻璃零件之间及玻璃零件与金属座之间的胶接，使用温度范围为−60～70℃。

技术条件：

配比：甲：乙=10：3（质量比）。

适用期：25℃，1～2h。

固化条件：室温，24～48h；或室温12h后，再升温至60℃固化6h。

使用方法：

a. 根据用量，按配比用台式天平配胶，用胶棒搅匀，静置片刻。

b. 清洁胶合零件、待用。

c. 在匹配好的零件上滴胶，排气泡。

d. 自检合格后，用夹具定位，擦去余胶，放置于室温固化，或再加热固化。

e. 检验合格入库。

包装与贮存：

a. 100g一套，塑料瓶包装。

b. 贮存于干燥、通风处。

GHJ-01光学环氧胶组分：

CGY-331光学环氧树脂	100份
600二缩水甘油醚	25份
J-207改性己二胺固化剂	46.5份

该光学胶具有色浅、透明度高、粘接性能好、耐高低温（−60～80℃）性能优异等特点，是当前较好的一种光学环氧胶黏剂。它可用于粘接透镜、棱镜和滤光片等各种光学零件。有关650胶和GHJ-01胶的性能比较见表3-19。

④ KH系列光学胶。是以六氢邻苯二甲酸双缩水甘油酯（DH环氧）作为主体环氧树脂，加入环氧化乙二醇聚醚、聚环氧丙烷弹性体和邻苯二甲酸二丁酯等作为增韧剂，用多乙烯多胺固化剂配制而成。KH系列胶粘接性能好、弹性模量低、应力小，但固化时间长，它可用于光学玻璃大面积粘接。

一种综合性能较好的商品化光学结构胶GJJ82-1胶已研制成功。该胶由两组分组成，甲组分为低黏度浅色透明环氧树脂加硅偶联剂；乙组分为二官能度改性胺（H-1）和三官能度改性胺（J230）的混合固化剂。其配比为甲组分：乙组分=2：1（质量比），固化条件为18～25℃/24h或45℃/12h。GJJ82-1胶韧性好、应力小、耐高低温交变，具有良好的抗蠕变性、耐水性、抗湿性。固化后的粘接件可拆卸。它用于线膨胀系数相差较大的光学玻璃与金属零件的粘接。

表3-19 650胶和GHJ-01胶的性能比较

性能	胶种	
	650环氧胶	GHJ-01环氧胶
外观	浅黄色透明液体	近无色透明液体
折射率	1.5000～1.5520	1.55～1.56
使用温度/℃	−65～80	−60～80
拉伸强度/MPa	9.53(K9玻璃互粘,玻璃碎)	>10（玻璃互粘）
剪切强度/MPa	10(K9玻璃与45钢粘接)	—
耐湿性	良好	良好
耐水性	好	好
耐溶剂性	良好	良好
黏度/Pa·s	30～50(20℃)	36（25℃）
透射率/%	>90.8	>92
清洁度	$5cm^3$胶液中,可见尘粒数不多于5个	$1cm^3$胶液中，可见尘粒数不多于1个
环氧值	0.395～0.455	0.52
线膨胀系数/$℃^{-1}$	—	6.22×10^{-2}（−40～30℃的平均值）
固化收缩率/%	2	6

(3) 光学光敏胶　光学光敏胶用作光学胶黏剂的光固化胶。光敏胶主要由光敏树脂、交联剂、光敏剂（或称增感剂）、阻聚剂及某些促进剂等组成。遇光时，光聚引发剂产生自由基和路易斯酸、质子（阳离子聚合型）等活性中心使树脂固化。根据不同要求，为改进收缩率、线膨胀系数及吸水率可加填料；为提高粘接耐久性可添加硅烷偶联剂。常用的光敏树脂有双酚A型环氧树脂或六氢邻苯二甲酸环氧树脂的丙烯酸酯类。光敏胶有单组分和双组分两类。光聚引发剂有紫外和可见光型两类。

① 光学光敏胶的组成。光敏胶（或称光固化胶）由光敏树脂、交联剂、光敏剂和改性剂等组成，它在光（紫外线、可见光）的辐照下发生固化反应，达到粘接的目的。

光敏树脂是光敏胶的主体材料。常用的光敏树脂有双酚A型环氧（甲基）丙烯酸树脂和六氢邻苯二甲酸环氧（甲基）丙烯酸树脂，它们的化学结构式如下：

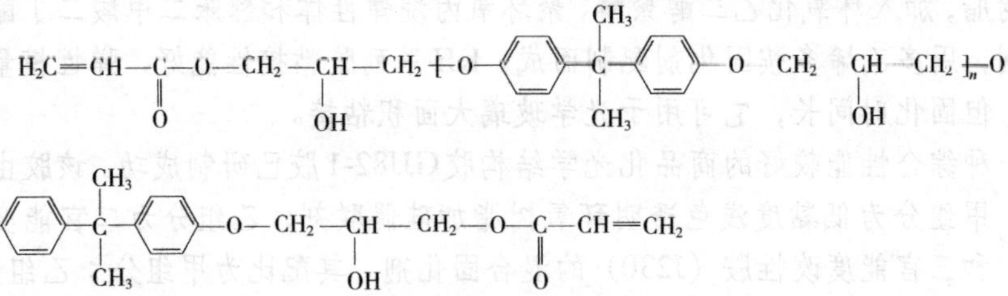

双酚A环氧丙烯酸双酯

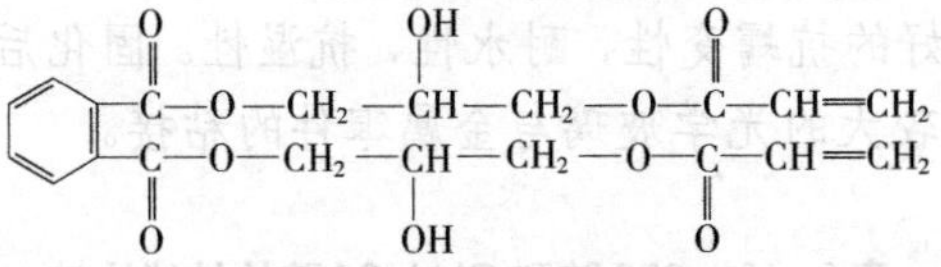

六氢邻苯二甲酸环氧丙烯酸双酯

由于结构中含有羟基、醚键和不饱和键，所以它们具有良好的黏附性和工艺性能，以及较低的固化收缩率。

光交联剂的作用是改善基体树脂的加工性，能溶解基体聚合物，与基体树脂的活性官能团发生交联反应，达到固化的目的。常用的光交联剂有（甲基）丙烯酸及其酯类、苯乙烯、乙酸乙烯酯、氯乙烯、（甲基）丙烯腈和（甲基）丙烯酰胺。

光敏剂的功能是使照射的光能能有效地被树脂吸收，有利于引发光化学反应。通常用的光敏剂有过氧化物、羰基化合物、偶氮化合物、卤素化合物、有机硫化物、有机金属化合物、增感染料、颜料等。其中应用较广泛的为联苯甲酰 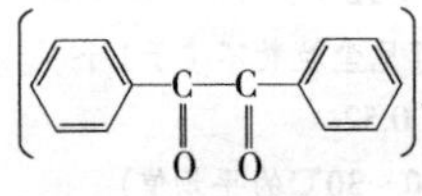、二苯甲酮 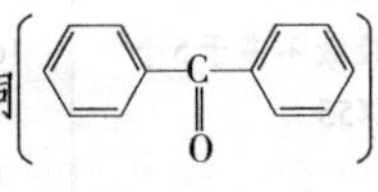、安息香 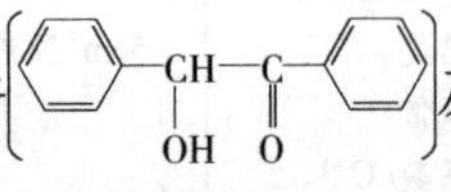 及其醚类化合物。光敏剂的用量应根据配方特点、固化时间和光敏剂类型确定，一般用量为0.01%～5%。

改性剂有用以改善室温贮存性的稳定剂（阻聚剂）；改进胶膜的韧性，减少应力的增塑剂；提高感光速度的促进剂等。常用稳定剂是对苯二酚，它阻缓活性能力强；对叔丁基邻苯二酚，它在60℃时阻聚效果好。稳定剂用量为光敏树脂质量的0.01%～0.20%。增塑剂有邻苯二甲酸二丁酯、聚乙二醇等，用量为1%～2%。促进剂为有机色素增感染料（如维生素B_2）和$SnCl_2$。

光敏光学胶具有环氧树脂的强度高、收缩率小、化学稳定性好的特点，又具有不饱和聚酯树脂的黏度小、浸润性好的工艺性能。因此它是一类较好的光学胶黏剂，主要用于透镜、棱镜和偏振光零件的粘接。

② 光学光敏胶的品种及性能。光学光敏胶分单组分和双组分两类。单组分光敏胶仅经紫外线照射进行交联固化；双组分胶经紫外线照射初固化后，还要经适当加温固化。现将几种国产光学光敏胶品种及其性能简介如下：

GBN-501光学光敏胶，是由光敏树脂、光敏剂和固化剂等组成，用紫外线照射可快速定位，属中温固化的双组分光学光敏胶。

该胶无色透明，具有光学和力学性能优良等特点，主要用于精密光学仪器的透镜、棱镜的胶接，同时还可作为光学仪器的结构胶。

技术要求：

a. 外观：近无色透明。

b. 运动黏度（20℃）：$\leqslant 2\times10^{-6}m^2/s$。

c. 折射率：n_D^{20}（固化后）=1.55。

d. 透射率：可见光大于90%。

e. 应力：一类。

f. 体积收缩率：4.09%。

g. 线膨胀系数：$8.39\times10^{-5}℃^{-1}$。

h. 压缩剪切强度（胶接K9玻璃）：14.9～20.8MPa（玻璃破坏）。

i. 耐高低温：−60～70℃各2h五次循环胶层和光圈无变化，160℃下2h不脱胶。

j. 耐溶剂性能：在水、乙醇和醇醚混合液中5h不变化。

使用方法：

a. 配胶：按光敏剂∶固化剂=4∶1的质量比配胶于玻璃容器中，轻轻摇动使之既不产生气泡又充分混合均匀，在白炽灯光下用6倍放大镜观察无丝状物时即可进行胶接。

b. 胶接：胶接表面用醇醚混合液擦洗干净，然后把胶液适量地滴在胶接面上，并细心地进行胶接，同时挤出胶泡和多余的胶液，使胶层厚度适当且均匀。

c.定中心和定位：根据各种胶合件确定位置。

GBN-502单组分光敏胶：

1号光敏树脂	12份
（环氧树脂与甲基丙烯酸反应产物）	
2号光敏树脂	8份
（环氧稀释剂与甲基丙烯酸反应产物）	

邻苯二甲酸二丙烯酯（DAP交联剂） 4份

邻苯二甲酸二丁酯 0.6份

安息香乙醚 0.2份

GBN-501胶和GBN-502胶的性能列于表3-20中。

表3-20 GBN-501胶和GBN-502胶的性能

性能	胶种	
	GBN-501胶	GBN-502胶
外观	无色（或微黄色）	无色
清洁度	合格	合格
折射率 n_D^{20}（液）	1.5288	1.5308
折射率 n_D^{20}（固）	1.5550	1.5488
固化收缩率/%	4.09	6.2
线膨胀系数（22～45℃）/10^{-7}℃$^{-1}$	547.5	936.1
压缩强度/MPa	18.56	9.3
透射率（白光）	>88%	>87%
应力	Ⅰ类	Ⅰ类
光圈	件一：N=2，ΔN=0.5，胶接25件光圈无变化 件二：N=2，ΔN=0.5，胶接42件均符合技术要求	
耐高低温性能	（1）件一，±60℃五个循环，−60℃和80℃五个循环，胶层无变化；件二，±50℃七个循环后胶面、光圈无变化 （2）高温：160℃胶层无变化；低温：−70℃不脱胶	60℃ −50℃ 未脱胶
耐溶性	（1）醇醚混合液：3h无变化，5h倒边处有个别亮点 （2）无水乙醇：5h无变化	
老化性能（相对湿度98%～100%，时间100h）	5块样品，3块无变化，2块边缘轻微黏胶	水:24h未脱胶
工艺性能	紫外光照射2～5min，60℃固化6h	
贮存期	1年半以上	2年以上

GBN-510双组分光敏胶：

甲组分：双酚A型环氧甲基丙烯酸酯 48.0g

安息香乙醚 0.2g

新戊二醇二缩水甘油醚 8g

邻苯二甲酸二丁酯 8g

乙组分：8053固化剂 适量

（多胺类与环氧化合物的加成物）

使用时按甲：乙=4：1（质量比）均匀配制。粘接好的零件，先用高压汞灯（或紫外灯）照射进行初固化，照射功率100～300W，距离为10～20cm，时间为1～5min，然后再在烘箱内60℃固化6h。该胶可用于透镜、棱镜、光学塑料的粘接，以及用作光学结构胶。

GGJ-1和GGJ-2光敏胶。GGJ-1胶是以六氢邻苯二甲酸环氧丙烯酸酯（即KHG-1光敏树脂）为主体的单组分光敏胶。通常配以稀释剂、交联剂、光敏剂以及改性剂而制成。

GGJ-2胶则是用六氢邻苯二甲酸环氧和双酚A型环氧与丙烯酸作用生成SEG-1光敏树脂，配以交联剂、光敏剂和改性剂而制成。它是一种与冷杉树脂胶性能相似的光学胶黏剂。

GGJ-1胶和GGJ-2胶的性能列于表3-21中。

表3-21　GGJ-1胶和GGJ-2胶的性能

性能	胶种	
	GGJ-1胶	GGJ-2胶
外观	浅色透明液体	淡黄色透明高黏稠固体
折射率 n_D^{20}	1.505～1.524	1.54～1.56
酸值/（mgKOH/g）	1～1.5	1.0～2.0
运动黏度（50℃）/（m^2/s）	2.18×10^{-4}～3.18×10^{-4}	—
收缩率/%	4～6	2～4
压剪强度/MPa	9.5（K9玻璃黏合）	13.7
拉伸强度/MPa	11.5	—
针入度（50g荷重，20℃，5s）/10^{-1}mm	—	100～108
透射率/%	>90	>90
贮存期/年	1	1

KH-820光敏胶。它以环氧丙烯酸双酯为主体成分，在160W汞灯下固化，粘接光学玻璃压剪强度9.8MPa，可见光透射率>90%，热变形温度80℃，可用于透镜、棱镜等光学零件的粘接。

目前，光学光敏胶除了用于透镜和棱镜等光学零件的粘接外，也已开发了一种光通信用的紫外线固化光学胶。它以氟化环氧或氟化环氧丙烯酸酯为主要成分，混合稀释剂、粘接促进剂、光引发剂等制成。胶黏剂黏度为0.3～2.0Pa · s，用10mW/cm^2的UV照射器在室温下辐照5～8min固化。产物的折射率为1.45～1.59，厚1mm片材的透射率（波长0.8～1.55μm）为90%。粘接石英玻璃和BK-7玻璃，粘接强度为8.8～19.6MPa。在60℃水中浸15d或暴露在85℃、85%RH环境中强度不发生变化。

(4) 光学有机硅胶　光学有机硅胶是一种有机硅弹性体，由乙烯基二甲基硅氧烷和甲基乙烯基硅氧烷在氯铂酸催化作用下，与含氢硅氧烷化合物进行反应而制得。经固化后的硅橡胶，因结构中含有大量的硅氧键，因此与玻璃有较高的粘接性，有较高的透明性，一般透射率≥90%，折射率为1.41左右，使用温度在−55～180℃，主要用于飞机防弹玻璃的有机粘接层及粘接光学镜片，特别适用于透紫外线薄型光学零件和平面光学零件的粘接。

① 性质

延伸率/%	252
模量（100%延伸）/MPa	1.9
黏合模度	100%黏附
剥离强度/（kN/m）	1.9

② 制法。光学有机硅胶是一种有机弹性体，由乙烯基二甲基硅氧烷和甲基乙烯基硅氧烷在氯铂酸催化作用下，与含氢硅氧烷化合物进行反应而得到。

③ 用途。用于制造由玻璃、丙烯酸或聚碳酸酯组成的层压板中间夹层材料，这种胶黏剂有很好的黏结强度和透明度，层压板用作高速低空飞行的飞机上的挡风屏和座罩。

国内光学有机硅胶的牌号有GN-581、GN-585和KH-80。它们的组成、性能与应用列于表3-22中。

表3-22　几种光学有机硅胶的组成、性能及应用

项目	胶种		
	GN-581	GN-585	KH-80
组成	加成型硅凝胶双组分胶液(M 和N)	加成型硅凝胶双组分胶液(M和N)	甲：硅橡胶　乙:硫化剂
配比	M：N=1：1	M：N=1：1	甲：乙=1：1
固化条件	4～8h/25℃	24h/室温	室温呈中性
性能			
透射率/%	≥88	≥90	>90（透紫外线）
拉伸强度/MPa	1.2	3.9	
伸长率/%	≥150	≥80	−65～200
使用温度/℃			
用途	飞机防弹玻璃胶合层	光学仪器胶接与密封	光学仪器与夹层玻璃胶接与密封

一种光学构件用胶黏剂组合物，含有（甲基）丙烯酸系聚合物和有机溶剂，其中，所述（甲基）丙烯酸系聚合物作为单体单元含有60%以上的具有碳原子数为1～9的烷基的（甲基）丙烯酸烷基酯，且重均分子量在150万以上，分子量在10万以下的成分的比例在20%以下，当构成上述（甲基）丙烯酸系聚合物的主要单体单元的均聚物的溶解度参数为δ_1时，具有使溶解度参数之差（$\delta_1-\delta_2$）达到1.7～5的溶解度参数为δ_2的弱溶剂的含量为上述有机溶剂的总量的20%～60%。

美国道康宁公司开发了一种光学透明有机硅胶，它可用于制造由玻璃、丙烯酸或聚碳酸酯组成的层压板中间夹层材料，这种胶黏剂有很好的粘接强度和透明度。层压板用作高速低空飞行的飞机上的挡风屏和座舱罩。有机硅胶中间夹层片材的性能如表3-23所示。

表3-23 有机硅胶中间夹层片材的性能

项目	最小值	最大值	项目	最小值	最大值
邵氏A硬度	20	80	撕裂强度/（kN/m）	7.0	48.2
拉伸强度/MPa	1.03	12.4	片材宽度/cm	16	152
相对伸长率/%	300	1100	片材表面	平光	压花
模量（100℃应变）/MPa	0.27	2.59	厚度/cm	0.635	2.54

为了改善被粘材料因存在不同的热膨胀系数和粘接材料固化收缩所产生的应力，Clark等发明了一种固化后具有很好的韧性、能消除应力、可用于光学玻璃和有机聚合物粘接的光学透明有机硅胶。这种可固化有机硅胶由下列组分通过共混而制得。

A组分：端基为二甲基乙烯基硅氧烷的聚二甲基硅氧烷，黏度为30Pa · s。

B组分：基于A组分质量的33%的三有机硅氧烷单元和SiO_2单元组成。每摩尔SiO_2单元含0.7mol的三有机硅氧烷。三有机硅氧烷单元是由三甲基硅氧烷单元和二甲基乙烯基硅氧烷单元组成的，共聚物中含有1.4%～2.2%（质量分数）的硅连接的乙烯基。

C组分：一种交联剂，它是由端基为三甲基硅氧烷的二甲基硅氧烷/甲基氰基硅氧烷组成的共聚物。共聚物含64%（摩尔分数）的甲基氰基硅氧烷单元和0.8%（质量分数）的硅连接的氢原子。

D组分：端基为羟基的聚甲基乙烯基硅氧烷，每克分子含13个重复单元。

E组分：黏度为12Pa · s的聚二甲基硅氧烷，其中7.5%（摩尔分数）的端基为三甲基硅氧基，其余为硅醇基。

F组分：由25%（质量分数）的B组分、75%（质量分数）的端羟基聚二甲基硅氧烷（数均分子量40000）和聚合度为4～30的环状聚二甲基硅氧烷组成的混合物。

由上述组分组成的光学透明有机硅胶的配方和性能分别列于表3-24和表3-25中。

表3-24 光学透明有机硅胶的配方

试样号	配方组成（质量份）						铂催化剂量/份	$SiOH/Me_2SiO$端基聚合物
	A	B	C	D	E	F		
1	52.10	17.36	6.30	1	0	23.14	0.1	0
2	52.58	17.53	5.40	1	2	21.05	0.1	0.3
3	52.53	17.50	5.50	1	5	18.70	0.1	0.75
4C	53.15	17.72	4.55	0	5	18.98	0.1	0.75
5C	66.27	22.09	5.50	1	5	0	0.14	0.75
6C	66.65	22.21	5.50	1	10	0	0.14	1.5
7	59.15	19.71	6.00	1	14	0	0.14	2.1
8	56.98	18.99	5.90	1	17	0	0.14	2.6
9	52.49	17.50	5.50	1	23	0	0.14	3.5
10C	52.73	17.57	5.70	0	0	23.4	0.14	0

表3-25 光学透明有机硅胶的性能

试样号	延伸率/%	模量（100%延伸）/MPa	黏合模度	剥离强度/(kN/m)	试样号	延伸率/%	模量(100%延伸）/MPa	黏合模度	剥离强度/(kN/m)
1	252	1.9	100%黏附	1.9	6C	256	0.3	黏合	1.3
2	364	1.1	100%黏附	2.5	7	312	1.8	100%黏附	3.4
3	363	1.1	100%黏附	3.2	8	285	1.6	100%黏附	3.6
4C	231	2.5	100%黏附	2.5	9	299	1.2	100%黏附	2.4
5C	405	1.0	黏合	1.1	10C	111	3.8	黏合	0.7

在表3-25中，试样4C表明当未加入聚甲基乙烯基硅氧烷（D组分）时，它具有低的延伸率、高的模量和较差的黏合性能（与试样3比较）。

试样5C和6C表明，当可固化有机硅胶黏剂配方中没有足够浓度的硅醇基团时，虽然模量和延伸率能满足要求，但黏合性能较差。

试样10C为仅含有端基硅醇聚二甲基硅氧烷（F组分）作为黏合促进剂的，未改性有机硅胶黏剂的对比性能。

(5) 含氟脂环聚合物光学胶　含氟脂环聚合物光学胶，通常要求单体是具有对称全氟碳碳双键结构的化合物（如 $CF_2{=}CFOCF_2CF_2CF{=}CF_2$、$CF_2{=}CFOCF_2CF{=}CF_2$ 等），或含氟碳碳双键与碳氢双键对称结构化合物（如 $CF_2{=}CFO{-}CF_2CF_2CH{=}CH_2$ 等），或含氟环状结构化合物（如 ），单体分子两端碳碳双键连接的直链原子数以2～7个为宜，原子数太多或太少都不利于环化聚合。单体中含氟量为10%以上，氟含量太少不能发挥氟元素的特征。最有代表性的单体是对称全氟乙烯丙烯醚（$CF_2{=}CFOCF_2CF{=}CF_2$）和对称全氟乙烯丁烯醚（$CF_2{=}CFOCF_2CF_2CF{=}CF_2$）。因为这类单体有很好的环化聚合性能和能防止凝胶化现象产生。

合成含氟脂环聚合物的化学反应有环化聚合反应和环状单体聚合反应。

环化聚合反应：

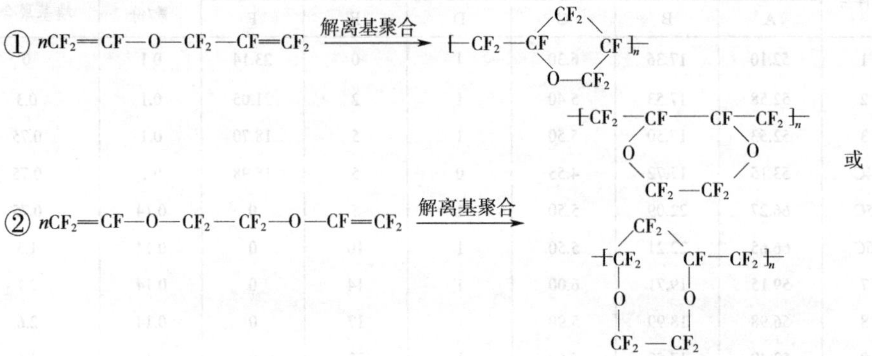

环状单体聚合反应：

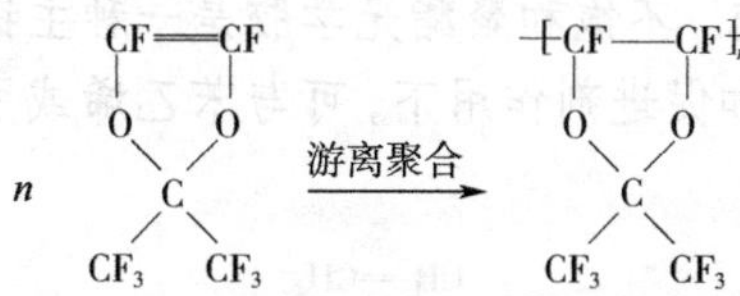

现介绍两种含氟脂环聚合物光学胶的制备方法和性能。

① 对称全氟乙烯丙烯醚的聚合物合成及性能：

配方组成：

对称全氟乙烯丙烯醚	35g		
去离子水	150g		
三氯三氟乙烷	5g	引发剂$(C_3F_7\overset{O}{\overset{\|}{C}}O)_2$	35mg

合成方法：将上述原料加入200mL耐压玻璃高压釜中，先用氮气置换3次，然后在26℃下进行悬浮聚合23h，得到28g聚合物。

聚合物性能：用全氟（2-丁基四氢呋喃）（FC-75）作溶剂，在30℃测定聚合物的特性黏度为0.53mL/g，聚合物玻璃化温度为69℃，在10%的热分解温度为462℃，聚合物呈无色透明玻璃状，折射率为1.34，光线透射率为95%。

光学胶的配制与粘接，用对称全氟乙烯丙烯醚聚合物5份（质量份），含氟化合物溶剂95份（质量份）配成光学胶黏剂，该胶用于胶接透镜，胶接好的透镜在320nm波长下透射率为88.8%，用加拿大香胶粘接的透镜，在320nm波长下透射率低于74.3%。

② 对称全氟乙烯丁烯醚的聚合物合成及性能：

配方组成：

对称全氟乙烯丁烯醚	35g	引发剂$(C_3F_7\overset{O}{\overset{\|}{C}}O)_2$	70mg
去离子水	150g		

合成方法：将上述原料加入200mL耐压玻璃高压釜中，用氮气置换3次，25℃下悬浮聚合48h，得到21g聚合物。

聚合物性能：用FC-75作溶剂在30℃下测定聚合物的特性黏度为0.35mL/g，聚合物玻璃化温度为106℃，折射率为1.34，光线透射率为95%。

光学胶的配制与粘接，用对称全氟乙烯丁烯醚聚合物5份，含氟化合物溶剂95份，配制成光学胶，用该胶粘接的透镜，在320nm波长下透射率为88.5%。

综上所述，含氟脂环聚合物光学胶因分子结构中含有氟原子，它不仅有折射率低、透明性好等特点，而且有好的耐药品性、耐紫外线和抗污染等特性，因此是一种有开发价值的光学胶新品种。

(6) 其他合成树脂光学胶

① 不饱和聚酯光学胶。不饱和聚酯光学胶是一种主链上含有酯键和不饱和键的线型聚合物，在引发剂和促进剂作用下，可与苯乙烯或甲基丙烯酸酯单体进行室温交联固化反应。

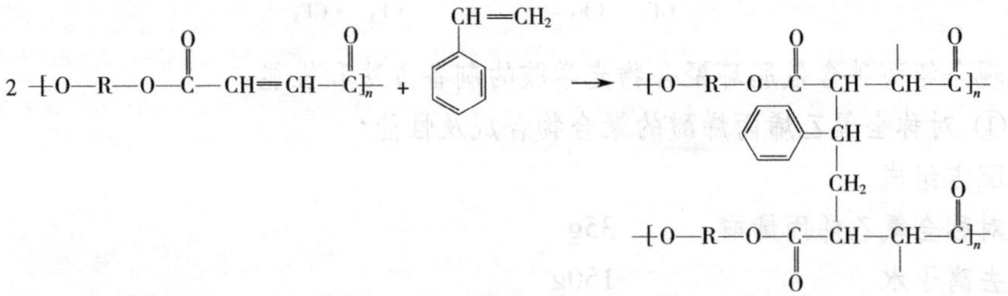

这种光学胶颜色浅，室温固化，折射率为1.513～1.533，透射率≥92%，粘接强度为11.8～14.7MPa，收缩率为3%～5%，−69～70℃六次循环不脱胶。

② 聚氨酯光学胶。聚氨酯光学胶是一种韧性好的胶黏剂，通过调节分子链中的软性链段和硬性链段的不同结构，可得到不同性能的光学胶。采用脂环族异氰酸酯代替常用的芳香族异氰酸酯，可提高胶的耐光老化和湿热老化性能。

国内有JTA-80透明聚氨酯胶片产品，它无色透明，韧性好，透射率(2.2mm厚)90%，抗拉强度19.6～24.5MPa，相对伸长率200%，邵氏硬度80，主要用于安全玻璃的夹层材料。

③ 聚乙酸乙烯酯光学胶。聚乙酸乙烯酯光学胶是由乙酸乙烯加入邻苯二甲酸二丁酯，在过氧化二苯甲酰引发下聚合而制得的，该胶在室温下是透明固体物，无色无味无毒，对光稳定性好，折射率为1.490（折射率可用增塑剂进行调整），用于偏光显微镜上的尼科耳棱镜的粘接。

④ 聚乙烯醇缩丁醛光学胶。聚乙烯醇缩丁醛光学胶是由聚乙烯醇与丁醛进行缩醛化反应而制得的。它是一种透明的弹性体，软化点65℃，平均聚合度1500，缩醛度65%左右，对玻璃粘接性能好，主要用于安全玻璃的中间夹层薄膜。

五、光学胶的应用及品种

1. 光学胶

光学胶（光学零件胶合用胶）是一种与光学零件的光学性能相近，并具有优良胶接性能的高分子物质。它可以把两个或多个光学零件胶合为能满足光路设计要求的光学组件；或利用它来实现对高精度光学标尺、滤光器等保护玻璃的胶合。光学仪器成像质量和使用性能的好坏， 与光学胶的质量和性能密切相关。

(1) 技术要求

① 无色透明，在指定的光波波段内光透过率大于90%，并且固化后胶的折射率与被粘光学元件的折射率相近；

② 在使用温度范围内胶接强度良好；

③ 胶的模量低，固化后延伸率大，同时固化收缩率小，不会引起光学元件表面的变化；

④ 吸湿性小；

⑤ 耐冷热冲击、耐振动、耐油、耐溶剂等，耐光老化、耐湿热老化等；

⑥ 操作性能好；

⑦ 在维修时，可用简单的方法分离；

⑧ 对人体无害或低毒性。

(2) 分类　光学胶可分为天然树脂光学胶和合成树脂光学胶两大类。

天然树脂光学胶，是采用松科的冷杉亚科属的树种分泌的树脂或针叶树种分泌的树脂，经加工制成的。冷杉属的树脂，具有天然的不结晶性，折射率接近于光学玻璃，透明度高，并能迅速固化，便于拆胶返修等特点。天然树脂光学胶包括加拿大香胶、冷杉树脂胶、中性树胶和中国香胶。

① 加拿大香胶。采用加拿大或美国部分地区的加拿大香胶冷杉树脂，经加工而成。它是固体非结晶性物质，具有很好的粘接性能和合适的折射率，通常用作光学零件的胶合材料。

作为光学胶的加拿大香胶，有德国的"E · Mer-ck"、英国的"B · D · H"显微镜试剂等品种，有延展型、玻璃型及液体型三类。它的综合性能好，胶合的光学零件中心走动与开胶现象较少。

② 冷杉树脂胶。采用东陵冷杉和柔毛冷杉的树脂加工而成。其主要成分与加拿大香胶相似，为浅黄色玻璃状非结晶性物质，具有很好的粘接性能，其折射率为1.52～1.54，软化温度为63～72℃，分为普通型、添加增塑剂的改性型及液体型三种，前两种固体胶按针入度值分若干牌号，以示其硬度。用于光学零件胶合的多为改性型胶。

③ 中性树胶。一般采用达玛树脂和山达树脂制成，配以60%的二甲苯溶液，折射率为1.578，干燥后，凝结成无色透明胶层，没有收缩、变黄、纹裂等弊病。主要用于生物切片。过去曾用于光学偏振片、滤光器保护玻璃的胶合，由于干燥时间长，粘接强度低，毒性大，已很少使用。

④ 中国香胶。即光学树脂胶，是利用我国针叶树脂开发的新胶种，作为加拿大香胶的代用品。针叶树脂，经聚合后，具有较高的软化温度，对增塑改性有较大的调制幅度，从而扩大它的使用温度区间，其高温性能较冷杉香胶有所改善。其外观为浅黄色玻璃状固体，折射率为1.52～1.54，按软化温度，分成若干牌号。主要用于光学零件胶合，封固生物切片，磨制地质标本等。

2. OCA光学胶应用

OCA（optically clear adhesive）是用于胶接透明光学元件（如镜头等）的特种胶黏剂。要求无色透明、光透过率在90%以上、胶接强度良好，可在室温或中温下固化，且有固化收缩小等特点。

(1) 技术要求　OCA光学胶是重要触摸屏的原材料之一。是将光学亚克力胶做成无基材，然后在上下底层，再各贴合一层离型薄膜，是一种无基体材料的双面贴合胶带。它是触控屏的最佳胶黏剂。

简而言之，OCA就是光学透明的一种特种无基材的双面胶。

其优点是高清澈度、高透光性（全光穿透率>99%）、高黏着力、高耐候、耐水性、耐高温、抗紫外线，厚度受控制，可提供均匀的间距，长时间使用不会产生黄化（黄变）、剥离及变质的问题。

(2) 分类　OCA光学胶分为两大类，一类是电阻式的，一类是电容式的。电阻式的光学胶按厚度不同又可分为50μm和25μm的，电容式的光学胶分为100μm、175μm、200μm、250μm的。OCA光学胶按照厚度不同可应用于不同的领域，其主要用途为：电子纸、透明器件粘接，投影屏组装，航空航天或军事光学器件组装，显示器组装，镜头组装，电阻式触摸屏G+F+F、F+F、电容式触摸屏、面板、ICON及玻璃以及聚碳酸酯等塑料材料的贴合。用于胶接透明光学元件（如镜头等）的特种胶黏剂要求具有无色透明、光透过率在90%以上、胶接强度良好、可在室温或中温下固化且固化收缩小等特点。有机硅橡胶、丙烯酸型树脂及不饱和聚酯、聚氨酯、环氧树脂等胶黏剂都可胶接光学元件。在配制时通常要加入一些处理剂，以改进其光学性能或降低固化收缩率。适合于固定移动机器的显示周边的各种薄膜、屏幕（丙烯酸玻璃屏幕、触摸屏幕等）的粘接。

(3) 优点

① 减少眩光，减少LCD发出光的损失，增加LCD的亮度和提供高的透射率，减少能耗；

② 增加对比度，尤其是强光照射下的对比度；

③ 面连接有更高的强度；

④ 避免牛顿环；

⑤ 产品表面更平整；

⑥ 无边界，扩大可视区域。

(4) 选择

① 粘接材料的厚度、硬度；

② 是否粘接ITO层；

③ 是否粘接PC、PMMA；

④ 是否需要填充油墨层；

⑤ 耐老化性要求。

(5) 应用种类

① 软基材对软基材贴合、卷对卷、卷对片贴合设备较成熟；

② 软基材对硬基材贴合、单片贴合一般有定位精度要求，根据精度要求可能使用手工贴合；

③ 硬基材对硬基材贴合，一般使用CEF贴合难度最大，不能手工贴合。

设备种类：真空贴合机、滚轮式贴合机。

3. 紫外固化光学胶NOA68性能及应用

NOA68光学胶是一种透明、无色、在紫外线照射下固化的液态光聚物。因为它是单组分固化胶且是100%实体，只要黏合处能被紫外线照射，在黏合光学部件时，它便显现出许多突出优点。使用NOA68胶省去了其他光学黏合系统中通常需要的预混合、干燥或热固化等操作，并且固化速度极快，固化速度取决于应用厚度和施加紫外线的能量。它是针对塑料表面的胶黏剂，对玻璃和金属也有很好的黏合力，可以用来黏合三种材料的混合物，耐温可达125℃。

NOA68胶是一种针对多种塑料的改进型胶黏剂，塑料例如聚碳酸酯、丙烯酸、乙酸-丁酸纤维素。除了塑料之外，NOA68胶在黏合玻璃和金属时也有很好的黏合力，并且可以将塑料、玻璃、金属三种材料黏合在一起。建议用NOA68粘接复合塑料透镜、在玻璃或塑料之间覆压偏振膜、将塑料透镜粘接到金属或塑料框架上以及粘接外表玻璃。

NOA68胶通过紫外线固化，完全固化的推荐能量为4.5J/cm^{2}的长波长紫外线，在350～380nm具有最大吸收。大部分玻璃和多种透明塑料在该波长范围可以透过紫外线，尽管也有小部分透明塑料含有紫外吸收剂。吸收剂会减少或隔绝紫外线，减慢或阻止固化。设计时要注意，系统中必须至少有一片基片能穿透紫外线才能使胶黏剂固化。

可以用来固化胶黏剂的光源有太阳光、汞灯和荧光、黑光灯等。

完全固化后，NOA68具有非常强的黏合力和溶剂抵抗力，但还没有达到对玻璃的最佳粘接效果。经过1星期老化，在玻璃和胶黏剂之间形成化学键，才会形成最佳粘接。在50℃温度条件下老化12h也可获得最佳粘接。

老化后，玻璃黏合可经受-80～90℃的温度变化，而未经老化的玻璃和塑料黏合可经受-15～60℃的温度变化。某些情况下，当胶黏剂作为薄膜或涂层时，可经受125℃的高温，这取决于具体应用。

NOA68粘接物可以用氯基溶液（如亚甲基氯）分离。通常，如果仅仅是在预固化后，黏合面浸在溶剂里一个晚上就可以分离，更长的时间则取决于固化的程度和固化面积的大小。必须注意：亚甲基氯可能会浸坏多种塑料。

NOA68光传输性能如图3-5所示。

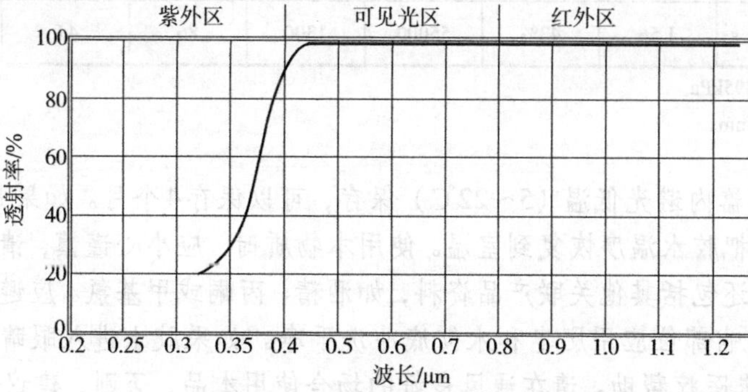

图3-5　NOA68光传输性能

4. 紫外固化光学胶NOA71性能及应用

紫外固化光学胶NOA71是一种透明、暴露在长波紫外线下即可固化的液态光聚物。这种胶黏剂是单组分、100%实体，具有光学透明、快速固化以及在宽温度范围内长期稳定等优点。使用NOA71胶省去了其他光学黏合系统中通常需要的预混合、干燥或热固化等操作。

此光学胶可提供对玻璃、金属、玻璃纤维、玻璃填充塑料等表面的强力黏合，典型应用于覆叠太阳能电池、全息板、平板显示器以及触摸屏，或者用于金属或玻璃表面的透明涂层。老化后可承受−100～125℃的温度。

NOA71采用315～400nm的长波长紫外线进行固化，365nm具有吸收峰值。完全固化所需要的能量为3.5J/cm^{2}紫外线。

如果需要在几秒钟内完全固化，必须使用装有中压水银灯泡或Fusion Systems公司的“D”型灯泡的装在传送带上的光源。低光强光源如荧光、黑光灯在10～15min内也可以完成全部固化。

紫外线的均匀照射从固化过程的一开始就是必需的，以便使压力和张力最小化。如果没有做到这一点，在以后的日子里，可能出现黏合分离的情况。这种胶黏剂的线性收缩量约为1.5%，均匀的固化将使得表面一起向里移动一点，而不需要外部压力。

完全固化后，NOA71具有非常强的黏合力和溶剂抵抗力，但还没有达到其最佳粘接效果。NOA71内含粘接促进剂，对玻璃、玻璃填充或陶瓷绑定提供最大粘接力，并具有最好的湿气抵抗性。该粘接促进剂在固化以后便开始工作，在室温下一周后便提供额外强度。将黏合好的光学器件加热至50℃并持续12h也可加速这个过程。NOA71的黏合物开始时能承受−15～60℃的温度，老化后可承受−100～125℃的温度，NOA71的性能如表3-26所示。

表3-26 NOA71的典型数据

实体	黏度(25℃)	固化聚合物折射率	拉伸极限	弹性模量/psi	抗拉强度/psi	邵氏硬度	介电常数(1MHz)	介电强度/(V/mil)
100%	200mPa·s	1.56	43%	55000	1300	86	4.0	456

注：1. 1psi=6.895kPa。
2. 1mil=0.0254mm。

在原装容器内避光低温（5～22℃）保存，可以保存4个月。如果是冷藏保存，使用前，请先把胶水温度恢复到室温。使用本物质时，应小心谨慎，请先阅读材料安全数据表，还包括其他关联产品资料，如酒精、丙酮或甲基氯。应避免长时间皮肤接触，受影响部位应用肥皂和水彻底冲洗干净。如果胶水进入眼睛，用水冲洗15min，并寻求医疗帮助。请在通风良好的场合使用本品，否则，建议使用NIOSH认可的有机物蒸气防毒面具。

NOA71光传输性能如图3-6所示。

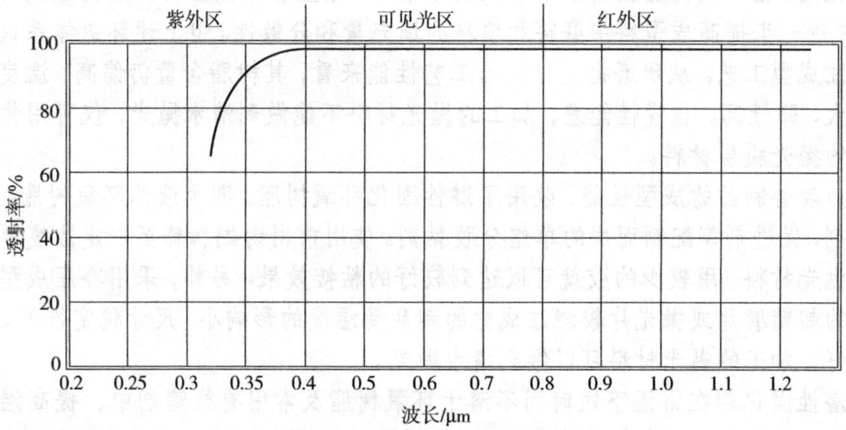

图3-6 NOA71光传输性能

六、光学胶黏剂在光学加工研磨抛光材料中的应用

1. 概述

光学加工高效生产用研磨抛光材料的超精磨片、抛光片，是用于光学零件研磨及抛光的工艺性材料。其基本组分分别以金刚石微粉或氮化硼、碳化硼微粉及氧化铈或氧化铁抛光粉为磨料，加入无机填料及其他助剂，借助胶黏剂将其粘接起来，并经冷压成型后固化处理，使其成为具有一定形状的研磨抛光材料。胶黏剂在研磨抛光过程中起粘接支撑磨料的作用。

稳定、持续的研磨抛光能力，除与光学加工铣磨以及超精磨工艺、抛光工艺的成熟和所达到的精度相关外，粘接研磨抛光材料使用的胶黏剂及用量最为重要。胶黏剂用量又与胶黏剂的形态有关。借助溶剂配制成胶黏剂溶液，才有可能在研磨抛光材料中用较少量的胶黏剂，并做到使胶液均匀地分散、制作出表观质量和使用性能都好的超精磨片和抛光片。

2. 光学胶黏剂的选择及应用

胶黏剂的选择与用量的确定，主要依据以满足成型的加工工艺要求，并赋予研磨材料一定的强度、耐磨性、自锐性和硬度等性能进行选择。胶黏剂用量与胶黏剂的形态有关，如用固体粉末或黏稠态的胶黏剂，必须加入较多的胶才能满足成型料的配制及成型加工工艺，以制得质量较好的超精磨片和抛光片。

通过多年的经验总结，研磨材料使用的胶黏剂，用单组分环氧树脂胶或热塑性酚醛树脂较好；抛光材料使用的胶黏剂以热塑性酚醛树脂或天然的紫胶树脂，并借助适当的溶剂配制成胶黏剂溶液使用比较合适。

(1) 环氧树脂胶黏剂　作为研磨抛光材料胶黏剂的环氧树脂，主要是双酚A缩水甘油醚型。为了提高磨料和填料在超精磨片及抛光片中的填充量和分散性，一般是用黏度低、流动性好的液体环氧树脂，并使用反应热小、适用周期长、毒性低的固化剂。在环氧树脂胶料中添加钛偶联剂后，能显著降低磨料和填料造成的高黏度，并进一步提高成型料中磨料和填料的填充量和分散性。但上述环氧体系仅能采用浇注成型工艺。从研磨抛光材料的工艺性能来看，其树脂含量仍偏高，温度特性变化大、弹性高、自锐性能差，加工的抛光材料不能做到清水抛光，仅可用作高速抛光的抛光膜层材料。

为改善制品的成型性能，改用了潜性固化环氧树脂，即由液体环氧树脂、潜性固化剂、促进剂等配制而成的单组分胶黏剂。使用前用丙酮稀释至一定浓度再配制研磨抛光材料，用较少的胶就可以达到较好的粘接效果。另外，采用冷压成型工艺加工的超精磨片或抛光片较浇注成型的制品受温度的影响小、尺寸稳定性好、自锐性能好，加工的抛光材料可以做到清水抛光。

潜性固化剂在常温下短时间不溶于环氧树脂及常用有机溶剂中，提高温度才能使其逐渐溶解于环氧树脂中，并随之开始交联固化。

(2) 酚醛树脂胶黏剂　用作粘接研磨抛光材料的胶黏剂，主要是热塑性酚醛树脂，即苯酚甲醛树脂或聚酚醚树脂（新酚树脂）。用无水乙醇为溶剂与其配制成树脂溶液，加入可与之反应的多聚甲醛或六次甲基四胺等变定剂后，则缩聚反应能继续进行，直到形成体型结构的聚合物。用于粘接磨料和抛光材料的物质，一般采用六次甲基四胺固化热塑性树脂，这是因为该树脂便于冷压成型，固化时不放出水，制品的刚性好。

(3) 缩醛树脂胶黏剂　缩醛树脂即聚乙烯醇缩醛，它是热塑性线型高分子化合物，其分子结构中除不同含量的缩醛基外，尚含有部分羟基以及少量的乙酰基。其中所含的极性基团，赋予胶黏剂很好的化学活性和很好的粘接性。因此，聚乙烯醇缩醛的性能与这些基团的含量有关。

聚乙烯醇缩醛在不添加其他化学物质进行改性时，仍保持热塑性树脂的性能。所以，用聚乙烯醇缩醛（主要是聚乙烯醇缩甲醛或聚乙烯醇缩丁醛）粘接的抛光片，经冷压成型、固化处理后，其树脂仍保留热塑性的特点。

(4) 紫胶树脂胶黏剂　紫胶树脂（又名虫胶树脂）是一种紫胶虫寄生在某些树种的枝条上，吮吸树汁后分泌出的一种紫红色有黏性的天然树脂，它的主要组成物质是由一些羟基酸的内酯构成的固体溶液，是多种不同羟基酸的聚酯混合物。一般认为是由羟基脂肪酸和半萜酸构成的一个具有弹性的格网，空隙中含有乙酸酯及游离乙酸等一些低分子脂肪酸酯的混合物，其中某些低分子脂肪酸起一定内增塑的作用。

加工后的紫胶树脂具有热塑性及热固性的双重性能，因此，其热性能比较突出。它在常温下是固体，其软化温度为72～75℃，一般加热到70℃以上时开始软化，随着温度升高逐渐熔化，冷却后恢复固体状。紫胶树脂的热塑性或热固性主要取决于加热温度对其聚合作用的影响。温度低于110℃基本上是热塑性的；温度升高到120℃以内聚合作用很慢，当温度高于120℃至135℃时，其由熔融态迅速变稠，失去流动性，最后聚合成一种硬化的不溶不熔物。此过程呈现热固性，紫胶树脂在加热聚合过程中伴有脱水现象，这可以看成是紫胶树脂分子结构中的羟基与羧基的相互反应，缩聚成高分子聚酯，这种缩聚反应在通常情况下是不可逆的。

紫胶树脂受热逐渐聚合，其物理化学性质也随之发生变化。利用这种特性，在加工光学抛光片时可根据光学零件的性质和硬度，选择适当的加热温度使紫胶树脂具有热塑性或热固性。通常，缩聚反应温度低于110℃，因此，用于粘接抛光磨料的紫胶树脂仍具有热塑性和酸性树脂的特点，以制得质地优良的抛光片，利于加工质软或光学稳定性较差的光学玻璃零件。

(5) 环氧-酚醛树脂胶黏剂　这是一种用酚醛树脂固化环氧树脂的胶黏剂，其兼具两种树脂的优点。为了克服液体环氧树脂在加工研磨抛光材料时带来的性能上的不足，常以固体环氧树脂代替。

用作环氧树脂固化剂并为之改性的热塑性线型结构的酚醛树脂，其分子结构中不含羟甲基，但基于酚醛树脂中的羟基可以和环氧树脂起醚化反应，亦可看作是环氧树脂与线型酚醛树脂的嵌段共聚。它是通过酚核上的羟基与环氧基作用，合成耐热性很好的嵌段共聚物。因此，线型结构的酚醛树脂可以固化环氧树脂。它们在加热条件下相互反应，形成高度交联的体型结构聚合物，这个固化体系既为环氧树脂保持了良好的粘接性，又为酚醛树脂提供了高的机械强度。

选用高分子量固体环氧树脂与低分子量的固体线型酚醛树脂，分别用气流法粉碎成精细的树脂粉末，以制备研磨抛光材料成型料。经冷压成型及后固化处理，制作的研磨抛光材料结构紧密、强度高，只是在制作工艺上没有单组分环氧胶黏剂方便。

其实，作为一般光学用研磨抛光材料无须使用这样高强度的胶黏剂，而将其用在金属研磨抛光材料上就很有必要。

(6) 酚醛-缩醛树脂胶黏剂　酚醛-缩醛树脂胶黏剂采用的并非甲阶酚醛树脂，而是线型结构的热塑性酚醛树脂。掺入少量的聚乙烯醇缩丁醛进行改性，可改善酚醛树脂的脆性及吸水性，并降低成型料压制时的成型压力。用于改性酚醛树脂的聚乙烯醇缩丁醛的分子结构中含有一定的羟基，有利于在乙醇中溶解，并与酚醛树脂有很好的相容性，加入变定剂在交联过程中也不会离析出来。若不加入变定剂，其固化时仍保持热塑性。因此，在使用中常利用它的这一行为，人为地控制其热塑性或热固性的物性，用于调整粘接磨料或研磨抛光材料的硬度及其热学、力学性能，得到不同性能的固化产物，以适应光学零件加工中的软质玻璃零件或硬质玻璃零件和化学稳定性差的玻璃零件的研磨抛光需要。

总之，利用溶剂制备胶黏剂溶液，并以其配制研磨抛光材料成型料，是制作优质研磨抛光材料的工艺基础，它决定了研磨抛光材料的成型加工方法及其制品的特性。因此要求我们必须熟悉和掌握多种胶黏剂的性能，同时可根据被加工的光学零件的材质、特性，制订出不同的配比工艺，这样才能有效提高光学零件的加工质量。

第六节 无机胶黏剂

一、概述

由无机物制成的胶黏剂，也称无机胶。广义地讲，硅酸钠、矿渣水泥、硫黄、石膏等古老的无机粘接材料也属无机胶范畴；狭义地讲，通常多指磷酸锌-硅酸盐、氧化铜-磷酸、耐热硅酸盐等反应型无机胶。其中，氧化铜-磷酸无机胶的配制和使用方法是：在磷酸溶液（加有氢氧化铝）中，按比例加入特制的氧化铜粉，混合均匀，涂刷在经粗糙化的粘接面上，胶层由于氧化铜、磷酸、磷酸铝之间的化学反应而固化，形成牢固的粘接接头。

无机胶黏剂的制备与应用：凡以无机物如磷酸盐、硅酸盐、硫酸盐、硼酸盐、金属氧化物等为黏料配制成的胶黏剂称为无机胶黏剂。无机胶黏剂具有悠久的历史，自有机高聚物胶黏剂开发应用以来，无机胶黏剂应用范围越来越小，到20世纪60年代末期，科学技术对高温领域中的材料及材料间的连接提出了一系列苛刻要求，而相对于有机高聚物来说，无机胶黏材料具有耐高温（500℃以上）、不燃烧、抗老化等优点，因而重新受到人们的重视。近年来无机胶黏剂方面的研究得到很大进展，在无机、有机胶黏材料的结合上也做了不少工作。

二、无机胶黏剂的特点与分类

1. 特点

一般来说，无机胶黏剂具有以下特点：

① 耐高温，无机胶黏剂本身可承受1000℃左右或更高的温度。

② 抗老化性好。

③ 收缩率小。

④ 脆性大，其弹性模量比有机胶黏剂高一个数量级，故无机胶黏剂套接强度高，硬度大；而平面对接、搭接、冲击、剥离强度较低。改进的办法有：

a. 使其形成无机大分子，如Si—O—Si、P—O—P键；

b. 在无机胶黏剂中引入有机改性组分。

⑤ 抗水、耐酸碱性差。目前，我国研制成功的陶瓷胶黏剂是具有陶瓷结构的耐热无机胶黏剂，其固化物一般为多晶复合体系。这种胶黏剂的主要特点是耐高温（达1000～3000℃），同时具有抗氧化、绝缘、耐腐蚀、耐磨损及超硬等特点。

2. 分类

无机胶黏剂一般可分为气干型胶黏剂、水固化型胶黏剂、低熔点玻璃、金属焊料、反应型胶黏剂及牙科用水泥六类。

(1) 气干型胶黏剂　水玻璃（硅酸钠）等水溶性硅酸盐随着水分的蒸发而固化。这类胶黏剂可用于粘接木材、纸张等多孔性材料，但耐水性较差。

(2) 固化型胶黏剂　氧化铝水泥、石膏等因生成水合物而固化，其中氧化铝水泥固化快，高温性能和耐腐蚀性能优异，在高温下发生烧结反应而形成粘接，可用在铸造模具上；镁水泥是因水合反应而快速固化的高强度水泥，在200℃下失去结晶水。反应式如下：

$$MgCl_2+3MgO+11H_2O \longrightarrow MgCl_2 \cdot 3Mg(OH)_2 \cdot 8H_2O$$

260℃时强度降低50%，耐酸性和耐水性较差。

(3) 低熔点玻璃　玻璃焊料广泛用于真空技术中玻璃、陶瓷、金属的密封。在以$PbO\text{-}B_2O_3$为基体的玻璃中，加入SiO_2和Al_2O_3等成分可提高其耐水性。如100～200目$PbO\text{-}B_2O_3\text{-}ZnO$、$PbO\text{-}B_2O_3\text{-}ZnO\text{-}SiO_2$、$PbO\text{-}B_2O_3\text{-}SiO_2\text{-}Al_2O_3$等粉末可制成糊状，也有不用PbO而以ZnO为主要成分的无铅低熔点玻璃。这些玻璃的软化温度为300～600℃，焊接温度为400～600℃，其耐热温度低于软化温度。焊接后进一步加热时，在玻璃中可析出0.02～20μm微晶，可粘接耐高温的结晶型玻璃，用在彩电显像管上。

无机胶黏剂
- 热熔型：包括低熔点金属（焊锡、银焊料）、玻璃、硫黄等
- 空气干燥型：包括可溶性硅酸盐等，如水玻璃。粘接时失去水分或溶剂固化
- 水硬型：包括石膏、硅酸盐水泥、矿渣水泥、铝酸盐水泥等，与水反应而固化
- 化学反应型：包括硅酸盐类、磷酸盐类、胶体二氧化硅等，主要是与水之外的物质反应而固化

(4) 金属焊料　450℃以下低熔点焊料的代表是焊锡（Pb-Sn），而银焊料（Ag-Cu-Zn-Cd-Sn）可用于450℃以上的场合。目前，正在开发能粘接玻璃或陶瓷的Pb-Sn-Zn-Sb系列的焊药。

(5) 反应型胶黏剂　硅酸盐系列、磷酸盐系列、胶态硅石系列都属于反应型胶黏剂。这些胶黏剂在固化剂作用下或在加热时发生反应而固化，粘接强度、耐热性、耐水性好，操作简便，通常由粘接剂、固化剂、骨材、必要的固化促进剂、分散剂和颜料等配制而成。作为粘接剂的是硅酸盐、磷酸盐、胶态硅石、烷基硅酸盐等。固化剂有金属、金属氧化物、金属氢氧化物、硅氟化物、磷酸盐、硼酸盐等。骨材有氧化铝、硅石、氧化锆、氧化镁等高温性能良好的氧化物、碳化物、氮化物。反应型胶黏剂有三种类型：①单一型，即一种液体；②混合型，即使用前将两种液体混合；③固体粉末，使用时加水调成糊状。

(6) 牙科用水泥　很久以来，人们使用的有代表性的牙科用水泥是磷酸锌水泥。ZnO-MgO体系烧结粉末（通常10μm以下）与磷酸混合几分钟即可固化，其粘接主要不是依靠化学结合力，而是物理结合力，即机械嵌合力。

牙科用硅酸盐水泥，是硅酸铝玻璃粉末和含铝、锌离子的磷酸混合，数分钟即可固化。氟离子使玻璃往硅酸胶体中分散，使从玻璃溶出的Al^{3+}、Ca^{2+}与磷酸反应而固化。它是一种磷酸盐胶黏剂和玻璃粉末组成的复合体。

三、反应型胶黏剂的组成

反应型胶黏剂的特点是耐热性、耐水性、耐久性好，易操作。主要有两大系列

的胶黏剂：

(1) 硅酸盐系胶黏剂　其一般式为 $M_2O \cdot nSiO_2$ (M：Li、Na、K)，n 是变量。这类胶黏剂便宜，可大量使用。固化剂是金属氧化物、金属氢氧化物、硅化物、硅氧化物、磷酸盐和硼酸盐。

(2) 磷酸盐系胶黏剂　其一般式为 $MO \cdot nP_2O_5$。固化剂是金属氧化物、金属氢氧化物、硅酸盐和硼酸盐。

表 3-27 和表 3-28 列出了硅酸盐和磷酸盐胶黏剂、固化剂。

反应型胶黏剂的骨材与胶黏剂、固化剂一起构成重要成分。添加骨材的目的是：①提高固化物的凝集力，降低固化时的收缩率，增加粘接强度；②添加耐热高强度的骨材可提高耐热粘接强度；③使被粘接物和胶黏剂的热膨胀系数一致，从而提高耐热粘接强度；④提高耐水性和耐酸性。在高温下，稳定的骨材有硅石、氧化铝、氧化锆、锆石、碳化钛和氮化硼等。

表 3-27　硅酸盐及其固化剂

硅酸盐	粘接性 Na>K>Li 耐水性 Li>K>Na
硅酸盐固化剂	硅酸锂 $Li_2O \cdot nSiO_2$ 金属粉末 Zn 金属氧化物 ZnO、MgO、CaO、SrO、Al_2O_3 金属氢氧化物 $Zn(OH)_2$、$Mg(OH)_2$、$Ca(OH)_2$、$Al(OH)_3$ 硅酸钠 $Na_2O \cdot nSiO_2$ 硅氟化物 Na_2SiF_6、K_2SiF_6 硅化物 $CaO \cdot SiO_2$、FeSi,$Al_2O_3 \cdot SiO_2$ 磷酸盐 $AlPO_4$、$Al(H_2PO_4)_3$、$Mg(H_2PO_4)_2$、$AlPO_3$、$ZnO \cdot P_2O_6$ 硅酸钾 $K_2O \cdot nSiO_2$ 无机酸 H_3PO_4、H_3BO_3 硼酸盐 KBO_2、CaB_4O_7 硅酸季铵盐 $(H_4N)_2O \cdot nSiO_2$ 有机化合物 OHC—CHO

表 3-28　磷酸盐及其固化剂

磷酸盐	粘接性 M=Al>Mg>Ca>Cu>Zn 耐水性 M=Ca=Zn>Mg>Al 强度 M=Al>Mg>Ca
磷酸盐固化剂	正磷酸盐 MH_2PO_4、M_2HPO_4、M_3PO_4 金属氧化物 MgO、CaO、ZnO、Al_2O_3、Fe_2O_3、TiO_2、ZrO_2 金属氢氧化物 $Mg(OH)_2$、$Ca(OH)_2$、$Zn(OH)_2$、$Al(OH)_3$ 焦磷酸盐 $M_2H_2P_2O_7$、$M_4P_2O_7$ 含镁的硅酸盐 MgO、SiO_2 三亚磷酸盐$(MPO_3)_3$ 硼酸盐 B_2O_3、Al_2O_3、B_2O_3 聚偏亚磷酸盐$(MPO_3)_n$ 金属盐类 $AlCl_3$、$Zn(CH_3CO_2)_2$、$ZnSO_4$、$MgCO_3$

四、无机胶黏剂的应用及存在问题

无机胶黏剂具有不燃烧、耐高温、耐久性好的特点，而且原料资源丰富、不污染环境、施工方便，是一类大量使用、有发展前途的胶黏剂。一般耐温 800℃以上，极限至 3000℃。

一般来说，无机胶黏剂可在室温至 350℃下固化，有的使用温度可达 1000℃以上。因此，这些胶黏剂已广泛用于需要耐热性的各行各业中。

1. 电子和电器部件

用于荧光显示管内电极的固定、热电偶的涂覆、各种陶瓷和金属材料的粘接等。

2. 陶瓷

用于陶瓷元器件组装、炉子和耐火材料内衬物的粘接，以及各种耐腐蚀涂层的粘接等。

3. 其他

用于气体装置和暖房设备等需要的耐热部件的粘接和阻止金属氧化涂层等。

在应用上无机胶黏剂也存在一些问题，如气密性不太好；吸湿引起电阻下降；常温固化难以获得物性良好的材料等。

目前，无机胶黏剂正向结构胶黏剂和功能胶黏剂发展，这对于开发宇航、飞机、汽车和电子等广大市场是非常有利的，并已广泛应用于金属、陶瓷等各种材料的耐热粘接。无机胶黏剂与其他新型无机材料一起，将成为 21 世纪最有发展前途的新材料之一。

五、常用的无机胶黏剂品种

1. 硅酸盐类胶黏剂

硅酸盐类胶黏剂一般以碱金属硅酸盐为黏料，加入固化剂和填料等而成。碱金属硅酸盐可用通式 $M_2O \cdot nSiO_2$（n 为二氧化硅与碱金属氧化物的物质的量的比值，俗称模数）表示。黏料除 Na、K、Li 的盐类外，还可采用季铵、叔胺及胍等的硅酸盐。粘接性能一般钠盐>钾盐>锂盐，耐水性则相反。这些性能也和 SiO_2/M_2O 的模数 n 有关。以硅酸钠为例，粘接强度以 n 为 2.5～3.2 时最高，耐水性则以 n 为 4～5.5 时最高。硅酸盐胶黏剂的固化剂有 SiO_2、MgO、ZnO 等金属氧化物，氢氧化铝、氟硅酸钠、硼酸盐、磷酸盐等。填料一般选氧化硅、氧化铝、莫来石、碳化硅、氮化硼、云母等粉状、鳞片状物质。常用于金属、陶瓷、玻璃的粘接，耐温高达 1500～1700℃。

典型配方剖析如表 3-29 所示。

表 3-29　硅酸盐胶黏剂典型配方分析

配方组成/质量份		各组分作用分析
硅酸钠	100	黏料，起黏附作用

续表

配方组成/质量份		各组分作用分析
二氧化硅	50	填料，降低固化收缩率
氧化锌	50	固化剂，与硅酸钠反应固化
氧化镁	30	固化剂，与硅酸钠反应固化

2. 磷酸盐类胶黏剂

磷酸盐胶黏剂可用通式 $MO \cdot nP_2O_5$ 表示，当M为离子半径小的金属（如铝）时粘接性能好。胶黏剂由酸式磷酸盐、偏磷酸盐、焦磷酸盐或直接由磷酸与金属氧化物、卤化物、氢氧化物、碱性盐类、硅酸盐、硼酸盐等的反应产物为基料组成。根据使用目的可加入填料，填料大致与硅酸盐胶黏剂相同。

磷酸盐类胶黏剂有硅酸盐-磷酸、酸式磷酸盐、氧化物-磷酸等。与硅酸盐胶黏剂相比，一般有耐水性更好、固化收缩率小、高温强度大以及在较低的温度下固化的优点。磷酸盐胶黏剂可用来粘接金属、陶瓷、玻璃等。典型配方剖析如表3-30所示。

表 3-30　磷酸盐胶黏剂典型配方分析

配方组成		各组分作用分析
氧化铜	400g	氧化物，与磷酸反应生成磷酸铜
磷酸	100mL	与氧化铜反应生成磷酸铜
氢氧化铝	6g	主料，加入磷酸中制成磷酸氢氧化铝液
固化条件		先在40～50℃下烘1h，再在80～120℃下烘2～3h

磷酸盐类胶黏剂的使用注意事项：

① 在使用无机胶黏剂时，要比有机胶黏剂更加注意接头形状的选择。

② 应用无机胶黏剂对物体进行粘接时，要求被粘接面粗糙一些。

③ 磷酸-氧化铜无机胶中的氧化铜，若用市售的化学纯、分析纯氧化铜，烘干水分就可使用，但强度不高，若想达到高的粘接强度，须经高温灼烧处理。

④ 无机胶黏剂中若需要加入填料时（如铁粉、石棉粉、玻璃粉等），必须在当胶液调成浓胶后再加入，其用量要适中，否则，粘接强度不高。

六、无机胶黏剂的制备方法研究

所谓胶黏剂是指通过黏附作用，能使被粘物结合在一起的物质，属合成材料。它以黏料为主剂，配合各种固化剂、增塑剂、稀释剂、填料以及其他助剂等配制而成。由于其品种繁多，组分各异，目前尚无统一的分类方法。按过去人们习用的方法主要从如下四个方面对其进行简单分类：按化学成分胶黏剂可分为无机型和有机型，前者主要成分为一些无机盐、金属氧化物等，而后者又细分为天然系列和合成系列，主要成分均为一些高分子的有机化合物等；按形态胶黏剂又可分为水溶型、乳液型、固态型等；按用途胶黏剂又可分为结构用型、非结构用型和特种用型等；而按应用方法则又可将胶黏剂分为热固型、热熔型、压敏型和室温固化型等。

多年来，人们对有机胶黏剂的研究和报道较多。但是由于无机胶黏剂具有不燃烧、耐高温、耐久性好，且原料资源丰富、经济，不污染环境，制造及施工方便、应用范围广等优点，正日益受到人们的重视。这里将较详细介绍这类胶黏剂的种类、用途以及几种典型胶黏剂的制备原则、方法、性能和应用领域。

1. 热熔型

这类胶黏剂是指黏料本身受热到一定程度后即开始熔融，然后润湿被粘材质，冷却后重新固化达到粘接目的的一类胶黏剂，其主要特点是除具有一定的粘接强度外，还具有较好的密封效果。其中应用较普遍的为焊锡、银焊料等低熔点金属。而以 $PbO-B_2O_3$ 为主体，按适当比例加入 Al_2O_3、ZnO、SiO_2 等制成的各类低熔点玻璃经适当热处理后形成的具有微细的陶瓷状结构的玻璃陶瓷作为这类胶黏剂的一个分支也正日益广泛地应用于金属、玻璃和陶瓷的粘接，真空密封等领域上。

2. 空气干燥型

这类胶黏剂是指胶黏剂中的水分或其他溶剂在空气中自然挥发，从而固化形成粘接的一类胶黏剂。最具有代表性的当属俗称水玻璃的碱金属硅酸盐类胶黏剂，可表示为 $M_2O \cdot nSiO_2$，M 代表钾、钠、锂等金属离子，这类胶黏剂因具有制造过程简单、使用方便、安全无毒等优点而广泛用于纸制品、包装材料、建筑材料等领域。

3. 水硬型

这类胶黏剂是指遇水后即发生化学反应并固化凝结的一类物质，主要包括石膏、各类水泥等，广泛应用于建筑行业上，由于其应用领域的单一性及人们对其机理等的认识程度的逐渐深入等，目前，这类无机胶凝材料已自成体系。

4. 化学反应型

这类胶黏剂是指由胶料与水以外的物质发生化学反应固化形成粘接的一类胶黏剂。固化温度可以是室温也可以是300℃ 以下的中低温，固化时间随固化温度的高低而有所不同，从几小时到几十小时不等。这类胶黏剂的显著特点是粘接强度高、操作性能好、可耐 800℃ 以上的高温条件等。该类胶黏剂属无机胶黏剂中品种最多、成分最复杂的一类，主要包括硅酸盐类、磷酸盐类、胶体二氧化硅、胶体氧化铝、硅酸烷酯、齿科胶泥、碱性盐类、密陀僧胶泥等，其中有一些的粘接机理至今仍处在研究、探讨阶段。

下面着重介绍硅酸盐和磷酸盐两类典型的化学反应型胶黏剂的制备原则、方法、性能和应用领域。

(1) 硅酸盐类胶黏剂　这类胶黏剂是以碱金属以及季铵、叔胺和胍等的硅酸盐为黏料，按实际情况需要适当加入固化剂和填料调和而成。其固化剂主要包括二氧化硅、氧化镁、氧化锌、氢氧化铝、氟硅酸盐、硼酸盐、磷酸盐等。填料的选取原则是加入该种填料后胶黏剂的线膨胀系数与被粘物的基本一致，保证在高温下使用时不至于产生过大热应力而破坏粘接，此外填料本身还应具有较高的机械强度、较好的耐热和耐水性，并能降低胶黏剂固化时的收缩率等性能，如氧化硅、氧化铝、莫来石、碳化硅、氮化硼和云母等。

这类胶黏剂粘接强度较高，耐热、耐水性能较好，但耐酸碱性能较差，可广泛用于金属、玻璃、陶瓷等多种材料的粘接。

具体实例：将作为固化剂的320目石英粉（氧化硅）预先在700～800℃下脱水1h，与作为填料的320目氧化锆按3∶2的比例混匀，再和作为黏料的40°Bé中性水玻璃调和在一起，即成一种硅酸盐类胶黏剂。为避免固化时水分蒸发过快而产生大量气孔降低粘接强度乃至粘接失败，粘接时胶黏剂涂在粘接件上后先在室温下自然干燥24h，然后再缓慢升温至400℃并保持一段时间，这样粘接的效果最好。该胶黏剂可用于金属的轴套式粘接以及玻璃、陶瓷等制品的粘接，当用于陶瓷制品的粘接时其拉伸强度可达1.96～2.94MPa。

(2) 磷酸盐类胶黏剂　磷酸盐类胶黏剂是以浓缩磷酸为黏料的一类胶黏剂，主要有硅酸盐-磷酸、酸式磷酸盐、氧化物-磷酸盐等众多的品种，可用于粘接金属、陶瓷和玻璃等众多材质。它们与硅酸盐类胶黏剂相比，具有耐水性更好、固化收缩率更小、高温强度较大以及可在较低温度下固化等优点。其中氧化铜-磷酸盐胶黏剂是开发最早、应用最广的无机胶黏剂之一。据考证，秦始皇兵马俑博物馆中出土的秦代大型彩绘铜车马的制造中，就已使用了磷酸盐无机胶黏剂。分析出土的铜车马部分银件连接处的白色块状物，发现其成分与现代的磷酸盐胶黏剂基本相同。而现代的氧化铜-磷酸胶黏剂应用最广泛的领域是耐高温材料的粘接上。其中添加一些高熔点的氧化物如氧化铝和氧化锆等所组成的配方，可耐1300～1400℃的高温，这是其他任何有机胶黏剂所无法达到的。

具体实例：向100mL磷酸中加入5～10g作为缓冲剂的氢氧化铝，具体加入量要视使用时室温及氢氧化铝质量而定，一般当室温为80℃时可加入8g，置烧杯中不断搅拌，并加热至260℃，冷却后即为黏料。作为固化剂的氧化铜是由可溶性铜盐与碱反应制得，再经920℃左右的高温处理，过200目筛。粘接时将浓缩磷酸与特制氧化铜调和在一起，涂在被粘物上，固化后即达到粘接的目的。被粘物件可承受1000℃以上的高温，如连接方式为套接或槽接时，剪切强度一般可达70～80MPa或更高。

该类胶黏剂现已广泛用于工具和机械设备的制造和维修、兵器生产、仪表元件、钻探等各类金属粘接中。据报道，该种胶黏剂在机械加工业上各种刀具与刀体、小砂轮与砂轮轴、研磨器的油石与研磨棒、量具测头与测杆的粘接；石油仪表中要求有一定强度、耐高温性、绝缘性和密封性的蒸发棒头部的粘接；布氏硬度计压头上金刚石的粘接以及整流器元件、瓶罐、高压电磁管的密封等诸多方面上已取得相当满意的应用效果。

综上所述，虽然无机胶黏剂不像有机胶黏剂的品种那么多，但也自成一体，现已广泛应用于玻璃、陶瓷、纸制品、包装材料、建筑材料、金属、非金属、合金等多种材质的粘接上，应用领域也非常宽阔，可用于粘接刀具、量具、仪器仪表、精密工具、夹具以及管路和元件密封补漏等，而且它们用于粘接的许多优异性能是有机胶黏剂所无法实现的。

七、无机胶黏剂的配制与使用

无机胶黏剂主要用于金属、玻璃、陶瓷等无机材料的粘接。无机胶黏剂的耐热性、不燃性、耐久性及耐油性比有机胶好得多。无机胶黏剂耐高温（900℃以上）、强度高（其抗压强度为90.0MPa，抗拉强度为14.5MPa，抗剪强度为58.9MPa）。

一般无机胶黏剂可在400～1300℃下工作，但其耐碱性能较差，性脆，其粘接接头不耐冲击、剥离和疲劳。

另外，无机胶黏剂由于耐水、耐油、操作简单、修理成本低等特点，被广泛用于粘补汽车上高温条件下工作的零件，如填补缸盖裂纹、胶接排气歧管等，此外，还可用于镶螺塞、堵住管接头渗漏和套接零件等。

采用套接（图3-7）和嵌接接头（图3-8）可以克服无机胶性脆及平面粘接强度低的缺点。如氧化铜-磷酸无机胶用于钢质的轴与孔的套接时，压缩剪切强度达100MPa。无机胶已成功地用于火箭、导弹以及常用的燃烧器的耐热部件的粘接；用于加热设备的陶瓷和金属部件的装配固定；也广泛用于各种刀具、量具、管轴等零部件的粘接与修复。

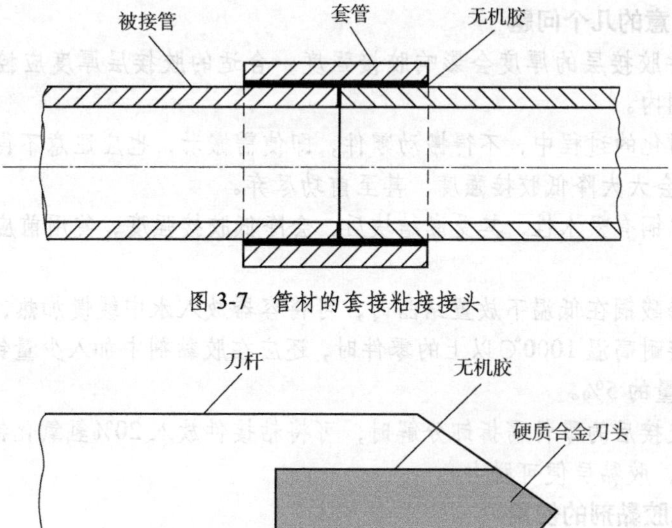

图3-7　管材的套接粘接接头

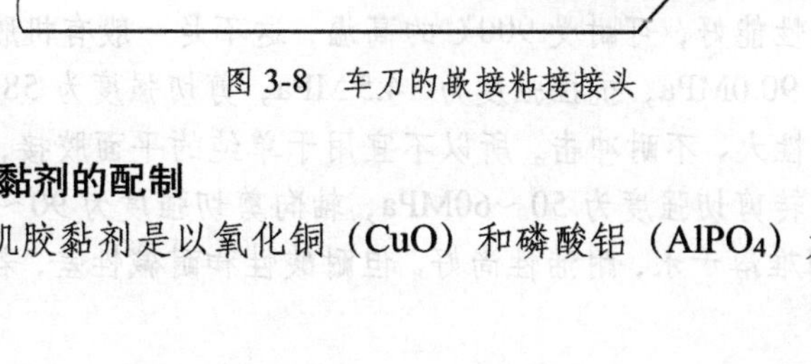

图3-8　车刀的嵌接粘接接头

1. 无机胶黏剂的配制

常用的无机胶黏剂是以氧化铜（CuO）和磷酸铝（$AlPO_4$）为主要成分的无机

化学物质配制而成的。氧化铜为黑色粉末，粒度为200～300目。磷酸铝可以自配，方法是：将100mL磷酸（H_3PO_4）和5～10g氢氧化铝［$Al(OH)_3$］拌成乳浊液，加热至120℃，保温约2h，即得到相对密度为0.125的、透明的磷酸铝，备用。配制胶黏剂时，可将已称好质量的氧化铜粉末放在调和用铜板上，然后用量杯量取一定量的磷酸铝溶液（每4g氧化铜配1mL磷酸铝），倒入调和板均匀调和，经2～3min后呈浓胶状，并能拉10mm以上的丝条，即可使用。

2. 胶接方法

① 先用砂布或手砂轮除去锈层，再用汽油、丙酮或香蕉水等有机溶剂彻底消除油污。

② 如补裂纹，应先在裂纹两端各钻3～4mm的止裂孔，再用碟形砂轮在裂纹处开V形槽，并使槽面粗糙，增加胶接强度。

③ 如需套接，应将套接间隙控制在0.2～0.4mm之间。

④ 将调制好的胶液均匀涂抹于胶接表面上，待胶液略干时再涂一层，黏合时要轻轻地压一下，或将套接件缓缓旋入，以挤出多余的胶液。如属盲孔套接，应事先做出排气孔或排气槽，以便于排除空气和灌注胶液。

⑤ 胶接后的零件在常温下固化10～12h后即可使用。有条件时，可将胶接好的零件先在室温下静置4h，然后再加热至60～80℃，并保温固化4h，以利于排出胶层中的水分，提高胶接强度。

3. 应注意的几个问题

① 零件胶接层的厚度会影响胶接强度，合适的胶接层厚度应控制在0.15～0.28mm范围内。

② 在固化的过程中，不得搬动零件，即使需搬动，也应注意不得使胶接部位错动，否则会大大降低胶接强度，甚至前功尽弃。

③ 氧化铜有吸水性，其受潮结块后，会降低胶接强度，使用前应烘干水分并碾碎。

④ 当磷酸铜在低温下放置结晶时，可将容器放入水中缓慢加热，即可熔解。

⑤ 胶接耐高温1000℃以上的零件时，还应在胶黏剂中加入少量钴粉，加入量为氧化铜质量的5%。

⑥ 当胶接后的零件需拆卸分解时，可将粘接件放入20%氢氧化钠水溶液中，加热至沸腾，胶黏层便可脱去。

4. 无机胶黏剂的使用

常用的无机胶黏剂是以氧化铜和磷酸铝为主要成分的无机化学物质配制而成的。其特点是耐热性能好，可耐受900℃的高温，这不是一般有机胶黏剂所能达到的。其抗压强度为90.0MPa，抗拉强度为14.5 MPa，剪切强度为58.9MPa，都是很高的。其缺点是脆性大、不耐冲击，所以不宜用于单纯的平面胶接，而适合于套接或槽接。套接的扭转剪切强度为50～60MPa，轴向剪切强度为90～100MPa。完全固化的无机胶黏剂难溶于水，耐油性尚好。但耐酸性和耐碱性差，若将胶黏件放入

20%氢氧化钠水溶液中，加热至沸腾，胶黏层便可脱去。脱去胶黏层的零件冲洗后，还可重新胶接。

(1) 粘接工艺过程

① 胶接件的表面清洗。钢铁件用烧碱水煮洗去油；铝制件可用碳酸钠25份、肥皂10份、水100份的混合液加热至90℃浸洗30min，也可用汽油或酒精清洗，有条件的可再用丙酮、三氯乙烯等有机溶剂擦洗，随后可用砂布或手砂轮除去锈层。

② 选择合理的接头。无机胶粘接时应尽量采用槽接或套接接头。若必须采用平面胶接且受较大负荷或冲击力时，应同时采用螺钉连接或铆钉铆接等辅助加强措施。

③ 胶接间隙的选择。套接间隙在0.2～0.4mm之间胶接强度较高。当间隙超过0.4mm时，强度迅速下降。如表面较光滑，或胶接件将承受冲击载荷，间隙应选小些。

④ 胶接表面的要求。胶接面应无油污、无锈迹。此外表面应粗糙，以提高胶接强度。为此，可将胶接表面加工出细小的麻坑或毛螺纹等。

⑤ 涂胶。将调好的胶液均匀涂抹于胶接表面上，黏合时施加一定的压力或将套接件缓慢地旋入，以挤出多余的胶液。如属盲孔套接，应事先做出排气孔或小槽，便于排除空气和灌注胶液。

⑥ 固化。胶接后的零件，室温下放置24h便可基本固化。有条件时，可将胶接件在室温下放置3～4h，使化学反应更充分后，加温至60～80℃固化3～5h，这一措施有助于胶层中水分的排除，提高胶接强度。

(2) 无机胶黏修理实例　当发动机机体上平面螺栓孔滑扣时，若采用扩孔攻螺纹，配加大螺栓的方法修复，将使螺栓失去互换性。因此，可采用附加零件法修复，即胶黏一个内外带螺纹的螺纹套，既可保证螺栓的互换性，又可确保良好的使用效果。操作要点如下：

① 将机体上滑丝的螺纹孔由M16扩大到M22。

② 车制一个内外具有螺纹的螺纹套，尺寸为内孔M16，外柱M22。

③ 用丙酮清洗待粘表面。

④ 将无机胶均匀涂抹于待粘表面，将螺纹套拧入M22孔中，使上柱面与机体平面齐平。

⑤ 选用混合固化法固化，即在室温下放置2～3h，再用红外线灯照射至60～80℃，保温3～5h，然后即可使用。

八、无机胶黏剂的新用途及应用实例

1. 新型无机胶黏剂实例

这是一种新型胶黏剂。它既能耐高温又能耐低温，成本低，不易老化，结构简单，粘接强度高。一般的有机胶黏剂能承受的高温通常都在100℃以下，如乳胶在60℃以下，环氧树脂在100℃左右，酚醛树脂在220℃左右。而无机胶黏剂能承受的高温达600～900℃，改进成分后达到1000℃以上。曾经有人把用无机胶黏剂粘接的物品放到−186℃的液氧中浸泡，结果粘接效果没变。

有一种氧化铜-磷酸无机胶，主要成分是磷酸铝溶液和氧化铜粉。把这种胶涂上后，表面会变得很粗糙，呈犬牙交错状态，这样会使物品的抗拉强度比平面的物品高出3～5倍。无机胶黏剂用于火箭、宇宙飞船零件的粘接，低温手术器械的粘接，汽车轮船发动机的粘接，制氧机零件的粘接、修补等。

2. 耐高温YL5011氧化铜无机胶黏剂实例

(1) 产品介绍　双组分，固化物为黑色，耐高温980℃，常温绝缘性好，耐水、耐油、不耐酸碱，套接强度高达60MPa，与钢有相近的线膨胀系数。

(2) 应用领域　适合于金属材料的轴套粘接；硬质合金的车刀、铣刀及齿轮刀具的粘接；高温工矿铸造缺陷的修补；整流器件、高压电磁管的灌封及石油仪表蒸发棒的粘接等。

(3) 使用方法

① 设计、加工粘接密封结合面，接头设计以套接、槽接最好。

② 将待粘表面粗糙化处理，并除锈、去污。

③ 配胶。按比例称量固体、液体两组分，混合调匀成可流动的糊状为宜。每次调胶后应在30min用完。

④ 施胶固化。将混合好的胶液涂或灌到待粘接密封部位，加压固化。

(4) 固化程序

① 按固液比（3.5～5.5g：1mL）称取两组分，混合均匀。

② 将混合好后的胶涂到待粘接的部位进行粘接。

③ 粘好后先在室温下放置12h。

④ 然后缓慢升温至80℃，恒温保持2h。

⑤ 接着再加热到150℃，再恒温保持2h。

⑥ 最后缓慢冷却即可。

(5) 产品性能　性能指标如下:

产品名称	颜色	耐热温度/℃	硬度	电性能（体积电阻率）
YL5011	黑色	980	硬	常温绝缘性能好（25℃，$6\times10^6\Omega\cdot cm$）

耐介质性能	线膨胀系数
耐油、耐水，不耐酸碱	与钢铁相近，稍有收缩

3. 新型无机陶瓷墙砖的胶黏剂实例

墙面粘贴陶瓷砖，目前可有两种选择，一种是到市场购买成品胶黏剂直接粘贴，另一种是现场配制胶黏剂。

目前市场上常见的粘瓷砖的胶黏剂有三种。第一种是立时得快速胶黏剂，是可直接使用的产品。使用时在墙体表面和瓷砖背面薄薄涂抹一层胶液，晾置数分钟后，用手触摸胶面不黏手时，上墙压合即可，使用非常方便。第二种是JD-503瓷砖黏结剂，产品为白色粉末状，使用时加水调成黏稠胶液。这种产品不仅有很强的吸附力，同时有一定的时间可以做粘贴调整，调好的胶浆应在4h内用完。一般抹胶厚度在3～5mm之间。第三种是903多功能建筑胶，也是直接使用的产品，这种产品粘接强度高，2h之内可以调整，刮胶厚度为2mm，使用非常方便。选用成品胶粘贴，成本较高，适宜在墙体基层表面平整时选用，否则粘贴成本就会加大。

家庭装修中粘贴墙面砖一般采用现场配制107胶水泥胶黏剂的方法。以水泥：107胶：水=100：210：220的体积比调制成糊状水泥浆，粘接厚度在5mm以内，可有数小时调整时间，墙体表面要求较低，是最经济实用的粘贴胶黏剂。

4. 无机胶黏剂应用在磨具行业实例

无机高分子矿物聚合胶黏剂是把"杂化"概念植入磨具生产行业的新型无机高分子结合剂，彻底改变了磨具生产中高耗能、重污染的落后生产工艺和材料结构，大大提高了磨料使用水平和产品质量；同时，也为磨具新产品的拓展提供了广阔的空间。

无机高分子矿物聚合胶黏剂应用在磨具行业具有以下突出特点：

(1) 高质高能　无机合成，化学性质稳定，使用寿命长，粘接性强，强度高，耐磨损，耐腐蚀，耐高温，热膨胀系数小。该材料不仅具有无机材料的特性，也具有一定有机材料的特性，打破了传统的陶瓷磨具和树脂磨具的界限。

(2) 节能环保　无机高分子矿物聚合胶黏剂在磨具的生产和使用过程中无有毒有害气体产生，该胶黏剂的固化稳定仅需120～180℃（根据生产磨具的种类不同而确定温度，固化时间为18～24h），极大地节约了能源，显著地提高了生产效率。

(3) 无机高分子矿物聚合胶黏剂固化后形成以硅氧四面体和铝氧四面体以共价键和离子键相连的立体网络结构，其断裂能高达1500J/m^2，能够满足磨具高速旋转时强大离心力作用下磨具不会产生破裂的强度要求。该胶黏剂即可生产超软磨具、普通磨具，又可生产超硬、超高速磨具。

经实际测试，用该胶黏剂生产的普通磨具回转速度已超过130m/s以上；生产的超软磨具也能经受高速回转；因其固化温度低，以"杂化"概念改变生产工艺，可生产250m/s以上的高速磨具。

(4) 独特功能　无机高分子矿物聚合胶黏剂可生产精磨磨具，由于该材料的结构中含有铝氧四面体，在磨削过程中，这部分铝氧四面体具有润滑作用，使工件表面的光洁程度极佳。

(5) 使用无机高分子矿物聚合胶黏剂生产磨具，与传统的生产工艺、设备基本相同，无须大的技改投资。

第七节　阻燃胶黏剂

一、概述

随着建筑高层化、汽车轻量化、电器高新化、家具高档化、工业大型化的发展，胶黏剂已在现代工业领域和人们的日常生活中获得日趋广泛的应用，但大多数胶黏剂比较易燃，存在着火灾危险。同时，胶黏剂燃烧时还会产生烟雾和毒气，殃及环境，损害健康。因此，要求胶黏剂具有很低的可燃性、发烟性和毒害性，即火、烟、毒（FST）特性。只有FST特性优良的胶黏剂，才会提供可靠的安全性，并能避免造成社会公害。由于胶黏剂存在着火灾隐患，所以限制了它的广泛应用，因此必须采取改性措施，制成阻燃胶黏剂，保证使用时不对生命和财产构成威胁，有益于社会的稳定发展。

二、阻燃胶黏剂应用领域

随着胶黏剂应用领域的日益扩大，特别是日本、美国、加拿大、西欧等把高分子材料的应用与使用安全联系起来，制定了各种阻燃标准和相应的安全法规，一些应用领域如宇航、航空、国防军工、电子、电气工业、采矿工业、汽车工业、民用轻纺工业、民用建筑乃至家具制造部门等，对胶黏剂的阻燃化均提出了较强烈的要求，从而促进了胶黏剂阻燃化的研究和阻燃胶黏剂的开发。

(1) 航天、航空领域普遍采用　阻燃胶黏剂在航天、航空工业领域开发最早，目前应用最为普遍，有关的研究报道、专利报道最多。

(2) 电子电气产品的灌封粘接　由于安全技术规范的要求，产品耐热等级的提高对所用胶黏剂提出了阻燃要求。如电视机中的行输出变压器、电源、电容、高压包、高压接头等部位均采用阻燃性好的胶黏剂，否则由于高压电火花将会引起着火事故。据有关资料介绍，电视机的着火，95%以上是由于行输出变压器燃烧引起的。

(3) 印刷电路板的应用　印刷电路板使用于电子电气产品中，在加工制造时采用锡焊工艺，所以要用耐高温的阻燃胶黏剂。

(4) 层压板　装饰及易燃物表面防火层的制造。在建筑领域中如剧院、宾馆、商店等公共场所，交通工具如汽车、火车、飞机、轮船等方面，特别是与电气等易产生火花处接触的装饰板和层压板，国内外都要求具有阻燃性，以免小火源的蔓延引起火灾事故。阻燃胶黏剂在该领域中用量比较大。

(5) 车船、矿井堵漏　在车船、矿井堵漏等施工中，所使用的胶黏剂要求有阻燃性，因为施工区产生的易燃气体不易扩散，不仅要求该胶固化后有阻燃性，而且在施工中不产生可燃气体。

(6) 在许多应用领域日趋扩展　随着胶黏剂应用领域的日益扩大，阻燃胶黏剂在许多应用领域日益扩展，日本、美国和西欧等国家及地区每年都有一些研究报道和专利公开。英国、加拿大报道了在钾碱、盐、铀矿中试行天然胶浆型阻燃密封胶的实用实例，据称通风隔墙的气密性和阻燃性均甚佳，日本三菱公司开发出数种无机型阻燃胶黏剂，用于冶金工业耐火材料的粘接。

建筑行业用阻燃胶黏剂正在受到重视，用于堵漏、布线、装修的阻燃环氧胶泥，用于室内设施安装的阻燃氯丁胶、聚氯乙烯胶在美国建筑行业普遍使用。阻燃胶黏剂在民用轻纺、家具制造行业也已广泛应用，如日本、美国民用风衣、套衣所用防水胶黏剂，普遍采用阻燃的丙烯酸酯系防水剂。家具制造所用的胶黏剂，基本是阻燃化品种，以保证民用防火安全。

三、胶黏剂阻燃化的实施方法

根据国内外有关大量的专利分析，胶黏剂阻燃化实施方法扼要介绍如下几种。

(1) 阻燃单体的聚合法　用含有阻燃元素，如溴、磷、硅、氯等的单体进行聚合。如顺三氮杂苯环四溴双酚A环氧树脂、双(3-缩水苯基)甲基氧化膦环氧化合物、羟基封头的聚二甲基硅氧烷制备的硅橡胶、氯丁橡胶等。

(2) 使用阻燃固化剂法　如卤素的四溴苯二甲酸酐、含溴酸酐和六氯苯二甲酸酐、含磷的双(3-苯氨基-1-甲基)氧化膦等。在胶黏剂中加入上述阻燃固化剂后能使固化胶层具有离火自熄的阻燃效果。

(3) 添加阻燃剂及填充剂法　该法适用于多种类型的胶黏剂，可选用多种类型的阻燃剂，适应性广。例如脲醛类、丙烯酸类、橡胶类、环氧改性类等胶黏剂都可用该法制造。

(4) 加入添加型阻燃剂　这是国外胶黏剂阻燃化的主要方法，绝大多数阻燃胶黏剂配方工艺中都采用此法。常用无机阻燃剂分为两种类型：一种为磷系阻燃剂，一种是溴系阻燃剂，后者常加 Sb_2O_3 作阻燃剂，配合协同使用，也有单独使用的实例。无机阻燃剂以红磷作阻燃剂报道居多，大多用在电子级阻燃胶黏剂的配方工艺中，据称对胶的电性能影响甚小，但配方实例中，往往不是单独使用，而是与其他阻燃剂并用。阻燃填料在阻燃胶黏剂配方中，一般是与阻燃剂并用，但也有不少配方实例是单独使用。常用的无机阻燃填料是水合氢氧化铝。

(5) 采用反应型阻燃剂　多用于热固性树脂为基料的胶种，由于成本较高，单独使用的配方实例很少，而往往与添加剂配合使用。

(6) 以阻燃剂树脂为基体　一些元素的有机聚合物和无机高分子化合物具有耐燃性，因而可用作阻燃剂的基料。但从国外有关专利配方工艺实例来看，单独作阻燃剂基料的配方实例很少，多是使用添加型阻燃剂，也可采取多种阻燃树脂混用的配方实例。

阻燃性聚氯乙烯塑料溶胶胶黏剂典型配方：

组分	用量/g	组分	用量/g
PVC 聚氯乙烯	125	三水合氧化铝（氢氧化铝）	25
DOP 邻苯二甲酸二辛酯	100	氧化钼	5
氯化石蜡油	50	稳定剂	2
氧化锑	5		

综上所述，国内外胶黏剂阻燃化实施方法的特点是：以添加型阻燃剂阻燃化的方法居多，而采用反应型阻燃剂和以阻燃树脂为基料阻燃化的方法较少。一般是通

过大量的筛选，综合考虑用途、工艺条件、性能指标、成本价格等因素，选择合适的协效或配合阻燃体系，择优配胶。

四、阻燃胶黏剂的发展方向

阻燃胶黏剂作为一种新型胶黏剂，正在受到越来越多的重视和开发。有关阻燃胶黏剂的发展方向，主要表现在以下几个方面：

① 重视结合胶黏剂阻燃化特点，开展应用基础研究。日本、俄罗斯和西欧等国家及地区十分重视结合胶黏剂阻燃化特点，开展相应的基础研究。这些基础研究包括：阻燃机制和阻燃效应的研究、阻燃胶黏剂体系相容性和分散性的研究、胶黏剂阻燃化对其性能影响的研究、阻燃胶黏剂工艺应用性能的研究，以及新型阻燃胶黏剂原料合成等方面。积极开展这些研究，不仅对阻燃胶黏剂的开发与应用具有指导性的意义，同时，对降低生产成本，扩大应用领域具有不可低估的经济价值。

② 开发的重点是寻找性能优良和具有多功能的阻燃胶黏剂。开发性能优良和具有多功能的阻燃胶黏剂是开发研究的重点，国外有关专家认为这是开拓阻燃胶黏剂应用领域的关键。国外在这方面，已出现不少研究成果报道和专利。如美国的3M公司开发的系列阻燃胶黏带品种，其用于电子、电气工业的品种除具有阻燃性外，还具有良好的绝缘性、对器件无损坏性等优点，而用于宇航、石油、机电工业的品种，则具有既耐燃又耐热的特点。

日本索尼公司研究了溴化双酚A型环氧胶，将其与丙烯氰类共聚物及溴化乙烯酚渗混后，再加胺或咪唑化合物类固化剂及不燃的无机物作填料配制成胶黏剂。寻找具有多功能的阻燃胶黏剂在国外一直较活跃，尤其是在日本，相关的研究报道和专利较多。

③ 降低生产成本、开发新的阻燃胶种。扩大阻燃胶黏剂的应用领域，很大程度依赖于生产成本的降低，它作为开发的中心环节，受到极大的重视，并且是一个长期的开发任务和课题。

另外，从现在的阻燃胶种来看，以环氧型居多，而其他胶种阻燃化品种较少，开发新的阻燃胶种，对阻燃胶黏剂应用领域的扩大和普及具有直接的促进作用。

综上所述，阻燃胶黏剂将向着应用基础性研究、开发性能优良和具有多功能化的阻燃胶黏剂，以及降低生产成本、扩大胶种类型的方向发展。

第四章　新型胶黏剂安全生产过程中仪器分析及设备

第一节　胶黏剂生产工艺过程中仪器分析

一、胶黏剂甲醛检测系统

(1) 系统介绍　在室内建筑装饰装修过程中会大量用到胶黏剂，而其中含有游离态的甲醛，对室内环境污染有重大影响。本系统基于国家标准GB 18583—2008，可以广泛适用于游离甲醛含量大于0.005%的室内建筑装饰装修用胶黏剂，检测的精确度达到国家质量监督检验检疫总局要求。

(2) 原理　水基型胶黏剂用水溶解，而溶剂型胶黏剂先用乙酸乙酯溶解后再用水溶解，在酸性条件下水中的甲醛会随水蒸出。在缓冲溶液中，馏出液中甲醛与显色剂作用，在沸水浴条件下迅速生成稳定的黄色化合物，冷却后测定其吸光度可以计算出对应的甲醛含量。

(3) 系统特点

① 数据准确可靠。本系统技术可靠，数据准确，可用于生产质量评定检测。

② 操作便捷。本系统相当于一小型实验室，把复杂的系统简便化，经过公司的专业培训后可以熟练操作。

③ 配有强大软件。为本系统专门开发了配套功能强大的软件管理系统，操作人员只需要按检测仪器上的PC键，整个检测报告就可以打印出来，可充分做到人机合一。同时可以管理每次检测数据、分析检测样品结果，便于改进生产工艺。

④ 检测成本低。本系统检测成本低，每次检测成本不超过20元。同样送检一次检测费用高达千元。

(4) 系统组成　本系统包含三部分，一部分为取样设备，一部分为检测部分，一部分为软件数据处理部分。

取样部分由蒸馏烧瓶、直形冷凝管、若干个容量瓶、水浴锅组成。

检测部分由分光光度计、比色皿、数据线组成。

(5) 参考标准　GB 18583—2008《室内装饰装修材料胶黏剂中有害物质限量》。

二、SNB-2-J数字旋转黏度计（胶黏剂专用）

(1) 产品用途　本仪器根据 HG/T 3660—1999《热熔胶粘剂熔融粘度的测定》试验标准制造，以旋转法测定热熔胶黏剂熔融黏度，以帕斯卡·秒（Pa·s）计。

(2) 技术性能

① 测定范围：100～200000 mPa·s；

② 测量误差：±2%（F.S）；

③ 转子规格：21、27、28、29 号转子；

④ 温度范围：室温+15～200℃（如需更高温度，可在订货时说明）；

⑤ 控温精度：±0.1℃；

⑥ 样品用量：10mL。

DV-Ⅰ、DV-Ⅱ、SNB-1、SNB-2、NDJ-5S、NDJ-8S 等数字旋转黏度计和各种电子分析天平、电子精密天平、机械天平等，以及油品分析仪器、沥青检测仪器、各种高低温恒温槽及加热、干燥设备和硬度计、测厚仪是由上海兰光科技仪器有限公司生产和提供的。同时也专业配套提供氧弹计、气体检测仪、张力仪和电导率、酸度计、辐射仪等环保分析测试及电化学化验等实验室分析、检测仪器。在化工、医药、胶黏剂、松香、树脂、油品、油漆、涂料等行业得到了广泛、成功应用。

三、ZCA-725纸张尘埃度测定仪

(1) 产品用途　纸张尘埃度测定仪（见图 4-1）适用于纸或纸板尘埃度的测定，是依据 GB/T 1541—1989《纸和纸板尘埃度的测定法》设计制造的。

(2) 技术指标　①光源：20W 日光灯；②照射角：60°；③工作台：有效面积为 $0.0625m^2$，可旋转 360°；④标准尘埃图片：$0.05～5.0mm^2$；⑤外形尺寸：428mm×350mm×250mm；⑥质量：12.5kg。

四、施胶度测量套装

(1) 产品用途　本套装是根据 GB/T 460—2002《纸施胶度的测定（墨水划线法）》要求而设计的专门用于纸和纸板施胶度的测定工具。

用具：划线器（鸭嘴笔）、标准墨水、

图 4-1　ZCA-725 纸张尘埃度测定仪

透明标准宽度片、玻璃平板。

(2) 测量方法

① 按 GB/T 460 要求，切取 150mm×150mm 的试样，标明正反面。每面纸至少需要 3 个试样。最好戴手套操作，避免直接用手接触测试面。

② 调整划线器的宽度，使之与要测试的纸对应。如 40～50g 纸为 0.50mm，60g 纸为 0.75mm。并注满标准墨水。

③ 把试样平铺于玻璃板上，使划线器与玻璃板呈 45°角，迅速轻划一直线（在 1s 内应该划 10cm 以上）。

④ 如果墨水不扩散、不渗透，需不断调整（增加）笔的宽度划线，直至发生扩散或渗透。如果出现扩散或渗透，需不断调整（减少）笔的宽度划线，直至不发生扩散或渗透。

⑤试样自然风干后，用透明标准宽度片进行比较（试样头、尾各 1.5cm），每面不发生扩散或渗透的线条最大宽度即是纸的施胶度。

(3) 参考数据　凸版印刷用纸的施胶度约为 0.25mm；胶版印刷用纸的施胶度为 0.75mm；一般食品包装纸：40～50g 的施胶度为 0.50mm；60g 的为 0.75mm。

五、紫外分析测定仪

(1) 产品用途

① 在科学实验工作中，它是检测许多主要物质如蛋白质、核苷酸等的必要仪器。

② 在药物生产和研究中，可用来检查激素生物碱、维生素等各种能产生荧光的药品的质量，它特别适宜作薄层分析、纸层分析斑点和检测。

③ 在染料、涂料、橡胶、石油等化学行业中，测定各种荧光材料、荧光指示剂及添加剂，鉴别不同种类的原油和橡胶制品。

④ 在纺织化学纤维中，可以用于测定不同种类的原材料如羊毛、真丝、人造纤维、棉花、合成纤维等，并可检查成品质量。

⑤ 在粮油、蔬菜、食品部门可用于检查毒素（如黄曲霉素等）、食品添加剂、变质的蔬菜和水果、可可豆、巧克力、脂肪、蜂蜜、糖、蛋白质等的质量。

⑥ 在地质、考古等部门，可用于发现各种矿物质，判别文物化石的真伪。

⑦ 在公安部门，可检查指痕、密写字迹等。

(2) 技术指标

① 电源：220V，50Hz；

② 功率：25W；

③ 紫外线波长：254nm、365nm；

④ 外形尺寸：270mm×270mm×300mm；

⑤ 滤色片：200mm×50mm；

⑥ 重量：约 3kg。

六、LSY-200赫尔茨贝格式滤速仪

(1) 仪器名称　赫尔茨贝格式滤速仪，滤速仪，纸张过滤速度测定仪，纸板过滤速度测定仪，纸和纸板过滤速度测定仪，纸和纸板过滤速度测试仪，过滤速度测试仪，过滤速度试验仪，过滤速度仪。

(2) 符合标准　GB 10340—89。

(3) 产品用途　主要适用于具有一定湿强度的过滤纸及过滤纸板滤水速度的测定。是造纸、用纸企业、质检部门、高校实验室等理想的检测设备。

(4) 技术指标

① 测定滤纸厚度范围：0.10～3.00mm;

② 试验面积：(10±0.05) cm^2;

③ 夹环内径：35.7mm;

④ 夹环外径：50mm。

七、DLS-C纸张抗张强度试验仪

(1) 产品用途　本试验机（图 4-2）采用直流伺服电机及调速系统一体化结构驱动同步带减速机构，经减速后带动丝杠副进行加载。电气部分包括负荷测量系统和变形测量系统。所有的控制参数及测量结果均可以在液晶屏幕上实时显示。并具有过载保护、位移测量等功能。

(2) 技术指标

① 最大试验力：300N;

② 试验力最小分辨力：0.01N;

③ 试验力示值误差：±1%;

④ 位移最大行程：600mm;

⑤ 位移示值最小分辨力：0.01mm;

⑥ 位移准确度：±1%;

⑦ 横梁移动速度：1～500mm/min，无级调速，采用直流伺服电机及控制系统；

⑧ 液晶显示内容：试验力、位移、最大力、运行状态、运行速度等；

⑨ 主机重量：100kg;

⑩ 试验机尺寸：530mm × 260mm × 1780mm。

(3) 标准配置　主机、标准夹具一套、打印机。

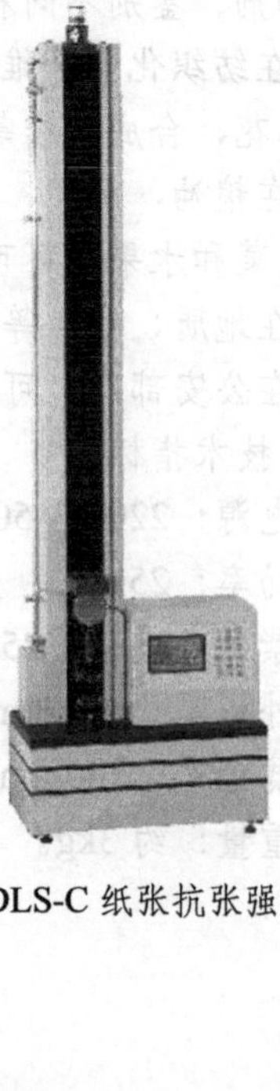

图 4-2　DLS-C 纸张抗张强度试验仪

八、CNY-1初黏性测试仪

图 4-3　CNY-1 初黏性测试仪

(1) 产品用途　采用斜面滚球法，在钢球和测试试样黏性面之间以微小压力发生短暂接触时，通过胶黏带、标签等产品对钢球的附着力作用来测试试样初黏性。测试仪如图 4-3 所示。

(2) 技术参数

① 可调倾角：0～60°；

② 台面宽度：120mm；

③ 试区宽度：80mm；

④ 标准钢球：1/32～1in（1in=2.54cm）；

⑤ 外形尺寸：320mm（L）×140mm（B）×180mm（H）；

⑥ 重量：6kg。

(3) 标准配置　主机、钢球一盒。

(4) 标准　GB 4852、JIS Z0237。

另外，还有 CNY-1C 斜面滚槽法测试的初黏测试仪以及符合 FINAT 标准的 CNY-F 进口初黏测试仪。

九、CNY-1初黏性测试胶带保持力测试仪

(1) 产品用途　把贴有试样的试验板垂直吊挂在试验架上，下端悬挂规定重量的砝码，用一定时间后试样黏脱的位移量或试样完全脱离的时间来表征胶黏带抵抗拉脱的能力。本设备采用单片机计时、LCD 液晶显示试验时间。适用于压敏胶黏带等产品持黏性的测试。

(2) 技术参数

①标准压辊：2000g±50g；

②砝码：1000g±10g（含加载板重量）；

③试验板：60mm（L）×40mm（B）×1.5mm（D）；

④计时范围：0～100h；

⑤工位数：6；

⑥外形尺寸：600mm（L）×240mm（B）×400mm（H）；

⑦净重：20kg；

⑧电源：AC220V，50Hz。

(3) 胶带保持力测试仪标准配置　主机、标准压辊、试验板。

(4) 胶带保持力测试仪标准　GB 4851。

十、CNY-2持黏性测试仪

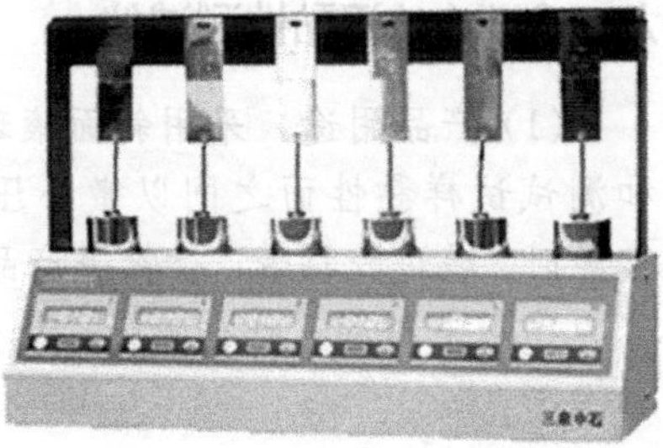

图 4-4　CNY-2 持黏性测试仪

(1) 产品用途　本产品（图 4-4）按照中华人民共和国国家标准 GB/T 4851—1998 的规定制造，适用于压敏胶黏带等产品进行持黏性的测试。

(2) 工作原理　把贴有试样的试验板垂直吊挂在试验架上，下端悬挂规定重量的砝码，用一定时间后试样黏脱的位移量或试样完全脱离所需的时间来表征胶黏带抵抗拉脱的能力。

(3) 仪器结构　主要由计时机构、试验板、加载板、砝码、机架及标准压辊等部分构成。

(4) 技术指标

① 砝码：1000g±10g（含加载板重量）；

② 试验板：60mm（L）×40mm（B）×1.5mm（D）（与加载板相同）；

③ 压辊荷重：2000g±50g；

④ 橡胶硬度：80°±5°（邵尔硬度）；

⑤ 计时器：100h；

⑥ 工位数：6；

⑦ 净重：12.5kg；

⑧ 电源：220V，50Hz；

⑨ 外形尺寸：600mm（L）×240mm（B）×400mm（H）。

(5) 操作方法

① 水平放置仪器，打开电源开关，并将砝码放置在吊架下方槽内。

② 不使用的工位可按“关闭”键停止使用，重新计时可按“开启/清零”键。

③ 除去胶黏带试样卷最外层的3～5圈胶黏带后，以约300 mm/min的速度解开试样卷（对片状试样也以同样速率揭去其隔离层），每隔200mm左右，在胶黏带中部裁取宽25mm、长约100mm的试样。除非另有规定，每组试样的数量不少于三个。

④ 用擦拭材料沾清洗剂擦洗试验板和加载板，然后用干净的纱布将其仔细擦干，如此反复清洗三次以上，直至板的工作面经目视检查达到清洁为止。清洗以后，不得用手或其他物体接触板的工作面。

⑤ 在温度23℃±2℃、相对湿度65%±5%的条件下，按图4-4规定的尺寸，将试样平行于板的纵向粘贴在紧挨着的试验板和加载板的中部。用压辊以约300mm/min的速度在试样上滚压。注意滚压时，只能用产生于压辊质量的力施加于试样上。滚压的次数可根据具体产品情况加以规定，如无规定，则往复滚压三次。

⑥ 试样在板上粘贴后，应在温度23℃±2℃、相对湿度65%±5%的条件下放置20min。然后将试验板垂直固定在试验架上，轻轻用销子连接加载板和砝码。整个试验架置于已调整到所要求的试验环境下的试验箱内。记录测试起始时间。

⑦ 到达规定时间后，卸去重物。用带分度的放大镜测出试样下滑的位移量，精确至0.1mm；或者记录试样从试验板上脱落的时间。时间数≥1h的，以min为单位，＜1h的以s为单位。

(6) 试验结果处理　试验结果以一组试样的位移量或脱落时间的算术平均值表示。

第二节　胶黏剂生产工艺过程与设备选型

一、概述

胶黏剂生产过程一般包括原材料的合成与制备、胶黏剂各组分的混合、产品包装等过程。对于大型生产厂家，一般黏料与固化剂都由自己合成，如环氧树脂、胺类固化剂、预聚体聚氨酯等；而对于小型胶黏剂生产厂家，一般只需购置现成的树脂、固化剂、填料、辅助材料等混合包装即可。

胶黏剂设备选型一般根据工艺要求及市场供应情况，按照技术上先进、经济上合理、生产上适用的原则，提出可供选择的方案，择优选购所需设备。具体考虑的内容有：设备生产效率，工艺质量保证程度，可靠性，维修性，安全性，环保性，能源、材料消耗低，使用寿命长等。

二、胶黏剂生产工艺过程

下面以环氧树脂胶黏剂生产为例说明胶黏剂生产的一般过程。

(1) 黏料及固化剂的合成　目前国内生产量最大的液态双酚A型环氧树脂E-44配方和生产流程（图4-5）如下：

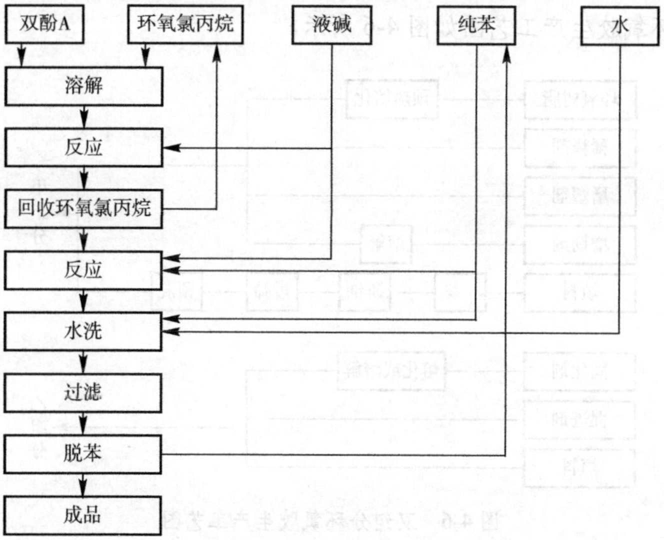

图4-5　胶黏剂生产的一般过程

双酚 A	114g
环氧氯丙烷	125g
氢氧化钠（30%）	129g
纯苯	适量

制法：将双酚 A 和环氧氯丙烷按配比量投入反应釜中，开动搅拌，升温到 70℃维持 0.5h 使其溶解。然后冷却到 50～55℃，在 5h 内均匀滴加 2/3 质量份氢氧化钠溶液。滴加完毕，于 55～65℃的温度下继续维持反应 4h。反应结束后减压回收过量的环氧氯丙烷（真空度为−0.09MPa，温度≤85℃）。回收的环氧氯丙烷经静止分层之后可循环使用。回收结束后加入苯，再加入剩下的 1/3 质量份氢氧化钠水溶液，于 65～75℃下反应 3h。反应结束后加入苯，在 60℃下溶解 10min，然后倒入分液槽，静止分层，放去下层盐和盐水。用 60℃热水洗涤直至溶液呈中性为止。然后再吸入反应釜中，加热回流分水至蒸出的苯清晰无水为止。将此树脂苯溶液用砂芯漏斗抽滤。滤液再倒入槽中进行脱苯。先常压脱苯至液温达 120℃，再减压脱苯至液温达 140～145℃，无苯馏出即可。得到的环氧树脂软化点为 17℃，环氧值为 0.44 当量/100 克。

(2) 胶黏剂生产　当环氧树脂胶黏剂的配方确定之后，便可配制不同的产品，既可配成双组分的，也可配成单组分的。所谓双组分胶就是环氧树脂和改性剂等作为一种组分，而固化剂和促进剂作为另一组分，两组分分别包装贮存，使用时再按一定的比例混合。单组分胶是将固化剂预先加入环氧树脂中，构成一体，可以直接使用，不需要再调配。

无论是双组分还是单组分环氧胶的配制，大都按如下程序进行。

原材料及器具准备→按配方准确称量→混合搅拌均匀→检查与检验→包装。

双组分环氧胶生产工艺图如图 4-6 所示。

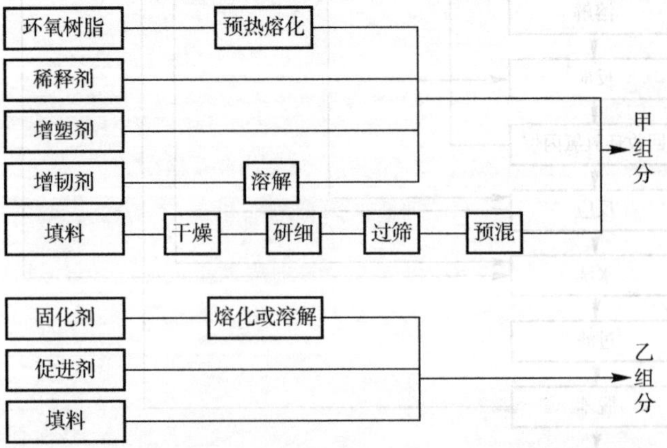

图 4-6　双组分环氧胶生产工艺图

常用的环氧树脂一般黏度较大，在室温低于15℃时很黏稠，不便于取出或与其他组分混合，可以用加热的方法降低黏度，增加流动性。但加热温度不要超过60℃。对于固体环氧树脂，可以加热熔化，或以溶剂溶解，或是研细过筛之后再与其他组分混合。

对于填料，应在加入前于110～150℃烘干2h，以除去水分及所吸附的气体。有的填料须在600～900℃高温下进行活化。填料的干燥最好是现用现烘，也可预先干燥之后，放入密闭的容器内贮存，但放置时间也不宜太久。

对于固体固化剂，最好将其变成液体，其方法是加热熔化或溶剂溶解，也可制成过冷液体，如间苯二胺。若固化剂以固态形式加入环氧树脂内，则需研细过筛(一般为200目以上)，以利分散均匀。

配制环氧胶的反应釜或搅拌器可以是金属或搪瓷的，为了减少环氧树脂与器壁的粘连，便于清洗，应镀铬抛光或涂以硅树脂漆。

应当注意，配胶用的容器、搅拌器或其他辅助工具，都要求洁净干燥，无油污或脏物。取用甲、乙两组分的工具不可串用，否则会造成局部混合固化，影响胶黏剂质量。

甲、乙两组分分别混合均匀后，下一步就要分别包装，包装要求方便、耐用，可采用牙膏管状、注射器状、塑料桶（盒）、金属桶（盒）等形式包装。包装要密封性好，取用方便。

三、多功能树脂合成设备与胶黏剂生产设备

1. 多功能树脂合成设备

20世纪80年代末，树脂合成设备是多用化的。自90年代开始，我国的环境保护条例日趋严格，而原有的树脂合成厂大多在大、中城市及工业中心附近，其结果必然是要么环保设施及运转费用大量增加，要么转移到环保条件相对较低的地区甚至迁到工业不发达地区去生产。如何使生产装置多功能化及小型化，以增加利用率及减少建厂用地和投资，成为国家所关注的问题。我国引进的英国卜内门化学工业（ICI）公司设计的多功能聚合生产中试装置（图4-7），集高温与低温工艺及各种辅助设备之大成。在这套中试装置上，ICI公司成功地生产了醇酸树脂、环氧树脂、聚酯树脂、丙烯酸聚合物乳液以及完成了单体的精馏，在当时堪称最新前沿技术生产装置。从中可以看出，ICI公司的中试流程主要特点是兑稀系统与低温树脂生产装置连为一体，同时在高温树脂生产装置上加了各种辅助装置。我国化工部涂料工业研究所设计吸收了英国ICI公司的生产装置的优点，改进了多功能聚合生产装置，将兑稀罐设计成蒸汽加热和冷却水冷却的夹套低温树脂反应釜，扩大了装置的用途。

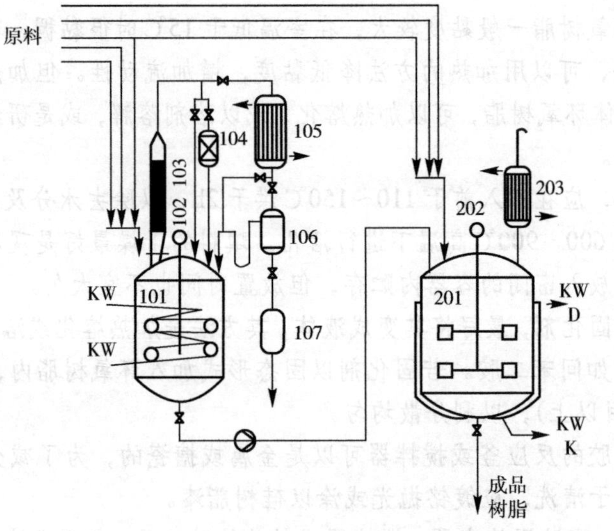

图 4-7　多功能聚合生产设备流程图
D—蒸汽；K—冷凝水；KW—冷却水；101—反应釜；102—搅拌器；
103—分馏柱（填料塔）；104—洗涤器；105—冷凝器；106—分离器；
107—接受槽；201—反应釜；202—搅拌器；203—冷凝器

多功能树脂合成工艺设备的配置首先取决于其工艺流程。下面摘录一些生产胶黏剂所需的树脂的带控制点的工艺流程图，供参考。

生产胶黏剂所需的带控制点的工艺流程图：将设计的工艺流程方案用带控制点的工艺流程图表示出来，绘出流程所需全部设备，标出物流方向及主要控制点的控制参数值。

带控制点的工艺流程图是表示用于生产胶黏剂全部的工艺设备、物料管道、阀门、设备附件以及工艺和自控仪表的图例、符号等的一种工艺流程图，也称工艺控制流程图。是设计生产胶黏剂文件的必需的附件。

带控制点的工艺流程图的基本要求：

① 表示出生产过程中的全部工艺设备，包括设备图例、位号和名称。

② 表示出生产过程中的全部工艺物料和载能介质的名称、技术规格及流向。

③ 表示出全部物料管道和各种辅助管道（如水、冷冻盐水、蒸汽、压缩空气及真空等管道）的代号、材质、管径及保温情况。

④ 表示出生产过程中的全部工艺阀门以及阻火器、视镜、管道过滤器、疏水器等附件，但无需绘出法兰、弯头、三通等一般管件。

⑤ 表示出生产过程中的全部仪表和控制方案，包括仪表的控制参数、功能、位号以及检测点和控制回路等。

(1) 生产胶黏剂所需的丙烯酸树脂的带控制点的工艺流程图　生产胶黏剂所需的丙烯酸树脂的带控制点的工艺流程图如图 4-8 所示。

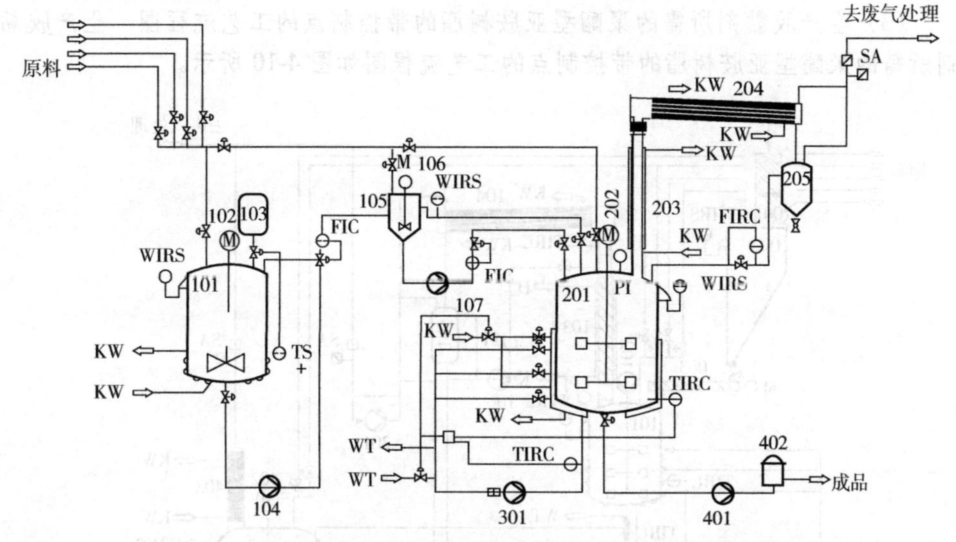

图 4-8 生产胶黏剂所需的丙烯酸树脂的带控制点的工艺流程图

WT—热媒；KW—冷却水；101—预混合槽；102—搅拌器；103—阻聚剂罐；104—投料泵；105—配料槽；106，202—搅拌器；107—给料泵；201—反应釜；203—蒸汽管线；204—冷凝器；205—接受罐；301—热媒泵；401—成品泵；402—成品过滤器

(2) 生产胶黏剂所需的乳液聚合物的带控制点的工艺流程图 生产胶黏剂所需的乳液聚合物的带控制点的工艺流程图如图 4-9 所示。

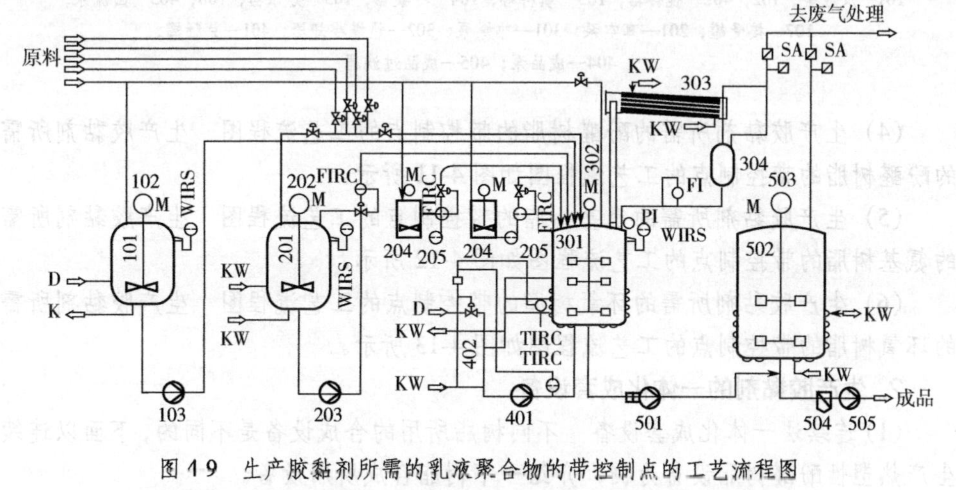

图 4-9 生产胶黏剂所需的乳液聚合物的带控制点的工艺流程图

D—蒸汽；K—冷凝水；KW—冷却水；101—预溶解槽；102，302，503—搅拌器；103，203，501，505—泵；201—预混合槽；202—搅拌器；204—配料槽；205—给料泵；301—反应釜；303—冷凝器；304—接受罐；401—循环泵；402—水-气混合器；502—混合槽；504—过滤器

(3) 生产胶黏剂所需的聚酯型亚胺树脂的带控制点的工艺流程图　生产胶黏剂所需的聚酯型亚胺树脂的带控制点的工艺流程图如图 4-10 所示。

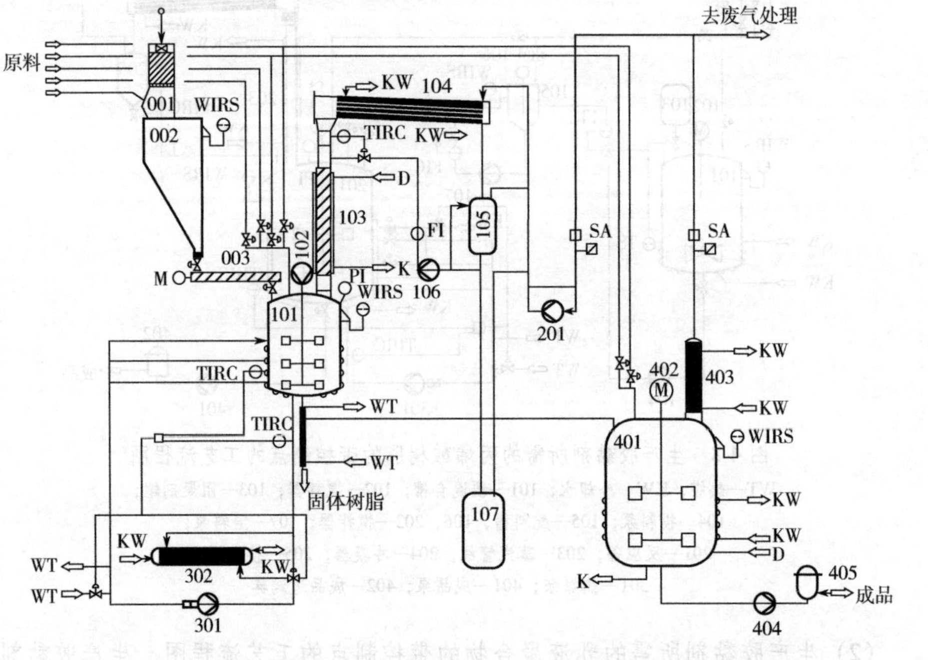

图 4-10　生产胶黏剂所需的聚酯型亚胺树脂的带控制点的工艺流程图

WT—导热油；D—蒸汽；K—冷凝水；KW—冷却水；001—袋式卸料器；002—计量斗；003—加料螺旋；101—反应釜；102，402—搅拌器；103—填料塔；104—冷凝器；105—分水器；106，403—回流泵；107—接受罐；201—真空泵；301—热媒泵；302—热媒冷却器；401—兑稀罐；404—成品泵；405—成品过滤器

(4) 生产胶黏剂所需的酚醛树脂的带控制点的工艺流程图　生产胶黏剂所需的酚醛树脂的带控制点的工艺流程图如图 4-11 所示。

(5) 生产胶黏剂所需的氨基树脂的带控制点的工艺流程图　生产胶黏剂所需的氨基树脂的带控制点的工艺流程图如图 4-12 所示。

(6) 生产胶黏剂所需的环氧树脂的带控制点的工艺流程图　生产胶黏剂所需的环氧树脂的带控制点的工艺流程图如图 4-13 所示。

2. 生产胶黏剂的一体化成套设备

(1) 连续法一体化成套设备　不同树脂所用的合成设备是不同的，下面以连续生产热塑性酚醛树脂设备为例，介绍一下树脂合成所用设备。

热塑性酚醛树脂系由甲醛液在催化剂存在下于 80～100℃ 与熔融的苯酚反应而成。经过合成，形成酚醛树脂，树脂的上部为水层。产品加热到 100～130℃ 进行脱水。

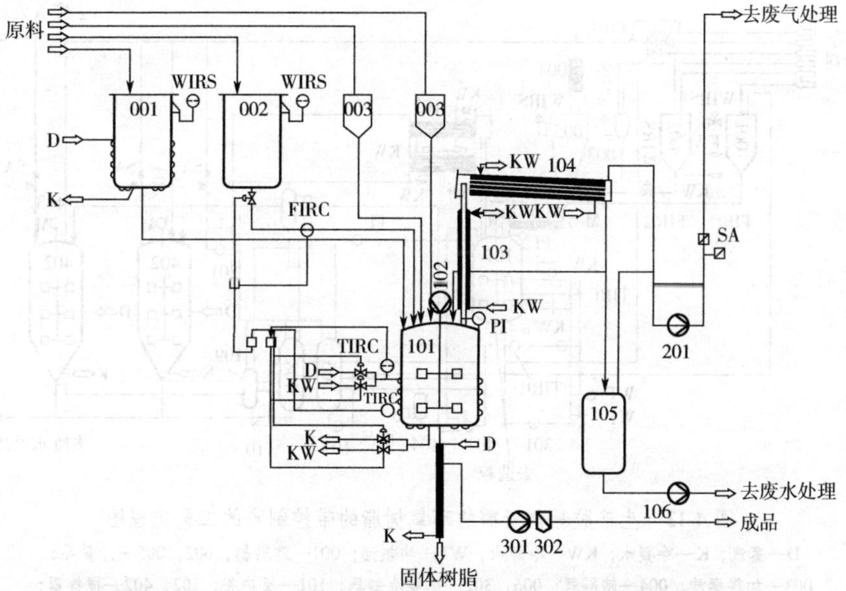

图 4-11　生产胶黏剂所需的酚醛树脂的带控制点的工艺流程图

D—蒸汽；K—冷凝水；KW—冷却水；001—苯酚计量罐；002—甲醛计量罐；003—配料釜；101—反应釜；102—搅拌器；103—蒸汽管线；104—冷凝器；105—接受罐；106—反应用水泵；201—真空泵；301—成品泵；302—成品过滤器

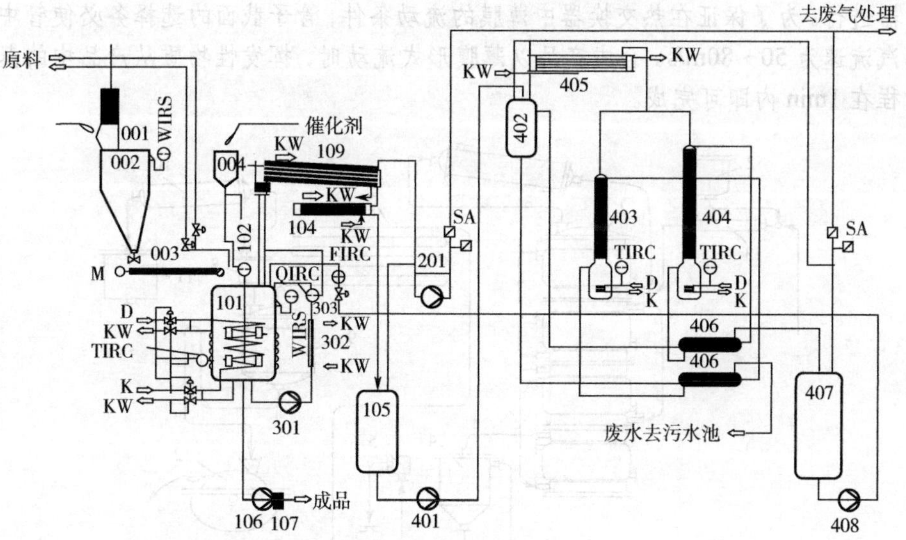

图 4-12　生产胶黏剂所需的氨基树脂的带控制点的工艺流程图

D—蒸汽；K—冷凝水；KW—冷却水；001—袋式卸料器；002—计量斗；003—加料螺旋；004—计量罐；101—反应釜；102—搅拌器；103，405—冷凝器；104—缩合液冷却器；105—接受罐；106—成品泵；107—成品过滤器；201—真空泵；301—泵；302，406—热交换器；303—pH 控制仪；401—给料泵；402—分水器；403—水冷却塔；404—丁醇冷却塔；407—丁醇接受罐；408—丁醇泵

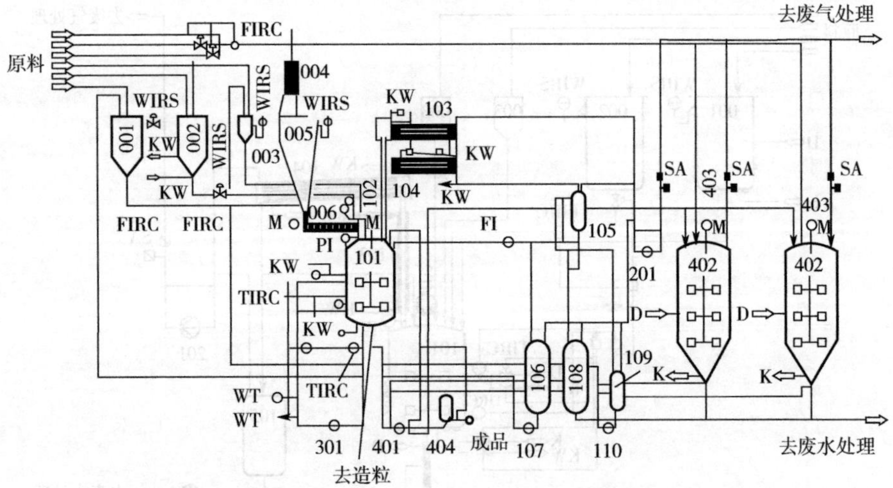

图 4-13　生产胶黏剂所需的环氧树脂的带控制点的工艺流程图

D—蒸汽；K—冷凝水；KW—冷却水；WT—导热油；001—卸料器；002，005—计量斗；003—加料螺旋；004—卸料器；006，302—热媒冷却器；101—反应釜；102，402—搅拌器；103—填料塔；104，405—冷凝器；105，109—分水器；106，108，403—回流泵；107，110—给料泵；201—真空泵；301—热媒泵；401—兑稀罐；404—成品泵；406—热交换器；407—丁醇接受罐；408—丁醇泵

酚醛树脂的合成（图 4-14）在塔式四段连续式理想混合流反应器中进行。树脂上面的水大部分用分离器分出。合成产品的脱水用管式单程热交换器——薄膜蒸发器进行。为了保证在热交换器中薄膜的流动条件，管子截面的选择务必使管中的蒸汽流速为 50～80m/s。合成产品以薄膜形式流动时，挥发性物质从产品中的蒸发过程在 1min 内即可完成。

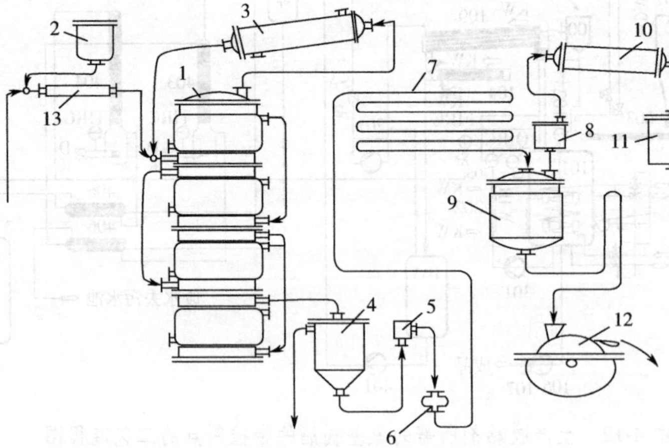

图 4-14　连续法制造酚醛树脂工艺流程图

1—塔式四段连续理想式混合流反应器；2—催化剂受槽；3，10—冷凝器；4，11—连续分离器；5—排气管；6—齿轮泵；7—管式单程热交换器——薄膜蒸发器；8—干燥器；9—树脂受槽；12—筒式冷却器；13—热交换器

(2) 绿色环保胶黏剂一体化生产成套设备　绿色环保胶黏剂的一体化生产成套设备，一般包括反应釜体、电机和环形加热箱，反应釜体的外壁固定设有环形加热箱，环形加热箱一侧的顶部和在另一侧的底部分别设有进料管和出料管，反应釜体底端的中心处固定设有出料管，出料管的底端安装有控制阀，反应釜体底端的四侧均固定设有支撑腿。

① 合成树脂反应器组件。胶黏剂一体化生产成套设备，主要包括反应器、树脂溶解设备、净化过滤设备、蒸馏设备、洗涤设备等。其中反应器（也称反应釜）是重要设备之一，反应器主要由罐体、搅拌器、加热设备等组成。例如，合成高黏度树脂的反应器如图 4-15 所示。

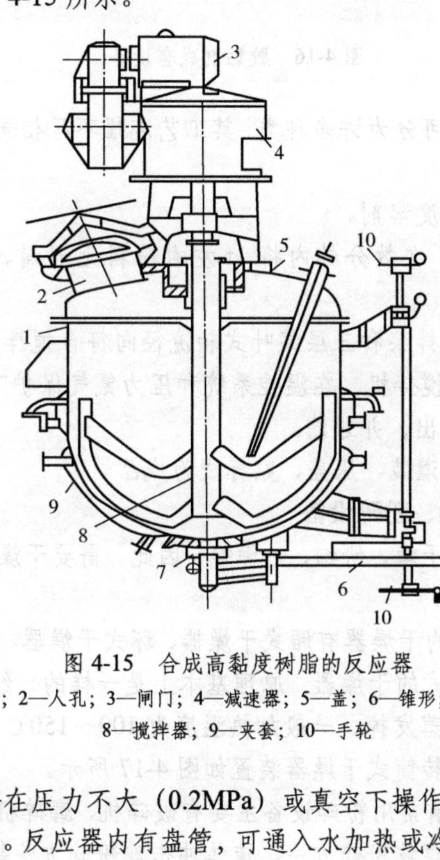

图 4-15　合成高黏度树脂的反应器

1—罐体；2—人孔；3—闸门；4—减速器；5—盖；6—锥形；7—阀座；8—搅拌器；9—夹套；10—手轮

反应器的壳体按在压力不大（0.2MPa）或真空下操作来计算。罐结构材料可为不锈钢或碳钢搪瓷。反应器内有盘管，可通入水加热或冷却反应物。反应器中所采用的搅拌器是复合型的。底部装有花式桨叶，以改善底部的传热。上部为一般桨式搅拌器，搅拌速度一般为 20～50r/min。

② 胶黏剂成套组件设备。图 4-16 是我国某公司自主研制的胶黏剂成套设备（包括处理量为 1000～5000L 的搅拌釜），以及搅拌机、分散机等单机设备，并在我国继续为其设计和制造新设备。温度的精确控制，大批量粉料的输送，搅拌形式的选择，高黏度物料的输送、处理均是设计的难点，多年来积累的很好的设计和制造的经验，保证了胶黏剂成套设备设计能力的成熟可靠，可以提供扩大符合需要的胶黏剂生产产品。

图 4-16　胶黏剂成套设备

胶黏剂按不同用途可分为许多种类，其工艺流程不尽相同，以某公司设计的某套设备为例：

a. 添加溶剂与高黏度溶剂。

b. 通过气流输送，在数分钟内将 1t 左右粉料无泄漏、无残留地输送至搅拌釜中。

c. 由双层分散的搅拌桨和三层桨叶式轴流径向符合搅拌桨，带挂壁、螺带的锚式搅拌桨组合的三轴搅拌机，在温控系统和压力氮气保护下对物料加工。

d. 物料从放料口放出，并过滤。

e. 经半自动灌装机灌装、压盖、贴标成为成品。

3. 胶黏剂填料干燥、粉碎设备

填料加入前要进行干燥、研细、过筛等，因此，需要干燥器、粉碎设备、振筛机等。现简单介绍如下。

(1) 干燥器　常见的干燥器有厢式干燥器、环式干燥器、转筒式干燥器、气流干燥器等。不管什么形式的干燥器，原理基本上是一样的：经加热到一定的温度，使填料内的水分、气体蒸发掉，一般加热温度为 100～150℃，特殊情况可加热至 600～900℃干燥活化。转筒式干燥器装置如图 4-17 所示。

(2) 粉碎设备　目前常用粉碎设备主要有破碎机、磨碎机、球磨机等，另外还有一些先进的方法如超声波粉碎方法、流体冲击波粉碎方法等。

球磨机结构如图 4-18 所示。

转筒球磨机的主体是能缓慢转动的圆筒，筒内部分充填自由运动的球形或其他形状的研磨体及待粉碎的物料。圆筒转动时研磨体产生雪崩状和瀑布状的工作状态，物料因受撞击、挤压和研磨作用而粉碎，如图 4-19 所示。

在球磨机中物料受研磨体多次作用，就有可能达到高的粉碎度。用球磨机可使干燥物料细碎。

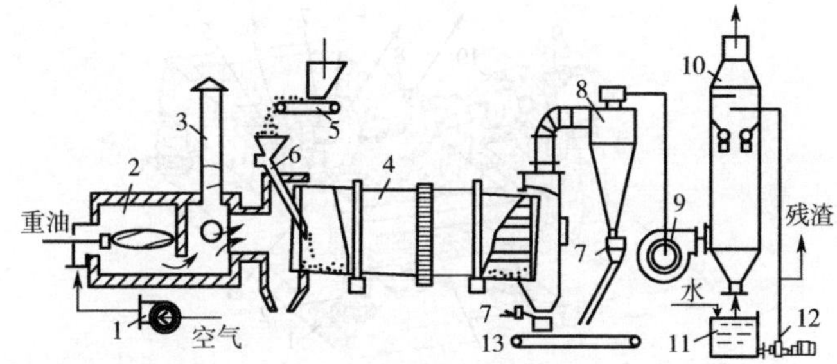

图 4-17 转筒式干燥器装置示意图

1，9—抽风机；2—燃烧室；3—点火管；4—干燥室；5—加料器（计量给料器）；6—装料管；7—卸料闸门；8—除尘器；10—湿净气器；11—容器；12—泵；13—传送带

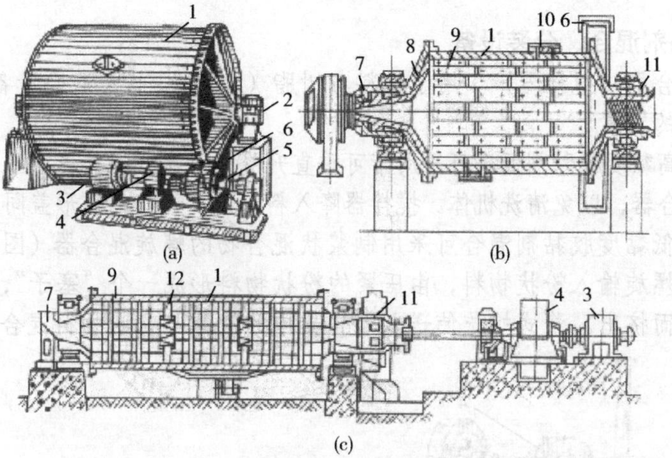

图 4-18 球磨机

(a) 间歇式转筒球磨机；(b) 连续式转筒球磨机；(c) 连续式管状多室球磨机

1—转筒；2—轴承；3—电动机；4—减速器；5—摩擦离合器；6—齿轮传动（冠状）；7—装料轴颈；8—端板；9—衬板；10—人孔；11—卸料轴颈；12—栅板（多孔隔板）

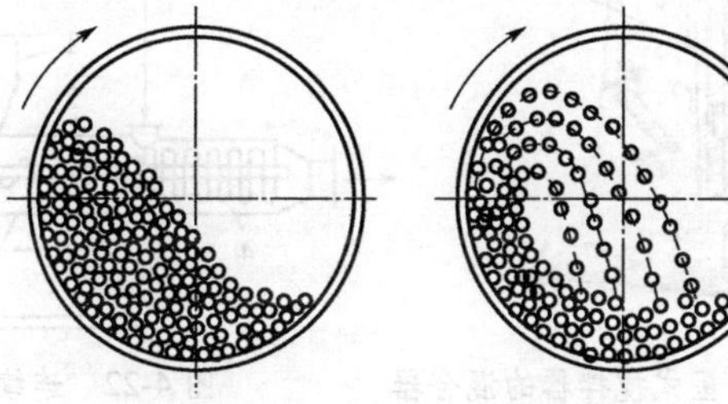

图 4-19 研磨体运动状况

(a) 雪崩状；(b) 瀑布状

(3) 振筛机 根据填料的目数选用相应的筛子在振筛机上过筛。振筛机是用机械的方法使填料在筛网上振动，细的物料就通过筛网漏入下部容器。惯性振动筛示意图如图 4-20 所示。

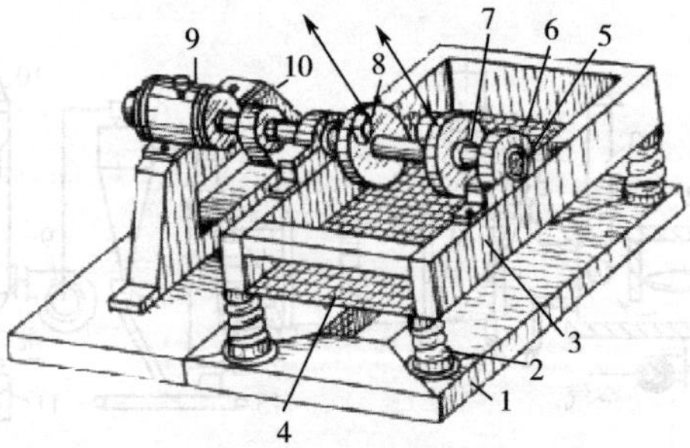

图 4-20　惯性振动筛

1—机座；2—弹簧；3—筛框；4—筛；5—轴承；6—轴；7—填圈；
8—惯性块；9—电动机；10—弹性轴承

4. 胶黏剂混合、分装设备

(1) 混合器（搅拌器）　用于填料与树脂（或固化剂），混合设备类型取决于所得混合物的黏度。

小批量高黏度胶黏剂混合可采用带可垂直升降的行星式搅拌器（图 4-21）和可更换料车的混合器，以免清洗机体。搅拌器降入料车时，料车的锥形盖同时降到车上。

大批量低黏度胶黏剂混合可采用制浆状混合物的螺旋混合器（图 4-22），其特点是用整体螺旋输入粉状物料，由压紧的粉状物料形成一个“塞子”，后者在混合器中形成浆而挤出。桨式螺旋使送入混合器中的液体与粉状物料混合。

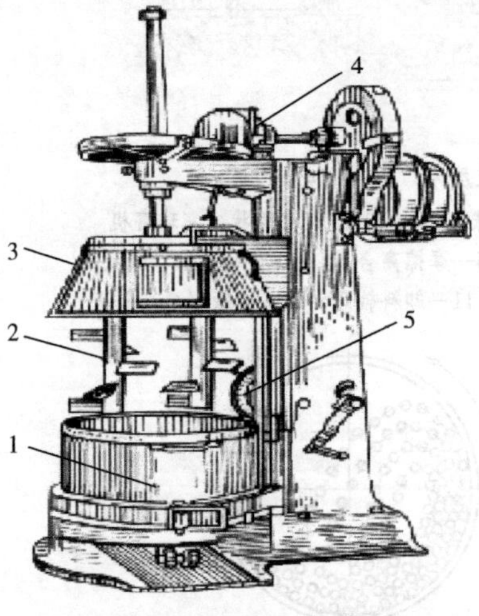

图 4-21　带可垂直升降的行星式搅拌器的混合器

1—料车；2—搅拌器；3—顶盖；
4—传动装置；5—提升装置

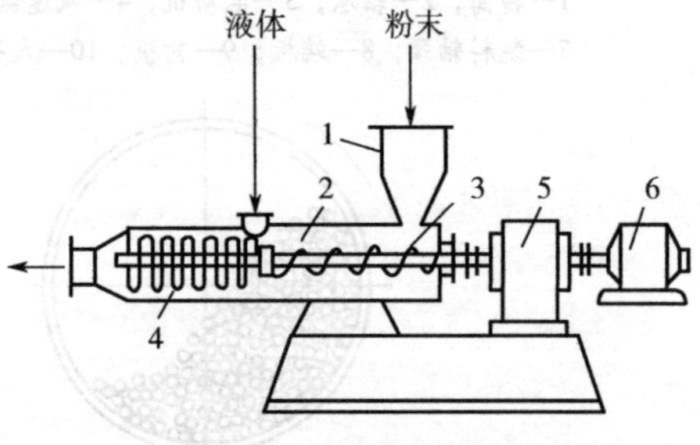

图 4-22　连续式螺旋混合器

1—颜料装料斗；2—机体；3—整体螺旋；
4—桨式螺旋；5—减速器；6—电动机

图 4-23 为带齿盘式搅拌器的固定型间歇式混合器，搅拌器通过弹性轴套与电机连接，其容积一般在 1～3m^3，适用于中黏度胶黏剂批量生产。

制造较少量的易流动胶黏剂可采用带可垂直升降的旋桨式搅拌器（图 4-24）和可更换料车的间歇式混合器。

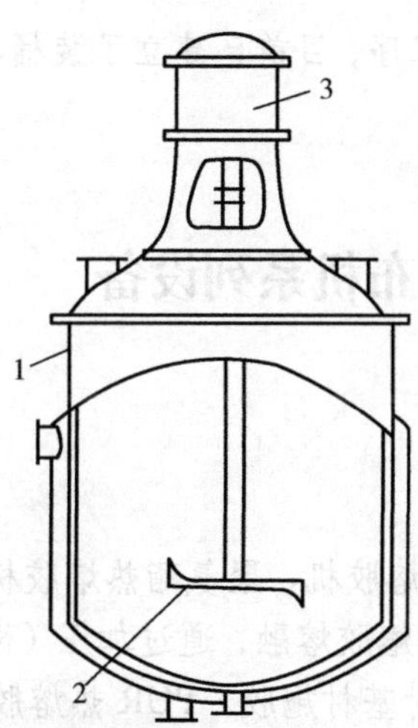

图 4-23 带齿盘式搅拌器的固定型间歇式混合器（高速分散机）

1—机体；2—齿盘式搅拌器；3—电动机

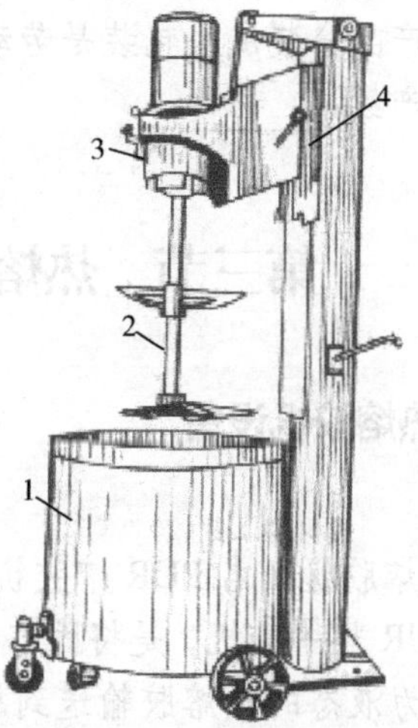

图 4-24 带可垂直升降的旋桨式搅拌器的混合器

1—料车；2—搅拌器；3—电动机；4—提升装置

用于制造易流动悬浮液的连续式混合器不仅有立式（一般为两段式、带搅拌的设备），还有螺旋型混合器。图 4-25 为带齿盘式搅拌器的连续式两段混合器，是可与球磨机机体相组装的螺旋型连续式混合器。

(2) 分装设备　小包装的分装机可为一圆筒（图 4-26），活塞在此筒中往复移动，从装料漏斗中抽入胶黏剂，然后将其推出装桶。活塞的行程可调整，对黏稠的胶黏剂采用三通旋塞代替阀门。

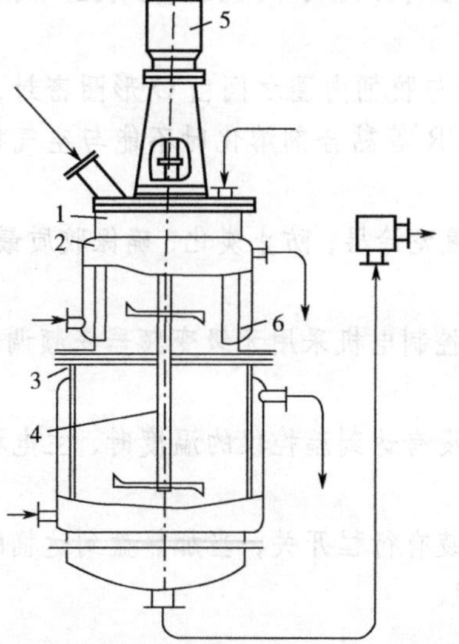

图 4-25 带齿盘式搅拌器的连续式两段混合器

1—机体；2—夹套；3—隔板；4—齿盘式搅拌器；5—电动机；6—挡板

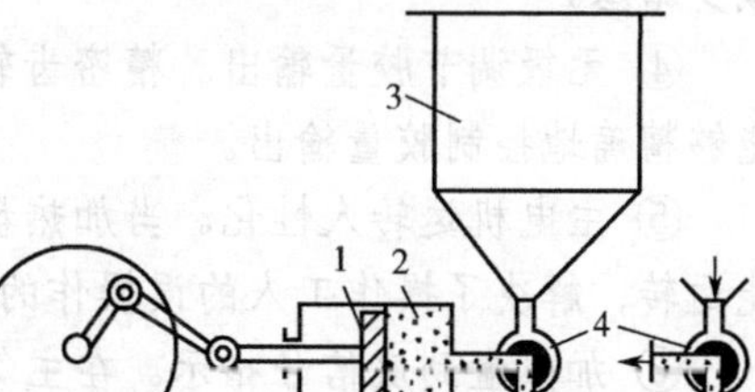

图 4-26 分装机

1—活塞；2—圆筒；3—料斗；4—三通旋塞；5—嘴

胶黏剂产品分装成小包装是劳动量大的工序，目前已建立了装桶、贴标签、装箱自动化生产线。

第三节　热熔胶膜涂布机系列设备

一、PUR热熔胶机设备

1. 定义

PUR 热熔胶机又名 PUR 熔胶机、压盘热熔胶机、聚氨酯热熔胶机、湿气反应型聚氨酯 PUR 热熔胶机，是将固态的 PUR 热熔胶熔融，通过加压（齿轮泵）装置将熔融后变为液态的热熔胶输送到施胶装置对基材施胶。PUR 热熔胶机是集温度控制、流体加压输送功能于一体的机电设备，具备自动控制及自动跟踪生产线速度的功能。

2. 适用范围

该设备适用于汽车行业（内饰密封、车灯制造、挡风玻璃装配、车门制造）、无纺布行业（纸尿裤、成人失禁用品、卫生巾等一次用品）、涂布复合行业（商标纸、标签双面胶带、医用透气胶带、服装辅料复合）、产品组装行业（家电、家具、电线电缆）、包装行业（产品包装、链坠黏合）等。

3. 性能特点

① 渐进式加热熔化。加热盘位于胶质上方，当加热盘加热时，仅有胶桶上面一层与加热盘接触，达到熔化点而熔化，胶桶下部分此时不熔化，达到生产时需要多少即熔化多少的要求。

② 熔胶时胶质与空气隔离。加热盘外圈与胶桶内圈之间由 O 形圈密封，使得熔化的液体胶质不与空气接触，解决了 PUR 等黏合剂熔化时不能与空气接触的难题。

③ 涂特氟龙保护层。加热盘外表面涂特氟龙涂层，防止炭化，确保胶质最佳，减少堵塞。

④ 无级调节胶量输出。精密齿轮泵运转控制电机采用无级变频器变频调速，能够精确地控制胶量输出。

⑤ 主电机运转人性化。当加热盘的温度没有达到温控仪的温度时，主电机不能运转，解决了操作工人的误操作的问题。

⑥ 加热盘到底信号指示。在主气缸下方装有行程开关，当加热盘到达桶的底部时，行程开关有信号，并使信号灯显示黄色。

4. 主要技术参数

熔缸容积	200Ltr	适用胶桶尺寸	内径 ϕ571mm（200kg 标准桶）
熔胶速度	150kg/h	温度控制范围	20～230℃

泵胶量	1～150kg/h	加热功率	20kW
电机	1.5kW	频率	50Hz
外型尺寸	1500mm×1000mm×1790mm		

5. PUR热熔胶机示意图

PUR热熔胶机示意图见图4-27。

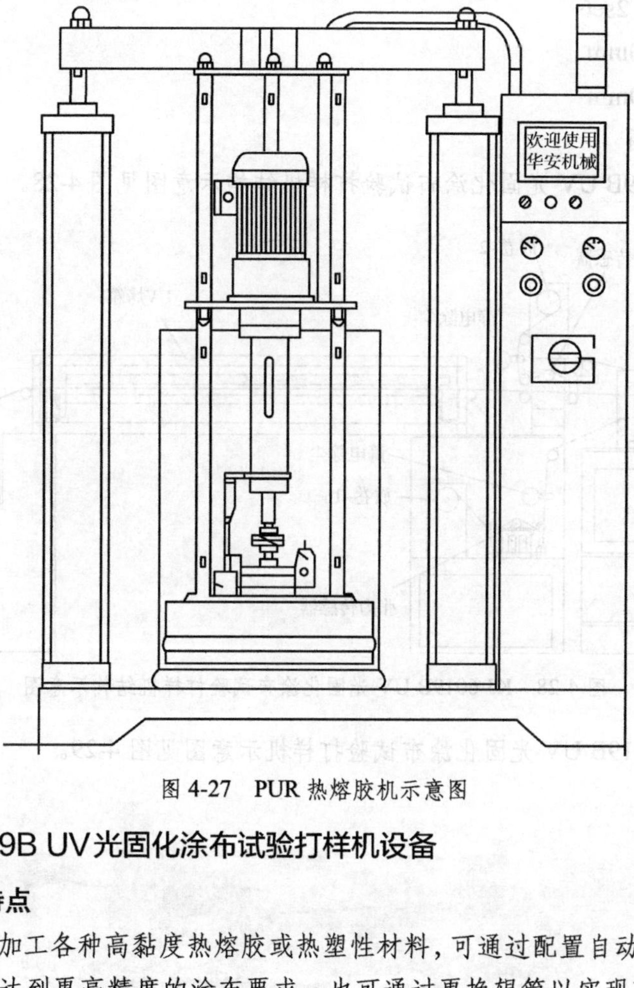

图4-27 PUR热熔胶机示意图

二、KJ-6019B UV光固化涂布试验打样机设备

1. 主要特点

该机用于加工各种高黏度热熔胶或热塑性材料，可通过配置自动换网、熔胶泵及涂布头从而达到更高精度的涂布要求，也可通过更换辊筒以实现不同的涂布效果，同时高效的冷却装置确保了涂布的速度。

2. 应用范围

主要应用于PA、PES、EVA、TPU等高黏度热熔胶的涂布，如鞋材、箱包材料、石油防腐胶带、热熔胶膜、服装辅料、反光材料等。

3. 技术参数

型号 KJ-6019B

涂布宽度 400～1600mm

涂布量 20～2000g/m²

涂布速度 50m/min

放卷直径 1000mm

收卷直径 700mm

纠偏装置 2sets

长度 5000mm

高度 1400mm

4. 示意图

①KJ-6019B UV 光固化涂布试验打样机结构示意图见图 4-28。

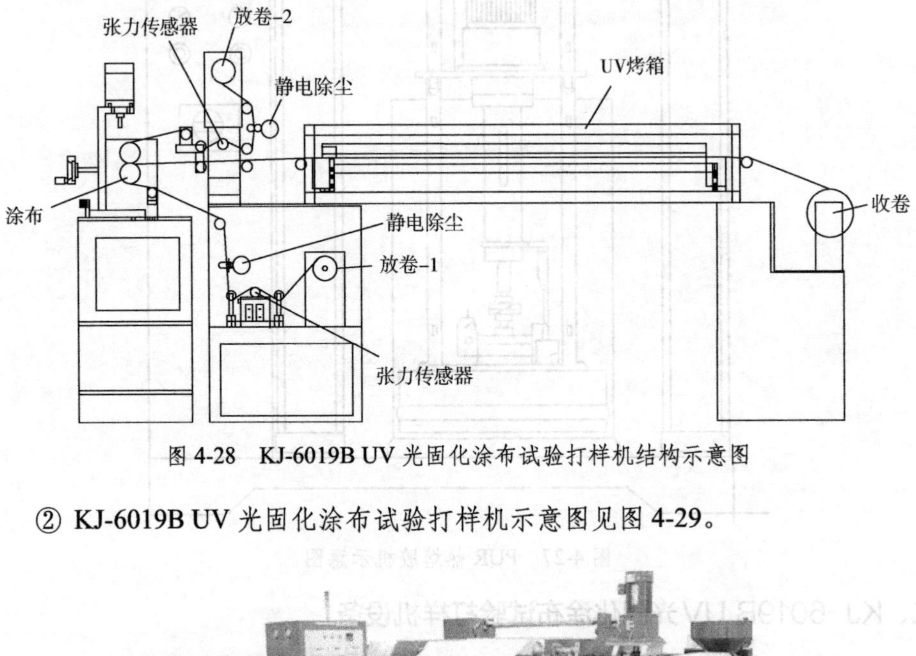

图 4-28 KJ-6019B UV 光固化涂布试验打样机结构示意图

② KJ-6019B UV 光固化涂布试验打样机示意图见图 4-29。

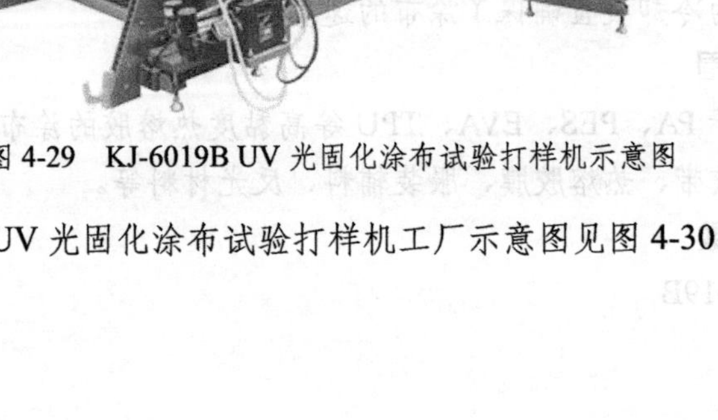

图 4-29 KJ-6019B UV 光固化涂布试验打样机示意图

③ KJ-6019B UV 光固化涂布试验打样机工厂示意图见图 4-30。

图 4-30 KJ-6019B UV 光固化涂布试验打样机工厂示意图

5. 型号、尺寸及涂布方式

型号　KJ-6019B UV 光固化涂布试验打样机

烘箱长度约 1.8m（1 节灯箱）两面 UV 灯固化，可调节 UV 光强度，有复合功能（涂布头处复合），光源 UV 冷光（可自配）

最大放卷宽度	300mm
最大放卷直径	200mm
最大涂布宽度	260mm
机械速度	0.2～1.5m/min
涂布方式	辊式涂布（最佳湿胶涂布厚度应大于 0.01mm）
涂布厚度调节方式	手动调节
纠偏方式	手动调节
最大涂布间隙	2.0mm
涂布精度	±0.005mm［即 $5g/m^2$（干胶）］
最少胶水量（加料方式）	约 50g（手动加料）
电源	220V/50Hz（两相）总功率约 4kW
整机尺寸	约 3.2m（长）×1.0m（宽）×1.5m（高）

三、KJ-6019A 溶剂型实验涂布机设备

1. 产品特点

① 机架采用不锈钢板焊接，表面进行精密喷涂处理；

② 收放卷料安装采用气胀轴，气胀轴有刻度尺标识指示，方便装料对齐；

③ 采用自动和手动张力控制系统控制收放卷张力。

2. 涂布头特点

① 涂幅宽度内定为最宽250mm（可按客户要求定制）；

② 逗号刮刀可通过气缸急速升降，方便清洗，加装不锈钢废料盘保证机台清洁；

③ 涂胶压力通过精密调节气压控制；

④ 涂布间隙通过小手轮由两边调节，利用日本三丰千分表核对涂布间隙，更加方便、快捷、精准；

⑤ 逗号刮刀间隙调节范围内定0～0.18mm（可按客户要求定制）；

⑥ 涂布头可采用逗号辊、微凹头（线棒）、狭缝头三种涂布方式，可随时更换。(注：内定为逗号辊涂布头，标配一种，如需其他涂布方式，请说明)

3. 烘烤箱特点

① 五段式热风循环式干炉，总长为2.5m（0.5m×5），常温～200℃范围独立自动温度控制；

② 独立的排风排湿系统；

③ 电动开合系统，取放涂布基材更方便；

④ 烘箱长度和烘烤方式可按客户要求定做；

⑤ 整机采用6个伺服电机传动，结构简单，同步性更好，减少了机器的故障率；

⑥ 涂布速度可调，涂布速度显示范围为0.3～0.6m/min；

⑦ 整机精巧，占用地方小，打样胶水用量少（50g左右都可以打样)。

4. 主要技术参数

烘箱长度2.5m，分五段，每段长约0.5m（两段式开合、加温独立调节进风、统一排气）

加热方式五段式独立电加热（常温～200℃可调)，温度误差：±5℃

收放卷料直径≤250mm

复合功能有

最大放卷宽度300mm

最大涂布宽度约250mm

涂布速度0.3～6m/min

涂布方式逗号刮刀式涂布（最佳湿胶涂布厚度大于0.01mm)

刮刀调节方式手动调节

纠偏方式放卷自动双纠偏系统

最大涂布间隙0.18mm

涂布精度0.002mm［即2g/m^2（干胶)］

胶水量≥50g（手动加料）

电源（两种方式供电）220V/50Hz，约6kW；380V，约10kW

5. 示意图

KJ-6019A溶剂型实验涂布机设备见图4-31。

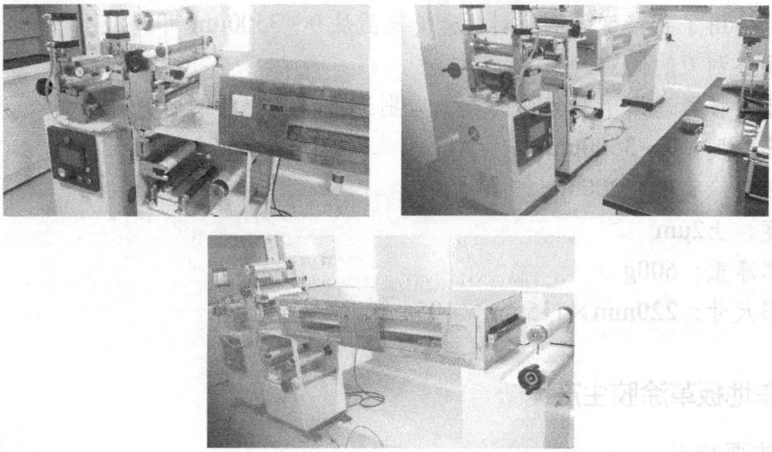

图 4-31　KJ-6019A 溶剂型实验涂布机设备

四、KJ-6017小型自动涂布机设备

1. 主要特点

KJ-6017 小型自动涂布机（图 4-32），是为了使试验人员能方便地涂布出精确的涂膜，减小或消除在涂膜过程中由于涂布速度及施加压力不同等人为因素造成的误差。

本机采用无级变速电动机，精确控制涂布速率，可在不同底材上自动完成湿膜的涂布运动，大大提高了涂膜的重现性。

2. 技术参数

电机功率：48W（220V/50Hz）

涂布底座尺寸：570mm×360mm

有效涂膜尺寸：370mm×300mm（长×宽）

外形尺寸：570mm×370mm×140mm（长×宽×高）

3. KTQ-II 可调式涂膜器

KTQ-II 可调式涂膜器通过调节涂膜器上方的两个微分器，能上下方向调节下面的刮刀以控制间隙，即最终涂层的厚度。上端可调式涂膜器见图 4-33。

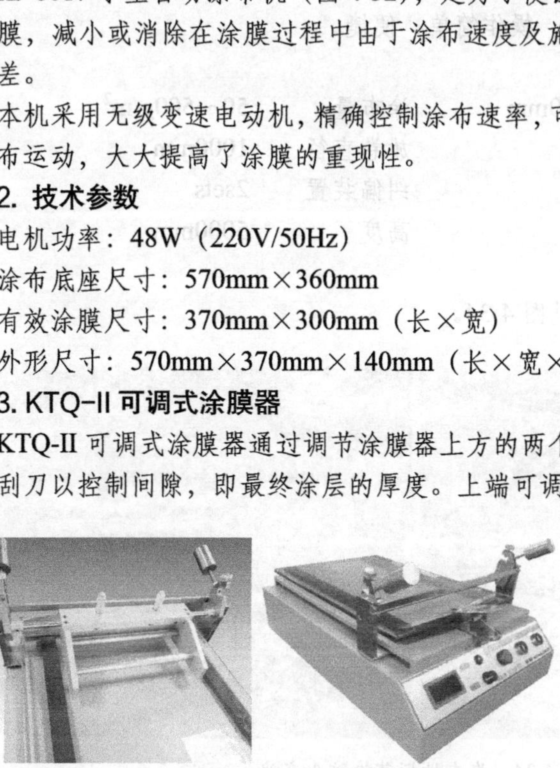

图 4-32　KJ-6017 小型自动涂布机设备

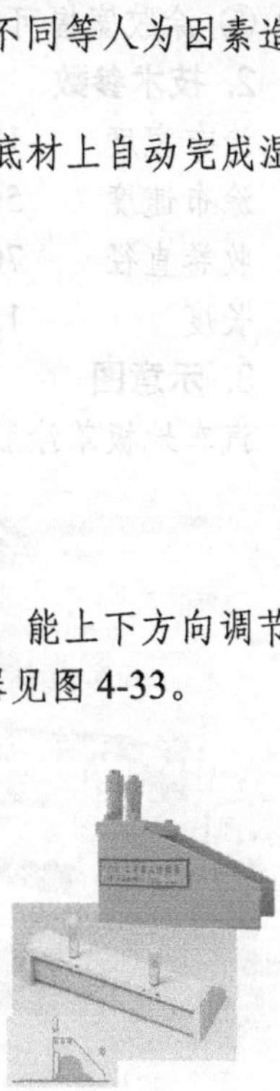

图 4-33　上端可调式涂膜器

由于使用了高精度的测微计，涂膜范围从0～3500μm可调，刮涂时以每10μm为单位调整刮刀的间隙。

此款涂膜器适用于对膜厚的细微差别进行精确评估的研究项目。

涂膜厚度：0～3500μm

有效刮涂宽度：200mm

精度：±2μm

仪器净重：600g

外形尺寸：220mm×115mm×105mm（长×宽×高）

五、汽车地板革涂胶生产线

1. 主要特点

① 主机速度与供胶速度可手动调整也可自动跟踪。

② 采用智能PID温度控制系统，误差在1℃以内。

③ 所有主动辊轮、被动辊轮经过高精度平衡设备校正，辅以合理的安装工艺，使整机运行平稳、噪声低，复合材料不起皱，效果好。

④ 高精度合金模头及高精密计量齿轮泵，保证了高品质涂布效果。

⑤ 涂胶宽幅可随意调整，操作简单、便捷。

2. 技术参数

涂布宽度	1000～3000mm	涂布量	50～500g/m^2
涂布速度	50m/min	放卷直径	1000mm
收卷直径	700mm	纠偏装置	2sets
长度	12000mm	高度	5000mm

3. 示意图

汽车地板革涂胶生产线见图4-34。

图4-34 汽车地板革涂胶生产线

第四节 胶黏剂生产工艺过程中的产品安全与环境保护

随着时代的发展、人类文明的不断进步，人们对健康和环境有了更高的要求。而胶黏剂的制造、贮存、经营、使用都涉及到化学废物的污染、有机溶剂的毒害、成品气味的刺激、易燃溶剂的燃烧，这些都危害着人体的健康和生命的安全。为了消除毒害，确保安全，为胶黏剂的推广应用解除后顾之忧，很有必要了解胶黏剂的毒性程度，以便采取有效的措施予以防护。

胶黏剂产品种类繁多，所需原料涉及多种类别，包括有机醇、有机酸、树脂、颜填料、助剂、溶剂等，这些原料和产品中除了无机颜填料外都是有机物，均属易燃物，有些还是剧毒品，绝大部分已被列入《危险化学品名录》。

一、胶黏剂产品生产过程中的危险有害因素

胶黏剂生产过程中，从原料到成品都存在着易燃易爆、有毒有害等危险特性，容易引起火灾、爆炸、中毒、灼伤或其他事故。

1. 火灾爆炸

胶黏剂中的油脂、树脂及各种溶剂、催干剂、增塑剂等都是有机物，且绝大部分都是易燃、可燃物。一般胶黏剂的组成中，这些易燃、可燃物所占的比例在50%左右，有的高达60%～70%，生产过程具有较大的火灾爆炸危险性。

胶黏剂生产中含有少量易燃固体，遇到明火、高温、氧化剂和有机胺类化合物都会发 生燃烧和爆炸。游离酸的存在，容易引起酯的水解反应，释放出二氧化氮，二氧化氮又会进一步引起有机物的分解。由于此分解反应是放热反应，温度的升高更加速了分解速度，从而使温度急剧升高，最后导致胶体物的自动分解，可燃物容易发生燃烧。

胶黏剂生产过程中生产设施、储存容器密闭性差，特别在易燃、可燃物的生产现场，各种大小调胶缸（桶）、槽、罐比较多，有相当一部分设备是非密闭的，生产现场散发出易燃有毒的溶剂蒸气或粉尘，如果在空气中达到爆炸极限，遇火源即会引起火灾爆炸。

胶黏剂生产过程中存在的多方面的火源更增加了火灾的危险性，表现在：①树脂合成过程中，使用蒸汽、导热油或电感加热，在试制、检验分析中也使用各种电烘箱、电炉等加热设施，对于低沸点的易燃液体，在高温下加剧了易燃物的挥发，具有爆炸危险。②静电是胶黏剂生产中较为常见的一种现象，生产中大量使用的有机溶剂都是电的不良导体，容易导致静电积聚，如果防静电措施不良会产生静电火花。在树脂兑稀过程和胶黏剂搅拌过程中会产生静电；在溶剂、树脂和胶黏剂浆料的过滤过程中由于物料与容器和滤网的摩擦也会产生静电；物料输送过程中，如果

流速控制不当也会产生静电。因此，有可燃液体的作业场所可能由静电火花引起火灾；有爆炸性气体混合物或爆炸性纤维混合物的场所可能由静电火花引起爆炸。③生产中使用的电气设备较多，如机电设施、配电设施、电气线路、排风设施、开关等，如果电气设备在选型、安装时不符合防爆要求，线路老化、安全性能差等，产生电火花将导致易燃物的燃烧、爆炸。④检修过程中的电（气）焊等产生的火源，也会引起火灾爆炸事故。⑤管理不到位，用有机溶剂拖地、擦洗设备或衣物；将废弃的滤布、纱头、手套等任意堆积在车间不及时处理，时间长了导致自燃；生产场所穿铁钉鞋、吸烟、打电话等；违章用铁器敲击设备、管路或用铁制工具加料等。这些都会产生火花而导致火灾爆炸。

2. 粉尘危害

胶黏剂生产中使用大量的矿物粉料，如石棉粉、轻质碳酸钙、立德粉、钛白粉、滑石粉、炭黑等，这些粉料细度很小，在空气中长时间漂浮而不降落，人员长期接触会危害健康，如累计到一定的量，可引起肺病。粉尘危害主要在配料岗位，人工投料时很容易造成有害粉尘的弥散。具有致癌性的粉尘对健康的危害就更严重。

3. 噪声与振动危害

胶黏剂生产中噪声与振动危害主要来源于引风机、砂磨机、真空泵、离心机等，如果这些噪声设备没有按规定要求布置在单层厂房内或多层厂房的底层，没有采取消音和防振措施，噪声值就会超过规定的限制。人员长期在噪声和振动环境中作业会得职业病。

设备的振动可导致密封失效、焊缝开裂或管件因不断摩擦致使壁厚减薄，造成介质泄漏，污染环境，乃至发生火灾爆炸危险；设备上控制仪表因振动，有可能会造成失灵、误报等事故。

4. 高温危害

胶黏剂生产中需要用电感、导热油、蒸汽等作为加热介质，生产中存在的高温设备如酯化釜、醇解釜、丙烯酸树脂反应釜、聚氨酯树脂反应釜、锅炉以及导热油管道、蒸汽管道等，这些设备如保温不良，有产生高温辐射和烫伤的危险。

5. 灼伤

胶黏剂生产中使用的氢氧化钠、硫酸以及有机酸等都是腐蚀性物质，溶剂大都具有腐蚀性，而且这些溶剂广泛使用在各类树脂生产中，容易产生腐蚀性灼伤。

二、毒性与中毒

1. 毒性

毒性即某些化学物质侵入人体而引起的正常生理机能损坏乃至死亡的一种性质。评价毒性大小的指标常用半数致死量，就是将毒物给一组动物（如鼠、兔、狗等）口服或注射，能使半数动物死亡的剂量，也称致死中毒量，以 mg/kg 表示。按照 LD_{50} 的数值，可将毒性进行大致分类，见表 4-1。

表 4-1 毒性的一般分类

剂量 / 毒性级别	大鼠一次（经口）LD_{50}/（mg/kg）	兔（经皮）LD_{50}/（mg/kg）	人的可能致死量/g
剧毒	＜1	＜10	0.06
高毒	1～50	10～100	4
中毒	50～500	100～1000	30
低毒	500～5000	1000～10000	250
实际无害	5000～15000	10000～100000	1200
基本无害	＞15000	＞100000	＞1200

还有一个衡量毒性的指标为最高容许浓度，是指车间或工作场所的空气中所含的有毒蒸气或粉尘不应超过的指标，代号为MAC，单位以mg/m^3表示。

另一毒性控制指标为临界极限值，是指每天8h所允许吸入溶剂和其他挥发物的最大值。

2. 中毒

树脂生产过程中多种原材料如芳香烃类（甲苯、二甲苯等）、醇、醋酸乙酯、醋酸丁酯等都属于有毒有害品，对眼睛、皮肤、黏膜都具有强烈的刺激作用。长期接触这些毒物会引起中毒，最常见的就是苯中毒。苯系物在各类树脂生产中都有用到，短时间内接触高浓度苯可引起急性苯中毒，长期接触苯可能发生慢性中毒，表现为头痛、失眠、记忆力减退、血细胞和血小板减少，甚至发展成再生障碍性贫血及白血病。

一般凡是有毒物质进入人体后能够引起的局部或整个机体功能发生障碍的任何病态都称为中毒。按其危害程度可分为急性中毒和慢性中毒，也有把介于急性中毒和慢性中毒之间的称为亚急性中毒。所谓急性中毒就是大量毒物或剧毒物质突然集中进入人体迅速引起全身中毒症状，休克甚至死亡。慢性中毒是小量毒物或一般毒物逐渐侵入人体，日积月累，潜移默化，慢慢引起中毒，实际上也就是积累中毒。

中毒受很多因素影响，除非是剧毒物质，并非每个人一接触毒物就会中毒，其实并没那么可怕。中毒与否、程度大小与毒物性质及吸入数量、作用时间、侵入部位、体质情况等有关。

毒物一般可通过消化道、呼吸道和皮肤三个主要途径侵入人体，引起中毒。

（1）消化道　也就是毒从口入，除了误食之外，主要是手上沾染，未经洗手便就餐、吸烟，把毒物带入体内。

（2）呼吸道　化学反应产生的有毒气体的泄漏，有毒液体挥发、蒸发，有毒的烟雾和粉尘，进入到空气当中，随空气而被吸入人体，再由肺部吸收迅速地进入血液，循环分散到人体各个组织，从而引起全身中毒。因此，由呼吸道吸入的危害性和可能性最大。

(3) 皮肤　一些能溶于水或皮肤表面脂肪层的毒物，当接触皮肤之后能被毛囊吸收或渗入，再扩散到全身引起中毒。这种方式比较缓慢，但如果皮肤有破裂处就很严重了。

三、各种胶黏剂的毒性

胶黏剂一般由树脂、塑料、橡胶、单体、稀释剂、固化剂、溶剂、防老剂、促进剂、填料等组成。树脂、塑料、橡胶为聚合物材料，气味小，难挥发，基本无毒性，但在固化时有的会放出低分子物质，往往都有一定的毒性。用于溶解、稀释和表面处理的有机溶剂多是有毒的，有的固体填料粉尘也有毒性。不同品种的胶黏剂，因其所含成分不同，而毒性程度亦不相同。总的来说，胶黏剂的毒性并不大，不必担心害怕，只要适当地注意，可以大胆使用，不会留下后患。

1. 环氧树脂胶黏剂

环氧树脂胶黏剂固化后一般是无毒的，而在未固化时的一些组分还是有某种程度上的毒性的。

(1) 环氧树脂　普遍应用的环氧树脂为 E 型环氧树脂，由双酚 A 和环氧氯丙烷缩聚而成，LD_{50} 为 1000～3000mg/kg，属于无毒，脂环族化合物。环氧树脂在加热时可以逸出微量的环氧氯丙烷，属于中等毒性物质，LD_{50} 为 50mg/kg，环氧氯丙烷对人体的毒害主要是对呼吸道、皮肤和眼睛的刺激。

(2) 固化剂　固化剂，尤其是胺类固化剂是未固化环氧树脂胶黏剂毒性的主要来源，目前国内外对固化剂毒性问题十分重视，要求解决固化剂毒性的呼声日益强烈。对原有胺类固化剂进行改性，是降低毒性或实现无毒的重要途径。各种胺类固化剂毒性的比较见表 4-2。

表 4-2　胺类固化剂毒性的比较

固化剂	LD_{50}/（mg/kg）	固化剂	LD_{50}/（mg/kg）
乙二胺	620	二氨基二苯甲烷	120～830
己二胺	789	咪唑	1000
二乙烯三胺	2080～2300	2-甲基咪唑	1000
三乙烯四胺	4340	2-乙基-4-甲基咪唑	1180
四乙烯五胺	2100～3900	MA 水下固化剂	2900
二乙基丙胺	1410	120 固化剂	3600～4500
低分子聚酰胺	800	810 水下固化剂	＞5000
间苯二胺	130～300	T_{81} 固化剂	7850～11220
间苯二甲胺	625～1750		

沿用多年的乙二胺固化剂挥发性大，蒸气压高，对口腔、呼吸道黏膜和肺部都有严重的刺激作用，与皮肤接触后会引起过敏、瘙痒、水肿，甚至产生红斑、溃烂。因此，乙二胺确实应该淘汰，不能再用下去了。

间苯二胺的毒性也很大，主要危害是引起皮炎和哮喘，使用时不要与皮肤接触，有时可用间苯二甲胺代替间苯二胺，两者性能相差不多，但毒性大为降低。

邻苯二甲酸酐是环氧树脂常用酸酐类固化剂，LD_{50}为800～1600mg/kg，其粉尘和蒸气对眼睛、皮肤和呼吸道都有刺激性，可使人慢慢出现结膜炎、声音嘶哑、咳嗽、哮喘等。

顺丁烯二酸酐的LD_{50}为400～800mg/kg，其毒性比邻苯二甲酸酐高1倍。

(3) 稀释剂　环氧树脂胶黏剂中用的活性稀释剂多为含环氧基的低分子化合物，挥发性大，对皮肤有较强的刺激作用，可引起皮炎，甚至溃烂。其中600稀释剂毒性较大，丁二烯双环氧毒性最大，LD_{50}为88mg/kg。

惰性稀释剂磷酸三甲酚酯有较大的毒性。

(4) 填料　环氧树脂胶黏剂中的某些填料有一定的毒性，硅微粉可使人吸入积累后产生矽肺；石棉粉带毛刺的细纤维会引起呼吸道疾病，被视为致癌物质；铬酸盐对肺和其他器官都很有害。

2. 酚醛树脂胶黏剂

酚醛树脂胶黏剂的毒性主要是由合成酚醛树脂所用的原料苯酚和甲醛产生的。酚醛树脂中含有游离的苯酚和甲醛，而且酚醛树脂胶黏剂于高温高压下固化时还会放出甲醛。酚醛树脂胶黏剂中所含溶剂一般毒性不大。

(1) 苯酚　苯酚为白色晶体，熔点40.3℃，沸点181.7℃，凝固点41℃，它以蒸气或液体形式通过呼吸道、皮肤和黏膜侵入人体。当浓度低时能使蛋白质变性，浓度高时能使蛋白质沉淀，故对各种细胞都有直接危害，人口服致死量为2～15g。苯酚对皮肤和黏膜有强烈腐蚀性，以皮肤灼伤最为多见，如热苯酚液体溅到皮肤上引起烧伤，并可经皮肤吸收中毒。若是溅入眼内，立即引起结膜和角膜灼伤、坏死。苯酚的LD_{50}为530mg/kg，长期吸入低浓度苯酚会出现呕吐、吞咽困难、唾液增加、腹泻、耳鸣、神志不清等症状。

(2) 甲醛　甲醛是一种气体，具有强烈的刺激性气味，对呼吸道、黏膜和皮肤都有很大的危害，可引起结膜炎、鼻炎、咽炎、过敏性皮炎等。甲醛还有变态和变异作用，LD_{50}为800mg/kg。根据1987年的报道，美国环境保护局经过7年多的研究宣布甲醛可能对人体有致癌作用。

3. 聚氨酯胶黏剂

聚氨酯胶黏剂的毒性主要来自合成聚氨酯时的单体异氰酸酯。异氰酸酯的蒸气对呼吸道、皮肤和眼睛均有刺激作用，同时也是一种催泪剂。比较常用的甲苯二异氰酸酯溅入眼里或落在皮肤上不仅有刺激，还会造成烧伤。人吸入异氰酸酯蒸气会出现咽部干燥、瘙痒、咳嗽、气管炎、哮喘、呼吸困难等。

聚氨酯生产中的甲苯二异氰酸酯（TDI）是剧毒物质，特别是加热或燃烧时分解成有毒气体，除呼吸道和消化道外，还能经皮肤吸收，对人体健康极为不利。色漆生产现场，配料、兑稀、研磨、调漆过程都是敞口作业，生产现场弥漫着大量的有毒物质，如果厂房内无通风措施或者通风设施不够、作业人员防护措施不全，则对健康产生严重威胁，严重时导致中毒。毒物的长期挥发和积聚，还会污染周边环境。

4. 氯丁橡胶胶黏剂

氯丁橡胶胶黏剂目前仍然是以溶剂型为主，所用的溶剂如苯、甲苯、醋酸乙酯、丁酮等都有不同程度的毒性。

(1) 苯　苯为无色透明易挥发液体，沸点为80.1℃，临界极限值为25×10^{-6}，苯的毒性很大，吸入蒸气过多会出现植物神经系统功能失调，如多汗、心跳过快或过慢、血压波动，造成急性中毒，严重时会昏倒，呈现细胞成熟障碍，发生再生障碍性贫血。慢性苯中毒能引起神经衰弱，损害造血系统，血细胞数持续下降，血小板减少，有出血倾向。如果皮肤长期接触苯，因脱脂可出现干燥、发红、疱疹、湿疹等。苯已被认是致癌物质。

苯虽然能够很好地溶解氯丁橡胶，但毒性太大，制造氯丁橡胶胶黏剂不应该再用苯作溶剂，用户更不要使用含苯的氯丁橡胶胶黏剂。

(2) 甲苯　甲苯为无色较易挥发的有刺激性气味的液体，沸点为111℃，临界极限值为200×10^{-6}，毒性次于苯，中毒程度也不同于苯。由于甲苯吸入人体后，能被氧化成苯甲酸，再与人体的甘氨酸反应生成马尿酸而从尿中排出，不会产生积累中毒。根据多年的考察，以甲苯为溶剂制造氯丁胶黏剂，在生产和使用中均未发生中毒现象。

但是甲苯的毒性还是比较大的，说是比较小是相对于苯而言的，长期接触甲苯，咽喉有刺痛、痒及灼伤感觉，并有头痛、乏力、失眠等症状。长时间处于甲苯浓度较大的环境当中会引起急性中毒，呈现出运动失调、头痛、恶心、呕吐和瞳孔扩大等症状。

(3) 防老剂D　防老剂D，又称防老剂丁，学名为*N*-苯基-*β*-萘胺，有较大的毒性，不仅对人的皮肤有刺激作用，而且含有致癌物质，危害身体健康，化学工业部曾通知从1981年7月份起停止使用防老剂。

5. *α*−氰基丙烯酸酯胶黏剂

α-氰基丙烯酸酯胶黏剂有难闻的气味，对眼和鼻的黏膜有刺激性，滴在皮肤上能够迅速聚合，固化产物并无毒性，因此，可用作医用胶黏剂。

6. 第二代丙烯酸酯胶黏剂

第二代丙烯酸酯胶黏剂的主要接枝单体是甲基丙烯酸甲酯，无色透明，气味难闻，使人恶心、头痛，其毒性亦不大，对眼睛有一定的刺激作用，在皮肤上局部涂敷只能引起轻微刺激。如果吸入蒸气量多，严重时出现呼吸困难的症状，其对肝脏有一定影响，但并无显著的积累中毒现象。

7. 不饱和聚酯胶黏剂

不饱和聚酯胶黏剂中的交联剂苯乙烯气味很大，长期接触会使人头痛，刺激皮肤，蒸气对眼睛、鼻子和呼吸道有一定的刺激作用，只是毒性并不大，临界极限值为 400×10^{-6}。个别人可能会对苯乙烯蒸气过敏。

8. 溶剂型胶黏剂

溶剂型胶黏剂配制时所用的有机溶剂，多数都有不同程度的毒性。除了上面提到的苯和甲苯，再介绍一些溶剂的毒性，以便在使用时予以注意。

(1) 三氯甲烷　三氯甲烷又称氯仿，为无色透明易挥发液体，沸点为 61.2℃，临界极限值为 50×10^{-6}，蒸气对眼、鼻、喉有刺激作用，对中枢神经系统有麻醉、刺激性，并能损害心、肝、肾。口服中毒量为 280g。在浓度为 $120g/m^3$ 时连续吸入 5～10min 即可死亡。在光和热的作用下能被空气中的氧气氧化生成氯化氢和剧毒的光气，加入 1%～2%的乙醇可消除生成的光气。据近年来的资料介绍，氯仿被怀疑为致癌物质。

(2) 四氯化碳　四氯化碳为无色透明易挥发液体，沸点为 76.8℃，临界极限值为 10×10^{-6}。毒性很大，对肝和肾有严重的损害。一次吸入 0.15～$0.20g/m^3$ 的四氯化碳就会恶心、呕吐和腹泻；吸入 0.21～$0.78g/m^3$ 感觉极度疲乏，面色苍白、神志昏迷，以至死亡。乙醇有增毒作用，能促进人体吸收四氯化碳。

(3) 二氯乙烷　二氯乙烷为无色或浅黄色液体，较易挥发，沸点为 80.1℃，临界极限值为 50×10^{-6}。有一定的毒性，吸入人体有麻醉作用，引起少尿，有可能产生黄疸。

(4) 二甲苯　二甲苯为无色透明液体，挥发速度较慢，沸点为 136～141℃，毒性较大，临界极限值为 150×10^{-6}。其蒸气对皮肤的黏膜有刺激作用，长期接触能引起贫血、白细胞和红细胞减少。

(5) 甲醇　甲醇俗称木精，为易挥发的无色透明液体，沸点为 65℃，临界极限值为 200×10^{-6}，吸入蒸气会感到头痛，引起呕吐。饮后能致盲，最小剂量为 1mL。

(6) 环己酮　环己酮为无色油状液体，沸点为 155.7℃，临界极限值为 100×10^{-6}，气味难闻，使人恶心，有麻醉作用，对肝和肾有一定损害。环己酮属低毒类化学物质，吸入人体后可从尿中排出，在体内无积累作用。

(7) 三氯乙烯　三氯乙烯为无色透明液体，沸点为 86.9℃，临界极限值 100×10^{-6}，毒性较大，有强烈的麻醉作用。

四、预防与解救措施

为了消除胶黏剂使用时带来的毒害，保证健康与安全，必须以防为主，以救为辅，防救结合。

1. 积极预防

① 尽可能选用无毒或低毒的胶黏剂及辅助材料。

② 应充分了解所用胶黏剂的毒性与危害性。

③ 工作场地要有良好的通风装置，及时排出毒气粉尘，将空气中有害气体、

蒸气粉尘的最高浓度控制在规定的标准之内，如表4-3所示。

表 4-3　有毒物质及粉尘的最高容许浓度

物质名称	最高容许浓度/ (g/m^3)	物质名称	最高容许浓度/ (g/m^3)
苯	50	醋酸乙酯	200
甲苯	100	醋酸丁酯	200
二甲苯	100	醋酸戊酯	100
甲醛	5	光气	0.5
丙酮	400	甲苯二异氰酸酯	0.2
溶剂汽油	300	丙烯腈	2
乙醚	600	吡啶	4
松节油	300	乙醇	1500
苯胺	5	二甲基苯胺	5
氯化氢	1	二甲基甲酰胺	10
氨	30	三氯乙烯	50
苯酚	5	苯乙烯	40
四氯化碳	50	石棉粉	40
氯苯	50	石英粉	2
甲醇	50	滑石粉	4
环氧氯丙烷	1	水泥粉	6
丙醇	200	三氧化铬	0.1
丁醇	200		

④ 称量、混合、配胶、晾置应在通风橱内进行，以免吸入有毒蒸气。

⑤ 胶液和有机溶剂用后立即盖严，不能随意敞放，如有洒漏，及时清除。

⑥ 对于粉尘物料处理称量时都要轻拿轻放，避免尘土飞扬、乌烟瘴气。

⑦ 开启易挥发溶剂时，要先在自来水流中冷却几分钟，瓶口不要对准人。

⑧ 操作时要穿好防护服装，戴上口罩及手套，尽量减少人与胶的直接接触。

⑨ 工作场所所用器具要及时清理，经常保持清洁。

⑩ 操作现场严禁吸烟，不得饮食。

⑪ 工作完毕要洗手，保持个人卫生。

⑫ 定期进行身体检查。

⑬ 准备常用的急救药品。

2. 及时解救

① 如果胶液沾在手上或皮肤上，可用丙酮、乙醇等溶剂擦除，溶剂量不能太大。

② 皮肤被苯酚烧伤时可用饱和硫酸钠溶液湿敷。若是溅入眼内可用大量水

冲洗。

③ 急性呼吸系统中毒者，应使其迅速离开现场，移至通风良好的地方，放低头部，使其侧卧。若出现休克、虚脱，应进行人工呼吸。

④ 有中毒症状者应该很好地治疗。

⑤ 严重过敏者，应该调离现岗位。

五、复合用胶黏剂的卫生及解决方案

随着现代零售模式的不断发展以及人们对方便、美观、经济的包装食品越来越大的需求，复合软包装已成为包装食品的主要包装方式，其增长速度也大大超过了其他的包装材料。当软包装渐渐成为食品包装材料的主角，尤其是整个社会对食品安全的关注度日益提高的时候，复合软包装的卫生性问题也就越来越引起了大家的关注。我国针对软包装卫生的相关标准大致如下。

1. 复合标准

GB/T 10004—2008《包装用塑料复合膜、袋干法复合、挤出复合》

2. 行业标准

轻工行业 QB/T 1871—93《双向拉伸尼龙（BOPA）/低密度聚乙烯（LDPE）复合膜、袋》

QB 2197—1996《榨菜包装用复合膜、袋》

医药行业 YY 0236—1996《药品包装用复合膜（通则）》

3. 产品卫生标准

GB 9683—88《复合食品包装袋卫生标准》

GB 9685—2003《食品容器、包装材料用助剂使用卫生标准》

GB 4806.7—2016《食品安全国家标准 食品接触用塑料材料及制品》

4. 原材料标准

GB/T 4456—2008《包装用聚乙烯吹塑薄膜》

GB/T 10003—2008《普通用途双向拉伸聚丙烯（BOPP）薄膜》

GB/T 15267—94《食品包装用聚氯乙烯硬片、膜》

QB1231—91《液体包装用聚乙烯吹塑薄膜》

QB 1260—91《软聚氯乙烯复合膜》

GB/T 15267—94《食品包装用聚氯乙烯硬片、膜》

QB/T 2024－2012《凹版塑料薄膜复合油墨》

虽然如此，国家尚未对食品包装材料卫生性能制定统一规范，而且上述标准中对许多项目尚未提出具体量化的指标要求，这些都给包装厂商以及食品厂家的遵循及检验带来较大的困难。除了薄膜材料和油墨外，复合用胶黏剂的卫生安全性是包装食品安全的重要因素之一。而这里，我们将就主要的两个黏合剂可能对食品产生污染的情况做分析，并提供一些解决方案。当然，包装厂商及食品厂家在生产及供应环节中要注意的问题还有很多。

(1) 溶剂残留问题：正引起越来越多的关注　目前，复合用黏合剂给食品卫生安全带来的问题还是很多的，由于2005年中央电视台《每周质量报告》对不合格软包装的曝光，溶剂残留问题引起了软包装厂商、食品厂商乃至消费者的普遍关注。目前在软包装复合中最常用的是溶剂型聚氨酯胶。其溶剂应该是高纯度的醋酸乙酯，但有的生产供应商可能使用回收的不纯净的醋酸乙酯，其中杂质含量多，更有个别的生产厂商会掺入一些甲苯进去以降低成本，甚至一些包材生产厂还采用以甲苯、二甲苯为溶剂的单组分压敏胶，这就更具潜在危害了，也是国家法规明令禁止的。

我国1998年就颁布了有关塑料复合包装膜的国家标准，规定了溶剂残留量不大于$10mg/m^2$，但并未指明是何种溶剂，在$10mg/m^2$的范围内各种溶剂量也未做更加详细的划分。2003年在这一标准的基础上，又专门增加了一项限制苯残留的具体指标值——$\leqslant 3.0mg/m^2$。

对于这一问题，除了包装厂商应严格按照规定使用合格的溶剂外，油墨及黏合剂的烘干设备也应达到一定的要求，对烘干的过程也要进行严格控制与检测。此外，使用环保型的油墨和黏合剂是比较彻底的解决方案。目前欧美国家水性及无溶剂型的复合黏合剂的使用比例已经高于50%，被广泛用于普通至中高功能的复合包装上，这也就是其溶剂残留能达到相当高的标准的原因之一。

(2) 一级芳香胺问题：尚未受到足够重视　什么是一级芳香胺?它是怎么产生的？一级芳香胺的英文名字为primary aromatic amine，分子式为$—R—NH_2$，其中的R表示芳香基团。它源自于印刷的双组分油墨和复合黏合剂中的芳香族异氰酸酯和水的化学反应。

第一种反应过程为：

$$—R—NCO+H_2O \longrightarrow R—NH—COOH \longrightarrow R—NH_2+CO_2$$

第二种反应过程为：

$$OCN—R—NCO+2H_2O \longrightarrow H_2N—R—NH_2+2CO_2$$

$$H_2N—R—NH_2+OCN—R—NCO \longrightarrow R—NHCONH$$

$$—R—NHCONH—R—R—NHCONH—R—NHCONH—R—+H_2O \rightarrow R-OH+—R—NH_2$$（在高温蒸煮状况下）

通常第一种反应产生的芳香胺是黏合剂反应过程中的中间体，它大部分会被后续的反应消耗掉，不会对包装安全产生严重的影响。它随着聚氨酯黏合剂反应程度的升高而逐渐减少。但很多情况下由于订单交货期短，复合膜未得到充分熟化就被送到食品厂商那里包装食品，尤其是液体食品和高温蒸煮的食品，就会造成一级芳香胺污染食品的问题。

芳香胺已被确认具有很高的致癌毒性，且可长期在人体内累积残留。在欧美地区，包装法规明确规定与食品接触的包装容器不得释放出危害人类身体健康的物质。其中都包含有针对控制一级芳香胺规定的描述。欧盟的法规 2001/62/EC 中，关于 PAA 的规定描述如下:“采用通过重氮偶合反应的芳香族的异氰酸酯为原料制成的材料或商品不应释放可检出量的 PAA（以甲苯二胺计，低于每千克食品 0.2mg 的含量，分析误差已包括在内）”。

我国的 GB 9683《复合食品包装袋卫生标准》中规定，经加热抽提处理后，包装袋的一级芳香胺（包括游离单体和裂解的碎片，以甲苯二胺计）含量不得大于 0.004mg/L，在这么低微量前提下，被包装的食品才是卫生安全的。

这里特别要说明的是，在无溶剂复合中，由于大量存在游离的异氰酸酯单体，上述第一种的反应方式产生的一级芳香胺很有可能会影响到食品包装的安全。因此一般来说，无溶剂复合所需熟化时间相对较长。而上述第二种反应是主要在高温蒸煮条件下发生的，对于高温蒸煮产品的卫生性能会有很大的影响。

对此，国际上许多黏合剂厂商做了大量的研究以减轻或者消除 PAA 问题带来的食品安全隐患，以下是一些解决方案。

① 采用丙烯酸类水性黏合剂。由于完全不同的化学机理，此类型的水性黏合剂不但能完全解决有害溶剂残留的问题，更能杜绝 PAA 的形成给食品带来的污染。由于其安全可靠、使用方便以及无需熟化、可快速分切等特点，加之在性能方面的不断改善，丙烯酸类水性黏合剂已经在我国以及欧美国家得到广泛应用，受到包装厂商和食品厂商的欢迎。

② 充分熟化或采用安全型的无溶剂黏合剂。一般的无溶剂黏合剂需要充分的熟化，以便一级芳香胺得到充分衰减。切不可因为赶货而缩短熟化时间，否则所造成的危害可能更甚于残留溶剂，而这也是与追求食品卫生安全性而采用无溶剂型复合的食品厂商的初衷所相悖的。另外，一些国际领先的黏合剂公司也研发出一些更安全的无溶剂型黏合剂，它采用超低单体的结构，使一级芳香胺的衰减速度大大加快，从而缩短所需熟化时间，有效降低食品污染的风险。

③ 对需要高温蒸煮的包装采用脂肪族的固化剂。在前面提到，高温蒸煮的过程将促成第二种反应的发生，从而严重污染包装食品，如果采用芳香族的固化剂就很难避免这一情况。因此，在生产用于高温蒸煮的食品包装时，必须使用非芳香族的固化剂。在 FDA CFR 21 177.1390 中明确规定：“任何超过 120℃（250℉）的应用只可采用脂肪族的异氰酸酯”。这一点，对于做出口订单的厂商来说必须特别注意。由于国内对此问题不够重视，大部分情况下采用的还是芳香族的黏合剂。而国内目前高温蒸煮包装正在快速成长，达到 15%以上，远远超过其他类型的软包装。因此有必要对国标的强制性执行进行大声疾呼，以保证广大消费者的身体健康。

第五章　绿色化胶黏剂制备工艺及生产配方

第一节　绿色化胶黏剂概述

一、绿色化胶黏剂定义

一般能将同种或两种或两种以上同质或异质的制件（或材料）连接在一起，固化后具有足够强度的有机或无机的、天然或合成的一类物质，统称为胶黏剂或粘接剂、黏合剂，习惯上简称为胶。

绿色化胶黏剂可用多种方法定义，最常见的定义是：胶黏剂由可持续性原材料生产；胶黏剂通过环保工艺生产；胶黏剂的 VOC 排放量低。

二、绿色化胶黏剂原材料

绿色化环保材料提高了资源如能源、水和材料在胶生产中的利用率，减少了对人类健康和环境的影响。绿色化胶黏剂原材料发展趋势有可能从消耗性资源向可再生资源转变。有效地利用环保材料为绿色化胶黏剂各项质量指标铺平了道路；用较少的能源和水资源来降低运营成本并提高胶黏剂产量与质量都是十分重要的。

天然材料的成本有效性、生物相容性、天然易得、VOC 的低排放，以及法规和公众意识是驱动绿色化胶黏剂需求上升的主要因素。天然材料与废塑料经过环保处理制成的复合胶黏剂的原材料是绿色化胶黏剂原材料的发展方向。

例如改性复合胶黏剂利用天然材料与废聚苯乙烯泡沫为原料，既解决了环境污染问题，又为国家节约了原材料。这类绿色化胶黏剂产品可以广泛应用于汽车的车厢、车棚内部保温层黏合，地板及家具用黏合剂，家庭及单位装饰、装修，木质板、胶合板、铝塑板等各种板材粘接。

随着对绿色化胶黏剂的深入研究，天然材料在绿色化胶黏剂中对性能起主要作用的黏料、添加剂方面也将扮演重要的角色。

目前国内绿色化胶黏剂原材料分为如下几类。

1. 松香

松木化学品用于生产植物甾醇、松节油、树脂酸、松香和脂肪酸。它们是源自松树的可再生能源和天然材料。松香及其衍生物在松木化学品中占有很大的市场份额，主要用于胶黏剂、印刷油墨、涂料、表面活性剂、橡胶、纸制品和口香糖。在胶黏剂应用方面，松香主要用于包装及书籍装帧，其次是压敏胶和建筑胶。

发展中国家对胶黏剂的需求量随着人民生活水平和可支配收入的增长而快速增长。在北美洲和西欧这样的发达地区，胶黏剂的需求量与国内生产总值（GDP）紧密随动。

由于压敏胶市场对SIS聚合物需求量很大，制造业正考虑用如SBS和SIBS这样的替代品。这种趋势加大了对松香酯和萜烯树脂的需求量，与聚合物替代品相比，它们具有同样的相容性，但性能更好。

松香树脂与聚合物的相容性用于水性胶黏剂使它们与这些新系统能很好地匹配。随着新的或改进的聚合物持续被引进，必须开发新的水性树脂以迎接挑战。一些松木化学品应用于辐射固化体系，但其需求量只占总需求量的极小部分。松木化学品，如松香酯和萜烯酚醛树脂，已应用于辐射固化丙烯酸胶。

2. 淀粉

淀粉是一种天然生物聚合物，存在于玉米、小麦、马铃薯的根和茎中。其主要应用于改性化学品使之成为热塑性材料。因其生物降解性和可再生性，可使商业用胶黏剂对环境的污染最小化。

酶破坏糖基之间的葡萄糖甙键，使淀粉分子分解和降解。聚合物的生物降解性随着淀粉含量的增大而增加，大约60%的淀粉含量方能有效降解。绝大部分淀粉基的生物降解聚合物，其淀粉含量一般为10%～90%。若其含量少，淀粉粒子便相当于一个弱键而导致生物性破坏。

淀粉基胶主要应用于包装工业，尤其是粘接纸制品和多孔基材。瓦楞纸箱制造厂用淀粉胶制造纸箱和纸板。

易获得、价格低廉、应用方便和相容性是淀粉基产品的4个主要特点。优良的耐热性、较慢的固化速度、在油脂类中的不可溶性、无毒、可生物降解被认为是淀粉基胶的主要优势。

淀粉基胶与各种高性能可生物降解聚合物，如脂肪族聚酯和聚乙烯醇混合以满足各种应用的需求。热塑性淀粉、淀粉-聚丁烯琥珀酸酯（PBS）、己二酸酯混合物（PBSA）以及聚乙烯醇混合物（PVOH）等就是几种淀粉基胶。

3. 大豆

大豆是黏合剂中一种可再生、使用安全的原料，可用于木质复合材料的制造。大豆基胶被认为可替代酚醛、脲醛黏合剂。替换的主要原因是考虑苯酚（源自苯）、尿素（氨水和甲醛的产物，由甲醛和天然气制成）等原材料价格的增长。甲醛是致癌物，有害于木质复合材料生产者和用户健康。这些化学品作为胶黏剂应用于碎料板、中密度纤维板、胶合板的制造。尽管由于市售胶黏剂价格低廉，尿素和酚醛树脂尚未完全被大豆基胶所取代，但大豆基胶制造商在不断开发新技术，以提高胶黏剂的性能，同时也使产品更具有商业竞争力。

4. 其他原材料

胶黏剂的生产中还使用其他生物原料，如从牛奶中提取的聚合物酪素，合成树脂和涂料的一种常见原料亚麻籽油。以大豆和蓖麻油为基料的产品可作为替代原料生产聚氨酯树脂。环氧油由植物油（大豆油和亚麻籽油）、过酸或者过氧化氢制备，主要是作为胶黏剂和塑料的可生物降解增塑剂。由长链脂肪酸（源自脂肪酸）与少许过量的伯胺发生反应生成的合成聚酰胺，通常被用作环氧胶黏剂和涂料的固化剂。

三、减少污染物与危害，保证胶黏剂工艺与生产过程绿色化

生产工艺绿色环保和VOC排放量低，应该是胶黏剂生产企业的一个行为准则。厂家必须致力于发展绿色胶黏剂以响应环保法规和履行社会责任，必须遵守空气质量标准从而提高公众和居民的健康标准。胶黏剂中存在的环保问题，主要是污染物及其危害。绿色化胶黏剂符合环保要求的发展方向是水性化、无溶剂化、固体化、低毒化。采用先进的清洁生产工艺，生产环保型绿色化胶黏剂是当代可持续发展的迫切需要。

通常在胶黏剂生产工艺过程中，比如用于纸张制造行业胶黏剂生产的邻苯二甲酸二异丁酯（DIBP）增塑剂被怀疑是有害于健康的，纸张制造商已经停止使用了。汉高公司推出了新一代不含增塑剂的胶黏剂Adhesin A 78系列，可应用于纸张和包装行业。Adhesin A 78系列产品与早期的市售产品的性能相匹配，它们可以方便地应用于目前的机械上并超越了传统方法。

如在包装上用新型聚氨酯Fibrecycle K. E. G. 来替代传统的钢桶。这种纤维质包装桶可以100%回收再利用，从而减少了废物贮存场地。它也增加了产品的存储空间，降低了包装成本，操作简便，节约能源，形成正向现金流来作为回收纸板的支付款。

这类纤维桶不会导热到其表面，因而降低了接触性烧伤的风险，为员工创造了一个更为安全的环境。

美国罗门哈斯公司引进了Robond L二代，一种水溶性干粘接层压胶黏剂，可满足一般和中等性能范围内包装层压品的要求。这种新一代丙烯酸胶黏剂不含有机溶剂、VOC和芳香异氰酸酯，从而使食品包装更有益健康，工作环境更安全，并减少污染和火灾隐患。该胶具有高粘接强度、耐化学性和高剪切强度，从而使立即切割和快捷递送成为可能。这种新一代胶黏剂对CPP薄膜、铝箔，以及多种薄膜、薄片和纸张类的基板均具有极佳的粘接性能。

美国诺信公司引进了热熔性标签体系及技术，使装瓶厂能更好地控制其原料和能量的利用率，也有利于产品的循环再利用和优化操作效率。非接触式胶枪可往任何尺寸的容器中注入极细的螺旋状胶条且几乎没有拉丝。与传统的轮式罐装相比，该技术能使装瓶厂节省高达90%黏合剂材料。

四、胶黏剂的VOC排放量低

挥发性有机化合物（VOC）有各种来源，如原材料、能源辐射和有害物质。VOC具有高蒸气压和低水溶性。VOC因引起感官刺激和中枢神经系统症状而被大众熟知。

胶黏剂的环保问题主要是对环境的污染和人体健康的危害，这是胶黏剂中的有害物质，如挥发性有机化合物，有毒的固化剂、增塑剂、稀释剂以及其他助剂，有害的填料等所造成的。

挥发性有机化合物（VOC）在胶黏剂中存在很多，如溶剂型胶黏剂中的有机溶剂；三醛胶（酚醛、脲醛、三聚氰胺甲醛）中的游离甲醛。这些易挥发的物质排放到大气中，危害很大，而且有些发生光化作用，产生臭氧，低层空间的臭氧污染大气，影响生物的生长和人类的健康。有些卤代烃溶剂则是破坏大气臭氧层的物质。有些芳香烃溶剂毒性很大，甚至有致癌性。甲基丙烯酸甲酯、二氧化硫、乙胺等刺激性气味大，可谓污染之毒，恶化了大气环境。

很多胶黏剂都不同程度地存在着对环境污染的潜在因素，只有清楚地了解其中的污染物类型及危害，才能设法消除与防止。胶黏剂中的有害物质主要是苯、甲苯、甲醛、甲醇、苯乙烯、三氯甲烷、四氯化碳、1，2-二氯乙烷、甲苯二异氰酸酯、间苯二胺、磷酸三甲酚酯、乙二胺、二甲基苯胺、防老剂D、煤焦油、石棉粉、石英粉等。

第二节　绿色化水性胶黏剂

由于胶黏剂是涂料的重要基料之一，因而专家指出，必须大力发展环保水性胶黏剂新材料产业，实施以水代油，将胶黏剂绿色水性化，进而推动油性涂料水性化。

一、水性胶黏剂亟待发展

亚太地区是水性胶黏剂的主要市场，由于汽车、包装和建筑行业的增长。印度、巴西和中国等发展中国家由汽车行业驱动，促进了水性胶黏剂市场的发展。除了市场占主导地位外，亚太地区也是最大的水性胶黏剂生产地区。

中国是拥有大多数生产工厂的国家，因为原材料的可用性和低生产成本。北美在水性胶黏剂市场的增长中排名第二，对水性胶黏剂的需求主要在包装和汽车工业中。欧洲在消费市场上排名第三，但在水性胶黏剂的生产中排名第二。欧洲环保机构支持水性胶黏剂的应用，因为它们对环境的危害较小。

通常天然和可溶性合成聚合物用于制造水性胶黏剂。水性聚合物是可溶的，它们的耐湿性能有限，而一些植物聚合物是不溶的，有较好的耐湿性。使用水性胶黏剂的好处是它们具有高固体含量、高初粘性、溶剂含量低，所以较为环保。

在应用的基础上，水性胶黏剂市场大致分为书籍装订、包装袋、胶带、纸张层压、地板和建筑等。基于产品类型，水性胶黏剂市场分为胶乳类、PVA 类、丙烯酸类、EVA 类和 PU 类。市场包括亚太、欧洲、北美、拉丁美洲、中东和非洲等地区。

推动水性胶黏剂市场的主要因素是包装工业的需求不断增长。由于耐热性和耐化学性，它们大量用于包装袋、柔性叠片、标签、办公胶带和食品包装。由于水性胶黏剂本质上是非反应性的，它们在食品包装工业中是优选的。汽车工业目前正在迅速增长，水性胶黏剂被用于汽车的内饰灯，从而促进了市场的增长。水性胶黏剂和生物基水性胶黏剂生产的进步为胶黏剂市场增长提供了巨大的机会。由于水性胶黏剂具有诸如高固体含量、高黏合性、低毒性以及环保性，因此它们可用于各种工业和商业领域。与溶剂型胶黏剂相比，水性胶黏剂的配制工艺非常复杂，是阻碍市场增长的主要因素。

用于胶接透明光学元件（如镜头等）的特种胶黏剂要具有无色透明、光透过率在 90%以上、胶接强度良好，可在室温或中温下固化，且有固化收缩小等特点。有机硅胶、丙烯酸型树脂及不饱和聚酯、聚氨酯、环氧树脂等胶黏剂都可胶接光学元件。在配制时通常要加入一些处理剂，以改进其光学性能或降低固化收缩率。

二、推进胶黏剂水性化

湖南省最大的胶黏剂生产企业湖南神力胶业集团，与中国科学院、湖南大学、同济大学等科研院校建立了长期稳定的合作关系，致力于胶黏剂水性、绿色、环保发展研发，取得了不俗的业绩。该集团 2014 年胶黏剂产量为 2 万吨，其中水性产品占比约为 50%，主要为水性聚乙烯醇类、乙酸乙烯酯类、丙烯酸酯类水性胶黏剂，研发的水性橡胶胶乳与水环氧胶黏剂已投入市场。郭双喜指出，发展水性胶黏剂有捷径可走。

一是水性胶黏剂的改性。水性胶黏剂以无毒害、无污染而备受青睐，但其不足之处是干燥速度慢、耐水性差、强度较低。可以采用交联方法，提高干燥速度、耐水性和强度。如改进的乳液型丙烯酸酯压敏胶可以代替溶剂型压敏胶；如在聚乙烯醇水溶液中配入异氰酸酯或预聚体，制成的乙烯基聚氨酯乳液，能够代替脲醛胶，彻底解决甲醛释放问题。

二是聚氨酯胶黏剂的水性化。通用的聚氨酯胶黏剂由于含有异氰酸酯基团或溶剂，给环境和人体带来一定的危害。通过亲水单体引入亲水基团，将异氰酸酯或聚氨酯预聚体乳化于水中，制得水性聚氨酯胶黏剂，其具有不燃、气味小、环保的优点。

三是环氧胶黏剂的水性化。一般来讲，双组分水基型环氧胶黏剂是采用在水介质中稳定的水溶性或能在水中分散的固化剂，对水基型环氧树脂乳液进行固化，还发展了本身能在水中乳化的固化剂，杜绝了游离胺的危害。

四是橡胶类胶黏剂的水性化。目前我国溶剂型橡胶胶黏剂仍居主导地位，但由于其污染环境，存在安全隐患，因此胶黏剂的水性化是发展趋势。如氯丁胶乳现已有凝胶型、阳离子型、羧基非离子型等，经适当配合可制成水基型氯丁胶黏剂，能部分代替溶剂型胶黏剂，改进方向是提高初粘性、耐热性、储存稳定性、干燥速度和耐水性。

三、多项政策力推水性化

专家表示，要实现油性涂料水性化，必须推动胶黏剂产业绿色转型。对此，近年来，我国已开始从多处着手，推动胶黏剂产业、涂料产业协调健康和可持续发展。

组建建筑围护结构产学研结合创新平台，开展有关基础研究和应用研究。在建设科技计划中，对胶黏剂绿色化并符合绿色建筑要求的建筑涂料相关的科研项目予以扶持，推动适合全国气候特点的胶黏剂和建筑涂料产品的研发。

结合既有建筑节能改造，开展水性建筑涂料工程示范。将对部分改造项目，推广水性保温隔热建筑外墙涂料。通过试点示范探索完善后，进一步大规模推广应用。

以标准化为手段，推动水性建筑涂料的发展。近年来，结合我国实际情况，开展了水性涂料的相关标准研究。我国发布了水性涂料应用有关的工程建设标准，目前，相关部门正进一步推行该标准的实施。

推动建立推广认证制度。我国正在探索建立绿色建材标识认证制度，对技术措施完善、工程示范效果明显、符合发展导向的建筑新材料、新技术、新工艺进行星级认证，以信息化标识的方式进行推广，在水性涂料涂装的产品上张贴明确的认证标签，让公众购买时一目了然。

推进胶黏剂产业朝着环保、无毒、绿色化方向发展，实现油性涂料水性化的目标，功在当代，利在千秋。要坚持政府引导、财政扶持、企业参与，举全社会之力，实现胶黏剂产业的绿色转型升级。

第三节 胶黏剂绿色化技术

一、胶黏剂绿色化技术新产品

1. 绿色工业胶黏剂配方预聚物新品

迈图高性能材料有限公司的“SPUR+预聚物新品”是美国胶黏剂及密封剂委

员会在马里兰州巴尔的摩举办的展览会上推出的两种用于工业胶黏剂配方的突破性预聚物。

SPUR+3100HM预聚物和SPUR+3200HM预聚物将加入迈图高性能材料有限公司非常成功的SPUR+硅烷化聚氨酯树脂系列。这些高模量预聚物是用作黏合剂的极好候选材料，可以帮助结构胶黏剂配方设计师在单组分和双组分的胶黏剂配方中实现高抗拉强度，且大多数基质不需要底料。

专家认为该新品是“最新一代工业胶黏剂正在取代或扩充许多行业的传统机械紧固件，其中包括交通运输和建筑。这两种新的单组分高模量SPUR+预聚物添加剂通常易于使用，具有卓越的抗拉强度，并能为工业胶黏剂配方设计师提供众多的生产优势，包括无底料基质黏附、优秀的耐水和化学品性能和高耐热性。”

高性能、低黏度SPUR+3100HM和SPUR+3200HM预聚物配方不含增塑剂和游离异氰酸酯。产品的贮藏寿命大约是12个月。试验结果表明，独立硬化的SPUR+3100HM预聚物能提供450psi（$1psi=6.89476\times10^3Pa$）的抗拉强度和40的邵尔A型硬度。SPUR+3200HM预聚物可考虑用于最苛刻的应用，具有提供1000psi的拉伸强度的潜力——约是常规预聚物的10倍，并具有60的邵尔A型硬度。

2. 绿色水基环氧复合材料胶黏剂

最近Resolution公司推出的水基环氧树脂乳液已用于玻璃纤维、碳纤维制造过程中的整理剂，既能对纤维起到保护作用，又能提高与复合材料基体树脂的粘接性。以水基环氧胶黏剂浸渍玻璃布、无纺布、碳纤维织物等，先蒸发掉水分，再压制成复合材料，用作电子电器绝缘材料，也可以应用于某些印刷线路板。

一般认为水基环氧树脂乳液与水性聚合物胶乳有很好的相容性，可以任何比例掺混作为水性聚合物胶乳的改性剂，配制成性能更好的黏合剂，用于纤维织物的浸渍和涂覆，提高拉伸强度、粘接强度、耐水性和耐腐蚀性能。例如，按适当比例与水性聚氨醋乳液掺混制成的黏合剂，与聚氨醋乳液相比可使剥离强度提高到1.5倍。Resolution公司用epi-rez 3510-w-60（二官能基）和5003-w-60（三官能基）与多种水性胶乳掺混制成黏合剂，对一种纸进行浸渍，固化后测试性能，由结果可以看出，用水基环氧树脂乳液改性后湿拉伸强度都有明显提高。

另外广州博罗县强力复合材料有限公司推出的108a/b-3是一种绿色液态环氧树脂粘接胶，可常温或加温固化。适用于金属、陶瓷、木材、玻璃制品、碳纤维制品等物质本身之间或与他物的粘接，固化后粘接部位耐冲击、耐震动、耐温性能好，深受市场及用户欢迎。

3. 绿色高强度/耐水性胶黏剂

据美国有关方面报道，Columbia Forest Products公司与Hercules Inc公司及俄勒冈（Oregon）州立大学的Kaichang Li博士因purebond装饰胶合板用无甲醛胶黏剂开发和商业化获环境保护局（Environmental Protection Agency，EPA）的总统绿色挑战奖。此种胶黏剂用于阔叶材胶合板，取代传统的脲醛树脂胶。purebond主要成分是大豆粉，用来模仿海生生物借以附着于石头或其他坚物表面的蛋白质，再加入树脂提高强度和耐水性。Columbia Forest Products 公司已将其在北美的 7 个工厂全部转向生产 purebond 胶合板。此种胶黏剂替代了大量脲醛树脂，使工厂的有害物质排放减少了 50%～90%。

4. 用大豆制备环保型木材胶黏剂

大豆（*Glycine max Merrill*）系豆科一年生草本植物，生长周期短，种植面积大。目前大豆主要作为食物来源，在工业上应用很少。以大豆为原料制造耐水性木材胶黏剂，不仅可开辟大豆新的工业用途，提高利用价值，还可为木材工业提供性价比高、环境友好的无毒胶黏剂。未经改性的大豆胶不耐水、不耐腐，不能满足木材工业用胶的需求。大豆蛋白分子结构中含有氨基和羧基等活性基团，为化学改性提供了良好的基础，具有很高的开发应用价值。

目前多数研究仅限于对大豆分离蛋白（SPI）的改性，尽管大豆分离蛋白胶在耐水胶合强度指标上已取得一定的突破，但成本昂贵，大豆分离蛋白每吨的市场价格为 13000～15000 元，是其难以被广泛应用并取代合成树脂胶黏剂的主要原因之一。

童玲等人以价格相对低廉的脱脂大豆粉为原料，采用分阶段、多种改性剂联用的方法提高大豆基胶黏剂的耐水胶合强度，即采用表面活性剂十二烷基硫酸钠（SDS）、脲（变性剂尿素）、酰化试剂乙酸酐及交联剂多亚甲基多苯基多异氰酸酯（PAPI）联合改性 大豆蛋白，制成复合改性大豆基木材胶黏剂；用制成的各种复合改性大豆木材胶黏剂压制胶合板，检测板的耐水胶合强度，以评价胶黏剂性能、优化配方。

福建农林大学材料工程学院通过探讨压板各工艺参数对改性大豆基胶黏剂胶合强度和耐水性的影响，寻求最佳压板工艺；进而采用傅立叶变换红外光谱（FTIR）分析复合改性大豆基木材胶黏剂各阶段样品中活性基团的变化，探索复合改性大豆基木材胶黏剂耐水胶合强度增强的机理。其结论对大豆基胶黏剂的生产和应用具有一定的指导意义。

中国林科院木材工业研究所利用碱对豆粉进行处理，使蛋白质水解成为低聚肽，低聚肽进一步与甲醛反应生成稳定的蛋白质。这种物质可与苯酚和甲醛反应生成改性豆基蛋白质胶黏剂。采用单因素试验方法，对改性豆基蛋白质胶黏剂压制杨木胶合板的生产工艺进行了探讨。经过生产性试验证明，利用这种胶黏剂压制的胶合板的强度和抗水性可以和商业酚醛胶黏剂相媲美。这种胶黏剂豆粉的含量为 63%，因而可以大幅减少木材胶黏剂用苯酚的量。试验结论如下：

① 本试验制备的改性豆基蛋白质胶黏剂具有良好的性能，其稳定性可以与商业酚醛胶黏剂相媲美，而成本较商业酚醛胶黏剂大幅下降。

② 热压温度对胶合强度的影响比较大，随着热压温度的升高，胶合强度增长趋势显著。当温度在 165℃时，其胶合强度已超过国标 I 类杨木普通胶合板胶合强度要求的 0.7MPa。

③ 随着涂胶量的增加，板材的胶合强度随之增大。当涂胶量大于220g/m^2时，其增长的速度减缓。

④ 对于杨木胶合板来说，综合考虑热压能耗和改性豆基蛋白质胶黏剂的耐水胶合性能，其最佳的胶合工艺为：热压压力1.4MPa，热压时间1.4min/mm，温度165℃左右，涂胶量为220g/m^2。

⑤ 生产性试验证明，改性豆基蛋白质胶黏剂压制的杨木胶合板强度能够达到Ⅰ类胶合板的要求，板材的甲醛释放量能够达到E_0级。

二、胶黏剂绿色化技术应用

目前我国在用于热熔胶黏剂工业的浅色烃类增黏剂方面，环二烯经过强氢化过程开发了新的烃类增黏剂。这种增黏剂明显很稳定，而且色浅味淡，可同各种胶黏剂聚合物相匹配，它在热熔胶黏剂和高热熔包装中得到了应用。

另外一项发展很快的技术是紫外线/电子束（UV/EB）固化，它使生产出来的胶黏剂具有优异的耐热性和耐化学性、良好的透明度和剪切强度、极快的生产速度，并能完全消除造成污染的VOC和HAPS，从而使产品满足环保要求。UV/EB固化技术可用于固化热熔、温溶或接近100%固含量的液态体系，这些原料经过特殊配制，当暴露于紫外线或电子束时无须热、水或溶剂就可以即时聚合，这使用户在使用时不必害怕它变干。据推广UV/EB固化技术的北美Rad Tech国际公司称，建立UV/EB固化系统还可节约成本、节约空间并减少工作量。从原理上说，紫外线固化胶黏剂是借助UV辐射使粘接材料快速产生粘接性能的一类胶黏剂。UV固化是利用光引发剂（光敏剂）的感光性，在紫外线照射下光引发剂形成激发态分子，引发不饱和有机物进行聚合、接枝、交联等化学反应达到固化的目的，紫外线引发聚合反应的规律主要服从自由基的基本规律。在此紫外线作为光源，被光敏剂吸收分解出自由基或者光引发电子转移，亦可产生活性自由基，均具有引发单体聚合的能力。自由基型紫外线固化技术，始于20世纪50年代初期，美国首先把它用于感光树脂印刷的制造。20世纪60年代拜耳公司开发了不饱和聚酯及无溶剂型光固化树脂涂料，应用于快干油墨、复合材料织物整理、半导体及电子元器件加工，以及在压敏胶和各种快干光敏胶的制造等各个领域中。作为UV固化技术的应用领域之一，UV固化胶黏剂引起了人们的极大兴趣，UV固化胶黏剂具有高性能、高可靠性、无溶剂、固化迅速、可低温固化等优点，在电气、电子、光学、军工等领域得到了广泛应用。该技术对于开发既具有溶剂型产品的优越性能，又兼具有环保型的无溶剂胶黏剂，具有重要作用。

Dr.Martens制鞋厂在生产流程中加入了一个生物过滤系统以降低所用胶黏剂溶剂挥发，这对于溶剂型胶黏剂的生产过程也颇为实用。VOC通过微生物膜反应器时，能被分解和转化为二氧化碳、水蒸气和生物体。

美国农业部门的研究者则看中豆蛋白泡沫胶。现在开发的豆类胶黏剂有四类：耐水性有所改进的用来代替酚醛胶的豆胶，用来取代脲醛胶的豆胶，豆蛋白与甲苯二异氰酸酯的混合物，豆粉- PRF 胶。美国在林业、宇航工程、食品及人类营养等部门工作的技术人员合作研究了以豆蛋白为主剂的胶黏剂，压制木纤维混合农业剩余物纤维的湿法纤维板、干法硬质纤维板和干法中密度纤维板。虽然所得结果并不理想，但这是一个方向，尤其对我国而言，森林资源有限，却是农业大国、大豆王国，更具有开发价值。

德国研究者提出，最近几年使用聚氨酯分散体的无溶剂胶黏剂的应用有了重大发展。聚氨酯分散体作为胶黏剂的原料在出现水分散交联异氰酸酯后才获得了较大的成功。使用以拜耳 HDI 三聚物为基础的聚氨酯分散体开发出的交联异氰酸酯只有很短的使用期，因为碱性胶黏剂混合物迅速凝结或变黏。若没有后续交联过程，用聚氯丁二烯胶黏剂水分散体而得到的黏合体只有中等耐热性 50～60℃，远低于溶剂基聚氯丁二烯胶黏剂分散体。研究者重点在开发也能用于强碱性聚氯丁二烯胶黏剂分散体的交联异氰酸酯。据称，这种产品使用期长，可生产耐热性大幅提高的新合体。目前美国氰特（CYTEC）公司与国内一家知名的胶黏剂生产厂已达成合作开发水性聚氨酯胶的协议。

瑞士学者研究了一种用于一元胶黏剂和水质系统的反应性硅烷中间体。有机功能烷氧基硅烷一般在胶黏剂、密封胶或涂料等应用中作为交联和偶联树脂的后添加剂。Silquest 硅烷技术在特制预聚体和合成稳定反应中间体（特别是在水质体系中）方面取得了进展。Silated 聚氨酯技术和用于胶乳的新硅烷结构具有更大的配方潜力，可改进相关体系固化后的锚合性、机械性、紫外稳定性和耐化学性。

日本广岛大学和积水化学工业公司通过稀土金属配位催化剂，采用活性聚合方法研制出丙烯酸系列新型胶黏剂。这种丙烯基嵌段聚合物胶黏剂分子量分布范围很窄且可耐 200℃以上高温，比过去的自由基引发聚合法所得的无规胶黏剂在耐热性、低温性和耐剥离性等方面优越得多，而且成本较低，在聚合过程逐步成熟后就可以进行工业化生产。

面对日益严格的环保法规和客户对产品越来越严格的质量要求，我国原有的粗放型、外延型的发展模式急需转变。一方面要调整产品结构，重点发展水性胶、热熔胶和符合国际标准的低甲醛释放量的脲醛胶等环保型胶黏剂；另一方面是要积极开发高品质高性能胶黏剂，目前国内已有一些研究报道，如 75%高固含量及无溶剂型聚氨酯胶黏剂已由南京林业大学、北京化工研究院和黎明化工研究院等开发成功。黎明化工研究院 L805 无溶剂型胶现已批量供应市场。研制成功的 T3061 聚氨酯热熔胶已建立 100t 中试装置，主要用于金属、塑料和木材的粘接。

普通食品包装覆膜用胶黏剂具有固化时间长、溶剂量大、残留物中苯含量高等缺点，而由湖南晶莹油墨化学有限公司研制成功的新一代高科技产品——改性 PU 干式覆膜胶黏剂就克服了传统食品包装覆膜胶黏剂的这些不足。该公司引进了国外先进技术，并结合自主创新的方法，获得的重大突破就是使这种新产品的溶剂残留量中苯含量降到了国家标准以内，使用时不污染环境，同时还具有良好的涂布性能、复合强度，透明性好，加工性能优良。改性 PU 干式覆膜胶黏剂已经投入生产，年产量为1000t。

从市场需求看，脲醛胶是我国产量最大的合成胶黏剂，大多数木材厂自产自用，技术水平低，产品甲醛释放量比国际标准高4～5倍。随着国家有关环保法规的推行，环保型脲醛胶市场需求将呈现爆炸式增长。目前国内技术已能生产EI级产品，但生产EI级产品只能采用引进技术。山东合力化工有限公司、吉林通化林业化工厂从德国引进的粉状脲醛树脂生产装置，现已试车投产，产品的甲醛释放量可达到国际EI级标准，产品质量具有国际先进水平，为我国木材加工业的发展提供了原料保证。因此，今后只有符合国际标准的脲醛胶才是主导的产品。

目前，国内聚氨酯胶生产企业有100多家，其中有10多家规模较大的三资企业分布在广东及福建沿海地区，如广东南海南光化工包装有限公司和霸力化工公司等能力都在万吨以上。最近几年黎明化工研究院和洛阳吉明公司等都在开发与国外产品性能相当的新品种和配套的底涂剂。

单组分湿固化聚氨酯密封剂目前主要有两种：一种是用于建筑、汽车和机械仪表的弹性密封剂；另一种是用于门窗墙体之间密封和管道保温的泡沫密封剂。前者，山东化工厂已引进AM系列生产线。

第四节　胶黏剂新型生产配方设计

一、概述

按照“绿色化学”和“清洁生产”的要求，绿色胶黏剂应该是除保证自身粘接性能外，从产品设计、能源和原材料选用、整个生产过程、产品应用过程到使用之后都是清洁生产、无“三废”排放、环境友好、无毒无害的胶黏剂。

生产胶黏剂所用的都是化工原材料，其初始的原料来源有石油、煤炭等天然物质。胶黏剂的研制者和生产者在原材料的选择上，除了考虑产品的性能外，主要考虑的是成本，但原材料的价格和自然资源的多少并不一定总是呈比例变化的，单单依靠经济杠杆并不能解决自然资源问题。就我国目前胶黏剂的生产状况看，对这方面的认识还很欠缺，在很多情况下取得的经济效益是以损害或牺牲环境为代价，胶黏剂的组成中有很多成分对环境及人类健康不利。

二、胶黏剂的毒性危害

胶黏剂中的挥发性有机物，是指在产品生产或使用过程中挥发出去的物质。随着胶黏剂使用范围的扩大、性能的完善，胶黏剂的化学组分越来越复杂，挥发性有机物的种类也越来越多，依胶黏剂种类及制备方法不同而异，从溶剂型胶黏剂中的有机溶剂，到制备过程中未反应的反应单体、中间产物、副产物，以及产品中的游离挥发成分等，有很多会对环境及人类健康产生影响，例如苯、甲苯、二甲苯、三氯甲烷、1,2-二氯乙烷、甲醛、苯乙烯、四氯化碳以及有些酯类、胺类等。挥发性有机物在胶黏剂中的含量多少不一，有时很高，有时虽然含量少但毒性大，因此对人类的威胁也不容忽视。

挥发性有机物在产品的生产、贮存及使用中排放到大气中，多数属于无组织排放，它们不仅对生物生长和人类健康有影响，甚至是致命性的伤害，而且有些还是引发二次污染的物质，例如芳香烃具有很大的毒性，有些甚至有致癌性，卤代烃参与光化学反应，甲醛直接危害人体健康等。该类物质对环境的影响是胶黏剂中长期、普遍存在的问题，是人们最容易想到的，同时也是最不容易解决的问题。

有些胶黏剂的固化剂是有毒的，如胺类是环氧树脂胶黏剂的固化剂，芳香胺、乙二胺等的毒性很大，甚至致癌；厌氧胶所用的固化促进剂 *N,N*-二甲基苯胺、二甲基对甲基苯胺也有一定的致癌性。为了改善胶黏剂的某些性能，常在胶黏剂中加入一些改性剂、增稠剂、增黏剂、乳化剂、防老剂等，而这些物质中有些是有毒的，有些甚至是极毒的，如环氧树脂胶黏剂中的磷酸三甲酚酯等。在不断完善胶黏剂性能时，避免不了要在固化剂及改性等方面下工夫，如种类的筛选、生产工艺的改进等。可以作固化剂和各种改性剂的化学物质种类较多，在生产和使用胶黏剂时发生的反应也较复杂，所以在今后的发展中，如果不对该类化学品加以注意或限制，必将引起新的环境问题。

出于改善胶黏剂的某些性能或降低产品成本等原因，常需要在胶黏剂中加入固体填料。填料种类很多，有些是无毒无害、低毒低害的，但也有些是属于有毒害的，如石棉粉具有致癌性，石英粉会引起硅沉着等。该类物质的污染主要发生在胶黏剂的生产过程中和废弃物处理中，在使用过程中的污染相对小一些。

胶黏剂产品的应用面很广，被粘接的材料种类很多。胶黏剂产品使用废弃后是随着被粘接材料一同处置的，由于在这些废弃物中胶黏剂所占份额少，一般不作为主要问题来考虑。所以在选择处置方法时，一般不考虑胶黏剂问题，也就是说在这些处置方法实施过程中，胶黏剂是否对环境有不利影响，还很少考虑到，固体废物无论焚烧、填埋或回收利用，胶黏剂在其中发生什么样的变化或作用，是一个非常复杂的问题，现在的研究还很少。

三、胶黏剂的产品质量标准

我国目前关于胶黏剂的标准，都是有关产品性能方面的指标，而对胶黏剂在生产使用过程中产生的污染问题还考虑得较少；环境标准中多是涉及大环境的，如环境空气质量标准等，对家居生活、公共场所等小环境，在标准的检测或执行过程等方面还存在一些难度和问题。对有些与胶黏剂产品有关的污染物没有做具体要求或指标偏低；胶黏剂相关产品的标准中，多数没有对因胶黏剂产生的污染进行要求或要求较低。目前该方面的问题在有些方面已经比较明显地反映出来，比如建筑涂料对人体健康的影响，木制家具散发的刺激性气体等已经引起了各界人士的注意。

显然，我国目前生产的大部分胶黏剂产品并不符合“绿色化学”及“绿色产品”

的要求。即便产品性能符合环保标准，而原料使用、生产过程、应用过程或使用之后的环境效果很少考虑，实际上也存在没有规范的检验方法与考核标准的事实。这是胶黏剂工业发展亟待解决的问题，需要制定胶黏剂生产包括原材料、生产工艺过程、产品应用及用后的一系列检验、考核的环境标准。

四、胶黏剂配方原理设计

胶黏剂新配方设计一般经过配方的原理设计、配方组成设计和组分配比的最优化设计三个阶段。

根据胶黏剂的用途和主要功能指标，选择基料或合成新型高分子材料。根据基料的交联反应机理，选择固化剂或引发剂，以及相应的促进剂等直接参加反应的组分，按照反应当量计算、确定原理性配方。将胶黏剂的主功能及有关指标作为设计的目标函数,进行配方试验、测试指标，通过方案设计评价系统，最终确定原理性配方的主要成分比例。

例如，环氧树脂胶黏剂的设计。根据环氧树脂的开环聚合原理选择固化剂，并结合黏附强度、操作工艺、环境应力等要求，选择胺类或酸酐类化合物作固化剂。

胺类固化剂的交联反应为：

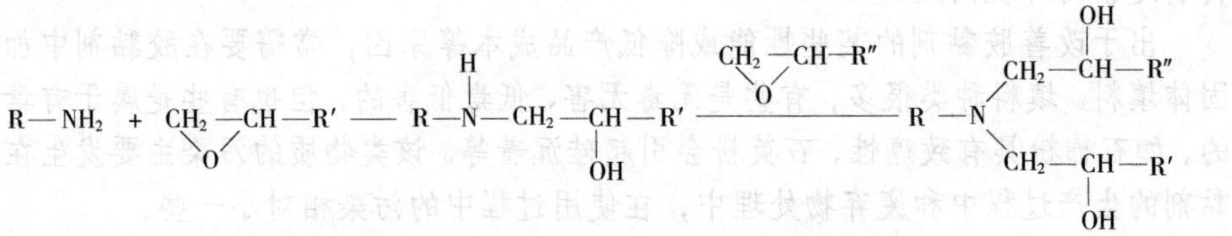

其中三级胺尚可引发环氧基开环自聚而交联。因为胺类易挥发，用量适当过量，一般为当量值的1.3～1.6倍。

二元酸酐与环氧树脂固化反应步骤如下。

首先用含活泼氢化合物，如乙二醇、甘油和含羟基的低分子聚醚等打开酸酐环。

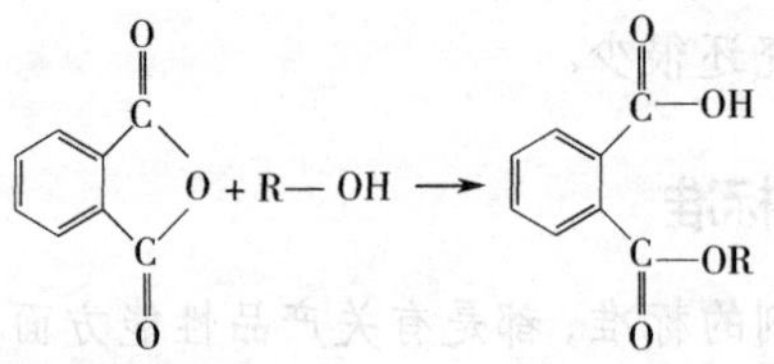

酸酐开环反应生成的羟基与环氧基加成，生成酯。

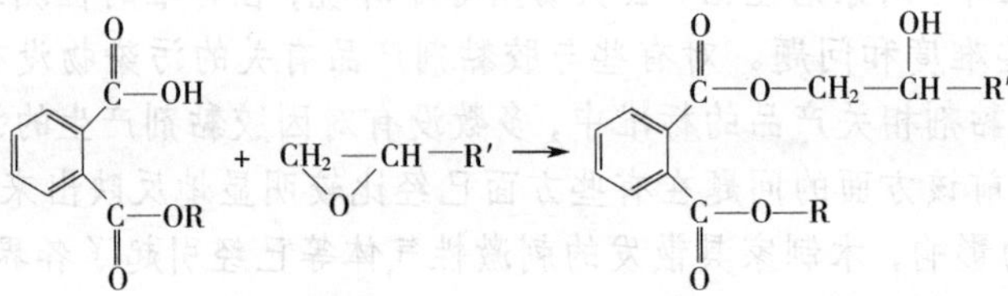

酯化生成的羟基可使酸酐开环，也可催化环氧基开环，生成醚键。

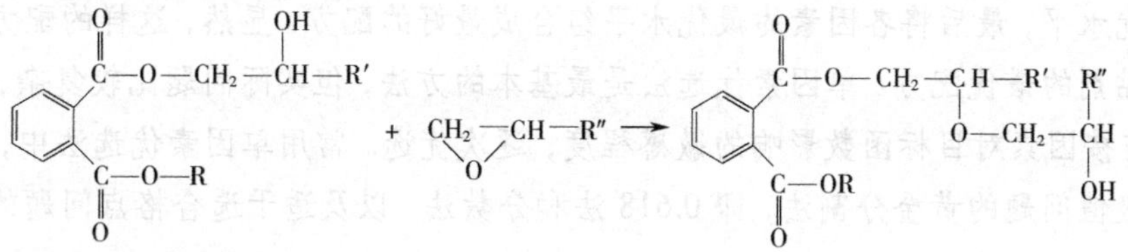

体系中的羟基还可与羧基反应。无论以哪一种方式使酸酐开环，反应的中间产物均能使环氧基开环聚合。因此，不必按当量计算酸酐用量，可按酸酐及促进剂的活性，选用当量用量的70%～90%即可。

胺类用量=胺当量×环氧值×（1.3～1.6）

酸酐用量=酸酐当量×环氧值×（0.7～0.9）

五、胶黏剂配方组成设计

胶黏剂的使用要求是多方面的。胶黏剂基料所能提供的功能是难以满足要求的，必须借助其他助剂才能实现。

按功能互补原则，根据胶黏剂的功能要求加入助剂，使原有功能获得改善，增加所需功能。组分材料的选择原则是：溶解度参数相近，各组分间有良好的相容性；不直接参加反应的组分搭配，应遵循酸碱配位规则。酸碱配位本质上是电子转移过程，组分搭配也就是电子受体（酸）与电子给体（碱）的搭配。例如胶黏剂/被粘物、聚合物/填料等均应遵循酸碱匹配条件，体系才能稳定且具有较高的黏附力。

六、胶黏剂配方组分配比的优化设计

胶黏剂是一个复杂的体系。除了基料外，还有其他组分。某些组分间的作用可能是相反的，且处于胶黏剂体系之中。在配方设计中，必须进行科学的综合权衡，以求配方获得力学上稳定、主功能最优、其他功能全面满足要求。

1. 胶黏剂体系的功能优化设计

胶黏剂的功能优化设计，指主功能优化、其他功能满足要求的配方设计。其设计过程是：首先将主功能作为设计的目标函数，然后进行配方设计；参与交联反应的组分按反应机理的当量关系进行设计，其他组分按功能互补原则配制、按酸碱配位原则选料；最后进行配方优化设计：以主功能作为评价标准，进行配方试验、性能测试，确定胶黏剂配方。胶黏剂配方优化设计的方法很多，常用的有单因素优选法、多因素轮流优选法、正交试验法、线性规则和改进的单纯形法等。

(1) 单因素优选法　在几个组分的胶黏剂体系中，将 $n-1$ 个因素固定，逐步改变一个因素的水平，根据目标函数评定该因素的最优水平，依次求取体系中各因素的最优水平，最后将各因素的最优水平组合成最好的配方。显然，这样的配方并非该胶黏剂的最优配方。单因素优选法是最基本的方法，但实际问题比较复杂，运用时，应按因素对目标函数影响的敏感程度，逐次优选。常用单因素优选法中，有适于求极值问题的黄金分割法，即 0.618 法和分数法；以及适于选合格点问题的对分法等。

(2) 多因素轮流优选法　其实质是每一次取一个因素，按 0.618 法优选。依次进行，达到各因素优选。第二轮起，每次单因素优选，实际只作一个试验则可比较。此法的试验次数也较多。

(3) 正交试验法　它是多因素优选的一种方法。其特点是对各因素选取数目相同的几个水平值，按均匀搭配的原则，同时安排一批试验。然后，对试验结果进行统计处理，分析出最优的水平搭配方案。分析方法有简单的直观分析法和有可靠性判断的方差分析法。

下面以厌氧胶的配方的设计为例说明：

厌氧胶配方的基本成分有单体、稳定剂、促进剂、助促进剂、引发剂和填料。配方中单体含量为 100，作为计量单位标准，保持恒定。因此配方的因素为 5 个，各因素取 4 个水平值。采用 L_{16} (4^5) 正交表安排试验，以粘接螺栓的牵出强度作为目标函数，选取最佳配方。5 个因素的四个水平取值列于表 5-1。L_{16} (4^5) 正交试验安排于表 5-2。正交试验结果及极差列于表 5-3。

表 5-1　厌氧胶配方设计因素水平表

因素 水平	稳定剂 A	助促进剂 B	填料 C	促进剂 D	引发剂 E
1	0.25	2.5	0	7.5	7.5
2	0.15	10	50	5	2.5
3	0.4	7.5	75	2.5	15
4	0.05	5	25	10	30

注：表中数字的单位均为克。

表 5-2　厌氧胶正交试验表

列号 试验号	A	B	C	D	E
1	1	1	1	1	1
2	1	2	2	2	2
3	1	3	3	3	3
4	1	4	4	4	4

续表

试验号＼列号	A	B	C	D	E
5	2	1	2	3	4
6	2	2	1	4	3
7	2	3	4	1	2
8	2	4	3	2	1
9	3	1	3	4	2
10	3	2	4	3	1
11	3	3	1	2	4
12	3	4	2	1	3
13	4	1	4	2	3
14	4	2	3	1	4
15	4	3	2	4	1
16	4	4	1	3	2
组	1	2			

注：任何二列的交互作用列是另外三列。

表 5-3　厌氧胶正交试验结果及极差

水平＼因素	稳定剂 A	助促进剂 B	填料 C	促进剂 D	引发剂 E
1	198	143	265	205	193
2	171	171	132	170	196
3	112	203	92	155	161
4	159	89	147	107	144
极差	86	114	173	98	52

注：平均牵出强度单位为 kg · cm。

从表 5-3 中可以看出，各因素极差大小顺序为：填料>助促进剂>促进剂>稳定剂>引发剂。

各因素的最好水平搭配为：$A_1B_3C_1D_1E_2$，即稳定剂 0.25g，助促进剂 7.5g，填料 0，促进剂 7.5g，引发剂 2.5g。

采用上述配方测得的破坏强度为 180kg · cm，牵出强度为 300kg · cm。其中牵出强度略低于正交设计中最好点的试验结果，说明上述配方是较好的，但不是最优配方。可通过交互作用的正交试验或其他最优化设计方法，进一步提高配方的优化程度。

(4) 线性规则和改进的单纯形法　线性规则实质上是线性最优化问题。当目标函数为诸变元的已知线性式，且诸变元满足一组线性约束条件（等式或不等式）

时，要求目标函数的极值，它是最优化方法中的基础方法之一。改进单纯形法可解一般线性规划问题。其优点是运算量较单纯形法小，适用面广，且便于用计算机计算。此法在胶黏剂配方的计算机辅助设计中详细介绍。

2. 胶黏剂体系的稳定性设计

胶黏剂体系一般由高分子基料、固化剂及填料等辅助材料构成。在一定条件下，各组分之间互相扩散、互相溶解，从而获得良好的稳定性、优良的粘接特性和较长的使用寿命。体系的稳定设计，就是体系必须符合热力学条件。胶黏剂的配制过程中，体系的自由能降低，则过程可以自发进行，所获得的体系必然是稳定的。配制过程的自由能变化可用下式表示：

$$\Delta F=\Delta H-T\Delta S$$

式中，ΔF 为体系的自由能变化；ΔH 为体系的热焓变化；ΔS 为熵变；T 为热力学温度。

对于两种高分子化合物的互溶过程，体系的热焓可用下式表示：

$$\Delta H=(\chi_1\upsilon_1+\chi_2\upsilon_2)(\delta_1^2+\delta_2^2-2\phi_1\phi_2)\phi_1\phi_2$$

式中 χ_1, χ_2——两种高分子的摩尔分数；

ϕ_1，ϕ_2——两种高分子的体积分数；

δ_1^2，δ_2^2——两种高分子的内聚能密度；

δ_1，δ_2——两种高分子的溶解度参数；

υ_1, υ_2——两种高分子的摩尔体积；

ϕ——两种高分子的相互作用常数。

当过程自发进行时，$\Delta F \leqslant 0$，则

$$\Delta H<0 \text{ 或者 } \Delta H \leqslant T\Delta S$$

对于高分子聚合物，只有$\delta_1 \approx \delta_2$时，才可满足热力学条件。一般情况（$\delta_1-\delta_2$）$<1.7\sim2.0$，溶解过程还能进行；（$\delta_1-\delta_2$）$>2.0$ 时，溶解无法进行。因此，配方设计时，聚合物与辅助组分间的溶解度参数应尽可能相近，才可获得热力学的稳定体系，这是配方设计的基本原则之一。热力学稳定条件可采用最优化法求解。

3. 胶黏剂固化工艺与配方设计

设计配方时应顾及固化工艺，有时为了获得良好的操作工艺，必须调整胶黏剂配方。固化方法有物理方法和化学方法两大类。例如，热熔胶可通过冷却而固化；溶液胶可通过溶剂蒸发而固化；乳液胶通过水分的渗透、挥发而凝聚固化；热固性胶黏剂则通过多官能团单体或固化剂交联反应而固化。胶黏剂基料类别不同，采用的固化方法不同。另外，相同配方的胶黏剂，固化条件不同，其粘接特性也会发生变化，有时影响是很大的，在一定程度上决定了胶黏剂的特性与用途。因此，固化工艺设计本身也是胶黏剂配方设计的一个重要组成部分。胶黏剂固化方法中，压

力、温度及其保持时间是固化过程的三个主要参数。每个参数的变化都将对固化过程及粘接性能产生直接影响。在胶黏剂配方设计中要特别重视。

七、计算机辅助胶黏剂配方优化设计

随着计算机应用的日益广泛，计算机辅助胶黏剂配方设计得到了迅速发展。例如，采用回归分析法建立性能与配方组分之间的关系，用等值线图法，寻找热熔胶的最优配方，用线性规划法设计丙烯酸漆配方，用二次回归正交设计方法建立性能与变量组分间的关系，用计算机处理数据，获得绝缘胶最佳配方，以及丁基橡胶优选配方。计算机辅助配方设计必将推动胶黏剂配方设计工作的迅速发展和加速新品种的诞生。

1. 配方最优化设计的原理及过程

计算机辅助配方最优化设计原理是应用数理统计理论设计变量因子水平的实验，用计算机处理实验数据，根据回归分析建立变量因子与指标之间的数学关系，采用最优化方法在配方体系中寻找最优解，从全部最优解得出最佳配方。其主要步骤如下：变量因子水平设计→配方实验→建立数学模型→配方最优化→验证实验→最优配方。

最佳配方设计的关键是最优化方法的选择，它直接影响到最佳配方的优劣。这种以数理统计和最优化方法为基础的计算机辅助配方设计，具有如下特点：实验次数少，数据处理快，可求得最优的胶黏剂配方，节省经费。在一定范围内可预测各变量因子不同水平下的胶黏剂特性，可得出满足不同要求的胶黏剂配方。因此，具有重要的技术、经济意义。

2. 环氧胶黏剂的最优化配方设计

要设计出环氧胶黏剂的最佳配方，达到所要求的胶接性能，就必须了解环氧胶黏剂的黏附机理和胶接的破坏机理。我国在这方面已做了大量研究，并提出了许多理论，虽然都还存在一些不足之处，但是已阐明和解决了不少实际问题，大大推动了环氧胶黏剂的开发应用。关于环氧树脂胶黏剂最优化配方设计的基本原则，应把握好以下三个方面。

(1) 胶黏剂的性质与胶接性能的关系　胶黏剂的性能对胶接性能具有决定性的影响，对胶黏剂的配方设计至关重要。接头中胶层和界面层的性能主要取决于胶黏剂的结构、性能及其固化历程，当然还与被粘物的表面结构和性质等有关。本节讨论的胶黏剂的性质是指固化后的胶层和界面层的性质。影响胶接性能的胶黏剂性能主要有：

① 胶黏剂的强度和韧性。前者是胶黏剂抵抗外力的能力，而后者是降低应力集中、抵抗裂纹扩展的能力。提高胶黏剂的强度和韧性有利于提高接头的胶接强度。

② 胶黏剂的模量和断裂伸长率。二者影响胶接接头的应力分布。低模量和高断裂伸长率的胶黏剂会大大提高"线受力"时的胶接强度。但是模量太低、断裂伸长率太大往往会降低内聚强度，反而会使胶接强度降低。对这两种影响相反的因素，只有找到它们共同影响下的最佳值，才能得到最好的"线受力"胶接强度。

③ 胶黏剂的稳定性和耐久性。这是它抵抗周围环境（温度、湿度、老化、介质

浸蚀等）使胶黏剂性能劣化和结构破坏的能力。对提高接头的耐热性、耐湿热性、耐老化性、耐腐蚀性及安全可靠性等有决定性作用。抗剪强度（面受力）和剥离强度（线受力）显然是性质不同的两类性能。前者属于应力范畴，是材料的极限应力(破坏应力)；后者与胶黏剂的形变能有关，属于能量范畴，是材料的断裂能（断裂功)。所以有人把剥离强度列为韧性参数。中尾一宗等测定了胶层厚度、温度及测试速度与剥离强度的关系，发现这些参数可以换算，曲线中剥离强度峰的数目与胶黏剂的转变点数目有关。环氧胶黏剂的硬度、模量与胶接性能的关系，可按硬度大小分成四个区域：非结构性胶黏剂、柔性胶黏剂、一般结构胶黏剂和耐热胶黏剂。

必须指出的是：胶黏剂的性能与胶接性能是相互关联又相互制约的，只有综合考虑、全面权衡，才能设计出所需环氧胶黏剂的最佳配方。

(2) 确定所需环氧胶黏剂关键性能的主要依据

① 按接头中胶层的受力状态和大小选择胶黏剂的性能。若为“面受力”，宜选用内聚强度和黏附强度大、韧性好的胶黏剂。若为“线受力”则宜选用韧性好、模量较小、断裂伸长率较大的胶黏剂。受疲劳或冲击载荷时宜选用韧性好的胶黏剂。

② 按被粘物的性质选择胶黏剂。刚性大的脆性材料（如玻璃、陶瓷、水泥、石料等）宜用强度高、硬度和模量大、不易变形的胶黏剂。钣金件和结构件等坚韧、高强的刚性材料，由于承载大并有剥离应力、冲击和疲劳应力，宜用强度高、韧性大的结构胶黏剂，如环氧-丁腈胶。柔软及弹性材料（塑料薄膜、橡胶等）一般不用环氧胶，也可选用柔性大的环氧胶。多孔性材料（泡沫塑料等）宜用黏度较大、柔性好的环氧胶。极性小的材料（聚乙烯、聚丙烯、氟塑料等）应先经表面活化处理后再用环氧胶粘接。

③ 按使用温度选择胶黏剂。胶黏剂的玻璃化温度 T_g 一般应大于最高使用温度。通用型环氧胶黏剂的使用温度为−40～+80℃。使用温度高于150℃时宜用耐热胶黏剂。使用温度在−70℃以下时宜用韧性好的耐低温胶黏剂，如环氧-聚氨酯胶、环氧-尼龙胶等。冷热交变对接头破坏较大，宜用韧性好的耐高低温胶，如环氧-尼龙胶等。

④ 按其他使用性能要求选择胶黏剂。如耐水性、耐湿热性、耐老化性、耐腐蚀性、介电性等。

⑤ 按工艺要求（固化温度、固化速度、黏度、潮面或水中固化等）选择胶黏剂。所选出的胶黏剂常常不能同时满足所有的要求。这就需要正确地判断哪些性能是所需胶黏剂的主要性能（关键性能），哪些是次要性能。并按照确保主要性能，兼顾其他性能的原则设计胶黏剂配方。

(3) 环氧胶黏剂配方设计的步骤和方法　首先应根据使用性能和允许的固化工艺条件判断采用环氧胶黏剂是否有可能，在性能价格比上是否有优势。然后大体上按照以下步骤进行配方设计。

① 初步判断所需环氧胶黏剂的主要性能是哪些，次要性能是哪些。

② 本着确保主要功能，兼顾其他功能的原则，按照组分材料的结构和性能与胶黏剂性能的关系来确定胶黏剂的初步配方（胶黏剂的组配和配比）。还应考虑成本及

组分材料的来源，先选配环氧树脂固化体系。按化学当量计算树脂和固化剂的理论用量，对催化剂和促进剂用量则参考经验数据。再选配其他助剂，参照经验数据或试配法选定初步用量（配比）。组分材料的在选配时还应注意组分材料之间的相互影响。

③ 按照主功能最优、其他功能适当的原则对初步配方进行优化。如采用正交回归分析法等，并借助计算机辅助设计，经过综合权衡，最后定出最佳配方。

必须指出，按标准方法测出的胶接强度并不是实际接头的强度。这是因为胶接强度不仅与胶黏剂和被黏物的性质有关，而且还受接头的形式和几何尺寸、胶接工艺条件、环境温度和湿度、加载方式和速度等因素的影响。实际接头和标准试样在这些方面并不完全相同，所以对实际结构件还要进行模拟件的强度测试，必要时还必须对实际胶接件直接进行破坏性强度测试。

3. 环氧树脂胶黏剂配方最优化设计举例

以环氧树脂胶黏剂为例，进行配方最优化设计。

① 变量因子水平设计及配方实验。胶黏剂配方组成：四官能环氧树脂（AG-80）、固化剂［4,4 -二氨基二苯砜(DDS)］、改性树脂和填料。

变量因子水平：参考正交回归设计安排，因为环氧树脂胶配方，一般是按照树脂 100g 计算的，所以树脂为常量。变量因子的水平值列于表 5-4。

以胶黏剪切强度为实验目标值，考察胶黏接头耐碱能力。试验：碱水的 pH= 13～14，压力 0.51MPa，于 150℃下煮 8h，然后测指标，目标值越大越好。试件按照国家标准制作，在 DL-1000 型电子拉力机上测定。测试速度 10mm/min，温度 150℃。

表 5-4　变量因子水平和性能指标值　　　　单位：质量份

试验号	环氧树脂 (AG-80)	固化剂 DDS X_1	填料 X_2	改性树脂 X_3	性能指标 y/MPa	
					测定值 y	预测值 y_a
1	100	31	30	25	9.680	9.867
2	100	31	30	45	8.788	8.832
3	100	31	90	25	5.319	5.326
4	100	31	90	45	9.648	9.649
5	100	51	30	25	9.184	9.503
6	100	51	30	45	10.662	10.673
7	100	51	90	25	8.168	8.168
8	100	51	90	45	9.635	9.645
9	100	27.5	60	30	9.799	9.726
10	100	54.5	60	30	10.691	10.682
11	100	41	19.4	30	9.531	9.474
12	100	41	100.6	30	7.927	7.920
13	100	41	60	9.7	9.769	9.783
14	100	41	60	50.3	9.397	9.396
15	100	41	60	30	8.873	8.894
16	100	54.5	68	45	11.057	11.042
17	100	41	30	30	9.727	9.356
18	100	54.5	30	10	9.993	9.874

② 建立数学模型。数学模型的建立，一般采用回归分析方法求得性能指标与变量因子之间的回归方程。本试验采用逐步回归方法，建立性能指标 y 与变量因子 X_1、X_2、X_3 的回归方程。对于多元回归问题，每个变量并不是都对 y 有重要影响，逐步回归的目的就是要从中选取对 y 有重要影响的因子，组成“最优”回归方程。逐步回归方法的数学模型与多元线性回归方法的模型相同，采用最小二乘法估计回归系数，其方程为：设变量 y 与 X_1，X_2，…，X_n 的关系为

$$y=\beta_0+\beta_1X_1+\beta_2X_2+\cdots+\beta_nX_n \tag{5.1}$$

设 b_0，b_1，b_2，…，b_n 分别为最小二乘法估计，则回归方程式为

$$y=b_0+b_1X_1+b_2X_2+\cdots+b_nX_n \tag{5.2}$$

$$y=\beta_0+\beta_1X_1+\beta_2X_2+\cdots+\beta_nX_n$$

由最小二乘法知，b_0，b_1，b_2，…，b_n 应使全部观察值 y_a 与回归值 $\dot{y}_a$ 的偏差平方和 Q 达到最小，即 $Q_{\min}=\sum\limits_{a}(y_a-\dot{y}_a)^2$

根据求值原理，b_0，b_1，b_2，…，b_n 应是下列方程组的解

$$\partial Q/\partial b_0=-2\sum(y_a-\dot{y}_a)=0$$

$$\partial Q/\partial b_j=-2\sum(y_a-\dot{y}_a)X_{aj}=0 \tag{5.3}$$

$$j=1,\ 2,\ \cdots,\ n$$

采用 BASIC 语言逐步回归计算程序进行计算处理。此例尚可采用多变量的任意多项式回归模型，即

$$y=\beta_0+\beta_1X_1+\beta_2X_2+\beta_3X_3+\beta_4X_1X_2+\beta_5X_1X_3+\beta_{50}X_1^2X_2^2X_3^2 \tag{5.4}$$

令 $Z_1=X_1$，$Z_2=X_2$，$Z_3=X_3$，$Z_4=X_1$，$X_2\cdots Z_{50}=X_1^2X_2^2X_3^2$

则 $y=\beta_0+\beta_1Z_1+\beta_2Z_2+\beta_3Z_3+\beta_4Z_4+\beta_5Z_5+\cdots+\beta_{50}Z_{50}$ (5.5)

将式（5.4）化为多元线性回归方程。最后得到如下的回归方程：

$$y=b_0+b_1X_1+X_2+b_2X_3^2+b_3X_2^3+b_4X_1X_2^2X_3+b_5X_1^3X_3^2$$
$$+b_6X_1^2X_3^3+b_7X_2^2X_3^3+b_8X_2^3X_3^2+b_9X_2^4+b_{10}X_2^5+b_{11}X_1^2X_2^2X_3^2 \tag{5.6}$$

其中：$b_0=11.950948$

$b_1=-3.538471098\times10^{-3}$

$b_2=-1.66947067\times10^{-3}$

$b_3=1.35109536\times10^{-4}$

$b_4=-9.491222973\times10^{-9}$

$b_5=1.59993498\times10^{-8}$

$b_6=2.10413021\times10^{-8}$

$b_7=-6.57834171\times10^{-9}$

$b_8=1.47159615\times10^{-8}$

$b_9=-2.99566278\times10^{-8}$

$b_{10}=1.6656731\times10^{-8}$

$b_{11}=-1.44315867\times10^{-10}$

回归方程的相关系数为 0.995，根据变量个数、误差自由度，查表得置信水平 1%的相关系数临界值$\gamma_{0.01}=0.706$，这说明回归方程中变量间存在着明显的线性关系。

试验实测值$\bar{y}$与预测值y_a间的偏差（$\bar{y}-\dot{y}$）服从正态分布，y值在($\dot{y}_a-1.96S\bar{y}$，$\dot{y}_a+1.96S\bar{y}$）区间的概率为 95%。

$$S^2\bar{y}=\frac{\sum_{i=1}^{n}(y_i-\bar{y}_{ai})^2}{n} \tag{5.7}$$

式中　$S\bar{y}$——剩余离差；

y_i，$\bar{y}_{ai}$——分别为测定值和回归值；

n——试验个数，$n=21$。

从表 5-4 的测定值和预测值求得$S\bar{y}=0.1361$。用式（5.6），估算y值的预测区间为：

$$(\dot{y}_a-0.2668, \dot{y}_a+0.2668)$$

表 5-4 中的测定值，除了 5 号、17 号外，均在预测区间内。回归方程（5.6）较好地反映了变量y与X_1、X_2、X_3之间的关系。

4. 配方最优化设计

环氧胶黏剂配方最优化设计是多极值的最优化问题。下面介绍采用逐步搜索法与单纯形加速法联用进行配方最优化设计的原理。实际上是用逐步搜索法求出近似最优解，作为初始点，用单纯形加速法进行寻优处理，最后得出满足精度要求的全局最优解。

(1) 逐步搜索法　在变量因子取值范围内，按一定步长，逐次改变每个变量值，按回归方程计算y值。与前面求得的y值比较，选出最大值并求出相应的变量因子水平，获得最佳配方。用BASIC语言编制的逐步搜索法优化程序框图，见图5-1。

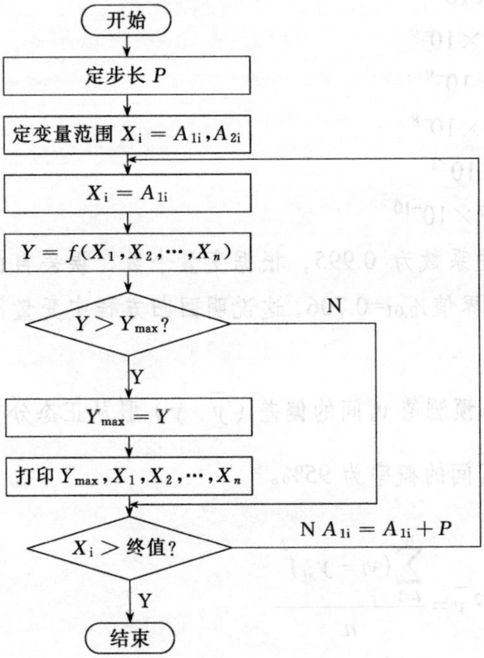

图5-1　逐步搜索法程序框图

(2) 单纯形加速法　单纯寻优方法是一种直接试验方法。按照一定法则不断运行单纯形，使试验结果趋向最优化。图5-2是二维（因素）单纯形运行过程。单纯形是一种简单的几何体，在N维空间中是具有（N+1）个顶点的多面体。其设计步骤为：

① 建立初始单纯形。在试验范围内选定初始点，确定步长，建立初始单纯形。对于N个因素，可取N维空间中的（N+1）个点：X_0, X_1, …, X_n。要求N个向量（X_1−X_0），（X_2−X_0），…，（X_n−X_0）线性无关，以保证初始单纯形在N维空间中为相应的多面体。

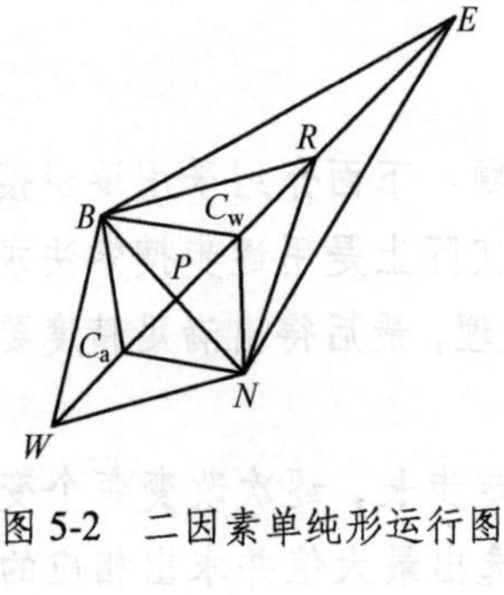

图5-2　二因素单纯形运行图

② 寻优。单纯形的每个顶点代表一组试验条件，比较各顶点的试验结果。摒弃最差点，求剩余点重心P。参看图5-2，新点按下式求取

$$R=P+\alpha(P-W)$$

式中　R——新点坐标；

W——最差点坐标；

P——除W外，各顶点的中心。

第五节 提高胶黏剂粘接耐久性的设计

一、提高胶黏剂的耐水性的设计

前已述及，水分和湿气对粘接的耐久性影响极大，因此，胶黏剂的耐水性好、吸水性低是粘接耐久性高的先决条件，特别是在湿热环境更为重要。环氧-尼龙胶、环氧-低分子聚酰胺胶、环氧-聚砜胶等耐水性不好，只能用于干燥环境，不适宜在潮湿场合长期使用。环氧-丁腈胶、环氧-酚醛胶、环氧-聚硫胶等耐水性好，在潮湿或湿热条件下都具有很好的耐久性。采用芳胺固化的环氧胶具有更好的耐湿热性能。如果使用环氧树脂与煤焦油混合（1∶2 或 2∶1）固化后耐水性很高，当环氧树脂中含 2%～10%（质量分数）煤焦油时，耐水性最好，在 60℃中保持 3000h，强度下降不超过 20%。810 水下环氧固化剂不仅可以在潮湿环境或水中固化环氧树脂，而且有很好的耐水性能，可在水中长期使用。环氧树脂与有机硅树脂反应生成环氧有机硅树脂，使耐水性提高。

胶黏剂中加入的填料应耐水性好，不然会降低胶黏剂的耐水性，例如农机 2 号胶，因加入较多量的氧化钙，故耐水性不好。

二、提高胶黏剂的耐热性的设计

胶层在长期的高温作用下，因热与氧的联合作用引起胶黏剂的老化，导致耐久性降低，因此，提高胶黏剂的耐热性至关重要。含有芳环、脂环、杂环、酚醛、硅、硼、磷、钛的环氧胶黏剂会提高耐热性，脂环族环氧树脂耐候性较强、耐热性较高。

环氧-酚醛胶、环氧-有机硅胶、环氧-聚砜胶、环氧-双马、双酚 S 环氧胶等都具有较高的耐热性。

环氧胶黏剂中加入耐热性填料，如温石棉粉、氧化锑粉（锑白粉）、铝粉、硫酸钙晶须、氢氧化镁晶须、氧化锌晶须、纳米 SiO_2、纳米 CaCO、纳米 TiO_2 等都可以提高耐热性。

以脂环族环氧树脂、氨基多官能环氧树脂、酚醛环氧树脂、双酚 S 环氧树脂、有机钛环氧树脂、有机硅环氧树脂、液晶环氧树脂、海因环氧树脂等配制的胶黏剂比双酚 A 型环氧树脂胶的耐热性好得多。芳香胺固化的环氧胶黏剂具有较高的耐热性能。

F 系列固化剂固化的环氧胶黏剂可耐 300℃高温。芳香胺固化的环氧胶黏剂耐热性比脂肪胺高 30℃。用三乙醇胺固化环氧胶黏剂比低分子聚酰胺具有优良的耐热性和耐水性。

三、加入防老剂

防止老化的方法很多，其中之一就是于环氧胶黏剂中加入适当的防老剂，以延缓老化，提高耐久性。该法简便易行，效果比较明显。防老剂是一类能够抑制热、光、氧、重金属离子等对胶层产生破坏的物质，按其作用机理和功能可分为热稳定剂、光稳定剂、抗氧剂、金属离子钝化剂、防霉剂等。添加光热稳定剂可提高环氧胶黏剂的光稳定性和热稳定性。

在环氧胶黏剂中加入稳定剂，如8-羟基喹啉、乙酰丙酮、邻苯二酚、水杨酸、没食子酸、水杨醛等能与过渡金属离子（铁、铜、钴等）形成稳定络合物的有机化合物，可以降低对热氧化分解的催化作用。其中8-羟基喹啉对降低环氧胶黏剂的热氧化效果很好。炭黑也是有效的氧化抑制剂。

环氧胶黏剂中加入0.1%～0.5%的抗氧剂264，对于减缓老化、延长使用寿命的效果非常显著；加入0.5%～1.0%的抗氧剂1010能够提高环氧胶黏剂的耐候性。抗氧剂264与抗氧剂1010混用效果更好。

环氧胶黏剂中加入紫外线吸收剂，如UV-531等，可以防止或抑制光氧老化的产生与发展，延长户外使用寿命。尤其是带环氧基的反应型光稳定剂效果更佳，且对环境友好。如果几种防老剂并用，则有协同效应，效果会更优。

四、使用偶联剂的设计

多年来的实践表明，在环氧胶黏剂和粘接过程中使用偶联剂能够极大地提高粘接强度、耐水性、耐热性和耐湿热老化性，从而使粘接结构更为可靠耐久，这是提高粘接耐久性最简单、最有效的方法，可使耐久性提高1～2倍（也有说4～7倍）。

于环氧胶黏剂中加入1%～3%（以环氧树脂计）的偶联剂，而以0.5%～1%的乙醇溶液对被粘表面处理（120℃干燥1h），底涂效果更好。采用KH-560处理钢板时，能使钢板在水中和高湿状态下具有非常优异的粘接耐久性。若用偶联剂溶液处理被粘表面，同时又将偶联剂加入环氧胶黏剂中，其效果最佳。硅烷偶联剂的烷氧基团在弱酸性（乙酸）介质中水解生成硅烷三醇，吸附在被粘物表面上，与其表面上的羟基缩合生成—Si—O—M（被粘物）化学键，并在界面上缩聚成硅氧烷聚合物。

通过偶联剂的架桥作用使胶层与被粘物实现化学键结合，粘接强度大增。同时，界面上的硅氧烷聚合物是一憎水膜，覆盖在基体表面，可有效阻止水分的渗透、扩散。也就是说，形成一整个的防水界面，起着保护作用。

以环氧树脂与低氨数胺类固化剂加入KH-560或KH-792硅烷偶联剂粘接带油钢材，在水煮后仍有很好的耐久性，其原因是固化剂与钢的结合面之间有化学作用，红外光谱亦证明胺类固化剂与油内的钙化物形成了盐。

实验表明，2% KH-560在弱酸性（乙酸调节pH=5）醇/水（90/10）溶液中水解的硅醇在铝合金氧化物表面吸附性能最优，固化后的硅烷化膜层与铝合金表面形成铝硅氧烷共价键网络。KH-560中的环氧基位于膜层表面，能与环氧胶黏剂以化学键结合，是粘接耐久性提高的重要保证。偶联剂处理的铝合金粘接耐久性与铬酸盐处理得相当，但裂纹断裂能却略高于铬酸盐处理。

偶联剂能够提高耐久性，可归因如下几方面。

① 粘接界面形成化学键或与氢键结合，使界面变得更牢固、更稳定。

② 改变了环氧树脂与填料的结合性能，使胶层内聚强度增加。

③ 形成了环氧胶黏剂和被粘物与聚硅氧烷的新界面，防止水分和湿气渗透到界面，有了阻挡层，增强了抵御环境腐蚀的能力。

④ 偶联剂与环氧树脂和被粘表面反应生成化学键，使粘接力增大，粘接强度提高。

⑤ 偶联剂降低了环氧胶黏剂体系的黏度和表面张力，改善了对被粘物的润湿性。

⑥ 能减小或消除界面上的内应力。

偶联剂具有选择性，也就是说，不是一种偶联剂可以适用于任何体系，而是需要匹配，除了按照偶联剂的有机官能团与环氧树脂的反应性选择外，还要考虑体系的酸碱性。一般来说，对于酸性聚合物环氧树脂、酸性填料（二氧化硅）最好选择碱性偶联剂（KH-550）；反之碱性填料（氧化铝、碳酸钙等），应选用酸性偶联剂(南大-43)为宜。因此，选择偶联剂既要考虑成键的化学作用，又要考虑酸碱的物理作用。偶联剂对高能光滑金属表面和非金属表面效果最优，而对粗糙、低能表面基本无效。

需要指出，对于不同的表面处理方法和不同的被粘物，偶联剂有不同的效果，例如对于经碱处理和喷砂处理的铝粘接，偶联剂可提高耐久性，而仅用溶剂脱脂处理的效果较差。

偶联剂对于提高环氧胶黏剂粘接低碳钢的耐久性很明显。

(1) 选用硅烷偶联剂的一般原则　已知硅烷偶联剂的水解速度取决于硅官能团 Si—X，而与有机聚合物的反应活性则取于碳官能团 C—Y。因此，对于不同基材或处理对象，选择适用的硅烷偶联剂至关重要。选择的方法主要通过试验，预选并应在既有经验又有规律的基础上进行。例如，在一般情况下，不饱和聚酯多选用含 $CH_2{=}CMeCOOH$ 及 $CH_2{=}CHOCH_2O$ 的硅烷偶联剂；环氧树脂多选用含 CH_2CHCH_2O 及 H_2N 硅烷偶联剂；酚醛树脂多选用含 H_2N 及 H_2NCONH 硅烷偶联剂；聚烯烃多选用乙烯基硅烷；使用硫黄硫化的橡胶则多选用烃基硅烷等。由于异种材料间的粘接强度受到一系列因素的影响，诸如润湿、表面能、界面层及极性吸附、酸碱的作用、互穿网络及共价键反应等。因而，光靠试验预选有时还不够精确，还需综合考虑材料的组成及其对硅烷偶联剂反应的敏感度等。为了提高水解稳定性及降低改性成本，硅烷偶联剂中可掺入三烃基硅烷使用；对于难粘材料，还可将硅烷偶联剂交联的聚合物共用。

硅烷偶联剂用作增黏剂时，主要是通过与聚合物生成化学键、氢键，润湿及表面能效应，改善聚合物结晶性、酸碱反应以及互穿聚合物网络的生成等而实现的。

增黏主要围绕3种体系：①无机材料对有机材料；②无机材料对无机材料；③有机材料对有机材料。

(2) 硅烷偶联剂的使用方法 如同前述，硅烷偶联剂的主要应用领域之一是处理有机聚合物使用的无机填料。后者经硅烷偶联剂处理，即可将其亲水性表面转变成亲油有机表面，既可避免体系中粒子集结及聚合物急剧稠化，还可提高有机聚合物对补强填料的润湿性，通过碳官能硅烷还可使补强填料与聚合物实现牢固键合。但是，硅烷偶联剂的使用效果，还与硅烷偶联剂的种类及用量、基材的特征、树脂或聚合物的性质以及应用的场合、方法及条件等有关。

本节侧重介绍硅烷偶联剂的三种使用方法，即表面处理法、迁移法及整体掺混法。表面处理法是用硅烷偶联剂稀溶液处理基体表面；迁移法和整体掺混法是将硅烷偶联剂原液或溶液直接加入由聚合物及填料配成的混合物中,因而特别适用于需要搅拌混合的物料体系。

硅烷偶联剂用量计算：被处理物（基体）单位比表面积所占的反应活性点数目以及硅烷偶联剂覆盖表面的厚度是决定基体表面硅基化所需偶联剂用量的关键因素。为获得单分子层覆盖,需先测定基体的Si—OH含量。已知多数硅质基体的Si—OH数为4～12个/m^2，因而均匀分布时，1mol硅烷偶联剂可覆盖约7500m^{2}的基体。具有多个可水解基团的硅烷偶联剂，由于自身缩合反应，多少要影响计算的准确性。若使用Y_3Si_x处理基体，则可得到与计算值一致的单分子层覆盖。但因Y_3Si_x价格昂贵，且覆盖耐水解性差，故无实用价值。此外，基体表面的Si—OH数，也随加热条件而变化。例如，常态下Si—OH数为5.3个/m^{2}硅质基体，经在400℃或800℃下加热处理后，则Si—OH值可相应降为2.6个/m^{2}或1个/m^2。反之，使用湿热盐酸处理基体，则可得到高Si—OH含量；使用碱性洗涤剂处理基体表面，则可形成硅醇阴离子。

① 表面处理法。将硅烷偶联剂配成含量0.5%～1%的稀溶液，使用时只需在清洁的被粘物表面涂上薄薄的一层，干燥后即可上胶。所用溶剂多为水、醇或水醇混合物，并以不含氟离子的水及价廉无毒的乙醇、异丙醇为宜。除氨烃基硅烷外，由其他硅烷偶联剂配制的溶液均需加入乙酸作水解催化剂，并将pH值调至3.5～5.5。长链烷基及苯基硅烷由于稳定性较差，不宜配成水溶液使用。氯硅烷及乙酰氧基硅烷水解过程中伴随有严重的缩合反应，也不宜配成水溶液或水醇溶液使用，而多配成醇溶液使用。水溶性较差的硅烷偶联剂，可先加入0.1%～0.2%（质量分数）的非离子型表面活性剂，然后再加水加工成水乳液使用。

此法系通过硅烷偶联剂将无机物与聚合物两界面连接在一起，以获得最佳的润湿值与分散性。表面处理法需将硅烷偶联剂稀释成稀溶液，以利于与被处理表面进行充分接触。为了提高产品的水解稳定性，硅烷偶联剂中还可掺入一定比例的非碳官能硅烷。处理难粘材料时，可使用混合硅烷偶联剂或配合使用碳官能团硅氧烷。

配好处理液后，可通过浸渍、喷雾或刷涂等方法处理。一般说，块状材料、粒状物料及玻璃纤维等多用浸渍法处理；粉末物料多采用喷雾法处理；基体表面需要整体涂层的，则采用刷涂法处理。下面介绍几种具体的处理方法。

a. 使用硅烷偶联剂醇水溶液处理。此法工艺简便，首先由95%的乙醇及5%的H_2O配成醇水溶液，加入乙醚使pH值为4.5～5.5。搅拌下加入硅烷偶联剂使浓度达2%，水解5min后，即生成含SiOH的水解物。当用其处理玻璃板时，可在稍许搅动下浸入1～2min，取出并浸入乙醇中漂洗2次，晾干后，移入110℃的烘箱中烘干5～10min，或在室温及相对湿度60%条件下干燥24h，即可得产物。

如果使用氨烃基硅烷偶联剂，则不必加乙醚。但醇水溶液处理法不适用于氯硅烷型偶联剂，后者将在醇水溶液中发生聚合反应。当使用2%浓度的三官能度硅烷偶联剂溶液处理时，得到的多为3～8分子厚的涂层。

b. 使用硅烷偶联剂水溶液处理。工业上处理玻璃纤维大多采用此法。具体工艺是先将烷氧基硅烷偶联剂溶于水中，将其配成0.5%～2.0%的溶液。对于溶解性较差的硅烷，可事先在水中加入0.1%非离子型表面活性剂配制成水乳液，再加入乙醚将pH值调至5.5。然后，采用喷雾或浸渍法处理玻璃纤维。取出后在110～120℃下固化20～30min即得产品。由于硅烷偶联剂水溶液的稳定性相差很大，如简单的烷基烷氧基硅烷水溶液仅能稳定数小时，而氨烃基硅烷水溶液可稳定几周。由于长链烷基及芳基硅烷水溶液仅能稳定数小时，而氨烃基硅烷水溶液可稳定几周。由于长链烷基及芳基硅烷的溶解度参数低，故不能使用此法。配制硅烷水溶液时，无须使用去离子水，但不能使用含氟离子的水。

c. 使用硅烷偶联剂有机溶剂配成的溶液处理。使用硅烷偶联剂溶液处理基体时，一般多选用喷雾法。处理前，需掌握硅烷用量及填料的含水量。将偶联剂先配制成25%的醇溶液，而后将填料置入高速混合器内，在搅拌下泵入呈细雾状的硅烷偶联剂溶液，硅烷偶联剂的用量为填料质量的0.2%～1.5%，处理20min即可结束，随后用动态干燥法干燥。

除醇外，还可使用酮酯及烃类作溶剂，并配制成1%～5%（质量分数）的浓度。为使硅烷偶联剂进行水解，或部分水解溶剂中还需加入少量水，甚至还可加入少许乙醚作水解催化剂，而后将待处理物料在搅拌下加入溶液中处理，再经过滤，及在80～120℃下干燥固化数分钟，即可得产品。

采用喷雾法处理粉末填料，还可使用硅烷偶联剂原液或其水解物溶液。当处理金属、玻璃及陶瓷时，宜使用0.5%～2.0%（质量分数）的硅烷偶联剂醇溶液，并采用浸渍、喷雾及刷涂等方法处理，根据基材的外形及性能，既可随即干燥固化，也可在80～180℃下保持1～5min达到干燥固化。

d. 使用硅烷偶联剂水解物处理。即先将硅烷通过控制水解制成水解物而用作表面处理剂。此法可获得比纯硅烷溶液更佳的处理效果，它无须进一步水解，即可干燥固化。

② 迁移法。将硅烷偶联剂直接加入到胶黏剂组分中，一般加入量为基体树脂量的1%～5%。涂胶后依靠分子的扩散作用，偶联剂分子迁移到粘接界面处产生偶

联作用。对于需要固化的胶黏剂，涂胶后需放置一段时间再进行固化，以使偶联剂完成迁移过程，方能获得较好的效果。

实际使用时，偶联剂常常在表面形成一个沉积层，但真正起作用的只是单分子层，因此，偶联剂用量不必过多。

③ 整体掺混法。整体掺混法是在填料加入前，将硅烷偶联剂原液混入树脂或聚合物内。因而，要求树脂或聚合物不得过早与硅烷偶联剂反应，以免降低其增黏效果。此外，物料固化前，硅烷偶联剂必须从聚合物迁移到填料表面，随后完成水解缩合反应。为此，可加入金属羧酸酯作催化剂，以加速水解缩合反应。此法对于宜使用硅烷偶联剂表面处理的填料，或在成型前树脂及填料需经混匀搅拌处理的体系，尤为方便有效，还可克服填料表面处理法的某些缺点。有人使用各种树脂对比了整体掺混法及表面处理法的优缺点。认为：在大多数情况下，整体掺混法效果亚于表面处理法。整体掺混法的作用过程是硅烷偶联剂从树脂迁移到纤维或填料表面，并与填料表面作用。因此，硅烷偶联剂掺入树脂后，须放置一段时间，以完成迁移过程，而后再进行固化，方能获得较佳的效果。还从理论上推测，硅烷偶联剂分子迁移到填料表面的量，仅相当于填料表面生成单分子层的量，故硅烷偶联剂用量仅需树脂质量的0.5%～1.0%。还需指出，在复合材料配方中，当使用与填料表面相容性好且摩尔质量较低的添加剂，则要特别注意投料顺序，即先加入硅烷偶联剂，而后加入添加剂，才能获得较佳的结果。

复合材料是指由基体树脂、增强材料（填料、玻璃纤维）、功能性助剂（偶联剂、脱模剂、增韧剂）等经过特定设备加工而成的材料，主要有不饱和聚酯复合材料、酚醛模塑料、环氧塑封料、环氧灌封料、环氧浇注料、环氧玻璃纤维布等。其特点为：强度高、电性能高、成型性好等。

硅烷偶联剂含有可以和无机填料反应的硅氧烷基团以及和有机树脂反应的环氧基、氨基、乙烯基基团等。作为复合材料中常用的助剂，它的作用为：改善基体树脂对填料、玻璃纤维的浸润性，使得基体树脂通过化学键和填料或玻璃纤维相连接，进而提高复合材料的弯曲强度、冲击强度、耐水性、电性能等。

增韧型硅烷偶联剂是指在硅氧烷基团和有机活性基团之间含有一定分子量的柔性长链。由于柔性长链的存在，适当降低了复合材料中填料表面层的化学键合密度，当复合材料受到外界冲击时，填料表面包裹的柔性长链能很好地吸收冲击能量。这样就改善了复合材料的冲击强度，减少了应力开裂。同时由于长链硅烷偶联剂大部分分散在填料的表面层，树脂层中含量较少，适当的用量情况下对复合材料的热变形温度、玻璃化温度影响不大。

添加增韧型硅烷偶联剂的复合材料具有高韧性且内应力较低，而耐热性却下降不大。和一般的硅烷偶联剂相比，长链硅烷偶联剂在改善胶液对填料的浸润性方面亦有其独特的优点，尤其对于那些具有很高的表面能的填料，如玻璃纤维、纳米二氧化硅等，长链硅烷偶联剂由于具有疏水性的柔性长链，极大地降低了填料的表面能，使得胶液中的溶剂、树脂、助剂等能均匀渗透到玻璃纤维中或均匀分散到纳米填料表面，这就提高了复合材料的冲击强度、耐热性等。而经过一般的硅烷偶联剂处理的玻璃纤维布在涂胶处理时（如覆铜板生产用的环氧玻璃纤维半固化片），由于毛细现象，纤维布表面胶液中的丙酮、二甲基甲酰胺等低分子量的极性溶剂优先在玻璃纤维中扩散，这样就使得纤维布表面的胶液黏度急剧增大，胶液中的树脂和固化剂难以迅速向玻璃纤维中渗透，由此得到的复合材料冲击强度、耐热性较差。另外亦已证明经过长链硅烷偶联剂处理的玻璃纤维复合材料具有更好的耐离子迁移性。

由于长链的影响,增韧型硅烷偶联剂和填料或玻璃纤维表面硅醇键的反应速率稍慢,所以需适当延长处理填料的时间。

五、增大交联程度的设计

增大环氧胶黏剂的交联程度，可以提高粘接强度、耐热性、耐辐射和抗腐蚀能力，例如采用多官能环氧树脂、高环氧值的环氧树脂，可以在固化后使交联程度增大。但要注意，交联程度不能过大，否则又会使环氧胶黏剂脆性增加，降低抵抗裂缝的扩展能力，致使耐老化性变差。

六、消除内应力

降低内应力对环氧胶黏剂的耐久粘接非常重要，其途径是尽量减少内应力的产生，并使已产生的内应力尽快松弛掉。

内应力可促进在胶层或界面中产生微裂纹，有助于介质（尤其是水）的渗透，加速界面上的解吸附作用，是降低粘接强度及其稳定性的根本原因。内应力的存在使粘接的耐久性变差，因此，内应力也是影响粘接耐久性的重要因素，可采取如下措施消除或减小内应力。

① 选择弹性模量低、收缩率小、热膨胀系数小的环氧树脂和长链固化剂。

② 增加环氧胶黏剂的韧性，形成韧性界面层，使内应力容易松弛。

③ 严格控制环氧胶中胺类固化剂的用量，若量过大引起高度交联，弹性收缩量大，容易产生巨大的内应力。

④ 加入惰性或无机填料，减小收缩率，但受种类和用量影响，二氧化硅、碳酸钙能降低内应力；陶土、云母粉、硅藻土却会增加内应力；而滑石粉则使内应力变化极不规律。添加量超过限度反而使内应力大幅度上升。纤维和填料一定要分散均匀。

⑤ 胶层尽量薄些，使体积收缩率小，缺陷少。

⑥ 溶剂型环氧胶黏剂涂布后，应充分挥发溶剂和水分，既可避免溶剂残留，又能减小固化时体积收缩，从而减小内应力。

⑦ 降低固化过程升温和冷却速率，尽量保持均匀的温度。

⑧ 固化速度不宜太快，因为固化越快，内应力积累越严重。

⑨ 加温固化后不能急剧冷却，给予内应力松弛的时间。

⑩ 进行后固化处理，能使内应力松弛。

⑪ 减小环氧胶黏剂与被粘接物热膨胀系数的差异。

⑫增加环氧胶黏剂的导热性，可减小因热膨胀系数不同产生的收缩应力。

⑬ 在允许的情况下，尽可能降低胶层的弹性模量和玻璃化温度。

七、化学处理和底涂剂的设计

对被粘物表面进行化学处理，可以改变表面的状态和结构，有利于形成化学键结合和牢固的界面，可以大大提高粘接强度和持久性。对于要求强度高、使用寿命长的结构粘接，都应进行适当的化学处理。非晶态 Fe-W 镀层铬酸盐铝（钝化膜）表面在沿海大气中暴露时有特殊效果。用碱性过氧化物处理钛合金有更佳的耐久性，在湿热环境下更为突出。用阳极氧化处理的铝粘接后能获得最好的耐水性。磷酸阳极氧化的粘接接头经湿热老化 3000h 后，剪切强度下降不到 10%。

底涂剂能保护表面处理后氧化膜（层）免被水解，多数底涂剂含有抑制腐蚀剂，进一步改善环氧胶与金属界面的水解稳定性和防止其处于盐雾中被腐蚀，对提高粘接强度和耐久性意义重大。例如以弹性体改性的环氧胶粘接 2024-T3 包铝搭接剪切试样，121℃固化后，暴露于盐雾环境中，使用 BR-127 抑制腐蚀底胶时，经 180 天暴露之后，剪切强度由最初的 39.2MPa 下降到 30.89MPa，强度保留率为 79%。而用无抑制腐蚀剂的 BR-123 时，同样暴露 180 天后，剪切强度由最初的 40.5MPa 降低为零。

以铬酸钴（$CoCrO_4$）水溶液（0.19g/mL）处理铝合金表面，改善了粘接界面对水的稳定性，极大地提高了粘接耐久性。

八、加热固化的设计

环氧胶黏剂只有达到基本完全的固化程度，才能获得良好的力学性能和耐久性。一些环氧胶黏剂，虽然可以室温固化，但是加热固化可以提高固化程度，总比室温固化强度高、耐久性好。因此，为满足高性能的要求，在条件允许的情况下应尽可能采用加热固化。因为加热固化不仅可使固化反应进行完全，提高交联程度，而且还可能使环氧胶黏剂与被粘物表面形成化学键结合，对提高粘接的耐久性效果显著。环氧结构胶黏剂耐久性最好的是 177℃固化的环氧-丁腈、环氧-酚醛、环氧胶膜，还有 121℃固化的环氧-丁腈、环氧-缩醛、环氧-尼龙胶膜及加热固化的环氧-丁腈、环氧-尼龙、改性环氧胶。但室温固化的环氧-脂肪胺、环氧-酸酐耐久性最差。

九、引入纳米填充剂

一些纳米材料具有优秀的紫外线吸收功能，如纳米二氧化钛可作为一种良好的永久性紫外线吸收剂，还能提高粘接强度，可用于制备耐久性和可靠性优良的环氧胶黏剂。纳米氧化锌、纳米碳酸钙都具有大颗粒所不具备的特殊光学性能，普遍存在"蓝移"现象，添加到环氧胶黏剂之中能形成屏蔽作用，从而达到耐紫外线的目的，明显提高胶层的耐老化性和耐候性。碳纳米管长径比较大（100～1000），是目前为止已知的最细纤维材料，具有优异的力学性能，拉伸强度达到50～200GPa，是钢的100倍。还有很好的耐高温性能，又有良好的导热性。加入环氧胶中，在高温下可将热量通过碳纳米管导出，从而降低树脂的温度，起到一定的保护作用，防止降解，延缓老化。

十、涂层密封防护

粘接件因温度变化、氧气、紫外线以及水蒸气和各种介质的共同作用，使暴露在外的胶层老化龟裂，水等介质更易顺裂缝渗入胶层内部蒸煮袋（软罐头包装），加速粘接接头的破坏。若在胶层外表面（胶缝）及修整边缘涂上一层耐老化好的防护涂料（如氟碳涂料、有机硅涂料等）或密封胶，封闭保护胶层不受浸蚀，防止湿气、盐雾、腐蚀性介质渗入粘接界面，使粘接结构的使用寿命延长，还可以增加外表的美观。一般是先涂防锈或防水涂料，再涂普通的饰面涂料。借助防护涂层往往可以使粘接耐久性得到明显改善，例如环氧-尼龙胶剪切强度和剥离强度都很高，只是耐湿热性差，如果在胶层表面涂上一层有机硅涂料或氟碳涂料（软罐头），就可以在潮湿环境中长期使用。其中氟碳涂料饰面具有超强的耐候性和耐酸碱、耐盐雾等特性，可保持15年以上。

十一、采用先进粘接体系的设计

20世纪中后期，确立了先进粘接体系概念，即把粘接接头作为一个整体看待，从胶黏剂体系到被粘接表面处理，直至粘接工艺、胶缝密封，全面加强粘接接头各个组成部分，杜绝一切薄弱环节，从而得到一个可靠、耐久的粘接体系。实际试验结果表明，新的粘接体系的耐久性比老粘接体系提高了一个数量级。

十二、水性的聚丙烯酸酯类胶黏剂的设计

首先，看一看水性的聚丙烯酸酯类胶黏剂。

这类胶黏剂以水代替有机溶剂，水具有取之不尽、用之不竭的资源优势和价格十分低廉的优点，还具有不燃不爆、没有气味、对人体无害和安全卫生的特点，相对于有机溶剂型的胶黏剂来说，在绿色环保和卫生安全方面，大大地前进了一步。

但是，要使水性的聚丙烯酸酯胶黏剂真正具有储存稳定性和抗寒耐冻性，要使它真正成为工业生产上可以应用的商品，其全部内容物不仅仅是水和聚丙烯酸酯这么简单的两种，它必定还要使用聚合引发剂、乳化剂、pH值调节剂、稳定剂和

耐寒抗冻剂等众多助剂。这些助剂的含量虽然不是很高，但它们是否绿色环保，是否安全卫生，我们还不得而知，在有些此类产品的应用介绍时说，若要稀释，就不能用纯水去稀释，而应该采用含异丙醇的水去稀释。就这一点而言，因为异丙醇是有机溶剂，不但易燃易爆，而且还对健康有害，与真正意义上的卫生安全、绿色环保还是有差距的。

其次，看一看醇溶性的聚氨酯胶黏剂。

它与目前广泛使用的脂溶性聚氨酯胶黏剂相比，只是将脂溶性中的乙酸乙酯这种溶剂，改为用乙醇（也就是酒精）去代替而已，它还是属于有机溶剂型胶黏剂。笔者个人认为，这不足以说明醇溶性聚氨酯胶黏剂就是卫生安全、绿色环保的胶黏剂，相反，可能比脂溶性聚氨酯更不卫生安全，对人体健康的危害更加严重。因为第一，含多异氰酸酯基（即—NCO）的固化剂，在醇类溶剂中，必须先要用封端剂将反应活性非常大的异氰酸酯基保护起来，它才不会像未封端保护的—NCO那样，迅速地与乙醇中的羟基（即—OH）反应掉而丧失交联固化的功能。而封端剂这种物质，绝大部分都有很浓重的化学气味，也对人体有毒有害，一旦使用不当，就会损害人体健康，所以就谈不上卫生安全和绿色环保。第二，就用乙醇去代替乙酸乙酯，做成醇溶性聚氨酯胶黏剂而言，这两种有机溶剂究竟哪一个更卫生安全、更绿色环保？越来越多的资料和迹象表明，乙酸乙酯比乙醇更好。

人类对这个问题的认识，恐怕会跟人类就吸烟对人体健康损害的认识过程相似。40～50年以前，人类不认为吸烟会对身体健康造成损害，许多人以吸烟为时髦。随着现代医学、社会流行病统计学和分析化学的发展和进步，人类才逐渐认识到，不但吸烟有损健康，被动吸烟同样有害健康，特别会损害胎儿发育，会缩短人的寿命，也是产生肺癌的主要原因。所以最近20年来，在全世界范围内掀起了反对吸烟、限制烟草生产、严禁向未成年人售烟、禁止在公共场所吸烟和限制向青少年售烟的浪潮，联合国还出台了禁烟公约。

同样，人类喝酒的历史已有四五千年，特别是在我们中国，有着深厚的酒文化底蕴，但是，从来还没有人去研究过酒精对人体健康的损害。几年前，笔者看到一篇报道，说美国的科学发现，酒精对人体健康有严重的损害作用，其理由是酒精（也即乙醇）被吸入体内后，在氧化酶的作用下会被氧化，生成乙醛：

$$\underset{\text{(酒精)}}{2CH_3CH_2OH}+\underset{\text{(氧)}}{O_2}\xrightarrow{\text{(氧化)}}\underset{\text{(乙醛)}}{2CH_3-\overset{\overset{\displaystyle O}{\|}}{C}-H}+\underset{\text{(水)}}{2H_2O}$$

美国科学家认为，乙醛和甲醛一样，都是一种致癌性物质，所以乙醇并非无毒。

当然，从化学反应的趋势来看，乙醛还会被进一步氧化，变为乙酸，而乙酸还能与醇发生酯化反应，进一步生成酯。如果乙酸与乙醇发生酯化反应，最终产物是稳定的乙酸乙酯：

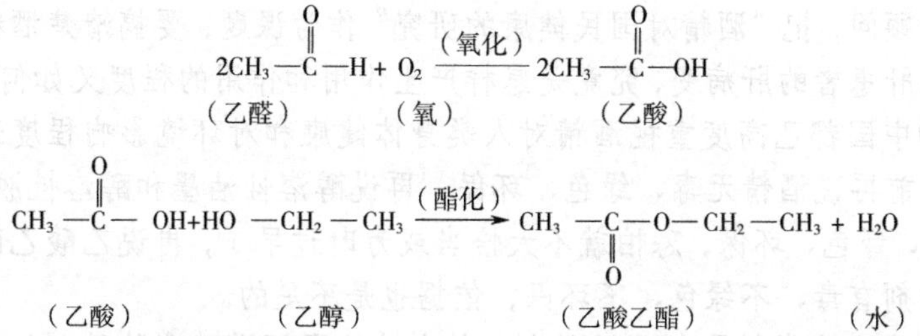

这个“氧化→再氧化→酯化”的过程，在一般情况下是不可逆转的过程，乙酸乙酯是一种十分稳定的化合物，不会再分解为乙酸和乙醛，所以在乙酸乙酯中不会有乙醛，不会对人体健康构成损害。美国科学家就是根据这个理论，说酒精也对人体有害的。

此后笔者又看到另一篇报道：天津肝病研究所经过多年的社会流行病统计研究后发现，目前我国许多年轻人因喝酒而产生脂肪肝，会慢慢导致肝硬化，最后再变为肝癌，所以，经常大量喝酒会损害身体健康。

另外，从《溶剂手册》中的毒性描述中可以看到，酒精和乙酸乙酯相比，在对人体器官损害的广泛性和严重性方面，酒精要比乙酸乙酯厉害，如下：

① 乙醇（即酒精）。除了损害中枢神经和麻痹运动反射外，还会引起胃炎、消化不良、慢性肝病和肝硬化，甚至引起胰腺和心脏疾病。

② 乙酸乙酯。有麻醉作用，其蒸气刺激眼、皮肤和黏膜，高浓度蒸气能引起肝、肾充血，大量持续吸入，则可发生急性肺水肿。

由此可见，虽然在十多年前还未发现酒精有致癌的性质，但已知道它对胃、肝、胰和心脏都有损害作用，而乙酸乙酯则只刺激眼、皮肤和黏膜，在高浓度气氛下也只是充血而已，只有在大量持续吸入其蒸气时，才会发生急性肺水肿。受乙酸乙酯影响的器官，不仅要比酒精的少，而且都是临时的急性临床表现，脱离接触一段时间以后，症状就会消失，人体就能康复，不会像乙醇那样造成永久性的病变。因此，酒精对人体的毒害要比乙酸乙酯强，只不过以前对它的认识，不全不深、不透不彻罢了！

因为酒精的气味比乙酸乙酯好闻，通常还说“酒香”，人体没有拒绝它的本能，呆在酒精含量较高的环境中，也不会主动离开，往往会造成长时间接触和大量吸入。但乙酸乙酯有刺激性气味，人体对它有拒绝的本能，不可能毫无节制地长期、大量接触或吸入它的蒸气。所以，从这个层面上讲，乙酸乙酯对人体损害的概率要比酒精小，危害程度也就较小。

为了搞清楚酒精对人体健康毒害的机理和毒害的程度，美国早就成立了“国家酒精滥用和酒精中毒研究所”，又在“国立健康研究所”下专设酒精研究所，在全国建立了十四个研究中心，每年要投入四亿多美元去研究酒精对人体健康的损害问题。2012 年 11 月，中科院“上海生命科学研究院”下属的“营养科学研究所”，也新设立了“酒精研究中心”，聘请美国“国家酒精滥用和酒精中毒研究所”的厉鼎凯所长为顾问，把“酒精对国民健康的研究”作为课题，要搞清楚酒精对我国一亿四千万乙肝患者的肝病变，究竟是怎样产生作用和作用的程度又如何。这些都表明，美国和中国都已高度重视酒精对人类身体健康和对环境影响程度这个课题的研究了。目前再说酒精无毒、绿色、环保，再说醇溶性油墨和醇溶性胶黏剂卫生、安全、无毒、绿色、环保，恐怕就不太恰当或为时过早了，再说乙酸乙酯为溶剂的聚氨酯胶黏剂有毒、不绿色、不环保，依据也是不足的。

水溶性或水分散性聚氨酯胶黏剂，与水性的聚丙烯酸酯胶黏剂情况相似，它以水代替了乙酸乙酯和乙醇，就溶剂介质而言，无疑具有更多的优点，但若考虑到封端剂、乳化剂、稳定剂、pH 值调节剂和抗寒防冻剂等这些助剂，还是不知道它们对人体健康的损害程度有多大。但从凡是对人体有害的产品就不能称作绿色环保这个观点出发，笔者认为，与完全不用这些助剂的酯溶性聚氨酯胶黏剂或无溶剂胶黏剂相比较，也不能把水性的聚氨酯胶黏剂看作就是真正意义上的绿色环保产品。

因此，笔者认为，真正卫生安全、绿色环保的胶黏剂，当属无溶剂型的聚氨酯胶黏剂了。

无溶剂型的聚氨酯胶黏剂，有单组分和双组分两种。

单组分的无溶剂聚氨酯胶黏剂，与单组分溶剂型聚氨酯胶黏剂中的胶料，是同一种分子结构的物质，都是带多异氰酸酯基（即—NCO）的、具有一定大小分子量的聚合物：

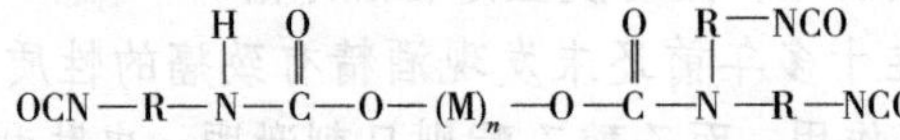

单组分无溶剂聚氨酯胶黏剂，是靠湿气交联固化的产品。一般情况下，被复合的基材中，至少有一种是水蒸气透过率很大的材料，例如纸张、织物，或者是基材表面吸留水较多，或者在复合时定量加湿（即喷洒水蒸气），以便让胶中的异氰酸酯基可以交联固化。但是，在使用这种胶黏剂时，加湿量较难控制，产品质量难于把握。因此，也和干式复合工艺方法相似，目前应用得最多的还是双组分无溶剂型聚氨酯胶黏剂，而单组分的就很少使用。

双组分无溶剂聚氨酯胶黏剂，跟溶剂型双组分聚氨酯胶黏剂一样，分主剂和固化剂两个组分。使用时，主剂与固化剂按定量的比例混合，充分搅拌均匀，然后涂布在第一基膜上，不要加热排风烘干，就可以直接跟另一种基膜复合了。它是靠主剂中的活泼氢跟固化剂中的异氰酸酯基反应去达到交联固化要求的。这种交联固化是“加成聚合”的化学反应，不像“缩合聚合”反应那样会放出低分子量（如水或二氧化碳等）的副产物，复合的产品不会有气泡、白点等缺陷，质量比较高而且稳定、容易控制。

经过近几十年的发展，质量很高的双组分无溶剂聚氨酯胶黏剂已经商品化，其中包括了普通的塑/塑复合型、铝/塑复合型、耐水煮型、耐蒸煮型等，复合时的操作温度，也从第一代的 80～90℃发展到第二代的 60～70℃，再到第三代的 40～50℃，越来越向室温靠拢，这就为使用者提供了便利，很受欢迎。

由于无溶剂聚氨酯胶黏剂完全抛弃了任何种类的溶剂，是 100%的有效物质，资源利用率最高，符合节约、合理和可持续发展的科学发展观要求，又不需耗费大量热能去进行烘干，比水剂型和溶剂型胶黏剂的能量消耗少得多，而且无溶剂复合设备的价格要比干式或湿式复合设备便宜，设备占地面积又小，总体投资大约可减少二分之一，它的生产速度与干式复合相比高出三倍以上，产出率极高，再加上干基涂胶量比水剂型或溶剂型要少，整个无溶剂复合的生产成本，比水剂型或溶剂型的干式复合，起码降低 40%～50%。

另外，无溶剂聚氨酯胶黏剂中，不像水剂型或醇溶型那样含有很多助剂，全部成分都是已知的、符合我国的 GB 9685—2016《食品安全国家标准　食品接触材料及制品用添加剂使用标准》中规定的物质，不存在对人体有毒有害的助剂或添加物，它跟脂溶性聚氨酯胶黏剂一样，完全可以做到卫生安全、放心可靠，完全可以做到没有残留溶剂和助剂、没有异味和毒性，特别是随着能量交联固化型的无溶剂聚氨酯胶黏剂的成功开发和应用，它可以在紫外线或电子束作用下，在几秒钟内达到交联固化的目的，下机后就可以当即分切制袋，随即就可以灌装内容物并允许经受巴氏、煮沸甚至高温蒸煮的杀菌处理，大大缩短了交货期、提高了劳动生产率，经济效益十分显著。

无溶剂胶黏剂及其制造复合包装材料的工艺方法，具有说不完、道不尽的优点，在目前的所有品种中，笔者认为它是最符合卫生安全、绿色环保的一种胶型，应该大力推广应用和开发研究。

虽然现在的无溶剂胶黏剂还不能全面赶上脂溶性聚氨酯胶黏剂的质量，例如还不能耐 130℃以上的高温蒸煮，也还没有抗介质特别是抗强腐蚀性介质（如有机溶剂、强酸强碱、液体农药等）的产品，但是，随着开发研究的深入，它的品种会不断增加，质量会有所提高，应用领域会不断扩大，最终会与脂溶性聚氨酯胶黏剂平起平坐、并驾齐驱，甚至到某个时候，无溶剂胶黏剂可以基本上全面代替其他类型的胶黏剂，绝大部分复合包装产品都可以用无溶剂复合的工艺方法去生产了。

第六节　聚氨酯胶黏剂的配方设计

一、概述

胶黏剂的设计是以获得最终使用性能为目的，对聚氨酯胶黏剂进行配方设计，要考虑到所制成的胶黏剂的施工性（可操作性）、固化条件及粘接强度、耐热性、耐化学品性、耐久性等性能要求。

二、聚氨酯分子设计

1. 结构与性能

聚氨酯由于其原料品种及组成的多样性，因而可合成各种各样性能的高分子材料。例如从其本体材料（即不含溶剂）的外观性质讲，可得到由柔软至坚硬的弹性体、泡沫材料。聚氨酯从其本体性质（或者说其固化物）而言，基本上属弹性体性质，它的一些物理化学性质如粘接强度、力学性能、耐久性、耐低温性、耐药品性，主要取决于所生成的聚氨酯固化物的化学结构。所以，要对聚氨酯胶黏剂进行配方设计，首先要进行分子设计，即从化学结构及组成对性能的影响来认识。

2. 从原料角度对 PU 胶黏剂制备进行设计

聚氨酯胶黏剂配方中一般用到三类原料：一类为 NCO 类原料（即二异氰酸酯或其改性物、多异氰酸酯），一类为 OH 类原料（即含羟基的低聚物多元醇、扩链剂等，广义地说，是含活性氢的化合物，故也包括多元胺、水等），另有一类为溶剂和催化剂等添加剂。从原料的角度对聚氨酯胶黏剂进行配方设计，其方法有下述两种。

（1）由上述原料直接配制　最简单的聚氨酯胶黏剂配制法是 OH 类原料和 NCO 类原料（或添加剂）简单地混合、直接使用。这种方法在聚氨酯胶黏剂配方设计中不常采用，原因是大多数低聚物多元醇分子量较低（通常聚醚分子量< 6000，聚酯分子量<3000），因而所配制的胶黏剂组合物黏度小、初粘力小。有时即使添加催化剂，固化速度仍较慢，并且固化物强度低，实用价值不大。并且未改性的 TDI 蒸气压较高，气味大、挥发毒性大，而 MDI 常温下为固态，使用不方便，只有少数几种商品化多异氰酸酯如 PAPI、Desmodur R、Desmodur RF、Coronate L 等可用作异氰酸酯原料。

不过，有几种情况可用上述方法配成聚氨酯胶黏剂。例如：①由高分子量聚酯（分子量为 5000～50000）的有机溶液与多异氰酸酯溶液（如 Coronate L）组成的双组分聚氨酯胶黏剂，可用于复合层压薄膜等，性能较好，这是因为其主成分高分子量聚酯本身就有较高的初始粘接力，组成的胶黏剂内聚强度大；　②由聚醚（或聚酯）或水、多异氰酸酯、催化剂等配成的组合物，作为发泡型聚氨酯胶黏剂、黏合剂，用于保温材料等的粘接、制造等，有一定的使用价值。

（2）NCO 类及 OH 类原料预先氨酯化改性　如上所述，由于大多数低聚物多元醇的分子量较低，并且 TDI 挥发毒性大，MDI 常温下为固态，直接配成胶一般性能较差，故为了提高胶黏剂的初始黏度、缩短产生一定粘接强度所需的时间，通常把聚醚或聚酯多元醇与 TDI 或 MDI 单体反应，制成端 NCO 基或端 OH 基的氨基甲酸酯预聚物，作为 NCO 成分或 OH 成分使用。

3. 从使用形态的要求设计 PU 胶

从聚氨酯胶黏剂的使用形态来分，主要有单组分和双组分。

(1) 单组分聚氨酯胶黏剂　单组分聚氨酯胶黏剂的优点是可直接使用，无双组分胶黏剂使用前需调胶的麻烦。单组分聚氨酯胶黏剂主要有下述两种类型。

① 以—NCO为端基的聚氨酯预聚物为主体的湿固化聚氨酯胶黏剂，合成反应利用空气中微量水分及基材表面微量吸附水而固化，还可与基材表面活性氢基团反应形成牢固的化学键。这种类型的聚氨酯胶一般为无溶剂型，由于为了便于施胶，黏度不能太大，单组分湿固化聚氨酯胶黏剂多为聚醚型，即主要的含—OH原料为聚醚多元醇。此类胶中游离NCO含量究竟以何种程度为宜，应根据胶的黏度(影响可操作性)、涂胶方式、涂胶厚度及被粘物类型等而定，并要考虑胶的储存稳定性。

② 以热塑性聚氨酯弹性体为基础的单组分溶剂型聚氨酯胶黏剂，主成分为高分子量端羟基线型聚氨酯，羟基数很少，当溶剂开始挥发时胶的黏度迅速增加，产生初粘力。当溶剂基本上完全挥发后，就产生了足够的粘接力，经过室温放置，多数该类型聚氨酯弹性体中链段结晶，可进一步提高粘接强度。这种类型的单组分聚氨酯胶一般以结晶性聚酯作为聚氨酯的主要原料。

单组分聚氨酯胶另外还有聚氨酯热熔胶、单组分水性聚氨酯胶黏剂等类型。

(2) 双组分聚氨酯胶黏剂　双组分聚氨酯胶黏剂由含端羟基的主剂和含端异氰酸酯基的固化剂组成，与单组分相比，双组分性能好，粘接强度高，且同一种双组分聚氨酯胶黏剂的两组分配比可允许一定的范围，可以此调节固化物的性能。主剂一般为聚氨酯多元醇或高分子聚酯多元醇。两组分的配比以固化剂稍过量，即有微量NCO过剩为宜，如此可弥补可能的水分造成的NCO损失，保证胶黏剂产生足够的交联反应。

4. 根据性能要求设计PU胶

若对聚氨酯胶黏剂有特殊的性能要求，应根据聚氨酯结构与性能的关系进行配方设计。

不同的基材、不同的应用领域和应用环境，往往对聚氨酯胶有一些特殊要求，如在工业化生产线上使用的聚氨酯胶要求快速固化，复合软包装薄膜用的聚氨酯胶黏剂要求耐酸、耐水解，其中耐蒸煮软包装用胶黏剂还要求一定程度的高温粘接力，等等。

(1) 耐高温　聚氨酯胶黏剂普遍耐高温性能不足。若要在特殊耐温场合使用，可预先对聚氨酯胶黏剂进行设计。有几个途径可提高聚氨酯胶的耐热性，如：①采用含苯环的聚醚、聚酯和异氰酸酯原料；②提高异氰酸酯及扩链剂（它们组成硬段）的含量；③提高固化剂用量；④采用耐高温热解的多异氰酸酯（如含异氰脲酸酯环的），或在固化时产生异氰脲酸酯；⑤用比较耐温的环氧树脂或聚砜酰胺等树脂与聚氨酯共混改性，而采用PN技术是提高聚合物相容性的有效途径。

(2) 耐水解性　聚酯型聚氨酯胶黏剂的耐水解性较差，可添加水解稳定剂（如碳化二亚胺、环氧化合物等）进行改善。为了提高聚酯本身的耐水解性，可采用长链二元酸及二元醇原料（如癸二酸、1,6-己二醇等），有支链的二元醇如新戊二醇原料也能提高聚酯的耐水解性。聚醚的耐水解性较好，有时可与聚酯并用制备聚氨酯胶黏剂。在胶黏剂配方中添加少量有机硅偶联剂也能提高胶黏层的耐水解性。

(3) 提高固化速度 提高固化速度的一种主要方法是使聚氨酯胶黏剂有一定的初粘力，即粘接后不再容易脱离，因而提高主剂的分子量。使用可产生结晶性聚氨酯的原料是提高初粘力和固化速度的有效方法。有时加入少量三乙醇胺这类有催化性的交联剂也有助于提高初粘力。添加催化剂亦为加快固化的主要方法。

三、聚氨酯的粘接工艺设计

1. 表面处理

形成良好粘接的条件之一是对基材表面进行必要的处理。

被粘物表面常常存在着油脂、灰尘等弱界面层，受其影响，建立在弱界面层上的粘接所得粘接强度不易提高。对那些与胶黏剂表面张力不匹配的基材表面，还必须进行化学处理。表面处理是提高粘接强度的首要步骤之一。

2. 清洗脱脂

一些金属、塑料基材的表面常常易被汗、油、灰尘等污染，另外，塑料表面还有脱模剂，所以这样的塑料与胶黏层仅形成弱的粘接界面。对聚氨酯胶黏剂来讲，金属或塑料表面的油脂与聚氨酯相容性差，而存在的水分会与胶黏剂中的—NCO反应产生气泡，使胶与基材接触表面积降低，且使胶黏层内聚力降低，因而粘接前必须进行表面清洗、干燥处理。一般是用含表面活性剂及有机溶剂的碱水进行清洗，再水洗干燥，或用有机溶剂（如丙酮、四氯化碳、乙醇等）直接清洗。对有锈迹的金属一般要先用砂纸、钢丝刷除去表面铁锈。

3. 粗糙化处理

对光滑表面一般须进行粗糙化处理，以增加胶与基材的接触面积。胶黏剂渗入基材表面凹隙或孔隙中，固化后起“钉子、钩子、棒子”似的嵌定作用，可牢固地把基材黏在一起。常用的方法有喷砂、木锉粗糙化、砂纸打磨等。但过于粗糙会使胶黏剂在表面的浸润受到影响，凹处容易残留或产生气泡，反而会降低粘接强度。如果用砂磨等方法又容易损伤基材，所以宜采用涂底胶、浸蚀、电晕处理等方法改变其表面性质，使之易被聚氨酯胶黏剂粘接。

4. 金属表面化学处理

对金属表面可同时进行除锈、脱脂、轻微腐蚀处理，可用的处理剂很多。一般是酸性处理液。

如对铝、铝合金，可用重铬酸钾：浓硫酸：水（质量比约 10：100：300）混合液，在 70～12℃浸 5～10min，水洗，中和，再水洗，干燥。

对铁可用浓硫酸（盐酸）与水 1∶1 混合，室温浸 5～10min，水洗，干燥。或用重铬酸钾/浓硫酸/水混合液处理。

5. 塑料及橡胶的表面化学处理

多数极性塑料及橡胶只须对表面进行粗糙化处理及溶剂脱脂处理。不过聚烯烃表面能很低，可采用化学方法等增加其表面极性，有溶液氧化法、电晕法、氧化焰法等。

① 化学处理液可用重铬酸钾：浓硫酸：水(质量比 75：1500：12，或 5g：55mL：8mL 等配比)，PP 或 PE 于 70℃浸 1～10min 或室温浸泡 1.5h 后，水洗→中和→水洗→干燥。

② 电晕处理。用高频高压放电，使塑料表面被空气中氧气部分氧化，产生羰基等极性基团。常常是几种表面处理方法相结合，如砂磨→腐蚀→清洗→干燥。

6. 上底涂剂

为了改善粘接性能，可在已处理好的基材表面涂一层很薄的底涂剂（底胶），底涂剂还可保护刚处理的被粘物表面免受腐蚀和污染，延长存放时间。

聚氨酯胶黏剂和密封胶常用的底涂剂有：聚氨酯清漆（如聚氨酯胶黏剂或涂料的稀溶液）、多异氰酸酯胶黏剂（如 PAPI 稀溶液）、有机硅偶联剂的稀溶液、环氧树脂稀溶液等。

7. 胶黏剂的配制

单组分聚氨酯胶黏剂一般不需配制，可按操作要求直接使用，这也是单组分胶的使用方便之处。

对于双组分或多组分聚氨酯胶，应按说明书要求配制，若知道组分的羟基含量及异氰酸酯基的含量，各组分配比可通过化学计算而确定，异氰酸酯指数（R= NCO/OH）一般在 0.5～1.4 范围。一般来说，双组分溶剂型聚氨酯胶黏剂配胶时，两组分配比宽容度比非溶剂型大一些，但若配胶中 NCO 过量太多，则固化不完全，且固化了的胶黏层较硬，甚至显脆性；若羟基组分过量较多，则胶层软黏、内聚力低、粘接强度差。无溶剂双组分胶配比的宽容度比溶剂型的小一些，这是因为各组分的初始分子量较小，若其中一组分过量，则造成固化慢且不易完全，胶层表面发黏、强度低。

已调配好的胶应当天用完为宜，因为配成的胶适用期有限。适用期即配制后的胶黏剂能维持其可操作施工的时间。黏度随放置时间而增大，因而操作困难，直至胶液失去流动性、发生凝胶而失效。不同品种、牌号的聚氨酯胶黏剂适用期不一样，从几分钟至几天不等。在工业生产上大量使用时，应预先做适用期试验。

若胶黏剂组分中含有催化剂，或为了加快固化速度在配胶时加入了催化剂，则适用期较短。另外，环境温度对适用期影响较大，夏季适用期短，冬季长。经有机溶剂稀释的双组分聚氨酯胶，适用期可延长。一般溶剂型双组分胶黏剂，如软塑复合薄膜用双组分聚氨酯胶黏剂，适用期应大于 8h（即一个工作日）。

若配好的胶当天用不完，可适当稀释，并上盖封闭，置于阴凉处存放，第二天上班时检查有无变浊或凝胶现象，若胶液外观无明显变化、流动性好，则仍可使用，一般可分批少量兑入新配的胶中。若已变质，则应弃去。

为了降低黏度，便于操作，使胶液涂布均匀，并有利于控制施胶厚度，可加入有机溶剂进行稀释。聚氨酯胶可用的稀释剂有丙酮、丁酮、甲苯、乙酸乙酯等。

加入催化剂能加快胶的固化速度。固化催化剂一般是有机锡类化合物。

8. 粘接施工

(1) 涂胶　涂布（上胶）的方法有喷涂、刷涂、浸涂、辊涂等，一般根据胶的类型、黏度及生产要求而决定，关键是保证胶层均匀、无气泡、无缺胶。

涂胶量（实际上与胶层厚度有关）也是影响剪切强度的一个重要因素，通常在一定范围内剪切强度较高。如果胶层太薄，则胶黏剂不能填满基材表面凹凸不平的间隙，留下空缺，粘接强度就低。当胶层厚度增加，粘接强度下降。一般认为，搭接剪切试样承载负荷时，被粘物及胶层自己变形，胶层被破坏成一种剥离状态，剥离力的作用降低了表观的剪切强度值。

(2) 晾置　对于溶剂型聚氨酯胶黏剂来说，涂好胶后需晾置几分钟到数十分钟，使胶黏剂中的溶剂大部分挥发，这有利于提高初粘力。必要时还要适当加热，进行鼓风干燥（如复合薄膜层压工艺）。否则，由于大量溶剂残留在胶中，固化过程容易在胶层中形成气泡，影响粘接质量。对于无溶剂聚氨酯胶黏剂来说，涂胶后即可将被粘物贴合。

(3) 粘接　这一步骤是将已涂过胶的被粘物粘接面贴合起来，也可使用夹具固定粘接件，保证粘接面完全贴合定位，必要时施加一定的压力，使胶黏剂更好地产生塑性流动，以浸润被粘物表面，使胶黏剂与基材表面达到最大接触。

9. 胶黏剂的固化

大多数聚氨酯胶黏剂在粘接时不立即具有较高的粘接强度，还需进行固化。所谓固化就是指液态胶黏剂变成固体的过程，固化过程也包括后熟化，即初步固化后的胶黏剂中的可反应基团进一步反应或产生结晶，获得最终固化强度。对于聚氨酯胶黏剂来说，固化过程是使胶中NCO反应完全，或使溶剂挥发完全、聚氨酯分子链结晶，使胶黏剂与基材产生足够高的粘接力的过程。聚氨酯胶黏剂可室温固化，对于反应性聚氨酯胶来说，若室温固化需较长时间，可加催化剂促进固化。为了缩短固化时间，可采用加热的方法。加热不仅有利于胶黏剂本身的固化，还有利于加速胶中的NCO与基材表面的活性氢基团反应。加热还可使胶层软化，以增加对基材表面的浸润，并有利于分子运动，在粘接界面上找到产生分子作用力的“搭档”，对提高粘接力有利。一种双组分聚氨酯胶黏剂粘接钢板，在不同固化温度、固化时间的粘接强度不同。

固化的加热方式有烘箱或烘道、烘房加热，夹具加热等。对于传热快的金属基材可采用夹具加热，胶层受热比烘箱加热快。

加热过程应以逐步升温为宜。溶剂型聚氨酯胶要注意溶剂的挥发速度。在晾置过程中，大部分溶剂已挥发掉，剩余的溶剂慢慢透过胶黏层向外扩散，若加热过快则溶剂在软化了的胶层中气化鼓泡，在接头中形成气泡，严重的可将大部分未固化、呈黏流态的胶黏剂挤出接头，形成空缺会影响粘接强度。对于双组分无溶剂胶黏剂及单组分湿固化胶黏剂，加热也不能太快，否则NCO与胶中或基材表面、空气中的水分加速反应，产生的CO_2气体来不及扩散，而胶层黏度增加很快，气泡就留在胶层中。

单组分湿固化聚氨酯胶黏剂主要靠空气中的水分固化，故应维持一定的空气湿度，以室温缓慢固化为宜。若空气干燥，可加少量水分于涂胶面，以促进固化。若胶被夹于干燥、硬质的被粘物之间，且胶层较厚时，界面及外界的水分不易渗入胶中，则易固化不完全，这种情况下可以在胶中注入极少量水分。

第七节　绿色胶黏剂技术开发与配方实例

一、概述

胶黏剂是一种使物体与物体粘接成为一体的媒介，它能使金属、玻璃、陶瓷、木材、纸质、纤维、橡胶和塑料等不同材质粘接成一体，赋予不同物体各自的应用功能，是一种重要的精细化工产品。

胶黏剂工业的发展密切关系到汽车、建筑、电子、航空航天、机械、纺织、制鞋、包装、冶金、造纸、医疗卫生等行业，其产品不仅广泛应用于上述领域，也直接应用于人们的生活当中。由于胶黏剂的广泛应用，引发了一系列的环境保护问题，例如生产过程中的废水、废气以及危险废弃物的处置问题，产品使用过程中的有害物质——有机挥发物(VOC)的挥发问题，产品废弃后处置过程中引起的污染问题等。随着我国环保法规的日趋健全以及人们自身健康意识的提高，大力研制和开发适应日趋严格的环保法规要求、质量好、无污染、与国际标准接轨的绿色环保型天然胶黏剂和合成胶黏剂已成为21世纪我国胶黏剂工业的发展方向。

胶黏剂分类方法很多，如可从胶黏剂的组成结构、不同的固化条件以及不同用途等不同角度进行不同的分类，这些分类方法同样适用于绿色胶黏剂。从目前胶黏剂的研制开发和生产应用来看，绿色胶黏剂包括天然胶黏剂、水性胶黏剂、热熔型胶黏剂、无溶剂型胶黏剂、无机胶黏剂以及符合国际标准的低甲醛、低有机溶剂的溶剂型胶黏剂，其中以水性胶和热熔胶为主，发达国家水性胶占50%，热熔胶占20%左右，并呈增长趋势。

1. 天然胶黏剂

天然胶黏剂是人类最早应用的胶黏剂，至今已有数千年的历史，在人类社会发展和进步过程中，起了很大的促进作用。天然胶黏剂主要是利用天然物质及其改性材料为主体材料而制备，原料易得，价格低廉，生产工艺简单，使用方便，一般为水溶性，且大多为低毒或无毒，因此尽管合成高分子胶黏剂的迅速发展在相当程度上取代了天然胶黏剂，但目前天然胶黏剂仍在木材、纸张、皮革、织物等材料的粘接上有广泛应用。特别是近年来，随着人类社会对环境保护意识的逐步增强，进一步促进了天然胶黏剂的应用和发展。

由于天然胶黏剂的粘接强度不够理想、耐水性差等缺点，限制了其应用。近年来，人们致力于对天然胶黏剂进行改性，以进一步提高性能，扩大应用范围。天然胶黏剂的品种较多，按其来源可分为植物胶黏剂、动物胶黏剂、矿物胶黏剂和海洋生物胶黏剂等，而按化学结构则可分为葡萄糖衍生物、氨基酸衍生物及其他天然树脂胶黏剂。

2. 水性胶黏剂

以水为分散介质的胶黏剂，称为水性（基）胶黏剂。水性胶黏剂是胶黏剂发展趋势之一，与溶剂型胶黏剂相比，其具有无溶剂释放、符合环境保护要求、成本低、不燃、使用安全等优点，因此受到国内外广泛重视，正被大力研究开发，并占有重要的市场地位。在胶黏剂市场上，水性胶黏剂占50%以上。水性胶黏剂属于中国近年来增长最快的胶种之一，年均增长率为18.4%。水性胶黏剂主要包括水溶性胶黏剂、水分散性胶黏剂及水乳液型胶黏剂。水溶性胶黏剂包括天然或改性天然高分子的水溶液和合成聚合物的水溶液，主要有天然胶黏剂、三醛树脂胶、聚乙烯醇（PVA）等；水分散性胶黏剂主要包括水性环氧树脂胶、水性聚氨酯胶等；水乳液型胶黏剂主要包括合成树脂或橡胶胶乳，如聚乙酸乙烯（PVAC）乳液、乙烯-乙酸乙烯（EVA）乳液、聚丙烯酸酯乳液及橡胶乳液等。

3. 热熔型胶黏剂

热熔型胶黏剂简称热熔胶，是指在室温下呈固态，加热熔融呈液态，涂布、润湿被粘物表面后，经压合、冷却至室温即能通过硬固或化学反应固化而实现粘接的一类胶黏剂，具有一定的胶接强度。热熔胶是一种以热塑性树脂或弹性体为主体材料的多成分混合物，它以熔体的形式应用到基材表面进行粘接。在大多数情况下，它是一种不含水或溶剂的100%固含量胶黏剂，其优点之一是可制成块状、薄膜状、条状或粒状，使包装、储存、使用都极为方便。另外，它的粘接速度较快，适合工业部门的自动化操作以及高效率的要求。特别地，由于它在使用过程中无溶剂挥发，因而不会给环境带来污染，利于资源的再生和环境的保护。热熔胶是我国增长最快的胶种，年均增长率为30.1%，在发达国家热熔胶（包括热熔压敏胶）已占合成胶黏剂总量的20%以上，而中国仅占3%，因此，今后将有很大发展空间。除了传统的EVA热熔胶外，聚酯类（PET）、聚酰胺类（PA）热熔胶也发展很快，以SIS树脂弹性体为主要原料的热熔压敏胶在中国是近几年发展起来的，它主要用于妇女卫生巾、老人和小孩尿布、双面胶和商标胶等，有很大的市场。

4. 无溶剂型胶黏剂

无溶剂型胶黏剂又称反应胶，是将可进行化学反应的两组分分别涂刷在黏合的物料表面，而后在热活化或其他条件下，组分紧密接触进行化学反应，达到交联的目的。两组分必须对各自的黏合物具有较强的黏附性，并且反应的时间、压力、温度等工艺因素适当。

典型的无溶剂型胶黏剂是辐射固化型胶黏剂，它是以辐射能固化的胶黏剂，主要包括以紫外线（ultra violet，UV）固化型和电子束（electron beam，EB）固化型。与其他单组分反应型胶黏剂相比，辐射固化胶黏剂，不但具有储存期长、不含溶剂以及固化时和固化后气味较低等长处，更突出的优点还在于固化速率快以及综合性能好。辐射固化胶黏剂可在瞬间完成固化，比水性胶黏剂甚至热熔型胶黏剂的固化速率都快得多，辐射固化胶黏剂是网状交联结构，具有极好的耐热、耐湿、耐化学品等特性，因此，在既要快速固化、又需要高性能的条件下，使用辐射固化胶黏剂是最佳选择。与热熔型胶黏剂相比，辐射固化胶黏剂是常温固化，可避免对基材的热损伤和对操作人员的热灼伤，因此更安全。与双组分反应型胶黏剂相比，单组分的辐射固化胶黏剂使用更方便，可见辐射固化胶黏剂的优点不是单一的，而是综合性的。

进入21世纪以来，人们环保意识逐渐增强，作为“绿色”技术的辐射固化取代传统固化必将成为一种趋势。辐射固化技术已由最初的UV及EB拓展到了可见光、红光、蓝光及荧光照射固化，并在智能化控制固化条件和固化程度方面、自由基固化和离子固化双重固化体系方面取得了重要进展，同时还发展了光、热固化和可见光/UV辐射等多重固化体系。

5. 无机胶黏剂

无机胶黏剂是由无机盐、无机酸、无机碱和金属氧化物、氢氧化物等组成的一类范围相当广泛的胶黏剂。其种类主要有磷酸盐、硅酸盐、硼酸盐、硫酸盐等。无机胶黏剂的突出优点是耐高温性极为优异，而且又能耐低温，可在−183～2900℃广泛的温度范围内使用；另外，它耐油性优良，在套接、槽接时有很高的胶接强度，而且原料易得，价格低廉，使用方便，可以室温固化。其缺点是耐酸碱性和耐水性差，脆性较大，不耐冲击，平接时的胶接强度较低，而且耐老化性不够理想。无机胶黏剂种类很多，按照固化条件及应用的方式，无机胶黏剂可分成四类，即气干型、水固型、热熔型及反应型。

随着社会的发展和科学技术的进步，胶黏剂已得到广泛的应用，它不仅为社会创造了物质财富，取得了良好经济效益，而且给人们的工作、学习、生活带来极大方便，已成为国民经济建设各个领域和人们日常生活不可缺少的化工产品，为社会的物质和精神文明进步作出了应有的贡献。从发展的观点看，绿色胶黏剂是将来唯一的胶黏剂，它是环境保护的需要，是人类生存的需要。

二、绿色胶黏剂开发实例

1. 松香不饱和聚酯

松香不饱和聚酯，是一种比通用型不饱和聚酯更耐水的胶黏剂，主要用作地下工程采用的树脂锚杆的锚固剂，它可将杆体与岩石黏结在一起，有固化快、锚固力强、安全可靠等特点，可节约大量的木材和钢材。松香不饱和聚酯采用松香作为改性剂，价格低廉，也有将它应用于涂料工业，作触变性腻子用。

松香不饱和聚酯的结构式为：

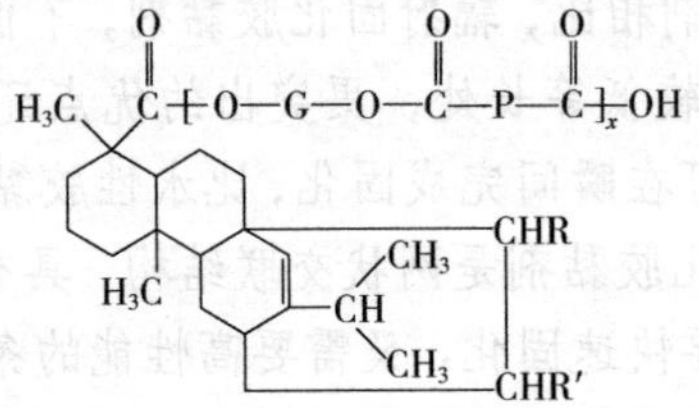

式中　G——二元醇除羟基以外的碳-碳链；

P——除二元酸酐以外的饱和或不饱和基团；

R和R′——不饱和聚酯中其他分子链节；

x——聚合度。

(1) 绿色技术

① 本技术采用的原料松香系由松脂提炼而得，松脂是松树的分泌物，是一种可再生资源，故此生产具有可持续性。

② 本工艺利用率较高，生产过程仅有少量缩合水生成，无其他“三废”产生，可实现清洁生产。

③ 本产品的力学性能、耐腐蚀性能等可达到锚固剂的质量要求，有的还优于通用型聚酯树脂。

(2) 制造方法

① 基本原理。第一步:二元醇与二元酸（饱和的与不饱和的）的酯化反应，一般遵循聚合反应的规律。

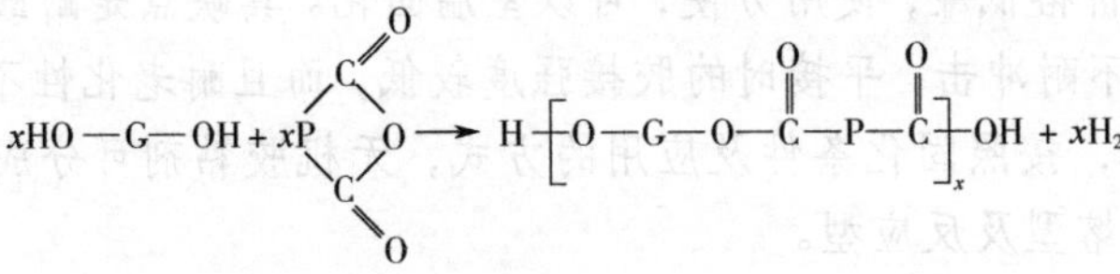

式中　G——二元醇除羟基以外的碳-碳链；

P——除二元酸酐以外的饱和的或不饱和基团；

x——聚合度，通常二元醇过量10%。

酯化反应是逐步进行的，首先是酸酐的开环酯化反应，生成单酯，没有缩合水分产生，其次是生成的单酯进一步生成双酯，即二元酸的两个羟基全部酯化，反应一直进行到所要求的酸值为止。

第二步:加入松香。松香主要成分是松香酸，它是带一共轭双键的一元酸，与含不饱和双键的聚酯可以发生下述两种反应。

a. 狄尔斯-阿尔德加成反应；

b. 松香酸的羧基与不饱和聚酯中的羟基进行酯化反应，可起封端作用。

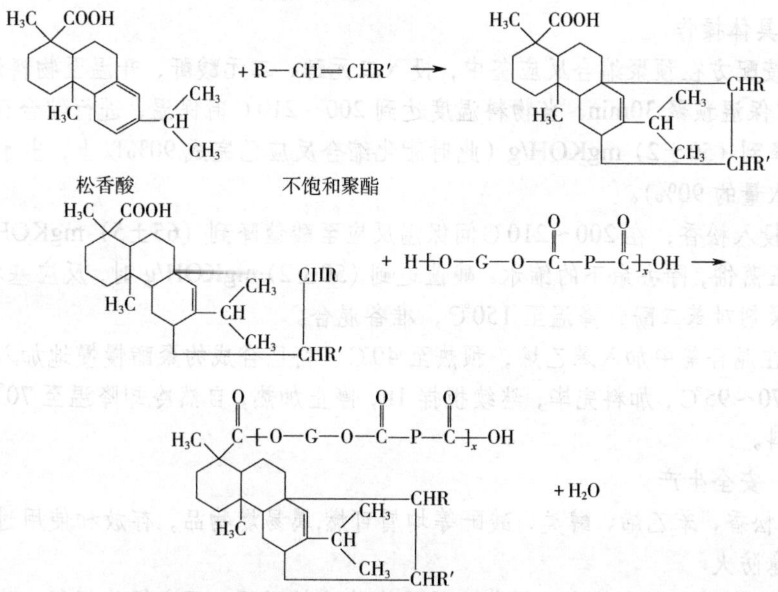

式中 R,R′——不饱和聚酯中其他分子链节。

② 工艺流程方框图如下:

③ 主要设备及水电气。预聚缩合反应釜，带有搅拌器、夹套加热器、冷凝器、真空系统；混合釜，带有搅拌器；水电气依设计规模而定。

④ 原材料及配方。如表 5-5 所示。

表 5-5 原材料及配方

原料名称	缩写	1#配方		2#配方	
		摩尔比	质量分数/%	摩尔比	质量分数/%
乙二醇	EG	6.0	20.14	—	—
丙二醇[1,2]	PG	—	—	6.0	23.53
邻苯二甲酸酐	PA	1.25	10.02	1.40	10.69
顺丁烯二酸酐	MA	3.75	19.90	3.60	18.21
理论缩水量（一次）	—	5.0	-4.88	5.0	-4.61
松香	RA	1.0	16.35	1.0	15.58
理论缩水量（二次）		1.0	-0.97	1.0	-0.96
聚酯产量	—		60.55		62.44
对苯二酚	HQ		0.05		0.05
苯乙烯	ST	7.0	39.45	7.0	37.56
聚酯树脂	—		100.0		100.0

⑤ 具体操作

a. 按配方在预聚缩合反应釜中，投入二元醇、二元酸酐，升温至物料溶解后，至160℃保温预聚30min。当物料温度达到200～210℃时保温，进行缩合反应，直至酸值降到（50±2）mgKOH/g（此时酯化缩合反应已完成90%以上，出水量等于理论缩水量的90%）。

b. 投入松香，在200～210℃间保温反应至酸值降到（65±5）mgKOH/g时，真空减压蒸馏，除去余下的缩水。酸值达到(50±2) mgKOH/g时，反应基本完成，加入阻聚剂对苯二酚，降温至150℃，准备混合。

c. 在混合釜中加入苯乙烯，预热至40℃，将已合成的聚酯慢慢地加入，控制温度在70～95℃，加料完毕，继续搅拌1h，停止加热，自然冷却降温至70℃以下，即可出料。

(3) 安全生产

① 松香、苯乙烯、醇类、酸酐等均屑可燃,属易燃物品，存放和使用过程中要切实注意防火。

② 生产过程温度较高，操作人员需穿戴防护用品，严守操作规程，确保安全生产，以免发生意外。

(4) 环境保护

① 本品生产过程仅有少量缩合水生成，无其他“三废”产生，不污染环境。

② 生产所用原料均有气味，设备应密封，车间应通风良好。

(5) 产品质量

① 产品质量参考标准。如表5-6所示。

表 5-6 产品质量参考标准

项目	指标	
	1#配方	2#配方
外观及透明度	浅黄色、透明液体	浅黄色、透明液体
酸值/（mgKOH/g)	30±5	30±5
黏度（涂-4杯法，25℃）/s	50～200	100～300
82℃时的凝胶时间/min	8～18	10～20
25℃时的凝胶时间/min	7～12	9～14
储存期(120℃以下)	三个月以上	三个月以上
固体含量/%	58～62	60～64

② 环境标志。此产品可考虑环境标志。

(6) 分析方法

① 产品质量指标测定

a. 外观及透明度:目测法测定。

b. 酸值:取0.5000g试样，加2：1（体积比）甲苯-无水乙醇混合溶剂40mL溶解，以酚酞作指示剂，用0.05mol/L浓度的氢氧化钾乙醇标准溶液滴定。

$$酸值=\frac{VC\times 56.1}{W}\times 100$$

式中 W——试样量，g；

V——滴定所用氢氧化钾标准溶液体积，mL；

C——氢氧化钾标准溶液的浓度，mol/L。

c. 凝胶时间：取100g试样，加3～4mL过氧化环己酮溶剂，2%环烷酸钴引发剂1～2mL，立即搅拌，控温并计时，至聚酯固化所需时间。

d. 黏度：用涂-4杯法25℃测量，记录100mL聚酯液完全流出的时间。

e. 固含量：150℃烘干，质量减量法测定。

② 玻璃钢性能测定

a. 配方：

树脂（松香不饱和聚酯，307树脂） 100g；

固化剂（98.5%过氧化苯甲酰） 1.5g；

促进剂（10%二甲基苯胺苯乙烯溶液） 2mL；

玻璃布规格 无碱无捻40支纱，0.2mm厚的方格布。

b. 试件：按玻璃钢测试标准试件制作。抗弯、抗拉试件，共14层玻璃布，含胶量65%。电绝缘试件共4层玻璃布，含胶量50%。

c. 测试结果：如表5-7所示。

表5-7 测试结果

测试项目	玻璃钢		
	1#松香聚酯	2#松香聚酯	307通用型树脂
相对密度	1.49	1.48	1.5
拉伸强度/MPa	225	212	200
弯曲强度/MPa	206	215	210
表面电阻率/Ω	7.4×10^{14}	2.9×10^{14}	4.3×10^{14}
体积电阻率/（Ω·cm）	3.7×10^{15}	3.9×10^{15}	1.5×10^{15}
击穿强度/（kV/mm）	23.4	25.8	23.8

③ 树脂浇注体的抗压强度等试验

a. 成型配方：

树脂（松香不饱和聚酯） 100g；

固化剂（98.5%过氧化苯甲酰） 2g；

促进剂（10%二甲基苯胺苯乙烯溶液） 3mL。

b. 试块的制备:试块尺寸2cm×2cm×2cm。所有试块经80℃固化处理3h。

c. 试件抗压强度保留率：如表5-8所示。

表 5-8 试件抗压强度保留率

介质	树脂浇铸体	原始抗压强度/MPa	腐蚀后的抗压强度/MPa	保留率/%
沸水煮七天	1#松香聚酯配制 2#松香聚酯配制	124.0 124.4	97.5 105.9	78.6 84.8
饱和 NaCl 溶液［(97±2) ℃］煮 3 天	1#松香聚酯配制 2#松香聚酯配制	124.0 124.4	118.1 123.6	95.2 99.3
5%NaOH 溶液［(97±2) ℃］煮 3 天	1#松香聚酯配制 2#松香聚酯配制	124.0 124.4	溶胀 106.7	— 85.8

从表 5-8 中看出，用丙二醇制备的松香不饱和树脂（即 2#松香聚酯）的浇注体的抗水性强些，而且它具有抗碱腐蚀能力。

④ 用乙二醇制备的松香不饱和树脂（即 1#松香聚酯）胶泥浇注体的性能测试。

a. 成型配方:

树脂　100g;

固化剂（98.5%过氧化苯甲酰）　2～4g;

促进剂（10%二甲基苯胺苯乙烯溶液）　4g;

填料（白云石粉）　400g。

b. 试件的制备:

4cm×4cm×4cm 的试件，用于测定拉伸强度。

4cm×4cm×16cm 的立柱体测树脂胶泥的收缩率。

4cm×4cm×12cm 的立柱体测树脂胶泥的弹性模量。

c. 测定结果: 压缩与拉伸强度与 306、307 通用型树脂对照情况如表 5-9 所示。

表 5-9 压缩与拉伸强度与 306、307 通用型树脂对照情况

树脂浇注体	压缩强度/MPa			拉伸强度/MPa		
	试件个数	平均值	变化区间	试件个数	平均值	变化区间
1# 松香聚酯	15	90.4	73.2～105	12	11.96	8.6～14.5
306 树脂	44	87.2	70.2～106	23	10.96	6.0～15.2
307 树脂	16	94.8	78.4～105	8	11.88	9.2～14.0

英国 ICI/TT 公司测定锚固剂压缩强度为 88.5MPa，松香不饱和聚酯树脂与之相近。

胶泥收缩率的测定:试件用标准试模成型，胶泥固化是快速固化，约 5min 。测定收缩率分两个阶段进行。第一阶段，从胶泥成型脱模制成试件，定为 20min 第一次测定；第二阶段，20min 后至不再收缩为止，约需 72h 就基本不收缩了。

测定是在标准砂浆收缩仪上进行的，测定结果如表 5-10 所示。

表 5-10 在标准砂浆收缩仪上进行测定的结果

树脂胶泥	收缩率/%		总收缩率/%	占总收缩率的百分数/%	
	第一阶段	第二阶段		第一阶段	第二阶段
1#松香聚酯	0.56	0.075	0.64	87.5	12.5
307 树脂	0.47	0.075	0.55	85.5	14.5

注：填料不同，配比不同，收缩率也不同。

树脂胶泥与砂浆、混凝土的收缩性能有很大差异，胶泥固化是快速固化，短时间内固化反应基本上完成，释放热量使温度可升高 40～50℃，而且反应后立即收缩变形，这个收缩率占 85%以上。砂浆、混凝土的固化是水泥水化作用的结果，反应比较慢，故收缩变化也较慢。

法国 Celtite 树脂锚杆公司测定锚固剂的收缩率为 0.8%～1.0%，这可能是所用填料配比不同。

胶泥弹性模量测定：试件纵向与横向均贴电阻片，以测定弹性模量与泊桑系数，结果如表 5-11 所示。

表 5-11 试件纵向与横向均贴电阻片测定的弹性模量与泊桑系数

树脂胶泥	试件编号	弹性模量/ (10^5MPa)	泊桑系数
用乙二醇制备的松香不饱和树脂（即 1#松香聚酯）	1	0.16	0.31
	2	0.149	0.23
	3	0.148	0.30
	平均值	0.152	0.28
307 树脂	1	0.18	0.34
	2	0.17	0.31
	3	0.17	0.32
	平均值	0.173	0.32

结果表明：其弹性模量与普通树脂混凝土的基本相近。

从胶泥测定的压缩、拉伸强度看，要比水泥砂浆大 3～7 倍,故松香不饱和聚酯树脂可以作锚固剂使用。

胶泥的耐水性测定：试块尺寸 4cm×4cm×4cm。试验方法采用沸水浸渍法。浸泡于沸水中 2h，相当于常温浸泡一个月所测定的温度强度。表 5-12 为用乙二醇制备的松香不饱和聚酯树脂与 307、306 通用型聚酯树脂的耐水性比较。

从表 5-12 中可见,松香不饱和聚酯树脂较通用型聚酯 307、306 的抗水性优良，沸水中浸泡 1 天（相当于室温一年老化时间），强度保留率仍在 88%以上，其他两个牌号的树脂都已降到 75%左右。

表 5-12 松香不饱和聚酯树脂与 307、306 通用型聚酯树脂的耐水性比较

树脂抗压强度/MPa		松香不饱和聚酯树脂		307 通用型		306 通用型	
		测定值	保留率/%	测定值	保留率/%	测定值	保留率/%
	原始值	94.5	100	92.5	100	92.5	100
沸水中浸泡时间	1 天	83.3	88.1	69.5	75.2	70.0	75.8
	4 天	61.2	64.8	50.0	54.1	46.4	50.2
	7 天	40.7	43.1	38.1	41.2	36.2	39.2
	14 天	39.8	42.2	33.5	36.2	32.0	34.6
外观变化情况		1～14 天后，仍良好		7 天后出现裂纹，14 天后有裂缝		4 天后有裂纹，14 天后开裂	

2. 绿色聚氨酯胶黏剂

(1) 聚氨酯的合成与交联反应原理　以多异氰酸酯和聚氨基甲酸酯（简称聚氨酯）为主体的胶黏剂统称为聚氨酯胶黏剂。聚氨酯指具有氨基甲酸酯链的聚合物。它们通常由多异氰酸酯与多元醇反应制得：

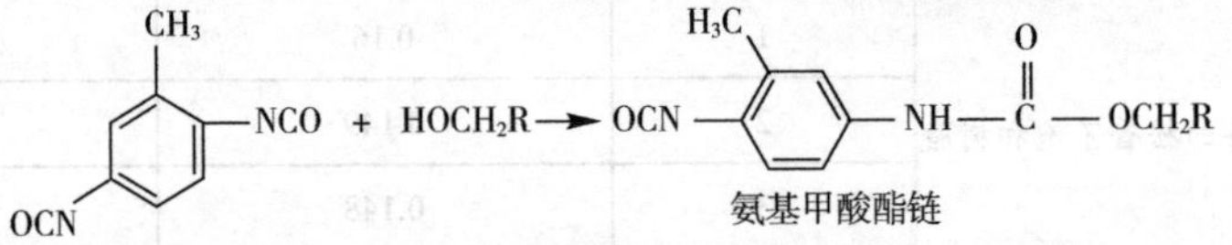

氨基甲酸酯链

常用的多异氰酸酯有甲苯二异氰酸酯（TDI）、二苯甲烷-4,4′,-二异氰酸酯(MDI)、六亚甲基-1，6-二异氰酸酯（HDI）等。常用的多元醇有端羟基聚酯（如聚己二酸乙二醇酯、聚己二酸-1，4-丁二醇酯等）、端羟基聚醚。

由端羟基聚酯（或聚醚）与不同比例的多异氰酸酯反应得到聚氨酯预聚体。其反应式为：

$$n\,R'(OH)_2 + (n+1)\,R''(NCO)_2 \longrightarrow OCN\!\left[R''NHC(=O)-OR'O-C(=O)-NH\right]_n R''NCO$$

端异氰酸酯基聚氨酯预聚体(Ⅰ)

$$(n+1)\,R'(OH)_2 + n\,R''(NCO)_2 \longrightarrow HO\!\left(R'O-C(=O)-NHR''NHC(=O)-O\right)_n R'OH$$

端羟基聚氨酯预聚体(Ⅱ)

聚氨酯预聚体（Ⅰ）和预聚体（Ⅱ）可作为单体组分胶黏剂，亦可配合使用或者用交联剂交联成为多组分胶黏剂。聚氨酯胶黏剂交联时的反应主要有以下几种。

① 氰基甲酸交联。多异氰酸酯化合物（或端异氰酯基聚氨酯）和多羟基化合物（如三羟基丙烷、甘油、多官能端羟基聚氨酯等）反应，形成氨酯键而交联。

② 取代脲交联。异氰酸酯和胺、水反应形成脲键，成为大分子或网状结构：

$$\sim\sim NH_2 + OCN \sim\sim \longrightarrow \sim\sim NHC\overset{\overset{O}{\|}}{\ }—NH\sim\sim$$

$$\sim\sim NCO + H_2O + OCN \sim\sim \longrightarrow \sim\sim NHC\overset{\overset{O}{\|}}{\ }—NH\sim\sim + CO_2$$

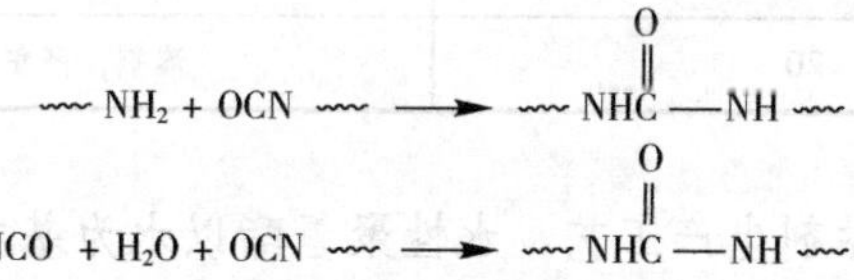

采用二元胺［如 3,3′-二氯-4,4′-二氨基二苯基甲烷（简称 MOCA）］作为端异氰酸酯聚氨酯预聚体的交联剂，可配制成高性能的聚氨酯胶黏剂。异氰酸酯容易和水起反应，对空气中的湿度也十分敏感，在制备时应避免异氰酸酯与潮湿空气的接触，采用的试剂、溶剂、填料必须预先干燥。

③ 缩二脲交联。异氰酸酯和脲可进一步反应形成缩二脲链，使聚氨酯大分子链形成交联的网状结构，使胶黏剂能有较大的抗蠕变性能和较好的耐热性能：

$$\sim\sim NHCNH\sim\sim + \sim\sim NCO \longrightarrow \sim\sim NHC—N—C—NH\sim\sim$$

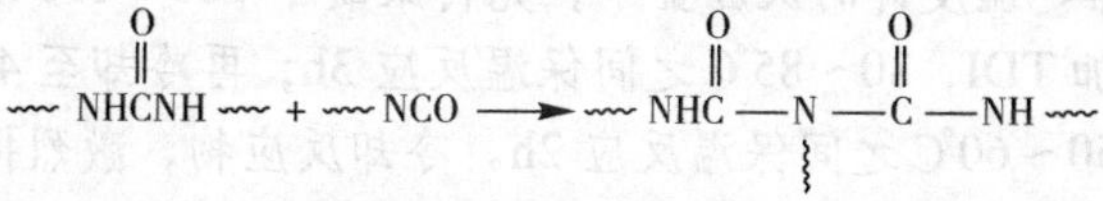

④ 脲基甲酸酯交联。异氰酸酯和聚氨酯分子中的氨酯基反应生成脲基甲酸酯，形成交联网状结构。此反应速度相当缓慢，需在 140℃ 以上的高温时才能完成：

$$\sim\sim N—C—O\sim\sim + \sim\sim NCO \longrightarrow \sim\sim NHC—N—C—O\sim\sim$$

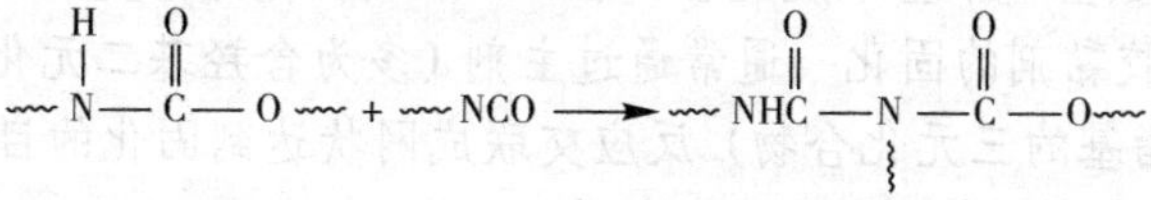

⑤ 酰脲交联。当聚氨酯分子中存在酰胺基时，异氰酸酯基可与其中酰胺基交联形成酰脲：

$$\sim\sim NHC\sim\sim + OCN\sim\sim \longrightarrow \sim\sim N—C\sim\sim$$

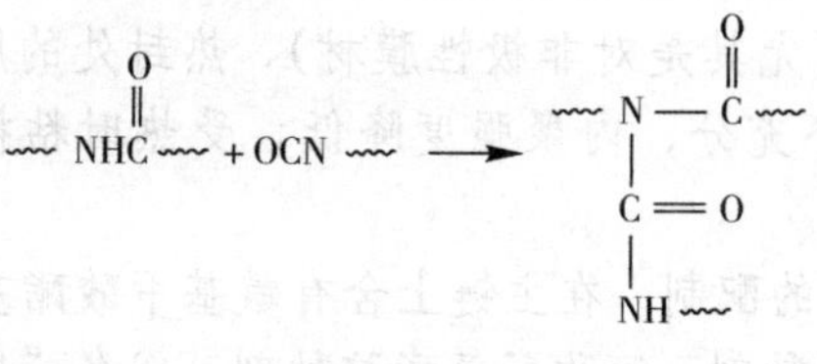

(2) 水性聚氨酯胶黏剂的生产工艺

① 聚氨酯胶黏剂典型配方见表 5-13。

表 5-13　聚氨酯胶黏剂典型配方

配方组成（质量份）		各组分作用分析
N-210	100	羟基组分，与异氰酸酯反应生成聚氨酯

续表

配方组成（质量份）		各组分作用分析
2,4-TDI	30	异氰酸酯组分，黏料
3,3′-二氯-4,4′-二氨基二苯基甲烷	16	催化剂，加速固化反应
碳酸钙	14	填料，降低成本和固化收缩率
乙酸乙酯	20	溶剂，降低胶液黏度和成本

② 聚氨酯乳液胶黏剂生产工艺。水性聚氨酯以水为基本介质，具有不燃、气味小、不污染环境、节能、易操作加工等优点。我国近几年水性聚氨酯胶黏剂有多种牌号的商品供应。下面举例介绍一种采用预聚体混合法合成自乳化聚氨酯乳液胶黏剂的生产工艺。其合成工艺流程如下：

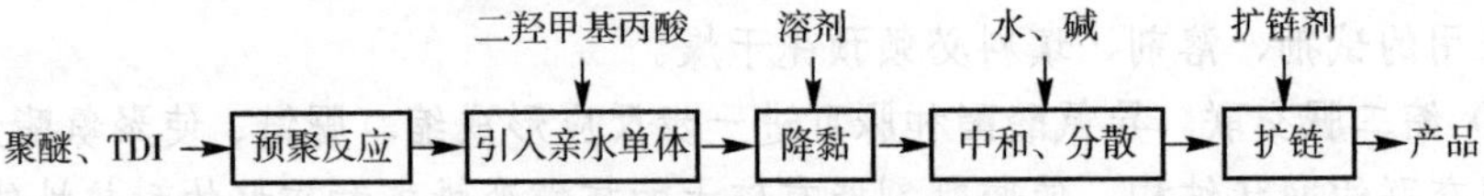

在装有搅拌器、温度计的反应釜中，先将聚醚于100～110℃下脱水2h，冷却至40℃以下，滴加TDI，80～85℃之间保温反应3h；再冷却至40℃以下，加入二羟甲基丙酸，在50～60℃之间保温反应2h。冷却反应物，激烈搅拌下将反应物加入碱溶液之中，添加扩链剂后，继续搅拌5min即得自乳化聚氨酯乳液胶黏剂。

另外，聚氨酯胶黏剂的低温性能较佳，如将100份聚氨酯预聚体与10～20份3,3′-二氯-4,4′-二氨基二苯基甲烷混合，在−196℃下粘接强度甚至可高于室温。

(3) 聚氨酯胶黏剂的固化　通常通过主剂（多为含羟基二元化合物）与固化剂（多为含异氰酸酯基的三元化合物）反应交联成网状达到固化的目的。一般情况下应使固化剂适当过量，摩尔比约为主剂的1.5倍。

固化剂适当过量的目的：充分交联利于胶的耐热、耐介质性，提高固化温度，抵消水分的影响。但是固化剂过量也不能过度，否则会造成胶膜柔软度下降、胶黏剂强度降低（尤其是对非极性膜材）、热封处的胶接层被破坏。若固化剂不足，会造成交联不充分，内聚强度降低；受热时粘接力急剧降低易产生褶皱或脱层。

(4) 聚氨酯胶黏剂的配制　在主链上含有氨基甲酸酯基（NHCOO—）和异氰酸酯基（—NCO）的胶黏剂，简称聚氨酯胶黏剂，俗名“乌利当”。其结构中含有极性基团—NCO，提高了对各种材料的粘接性，并具有很高的反应性，能常温固化。胶膜坚韧，耐冲击、挠曲性好、剥离强度高，具有良好的耐低温、耐油和耐磨性等，但耐热性较差。它广泛应用于粘接金属、木材、塑料、皮革、陶瓷、玻璃等，还可用作各类涂料如织物涂料、防水涂料等。

聚氨酯是由多异氰酸酯与多元醇反应生成的。后者常为聚酯或聚醚树脂。反应式如下：

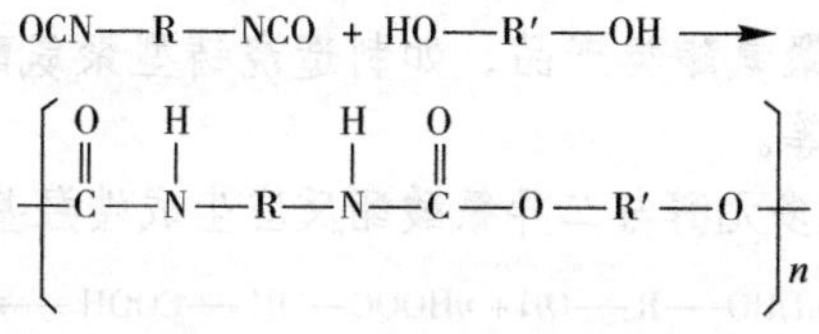

$$OCN—R—NCO + HO—R'—OH \longrightarrow$$

$$\begin{bmatrix} \overset{O}{\underset{\|}{C}}—\overset{H}{\underset{|}{N}}—R—\overset{H}{\underset{|}{N}}—\overset{O}{\underset{\|}{C}}—O—R'—O \end{bmatrix}_n$$

聚氨酯胶黏剂主要由异氰酸酯、多元醇、含羟基的聚醚、聚酯和环氧树脂、填料、催化剂和溶剂组成。

含异氰酸酯基聚氨酯胶黏剂主要由含异氰酸酯基聚酯预聚体，多异氰酸酯和多羟基化合物的反应生成物组成，是聚氨酯胶黏剂中最重要的一部分，有单组分、双组分、溶剂型、无溶剂型等类型。

含羟基聚氨酯胶黏剂主要是含羟基的线型聚氨酯聚合物，由二异氰酸酯与二官能度的聚酯或聚醚反应生成，属双组分胶黏剂。

（5）绿色聚氨酯胶黏剂的举例 聚氨酯胶黏剂英文名称为 Polyurethane。分子式为

$$\begin{bmatrix} \overset{O}{\underset{\|}{C}}—\overset{H}{\underset{|}{N}}—R—\overset{H}{\underset{|}{N}}—\overset{O}{\underset{\|}{C}}—O—R'—O \end{bmatrix}_n$$

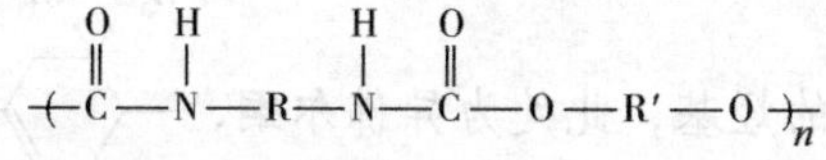

式中，R 为二异氰酸酯；R' 为聚酯或聚醚。

在聚氨酯胶黏剂中，除了单体异氰酸酯胶黏剂外，其他种类的聚氨酯胶黏剂都需要经过聚合反应形成聚氨酯树脂。像其他聚合物一样，各种类型的聚氨酯的性质首先依赖于分子量、交联度、分子间力的效应、链节的软硬度以及规整性。

聚氨酯有多种合成途径，但广泛应用的是二元、多元异氰酸酯与末端含羟基的聚酯多元醇或聚醚多元醇进行反应。当只用双官能团反应物时，可以制成线型聚氨酯。

$$(n{+}1)\ O{=}C{=}N—R—N{=}C{=}O + nHO \sim\!\!\sim OH \longrightarrow$$

$$O{=}C{=}N—R—NH\begin{bmatrix} \overset{O}{\underset{\|}{C}}—O \sim\!\!\sim O—\overset{O}{\underset{\|}{C}}—NH—R \end{bmatrix}_n N{=}C{=}O$$

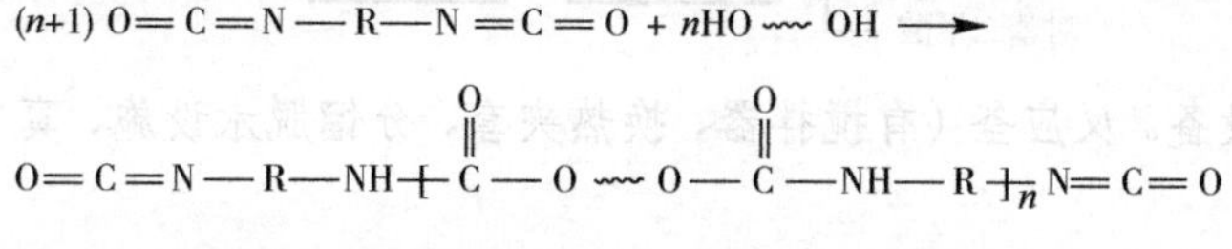

如下以绿色聚氨酯胶黏剂（XK-908）举例，该胶黏剂为浅黄色透明液体，有较高剥离强度，耐水和耐高温性能好，是一种性能优良的新型单组分胶。

产品主要用于食品软包装蒸煮袋的粘接。

① 绿色技术

a. 本工艺的原子利用率较高，除生成少量水之外，不产生任何其他副产物，有利于实现清洁生产。

b. 产品无毒、安全，用于食品软包装蒸煮袋的粘接，使用寿命结束后可在自然界中被微生物分解，不致造成环境污染，是一种有益于人类的环境友好产品。

② 制造方法

a. 基本原理。一般羟基聚氨酯聚合物是由二异氰酸酯或多异氰酸酯与二羟基或多羟基聚合物（如聚酯多元醇、聚醚多元醇）反应生成的端羟基聚氨酯聚合物。这种聚合物可作为最终产品使用，如与多异氰酸酯化合物或端羟基聚氨酯预聚物

反应生成分子量更高的聚氨酯类产品，如制造浇铸型聚氨酯弹性体、双组分涂料、双组分胶黏剂、密封剂等。

在乙酸乙酯中，聚酯多元醇与二异氰酸酯反应生成端羟基聚氨酯，其反应式如下：

$$(n+1)\mathrm{HO{-}R{-}OH} + n\mathrm{HOOC{-}R'{-}COOH} \longrightarrow$$

$$\mathrm{H}{+}\mathrm{ORO{-}\overset{O}{\overset{\|}{C}}{-}R'{-}\overset{O}{\overset{\|}{C}}}{+}_n\mathrm{OROH} + 2n\mathrm{H_2O}$$

$$m\mathrm{H}{+}\mathrm{ORO{-}\overset{O}{\overset{\|}{C}}{-}R'{-}\overset{O}{\overset{\|}{C}}}{+}_n\mathrm{OROH} + (m-1)\mathrm{OCN{-}R''{-}NCO} \longrightarrow$$

$$\mathrm{HO}{+}\mathrm{R''{-}NH{-}\overset{O}{\overset{\|}{C}}{-}O{-}Ar{-}O{-}\overset{O}{\overset{\|}{C}}{-}NH{-}R''}{+}_m\mathrm{OH}$$

式中 R——二元醇烷基，此处为—C_2H_4—；

R′——二元酸的烃基，—C_7H_{14}—，；

R″——二异氰酸酯的烃基，此处为异佛尔酮，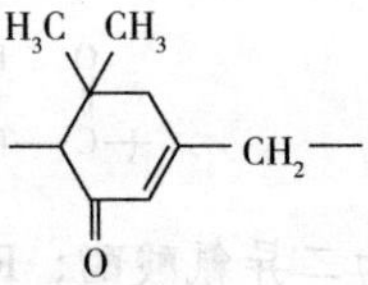；

Ar——聚酯多元醇的躯干部分。

反应完成后加入乙酸乙酯制成聚氨酯溶液使用。

b. 工艺流程方框图如下：

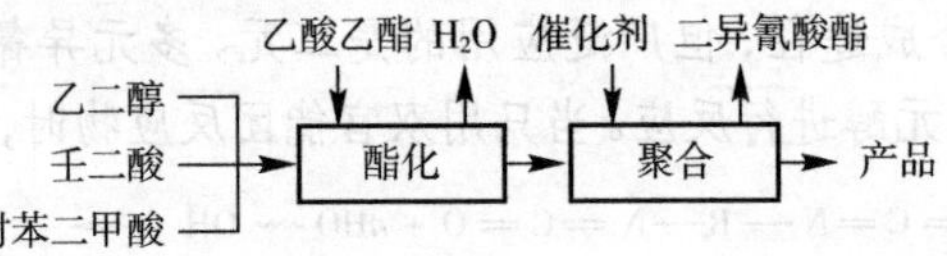

c. 主要设备。反应釜（有搅拌器、换热夹套、分馏脱水设施、真空系统接口）、真空系统等。

d. 原料规格及用量如表5-14所示。

表 5-14 原料规格及用量

原料名称	规格	用量(质量份)
乙二醇	工业级	100
壬二酸	工业级	130
对苯二甲酸	工业级	106
异佛尔酮二异氰酸酯	工业级	20
乙酸乙酯	工业级	360
二丁基二月桂酸锡	工业级	0.7

注：一般原料性质和生产厂家可参阅湖南大学出版社《现代化工小商品制造法大全》第4集。

e. 生产控制参数及具体操作。将乙二醇、壬二酸和对苯二甲酸按配方计量后投入反应器，加热至全部溶解，温度约160℃时开始搅拌，同时通入N_2，控制N_2流速，带出反应生成的水。在3h内逐渐将反应温度升至240℃，从冷凝器接收器中计量带出的水及醇作为反应参考。

当反应液达到透明时关闭氮气，开启真空，保持反应温度240℃，真空度250Pa以下，反应2～3h，过程中定时测定反应物酸值，当酸值达到1mgKOH/g以下时，停止加热，冷却至70℃左右，关闭真空。

加入乙酸乙酯，搅拌溶解，加入催化剂，保持70℃左右，逐渐滴加异佛尔酮二异氰酸酯，反应3h，测定游离—NCO含量在0.5%以下时放料，得产品。

物料配比，醇∶酸=1.3∶1（摩尔比），脂族酸与芳族酸适当调节至1∶1（摩尔比）左右；乙酸乙酯用量与聚酯多元醇质量略相等；催化剂用二丁基二月桂酸锡，其量为总量的0.1%～0.2%；异佛尔酮二异氰酸酯用量按聚酯的羟值和酸值计量加入，其计算方法为每100g聚酯多元醇加0.192*A*g异佛尔酮二异氰酸酯，*A*为羟值与酸值之和；本工艺控制酸值为1mgKOH/g，羟值为50mgKOH/g。

③ 安全生产。异佛尔酮二异氰酸酯有毒，操作时注意防护，勿使其与皮肤、眼睛接触，以防受伤。

④环境保护。生产中有少量废水排出，需集中处理，达标后排放。

⑤ 产品质量

a. 产品质量参考标准如表5-15所示。

表5-15 产品质量参考标准

项目	指标	项目	指标
外观	浅黄色透明液体	酸值/（mgKOH/g） ≤	1
固含量/%	50±2	羟值/（mgKOH/g） ≤	10
相对密度 d_{20}^{20}	1.10～1.14	黏度/Pa·s	1.3～1.6

b. 环境标志。此产品可考虑申报环境标志。

⑥ 分析方法

a. 外观。目测法测定。

b. 固含量。参见GB/T 7193—2008中的方法进行测定。

c. 酸值。参见GB/T 1668—2008酸值测定法进行测定。

d. 羟值。采用苯酐-吡啶溶液与羟基酯化，用标准KOH溶液滴完过量酸，结果按每克试样消耗的KOH毫克数计算，操作方法如下。

精确称取1g试样（准确至0.0002g），置于酯化瓶中，吸取25mL苯酐-吡啶溶液加于试样中，摇匀，于（115±2）℃甘油浴中回流反应1h，冷至室温，用15mL吡啶冲洗回流管，加5～6滴酚酞指示剂，用标准KOH溶液滴定至桃红色为终点。同时进行空白滴定，按下式计算羟值。

$$[OH^-]=\frac{56.1C(V_0-V_1)}{W}$$

式中 V_0——空白滴定时 KOH 用量，mL；

V_1——试样滴定时 KOH 用量，mL；

C——KOH 浓度，mol/L；

W——试样质量，g；

56.1——KOH 摩尔质量，g/mol。

e. 游离—NCO 含量。—NCO 与胺反应，过剩胺用酸滴定，操作方法如下：称取 0.7～1.0g 试样置 100mL 碘量瓶中，加入 10mL 二氧六烷使其溶解；准确吸取正丁胺二氧六烷溶液 10mL,加入碘量瓶中，摇匀，放置 5～6min，加入 25mL 蒸馏水和 3～4 滴甲基红指示剂，用标准 H_2SO_4 滴定过剩的胺，在接近终点时颜色由黄变红，同样做一次空白滴定。

$$[-NCO]=\frac{42C(V_0-V_1)}{W}\times100\%$$

式中 V_0——空白滴定时用量,mL；

V_1——试样滴定时用量,mL；

C——H_2SO_4 浓度，mol/L；

W——试样质量，g；

42——NCO 摩尔质量，g/mol。

3. 双组分无醛木材黏合剂

双组分无醛木材黏合剂为水性异氰酸酯系拼板胶，又称实木拼板胶，英文名称为 water based polymer-isocyanate adhesives for joining wood。

本品由乙烯基聚合物乳液（乳胶）及多异氰酸酯（固化剂）双组分组成，乳胶是乳白色黏稠状水性物质，无毒无味，无燃烧性，在室温（≥0℃）下存放稳定，不产生胶凝结块。固化剂常用改性二苯基甲烷二异氰酸酯（液化 MDI）及多苯基甲烷多异氰酸酯（PAPI），均为棕黄色液体。两组分在使用时调和均匀后施胶，固化后具有优秀的耐水性及较高的黏合强度。

(1) 绿色技术 家具制造等行业的木材黏合，过去常采用脲醛树脂黏合剂，由于存在甲醛公害及耐水性差等问题，脲醛黏合剂的应用已受到诸多限制。现介绍一种由乙烯基乳液和芳族多氰酸酯（亦可使用端异氰酸酯预聚物）组成的双组分水性黏合剂，其不含醛类物质，使用过程中及所生产的家具等产品无甲醛释放危害，施胶后可冷压（1～2h）或热压（数分钟）固化。由于本黏合剂具有环保、节能等优点，现已在国内外推广应用，特别适用于实木拼接（平拼、齿拼等）等木材的各种黏合。

(2) 制造方法

① 基本原理。乳胶组分是乙酸及丙烯酸类单体，在引发剂存在下，于聚乙烯

醇保护胶及乳化剂水溶液中共聚形成长链分子聚合物，以乳液形式分散于水中，其反应式如下：

$$m\,CH_2=CH-O-\underset{\underset{O}{\|}}{C}-CR_3+nM \longrightarrow \left(CH_2-\underset{\underset{O=C-CR_3}{\overset{|}{O}}}{CH}\right)_m M_n$$

式中，R为H、C_xH_{2x+1}；M为丙烯酸丁酯或丙烯酸羟乙酯。黏合剂在使用时，由于乳胶中的聚乙烯醇及丙烯酸羟乙酯等含有羟基（—OH），与固化剂混合后，固化剂中的异氰酸酯基团（—CNO）与—OH发生交联反应，生成氨基甲酸酯聚合物（聚氨酯），其反应式为：

$$y\,-N=C=O+y-OH \longrightarrow \left(\underset{\underset{H}{|}}{N}-\overset{\overset{O}{\|}}{C}-O\right)_y$$

聚氨酯与乳液中的其他成膜物质形成IPN(互穿聚合物网络)结构，因而使黏合剂具有良好的黏合性能，如高耐水性及高黏结强度等。

② 工艺流程方框图如下：

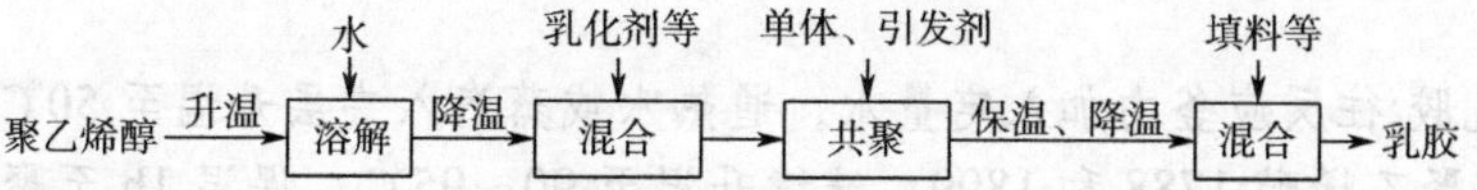

③ 主要设备及水电气。以生产1t乳胶为基准。

反应釜1台，1000L，夹层，搪瓷或不锈钢内壁，搅拌桨转速为65r/min，25kW电机，冷凝器为不锈钢内管，有效面积≥$6m^2$；

高位槽2个，600L、50L各1个，不锈钢板制造；

水池1个，$5m^3$，循环反应釜夹层冷却用水；

热水炉或蒸汽炉1台，产100kg/h热水或50kg/h蒸汽，热水循环使用。

全部设备耗电3～4kW。

④ 原料规格及用量如表5-16所示。

表5-16 原料规格及用量

名称	规格	用量(质量份)
聚乙烯醇	0588	5
聚乙烯醇	1899	17.5
聚乙烯醇	1788	47.5
K_{12}	工业级	1.19
Tx-10	工业级	5.94
磷酸氢二钠	工业级	1
乙酸乙烯	聚合级	240
丙烯酸丁酯	聚合级	92

续表

名称	规格	用量(质量份)
三烷基乙酸乙烯	聚合级	15
甲基丙烯酸羟内酯	聚合级	7
过硫酸铵	工业级	1
邻苯二甲酸二丁酯	工业级	42.5
轻质碳酸钙	工业级，5000 目	3.5
膨润土	工业级	0.4
六偏磷酸钠	工业级	0.15
消泡剂	有机硅类	适量
防霉剂	涂料专用	0.5
固化剂	MDI 或 PAPI	与乳胶 1.5：10 配用
水	去离子水	480～500

⑤ 生产控制参数及具体操作

a. 将聚乙烯醇 0588 先用水加热至 50～60℃溶解，膨润土先用 4～5 倍水浸泡过夜，六偏磷酸钠先用水溶解，三者混合后再加入轻质碳酸钙，搅拌均匀后消泡备用。

b. 乳胶:往反应釜内加入定量水，通热水或蒸汽入夹层升温至 50℃左右，搅拌下加入聚乙烯醇 1788 和 1899，继续升温至 90～95℃，保温 1h 至聚乙烯醇溶解完全，加入 K_{12}、Tx-10 及磷酸氢二钠，通冷却水使物料降温至 78℃，加入 1/4 的预先加 40 倍水溶解好的引发剂过硫酸铵，然后开始滴加混合单体及补加过硫酸铵溶液进行聚合反应。单体约在 3.5h 内滴加完，过硫酸铵以 6L/h 速度补加，反应温度维持在 72～78℃。加完单体后加入 5kg 过硫酸铵并升温，10min 后将余下的过硫酸铵一次性加入，升温至 90℃时保温 30min，降温至约 70℃时加入增塑剂邻苯二甲酸二丁酯，约 60℃时加入防霉剂，50～55℃时过 60 目筛出料，包装即得主胶。

c.固化剂:将市售 MDI 或 PAPI 按主胶包装质量，以主胶：固化胶=1.5(质量比)比例分装于铁或塑料罐中，注意密封好，否则存放过程中会结块或固化。

(3) 安全生产　聚合反应时要注意控制好温度及单体加入速度。如果物料温度过高，或者单体加入速度过快，容易引起爆聚溢锅等现象，溢锅严重时锅内压力骤增，将高温物料喷出反应釜外，造成浪费，甚至使全部产品报废，或产生安全事故。生产中所用的单体是易燃易爆的挥发性液体，因而贮存时要注意密封，生产车间严禁烟火。

(4) 环境保护　本乳胶生产无“三废”排放。清洗反应釜使用去离子水，并用 120 目滤布过滤后作原料水使用。

(5) 产品质量　产品质量标准（参考 HG/T 2727—2010 及林业标准 LY/T 1601—2011）如表 5-17 所示。

表 5-17 产品质量标准

项目名称			技术指标	
			乳胶	固化剂
外观			乳白色，无粗粒、异物	棕黄色均匀液体
不挥发物/%			50±2	—
黏度/Pa·s			0.8～2.5	0.4～0.8
pH 值			6.5～7.0	—
水混合性/倍		≥	2	—
稳定性（60℃）/h		≥	15	—
NCO 含量/%		≥	—	10
压缩剪切强度/MPa	常态		9.87	
	耐温水		5.88	
	反复煮沸		2.88	

(6) 分析方法　对于水性异氰酸酯系拼板胶，国内尚未见其产品检测标准的有关资料，一般参考聚乙酸乙烯酯乳液方法进行产品检测。通常用户最关注的是黏合剂的黏结强度及耐水性，故在此给出压缩剪切强度检验方法供参考。

① 试样制备。试样的尺寸按 QB/T 1093—2013 标准，黏合面施胶 (125±25) g/cm^2，加压 981～147kPa (10～15kgf/cm^2)，保持温度为 20～25℃，24h 后除去压力，放置 72h 后检测。

② 压缩剪切强度检测。参考 LY/T 1601—2011。常态强度直接用上述试样检测；耐温水强度系将试样置于(60±3)℃热水中浸泡 3h 后检测；反复煮沸强度是将试样先在 100℃沸水中浸煮 4h，然后在(60±3)℃水中浸泡 20h，再在 100℃沸水中浸煮 4h 后进行检测。

4. 改性 PS 胶黏剂

本产品是以回收的废聚苯乙烯泡沫为原料，通过选择合适的低毒混合溶剂、改性剂等生产的一种粘接性能好、成本低的低毒改性 PS 胶黏剂。

本产品外观为米黄色的黏稠液体，其黏度为 5.5Pa · s 左右，主要适用于木材、纸张、纤维等制品的粘接。

(1) 绿色技术

① 聚苯乙烯 (PS) 泡沫具有隔热、隔音、防震、防水、耐碱等特性，且具有美观、质轻等特点，被广泛应用于仪表、电子、快餐食品等的新型包装材料及隔音、绝热材料，大多是一次使用，用完后即成为废品。由于聚苯乙烯的化学性质比较稳定，散布在自然界中既不腐烂也不降解，从而造成严重的环境污染，这种污染随着包装工业的快速发展日趋严重。本技术不仅回收利用资源，而且大大减少废 PS 对环境的污染。

② 以清除工业污染、保护环境为目的的废旧 PS 处理方法多采用深埋和焚烧

的方法。深埋是一种浪费，焚烧则产生大量的浓烟，造成环境污染。回收利用废旧PS的方法已有裂解回收制备汽油或裂解回收乙烯单体，但这些方法所需设备投资大，所得产品性能较差，经济效益欠佳。本技术选用低毒混合溶剂、改性剂等，制备了一种粘接性能好、成本低的低毒PS改性胶黏剂。

(2) 制造方法

① 基本原理。聚苯乙烯为非极性物质，它在极性物质表面上的黏合力很弱，要使它成为较好的黏合剂，必须对它进行改性处理。通过加入改性剂引入极性基团从而提高其黏附力，为达到此目的必须在极性的溶剂中进行改性共聚。

② 工艺流程方框图如下：

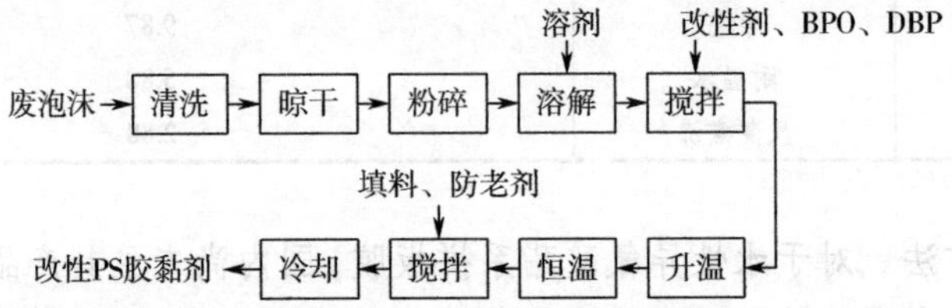

③ 主要设备。反应釜为带有搅拌与夹套加热装置的搪瓷或不锈钢罐；净水池；根据生产规模配置水、电、气设施。

④ 原料规格及用量如表5-18所示。

表 5-18　原料规格及用量

原料名称	规格	用量（质量份）
废聚苯乙烯泡沫		30
甲苯+乙酸乙酯（1：1）	工业级	70
邻苯二甲酸二丁酯（DBP）	工业级	2.0
过氧化苯甲酰（BPO）	工业级	0.2
填料（氧化镁、钛白粉、滑石粉）	0.044mm	10～15
松香改性的酚醛树脂	工业级	0.5～1.0
石油树脂	工业级	0.5～1.2
改性剂	工业级	适量
防老剂	工业级	适量

⑤ 具体操作

a. 废PS泡沫的处理：将废PS泡沫用稀的洗衣粉水溶液刷洗，再用自来水冲洗干净，晾干后粉碎。将粉碎后的废PS泡沫用溶剂（甲苯+乙酸乙酯）溶解配制成30%的胶液。

b. 胶黏剂的制备：将上述所制得的PS胶液加入反应釜，然后再加入松香改性酚醛树脂、石油树脂、邻苯二甲酸二丁酯（DBP）、过氧化苯甲酰（BPO）及适量改性剂，在回流、搅拌下慢慢升温到70℃，然后在此温度下保温反应3h，再加入氧化镁、钛白粉、滑石粉及适量防老剂，继续搅拌0.5h，冷却出料即得胶黏剂。

(3) 安全生产

① 生产过程中使用了有机溶剂，生产车间须具备防火设施，同时要加强通风。

② 工作人员在取用有机溶剂时应戴好防护手套和口罩。

③ 注意设备的正确操作与电、气的安全使用。

(4) 环境保护

① 洗刷废PS泡沫的废水经净水池处理后可循环使用。

② 生产车间应加强通风，设备和容器应无跑、冒、滴、漏，以减小有机溶剂对人体和环境的影响。

(5) 产品质量

① 产品质量参考标准如表5-19所示。

表5-19 产品质量参考标准

项目	指标	项目	指标
外观	米黄色，细腻	固含量/%	38.5
黏度/Pa·s	5.5	pH值	6.0
剥离强度/(kN/m)	5.5		

② 环境标志。本产品以回收废PS泡沫塑料生产胶黏剂，不仅变废为宝，而且大大减少“白色”污染，产品生产及使用过程中基本无“三废”，可考虑申请环境标志。

(6) 分析方法

① 外观。将20mL胶黏剂倒入100mL的玻璃杯中，静置5min后，观察其颜色及透明度，再用干燥清洁的玻璃棒挑起一部分胶黏剂，高于杯口2cm，观察胶液下流时是否均匀，目测有无粒子、色调是否均匀。

② 黏度。按GB/T 2794—2013《胶黏剂黏度的测定　单圆筒旋转黏度计法》进行测定。

③ 剥离强度。按GB/T 2791—1995《胶粘剂T剥离强度试验方法 挠性材料对挠性材料》进行测定。

④ 固含量的测定。称取1.5g胶样，置于干燥洁净的恒重瓷坩埚内，然后放入预先调好温度的烘箱内[(100±5)℃]干燥2h，取出放入干燥器中，冷却至室温称重，按下式计算其固含量：

$$R(\%)=C_1/G\times 100\%$$

式中 R——固含量，%；

C_1——干燥后的胶量，g；

G——干燥前的胶量，g。

⑤ pH 值的测定。参考 GB/T 9724—2007 进行测定。

5. 水性塑料黏合剂

本水性塑料黏合剂主成分为由甲苯二异氰酸酯（TDI）改性的（三烷基）乙酸乙烯-丙烯酸丁酯共聚物，外观乳白色，可分散于水中，常温固化，固化后无色透明，无燃烧性。

本品是一种改性乙酸乙烯酯-丙烯酸酯类共聚乳液，属于水分散性塑料通用黏合剂，适用于聚乙烯、聚丙烯、聚氯乙烯、聚苯乙烯及聚氨酯等材料与纸、木和布等材料的黏合，如包装业中 BOPP 过塑纸、PU 纸及磨光纸等的纸-塑黏合，音箱 PVC 装饰材料的木-塑黏合，家具塑料装饰及塑料地板黏合等。

(1) 绿色技术

① 本品为通用型塑料黏合剂，不含任何有机溶剂。

② 本品生产工艺简单，采用清洁能源，基本无“三废”排放。

③ 塑料特别是聚烯烃类（如聚乙烯、聚丙烯）塑料材料，由于它们的弱极性表面，与一些极性材料如纸、木和布等的黏合比较困难，过去通常使用以苯类、含氯烃类及四氢呋喃等有毒有机物作为溶剂的溶剂型黏合剂，并且针对性强，往往不能通用，有时甚至还要对塑料黏合面进行电晕或化学表面处理。本品用水作分散剂，适合于塑料等的黏合，对环境无污染，对人体无毒害。

(2) 制造方法

① 基本原理。本工艺系有机单体乳液聚合过程。在引发剂过硫酸铵（APS）的存在下，于含有聚乙烯酸（PVA）及混合表面活性剂的水溶液中，乙酸乙烯、丙烯酸丁酯及三烷基乙酸乙烯混合单体以滴加形式加入进行乳液聚合（共聚），最后加入 TDI 对乳液改性。TDI 共聚乳液中的—OH 及 H_2O 等反应生成聚氨酯等物质，增进了黏合剂对塑料的结合力。增黏剂环氧树脂在单体聚合前加入 PVA 液中，在乳化剂作用及一定的温度条件下，环氧树脂被均匀地乳化分散在体系中，避免了有机溶剂的加入。另一增黏剂松香则以松香乳液的形式在单体共聚反应结束之后加入。

② 工艺流程方框图如下：

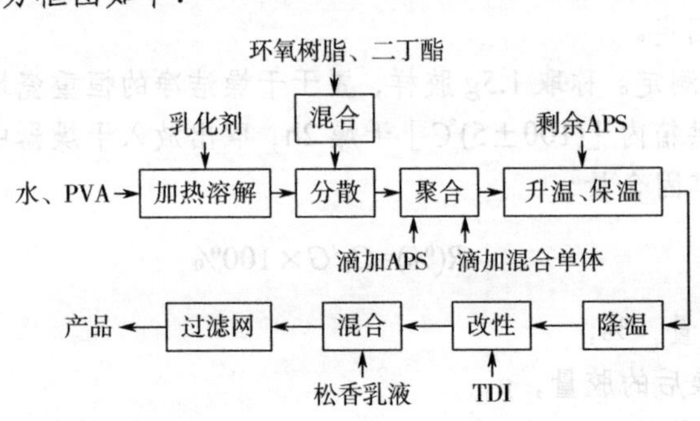

③ 设备及水电气：

夹层反应釜 1 台，1000L 搪瓷或不锈钢内壁，带冷凝器（≥$6m^2$），搅拌电机 5.5kW；

流量计 2 个，浮阀式，通用型，0～250L/h 1 个；耐蚀型，0～5L/h 1 个；

高位槽 1 个，不锈钢板制成，650L 容积，带液位标尺；

APS 滴加桶 1 个，塑料板壁，10L 容积；

物料泵 3 个，0.1kW，耐腐蚀，防爆型；

小型锅炉 1 台，0.1～0.4MPa，产汽量 0.2～0.3t/h，如不用蒸汽而用循环热水加热，则需产 100℃热水 0.3～0.5t/h 的热水炉 1 台，配 0.12kW 热水泵 1 个；

循环水池 3 个，可容约 3t 水，储备水在生产遇停水时使用。

④ 原料规格及用量如表 5-20 所示。

表 5-20 原料规格及用量

名称	规格	用量（质量份）
乙酸乙烯	工业级	300
丙烯酸丁酯	工业级	160
三烷基乙酸乙烯	工业级	25
TDI	80/20 型	5.5
PVA	17-99 型	25
PVA	17-88 型	16
OP-10	工业级	6.5
十二烷基硫酸钠	工业级	4
APS	工业级	1.2（加 15 份水溶解）
碳酸氢钠	工业级	2（加 10 份水溶解）
环氧树脂	E-44 型	25
二丁酯	工业级	30
松香乳液	含量 50%±1%	80
水	去离子水	适量

⑤ 生产控制参数及具体操作

a. 将水、PVA 加入反应釜中，搅拌，通蒸汽（或热水）入夹层。升温至 90℃，保持该温度 1h，加入环氧树脂、二丁酯混合物，继续搅拌，通冷却水冷却。

b. 将单体泵入高位槽中。

c. 配制好 APS 液，称出 5kg，其余倒入滴加桶。

d. 当釜内物料温度降至 80℃时，加入 OP-10 和十二烷基硫酸钠，15min 后加入称出的 APS 液 3kg，打开冷凝器的冷却水，开始滴加单体及 APS 液。反应控制参数：温度（75±3）℃；单体滴加速度控制在 200～230L/h；APS 液滴加速度为 2.0～2.5L/h；单体于 3h 左右滴加完毕。

e. 加完单体后加入称出的 APS 液 2kg；5min 后将滴加桶内余下的 APS 液，全部一次性加入，排掉冷却水，让物料自动升温，0.5h 后通蒸汽(或热水)，升温至 85～90℃，保温 20min。

f. 开冷却水降温，当物料温度降至 45℃时，慢慢加入 TDI，约 10min 加完。加入碳酸氢钠溶液调 pH 值为 6～7，加入松香乳液，搅拌 2min 后，过 40 目网筛出料即得产品。

(3) 安全生产

① 单体乙酸乙烯、丙烯酸丁酯、三烷基乙酸乙烯、TDI 等均为易挥发、易燃液体，对皮肤有一定的刺激性，因此，贮存、生产时要注意密封。车间内应通风良好，严禁烟火，要严格按消防部门规定做好消防工作。在加 TDI 时，操作人员应穿戴好工作鞋、服、手套、口罩及眼镜。

② 聚合反应的温度及单体加入速度要控制好，专人操作，根据回流速度来调整单体加入速度及温度。

③ 若出料阀是闸阀或球阀而不是顶阀，则在 PVA 溶解时，会有一些 PVA 颗粒沉落在出料阀处，搅拌不到，要在溶解过程中开闸放料数次，以保证 PVA 溶解完全。放出的物料倒回反应釜内。

(4) 环境保护

① 含少量共聚物乳液的废水，无毒害性，排放后共聚物可自然降解，但从节约的角度考虑，尽量不要排放。因此，清洗反应釜及包装用的水不排放，回收作 PVA 溶解时的原料水使用。

② 出料尽量避免洒漏，生产过程中保持车间清洁整齐。

③ 废乳液干燥固化后所形成的胶片可作普通垃圾处理或放入锅炉燃烧炉内焚烧。

(5) 产品质量

① 质量参考标准如表 5-21 所示。

表 5-21 质量参考标准

项目	指标	项目	指标
外观	细腻白色乳液	黏度/Pa·s	5～9
固体成分/%	50±2	最低成膜温度/℃	5
pH 值	6～7	保质期/月　　≥	6

② 环境标志。作为塑料用黏合剂，本品摒弃有机溶剂且生产无“三废”排放，对消除环境污染具有积极意义，可考虑申请环境标志。

6. 地毯黏合剂

地毯黏合剂，俗名蓝光乳白胶，学名乙酸乙烯-丙烯酸丁酯共聚物乳液，分子式为 $(C_4H_6O_2)_m\cdot(C_7H_{12}O_2)_n\cdot(C_4H_7NO_2)_x\cdot(C_3H_4O_2)_y$，分子量为 5×10^3～10×10^4。

本品为水溶性聚合物，具有增稠性能、分散悬浮性能、絮凝性能、黏结性能和成膜性能。

本品用于地毯加工后整理中，也适用于 PVC 塑料、皮革、纸张、木材及纤维制品等的粘接。

(1) 绿色技术

① 本品为水性胶黏剂，无有机溶剂挥发，不会对人员造成伤害，不造成环境污染。

② 产品制造过程无“三废”排放，原子利用率几乎达 100%，有很好的原子经济性。

(2) 制造方法

① 基本原理。本品由乙酸乙烯与丙烯酸丁酯及少量其他丙烯酸类单体混合物经乳液聚合而成。

② 工艺流程方框图如下：

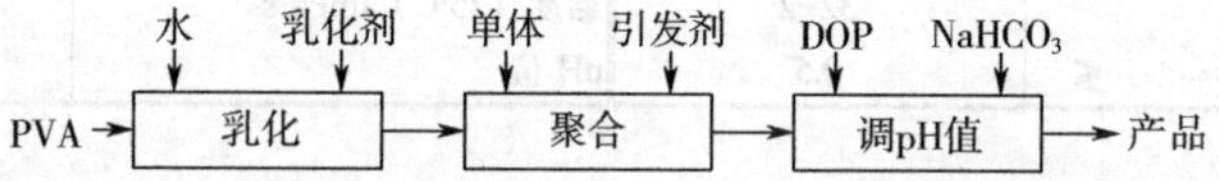

③ 主要设备。聚合釜：带有搅拌器、换热夹套、回流冷凝器、加料斗和测温口。

④ 原料规格及用量如表 5-22 所示。

表 5-22 原料规格及用量

名称	规格	用量（质量份）
乙酸乙烯	工业级	300
丙烯酸丁酯	工业级	200
N-羟甲基丙烯酰胺	工业级	10
丙烯酸	工业级	5
聚乙烯醇（17-99）	工业级	80
聚氧乙烯壬基酚基醚（OP-10）	工业级	10
十二烷基硫醇	工业级	0.5
过硫酸铵	试剂级	1.5
邻苯二甲酸二辛酯（DOP）	工业级	30
碳酸氢钠	工业级	适量
水	去离子水	1350

⑤ 具体操作及生产控制参数

a. 具体操作：将水加入反应釜内，投入聚乙烯醇，搅拌，升温至 90～95℃，使聚乙烯醇完全溶解。冷却至 60℃，加入 OP-10 乳化剂，搅拌 0.5h 使其完全乳化。投入引发剂总量的 1/3，投入各单体混合液总量的 1/5，升温至 75～80℃，聚合 0.5h。从加料斗逐渐加余下的单体混合物，同时滴加余下的引发剂溶液，控制反应温度在 80～85℃，5h 内滴完全部单体和引发剂。提高反应温度至 90～92℃，反应 0.5h。加碳酸氢钠调 pH 值为 6～7，加入全部增塑剂邻苯二甲酸二辛酯，充分混合，降温至 60℃出料包装。

b. 主要控制参数:丙烯酸丁酯：乙酸乙烯=（2：3）～（1：2）（质量比）；功能性单体*N*-羟甲基丙烯酰胺、丙烯酸的加量各为单体总量的1%～3%；引发剂过硫酸铵用量为单体总量的0.2%～0.8%，根据反应进行实际情况调节，也可用过硫酸钾。乳化剂为乳液总量的0.5%～1%，用非离子表面活性剂和阴离子表面活性剂配合使用。本工艺采用种子乳液聚合，即在开始阶段先用少量单体聚合成种子，然后以此为核心聚合。滴加单体聚合温度控制在82℃左右，加料5h，反应后期升温至90℃聚合，可适当加入引发剂促成反应完成。

(3) 安全生产　注意遵守安全规则，防止意外事故发生。

(4) 环境保护　生产过程无“三废”排放，不造成环境污染。

(5) 产品质量　产品质量参考标准如表5-23所示。

表5-23　产品质量参考标准

指标名称	指标	指标名称	指标
固体含量/%	32±2	黏度（25℃）/mPa·s	150～200
溴值/%　　⩽	0.5	pH值	6～7

(6) 分析方法

① 外观。目测法测定。

② 固含量。参见本书“淀粉改性白乳胶”中的分析方法。

③ 溴值。用溴化物/溴酸盐标准溶液滴定，用电位仪指示终点。

④ pH值。用酸度计测量，参照GB/T 9724—2007的方法。

⑤ 黏度。用旋转黏度计测量，参照GB/T 2794—2013的方法。

⑥ 干燥时间。参照涂料相关标准GB 1728—79进行测量。

三、绿色胶黏剂发展趋势

胶黏剂技术的兴起与蓬勃发展无疑应归功于各种各样的合成高分子树脂或弹性体的问世，以及以它们作为成膜材料配制而成的合成胶黏剂。

1. 低甲醛释放量脲醛胶

脲醛胶约占我国合成胶黏剂总产量的30%，随着对人造板材环保要求的提高，低甲醛释放量脲醛胶市场潜力巨大。目前，已有一些外国公司在我国生产低甲醛释放量脲醛胶，同时配套建立大规模的木材加工厂。

2. 热熔胶

热熔胶不使用有机溶剂，而且施工迅速、黏结效果好，是近年来我国需求增长最快的胶种，也是未来的发展方向。除了传统的EVA热熔胶外，还应开发聚酯类、聚酰胺类热熔胶新品种。

3. 聚氨酯胶黏剂

聚氨酯胶黏剂广泛应用于制鞋、包装、建筑、汽车等领域。在发达国家，制鞋用胶全部是聚氨酯胶黏剂，建筑用密封胶主要采用有机硅胶黏剂和聚氨酯胶黏剂，包装用复合薄膜全部采用聚氨酯胶黏剂，另外磁带等专用胶黏剂也采用聚氨酯胶黏剂。聚氨酯胶黏剂由于其优良的性能而被认为是中国最有发展潜力的胶种之一。聚氨酯胶黏剂品种和规格很多，建筑用聚氨酯胶黏剂、复合薄膜用聚氨酯胶黏剂等将是发展重点。

4. 有机硅胶黏剂

在发达国家，建筑密封胶主要使用有机硅密封胶，有机硅密封胶也将成为中国建筑用密封胶的主要胶种。

5. 高性能环氧胶黏剂

电子工业用环氧胶黏剂和建筑业用环氧结构胶，技术难度大，国内产品质量差，目前主要依靠进口。随着中国电子工业和建筑业的发展，对高性能环氧胶黏剂的需求将迅速增长。

6. 汽车用 PVC 塑溶胶

PVC 塑溶胶是汽车用的主要密封胶，约占中国汽车用胶黏剂的三分之一。2020 年中国 PVC 纯粉进口总量约 95 万吨，较 2019 年（66.5 万吨）同比增长 42.9%；2020 年中国出口 PVC 纯粉约 62.8 万吨，较 2019 年（50.8 万吨）同比增长 23.6%。2020 年中国 PVC 速溶胶年需求量约为 156.5 万吨。随着中国汽车工业特别是轿车工业的发展，PVC 塑溶胶有广阔的发展前景。

在世界范围内迅速掀起实施 ISO 14000 系列环境管理标准热潮之时，在胶黏剂行业全面推行 ISO 14000 系列标准，是我国胶黏剂工业实施“绿色工程”的重要举措和有效途径，也是将我国胶黏剂产品推向国际“绿色市场”、参与国际“绿色贸易”、减少国际“绿色壁垒”的重要通道。随着经济和科学技术的发展，胶黏剂的需求量将越来越大，工业、农业、交通、医疗、国防和人们日常生活各个领域都有胶黏剂的存在，它在国民经济中将发挥愈来愈大的作用。

21 世纪胶黏剂的发展趋势突出表现为环保化和高性能化。为适应日趋严格的环保法规要求，应重视环保型合成胶黏剂及天然胶黏剂，大力研制和开发水基胶黏剂、热熔胶黏剂（简称热熔胶），以及符合国际标准的低甲醛、低有机溶剂的合成胶黏剂。我国胶黏剂今后的发展趋势应该从以下几方面考虑。

① 加强科技创新，实施清洁生产，重点发展绿色环保型胶黏剂。清洁生产就是要使用更清洁的原材料、采用更清洁的工艺实施生产。胶黏剂对环境的污染，有些属于管理问题，有些属于生产方法问题，前者可以通过管理手段来解决，而后者必须通过原材料的重新选择、反应方法和反应工艺的改进等来避免。例如生产过程中的有机物挥发，可以通过封闭式生产方式得到解决，生产中的粉尘可以通过封闭设备或除尘设施来解决；生产中的易挥发有机物、固化剂或改性剂中的有毒有害物质等，要通过重新选择原材料，改变原有反应方法或反应工艺等方法来解决，非溶剂型、水溶型、粉末型、高固体分型、辐射固化等类型的胶黏剂可以解决有机物引起的污染，即使使用有机溶剂，也可以通过低毒、高沸点溶剂来减少挥发性污染，

对于一些毒性很大的原材料，则应取代或不使用。

② 大力开发、生产高性能、高附加值的胶黏剂。20世纪90年代以来，欧洲、美国、日本等发达国家及地区大力发展高性能胶黏剂，而我国仍以生产通用型和中低档胶黏剂为主，在产品品种、质量和性能上还不能满足国民经济发展和人民生活水平提高的需要，每年必须从国外进口数量可观的高品质、高性能胶黏剂，这表明在我国高品质、高性能胶黏剂的发展方面还有很大潜力。

我国胶黏剂的产量已跃居世界前列，但产值所占世界胶黏剂的比例较小，原因是环保型高性能、高附加值的产品太少，聚氨酯胶、环氧胶、有机硅胶和改性的丙烯酸酯胶等高性能、高附加值胶黏剂，在我国不仅产量少，而且质量低、品种单一，远远落后于发达国家。

③ 调整产业结构，促进胶黏剂工业的规模化、集约化生产。企业的转让合并可以说是一个国际化的争夺市场的方式。国外胶黏剂公司的大联合产生了两大巨头，一为罗门哈斯，它吞并了 Morton，另一为 Total Fina 和 Elf Aquitaine 的胶黏剂业务联合成立的 Bastik Findley，并使其成为销售金额在10亿美元以上的世界级生产商。我国的胶黏剂企业基本上还处在中小规模，充当着市场跟随者和拾遗补缺者的角色，只有相互联合或者转让才能壮大自己，包括科研、生产、管理等方面的能力，才不会成为这场争夺赛的落败者。

第八节　废聚苯乙烯制备胶黏剂配方实例

直接利用聚苯乙烯（PS）制备的胶黏剂层硬而不脆，强而不稳，溶剂毒性大，成本高。如先把废 PS 进行净化处理，溶于由甲苯、乙酸乙酯和丙酮组成的混合溶剂中，再加入异氰酸酯、ZnO 等，混合均匀即得到 PS 胶黏剂；将 PS 和松香及二甲苯按一定比例投入反应釜中，在30～50℃的条件下，搅拌反应1～3h，经充分混合得到 PS 胶黏剂；废 PS 溶于有机溶剂中，加入顺丁烯二酸酐和引发剂在一定温度下反应，然后加入聚乙烯醇溶液乳化即得 PS 胶；用80g 废 PS、医用二甲苯100mL、聚乙烯醇胶水15mL，通过溶解共混制得医用密封胶。

一、废聚苯乙烯泡沫塑料制备不干胶(1)

1. 配方/g

废聚苯乙烯	20～40	邻苯二甲酸二丁酯	25～35
有机溶剂（创新一号）	30～45	乙酸乙酯或香精	1～3

2. 操作步骤

将废聚苯乙烯洗净、晒干，再将废聚苯乙烯压进溶剂中，直到完全溶解为止，然后加入邻苯二甲酸二丁酯，搅拌均匀，投入反应釜中，在30～50℃下，搅拌反应1～3h，得到PS胶，最后加入乙酸乙酯或香精。

3. 性能

粘贴效果好，能重复粘贴，能耐酸、碱，耐冻。

4. 用途

适用于纸张一类物品的粘贴，同时也能粘贴玻璃、金属等物体表面。

二、废聚苯乙烯泡沫塑料制备不干胶(2)

1. 配方/g

废聚苯乙烯泡沫塑料	30	邻苯二甲酸二丁酯	25
二甲苯	43	香精	2

2. 操作步骤

先将废聚苯乙烯泡沫塑料洗净、晾干，切成碎块后，加入盛有二甲苯的反应釜中，在搅拌下，使废聚苯乙烯泡沫塑料全部溶解，之后加入邻苯二甲酸二丁酯，继续搅拌，使混合均匀，最后加入香精即成产品。

3. 性能

该胶黏剂为乳白色半透明黏液，粘贴效果好，能重复粘贴，如改变配方比例可用来调节不干胶的干湿快慢程度。

4. 用途

适用于商标、标签以及纸制品的粘贴。

三、废聚苯乙烯用松香来改性制备胶黏剂

1. 配方

配方/g	配方1	配方2
废聚苯乙烯泡沫塑料	10～18	14
松香	18～33	33
二甲苯	45～55	53

2. 操作步骤

将各组分加入反应釜中，加热升温至30～35℃，充分搅拌反应1～3h，混合均匀后，冷却至室温即成。

3. 性能

产品为黄色半透明黏稠液体；耐酸、碱,抗冻；粘接强度≥0.29MPa。

4. 用途

适用于粘贴塑料地板、人造大理石、马赛克、陶瓷等材料。

四、废聚苯乙烯泡沫塑料改性酚醛树脂胶

1. 配方/g

废聚苯乙烯泡沫塑料	30	填料 MgO-ZnO	1.0～0.5
改性酚醛树脂	14	防老剂 D	适量
混合溶剂	3		

2. 操作步骤

将废聚苯乙烯泡沫塑料洗净、干燥，粉碎后加入反应釜中的溶剂中进行溶解，再经过滤加入反应釜中，加入松香改性酚醛树脂，在室温下搅拌 1～1.5h，再加入填料及防老剂 D，再搅拌 40min，即得胶黏剂。

3. 用途

用于回收改性酚醛树脂胶。

五、废聚苯乙烯泡沫塑料制备改性工业用建筑胶黏剂

作为包装材料的聚苯乙烯均是一次性使用，用后废聚苯乙烯不仅造成环境污染，而且造成很大的经济浪费，有效且合理地利用废聚苯乙烯显得日益重要，利用废 PS 制备改性 PS 系列涂料和胶黏剂，其工艺简单，通过不同的改性方法和工艺可满足不同产品的需要。

1. 配方

配方/质量份	配方 1	配方 2
废聚苯乙烯泡沫塑料	100	100
乙酸乙酯-三氯乙烯-120#汽油体系	360	360
酚醛树脂或丁苯橡胶	10～30	40～60
松香树脂	45～65	40～60
甲苯二异氰酸酯（TDI）	0.5～1	1
中高沸点溶剂	50～100	50～120
硅酸钙	40～120	50～120

2. 工艺流程

原料→净化→粉碎→溶解→搅拌→改性剂→共聚反应→胶黏剂

3. 操作步骤

混合溶剂为乙酸乙酯-三氯乙烯-120#汽油体系；改性酚醛树脂或丁苯橡胶-甲苯二异氰酸酯为交联剂；乙酸乙酯、环己酮为中高沸点溶剂。

将一定量的废聚苯乙烯净化处理粉碎后，加入反应釜中用乙酸乙酯和120#汽油溶解，并不断搅拌，然后分别加入三氯乙烯、交联剂（甲苯二异氰酸酯）和环己酮，待基料完全充分溶解后，加入酚醛树脂或丁苯橡胶及松香树脂，继续搅拌，同时加入适量硅酸钙填料及防老剂，在50℃下进行反应，反应4h左右，即得到所需胶黏剂。

4. 性能

配方	配方1	配方2
外观	乳白色黏稠液体	
固含量/%	36	30
黏度（室温）/Pa·s	3.15	0.03
剪切强度（木材-木材）/MPa	≥4.12	3.62

5. 用途

适用于木材、瓷砖、马赛克和水泥块等材料的粘接。

六、用废聚苯乙烯制备建筑用胶黏剂

目前，中国是全球最大的塑料生产国与消费国。2019 年 1～11 月塑料制品产量达 7199.5 万吨。塑料制品与人们生活息息相关，塑料原料产量对建筑用胶黏剂的影响也极其重大。我国聚苯乙烯塑料制品年产量约为 175.7 万吨，表观消费量 258.9 万吨，同比 6.2%。聚苯乙烯塑料包装材料、餐盒等易造成环境污染，它涉及到衣、食、住、行、乐等方面，由于产生大量的废弃物，其中，塑料快餐用量与家电产品的包装所占比例最大，通常把废聚苯乙烯进行共聚改性，可制成建筑用胶黏剂。

1. 配方/g

废聚苯乙烯泡沫塑料	10.0	甲苯二异氰酸酯	2.1
有机溶剂	36.0	中高沸点溶剂	6.0
酚醛树脂	2.0	碳酸钙	500
松香树脂	5.5		

2. 工艺流程

废聚苯乙烯泡沫塑料→水洗后晾干→粉碎→加入反应釜中→加入有机溶剂→搅拌→加入增稠剂→交联剂、填料→搅拌→过滤→检验

3. 操作步骤

按配方量称取已洗净晾干并粉碎的废聚苯乙烯加入反应釜中，再加入配方量的有机溶剂，搅拌至全部溶解，再加入甲苯二异氰酸酯、酚醛树脂、松香树脂和碳酸钙，加完后升温搅拌至瓶内温度为 50℃，继续加热溶解 4h 后，停止加热，待瓶内温度变冷后，进行过滤，除去杂质后，检验，即得胶黏剂产品。

4. 性能

有很好的粘接强度，并有很好的耐水性。

5. 用途

适用于木材、瓷砖、马赛克和水泥块等材料的粘接。

七、废聚苯乙烯回收制备抗冻胶黏剂

以废聚苯乙烯为主要原料、聚乙烯醇缩甲醛为增黏剂，再加入交联剂（甲苯二异氰酸酯）、乳化剂等，制造性能优良、低毒性、低成本、性能好的抗冻胶黏剂。

1. 配方

(1) 配方1/g

甲苯	30	聚乙烯醇缩甲醛	20
70#汽油	30	十二烷基苯磺酸钠	10
废聚苯乙烯泡沫塑料	80	水	10
混合溶剂	60		

(2) 配方2/g

废聚苯乙烯泡沫塑料	40	抗冻剂	29
聚乙烯醇缩甲醛	25	十二烷基苯磺酸钠	1.0
改性剂酚醛树脂	1	交联剂（甲苯二异氰酸酯）	适量
混合溶剂［丙酮：乙酸乙酯：120#汽油（体积比）=1∶1.5∶0.5］			60

2. 操作步骤

(1) 操作1 将废PS泡沫塑料洗净进行处理，然后除去脏物、灰尘，将粉碎的废PS泡沫塑料投入半闭密的反应釜中，搅拌使之溶解，然后再按配方将7%聚乙烯醇缩甲醛、35%十二烷基苯磺酸钠和水加入反应釜中，充分搅拌混合均匀，得到黏稠状胶黏剂。

(2) 操作2

① 聚乙烯醇缩甲醛的制备。在带有搅拌器、温度计、回流冷凝器的反应釜中，加入18g聚乙烯醇、180mL水，在搅拌下加热至90℃，使聚乙烯醇完全溶解，然后停止加热，待温度降至70℃时，用1.35mL浓盐酸调节pH值为1～2，加入5.5mL甲醛，在搅拌下恒温反应，然后加入NaOH溶液调节pH值为6～7，得透明黏稠状聚乙烯醇缩甲醛。

② 改性抗冻胶黏剂的制备。把混合溶剂加入反应釜中，在搅拌下加入经洗涤、干燥、粉碎的废PS泡沫塑料，使之完全溶解，然后加入改性剂、交联剂（聚乙烯醇缩甲醛胶）、混合表面活性剂（OP、十二烷基苯磺酸钠）、消泡剂、增塑剂于40℃下反应3h，制得乳白色的改性抗冻PS胶黏剂。

3. 性能

外观	黏稠状白色胶体	pH值	8.0～9.0
固含量/%	65±2	固化时间（20℃）/h	25
黏度/Pa·s	70～120	粘接木材强度/MPa	8.7
使用温度/℃	−40～40		

4. 用途

对木材的粘接效果良好，用于木材、瓷砖和水泥等材料的粘接。

八、废聚苯乙烯泡沫塑料制备建筑用密封胶

目前，按照房、门、窗的基本要求采用铝合金框架结构，但铝合金与水泥墙之间有微小的空隙，所以密封剂是不可能缺少的。

1. 配方/g

废聚苯乙烯泡沫塑料	50	甲苯	50
聚乙烯醇（PVA）	13	邻苯二甲酸二丁酯	1
500#溶剂油	40	水	80

2. 操作步骤

将废PS泡沫塑料洗净、晾干、粉碎后加到反应釜中，然后再加入混合溶剂（甲苯、500#溶剂油），搅拌使其溶解，静置过滤，得透明黏性液体，然后用分离机分离出机械杂质，将聚乙烯醇加入水中，加热到80～90℃溶解，冷却到50℃以下，加入增塑剂（邻苯二甲酸二丁酯）搅拌，然后将聚苯乙烯胶黏液慢慢加入到聚乙烯醇混合液中，再搅拌，得到一乳白色均匀膏状物。

3. 性能

外观	乳白色膏状物	固化后剪切强度/MPa	0.16
密度/（g/cm^3）	1.25	指干时间（25℃）/h	1
固化后伸长率/%	100～300	贮存期/d	≥180

4. 用途

可用于铝合金的门窗缝隙的密封，还可用于钢门窗、木门窗缝隙的密封。

九、废聚苯乙烯制备密封胶

过去常用石蜡封口，石蜡脆且与玻璃、塑料黏结性不佳，有时达不到黏结效果。一般密封胶价格较贵。

1. 配方/g

废聚苯乙烯泡沫塑料	100	松香水	10
200#溶剂油	100	甲苯二异氰酸酯	适量
氧化石蜡	20mL		

2. 操作步骤

将100g废PS洗净，干燥，溶解在100mL 200#溶剂油中，除去杂质，消泡，加入氧化石蜡20mL、松香水10g，搅拌均匀，最后加入甲苯二异氰酸酯，继续搅拌均匀即成胶黏剂。

3. 性能

该胶密封性能好，黏结力适中，价格便宜，防水，耐酸等。

4. 用途

适用于玻璃、塑料的粘接。

十、废聚苯乙烯塑料制备密封胶

1. 配方

废聚苯乙烯泡沫塑料	350g	邻苯二甲酸二丁酯	120mL

甲苯	1000mL

2. 操作步骤

将总量70%甲苯加入反应釜中，加热至80℃，然后加入邻苯二甲酸二丁酯和废聚苯乙烯泡沫塑料，搅拌均匀后，加入20%甲苯，搅拌到废PS全部溶解为止，停止加热，溶液内有大量的气泡，继续搅拌直至气泡消失，再加入剩余的10%甲苯，再继续搅拌直至混合均匀，然后冷却至室温即为密封胶。

3. 用途

该胶黏剂适用于潮湿表面的粘接，也适用于粘接陶瓷、马赛克和塑料地板等。

十一、废聚苯乙烯制备浅色密封胶

1. 配方/质量份

废聚苯乙烯	10～18	二甲苯	45～55
甲苯	28～35		

2. 操作步骤

将废聚苯乙烯泡沫塑料、甲苯、二甲苯加入反应釜中混合在一起直至溶解为止，可制成浅色密封胶。

3. 用途

用于粘接陶瓷、马赛克和塑料地板等。

十二、废聚苯乙烯塑料生产胶黏剂

1. 配方

废聚苯乙烯：溶剂：增塑剂：填料=(30～40)：(50～60)：(3～4)：(1～2)

2. 工艺流程

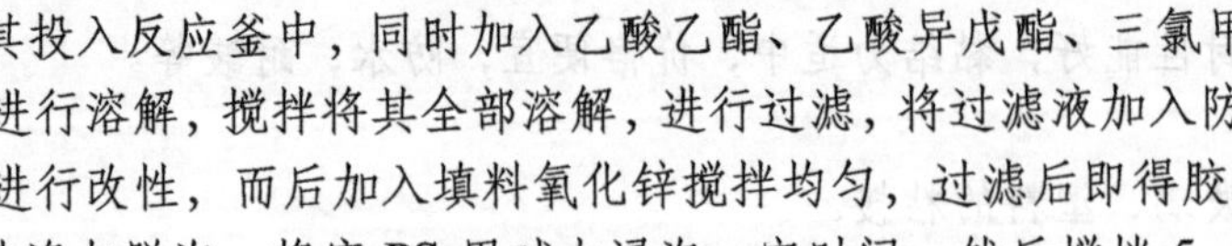

3. 操作步骤

用自来水洗涤废PS塑料带来的油污，可先用碱洗，洗净后晾干，然后再进行粉碎，并将其投入反应釜中，同时加入乙酸乙酯、乙酸异戊酯、三氯甲烷、丙酮的混合溶剂中进行溶解，搅拌将其全部溶解，进行过滤，将过滤液加入防老剂和酚醛树脂，对其进行改性，而后加入填料氧化锌搅拌均匀，过滤后即得胶黏剂。

废PS洗涤与脱泡：将废PS用碱水浸泡一定时间，然后搅拌5～8min，使之相互有效撞击和摩擦以达到去污的目的，取出放入清水池中搅拌清洗5min，然后再放入清水池中清洗5min，最后将其晾干或烘干，将发泡PS塑料加热至110℃并保持8min脱泡，这时体积减小一半，若减压至2～2.66kPa，再恢复常压，体积可减小至原来的9%左右。

4. 性能

外观	乳白色黏稠液体，略带黄色	表干时间（25℃）/h	1
pH 值	7.3	实干时间（25℃）/h	8
固含量/%	40	贮存期/月	6

5. 用途

适用于黏结信封、书籍等。

十三、废聚苯乙烯泡沫塑料制备无毒胶黏剂

1. 配方

① 配方 1

废聚苯乙烯	25g	乙酸异戊酯	15mL
环己烷	40mL	邻苯二甲酸二丁酯	5mL
乙酸乙酯	15mL	酚醛树脂	2g

② 配方 2

废聚苯乙烯	25g	酚醛树脂	2g
乙酸异戊酯	40mL	丙酮	30mL
邻苯二甲酸二丁酯	5mL		

③ 配方 3

废聚苯乙烯	25g	丙酮	40mL
乙酸乙酯	20mL	萜烯树脂	2g
甲基丙烯酸甲酯	10mL		

④ 配方 4

废聚苯乙烯	25g	丙酮	40mL
乙酸乙酯	30mL	萜烯树脂	2g
邻苯二甲酸二丁酯	5mL		

2. 操作步骤

先将废 PS 塑料破碎、洗净、晾干，置于烧杯内，在常温下边搅拌，边慢慢加入各种溶剂混合液，待废 PS 塑料完全溶解后，再加入增塑剂（邻苯二甲酸二丁酯）及酚醛树脂或萜烯树脂，充分搅拌，放置一段时间后即可成为所需要的产品。产品需遮盖密封。

3. 用途

可用于瓷砖、木材等建筑材料的黏结及日用器皿的修补黏结，也可用于图书的塑料封皮上贴标签纸等的黏结。

十四、废聚苯乙烯制医用胶黏剂

1. 配方

废聚苯乙烯泡沫塑料	80g	聚乙烯醇胶水	15mL

二甲苯（医用品） 100mL

2. 操作步骤

先将废 PS 泡沫塑料洗净、干燥，切成小块，加入盛有医用二甲苯的反应釜中，在搅拌下完全溶解，然后加入聚乙烯醇胶水，继续搅拌，使物料混合均匀即成。

3. 性能

本品为乳白色黏液，与甲醛液不发生反应，耐热、耐寒、不漏水、抗拉强度高，比常用的黄蜡加松香密封胶黏结效果好。

4. 用途

广泛地应用于各种医用敷料，如膏药底布、足疗贴底布、肚脐贴、外用理疗贴、药疗贴、磁疗贴、静电贴等，也可以用来制作固定针头或用于其他医疗用途。

十五、废聚苯乙烯泡沫塑料制改性胶黏剂

1. 配方/g

聚苯乙烯泡沫塑料	30	混合溶剂	3
松香改性酚醛树脂	10	MgO-ZnO 填料	0.5～1.0

2. 操作步骤

将废 PS 泡沫塑料洗涤、净化、粉碎、干燥后和混合溶剂（甲苯-丙酮-乙酸乙酯-氯仿）混合溶解，经过滤加入反应釜中，加入松香改性酚醛树脂，在室温下搅拌 1～1.5h，加入填料，搅拌 40min，即得胶黏剂。

3. 用途

本胶胶层柔韧性好，耐增塑剂，适用于软质聚氯乙烯之间或与金属、非金属等材料之间的粘接，尤其适用于潮湿表面的粘接。

十六、废聚苯乙烯泡沫塑料制耐水胶黏剂

1. 操作步骤

将废聚苯乙烯泡沫塑料溶于溶剂中，制成均相溶液，加入活化剂（氯化亚铜）、引发剂（过氧化苯甲酰），加热到 90～120℃，再加入单体（丙烯腈、丙烯醇）反应 2h，使废聚苯乙烯接枝上新的官能团从而改变性质，然后加入添加剂石棉或硅酸钙，形成一种耐水性好、初始黏度高、黏结强度上升快的乳白色黏稠状胶体。

2. 性能

该胶的耐水强度是乳白胶的 10 倍，剪切强度是乳白胶的 3 倍以上。

3. 用途

用作木制家具和日常生活用胶，也可用作建筑胶黏剂，黏结水泥制品、地板、壁纸及各种织物等。

十七、废聚苯乙烯白乳胶替代胶

1. 配方/质量份

废聚苯乙烯	35	增塑剂	0.45
重芳烃	65	表面活性剂	0.6
聚乙烯醇水溶液	50	防老剂	0.1

2. 操作步骤

在耐有机溶剂的容器中，用重芳烃作溶剂，将废聚苯乙烯溶解，制成固体分为30%～40%的黏胶液；在另一容器中，用水作溶剂，将聚乙烯醇加热溶解，制成12%～13%的水溶液，然后将其冷却至50℃以下，加入增塑剂、防老剂、表面活性剂，搅拌均匀，将上述生产的废聚苯乙烯黏胶液缓慢加入到聚乙烯醇水溶液中，继续不停地搅拌，使其乳化，等乳化均匀后即为合格产品。

3. 性能

外观	乳液型胶	耐老化性	良好
干燥速度	快	耐酸碱性	良好

4. 用途

用于木器家具上，替代白乳胶，也适用于重芳烃不溶解的塑料、陶瓷等制品的装修黏结。

十八、废聚苯乙烯塑料制压敏胶

1. 配方/kg

废聚苯乙烯（含苯乙烯 20%～40%）	2.0～4.0	有机溶剂	3.0～4.5
		乙酸乙酯	0.1～0.3
邻苯二甲酸二丁酯	2.5～3.5		

2. 操作步骤

将废聚苯乙烯洗净、粉碎，溶解在有机溶剂和乙酸乙酯混合液中，待废PS塑料全部溶解后，再加入增塑剂邻苯二甲酸二丁酯，搅拌混合均匀，即成为胶黏剂。

3. 性能

效果良好，能重复使用，耐酸、耐碱、耐冻。

4. 用途

使用方法与一般的胶黏剂相同，也可施于塑料膜上制成胶黏带，该产品适用于黏结纸张等织物，将商标、标签等粘贴在玻璃、金属墙壁的表面。

十九、改性废聚苯乙烯胶黏剂

1. 配方/质量份

废聚苯乙烯泡沫塑料	20～30	增黏剂（合成树脂类，如酚醛树脂）	3～5

混合溶剂（甲苯、二甲苯等）	65～70	填料（氧化锌）	适量
交联剂（NCO—R—NCO）	5～8	固化剂	适量

2. 操作步骤

将废聚苯乙烯泡沫塑料溶于混合溶剂（质量比为甲苯、二甲苯：丙酮：氯仿：乙酸乙酯=7.5：1：1：0.5)中，搅拌溶解，静置分离机械杂质，加入交联剂（异氰酸酯)、增黏剂（酚醛树脂）及填料等，充分搅拌1～2h，使之均匀聚合得到黏稠状黄色液体或膏状体。

3. 性能

产品为单组分、淡黄色黏稠状液体或膏状体，耐水、耐候性好，易溶于酮、酯、苯类。

剪切强度（25℃）/MPa	3.42	不均匀扯断强度/（kN/m）	14.90

4. 用途

对木材有较好的黏结力，对塑性塑料及多孔性日常用品黏结效果也好。

二十、废聚苯乙烯制异氰酸酯胶黏剂

1. 配方/g

废聚苯乙烯塑料	1.0～1.2	甲苯	2
乙酸乙酯	3	甲苯二异氰酸酯（TDI、MDI等）改性剂	适量
丙酮	1		

混合溶剂配方/mol

甲苯	2	丙酮	1
乙酸乙酯	4	氯仿	少量

2. 操作步骤

将废PS泡沫塑料净化处理后，切成碎块加入反应釜中，然后再加入甲苯、乙酸乙酯、丙酮、氯仿于反应釜中，在室温下搅拌，使其溶解，然后加入甲苯二异氰酸酯，继续搅拌使其混合均匀，即成为产品。

3. 性能

外观	乳白色黏稠液体	黏结木材剪切强度/MPa	3.5
固含量/%	20±2	不均匀扯离强度/（kN/m）	1.25

4. 用途

适用于木材、家具、纸制品、日用塑料和地毯背衬的黏结。

二十一、乙酸乙酯改性废聚苯乙烯塑料制胶黏剂

乙酸乙酯是聚苯乙烯的溶剂，又是改性剂，而且改性效果良好，优于其他溶剂。

1. 配方/质量份

废聚苯乙烯塑料	300	碳酸钙	400

乙酸乙酯	80	稳定剂	少量
丙酮	120～140		

2. 操作步骤

把废聚苯乙烯塑料300份、乙酸乙酯80份、丙酮120～140份加入反应釜中，混合溶解均匀，再加入碳酸钙400份及少量稳定剂，得到所需要的胶黏剂。

3. 用途

该胶黏剂用于建筑业装饰等行业。

二十二、邻苯二甲酸酯改性废聚苯乙烯塑料制胶黏剂

邻苯二甲酸二丁酯是塑料的增塑剂，可以改善胶黏剂的柔性和韧性，以废聚苯乙烯为主要基料的不干胶多采用这种方法，有时也和其他改性剂一同使用，如松香树脂等。

1. 配方/kg

废聚苯乙烯	2.0～4.0	有机溶剂	3.0～4.0
邻苯二甲酸二丁酯	2.5～3.5	乙酸乙酯	1.0～3.0

2. 操作步骤

把废聚苯乙烯、邻苯二甲酸二丁酯、有机溶剂、乙酸乙酯加入反应釜中进行改性共聚，得到不干胶。

3. 用途

可用来黏结玻璃、金属、墙壁等物体的表面，而且能重复使用。

二十三、废聚苯乙烯泡沫塑料改性制聚苯乙烯胶黏剂

1. 配方/g

30%废聚苯乙烯（PS）胶液	100	过氧化苯甲酰（BPO）	0.2
松香改性酚醛树脂	0.5～1.0	邻苯二甲酸二丁酯	20
石油树脂	0.5～1.2	滑石粉	15
MgO	5	防老剂	2
钛白粉	12	改性剂	适量

2. 操作步骤

① 废PS泡沫塑料的处理：将废PS泡沫塑料用稀的洗衣粉水溶液刷洗，再用自来水冲洗干净，晾干后人工粉碎，粉碎后的废PS用溶剂溶解，配制成30%的PS胶液。

② 制得的PS胶液100g加入反应釜中，然后加入松香改性酚醛树脂、过氧化苯甲酰（BPO）、邻苯二甲酸二丁酯（DBP）及适量的改性剂，在回流下，搅拌慢慢升温至70℃，然后在此温度下，保持反应3h，再加入MgO、钛白粉、滑石粉及适量的防老剂，继续搅拌0.5h，冷却后出料，得胶黏剂。

3. 性能

黏度/Pa · s	5.5	固含量/%	38.5

外观	米黄色、细腻	pH值	6.0
剥高强度/（kN/m）	5.5	防水性能	不起泡、不脱落

4. 用途

用于木材、纸张、纤维等制品的黏结。

二十四、利用废聚苯乙烯改性胶黏剂

1. 配方

① 混合溶剂。甲苯：乙酸乙酯：丙酮：氯仿=19：20：8：4（质量比）。

② 松香或酚醛树脂：废聚苯乙烯：混合溶剂=1：30：60（质量比）。

2. 制备

首先将混合溶剂加入反应釜中，在搅拌下加入经洗涤、干燥、粉碎的废PS，使之完全溶解，然后加入松香或酚醛树脂（作为改性剂和填料），于30℃搅拌2h，即制得改性PS胶黏剂。

3. 性能

性能	松香改性PS胶黏剂	酚醛树脂改性胶黏剂
改性剂	松香	酚醛树脂
密度/（g/cm^3）	0.875	0.955
pH值	6	6
固含量/%	35	36.4
黏度/mPa·s	3400	5300
剪切强度/MPa	1.4	1.5
外观	乳白色黏稠液体	流动性好

4. 用途

用于木材、纸制品、玻璃制品、日用塑料制品等的黏结。

二十五、用废聚苯乙烯生产胶黏剂

1. 配方/质量份

废聚苯乙烯（干净）	14	二甲苯溶液	53
松香水	3		

2. 操作步骤

将废聚苯乙烯洗净、干燥、粉碎至直径约2cm，把松香加热溶解，降温至60～70℃，将粉碎的废聚苯乙烯加入二甲苯溶液中，搅拌使之溶解，将溶解好的聚苯乙烯加到松香溶液中，搅拌均匀后即为胶黏剂。

3. 用途

该胶粘接韧性好，适用于纸张、塑料等的涂饰，特别适用于软质聚氯乙烯之间或非金属材料之间的粘接。

第九节　绿色固化橡胶与橡胶粘接技术配方及方法举例

在著名的绿色粘接挑战中，绿色固化橡胶在其本身上面粘接仍然是化合物化学的一种复杂功能，对于工业规模应用来说甚至更为复杂。使用两种已经固化的橡胶之间的黏合剂尝试实现长期的化学黏合极为困难，因为采用这种方式形成的化学键的数量极低。

对于橡胶与金属粘接，表面准备不正确会对粘接质量产生负面影响。

为了加强界面交互作用，大部分实验和工业数据建议首先改进表面粗糙度，继续溶剂除油，以及施加足够高水平的压力促进形成最密切的化学键和分子之间的交互扩散机制。尤其是绿色官能化 PA 薄膜与基于溶剂的黏合剂的比较与方法举例如下。

为了实现绿色橡胶与橡胶粘接，实际使用中，主要聚焦和使用两种方法，即通过特别配制相容绿色橡胶化合物的混合物得到所需的溶液，或者使用不同的黏合剂。提供的这些黏合剂或多或少具有多种功能和用途，显示具有专有和特别的化学特性，且基于溶剂或水。

在这两种情况下，反应性产品是以液态形式涂抹的，包括了相对高含量的溶剂，即含量范围是 40%～60%。

这些绿色溶液基于大量的化合物，每种化合物都具有特定的作用。除了橡胶以外，为了确保与粘接的基底相容，需要将黏性树脂、防护剂、填料和固化系统加入配方中。这些化合物十分复杂，在相对短的时间内极为活跃，即使是处于湿度和温度受控的贮存条件下。

为了降低使用基于溶剂的黏合剂，开展了新的研究，以识别绿色新型毒性更小和环境友好的溶液。在新兴替代技术中，评估官能化聚合物似乎能够吸引人们的兴趣，还有将绿色橡胶黏合到金属基板以及执行连接操作的基于交联橡胶的黏合剂。

Platamid 是 Arkema 集团开发的一种品牌产品，包含一系列特殊热熔黏合剂，所述应用是薄膜和织物夹层。这些产品基于热塑性官能化共聚酰胺，产品的本质特性是设计用于制造量身定制的热熔黏合剂，以形成耐用、多样化及无溶剂的粘接。这些产品受热活化，采用易流动的非粘接粉末或颗粒的形式供货。Platamid 的熔点范围是 85～150℃，结晶速率和开放时间可调整，同时熔化黏度范围为 40mPa · s 至 160℃时的最高 4000mPa · s。产品能够在各种基板上快速形成化学键，大多数是具有极性的类型。可以采用粉末、颗粒、织物或薄膜包装产品。

Arkema 使用 Platamid 粘接各种热塑性材料的一些试验结果比较积极,并在固化橡胶上开展了补充试验。

研究期间，使用了厚度范围在 80～100μm 的 Platamid 薄膜。

分两个阶段开展LRCCP研究。第一个阶段专注于橡胶族预选，考虑了反应活性最大的橡胶和Platamid黏合剂。第二阶段旨在使用基于绿色溶剂的黏合剂或者用于生产和装配工业橡胶部件的溶液比较Platamid的效应。

试验计划：在第一个步骤中，试验了两种极性弹性体橡胶：聚氯丁橡胶（CR）等级产品和丁腈橡胶（NBR）。

一、原材料选择

所选配方的描述参见表5-24。使用两种不同类型的弹性体评估了两种Platamid等级产品。这些热塑性参考产品为Platamid M1276和Platamid M1943，特征参见表5-25。

表5-24 橡胶化合物配方

聚氯丁橡胶（CR）		丁腈橡胶（NBR）	
成分	质量份	成分	质量份
CR	100	NBR45.50	100
氧化镁	4	硫	0.5
硬脂酸	0.5	氧化锌	3
6PPD	1.5	硬脂酸	1
炭黑	50	TMQ	1
N550		6PPD	2
DOS	15	N550	95
MTT-80	1	DOS	25
TBzTD-70	2.5	MBTS	2
氧化锌	3	TBzTD-70	3

表5-25 Platamid的特征

Platamid	M1276	M1943
密度/（g/cm³）	1.1	
熔点/℃	110	115
熔化体积速率（160℃/2.16kg）/（cm³/10min）	6	10

Platamid M1943是一种采用颗粒形式提供的标准热塑性共聚酰胺热熔黏合剂。产品具有中等熔化黏度，再结晶性质较低，特别适合于挤压制造薄膜。另外，该等级产品粘接到各种极性基板上的性能极佳，例如热塑性塑料、热固性塑料、金属、天然纤维等。

与其他Platamid共聚酰胺等级产品一样，Platamid M1276显示粘接到极性基板的性能极佳，但是也显示粘接到刚性和塑化PVC以及ABS、环氧树脂、PU等上面的强度极大。

化合设备和加工条件：考虑化合条件时，在 2L 工作容量的内部混合机中混合了 NBR 和 CR，将加速剂整合到辊轧机上。

采用每种绿色配方的流化测量值确定固化时间：即聚氯丁橡胶配方在 170℃放置 16min 的 t_{95}，以及丁腈橡胶在 170℃放置 9min 的 t_{95}。在这些条件下模压尺寸为 300mm×300mm×2mm 的板材。

为了使用 Platamid 薄膜黏合 NBR 和 CR 板材以及促进最高水平的界面粘接，使用内酮对固化板材表面除油，使用砂纸（粒度 240 日）打磨并再次除油。

使用一台压模机将橡胶板材黏合到 Platamid 薄膜上，压板温度为 155℃，将一个固化橡胶/Platamid 薄膜组件在 30bar（1bar=10^5Pa）的压力下固定在压板之间 15min。这些加工条件使插入固化橡胶板材中的 Platamid 薄膜被充分加热，导致其达到熔化温度。然后，在相同压力条件下将组件冷却到 40℃，保温 15min。在 Platamid 薄膜再结晶之前，不能处理组件。

在室温（23℃）和 50%相对湿度的空气中停留 16h 之后，采用模切方式从形成的板材上冲压出矩形样本（尺寸为 250mm×25mm×2mm）。

使用相同批次的原材料和相同混合程序混合所有批次化合物。采用相同方式制造试验样品并开展试验。

依据 NF EN 1895 标准开展所有 1800 剥离试验。在室温以 100mm/min 的运行速率在测功机上试验样本。

二、分析与讨论

每种配置使用三个样本的样本量确定剥离强度，单位为 N/cm。对于数字数据，报告使用剥离强度平均值进行分析。实验结果的平均值参见表 5-26。

表 5-26 剥离强度 单位：N/cm

CR+M1276	3.6	NBR+M1276	41.6
CR+M1943	1.6	NBR+M1943	11.3

基于 NBR 的化合物的剥离强度大幅高于聚氯丁橡胶，剥离强度大约高十倍，即 41.6N/cm 与 3.6N/cm。与 Platamid M1943 相比，Platamid M1276 等级产品产生的黏合力更强。考虑组合 NBR/Platamid M1276 时，黏合强度太高，以致在橡胶内部出现与黏着橡胶失效相应的样品失效。

对于聚氯丁橡胶样本，在橡胶/Platamid 黏合界面出现失效，两相之间没有任何材料撕裂或物质转移。界面之间没有出现交互扩散这种假设可能可以解释这一现象，因此，在 Platamid 薄膜和丁腈橡胶系列之间，化学相容性变得更为重要。

从该点开始，根据这些结果，研究仅将聚焦基于丁腈橡胶和 Platamid M1276 的样品的剥离试验。

实验的第二部分专门比较使用 Platamid M1276 和传统方法（橡胶溶液或提供

的黏合剂）形成的黏合质量。

溶液基于最终工业用户特定调整配方以便黏合固化橡胶部件的丁腈橡胶。选择 Chemosil X6025 作为可用黏合剂。Lord Chemosil X6025 弹性体黏合剂是一种推荐用于粘接未硫化和硫化弹性体的多功能热活化黏合剂，也可用于将未硫化弹性体粘接到硫化弹性体上以及将硫化弹性体粘接到金属上。

与第一种配方相比，NBR 化合物配方经过微微改性，以通过降低炭黑和塑化剂的整体比率提高界面化学键，因此，炭黑含量从 95 质量份降低到 65 质量份，塑化剂含量从 25 质量份降低到 15 质量份。这种配方（称为 NBR 配方 2）参见表 5-27。

表 5-27　NBR 配方 2

成分	质量份	成分	质量份
NBR45.50	100	6PPD	2
硫	0.5	N550	65
氧化锌	3	DOS	15
硬脂酸	1	MBTS	2
TMQ	1	TBzTD-70	3

采用与前面相同的程序制备 Platamid 剥离强度样本。将丙烯腈溶液和 Chemosil X6025 用刷子涂抹到经过研磨和采用丙酮除油的板材上。涂抹厚度约为 20μm。在室温干燥 20min 之后，在 100bar 压力下在 180℃固化 10min。对于橡胶溶液，不需要执行加压冷却步骤。开始剥离试验之前，在环境温度贮存板材 16h。180℃剥离强度试验的结果参见表 5-28。

表 5-28　剥离强度　　单位：N/cm

NBR+M1276	86	NBR+Chemosil X6025	25
NBR+NBR 溶解	31		

NBR/Platamid M1276 配方改性将剥离强度从 41.6N/cm 提高到 86N/cm，橡胶内部的失效外观仍然附着。

采用 NBR 溶液和 Chemosil X6025 黏合剂的剥离强度结果是 Platamid M1276 的 1/3 左右。

这些试验突出了 Platamid M1276 和 45%丙烯腈含量 NBR 之间的特定亲和力。与使用基于溶解的传统配方的交互作用相比，这种相容性导致 Platamid 薄膜和固化 NBR 化合物之间的黏合力更强。

通过热老化和暴露于腐蚀性介质中更为全面地评估了这种黏附化学键的耐用性。在 70℃空气中老化 168h、浸入或未浸入参考机油 IRM 903 之后，测试了剥离强度样本。橡胶与参考机油 IRM 的相容性是称为重要质量工具的一种常见试验，用于确保橡胶配方持续一致。

使用两种系列老化样品在室温和50%相对湿度停留16天之后开展剥离试验，试验结果参见图5-3。

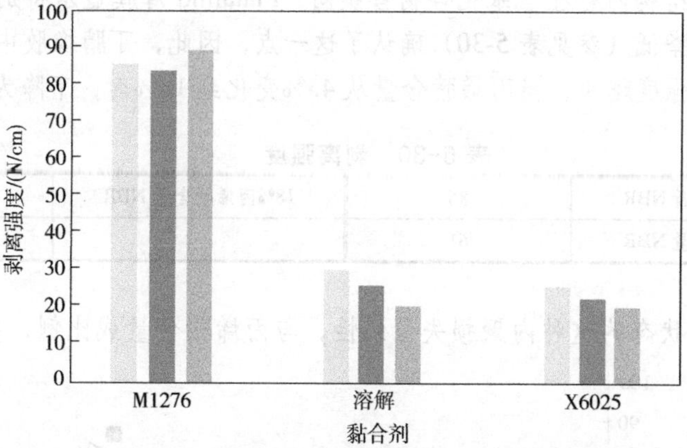

图5-3 剥离强度

最初状态；168h/70℃/IRM903；168h/70℃空气

热老化之后，Platamid M1276/NBR样本的测量剥离强度仍然与原始黏合强度数值相似。NBR溶解导致剥离强度发生轻微下降，浸入机油之后下降18%，热老化之后下降30%。采用Chemosil X6025时粘接力下降，分别是浸入机油后下降5%，热老化之后下降23%。

为了深入了解这些交互作用现象，通过在NBR配方之内修改橡胶等级，以继续检查。使用两种不同的NBR参考产品调整配方，与45%相比，丙烯腈含量更低，分别为28%和18%，其他参数仍然不变（黏度和成分相同）。配方参见表5-29。

表5-29 不同丙烯腈含量的化合物

成分		质量份	
45%丙烯腈含量NBR	100		
28%丙烯腈含量NBR		100	
18%丙烯腈含量NBR			100
硫		0.5	
氧化锌		3	
硬脂酸		1	
TMQ		1	
6PPD		2	
N550		65	
DOS		15	
MBTS		2	
TBzTD-70		3	

样品制备与前面相似，在最初状态以及浸入或未浸入参考机油 IRM 903 中并在70℃空气中热老化 168h 之后，开展了剥离强度试验。

由于化学结构内存在氨基化合物官能团，Platamid 薄膜显示特别亲和极性官能团。剥离强度降低（参见表 5-30）确认了这一点，因此，丁腈橡胶中的丙烯腈含量越低，黏合力强度越小，当丙烯腈含量从 45%变化到 18%时，下降大约 64%。

表 5-30 剥离强度 单位：N/cm

45%丙烯腈含量 NBR	86	18%丙烯腈含量 NBR	31
28%丙烯腈含量 NBR	61		

发现最初状态的这种内聚损失呈线性，与丙烯腈含量成比例，参见图 5-4。

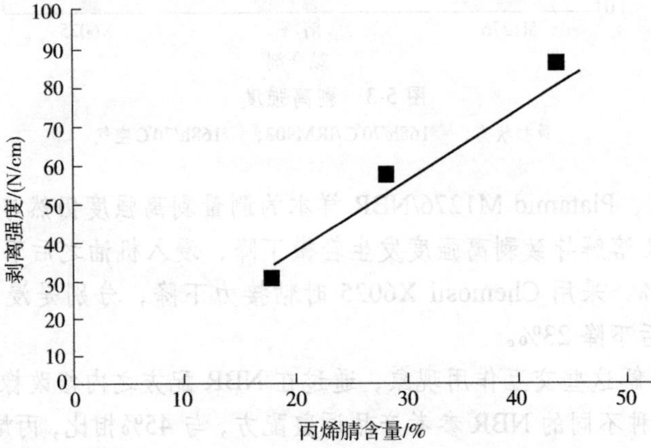

图 5-4 剥离强度和丙烯腈含量之间的关系

与 45%丙烯腈含量参考 NBR 相比，在空气和油料中热老化之后，28%和 18%丙烯腈含量的 NBR 的强度仍然处于低水平（参见图 5-5）。

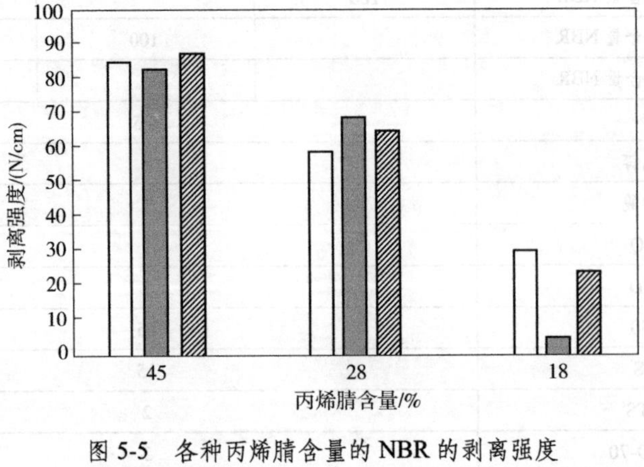

图 5-5 各种丙烯腈含量的 NBR 的剥离强度

□最初状态；■168h/70℃/IRM903；▨168h/70℃/空气

对于含有18%丙烯腈和浸入油料的NBR化合物，粘接力趋向于几乎到零。

三、评价与结论

该研究的目标是使用绿色新热塑性塑料Platamid薄膜评估固化橡胶板材的粘接性。Arkema集团基于改性聚酰胺开发了这些聚合物，熔化之后能够粘接。由于自身结晶结构的原因，这些聚合物被用作热熔黏合剂，已在工业规模用于黏合PVC。

试验了两种不同等级的Platamid薄膜在其上面黏合固化的丁腈橡胶配方。将这些Platamid化合物与工业方法（使用丁腈橡胶溶解和Chemosil X6025黏合剂）进行了对比。在最初状态以及在空气和油料中热老化之后在一系列样品上开展了180℃剥离强度试验，出现下列基本观察现象/结论：

① 与传统方法相比，使用Platamid薄膜的剥离强度更高。

② 在70℃大气中，在空气和/或油料中老化时，粘接耐用性仅受到微小影响。

③ 粘接力性能受到试验的NBR等级产品的丙烯腈含量的巨大影响。

最后，使用绿色的Platamid薄膜是替代橡胶车间和工厂使用的实际溶解的一种解决方案，前景光明而且能够引起人们的兴趣。这种新方法不会产生对健康和环境有害的挥发性溶剂，没有高度有害的溶剂是一个巨大优势。此外，Platamid采用非黏性聚合物薄膜包装，处理更简便和精确。

第六章　胶黏剂测试方法与质量控制及标准化分析

第一节　胶黏剂测试方法

一、检验胶黏剂粘接的质量

胶黏剂粘接的质量检验方法有很多，最常见的有：敲击法、液晶检测法、目测法、加压法、声阻法、超声波法。

(1) 敲击法　用小手锤敲击粘接表面，从发出的声音判别粘接质量。如果局部无缺陷，则敲击发出的声音清晰，反之，声音低沉，说明内部有缺陷、气泡。

(2) 液晶检测法　使用时将液晶及其填充剂涂于粘接接头表面，然后将其均匀迅速加热，当接头粘接层有缺陷时，由于其密度、比热容和热传导率不同，从而引起结构对外部热量传导的不一致，造成结构表面温度不均匀，然后利用液晶上的颜色来探测结构的粘接质量。液晶检测仪见图 6-1。

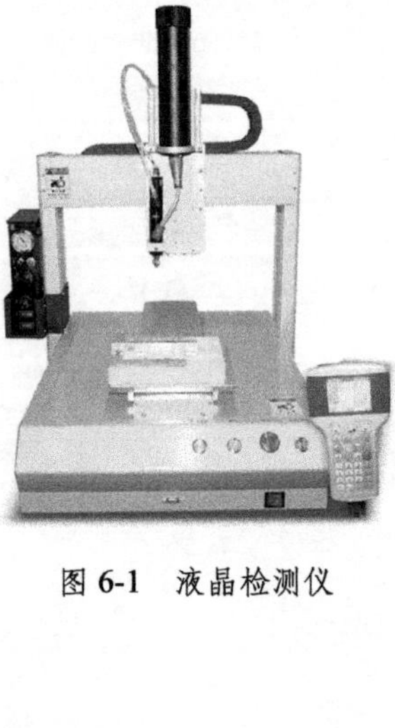

图 6-1　液晶检测仪

(3) 目测法　检验人员用眼睛观察粘接件接头处有无裂纹、裂缝和缺胶现象。

(4) 加压法　对于密封加压的粘接件，可按工作介质和工作压力进行压力密封试验，如果不泄漏即为合格。

(5) 声阻法　通过抗声阻探伤仪来测定粘接接头机械阻力的变化。由于试件粘接质量不同，其振动阻抗亦不同。如粘接有缺陷，则测得的阻抗明显下降。

(6) 超声波法　探伤用的超声波为 10^6 数量级，如果粘接接头有缺陷，超声波就能将这些缺陷反射回来，从而检验出胶层中是否存在气泡、缺陷或脱胶现象。

二、热熔胶的质量指标检验

热熔胶的质量指标较多，需要专用的仪器和适当的检测环境，在没有仪器设备的情况下，首先从外观上看胶型是否一致，有无气泡。其次将胶熔化制成宽约 1cm、厚 0.2cm 的胶带。冷却后用手拉伸该胶带，观其拉伸率是否能达到标准，强度是否足够，断裂口是否能够保持颜色不变。若有粉状物质，表明填料过多或混合不均匀，或填料颗粒度过大，会造成重大质量事故。接下来将胶粒存放在 0℃环境中，保持 24h 后取出，用硬物敲打若发生脆裂现象，表明耐低温性能差。将胶置于 40℃温度下一定时间后，若胶发软，自黏或黏手则表明胶的软化点偏低。如果属于同一档次的产品，黄胶优于白胶。

因其配方、工艺一样，只是白胶中加入了钛白粉，由于钛白粉的可熔性差，使白胶硬度和黏度降低，容易沉淀，使预热桶等加热装置不便清理，一旦沉积在加热部位后，会导致加热效果降低。

三、胶黏剂的检测标准及步骤

① 操作时间。胶黏剂混合到待粘接件配对之间的最大时间间隔。

② 初固化时间。达到可搬卸强度时间，允许处理粘接件的足够强度，包括从夹具上移动零件。

③ 完全固化时间。胶黏剂混合后得到最终力学性能需要的时间。

④ 贮存期。在一定条件下，胶黏剂仍能保持其操作性能和规定强度的存放时间。

⑤ 粘接强度。在外力作用下，使胶黏件中的胶黏剂与被粘物界面或其邻近处发生破坏所需要的应力。

⑥ 剪切强度。剪切强度是指粘接件破坏时，单位粘接面所能承受的剪切力，单位用 MPa（N/mm^2）表示。

⑦ 不均匀扯离强度。接头受到不均匀扯离力作用时所能承受的最大载荷，因为载荷多集中于胶层的两个边缘或一个边缘上，故是单位长度而不是单位面积受力，单位是 kN/m。

⑧ 拉伸强度。拉伸强度又称均匀扯离强度、正拉强度，是指粘接受力破坏时，单位面积所承受的拉伸力，单位用 MPa（N/mm^2）表示。

⑨ 剥离强度。剥离强度是在规定的剥离条件下，使粘接件分离时单位宽度所能承受的最大载荷，单位用 kN/m 表示。

四、胶黏剂的常见检测项目

(1) 物理性能

① 常规性能：厚度；黏度；耐水性。

② 机械测试：拉伸性能；剥离强度；拉伸剪切强度；压缩剪切强度；水平和垂直持粘性。

③ 燃烧性能：水平燃烧；垂直燃烧；灼热丝燃烧。

④ 电性能：绝缘材料表面和体积电阻率；防静电材料表面电阻率；介电强度、击穿电压；耐电压。

(2) 老化测试　快速紫外老化；氙灯老化；耐温湿老化；盐雾老化；老化后外观及性能评价。

(3) 成分分析　主成分定性分析；全成分定性分析；全成分定量分析；灰分含量。

(4) 可靠性　温湿循环；温度冲击；防水防尘；振动测试。

五、胶黏剂密度的检测方法

密度能反映胶黏剂混合的均匀程度，是计算胶黏剂涂布量的依据。实际生产中，常用密度计、密度瓶、韦氏天平、重量杯法和简易法测定胶黏剂的密度。

1. 简易法

简易法就是利用医用注射器测量密度。对于易流动的液态胶黏剂选用粗针头，对于难流动的膏状物可不用针头。

(1) 仪器和设备

① 医用注射器。15～30mL。

② 恒温水浴。精度为 0.1℃。

③ 天平。感量为 0.001g。

④温度计。100℃，分度为 0.1℃。

⑤ 恒温烘箱。

(2) 测定步骤　取医用注射器 1 支，装满铬硫酸洗液，放置 5～6h，水洗，再用无水乙醇洗，然后干燥，精确称出质量 m_1。

于注射器内装满测试温度范围的蒸馏水，排除空气泡，保持一定体积，称出质量 m_2。

将注射器的蒸馏水倒出，并烘干，再用欲测的胶黏剂洗 1～2 次，与装蒸馏水同样的条件装满胶黏剂，排除气泡，称得质量 m_3。

连续测定 3 次，取平均值。

(3) 结果计算　液态胶黏剂的密度 ρ 按下面的公式计算。

$$\rho=(m_3-m_1)/(m_2-m_1)$$

2. 重量杯法

重量杯法是用 37.00mL 的重量杯测定液态胶黏剂及其组分密度的方法。它适用于液态胶黏剂密度的测定，特别适用于黏度较高或组分挥发性较大、不宜用密度瓶法测定密度的液态胶黏剂。

(1) 方法原理　用20℃下容量为37.00mL的重量杯所盛液态胶黏剂的质量除以37.00 mL，即可得到胶黏剂的密度。

(2) 仪器和设备

① 重量杯。20℃下容量为37.00 mL的金属杯。

② 恒温水浴或恒温室。能保持 (23±1) ℃。

③ 天平。感量为0.001g。

④ 温度计。0～50℃，分度为1℃。

(3) 测定步骤

① 准备足以进行3次测定用的胶黏剂样品。

② 用挥发性溶剂清洗重量杯并干燥。

③ 在25℃以下把搅拌均匀的胶黏剂试样装满重量杯，然后将盖子盖紧，并使溢流口保持开启。随即用挥发性溶剂擦去溢出物。

④ 将盛有胶黏剂试样的重量杯置于恒温水浴或恒温室，使试样恒温至 (23±1) ℃。

⑤ 用溶剂擦去溢出物，然后用重量杯的配对砝码称重装有试样的重量杯，精确至0.001g。

⑥ 每个胶黏剂样品测试3次，以3次数据的算术平均值作为试验结果。

(4) 结果计算　液态胶黏剂的密度ρ按下面的公式计算。

$$\rho=(m_2-m_1)/37$$

式中　ρ——液态胶黏剂的密度；

m_1——空重量杯的质量；

m_2——装满试样的重量杯质量。

六、印刷油墨胶黏剂挥发性毒物定性及检测

印刷行业使用大量的油墨和胶黏剂，油墨和胶黏剂化学成分复杂，其中能引起职业病危害的主要是可挥发的有毒物质。通过对油墨和胶黏剂中可挥发的有毒物质种类进行定性分析，找出油墨和胶黏剂中可挥发的主要有毒物质，在工作场所空气中有毒物质监测和职业病危害评价工作中可能更有针对性，做到有的放矢。

1. 材料与方法

(1) 油墨和胶黏剂　所用油墨为天津产晶莹牌印刷油墨和太原产胶印轮转印刷油墨，胶黏剂为7013胶。

(2) 分析仪器　日本岛津气相色谱质谱联用仪 (QP5050AGC-MS) 和GC-9A型气相色谱仪。

(3) 油墨、胶黏剂定性分析方法　用固相微萃取 (SPME) 分别吸附150mL瓶装天津产晶莹牌油墨、7013胶和太原产胶印轮转印刷油墨上方可挥发性气体，室温 (24℃) 下在QP5050AGC-MS上进行定性分析，绘出质谱总离子色谱图，标出

检测出的主要挥发性有毒物质。

(4) 工作场所样品采集分析　对文教印刷厂和青年印刷厂的生产工艺过程进行调查，对使用油墨、胶黏剂进行印刷和覆膜的工作场所空气中相应的有毒物质用活性炭管采样，GC-9A 型气相色谱仪进行检测。对检测结果列表和制图进行分析，与国家职业卫生标准《工作场所有害因素职业接触限值》进行比较。

2. 分析和工作场所检出结果

(1) GC-MS 定性结果

① 天津产晶莹牌印刷油墨主要可挥发性有毒物质。该油墨有毒物质为 2-丁酮，另外还有异丙醇、二甲苯和 2-丁酮肟。其质谱总离子色谱图见图 6-2，从左至右共 4 个峰，其中第 2 个峰面积最大，为 2-丁酮。

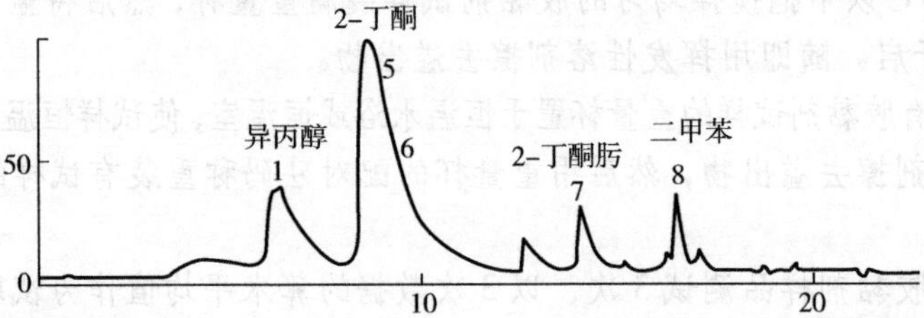

图 6-2　天津产晶莹牌印刷油墨质谱总离子色谱图

② 7013 胶主要可挥发性有毒物质。该胶有毒物质为乙酸乙烯酯。其质谱总离子色谱图见图 6-3。

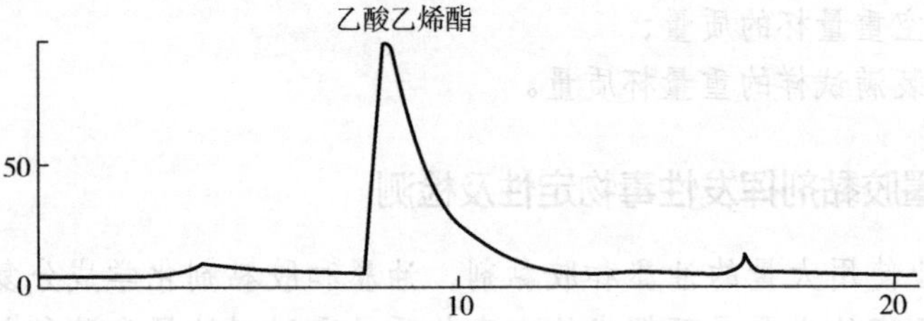

图 6-3　7013 胶质谱总离子色谱图

③ 太原产胶印轮转印刷油墨。该油墨未检出可挥发性有毒物质。其质谱总离子色谱图见图 6-4。

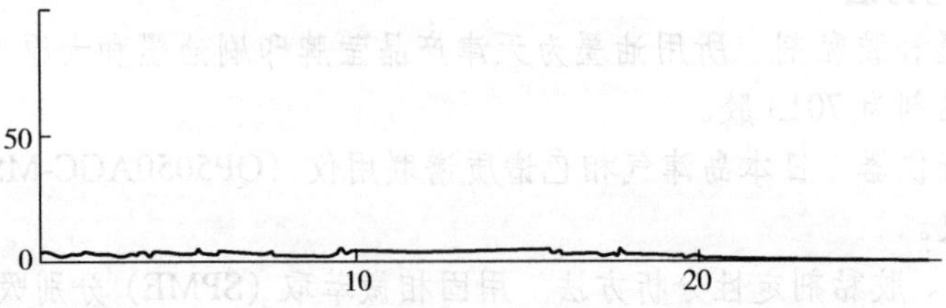

图 6-4　太原产胶印轮转印刷油墨质谱总离子色谱图

(2) 工作场所空气中有毒物质检测结果

① 文教印刷厂。该厂在广告印刷生产过程中使用天津产品莹牌印刷油墨，在覆膜生产过程中使用7013胶。在印刷工作场所空气中未检出丁酮和二甲苯，检出的异丙醇浓度低于最低检出浓度（0.0015mg/m^3）。在覆膜工作场所空气中检出有毒物质乙酸乙烯酯，其TWA值（时间加权平均值）为46mg/m^3，STEL值（短期暴露限）为55mg/m^3，均超过国家职业卫生标准《工作场所有害因素职业接触限值》。

② 青年印刷厂。该厂在报纸印刷生产过程中使用太原产胶印轮转印刷油墨。在报纸印刷工作场所空气中可检出少量的苯、甲苯、二甲苯、乙酸乙酯和溶剂汽油，其浓度均低于国家职业卫生标准《工作场所有害因素职业接触限值》。

(3) 油墨、胶黏剂挥发性有毒物质定性结果与工作场所空气中有毒物质检测结果对照　结果对照见表6-1。从表中可以看出，天津产品莹牌印刷油墨定性分析检出2-丁酮、异丙醇、二甲苯和2-丁酮肟，工作场所只检出异丙醇，未检出丁酮、二甲苯；7013胶定性分析检出乙酸乙烯酯，工作场所也检出乙酸乙烯酯；太原产胶印轮转印刷油墨定性分析未检出挥发性有毒物质，工作场所检出苯、甲苯、二甲苯、乙酸乙酯和溶剂汽油。

表6-1　油墨、胶黏剂挥发性有毒物质定性分析结果与工作场所检出结果对照表

材料	定性分析结果	工作场所检出结果
天津产品莹牌油墨	2-丁酮、异丙醇、二甲苯、2-丁酮肟	检出异丙醇，未检出丁酮、二甲苯
7013胶	乙酸乙烯酯	乙酸乙烯酯
太原产胶印轮转印刷油墨	未检出挥发性有毒物质	苯、甲苯、二甲苯、乙酸乙酯、溶剂汽油

(4) 文教印刷厂和青年印刷厂工作场所空气中有毒物质检测结果　有毒物质检测结果见表6-2、图6-5和图6-6。从中可以看出，除覆膜机操作位乙酸乙烯酯浓度超过国家卫生标准外，广告印刷机操作位及报纸印刷机塔上部操作位检出的其他有毒物质浓度均低于卫生标准，其TWA值均在卫生标准值的4%以下，STEL值均在卫生标准值的6%以下。

表6-2　工作场所空气中有毒物质检测结果分析表

工作场所	检出毒物	TWA			STEL		
		浓度/(mg/m^3)	标准/(mg/m^3)	检出浓度/卫生标准/%	浓度/(mg/m^3)	标准/(mg/m^3)	检出浓度/卫生标准/%
广告印刷机操作位	异丙醇	低于检出浓度	350		低于检出浓度	700	
	丁酮	未检出	300		未检出	600	
	二甲苯	未检出	50		未检出	100	

续表

工作场所	检出毒物	TWA			STEL		
		浓度/ (mg/m^3)	标准/ (mg/m^3)	检出浓度/卫生标准/%	浓度/ (mg/m^3)	标准/ (mg/m^3)	检出浓度/卫生标准/%
覆膜机操作位	乙酸乙烯酯	46.00	10	460.0	55.00	15	366.7
报纸印刷机塔上部操作位	苯	0.22	6	3.7	0.58	10	5.8
	甲苯	0.50	50	1.0	1.00	100	1.0
	二甲苯	0.93	50	1.9	2.00	100	2.0
	乙酸乙酯	0.69	200	0.3	1.30	300	0.4
	溶剂汽油	0.14	300	0.05	0.18	450	0.04

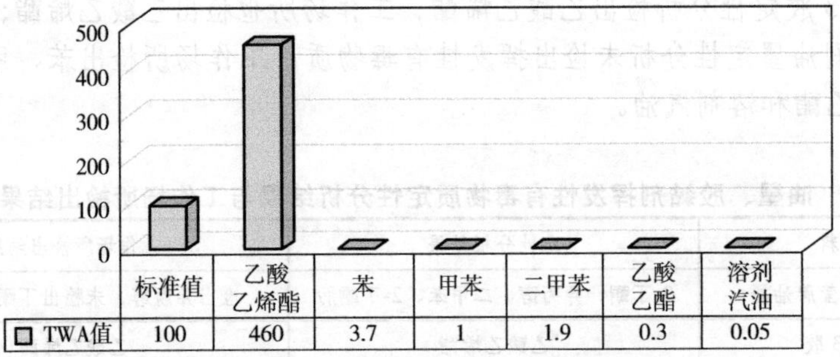

图 6-5 工作场所空气中有毒物质浓度与标准值比较（TWA）

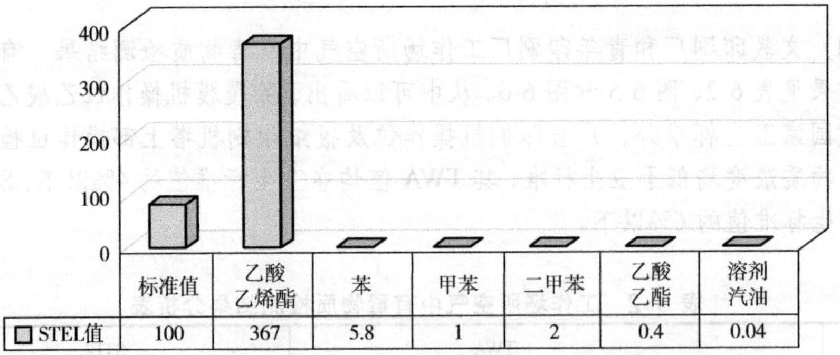

图 6-6 工作场所空气中有毒物质与标准值比较（STEL）

3. 评价与讨论

油墨、胶黏剂挥发性有毒物质定性分析结果与工作场所检测结果并不一致。定性分析检出的有毒物质，在工作场所不一定检测出；定性分析未检出的有毒物质，在工作场所可能检测到。一方面可能是工作场所环境复杂，影响因素较多，另一方面说明还不能完全用质谱定性分析结果指导工作场所空气中有毒物质检测工作。

因此，实际工作中油墨、胶黏剂质谱定性和工作场所空气中有毒物质气相色谱检测应相互配合。

定性分析未检出有毒物质的太原产胶印轮转印刷油墨，其使用工作场所检测出的有毒物质苯、甲苯、二甲苯、乙酸乙酯和溶剂汽油浓度均较低，其TWA值均在卫生标准值的4%以下，STEL值均在卫生标准值的6%以下。在结合职业卫生学调查，排除生产工艺改变影响和其他有毒物质污染的情况下，质谱定性结果对卫生监督和卫生学评价工作具用一定指导意义。质谱定性分析未检出时，即使工作场所空气中检测到有毒物质，其浓度也不超标。

天津产晶莹牌印刷油墨定性分析检出有毒物质2-丁酮、异丙醇、二甲苯和2-丁酮肟，而其使用工作场所空气中未检出丁酮和二甲苯，检出的异丙醇浓度低于最低检测浓度；7013胶定性分析检出有毒物质乙酸乙烯酯，工作场所空气中乙酸乙烯酯高于卫生标准，可能是覆膜生产工艺温度（60～70℃）较高，挥发出大量乙酸乙烯酯所致。此结果表明，如果定性检测时的温度与生产工艺温度相一致，其结果可能更加科学。

天津产晶莹牌印刷油墨定性共检出4种有毒物质，其质谱总离子色谱图中峰面积最大的2-丁酮在工作场所空气中未检出，却检出了峰面积次之的异丙醇。因此，峰面积的大小难以决定其在工作场所空气中的浓度高低，可能是实际生产工艺条件与定性分析实验环境条件不完全一致。

七、软包装复合膜胶黏剂行业的溶剂成分的检测及定性定量

（1）仪器配置

① 山东鲁南SP-6890FID气相色谱仪一台。

② 溶剂残留专用大口径毛细管柱一根。

③ 氮气、氢气、空气，气源各一。

④ 浙大智达N-2000色谱工作站一套。

⑤ 电脑一台。

⑥ 烘箱一台。

⑦ 顶空瓶若干。

（2）检测过程（简述）

① 正常开启色谱仪工作站电脑烘箱。

② 精密抽取各种溶剂，配成标准样品，放入已恒温80℃的烘箱中30min。

③ 取出汽化后的标准样品，精密抽取1μL样气快速注入SP-6890专用汽化室中。

④ 20min后电脑上就显示出标准样品中各种溶剂的色谱峰，根据已知的各种溶剂的含量，用面积外标法，在电脑中编ID表。

八、压敏胶初粘力的测试方法

压敏胶黏剂是一类对压力有敏感性的胶黏剂，主要用于制备压敏胶带。一般压敏胶的剥离力（胶带与被粘表面加压粘贴后所表现的剥离力）<胶黏剂的内聚力（压敏胶分子之间的作用力）<胶黏剂的粘接力（胶黏剂与基材之间的附着力）。这样的压敏胶黏剂在使用过程中才不会有脱胶等现象的发生。

初粘性的定义：压敏胶黏剂在非常轻的压力下粘在物体表面的性质。初粘性由胶黏剂快速润湿其接触表面的能力确定。

目前，全球常见用来评价压敏胶初粘性的方法有四种，分别是环形初粘力、探针初粘力、滚球初粘性和快粘力。尽管同一种压敏胶使用这些方法得到的数值并不相同，但还是能够区分不同压敏胶的相对粘接性能，表 6-3 就列出了各种试验方法的说明。

表 6-3　全世界初粘性的标准试验方法

说明	试验方法				
	PSTC	GB/T	ASTM	JIS	FINAT
环形初粘力		31125—2014	D6195（A）	0237	9
探针初粘力			D2979		
滚球初粘性	6	4852—2002	D3121	0237	

环形初粘力在近年来已成为最可靠的试验方法，因为这种方法可以得到重复和一致的数据。现在大部分胶带和标签生产商在他们公开的产品资料中只报告环形初粘力的数据。

电脑式环形初粘力试验机见图 6-7，环形初粘力样品测试形态见图 6-8。

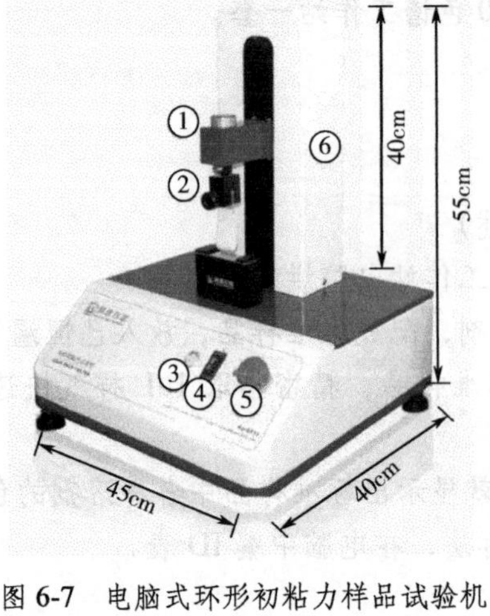

图 6-7　电脑式环形初粘力样品试验机

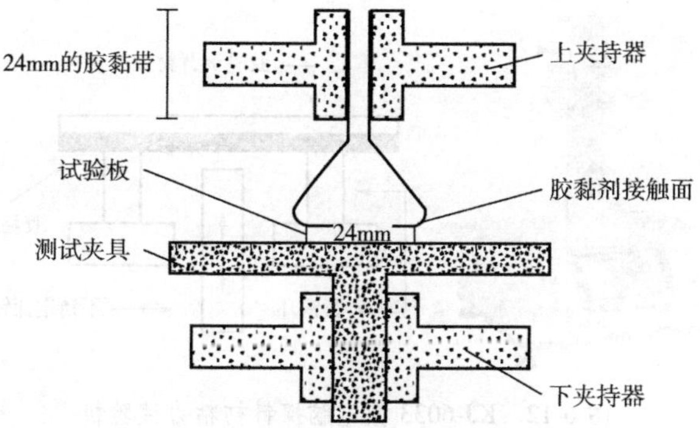

图 6-8 环形初粘力样品测试形态

环形初粘力的试验程序如下：

① 将压敏胶带样品绕成标准环形（图 6-9）。

② 使得到的环形胶带的有胶的一侧向外与标准试验钢板接触，以设定的速度向回拉（图 6-10）。

③ 电子测力传感器或测力计测量初粘力，取五次的平均值（图 6-11）。

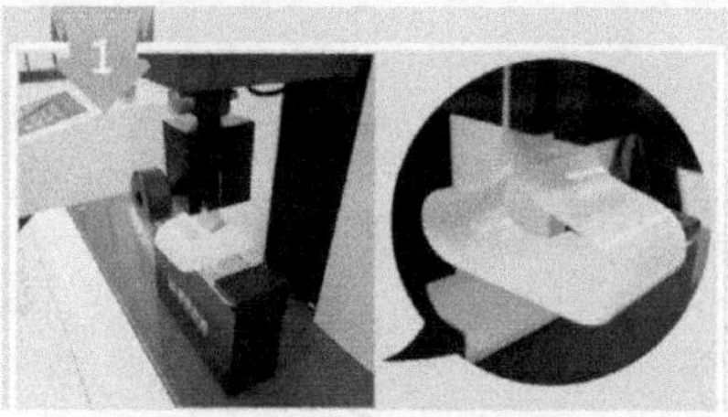

图 6-9 环形初粘力的试验程序 1

图 6-10 环形初粘力的试验程序 2

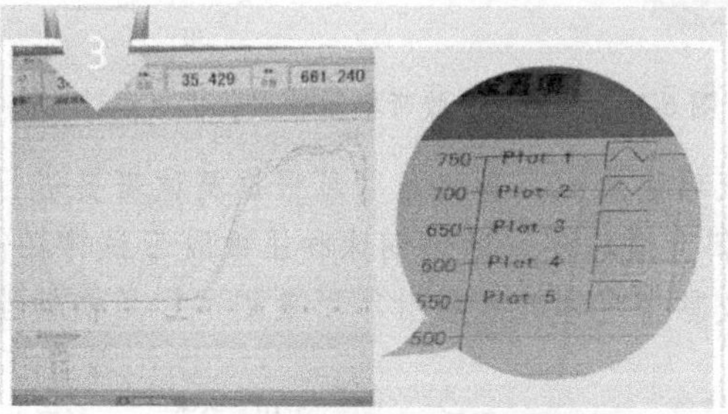

图 6-11 环形初粘力的试验程序 3

探针初粘力在以前非常常用，因为探针初粘力试验的动作与指触初粘力试验非常相似。现在，只有很少的生产商和终端用户仍然采用这种试验方法。这是因为接触面积太小，这种方法得到的试验数据偏差太大。探针尖端的直径只有 5.0mm。

探针初粘力试验机测定的初粘性能对涂布量、涂层表面的平滑性和样品制备方法过于敏感。KJ-6033 微电脑探针初粘力试验机见图 6-12。

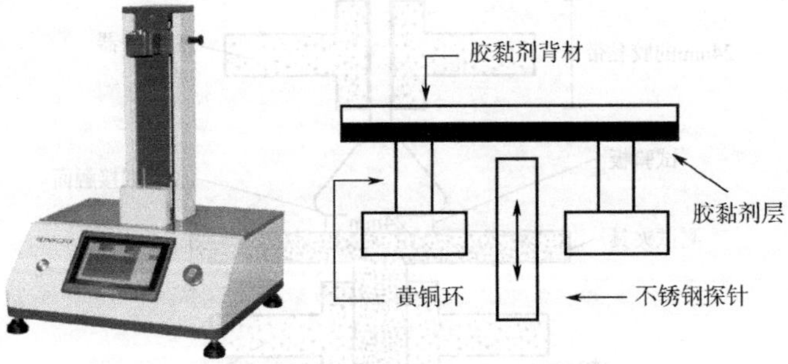

图 6-12　KJ-6033 微电脑探针初粘力试验机

探针初粘力的试验程序如下：

① 使标准面积的金属探针以 100g 的载荷与胶黏剂接触 1s。

② 测量探针脱离胶黏剂的力，取五次的平均值。

滚球初粘性试验非常简单且成本较低，但是试验结果与其他初粘性试验没有可比性。非常黏的胶黏剂并不一定得到很好的滚球初粘性，反之亦然。实际应用中，滚球初粘性对生产现场的在线 QC 检测来说是一种非常好的试验方法。通过这种简单的方法，很容易在涂布后马上就能测出幅面上涂布的一致性。KJ-6032 胶带初粘性试验机（滚球法）见图 6-13。

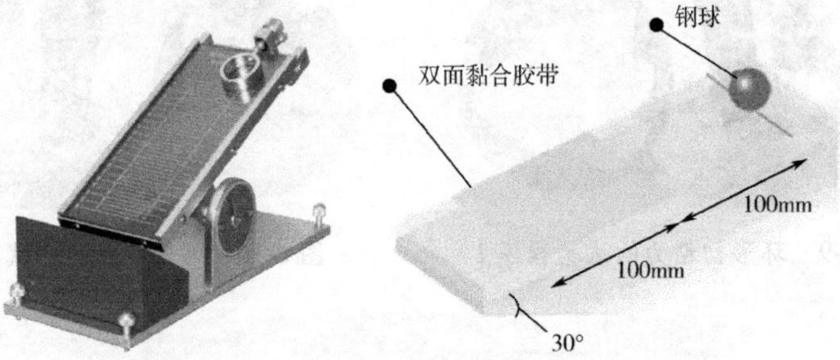

图 6-13　KJ-6032 胶带初粘性试验机（滚球法）

一般采用斜面滚球法测试，倾斜角度可根据测试需要进行相应调试。

采用 7/16 钢球斜面滚球法。通过钢球和压敏胶带试样黏性面之间以微小压力发生短暂接触时，胶黏带对钢球的黏附作用来测试样品初粘性（图 6-14）。

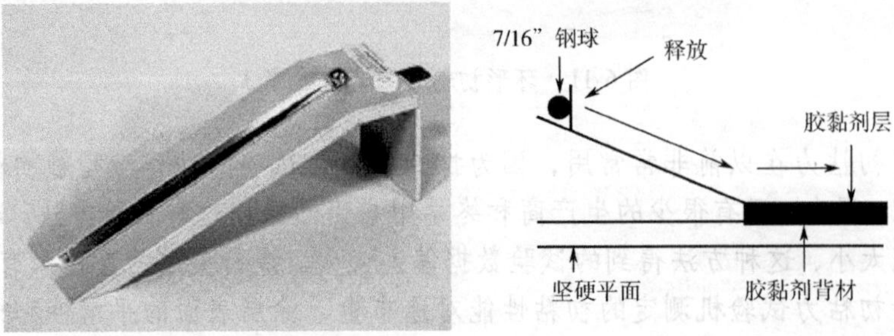

图 6-14　KJ-6030 胶带初粘性试验机（滚距法）

滚球初粘性的试验程序如下：

① 操纵控制机构，使钢球从斜槽滚下。

② 测量斜槽末端到球中心的距离，取五次的平均值。

快粘力可在配有活动滑板的大部分拉伸试验机上进行，其中的活动滑板提供90°的剥离角度。快粘力试验和90°剥离试验的差别就是在试验前没有在快粘力试样上施加压力［例如剥离试验需要2公斤的压力（1公斤压力=760mm汞柱）］。尽管这种试验方法有点烦琐，需要另外的附件，但是这种方法的试验结果较为一致，并且可以与90°剥离试验测定的结果进行对比。KJ-1065A电脑式剥离强度试验机见图6-15。

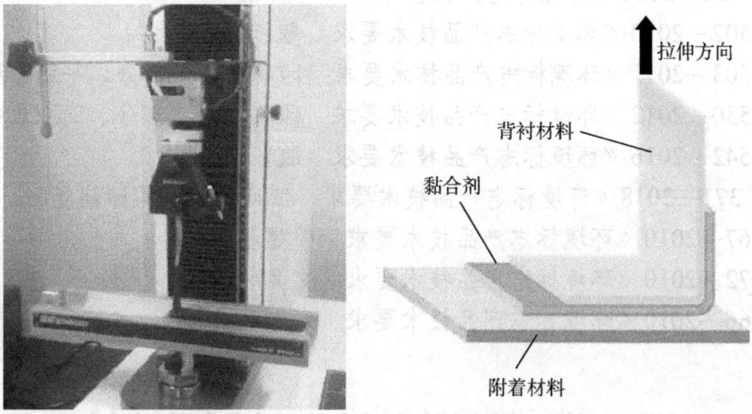

图6-15 KJ-1065A电脑式剥离强度试验机

90°快粘力的试验程序如下：

① 将胶带试样贴合在不锈钢板上，整个过程试样上除了其本身重量外未被施加任何压力。

② 以300mm/min的速度将胶带以90°的角度剥离，取三次测量的平均值。

指触初粘性在实际的评价中也常用到，这种方法不需要任何设备。很多人相信指触初粘性比上述其他试验更加现实。实际上，指触初粘性不仅过于主观，而且非常不科学。除了与皮肤接触的压敏胶外，没有压敏胶是贴在人体皮肤上的。很多变量（如皮肤粗糙度、温度、油脂和汗迹等）都会对指触初粘性的手感造成显著影响。在胶黏剂用户选择适合的压敏胶时，指触初粘性可能对他们造成误导。

九、涂料、胶黏剂产品环保及安全测试

HJ 2537—2014《环境标志产品技术要求　水性涂料》（代替HJ/T 201—2005）

HJ/T 414—2007《环境标志产品技术要求　室内装饰装修用溶剂型木器涂料》

HJ 2541—2016《环境标志产品技术要求　胶粘剂》

GB 18581—2020《木器涂料中有害物质限量》

GB 18582—2020《建筑用墙面涂料中有害物质限量》

GB 18583—2008《室内装饰装修材料　胶粘剂中有害物质限量》

GB 24409—2020《车辆涂料中有害物质限量》

GB 24613—2009《玩具用涂料中有害物质限量》

G绿色认证检测的产品标准如下：

HJ 2537—2014《环境标志产品技术要求　水性涂料》

HJ/T 414—2007《环境标志产品技术要求　室内装饰装修用溶剂型木器涂料》

HJ 2541—2016《环境标志产品技术要求　胶粘剂》

HJ 2547—2016《环境标志产品技术要求　家具》

HJ/T 432—2008《环境标志产品技术要求　厨柜》

HJ 2502—2010《环境标志产品技术要求　壁纸》

HJ 2503—2011《环境标志产品技术要求　印刷　第一部分：平版印刷》

HJ 2530—2012《环境标志产品技术要求　印刷　第二部分：商业票据印刷》

HJ 2542—2016《环境标志产品技术要求　胶印油墨》

HJ/T 371—2018《环境标志产品技术要求　凹印油墨和柔印油墨》

HJ 567—2010《环境标志产品技术要求　喷墨墨水》

HJ 572—2010《环境标志产品技术要求　文具》

HJ 566—2010《环境标志产品技术要求　木制玩具》

第二节　最新胶黏剂质量标准化分析

一、国内外胶黏剂检验方法的标准

国际标准分类中，胶黏剂检验方法涉及到黏合剂和胶黏产品、建筑材料、振动、冲击和振动测量、铁路车辆、建筑物结构。

在中国标准分类中，胶黏剂检验方法涉及到胶黏剂基础标准与通用方法、林业基础标准与通用方法、粘接材料、混凝土结构工程。

1. 国家质量监督检验检疫总局关于胶黏剂检验方法的标准

GB/T 14074—2017《木材工业用胶粘剂及其树脂检验方法》

2. 德国标准化学会关于胶黏剂检验方法的标准

DIN EN 1937-1999《胶黏剂. 液压固化地板镘光和/或整平化合物的检验方法. 标准混合法》

DIN EN 1799-1999《混凝土支承结构防护和维修用产品和系统. 检验方法. 混凝土表面用胶黏剂合格检验》

3. 日本工业标准调查会关于胶黏剂检验方法的标准

JIS K6848-1-1999《胶黏剂. 胶黏剂粘接强度的检验方法. 第1部分：通用

规则》

4. 欧洲标准化委员会关于胶黏剂检验方法的标准

EN 1373-1999《胶黏剂. 地板及墙壁铺面用胶黏剂的检验方法. 剪切试验》

NEN-EN 302-2-1993《承重木结构用胶黏剂. 检验方法. 第2部分: 抗剥离性测定 (实验室法)》

NEN-EN 302-3-1993《承重木结构用胶黏剂. 检验方法. 第3部分: 通过温度和湿度循环试验测定酸性腐蚀对木纤维横向拉伸强度的影响》

NEN-EN 302-4-1993《承重木结构用胶黏剂. 检验方法. 第4部分: 木材收缩对剪切强度影响的测定》

NEN-EN 302-1-1993《承重木结构用胶黏剂. 检验方法. 第1部分: 纵向抗拉伸剪切的粘接强度的测定》

二、我国胶黏剂和胶黏带行业国家标准、行业标准

国家标准、行业标准的颁布实施，是关乎行业发展的大事。近期，我国胶黏剂和胶黏带行业新实施了三项行业标准、十项国家标准，废止了两项国家标准。为使全行业掌握和跟进各项标准工作的新进展，中国胶粘剂和胶粘带工业协会收集整理了近期发布的多项公告，集中为大家解读一下我国胶黏剂和胶黏带行业国家标准、行业标准的新变化。

实施的十项新国家标准（按实施日期排序）:

1. GB/T 34712—2017《胶粘带起翘性的测定》

2018年5月1日起实施。

本标准规定了胶黏带起翘性能的试验方法。适用于通过缠绕法测定胶黏带的起翘性。

2. GB/T 34716—2017《压敏胶粘剂溶解度的测定》

2018年5月1日起实施。

本标准规定了压敏胶黏剂溶解度的测定方法。适用于压敏胶黏剂在水溶液或碱性溶液中溶解度的测定。

3. GB/T 14074—2017《木材工业用胶粘剂及其树脂检验方法》

替代标准GB/T 14074—2006，于2018年7月1日起实施。

本标准规定了木材工业用胶黏剂及其树脂的检验方法。适用于木材工业用胶黏剂用三聚氰胺改性脲醛树脂、酚醛树脂、三聚氰胺甲醛树脂外观、密度、黏度、pH值和固体含量等各项指标的测定。

4. GB/T 14732—2017《木材工业胶粘剂用脲醛、酚醛、三聚氰胺甲醛树脂》

替代标准GB/T 14732—2006，于2018年7月1日起实施。

本标准规定了木材工业胶黏剂用脲醛、酚醛、三聚氰胺甲醛树脂和浸渍用脲醛、酚醛、三聚氰胺甲醛树脂的分类、要求、试验方法、检验规则及标志、包装、

运输和贮存。适用于以甲醛与尿素或苯酚、三聚氰胺为主要原料，经缩聚反应合成的各种木质材料胶黏剂和浸渍用合成树脂；也适用于用三聚氰胺、苯酚、尿素的部分互相替代及用间苯二酚替代部分苯酚共缩聚的合成树脂。

5. GB/T 35489—2017《胶粘剂老化条件指南》

2018 年 7 月 1 日起实施。

本标准给出了胶黏剂在标准试验室条件下，各种状态的老化选择指南。适用于评估各种老化环境（气候或化学）对胶黏剂粘接件的影响，但使用本标准获得的结果不能用于粘接件使用寿命的测定。

6. GB/T 35494. 1—2017《各向同性导电胶粘剂试验方法　第 1 部分：通用方法》

2018 年 7 月 1 日起实施。

本部分规定了各向同性导电胶黏剂的通用试验方法。适用于各向同性导电胶黏剂基本性能的测定。

7. GB/T 35495—2017《弹性密封胶暴露于动态人工气候老化后内聚形态变化的试验方法》

2018 年 7 月 1 日起实施。

本标准规定了弹性密封胶暴露于人工气候环境和周期性变化后内聚形变和外观变化的试验方法。适用于弹性密封胶动态老化后的外观、内聚裂纹的数量、宽度和深度的评级，可为评估密封胶动态老化性能提供参考依据。

8. GB/T 14683—2017《硅酮和改性硅酮建筑密封胶》

替代标准 GB/T 14683—2003，于 2018 年 8 月 1 日起实施。

本标准规定了硅酮和改性硅酮建筑密封胶产品的术语和定义、分类、要求、试验方法、检验规则、标志、包装、运输和贮存。适用于普通装饰装修和建筑幕墙非结构性装配用硅酮建筑密封胶，以及建筑接缝和干缩位移接缝用改性硅酮建筑密封胶。

9. GB/T 34557—2017《砂浆、混凝土用乳胶和可再分散乳胶粉》

2018 年 9 月 1 日起实施。

本标准规定了砂浆、混凝土用乳胶和可再分散乳胶粉的分类、一般要求、技术要求、试验方法、检验规则、标志、出厂、包装、运输、贮存等。

10. GB/T 36060—2018《精装书籍用水基胶黏剂粘接过程控制要求及检验方法》

2018 年 10 月 1 日起实施。

本标准规定了精装书籍加工中使用水基胶黏剂的术语和定义、原材料要求、生产环境要求、成品质量要求及检验方法、成品的储存和运输。适用于精装书籍加工中使用水基胶黏剂进行书芯粘环衬、扫衬、书背刷底胶、书壳包边、成品质量要求等加工的过程控制。

三、我国胶黏剂和密封胶相关行业国家标准、行业标准

在工业企业胶黏剂运用中，密封胶所占的比例是比较大的，因此，行业内为密封胶专门出台了一系列的相关标准文件，比如国家标准 GB 16776《建筑用硅酮结构密封胶》，又或者是国家标准 GB/T 23261—2009《石材用建筑密封胶》。

1. 国家标准 GB 16776《建筑用硅酮结构密封胶》

这是一份强制性的国家标准文件，文件里面规定了结构胶的基本性能要求，所有在我国生产、销售、使用的结构胶都必须符合该标准的要求。里面还对胶黏剂产品的类别、适用基材类别、外观、物理力学性能、硬度以及养护做了详细的说明，还包括材料试验的方法，所以，这份国家标准 GB 16776《建筑用硅酮结构密封胶》，一定要详细解读。

2. 国家标准 GB/T 14683《硅酮和改性硅酮建筑密封胶》

这是一份国家标准检验的文件，里面详细地介绍了结构胶以外的其他耐候胶、密封胶、玻璃胶（特殊用途的除外），目前这些胶黏剂都执行这一国家标准。

3. 国家标准 GB/T 23261—2009《石材用建筑密封胶》

本标准规定了石材接缝用建筑密封胶的分类和标记、要求、试验方法、试验规则、标志、包装、运输与贮存。适用于建筑工程中天然石材接缝嵌填用弹性密封胶。

4. 标准 JC/T 885—2016《建筑用防霉密封胶》

建筑类密封胶的使用规则非常严谨，因此防霉密封胶除了执行 GB/T 14683 之外，同时执行标准 JC/T 885—2016《建筑用防霉密封胶》。这份文件内给胶黏剂做了详细的分类和标记，还做了防霉等级分类，记录为 0 级或 1 级。

QJ 1992. 22-90《胶粘剂的配制与胶接工艺规范 JW-1 胶的配制与胶接（密封）工艺》

QJ 1992. 19-90《胶粘剂的配制与胶接工艺规范 Z-2 胶的配制与胶接工艺》

四、国内2019年新实施的六项国家标准

国内 2019 年新实施的六项国家标准如下：

1. GB/T 36797—2018《装修防开裂用环氧树脂接缝胶》

本标准规定了装修防开裂用环氧树脂接缝胶的术语和定义、产品分类与标记、要求、试验准备、试验方法、检验规则和包装、标识、标志、运输、贮存，适用于以由环氧树脂（A 组分）与胺类固化剂（B 组分）组成的室内装饰装修用无溶剂型接缝胶产品。

2. GB/T 36799—2018《胶粘剂挥发性有机化合物释放量的测定　微舱法》

本标准规定用微舱法对胶黏剂产品中的气相有机化合物（挥发性和半挥发性）

进行快速定性和半定量的测定方法，适用于规定面积（或质量）胶黏剂中挥发性有机化合物释放量的快速检测。

3. GB/T 36802—2018《太阳能光伏背板覆膜用胶粘剂》

本标准规定了太阳能光伏背板覆膜用胶黏剂的术语和定义、分级、要求、状态调节、试验准备、老化条件、试验方法、检验规则、标志、包装、运输和贮存，适用于太阳能背板复合粘接用胶黏剂。

4. GB/T 36803—2018《胶粘剂挥发性有机化合物释放量的测定　袋式法》

本标准规定了用袋式法测定胶黏剂产品中挥发性有机化合物（VOC）、甲醛和其他羰基化合物释放量的方法，适用于测量在 *n*-C6 和 *n*-C16 之间的非极性和弱极性挥发性有机物的释放（涂覆释放和残余释放）。测量的 VOCs、甲醛和其他羰基化合物浓度范围在 μg/m^3 至 mg/m^3 之间。

5. GB/T 36877—2018《结构胶粘剂冲击剥离强度的测定　楔形物法》

本标准规定了用楔形物法测定结构胶黏剂冲击剥离强度的试验方法，适用于由金属与金属、金属与非金属构成的粘接试件，其冲击剥离强度的测定。

6. GB/T 36878—2018《密封胶抗撕裂强度的测定》

本标准规定了密封胶抗撕裂强度的测定方法，适用于密封胶抗撕裂强度的表征和测定。

五、国内2018、2019年新实施的胶粘剂十三项行业标准

1. HG/T 2492—2018《α-氰基丙烯酸乙酯瞬间胶粘剂》

本标准规定了 α-氰基丙烯酸乙酯瞬间胶黏剂的技术要求、试验方法、检验规则、包装、标志、运输和贮存，适用于以 α-氰基丙烯酸乙酯为主要成分的瞬间固化的无溶剂型胶黏剂。本标准替代 HG/T 2492—2005。

2. HG/T 3318—2018《纤维织物和真皮用天然橡胶胶黏剂》

本标准规定了纤维织物和皮革用天然橡胶胶黏剂的要求、试验方法、检验规则及包装、标志、运输和贮存，适用于纤维织物和皮革等黏合的溶剂型天然橡胶胶黏剂。本标准替代 HG/T 3318—2002。

3. HG/T 3658—2018《双面压敏胶粘带》

本标准规定了双面压敏胶黏带的分类、要求、试验方法、检验规则、标志、包装、运输及贮存，适用于以纸、塑料薄膜、发泡体、布、金属箔为基材，两面均匀涂布压敏胶形成的双面胶黏带以及无基材双面压敏胶黏带。本标准替代 HG/T 3658—1999。

4. HG/T 3737—2018《厌氧胶粘剂》

本标准规定了厌氧胶黏剂的用途、特性、技术要求、试验方法、检验规则、标志、包装、运输和贮存，适用于厌氧胶产品及其质量管理。本标准替代 HG/T 3737—2004。

5. HG/T 5375—2018《水性胶粘剂中丙烯酰胺含量的测定》

本标准规定了采用气相色谱测定水性胶黏剂中丙烯酰胺含量的方法，适用于

水性胶黏剂中丙烯酰胺残留单体含量的测定。

6. HG/T 5376—2018《复合软包装用双组份聚氨酯胶粘剂》

本标准规定了复合软包装用双组分聚氨酯胶黏剂的分类、要求、试验方法、检验规则、标志、包装、运输和贮存要求，适用于以多元醇（包括聚酯多元醇、聚醚多元醇）及异氰酸酯等反应合成的端羟基或端异氰酸酯基等反应性基团，以A、B两组分调和使用的溶剂型或无溶剂型复合软包装用聚氨酯胶黏剂。

7. HG/T 5377—2018《乙烯-醋酸乙烯酯（EVA）胶膜》

本标准规定了乙烯-醋酸乙烯酯共聚物（EVA）胶膜的分类、术语和定义、要求、试验方法、检验规则、包装、标志、运输和贮存，适用于光伏组件、纺织等领域应用的EVA胶膜产品。

8. HG/T 5378—2018《有机硅平面密封胶》

本标准规定了有机硅平面密封胶的术语和定义、一般要求、技术要求、试验方法、检验规则及标志、包装、运输和贮存等，适用于汽车和内燃机领域的各种机械设备零部件的密封。

9. HG/T 5379—2018《电器用有机硅密封胶》

本标准规定了电器用有机硅密封胶的分类、要求、试验方法、检验规则、包装、标志、运输和贮存等方面的要求，适用于以聚有机硅氧烷为基础聚合物，加入适量的添加剂配制而成的用于电子电器行业的有机硅密封胶。

10. HG/T 5380—2018《鞋用热熔胶粘剂》

本标准规定了鞋用热熔胶黏剂的分类、技术要求、试验方法、检验规则及包装、标志、运输和贮存，适用于制鞋工艺及鞋材用热熔胶黏剂。

11. HG/T 5247—2017《单组份热固化环氧结构胶粘剂》

2018年4月1日起实施。

本标准规定了单组分热固化环氧结构胶黏剂的技术要求、试验方法、检验规则和标志、包装、运输、存储。适用于汽车车身、高铁、地铁、制造中不易焊接、螺栓连联的结构处粘接的单组分热固化环氧结构胶黏剂。

12. HG/T 5248—2017《风力发电机组叶片用环氧结构胶粘剂》

2018年4月1日起实施。

本标准规定了风力发电机组叶片用环氧结构胶黏剂的技术要求、试验方法、检验规则、标志、包装、运输和贮存要求。适用于风力发电机组叶片用环氧结构胶黏剂。

13. JC/T 881—2017《混凝土接缝用建筑密封胶》

替代JC/T 881—2001标准，并于2018年4月1日起实施。

本标准规定了混凝土接缝用建筑密封胶的术语和定义、分类、要求、试验方法、检验规则、标志、包装、运输和贮存。适用于混凝土接缝用建筑密封胶。

第三节　胶黏剂质量控制

一、胶黏剂质量控制过程

1. 进料控制

质量控制要从原材料，如胶黏剂和催化剂验收开始。购货单上一般需要写明进料所要求的质量性能，这在实际要求的条目里或材料说明中已给出。

(1) 包装箱　首先要检查的就是包装箱的情况，检查的内容应包括以下各项：

损坏情况——胶膜的包装箱的有形损坏，使密封条裂开，湿气和灰尘等到进入箱内而污染胶膜。包装箱损坏还会使一桶胶液不能在自动测量装置上进行计量。

泄漏情况——如果箱内装有配套的胶黏剂，那么胶黏剂组分的泄漏，会改变催化剂与树脂的配比，同时也使胶黏剂损耗。

标志情况——包装箱的标识包括：产品名称、贮存期、制造厂名、推荐贮存条件、生产日期、使用说明书、批号、安全事项。

(2) 胶黏剂　购进的胶黏剂检验应包括两类试验，一是物理性能试验，如流动性、凝胶时间和挥发速度，这些都是技术人员最关心的保证粘接质量的参数。胶黏剂流动性便是其中一例，在粘接工艺中很重要。胶黏剂的流动性不能太大，否则会引起胶层缺胶；流动性又不能太小，不然就会使胶层过厚，或者使粘接时不能完全充满胶。

ASTM 测量物理性能的试验方法包括：ASTM D816、D898、D899、D1084、D1337、D1448、D1489、D1490、D1579、D1582、D1583、D1584、D1875、D1916、D2183、D2556、D2979、D3121、D3236。

(3) 胶黏剂力学性能　胶黏剂的力学性能是人们很关心的问题，因为它决定着成品粘接件的结构强度。胶黏剂的力学性能试验方法包括耐久性、柔韧性和疲劳性的标准试验方法。

ASTM 力学性能试验方法有：ASTM D897、D903、D905、D906、D950、D1002、D1062、D1144、D1184、D1344、D1781、D1876、D2095、D2182、D2295、D2339、D2557、D2558、D2918、D2919、D3111、D3163、D3164、D3165、D3166、D3167、D3527、D3528、D3568、D3702、D3807、D3808、D3931、D4027、E229。

(4) 胶黏剂其他性能（含蠕变）　胶黏剂其他性能试验方法有：ASTM D896、D904、D1146、D1151、D1174、D1183、D1286、D1304、D1382、D1383、D1581、D1713、D1780、D1828、D1877、D1879、D2294、D2739、D3310、D3632、D3929。

2. 表面处理控制

在进料质量确定之后，第二个过程就是被粘物的表面处理。为了使粘接件质量可靠，表面处理必须精心控制。

如果表面需要化学处理，必须控制适当的程序、浸泡温度、溶液浓度和污染情况。若是采用喷砂处理，应当定期更换砂料。溶剂擦拭要有足够干净的布料，还要有清洁用的新鲜溶剂，亦应经常检查擦拭布料或盛溶剂器皿是否已被污染。表面处理的效果可用水膜不破试验进行检验。在表面处理最后一道工序之后，用去离子水涂于表面，以其形成连续水膜的能力检查被粘物表面。如果认为表面处理已能满足要求，在粘接之前就要使表面保持清洁与干燥，应尽快于处理好的表面上涂敷底胶。

3. 粘接工艺控制

除了上述被粘物表面处理要控制之外，包括预配合、涂胶、装配、固化在内的粘接工艺也要进行控制。

(1) 预配合　所有被粘零件都要在涂胶前装配在一起，以考察是否能紧密接触。如果两个或更多的零件在粘接前不进行预配合，可能因粘接面配合不好而很难保证获得良好的粘接接头。如果是高效率重复性生产，装配精度有保证，则预配合过程有时可省去。初成品的配合可用能产生印记的防切削膜片来检查，这可大大减少昂贵或关键部件产生不良装配的危险因素。当预配合已没有问题，就应对预配合中每一被粘零件做好标记，这样在涂胶后各零件就容易配全装配。工艺控制试件，即装配中有标签的剩余零件，应与成套的即预配合的被粘零件放在一起，在预配合检验时受检。这些工艺控制试件必须与成品一样要经过每一道工序。固化后对试件进行试验，确定本批胶黏剂及表面处理和其他工艺条件是否满足要求。

(2) 涂胶　大部分结构胶膜在使用时需要涂底胶，底胶常用空气或无空气方法喷涂。面积较小或无喷涂设备时可用辊涂或刷涂。底涂层一定要晾干，有的还要烘干，目的是除去溶剂。通常底胶的厚度会影响粘接强度，因此应加以控制和检验，一般是通过定期检查涂胶器，测量干燥后的底胶厚度来完成。

膜状胶黏剂在施工之前要除去纸或塑料保护/隔离膜，再把胶膜铺在黏合面上，小心不要起皱，否则会夹入空气。常见的错误操作是在装配待粘接件时没有除去隔离膜，一些粘接操作者利用专门的检测头来保证隔离膜被撕去。在检验记录中，应包括胶黏剂类型、批号、分组号、涂胶时间和日期，以在破坏发生时备查。也要记录适用期的终止时间，对于控制装配和胶黏剂的固化还是有用的。

(3) 装配　涂胶的零件常用某种工具或夹持装置使其粘接起来。应当检查工具的清洁性和适用性。表面处理的有效时间、胶黏剂的适用期和胶黏剂固化的保持时间在装配时都要核对。

同时也要检查被粘零件是否按正确的次序进行装配。保持清洁和调节空气的湿度是很重要的，零部件和胶黏剂暴露的场合从涂胶前的准备工作直到初固化都要加以控制。操作场合控制通常包括如下几方面：

① 温度保持在 18～32℃；

② 相对湿度保持在 20%～65%；

③ 进入的空气要过滤，以防操作空间被污染；

④ 使操作空间与周围环境略有正压力差。

上述条件可用记录式的温度和湿度指示计检测。

(4) 固化　任何接头内胶黏剂的固化都是时间-温度-压力的函数。固化时间长短可用人工计时或自动计时装置控制，检测通常是根据温度和/或压力记录仪的固化图，同时记录温度和压力。

规定的固化温总是指胶层的温度，因为胶黏剂传热不良，必须另加一段时间，使热量传到胶层内。另外，加热夹具也要占用固化周期的大部分时间。

热源一定要保证固化时的需热量和均匀度，同时必须考虑下列因素：

① 升温速率；

② 最高温度；

③ 加热和固化时的温度范围或覆盖面；

④ 冷却降温特性。

(5) 标准试件　最好制作标准试件，标准试件与被粘零件经历同样的工艺过程。标准试件应当为能代表主要结构加荷要求的试验方法而设计的。例如，若主要零件在正常情况下承受拉伸剪切，则试件应设计为搭接剪切形式。

二、日本ThreeBond胶黏剂的质量控制

日本ThreeBond胶黏剂质量控制是保证设备现场不动火修补效果的一个关键，主要包括4个方面，即胶黏剂品种的选择、操作人员素质、工作环境和工艺条件的保证。

在实施粘接修复之前，必须明确胶黏目的。在分析设备运行工况（受力、温度、介质、部位等）的情况下，选择合适的胶黏剂品种，并兼顾胶黏剂强度高和耐久性好两个方面。操作人员一定要经过培训，不能认为粘接操作简单，只是涂胶、合拢便可，一定要有专业知识，按照工艺要求执行。

日本ThreeBond胶黏剂修补操作的工作环境，必须有利于保证胶黏质量。在环境因素中，湿度、表面清洁度对胶黏质量有着重要影响，环境湿度大，修补表面易吸水，影响胶黏剂的浸润效果，胶黏后易出现界面破坏。为此，要求环境相对湿度不宜大于80%（采用湿面修补剂情况例外）。粘接场所温度低，修补表面温度低，胶黏剂流动性差，给胶黏剂浸润造成困难，所以温度不能过低，最好控制在15～25℃。同时要避免现场尘土飞扬，否则会污染胶面，影响胶黏效果。

采用胶黏工艺实施对设备、管道的现场不动火修复、堵漏，缩短了修复时间，节省了费用。这在氯碱行业是新的探索，它能够达到安全、经济、高效的目的，而且胶黏修补部位应力分布均匀、耐腐蚀，容易做到密封，在连续的化工生产中，在特定的生产环境中有着一定的实用价值。

胶黏又称黏合，是借助于胶黏剂将两种部件通过界面的黏附和内聚强度连接在一起的。它不会使被粘物的结构发生显著变化，并赋予胶接面以足够的强度，克服了焊接等造成的应力集中，具有良好的耐振动、耐疲劳、应力分布均匀和密封等综合性能。

胶黏过程的机理虽已提出机械理论、静电理论、吸附理论、扩散理论及化学键理论等，但圆满的解释尚待进一步探讨。化学键理论认为，胶黏剂和胶黏材料之间的界面发生了化学作用，形成化学键，从而产生胶接强度。弱界面层理论认为，胶层与被粘材料表面形成弱界面层，易使胶接层破坏，如金属材料表层的氧化物等均是弱界面层，因此必须用表面处理法来清除，以提高胶接强度。

第四节　胶黏剂产品生产过程中质量要求及质检方法

胶黏剂产品质量检验是质量管理中非常重要且常见的一种控制手段，其针对失效模式进行探测从而防止不合格胶黏剂产品流入下一环节。本节归纳总结了常规产品生产过程中的 11 种质量检验方法的分类方式，并针对每种类型的检验进行介绍。

一、按生产过程的顺序分类

1. 进货检验

定义：企业对所采购的原材料、外购件、外协件、配套件、辅助材料、配套产品以及半成品等在入库之前所进行的检验。

目的：为了防止不合格品进入仓库，防止由于使用不合格品而影响产品质量，影响正常的生产秩序。

要求：由专职进货检验员按照检验规范（含控制计划）执行检验。

分类：包括首批（件）样品进货检验和成批进货检验两种。

2. 过程检验

定义：也称工序过程检验，是在产品形成过程中对各生产制造工序中产生的产品特性进行的检验。

目的：保证各工序的不合格品不得流入下道工序，防止对不合格品的继续加工，确保正常的生产秩序。起到验证工艺和保证工艺要求贯彻执行的作用。

要求：由专职的过程检验人员按生产工艺流程（含控制计划）和检验规范进行检验。

分类：首验；巡验；末验。

3. 最终检验

定义：也称为成品检验，成品检验是在生产结束后、产品入库前对产品进行的全面检验。

目的：防止不合格产品流向顾客。

要求：成品检验由企业质量检验部门负责，检验应按成品检验指导书的规定进行，大批量成品检验一般采用统计抽样检验的方式进行。检验合格的产品，应由检验员签发合格证后，车间才能办理入库手续。凡检验不合格的成品，应全部退回车间作返工、返修、降级或报废处理。经返工、返修后的产品必须再次进行全项目检验，检验员要作好返工、返修产品的检验记录，保证产品质量具有可追溯性。

常见的成品检验：全尺寸检验；成品外观检验；GP12（顾客特殊要求）；型式试验等。

二、按检验地点分类

1. 集中检验

把被检验的产品集中在一个固定的场所进行检验，如检验站等。一般最终检验采用集中检验的方式。

2. 现场检验

现场检验也称为就地检验，是指在生产现场或产品存放地进行检验。一般过程检验或大型产品的最终检验采用现场检验的方式。

3. 流动检验（巡检）

检验人员在生产现场应对制造工序进行巡回质量检验。检验人员应按照控制计划、检验指导书规定的检验频次和数量进行检验，并作好记录。

工序质量控制点应是巡回检验的重点。检验人员应把检验结果标示在工序控制图上。

当巡回检验发现工序质量出现问题时，一方面要和操作工人一起找出工序异常的原因，采取有效的纠正措施，恢复工序受控状态；另一方面必须对上次巡回检后到本次巡回检前所有的加工工件进行100%追溯全检，以防不合格品流入下道工序或客户手中。

三、按检验方法分类

1. 理化检验

理化检验是指主要依靠量检具、仪器、仪表、测量装置或化学方法对产品进行检验，获得检验结果的方法。

2. 感官检验

感官检验也称为官能检验，是依靠人的感觉器官对产品的质量进行评价或判断。如产品的形状、颜色、气味、伤痕、老化程度等，通常是依靠人的视觉、听觉、触觉或嗅觉等感觉器官进行检验的，并判断产品质量的好坏或合格与否。

感官检验又可分为：

① 嗜好型感官检验。如品酒、品茶及产品外观、款式的鉴定。要靠检验人员丰富的实践经验，才能正确、有效判断。

② 分析型感官检验。如列车点检、设备点检，依靠手、眼、耳的感觉对温度、

速度、噪声等进行判断。

③ 试验性使用鉴别。试验性使用鉴别是指对产品进行实际使用效果的检验。通过对产品的实际使用或试用，观察产品使用特性的适用性情况。

四、按被检验产品的数量分类

1. 全数检验

全数检验也称为100%检验，是对所提交检验的全部产品逐件按规定的标准全数检验。

应注意，即使全数检验由于错验和漏验，也不能保证百分之百合格。

2. 抽样检验

抽样检验是按预先确定的抽样方案，从交验批中抽取规定数量的样品构成一个样本，通过对样本的检验推断批合格或批不合格。

3. 免检

主要是对经国家权威部门产品质量认证合格的产品或信得过的产品在买入时执行免检，接收与否可以以供应方的合格证或检验数据为依据。

执行免检时，顾客往往要对供应方的生产过程进行监督。监督方式可采用派员进驻或索取生产过程的控制图等方式进行。

五、按质量特性的数据性质分类

1. 计量值检验

计量值检验需要测量和记录质量特性的具体数值，取得计量值数据，并根据数据值与标准对比，判断产品是否合格。

计量值检验所取得的质量数据，可应用直方图、控制图等统计方法进行质量分析，可以获得较多的质量信息。

2. 计数值检验

在工业生产中为了提高生产效率，常采用界限量规（如塞规、卡规等）进行检验。所获得的质量数据为合格品数、不合格品数等计数值数据，而不能取得质量特性的具体数值。

六、按检验后样品的状况分类

1. 破坏性检验

破坏性检验指只有将被检验的样品破坏以后才能取得检验结果（如炮弹的爆破能力、金属材料的强度等）。经破坏性检验后被检验的样品完全丧失了原有的使用价值，因此抽样的样本量小，检验的风险大。

2. 非破坏性检验

非破坏性检验是指检验过程中产品不受到破坏，产品质量不发生实质性变化的检验。如零件尺寸的测量等大多数检验都属于非破坏性检验。

七、按检验目的分类

1. 生产检验

生产检验指生产企业在产品形成的整个生产过程中的各个阶段所进行的检验，目的在于保证生产企业所生产的产品质量。

生产检验执行组织自己的生产检验标准。

2. 验收检验

验收检验是顾客（需方）在验收生产企业（供方）提供的产品时所进行的检验。验收检验是顾客为了保证验收产品的质量。

验收检验执行与供方确认后的验收标准。

3. 监督检验

监督检验指经各级政府主管部门所授权的独立检验机构，按质量监督管理部门制订的计划，从市场抽取商品或直接从生产企业抽取产品所进行的市场抽查监督检验。

监督检验的目的是对投入市场的产品质量进行宏观控制。

4. 验证检验

验证检验指各级政府主管部门所授权的独立检验机构，从企业生产的产品中抽取样品，通过检验验证企业所生产的产品是否符合所执行的质量标准要求的检验。如产品质量认证中的型式试验就属于验证检验。

5. 仲裁检验

仲裁检验指当供需双方因产品质量发生争议时，由各级政府主管部门所授权的独立检验机构抽取样品进行检验，提供仲裁机构作为裁决的技术依据。

八、按供需关系分类

1. 第一方检验

第一方检验指生产企业自己对自己所生产的产品进行的检验。第一方检验实际就是组织自行开展的生产检验。

2. 第二方检验

使用方（顾客、需方）称为第二方。需方对采购的产品或原材料、外购件、外协件及配套产品等所进行的检验称为第二方检验。第二方检验实际就是对于供方开展的检验和验收。

3. 第三方检验

由各级政府主管部门所授权的独立检验机构称为第三方。第三方检验包括监督检验、验证检验、仲裁检验等。

九、按检验人员分类

1. 自检

自检是指由操作工人自己对自己所加工的产品或零部件所进行的检验。自检的目的是操作者通过检验了解被加工产品或零部件的质量状况，以便不断调整生产过程生产出完全符合质量要求的产品或零部件。

2. 互检

互检是由同工种或上下道工序的操作者相互检验所加工的产品。互检的目的在于通过检验及时发现不符合工艺规程规定的质量问题，以便及时采取纠正措施，从而保证加工产品的质量。

3. 专检

专检是指由企业质量检验机构直接领导、专职从事质量检验的人员所进行的检验。

十、按检验系统组成部分分类

1. 逐批检验

逐批检验是指对生产过程所生产的每一批产品，逐批进行的检验。逐批检验的目的在于判断批产品的合格与否。

2. 周期检验

周期检验是从逐批检验合格的某批或若干批中按确定的时间间隔（季或月）所进行的检验。周期检验的目的在于判断周期内的生产过程是否稳定。

3. 周期检验与逐批检验关系

周期检验和逐批检验构成企业的完整检验体系。周期检验是为了判定生产过程中系统因素作用的检验，而逐批检验是为了判定随机因素作用的检验。二者是投产和维持生产的完整的检验体系。周期检验是逐批检验的前提，没有周期检验或周期检验不合格的生产系统不存在逐批检验。逐批检验是周期检验的补充，逐批检验是在经周期检验杜绝系统因素作用的基础上而进行的控制随机因素作用的检验。

一般情况下逐批检验只检验产品的关键质量特性。而周期检验要检验产品的全部质量特性以及环境（温度、湿度、时间、气压、外力、负荷、辐射、霉变、虫蛀等）对质量特性的影响，甚至包括加速老化和寿命试验。因此，周期检验所需设备复杂、周期长、费用高，但绝不能因此而不进行周期检验。企业没有条件进行周期检验时，可委托各级检验机构代做周期检验。

十一、按检验的效果分类

1. 判定性检验

判定性检验是依据产品的质量标准，通过检验判断产品合格与否的符合性判断。

2. 信息性检验

信息性检验是利用检验所获得的信息进行质量控制的一种现代检验方法。

3. 寻因性检验

寻因性检验是在产品的设计阶段，通过充分的预测，寻找可能产生不合格的原因（寻因），有针对性地设计和制造防错装置，用于产品的生产制造过程，杜绝不合格品的产生。

附录　胶黏剂的常用术语

1. 一般术语

1.1 黏合、黏附 adhesion

两个物质表面依靠化学力、物理力或二者兼有的力结合在一起的状态。

1.2 胶黏剂、黏合剂 adhesive

通过黏合作用，能使被粘物结合在一起的物质。

1.3 内聚 cohesion

单一物质内部各粒子靠主价力、次价力结合在一起的状态。

1.4 黏附破坏 adhesive failure；adhesion failure

在胶黏剂和被粘物界面上发生的目视可见的破坏现象。

1.5 内聚破坏 cohesive failure；cohesion failure

在胶黏剂或被粘物内部发生的目视可见的破坏现象。

1.6 相容性 compatibility

在两种或多种物质混合时具有相互亲和的能力。

1.7 机械黏合 mechanical adhesion

在两个物质表面通过胶黏剂的啮合作用而产生的结合。

1.8 被粘物 adherend

准备胶接的物体。

1.9 基材 substrate

用于表面涂覆胶黏剂的材料。

1.10 湿润、润湿 wetting

液体对固体的亲和性。两者间的接触角越小，固体表面就越容易被液体润湿。

1.11 干燥 dry

通过蒸发、吸收，使溶剂或分散介质减少，以改变被粘物上胶黏剂物理状态的过程。

1.12 胶接、粘接 bond

用胶黏剂将被粘物表面连接在一起。

1.13 固化 curing

胶黏剂通过化学反应（聚合、交联等）获得并提高胶接强度等性能的过程。

1.14 硬化 setting

胶黏剂通过化学反应或物理作用（如聚合反应、氧化反应、凝胶化作用、水合作用、冷却、蒸发等）获得并提高胶接强度等性能的过程。

1.15 交联 cross-linking

在分子间形成化学键，产生三维网络结构的过程。

1.16 胶层 adhesive layer

胶接件中的胶黏剂层。

1.17 分层 delamination

在层压制品中，由胶黏剂、被粘物或其界面破坏所引起的层间分离现象。

1.18 溢胶 squeeze-out

对装配件加压后，从胶层中挤出的多余胶黏剂。

1.19 胶瘤 fillet

填充在两个被粘物胶接处的胶黏剂（如蜂窝夹芯与面材胶接时，夹芯端部所形成的胶黏剂圆角）。

1.20 固化度 degree of cure

胶黏剂固化时所表征的化学反应程度。

1.21 老化 ageing

胶接件的性能随时间发生变化的现象。

2. 材料术语

2.1 天然高分子胶黏剂 natural glue

以动植物高分子化合物为原料制成的胶黏剂。

2.2 动物胶 animal glue

以动物的皮、骨、腰、血等制成的胶黏剂,如骨胶、明胶、血阮胶等。

2.3 植物胶 vegetable glue

以淀粉、植物蛋白质等植物成分为黏性材料制成的胶黏剂，如淀粉胶黏剂、蛋白质胶黏剂、树胶等。

2.4 有机胶黏剂 organic adhesive

以有机化合物为黏性材料制成的胶黏剂。

2.5 树脂型胶黏剂 resin adhesive

以天然树脂（如明胶、松香）或合成树脂（如酚醛、环氧、丙烯酸酯、乙酸乙烯酯等树脂）为黏性材料制成的胶黏剂。

2.6 橡胶型胶黏剂 rubber adhesive

以天然橡胶或合成橡胶（如丁腈橡胶、氯丁橡胶、硅橡胶等）为黏性材料制成的胶黏剂。

2.7 黏胶胶黏剂 viscose adhesive

以黏胶（如纤维素黄原酸钠）为黏性材料制成的胶黏剂。

2.8 纤维素胶黏剂 cellulose adhesive

以纤维素衍生物为黏性材料制成的胶黏剂。

2.9 无机胶黏剂 inorganic adhesive

以无机化合物为黏性材料制成的胶黏剂，如硅酸盐、磷酸盐以及碱性盐类等。

2.10 陶瓷胶黏剂 ceramic adhesive

主要以金属氧化物为黏性材料，固化后具有陶瓷结构的胶黏剂。

2.11 玻璃胶黏剂 glass adhesive

以氧化物（如氧化硅、氧化钠、氧化铅等）为黏性材料，经热熔后使被粘物胶接并具有玻璃组成和性能的无机胶黏剂。

2.12 薄膜胶黏剂 film adhesive

采用加热加压方法进行硬化的带载体或不带载体的薄膜状胶黏剂。

2.13 棒状胶黏剂、胶棒 adhesive bar/stick

由树脂制成的、不含溶剂的、在常温下呈棒状的胶黏剂。

2.14 粉状胶黏剂 powder adhesive

由树脂制成的、不含溶剂的、在常温下呈粉末状的胶黏剂。

2.15 糊状胶黏剂 paste adhesive

由树脂制成的、不含溶剂的、在常温下呈糊状的胶黏剂。

2.16 腻子胶黏剂 mastic adhesive

在室温下可以塑造且不流淌的胶黏剂，主要用于较宽缝隙的填封。

2.17 胶黏带 adhesive tape

在纸、布、薄膜、金属箔等基材的一面或两面涂胶的带状制品。

2.18 结构型胶黏剂 structural adhesive

用于受力结构件的胶接、能长期承受许用应力与环境作用的胶黏剂。

2.19 底胶 primer

为了改善胶接性能，涂胶前在被粘物表面涂布的一种胶黏剂。

2.20 溶剂型胶黏剂 solvent adhesive

含挥发性有机溶剂的胶黏剂，不包括以水为溶剂的胶黏剂。

2.21 无溶剂胶黏剂 solventless adhesive

不含溶剂的、呈液状或糊状或固态的胶黏剂。

2.22 密封胶黏剂 sealing adhesive

起密封作用的胶黏剂。

2.23 厌氧胶黏剂 anaerobic adhesive

当氧气存在时抑制固化、隔绝氧气时就自行固化的胶黏剂。

2.24 光敏胶黏剂 photosensitive adhesive

依靠光能引发固化的胶黏剂。

2.25 压敏胶黏剂 pressure-sensitive adhesive

以无溶剂状态存在时，具有持久黏性的黏弹性材料，当施加轻微压力时，即可瞬间与固体表面黏合。

2.26 压敏胶黏带 pressure-sensitive adhesive tape

将压敏胶黏剂涂于基材上的带状制品。

2.27 发泡胶黏剂 foaming adhesive

固化时发泡膨胀，靠分散在胶层内的大量气泡来减小其表观密度的胶黏剂。

参考文献

[1] 杨宝武. 中国胶粘剂, 1992, 35 (3).

[2] 谢贺明. 中国胶粘剂, 1992, 38 (3).

[3] 唐立辉, 等. 粘合剂, 1992, 32 (4).

[4] 张成志. 光学工艺, 1975, 12 (2).

[5] 汪淑雯. 粘接, 1989, 23 (2).

[6] 刘鹏, 赵勇刚, 王远勇, 等. 粘接, 2003, 24 (6):13-16.

[7] 李子东. 实用胶粘技术[M]. 北京:新时代出版社, 1997.

[8] 倪玉德. 涂料制造技术[M]. 北京:化学工业出版社, 2003.

[9] 沈锦周. 涂料生产设备的发展[J]. 涂料工业, 1984 (5).

[10] 刘登良. 涂料工艺[M]. 第 4 版. 北京:化学工业出版社, 2009.

[11] 杨玉昆, 等. 合成胶粘剂[M]. 北京:科学出版社, 1980:337.

[12] 梁国正, 顾媛娟. 双马来酰亚胺树脂[M]. 北京:化学工业出版社, 1992.

[13] 张友松. 变性淀粉生产与应用手册[M]. 北京:中国轻工业出版社, 2001

[14] 付陈梅. 微孔淀粉研究进展[J]. 粮食与油脂, 2003 (1) 9-11

[15] 蒋龙平, 李润卿, 刘翠华. 中国胶粘剂, 2003, 12 (1):55-58.

[16] 张涛. 反应釜温度控制系统的研究[D]. 青岛:青岛大学, 2009.

[17] 刘学君. 反应釜温度控制系统的研究[D]. 河北:燕山大学, 2004.

[18] 何文圣. 皮革用胶粘剂[M]. 南京: 东南大学出版社, 1995.

[19] 童忠良. 纳米化工产品生产技术[M]. 北京:化学工业出版社, 2006.

[20] 林启昭. 高分子复合材料及其应用[M]. 北京:中国铁道出版社, 1998.

[21] 任耀彬, 潘慧铭, 黎龙斯, 等. 中国胶粘剂, 2005, 14 (5):15.

[22] 张国堂. 国外聚乙烯醇分析报告[J]. 上海化工, 2004 (7) 51-54.

[23] 于海英. 化学反应釜温度模糊控制器[D]. 阜新:辽宁工程技术大学, 2002.

[24] 童忠良. 涂料生产工艺实例[M]. 北京:化学工业出版社, 2010.

[25] 郑津洋, 董其伍, 桑芝富. 过程设备设计[M]. 北京:化学工业出版社, 2014.

[26] 童忠良. 胶黏剂最新设计制备手册[M]. 北京:化学工业出版社, 2010.

[27] 李桂林. 环氧树脂与环氧涂料[M]. 北京:化学工业出版社, 2003.

[28] 王树青, 金晓明. 先进控制技术应用实例[M]. 北京:化学工业出版社, 2005.

[29] 窦振中. 模糊逻辑控制技术及其应用[M]. 北京:航空航天大学出版社, 2001.

[30] 陈海涛, 童忠良. 塑料制品加工实用新技术[M]. 北京:化学工业出版社, 2010.
[31] 任忠. 合成胶粘剂及其应用[M]. 南宁:广西师范大学出版社, 1999, 16 (5).
[32] 张淑歉. 废弃物再循环利用工艺与实例[M]. 北京:化学工业出版社, 2011.
[33] 刘殿凯, 童忠东. 塑料弹性材料与加工[M]. 北京:化学工业出版社, 2013.
[34] 李绍雄, 刘益军. 聚氨酯胶粘剂[M]. 北京:化学工业出版社, 2003:203.
[35] 杨玉, 等. 合成胶粘剂[M]. 北京:科学出版社, 1980.
[36] 彭冰. 建筑涂料的应用及发展前景[J]. 中国涂料, 2000 (6) 13-16.
[37] 郭文录. 环保型建筑内墙涂料的研制[J]. 建筑涂料与涂装, 2003 (6) 18-20.
[38] 傅明源, 孙酣经.聚氨酯弹性体及其应用[M]. 第 2 版.北京:化学工业出版社, 1999.
[39] 薛国庆, 张立林. 氯气氧化玉米淀粉制备涂料用淀粉胶[J]. 河西学院学报, 2003, 19 (4):28-29.
[40] 曾丽娟, 蓝仁华. 木薯淀粉在建筑涂料中的应用[J]. 涂料工业, 2004 , 34 (8):52-5.
[41] 王超. 聚硫醚改性环氧树脂室温固化耐高温结构胶粘剂[J]. 中国胶粘剂, 2007, 16 (1): 1-3.
[42] 方国治, 高洋, 童忠良, 等. 塑料制品加工及其应用实例[M]. 北京:化学工业出版社, 2010.
[43] 欧召阳, 马文石, 潘慧铭, 等. 弹性体改性环氧树脂的新进展[J]. 化学与黏合, 2001, 3:120-126.
[44] 黄吉甫, 张保龙, 王德润, 等. 4, 5-环氧环己烷 1, 2-二甲酸单丁酯单缩水甘油酯/m-PDA 的热固化特征[J]. 高分子通讯, 1985 (5) 331-336.
[45] 马天信. 甲苯二异氰酸酯对聚乙烯醇缩醛胶粘剂改性的研究[J]. 粘接, 1997, 18 (3):9-10.
[46] 黄月文, 刘伟区, 罗广建. 聚氨酯改性环氧胶粘剂的研究[J]. 化学与黏合, 2004, 2:76-78.
[47] 方禹声, 朱吕民. 聚氨酯泡沫塑料[M]. 北京:化学工业出版社, 1993:56.
[48] 张林, 李言达, 周兰. 紫外光固化丙烯酸酯胶粘剂的研制[J]. 中国胶粘剂, 1997, 6 (4):12-14.
[49] 王结良, 梁国正, 赵雯, 等. 聚氨酯基互穿网络聚合物[J]. 绝缘材料, 2003, 4:33-37.
[50] 牛永生, 牛晓玉, 刘德争, 等. 改性聚乙烯醇建筑涂料的研制[J]. 化学工程师, 2000, 79 (14):26-27.
[51] 李友森. 轻化工业助剂实用手册[M]. 北京:化学工业出版社, 2002:202.
[52] 郑诗建. 耐高温热固化硅橡胶胶粘剂的研究[J]. 材料工程, 2003 (6) 38-40.
[53] 李子东. 耐高温且柔性大的环氧胶[J]. 粘接, 2007, 28 (3): 17.
[54] 翟海潮, 李印柏, 林新松, 等. 实用胶粘剂配方手册 [M]. 北京:化学工业出版社, 1997.
[55] 罗立新. 淀粉氧化改性粘合剂发展现状及展望[J]. 包装工程, 2002, 23 (5):65-70.
[56] 罗衡强. 直流牵引电机换向器用高温胶粘剂的研制[J]. 绝缘材料, 2004 (3).
[57] 秦传香. 聚酰亚胺/环氧树脂共混耐高温胶粘剂的研究[J]. 粘接, 2002, 21 (4):7-9.
[58] 赵石林, 秦传香. 99 高分子学术论文报告会论文集[C]. 上海:交通大学出版社, 1999.
[59] 杜拴丽, 张春燕. 改性聚乙烯醇/淀粉无醛胶粘剂的研究[J]. 中国胶粘剂, 2004 (1) 11-14.
[60] 王武生, 潘才元. 交联 PU 水分散体的合成[J]. 高分子学报, 2000 (3) 311.
[61] 李芝华, 郑字樵. 丙烯酸树脂改性的水性 PU 耐化学性研究[J]. 涂料工业, 2000 (9).
[62] 丁莉, 昊云. 水性 PU 胶粘剂结构与性能的研究[J]. 功能高分子学报, 2001, 14 (1).
[63] 童忠良. 化工产品手册. 树脂与塑料分册[M]第 5 版. 北京:化学工业出版社, 2008.
[64] 张晓涛. 醇溶性聚氨酯胶粘剂的应用优势[J]. 印刷技术, 2006 (1) 22-23.
[65] 周其华. 醇溶性聚氨酯胶粘剂的开发与应用[J]. 上海包装, 2002 (4) 31.
[66] 陆冬贞, 孙杰. 我国聚氨酯胶粘剂的现状及趋势[J]. 中国胶粘剂, 2004, 13 (6):37-42.
[67] 张立德, 牟季美. 纳米材料和纳米结构[M]. 北京:科学出版社, 2001.
[68] 许国强, 黄雪红. 疏水改性聚乙烯醇的黏度行为[J]. 精细化工, 1999, 16 (6):1-4.
[69] 苏正涛, 钱黄海, 郑德海, 等. 紫外光固化材料——理论与应用[M]. 北京:科学出版社, 2001.
[70] 中华人民共和国国家标准局. GB 07124—86 胶粘剂剪切冲击强度试验方法. 北京:国家技术监督局, 1986.
[71] 李延科, 武清. 水性聚氨酯乳液性能影响因素的研究[J]. 北京工业大学学报. 2000, 26 (4).
[72] 谭正德, 胡金平, 李俊芝. 改性聚乙烯醇缩丁醛的研制[J]. 粘接, 2004 (3) 28-30.

[73] 孙多先. 水性聚氨酯包封原生纳米 TiO_2 纳米复合材料的制备及表征[J]. 现代化工, 203, 23 (1).
[74] 原津萍，梁志杰，陈威. 纳米金刚石粉胶粘剂性能的初步研究 [J]. 粘接, 1999, 20 (1):1.
[75] 张跃军，王新龙. 胶粘剂新产品与新技术[M]. 南京:江苏科学技术出版社, 2003.
[76] 邸明伟. 室温硫化硅橡胶及其在航天器上的应用[J]. 宇航材料工艺, 2005 (4) 10.
[77] 曾天辉. 汽车车窗玻璃的粘接与密封[C]. 上海:2007 年汽车胶行业年会会议文集, 2007.
[78] 丁凤泉，宗树芸. 黏合剂, 1990, 26 (2).
[79] 李晓俊，刘小兰，叶超，等. 纳米 $CaCO_3$ 改性环氧胶粘剂[J]. 青岛科技大学学报, 2005, 26 (5):421-427.
[80] 江谷. 醇溶型聚氨酯粘合剂的应用[J]. 中国包装工业, 2002 (4) 32-33.
[81] 沈陈炎，杨光明，张鹏，等. 集成材用单组分湿固化聚氨酯胶粘剂的研制[J]. 聚氨酯工业, 2004, 19 (3):22-25.
[82] 马但怡，魏根栓，张晓红，等. 丁腈弹性纳米粒子改性酚醛树脂的研究[J]. 高分子学报, 2005 (3) 467.
[83] 张丰年. 醇溶性聚氨酯粘合剂 EC0501 优点 [J]. 广东包装, 2001 (5) 37.
[84] 黄琪. 适用于 RTM 成型的高性能环氧树脂体系的研制[J]. 粘接, 2002, 23 (5):25-28.
[85] 蔡永源，李彤，孔莹，等. 环氧树脂胶粘剂应用进展[J]. 化工新型材料, 2005, 33 (11):17-20.
[86] 常鹏善，左瑞霖，王汝敏，等. 环氧树脂增韧改性新技术[J]. 中国胶粘剂, 2001, 11 (2):37-40.
[87] 孙明明，张斌，张绪刚，等. J-200-1D 室温固化环氧树脂胶粘剂的研制[J]. 粘接, 2005, 26 (2):4-6.
[88] 程争. XK-K908 耐高温蒸煮胶粘剂的研制与应用[J]. 精细化工, 1996, 13 (4):29.
[89] 徐积功. 有机化学基础[M]. 北京:高等教育出版社, 1986.
[90] 袁秀梅，宋风华，王昭德，等. 耐高温复合薄膜用聚氨酯胶粘剂的研究[J]. 中国胶粘剂, 2001 (1) 15-16.
[91] 郭俊杰，张宏元. 镀铝膜/PE 膜复合用水性复合胶的开发与应用研究[J]. 包装工程, 2006, 27 (3):24-26.
[92] 王永江，张建华，李伟. 醇溶性双组分聚氨酯胶粘剂在复合膜中的应用[J]. 塑料包装, 2002, 12 (1):24-26.
[93] 严瑞暄. 水溶性高分子[M]. 北京:化学工业出版社, 1998.
[94] 冯新平. 醇溶性聚氨酯镀铝膜复合专用粘合剂的研究[J]. 塑料包装, 2003, 13 (4):49-50.
[95] 吴宝琨. 建筑材料化学[M]. 北京:中国建筑工业出版社, 1984.
[96] 大津隆行. 高分子合成化学[M]. 陈久顺，译. 哈尔滨:黑龙江科学技术出版社, 1982.
[97] 南京塑料厂.环氧化合物合成聚醚[M].北京:石油化学工业出版社, 1976.
[98] 谢筱薇，傅和青，黄洪. 水性聚氨酯胶粘剂及其在包装领域的应用[J]. 包装工程, 2005, 26 (2):17-19.
[99] 陈名华，姚武文，汪定江，等. 纳米 TiO_2 对环氧树脂胶粘剂性能影响的研究[J]. 粘接, 2014, 25 (6):12.
[100] 黄世强，孙争光，李盛彪. 环保胶黏剂[M]. 北京:化学工业出版社, 2003.
[101] 刘家聚. 解析软包装复合胶的配方、生产和技术要求[J]. 湖南包装, 2006 (2) 25-28.
[102] 孙晓，胡志刚. 国内复合薄膜用聚氨酯胶粘剂市场及技术进展[J]. 粘接, 2004, 25 (4):24-25.
[103] 刘宁，武向宁. 浅析无溶剂复合工业[J]. 国外塑料, 2006 (1) 42-46.
[104] 胡志鹏，杨燕. 溶剂型粘合剂发展的困惑和替代的努力[J]. 中国胶粘剂, 2004, 13 (3):63.
[105] 张丰年. ECO501 醇溶型聚氨酯粘合剂的应用及发展前景[J]. 中国包装工业, 2001 (90) 35-36.
[106] 王子平. 蒸煮食品包装袋用胶粘剂[J]. 塑料包装, 2003 (3) 45-46.
[107] 李杰，孙三祥，王亚娥，等. 铁路隧道煤扬尘污染规律试验研究[J]. 兰州交通大学学报, 2005, 24 (1):52-54.
[108] 张向宇. 胶黏剂分析与测试技术[M]. 北京:化学工业出版社, 2004.
[109] 郭斌. 丙烯酸系核/壳乳液的制备及在建筑涂料中的应用[D] . 咸阳:西北轻工业学院, 2002.
[110] 张力田. 变性淀粉[M]. 广东:华南理工大学出版社, 1992.
[111] 耿耀宗，曹同玉 合成聚合物乳液制造与应用技术[M]. 北京;轻工业出版社, 1999.
[112] 张武最，罗益锋.合成树脂与合成纤维[M]. 北京:化学工业出版社, 1999:643.
[113] 王庆元.胶粘剂用户小手册[M]. 北京:化学工业出版社, 1995:15.
[114] 陈昭琼. 精细化工产品配方合成及应用[M]. 北京:国防工业出版社, 1999.
[115] 赵文宪，高青雨，杨更须，等. 水乳型地毯粘合剂的研制[J]. 江苏化工, 1995, 23 (6):20.
[116] 王彦斌. 内墙涂料用氧化淀粉胶液的制备工业研究[J]. 应用化工, 2001, 30 (5):10-12.

新型胶黏剂生产技术及工艺配方

[117] 刘永，黄志明. 双醛淀粉的应用进展[J]. 四川化工, 2005, 8 (1):32-34.

[118] 白志诚，李丕高，王升文. 524-混合交联淀粉内墙涂料[J]. 延安大学学报:自然科学版, 1994 (1) 46-49.

[119] 大森英三. 丙烯酸酯聚合物[M]. 朱传，译. 北京:化学工业出版社, 1989.

[120] 吴爱娇，郑友军，何国信，等. 改性聚醋酸乙烯乳液拼板胶的研制[J]. 中国胶粘剂, 2001 (1) 32.

[121] 黄裕杰，张晓萍，胡友慧. 交联淀粉的合成及其耐水性能的研究[J]. 化学世界, 1998, 8:425-427.

[122] 姜喜文.106 地毯乳胶的研制及应用[J]. 中国胶粘剂, 1999 (6) 25.

[123] 李桂林. 环氧树脂与环氧涂料[M]. 北京:化学工业出版社, 2003.

[124] 余英丰，刘小云，李善君. 航空航天用环氧耐高温胶粘剂研究[J]. 粘接, 2005, 26 (5): 4-6.

[125] 庄严，姚小宁，王小胜，等. 高温蒸煮复合包装袋用聚氨酯胶粘剂的研究[J]. 粘接, 2005, 26 (3):24-26.

[126] 关昶，丁斌，金朝辉，等. 新型厌氧性耐高温胶粘剂[J]. 吉林化工学院学报, 2002, 19 (1):5-7.

[127] 张恩天，陈维君，李刚，等. 俄罗斯的耐高温结构胶粘剂[J]. 化学与黏合, 2004 (1) 33-35.

[128] 姚慧琴. 有机硅胶粘剂的发展与应用[J]. 江西科学, 2005, 23 (3): 294-298.

[129] 卢冶，朱秀玲，.蹇锡高. 含杂萘酮联苯结构耐高温聚氨酯胶粘剂的合成[J]. 聚氨酯工业, 2003, 18 (2): 18-20.

[130] 唐铁红. 一种用于生产石油射孔弹架的耐高温胶粘剂[J]. 石油矿场机械, 2005, 34 (5): 96-98.

[131] 陈根座. 胶粘应用手册[M]. 北京:电子工业出版社, 1994.

[132] 王航，黄立新，高群玉，等. 多孔淀粉的研究进展[J]. 精细化工, 2002, 19 :102-105.

[133] 郑耀卿，王洪学. WD3102 室温固化耐高温胶粘剂的研制[J]. 中国胶粘剂, 2006, 15 (8):31-33.

[134] 徐立宏，张本山，高大维. 羟乙基淀粉的制备与应用[J]. 粮食与饲料工业, 2001, 11:41-43.

[135] 蔡永源，李彤，孔莹，等. 环氧树脂胶粘剂应用进展[J]. 化工新型材料, 2005, 33 (11):17-20.

[136] 宋崇健，陆企亭. 氰酸酯改性双马来酰亚胺耐高温胶粘剂[J]. 中国胶粘剂, 2006, 15 (6): 8-10.

[137] 徐刚，曾小君. 用差示扫描量热法研究环氧封端酚酞聚芳醚腈的固化特性[J]. 中国胶粘剂, 1999, 8 (2):1-3.

[138] 闫华，董波. 我国胶黏剂的现状及发展趋势[J]. 化学与黏合, 2007 (1) 39-43.

[139] 韩宝乐，于文杰，徐归德. 聚氨酯在现代汽车工业中的应用[J]. 化学推进剂与高分子材料, 2007 (1) 1-6, (2) 5-12.

[140] 王孟钟，黄应昌. 胶粘剂应用手册[M]. 北京:化学工业出版社, 1987.

[141] 沈慧芳，陈焕钦. 聚氨酯胶黏剂在汽车上的应用及研究发展[J]. 化学与黏合, 2005 (4) 225-228.

[142] 郑成刚. 聚氨酯材料在汽车上应用及发展状况[J]. 汽车工艺材料, 2005 (3) 21-24.

[143] 汪锡安，胡宁先，王庆生. 医用高分子. 上海:上海科技文献出版社, 1980.

[144] 汽车胶黏/密封胶“十一五”专题编写组. 我国汽车胶黏剂/密封胶的现状与发展[C]. 上海:2007 年汽车胶行业年会会议文集, 2007.

[145] 卢永顺，田霞. 快速医用胶的研究[J]. 粘接, 1991 (1):5-8.

[146] 曹惟诚，龚云表. 胶接技术手册[M]. 上海:上海科学技术出版社, 1989.

[147] 徐全祥. 合成胶粘剂及其应用[M]. 沈阳:辽宁科学技术出版社, 1986.

[148] 王凯，虞军. 搅拌设备[M]. 北京:化学工业出版社, 2003.

[149] 杨伦，谢一华. 气力输送工程[M]. 北京:机械工业出版社, 2007.

[150] 沈锦周. 我国涂料生产设备的现状与发展[J]. 中国涂料, 1988.

[151] Dou Zhen-zhong. Fuzzy Logic Control Technology and Its Application[M]. Beijing: University of aeronautics and astronautics press, 2001.

[152] Dr S Pilotek, Dr F. Tabellion Tailoring Nanoparticled for Coating Applications, 2005.

[153] Mr S Schaer, Dr F. Tabellion Converting of Nanoparticles in Industrial Product Formulation :Unfolding the Innovation Potential, Tecchnical Proceedings of the 2005 NSTI Nanotechnology Conference and Trade show, Volume 2:743-746.

[154] Dr D, Bertram Mr H. Weller Zerkleinerung und Material transport in einer Rührwerkskugelmühle. 1982. Ph D. -Thesis, TU-Braunschweig.

[155] Dr H. Weit Phys, Journal1 , 2002, 2:47-52.

[156] Dr H Schmidt, Dr F. Tabellion Nanoparticle Technology for Ceramics and Composites, 105th Annual Meeting of The

American Ceramic Society, Nashville, Tennessee, USA, 2003.

[157] Valeria D Ramos, Helson M da Costa, Vera L P Soares, et al. Modification of epoxy resin:a comparis of different types of elastomer[J]. Polymer Testing, 2005, 24:387-394.

[158] Ando T, Denkl K, Kogyo CK, et al. Photo curable Adhesive Composition-for Glass Laminationand Lamin ated Glassand Process for Its Production. EP0119525, 1984.

[159] Gilberts J, Tinnemans AHA, Hogerheide MP, et al. UVcurable hard transparent hybrid coating materials on Polycarbonate prepared by sol gel method. J Sol Gel Sciand Tech, 1998, 11:153-159.

[160] 王书乐，童忠良. 胶黏剂生产工艺实例[M]. 北京:化学工业出版社, 2010

[161] 童忠良. 新型功能复合材料制备新技术[M]. 北京:化学工业出版社, 2010.

[162] 方国治，藤一峰. FRTP 复合材料成型及应用[M]. 北京:化学工业出版社, 2017.

[163] 陈海涛，谢义林，王天军. 塑料复合材料成型技术难题解答[M]. 北京:化学工业出版社, 2011.

[164] 童忠良. 化工产品手册[M]. 6 版 (树脂与塑料分册). 北京:化学工业出版社, 2016.

[165] 张婷婷，潘亚文，杨娟，等. 复合薄膜用双组分水性聚氨酯胶黏剂的制备和性能[J]. 化工进展, 2007, 26 (10): 1452-1455.

[166] 刘殿凯，童忠东. 塑料弹性材料与加工[M]. 北京:化学工业出版社, 2013.

[167] 童忠良，夏宇正. 化工产品手册[M]. 6 版 (涂料分册). 北京:化学工业出版社, 2016.

[168] 尚堆才，童忠良. 精细化学品绿色合成技术与实例[M]. 北京:化学工业出版社, 2011.

[169] 童玲，林巧佳，翁显英，等，用大豆制备环保型木材胶粘剂的研究[J]. 中国生态农业学报, 2008, 16 (4): 957-962.

[170] 邓威，黄洪，傅和青. 改性水性聚氨酯胶黏剂研究进展[J]. 化工进展, 2011. 30 (6): 1341-1346.

[171] 张亚慧，祝荣先，于文吉. 改性豆基蛋白质胶黏剂用于杨木胶合板生产初探[J]. 中国人造板, 2008, 7(6): 6-8.

[172] 李鲜英. 双组分高强度聚氨酯胶粘剂的研制及应用[J]. 山西化工, 2016, 36(5): 40-42.

[173] 周文，张冬梅. 开发绿色健康型建筑胶粘剂[J]. 粘接, 1999 (S1) 102-104.

[174] 马平东. 软包装凹印行业绿色环保化之路[J]. 印刷技术, 2017 (6) 15-19.

[175] 李健民. 21 世纪的粘接技术分子技术——分子胶粘剂[J]. 粘接, 2012, 29 (3): 50-56.

[176] 张银玲，黄英，牛磊. 水性聚氨酯胶粘剂的研究与改性[J]. 中国胶粘剂, 2010, 19 (11): 57-61.

[177] 燕来荣. 环保型胶黏剂应用及发展前景[J]. 化学工业, 2013, 31 (12): 9-11.

[178] 李健民，李鹏. 环保节能型胶粘剂在我国迎来发展良机[J]. 粘接, 2010 (11).

[179] 吴国荣. 高性能环保型胶粘剂将成为市场主流[J]. 中国包装, 2010 (5).

[180] 李子东，李广宇，于敏. 现代胶粘技术手册[M]. 北京: 新时代出版社, 2002.

[181] 厨义典. 硫化并粘合橡胶组合物至由黄铜制成或用黄铜镀覆的将要粘合的制品的方法，用于橡胶制品的补强构件、橡胶-补强构件复合物和充气轮胎: CN101111543B[P]. 2011-11-23.